CHANYE ZHUANLI
FENXI BAOGAO

产业专利分析报告

（第19册）——工业机器人

杨铁军◎主编

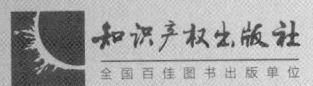

图书在版编目（CIP）数据

产业专利分析报告. 第19册，工业机器人/杨铁军主编. —北京：知识产权出版社，2014.5
　　ISBN 978-7-5130-2633-8

Ⅰ.①产… Ⅱ.①杨… Ⅲ.①工业机器人—专利—研究报告—世界　Ⅳ.①G306.71　②TP242.2

中国版本图书馆CIP数据核字（2014）第050238号

内容提要

本书是工业机器人行业的专利分析报告。报告从工业机器人行业的专利（国内、国外）申请、授权、申请人的已有专利状态、其他先进国家的专利状况、同领域领先企业的专利壁垒等方面入手，充分结合相关数据，展开分析，并得出分析结果。本书是了解该行业技术发展现状并预测未来走向，帮助企业做好专利预警的必备工具书。

责任编辑：卢海鹰　王祝兰		责任校对：董志英	
版式设计：胡文彬　王祝兰		责任出版：刘译文	

产业专利分析报告（第19册）
——工业机器人

杨铁军　主　编

出版发行：知识产权出版社有限责任公司	网　　址：http://www.ipph.cn
社　　址：北京市海淀区马甸南村1号	邮　　编：100088
责编电话：010-82000860转8555	责编邮箱：wzl@cnipr.com
发行电话：010-82000860转8101/8102	发行传真：010-82000893/82005070/82000270
印　　刷：保定市中画美凯印刷有限公司	经　　销：各大网络书店、新华书店及相关专业书店
开　　本：787mm×1092mm　1/16	印　　张：30.25
版　　次：2014年5月第1版	印　　次：2014年5月第1次印刷
字　　数：685千字	定　　价：98.00元

ISBN 978-7-5130-2633-8

出版权专有　侵权必究
如有印装质量问题，本社负责调换。

推荐语

国家知识产权局专利分析普及推广项目在2013年度的课题研究成果之一——"工业机器人行业专利分析报告"是我国工业机器人领域的第一份全面、系统地研究全球专利申请态势和发展趋势的专业报告。报告清晰地梳理了该领域的国内外申请的发展态势和区域分布,重点研究了3D视觉控制和精密减速器等关键技术,深入挖掘了行业三大领军企业ABB公司、发那科公司和库卡公司的关键专利技术和重点产品,分析了三大企业技术路线图,以及它们在中国的专利保护策略和研发团队,报告还针对美国工业机器人侵权诉讼情况进行了分析。本报告对我国工业机器人的产业化发展具有重大意义。

受到人力成本上升的影响,近年来我国工业机器人产业发展迅速,本报告的出版必然为我国工业机器人产业的健康发展再添助力。报告中有关专利申请布局和保护策略的内容,对于我国工业机器人企业绕开国外公司的专利壁垒,构建自己的专利保护体系将起到重要的指导作用;技术冲突矩阵以及TRIZ技术进化定律与专利分析相结合的专利规避方法可为研发机构的研究人员提供参考;技术发展路线的内容可为政府主管部门的决策提供依据;专利撰写策略的内容可为企业如何有效地保护自己的知识产权提供帮助;美国专利侵权诉讼和"337调查"部分可为相关企业的法务部门解决在美国知识产权纠纷提供借鉴。

最后,希望国家知识产权局的产业专利分析工作涉及更多重大装备领域,充分利用自身专利信息资源优势,为社会提供更多的公益性信息服务。大力推广产业专利分析成果,提升我国企业在专利信息利用、专利保护、专利规避方面的意识和能力。希望我国工业机器人相关企业和科研院所深入研读本报告，充分吸收和利用本报告中的信息，推动我国工业机器人产业快速健康发展，使我国早日进入工业机器人技术强国行列。

中国工程院院士

蔡鹤皋

2014年1月16日

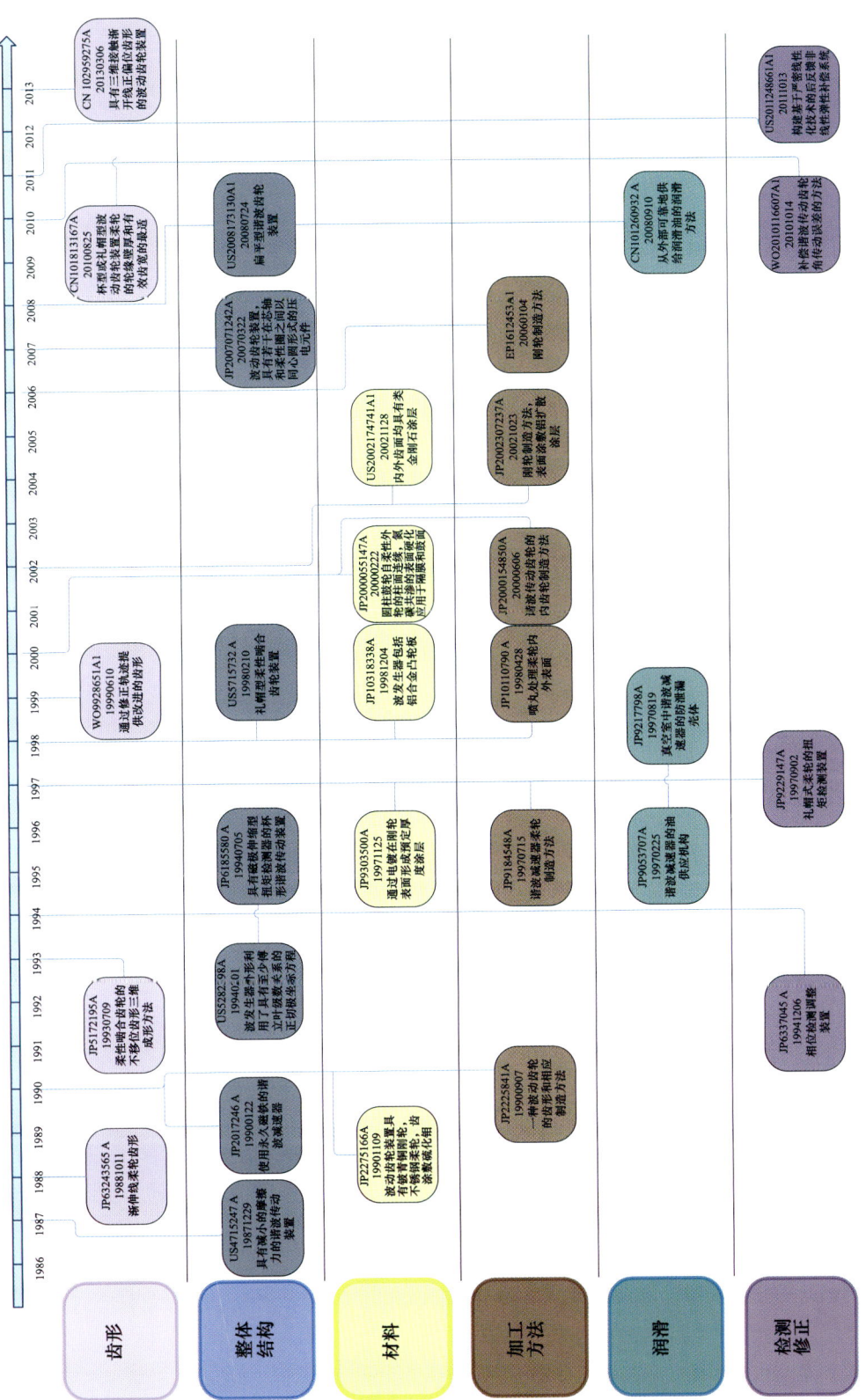

图4-40 谐波传动系统有限公司专利技术整体发展概况

（正文说明见第60页）

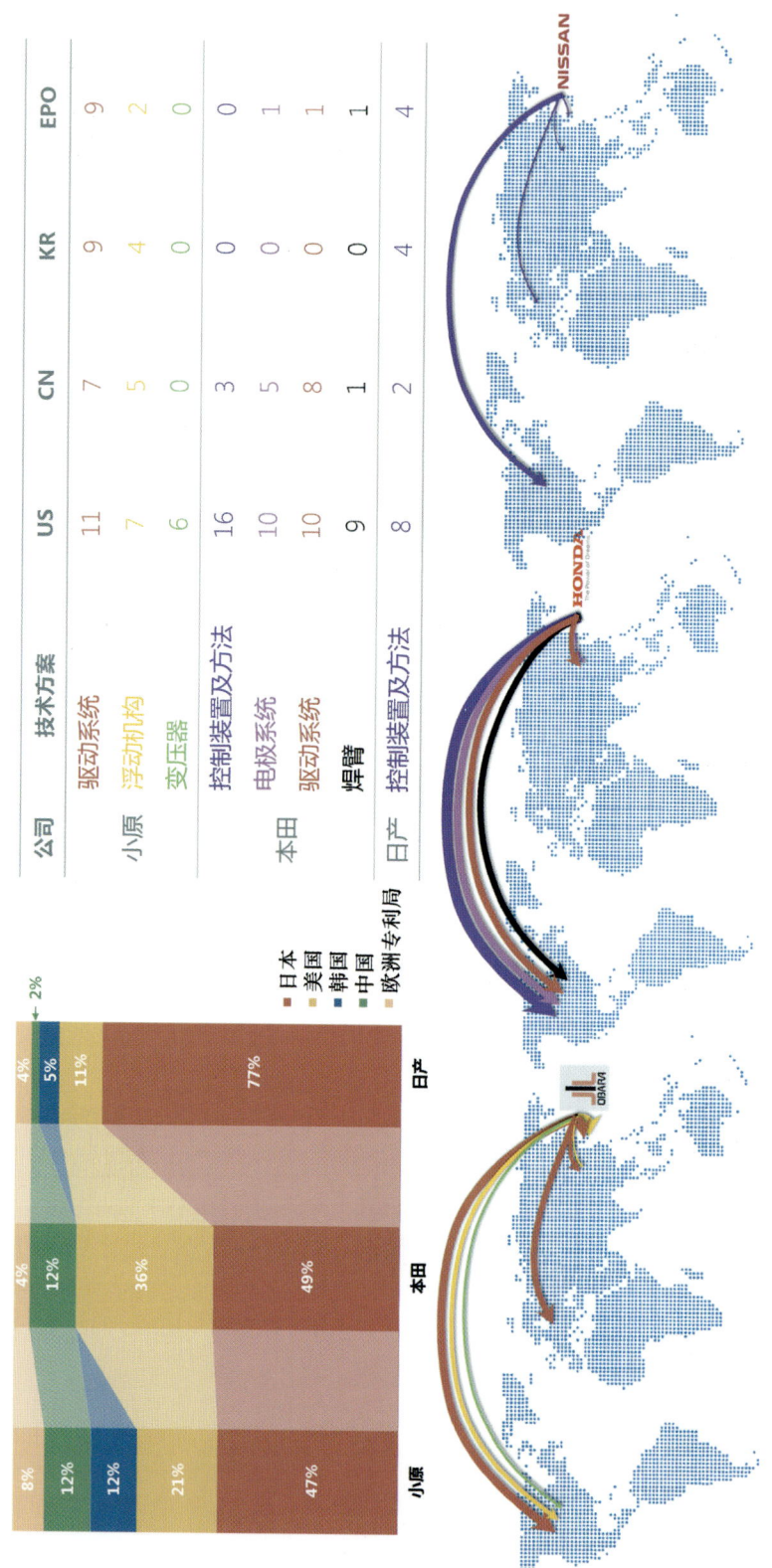

图6-9 三家企业点焊钳专利申请目标国和技术输出比较

（正文说明见第120页）

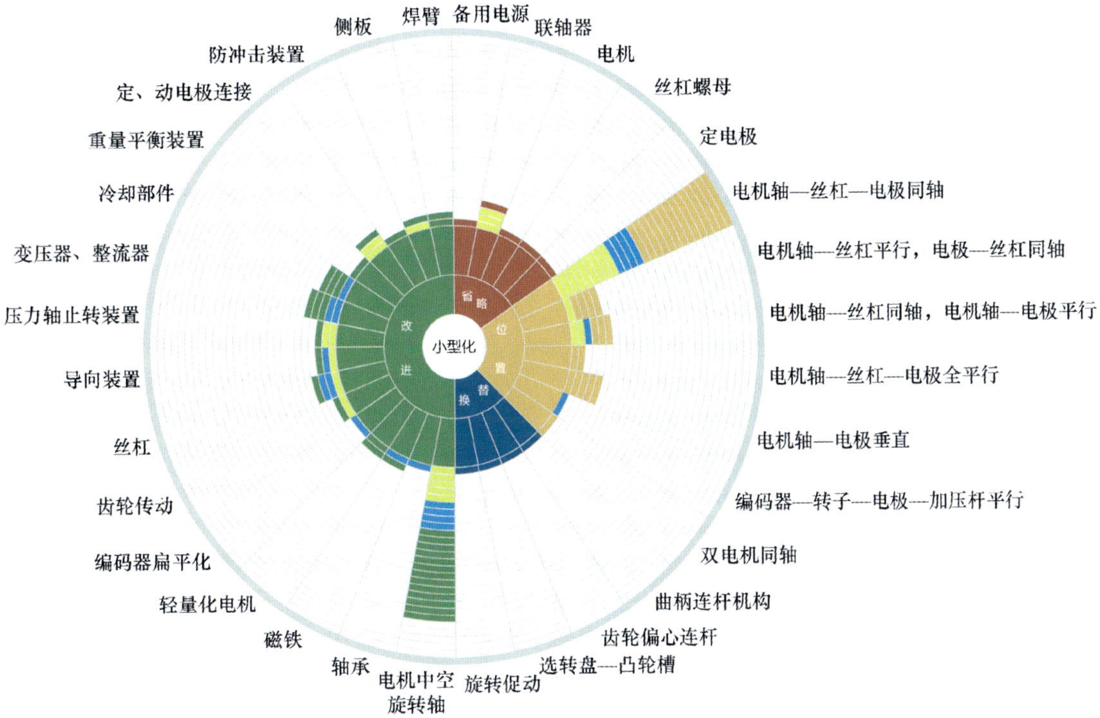

图6-12 小型轻量化的专利分析

（正文说明见第140页）

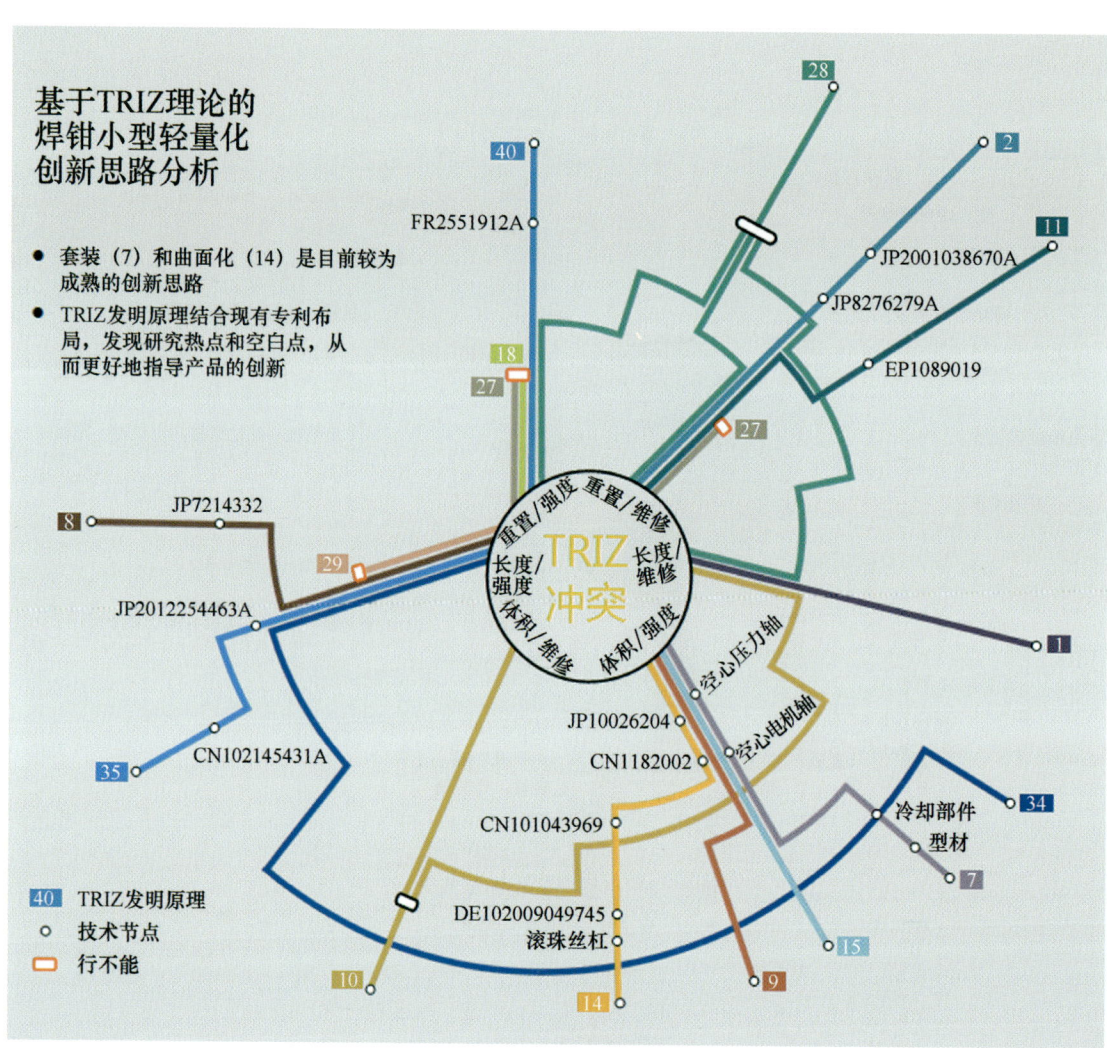

图6-13 TRIZ创新思路分析

(正文说明见第144页)

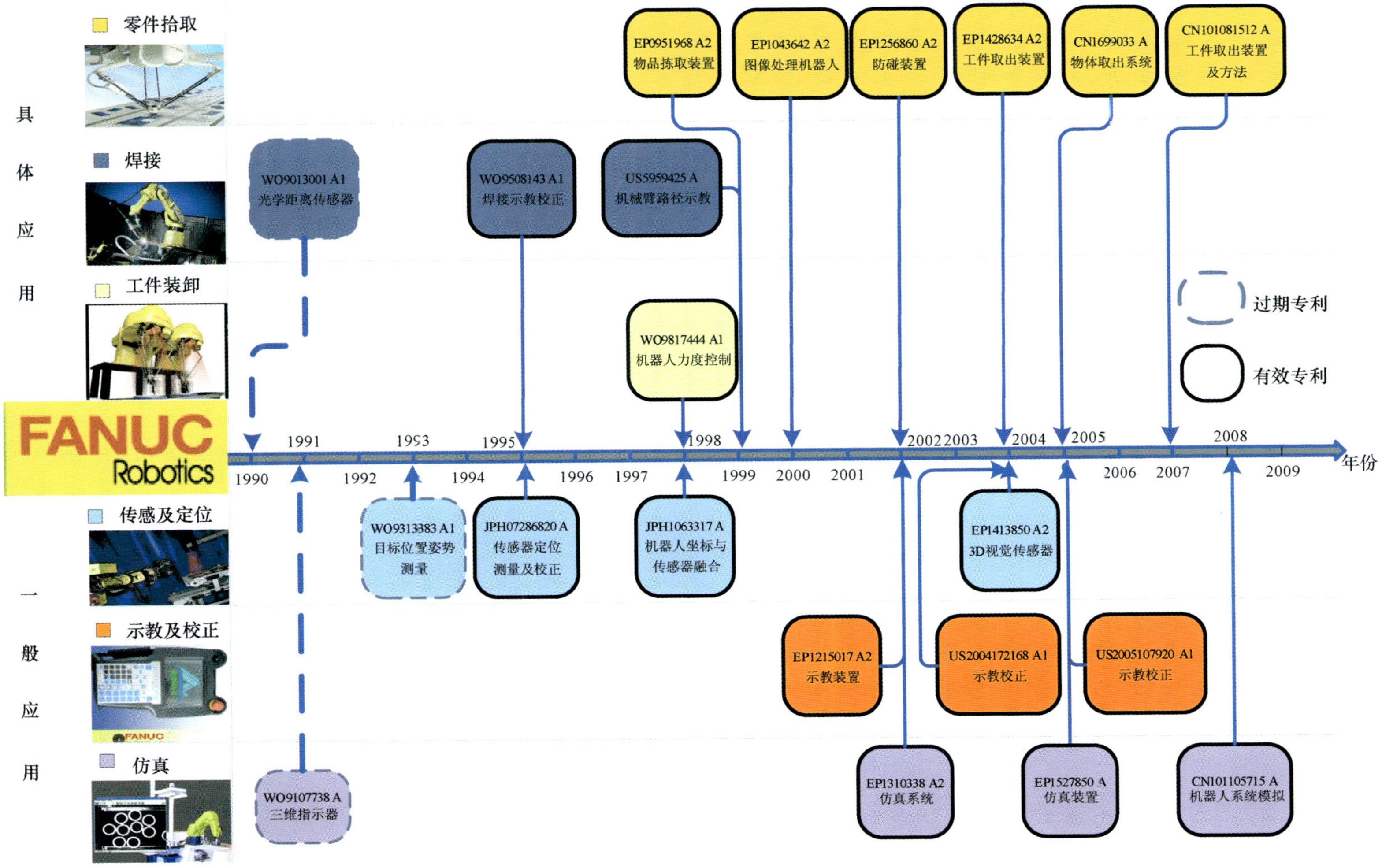

图7-17 FANUC 3D视觉控制技术发展路线图

（正文说明见第166页）

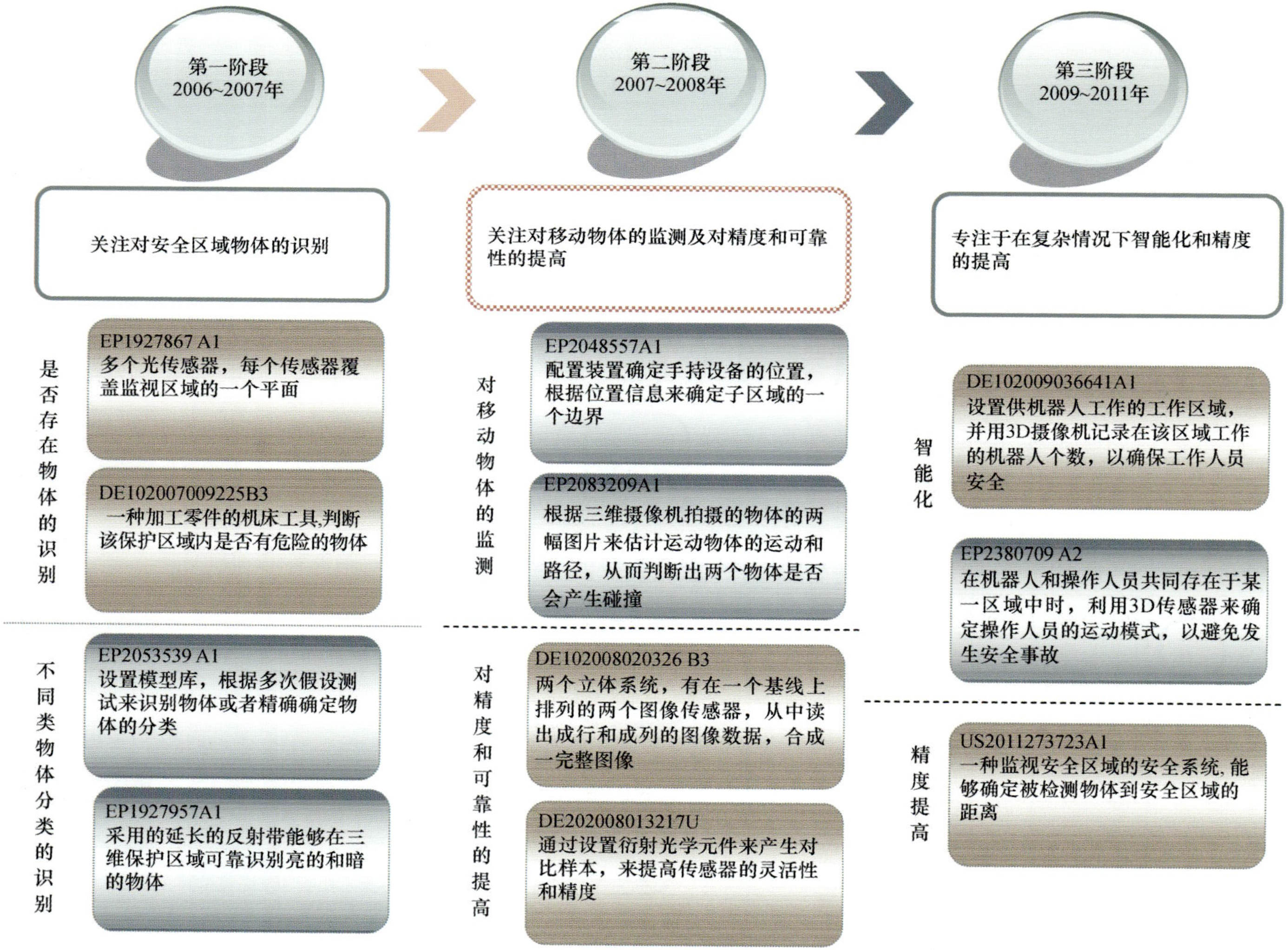

图7-64 SICK公司技术发展历程

第一阶段 2006~2007年：关注对安全区域物体的识别

是否存在物体的识别：
- EP1927867A1：多个光传感器，每个传感器覆盖监视区域的一个平面
- DE102007009225B3：一种加工零件的机床工具，判断该保护区域内是否有危险的物体

不同类物体分类的识别：
- EP2053539A1：设置模型库，根据多次假设测试来识别物体或者精确定物体的分类
- EP1927957A1：采用的延长的反射带能够三维保护区域可靠识别亮的和暗的物体

第二阶段 2007~2008年：关注对移动物体的监测及对精度和可靠性的提高

对移动物体的监测：
- EP2048557A1：配置装置手持设备的位置，根据位置信息来确定子区域的一个边界
- EP2083209A1：根据三维摄像机拍摄的物体的两幅图片来估计运动物体的运动路径，从而判断出两个物体是否会产生碰撞

对精度和可靠性的提高：
- DE102008020326 B3：两个立体系统，有在一个基线上排列的两个图像传感器，从中读出成行和成列的图像数据，合成一完整图像
- DE202008013217U：通过设置衍射光学元件来产生对比样本，来提高传感器的灵活性、精度

第三阶段 2009~2011年：专注于在复杂情况下智能化和精度的提高

智能化：
- DE102009036641A1：设置供机器人工人的工作区域，并用3D摄像机记录在该区域工作的工作人员个数，以确保工作人员安全
- EP2380709 A2：在机器人和操作人员共同存在于某一区域中时，利用3D传感器来确定操作人员的运动模式，以避免发生安全事故

精度提高：
- US2011273723A1：一种监视安全区域的安全系统，能够准确定被检测物体到安全区域的距离

（正文说明见第200页）

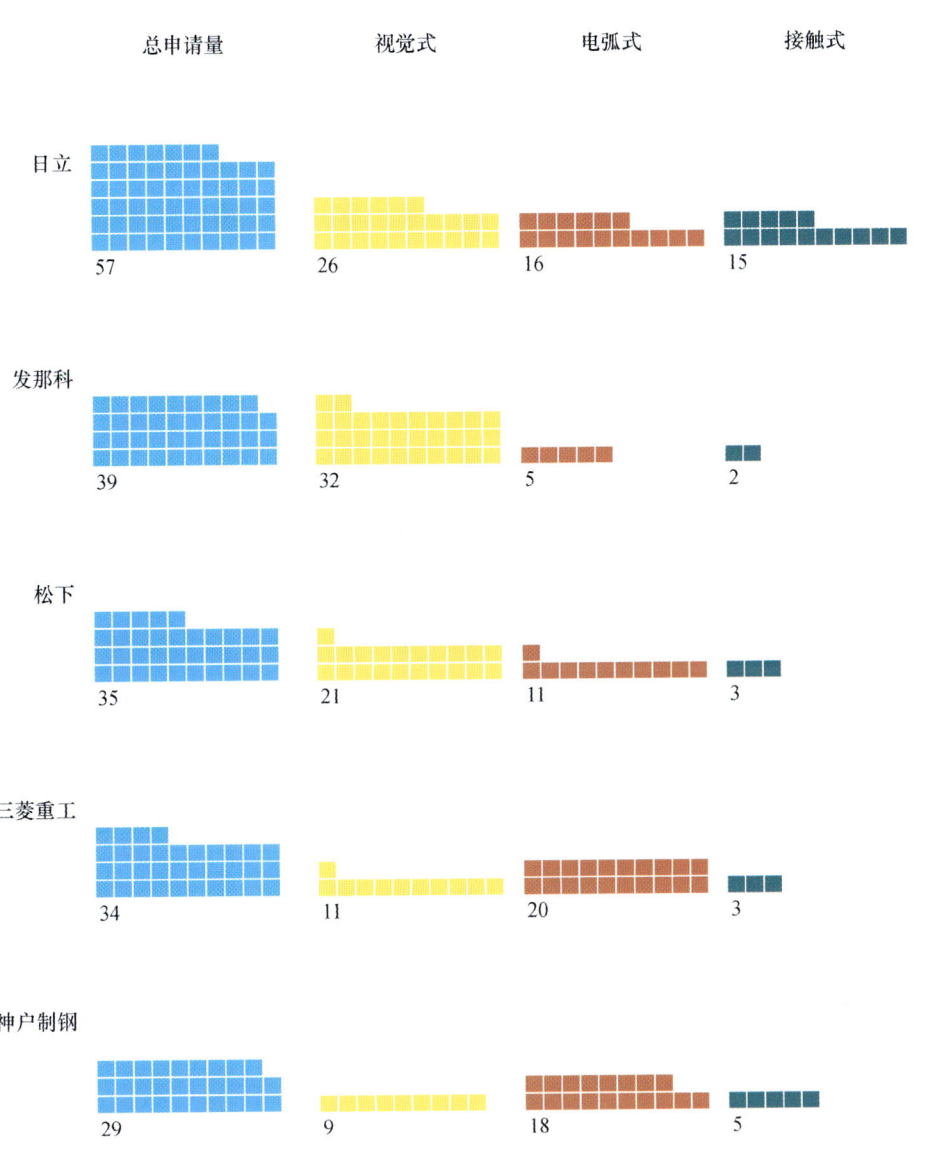

图8-6 焊缝跟踪技术主要申请人

（正文说明见第213页）

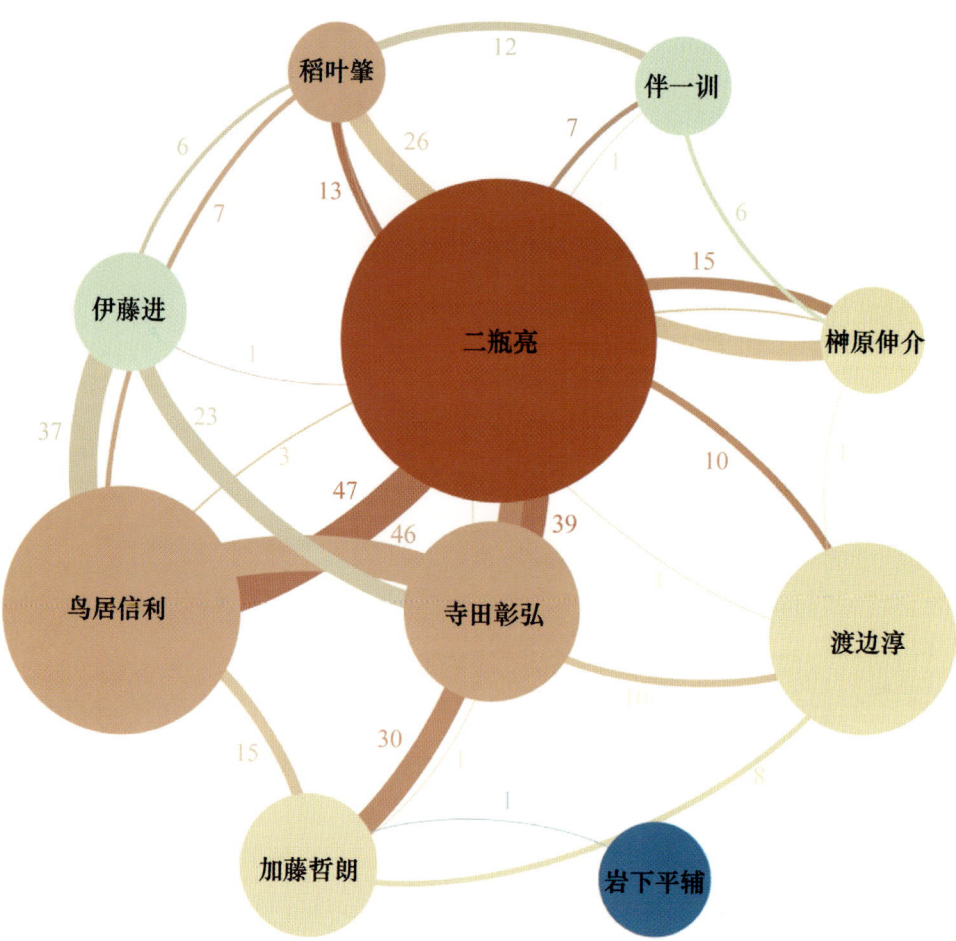

图10-24 FANUC公司发明人团队

（正文说明见第317页）

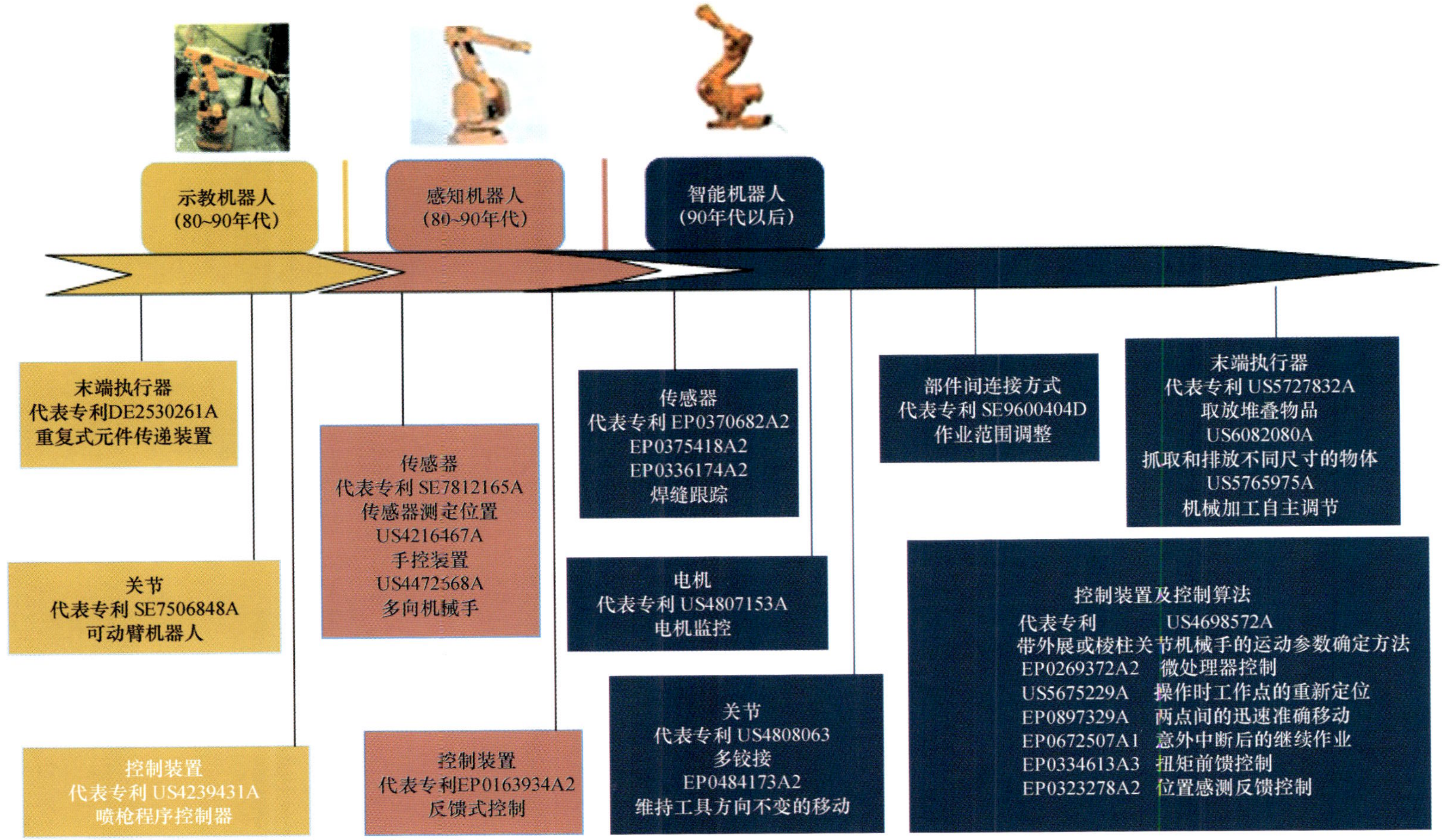

示教机器人（80-90年代）

末端执行器
代表专利DE2530261A
重复式元件传递装置

关节
代表专利SE7506848A
可动臂机器人

控制装置
代表专利US4239431A
喷枪程序控制器

感知机器人（80-90年代）

传感器
代表专利SE7812165A
传感器测定位置
US4216467A
手控装置
US4472568A
多向机械手

控制装置
代表专利EP0163934A2
反馈式控制

智能机器人（90年代以后）

传感器
代表专利EP0370682A2
EP0375418A2
EP0336174A2
焊缝跟踪

电机
代表专利US4807153A
电机监控

关节
代表专利US4808063
多铰接
EP0484173A2
维持工具方向不变的移动

部件间连接方式
代表专利SE9600404D
作业范围调整

末端执行器
代表专利US5727832A
取放堆叠物品
US6082080A
抓取和排放不同尺寸的物体
US5765975A
机械加工自主调节

控制装置及控制算法
代表专利
带外展或梭柱关节机械手的运动参数确定方法
US4698572A
微处理器控制
EP0269372A2
操作时工作点的重新定位
US5675229A
两点间的迅速准确移动
EP0897529A
意外中断后的继续作业
EP0672507A1
扭矩前馈控制
EP0334613A3
位置感测反馈控制
EP0323278A2

图11-16　ABB公司工业机器人技术演进图
（正文说明见第332页）

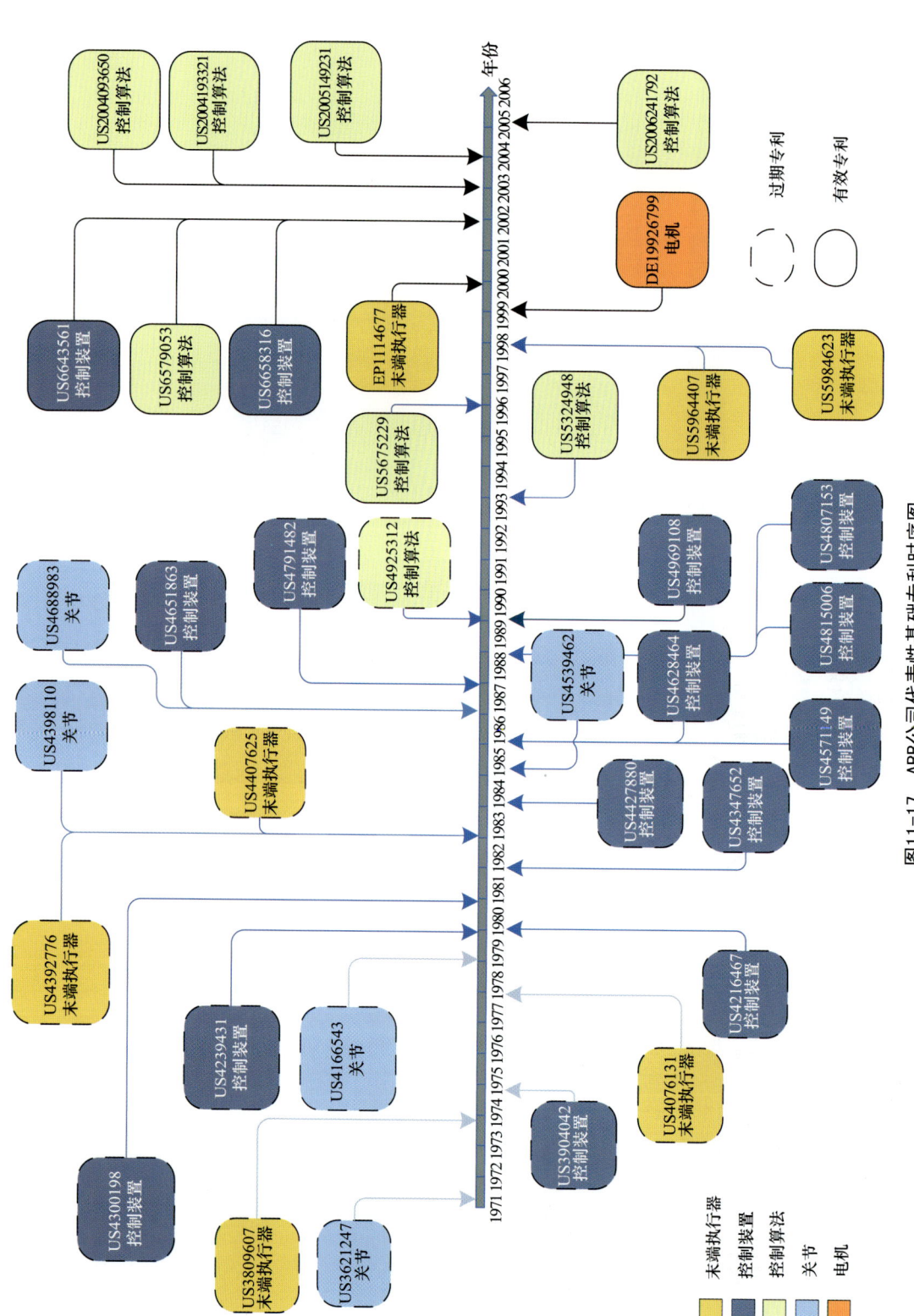

图11-17　ABB公司代表性基础专利时序图

（正文说明见第333页）

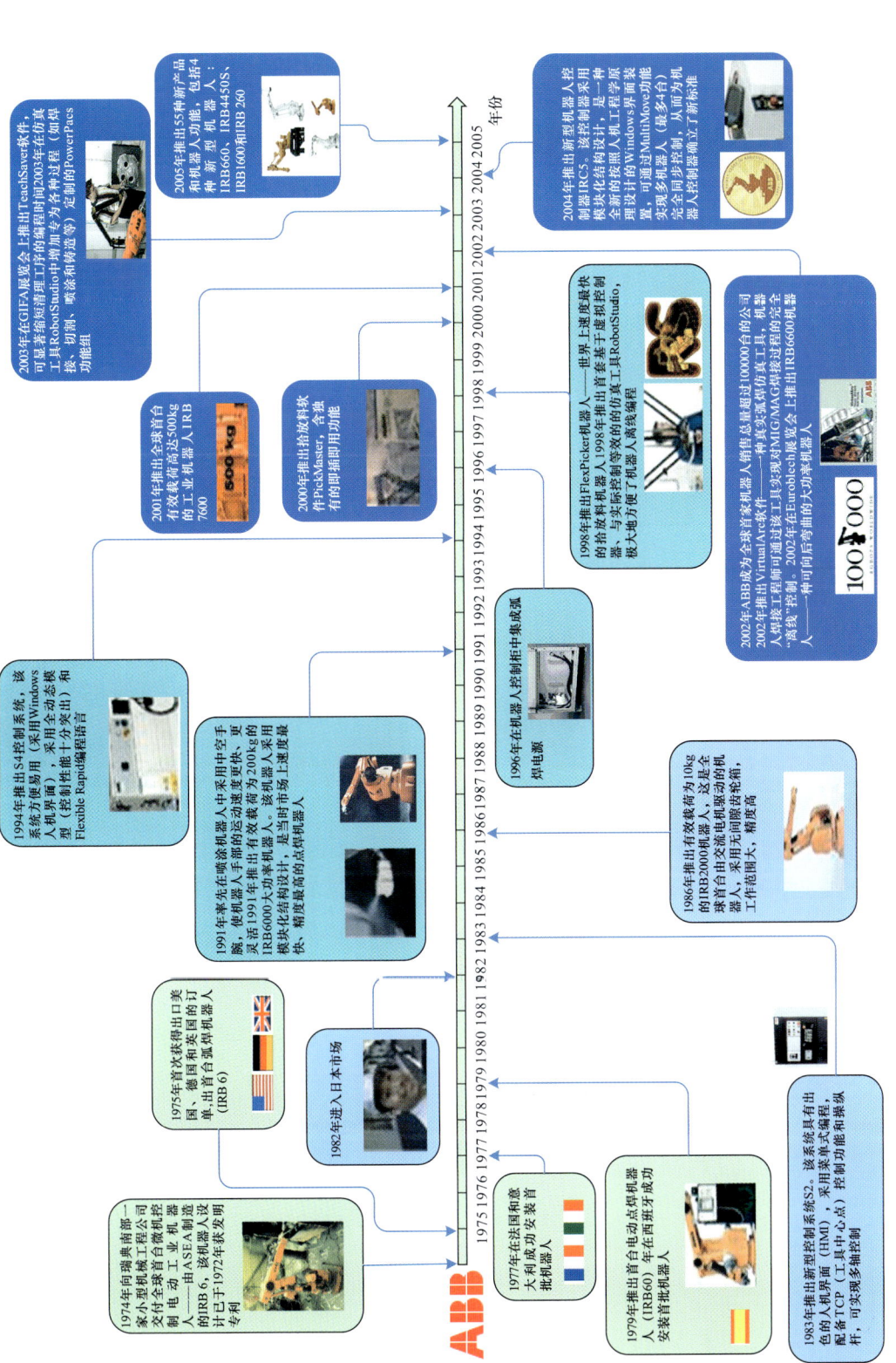

图11-30 ABB公司产品发展历程

（正文说明见第339页）

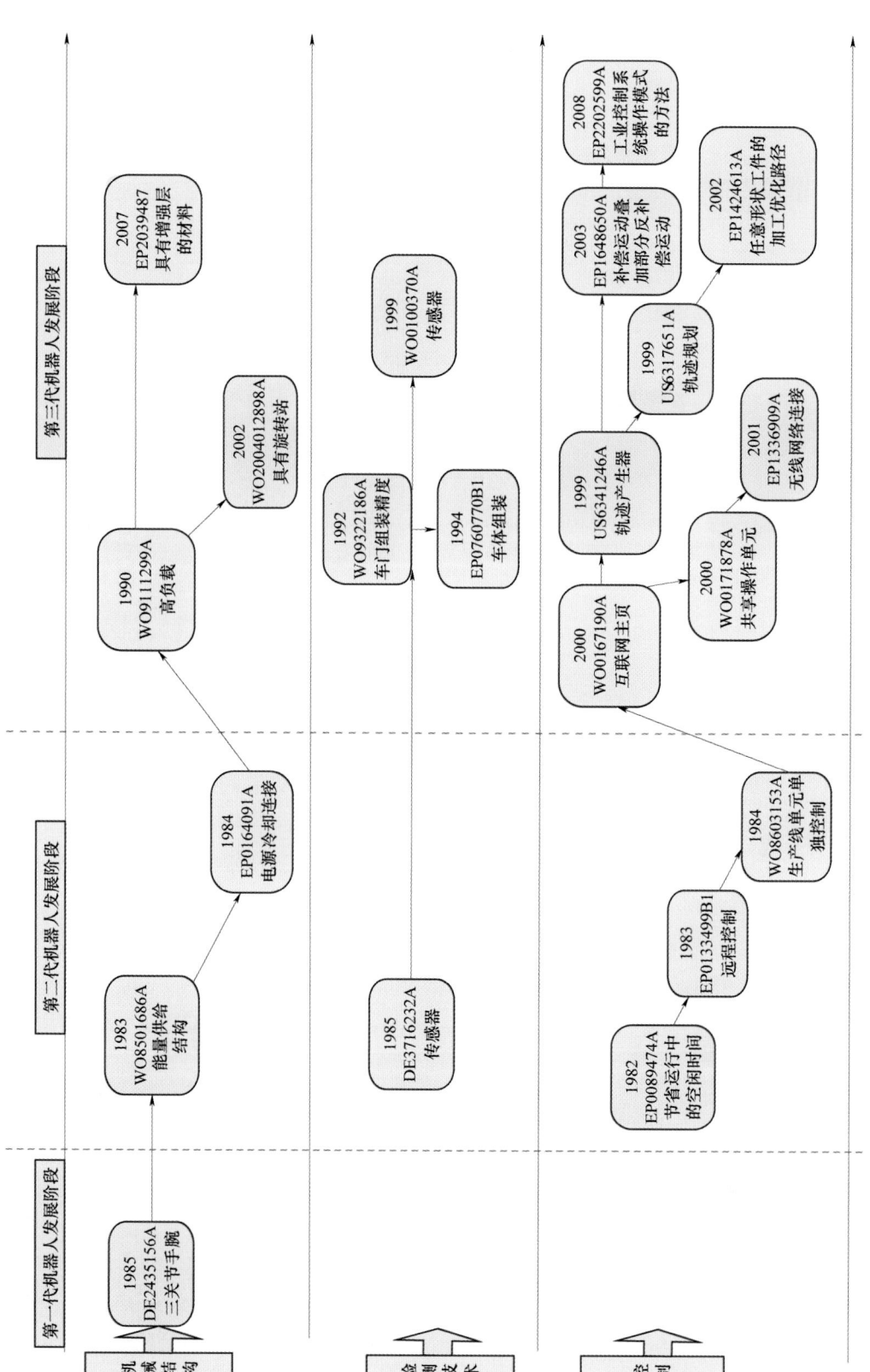

图12-15 KUKA公司机器人技术发展路线

（正文说明见第366页）

编委会

主　任：杨铁军

副主任：葛　树　冯小兵

编　委：卜　方　崔伯雄　魏保志　朱仁秀

　　　　孟俊娥　李　超　宫宝珉　曾武宗

　　　　张伟波　闫　娜　曲淑君　张小凤

　　　　李超凡

序

党的十八届三中全会和第十二届全国人大二次会议政府工作报告中明确提出要加强知识产权运用和保护工作，这是中央对知识产权工作提出的新任务和更高要求。在新形势下，让专利信息分析更好地融入产业发展决策，对于提升我国创新主体运用知识产权的能力和发展的质量效益都具有重要的意义。

国家知识产权局在"十二五"期间组织实施的专利分析普及推广项目已经走过四个年头，该项目着眼于战略性新兴产业、高新技术产业等关系国计民生的重点产业，在定量与定性、专利与市场、技术与经济等方面对专利技术分析方法作出有益的尝试，形成了一系列服务于产业发展和企业创新的专利分析研究成果，并基于这些成果广泛开展与产业紧密结合的宣传推广活动。作为项目研究成果的重要载体，《产业专利分析报告》系列丛书致力于回答和解决产业发展的实际问题，一方面力求数据准确论证充分，经得起时间检验，另一方面紧密联系实际，力争在产业发展中有更多的参考价值。

《产业专利分析报告》系列丛书的出版受到相关行业、企业和科研人员的一致认可，也受到专利分析和竞争情报研究机构的广泛关注。衷心希望，《产业专利分析报告》系列丛书的相继出版，能够推动我国相关产业专利运用和保护的水平，为企业的创新发展注入新的活力。

国家知识产权局副局长

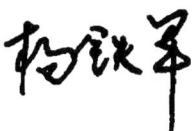

前 言

"十二五"期间国家知识产权局组织实施了专利分析普及推广项目,该项目紧密结合国家的产业发展方向,围绕企业对专利信息运用和产业发展的需求,发挥国家知识产权局的专利人才优势,开展专利分析研究工作,形成并发布专利分析报告。作为项目成果的重要载体,《产业专利分析报告》系列丛书第1~16册自出版以来,受到各行业广大读者的广泛欢迎,有力推动各产业的技术创新和转型升级。

2013年度专利分析普及推广项目继续秉承"源于产业、依靠产业、推动产业"的工作原则,在综合考虑来自行业主管部门、行业协会、企业创新主体的众多需求之后,最终选定12个行业开展研究工作。这12个行业包括燃气轮机、增材制造、工业机器人、卫星导航终端、LED照明、浏览器、电池、物联网、特种光学与电学玻璃、氟化工、通用名化学药和抗体药物,均属于我国科技创新和经济转型的核心产业。近一年来,约200名专利审查员参与项目研究,分析150余万条专利数据,几经易稿,形成12份内容实、分析透、质量高、特色多、紧扣行业需求的专利分析研究报告,共计近600万字、千余幅图表。

2013年度的专利分析报告继续加强分析方法创新,深化对申请人、研发团队、侵权诉讼、"337调查"等方面的分析方法研究,并在课题研究中得到充分应用和验证。如抗体药物课题组将专利诉讼的应对策略划分为实体抗辩、证据抗辩和程序抗辩,理清个案专利诉讼的分析思路,为企业应对专利诉讼提供新选择。氟化工、工业机器人、LED照明、卫星导航终端等课题组对"337调查"中的专利分析进行不同程度的探索,为企业应对"337调查"提供新策略。工业机器人课题组将

TRIZ 理论引入专利分析，融合技术创新理论和专利分析方法，为企业技术创新开辟新途径。

2013年度专利分析普及推广项目的研究得到社会各界的大力支持。例如，抗体药物课题组的行业指导专家沈倍奋院士多次来到课题组指导分析工作，并对课题研究成果给予充分肯定；工业机器人课题组的行业指导专家蔡鹤皋院士、燃气轮机课题组的行业指导专家蒋洪德院士均对专利分析报告给予较高的评价。氟化工课题组的合作单位中国石油和化学工业联合会组织大量企业参与课题具体研究工作，为课题研究的顺利开展奠定了基础。《产业专利分析报告》（第17~28册）凝聚社会各界的智慧，形成服务于产业发展的专利分析成果。希望这些成果能够为专利信息利用提供工作指引，为行业政策研究提供有益参考，为行业技术创新提供有效支撑。

由于报告中专利文献的数据采集范围和专利分析工具的限制，加之研究人员水平有限，报告的数据、结论和建议仅供社会各界借鉴、研究。

《产业专利分析报告》丛书编委会
2014年4月

项目联系人

李超凡　62083762/13810803618/lichaofan@sipo.gov.cn

褚战星　62084456/13810154361/chuzhanxing@sipo.gov.cn

工业机器人行业专利分析课题研究团队

一、项目指导

国家知识产权局： 杨铁军　廖　涛　葛　树　徐　聪　毛金生

二、项目管理

国家知识产权局专利局： 张小凤　李超凡　褚战星　汪　勇

三、课题组

承 担 部 门： 国家知识产权局专利局光电技术发明审查部、国家知识产权局专利局机械发明审查部、国家知识产权局专利局专利审查协作北京中心机械部

课 题 负 责 人： 崔伯雄　曲淑君

课 题 组 组 长： 宋红明　张小凤

课题组副组长： 徐晓明　郭震宇　李超凡

课 题 组 成 员： 李　萌　邓学欣　孙迎椿　丁　雷　窦艳鹏　方　华
　　　　　　　　　赖俊科　程晓盛　张　博　常　青　李全晓　梁　磊
　　　　　　　　　王　荣　郭振宇　王　敏　卜冬泉　田丽莉　侯红梅
　　　　　　　　　范肖凌　吴绍群　严　恺　陈君竹

四、研究分工

数据检索： 卜冬泉　窦艳鹏　孙迎椿　田丽莉　程晓盛　梁　磊
　　　　　　吴绍群

数据清理： 李　萌　卜冬泉　田丽莉　郭振宇　李全晓　侯红梅
　　　　　　梁　磊　范肖凌

数据标引： 李　萌　卜冬泉　窦艳鹏　常　青　田丽莉　郭振宇
　　　　　　程晓盛　侯红梅　梁　磊　范肖凌

图表制作： 常　青　孙迎椿　田丽莉　程晓盛　严　恺　赖俊科
　　　　　　范肖凌

报告执笔： 李　萌　卜冬泉　窦艳鹏　常　青　徐晓明　孙迎椿
　　　　　　田丽莉　郭振宇　程晓盛　李全晓　侯红梅　严　恺
　　　　　　邓学欣　范肖凌　梁　磊　张　博　王　敏　吴绍群

报告统稿： 宋红明　徐晓明　郭震宇　李　萌

报告编辑：李　萌

报告审校：崔伯雄　曲淑君　李超凡　汪　勇　王　冀　陈家良　鞠恩民

五、报告撰稿

李　萌：主要执笔第 7 章第 7.1 节、第 7.2 节，第 11 章第 11.1 节、第 11.7 节，第 13 章第 13.1 节、第 13.2 节，参与执笔第 11 章第 11.8 节、第 13 章第 13.4 节

卜冬泉：主要执笔第 2 章第 2.1 节，第 7 章第 7.3 节，第 11 章第 11.2 节、第 11.3 节、第 11.4 节，参与执笔第 11 章第 11.8 节

窦艳鹏：主要执笔第 7 章第 7.4 节、第 7.6 节，第 11 章第 11.5 节、第 11.6 节，参与执笔第 2 章第 2.2 节

常　青：主要执笔第 2 章第 2.3 节、第 7 章第 7.5 节、第 13 章第 13.3 节，参与执笔第 13.4 节

徐晓明：主要执笔第 15 章第 15.1 节、第 15.2 节

孙迎椿：主要执笔第 9 章第 9.2 节、第 9.3 节、第 9.6 节，参与执笔第 1 章第 1.1 节

田丽莉：主要执笔第 1 章第 1.1 节、第 1.2 节，第 12 章第 12.1 节、第 12.2 节、第 12.4 节、第 12.5 节，参与执笔第 12 章第 12.3 节

郭振宇：主要执笔第 9 章第 9.4 节、第 9.5 节

程晓盛：主要执笔第 4 章第 4.1~4.6 节以及第 5 章第 5.1~5.5 节

李全晓：主要执笔第 4 章第 4.1~4.6 节以及第 5 章第 5.1~5.5 节

侯红梅：主要执笔第 4 章第 4.1~4.6 节以及第 5 章第 5.1~5.5 节

严　恺：主要执笔第 9 章第 9.1 节，参与执笔第 9.4 节

邓学欣：主要执笔第 6 章，第 8 章第 8.4 节，第 10 章 10.4 节、第 10.7 节，参与执笔第 10 章 10.3 节、第 10.5 节，第 14 章，第 15 章

范肖凌：主要执笔第 8 章、第 10 章第 10.6 节，参与执笔第 6 章

梁　磊：主要执笔第 2 章，第 8 章第 8.5 节，第 10 章第 10.1 节、第 10.2 节，参与执笔第 6 章第 6.4 节

张　博：主要执笔第 10 章第 10.3 节，第 14 章第 14.1 节、第 14.3 节，参与执笔第 10 章第 10.4 节、第 10.5 节、第 10.6 节

王　敏：主要执笔第 6 章第 6.1 节、第 14 章第 14.2 节，参与执笔第 8

章第 8.2 节、第 8.3 节

吴绍群：主要执笔第 10 章第 10.5 节，参与执笔第 2 章

宋红明：主要执笔第 2 章第 2.2 节，参与执笔第 13 章、第 15 章

方　华：主要执笔第 12 章第 12.3 节

六、指导专家

行业专家

蔡鹤皋　中国工程院院士、哈尔滨工业大学机器人研究所

张荣瀚　工业和信息化部装备工业司重大技术装备处

陈家良　中国机器人产业联盟

邵钦作　中国机床工具工业协会

技术专家

林　青　国机集团科学技术研究院有限公司

鞠恩民　机械工业信息研究院战略所

陈友东　安徽埃夫特公司技术委员会

方跃法　北京交通大学机电学院

专利分析专家

王　冀　国家知识产权局专利局光电技术发明审查部

王　超　国家知识产权局专利局光电技术发明审查部

杨　雪　国家知识产权局专利局光电技术发明审查部

汪　勇　国家知识产权局专利局机械发明审查部

七、合作单位（排序不分先后）

工业和信息化部装备工业司、中国机械工业联合会、中国机器人产业联盟、中国机床工具工业协会、深圳市机器人协会、哈尔滨工业大学机器人研究所、国机集团科学技术研究院有限公司、安徽埃夫特智能装备有限公司、沈阳新松机器人自动化股份有限公司、广州数控设备有限公司、比亚迪股份有限公司、安川首钢机器人有限公司

目　　录

第 1 章　研究概况 / 1
　　1.1　研究背景 / 1
　　　1.1.1　技术发展现状 / 1
　　　1.1.2　产业现状 / 2
　　　1.1.3　行业需求 / 6
　　1.2　研究方法和对象 / 7
　　　1.2.1　工业机器人技术分解流程及方法 / 7
　　　1.2.2　数据检索和处理 / 9
第 2 章　全球专利总览 / 14
　　2.1　专利申请趋势及发展阶段 / 14
　　2.2　主要国家或地区专利分布 / 19
　　2.3　申请人排名 / 21
第 3 章　中国专利总体分析 / 23
　　3.1　申请态势 / 23
　　3.2　技术构成及申请人排名 / 26
　　3.3　主要来源国及地区 / 29
　　3.4　申请人分析 / 32
第 4 章　谐波减速器 / 34
　　4.1　技术概况 / 34
　　　4.1.1　技术简介 / 34
　　　4.1.2　申请趋势及发展阶段 / 39
　　4.2　全球申请状况 / 41
　　　4.2.1　专利申请态势 / 41
　　　4.2.2　来源国分析 / 41
　　　4.2.3　目标国分析 / 42
　　　4.2.4　申请人分析 / 42
　　　4.2.5　关键技术发展历程 / 44
　　4.3　中国申请状况 / 45

4.3.1 申请态势 / 45
4.3.2 申请人分析 / 45
4.3.3 发明人分析 / 48
4.3.4 法律状态 / 49
4.4 谐波传动系统有限公司 / 49
4.4.1 公司简介及并购历史 / 49
4.4.2 专利申请态势 / 51
4.4.3 研发团队分析 / 52
4.4.4 关键技术发展历程 / 59
4.5 中国国家标准 / 64
4.5.1 新旧版国家标准比较 / 64
4.5.2 专利与国家标准 / 67
4.6 本章小结 / 70

第5章 RV减速器 / 72

5.1 技术概况 / 72
5.1.1 工作原理 / 73
5.1.2 国外技术发展概况 / 74
5.1.3 中国技术发展概况 / 74
5.1.4 发展方向 / 75
5.2 全球申请状况 / 75
5.2.1 专利申请态势 / 75
5.2.2 来源国分布 / 76
5.2.3 申请人分析 / 76
5.2.4 重点专利技术分析 / 77
5.3 中国申请状况 / 79
5.3.1 中国发明申请情况 / 79
5.3.2 申请人情况 / 80
5.3.3 发明人情况 / 81
5.3.4 中国申请的法律状态 / 81
5.3.5 重点专利技术分析 / 82
5.4 纳博特斯克 / 88
5.4.1 概况 / 88
5.4.2 专利申请态势 / 93
5.4.3 主要发明人与专利布局 / 93
5.4.4 关键技术发展历程 / 95
5.5 本章小结 / 108

第6章 点焊钳 / 110

6.1 技术概况 / 110
6.2 全球申请状况 / 111
6.2.1 专利申请态势 / 111
6.2.2 重要申请人 / 111
6.3 中国申请状况 / 112
6.3.1 专利申请态势 / 112
6.3.2 重要申请人 / 112
6.4 重要申请人技术功效分析 / 113
6.4.1 技术功效分解 / 114
6.4.2 总体分析 / 116
6.4.3 对比分析 / 117
6.4.4 目标国分析 / 120
6.4.5 技术发展趋势 / 126
6.5 小型轻量化手段分析 / 129
6.5.1 伺服电机点焊钳技术概况 / 129
6.5.2 技术手段分析 / 130
6.5.3 专利技术分析 / 140
6.6 基于TRIZ的创新思路分析 / 143
6.6.1 TRIZ理论概述 / 143
6.6.2 小型轻量化的创新思路 / 144
6.6.3 专利规避初步设想 / 147
6.7 本章小结 / 148

第7章 3D视觉控制技术 / 149
7.1 技术概况 / 149
7.2 专利申请态势 / 152
7.2.1 全球专利申请态势 / 152
7.2.2 中国专利申请态势 / 154
7.2.3 专利申请构成 / 155
7.2.4 来源国分析 / 156
7.3 FANUC公司 / 158
7.3.1 专利申请布局 / 158
7.3.2 重点产品与专利申请 / 161
7.3.3 专利保护策略 / 164
7.3.4 在中国市场的运营策略及启示 / 178
7.4 康耐视公司 / 181
7.4.1 专利申请布局 / 181
7.4.2 专利保护策略 / 183

7.5 SICK 公司 / 194
    7.5.1 公司简介 / 195
    7.5.2 专利申请态势 / 195
    7.5.3 技术发展历程 / 196
    7.5.4 SICK 公司与 COGNEX 公司的比较 / 201
    7.5.5 公司运营模式 / 202
7.6 本章小结 / 203

第8章 焊缝跟踪 / 205

8.1 技术概况 / 205
8.2 全球专利申请分析 / 206
    8.2.1 专利申请态势 / 206
    8.2.2 技术分支分析 / 207
    8.2.3 主要申请人专利申请态势 / 213
8.3 中国专利申请分析 / 213
    8.3.1 专利申请态势 / 213
    8.3.2 申请人构成 / 214
    8.3.3 重要申请人 / 215
8.4 技术发展历程 / 216
    8.4.1 接触式 / 216
    8.4.2 非接触式 / 218
    8.4.3 电弧式 / 220
8.5 神户制钢所 / 223
    8.5.1 专利申请布局 / 223
    8.5.2 重点产品与专利申请 / 224
    8.5.3 在中国市场运营策略及启示 / 228
8.6 FANUC 公司 / 230
    8.6.1 技术发展历程 / 230
    8.6.2 专利保护体系 / 232
8.7 赛融公司 / 235
    8.7.1 公司简介 / 235
    8.7.2 专利申请态势 / 236
    8.7.3 赛融公司与 FANUC 公司的视觉系统演进 / 237
8.8 本章小结 / 241

第9章 喷涂机器人的轨迹规划 / 243

9.1 技术概况 / 243
9.2 全球专利申请分析 / 245
    9.2.1 专利申请态势 / 245

9.2.2 专利申请布局 / 246
9.2.3 重要申请人 / 248
9.3 中国专利申请分析 / 251
9.3.1 专利申请态势 / 251
9.3.2 重要申请人 / 252
9.3.3 重点专利申请 / 255
9.4 专利技术发展历程 / 256
9.4.1 专利技术发展演进 / 256
9.4.2 重要申请人 / 258
9.5 TOKICO 公司 / 261
9.5.1 专利申请功效分析 / 261
9.5.2 发明人分析 / 262
9.6 本章小结 / 265

第 10 章 FANUC 公司 / 267
10.1 公司简介 / 267
10.2 专利申请态势 / 269
10.3 发展基础和应用方向 / 272
10.3.1 基础技术 / 273
10.3.2 应用技术 / 277
10.4 产业合作 / 279
10.4.1 产业升级与技术突破 / 279
10.4.2 产业转移与全球化 / 286
10.4.3 中国工业机器人产业发展的策略 / 288
10.5 并联机器人 / 293
10.5.1 重点产品及专利申请 / 293
10.5.2 其他公司 Delta 并联机器人 / 304
10.5.3 专利规避 / 309
10.6 发明人分析 / 315
10.6.1 重要发明人 / 316
10.6.2 发明人团队 / 317
10.6.3 技术演进 / 317
10.7 本章小结 / 321

第 11 章 ABB 公司 / 323
11.1 公司简介 / 323
11.2 全球专利申请分析 / 325
11.2.1 专利申请态势 / 326
11.2.2 专利布局 / 326

11.3　中国专利申请分析 / 330
　11.3.1　专利申请态势 / 330
　11.3.2　专利布局 / 330
11.4　技术分析 / 332
　11.4.1　技术发展历程 / 332
　11.4.2　可靠性解决方案 / 336
11.5　重点产品与专利申请 / 339
　11.5.1　产品发展历程 / 339
　11.5.2　产品专利透视 / 341
11.6　研发团队分析 / 348
　11.6.1　发明人团队 / 348
　11.6.2　合作研发 / 351
　11.6.3　公司并购 / 351
11.7　专利撰写策略 / 352
11.8　本章小结 / 357

第12章　KUKA公司 / 358

12.1　公司简介 / 358
12.2　专利申请分析 / 361
　12.2.1　全球专利申请态势 / 361
　12.2.2　全球专利申请布局 / 362
　12.2.3　中国专利申请态势 / 363
　12.2.4　技术构成及功效 / 364
　12.2.5　专利技术发展历程 / 366
　12.2.6　重要专利申请 / 367
12.3　重点产品与专利申请 / 371
　12.3.1　TITAN系列 / 371
　12.3.2　卸码垛机器人 / 371
　12.3.3　QUANTEC系列 / 372
12.4　研发团队分析 / 373
　12.4.1　发明人团队 / 373
　12.4.2　合作研发 / 374
12.5　本章小结 / 376

第13章　美国专利侵权诉讼 / 377

13.1　概述 / 377
13.2　整体状况 / 378
　13.2.1　诉讼态势分析 / 378
　13.2.2　涉诉专利产品和技术分析 / 379

13.2.3 原告分析 / 382
13.2.4 被告分析 / 385
13.2.5 起诉地与产业关系分析 / 387
13.3 典型案例分析 / 388
13.3.1 个人介绍 / 388
13.3.2 专利与诉讼 / 389
13.3.3 Lemelson 基金会 / 390
13.3.4 典型案例 / 393
13.4 本章小结 / 400

第14章 337 调查 / 402
14.1 概述 / 403
14.2 FANUC 公司案例分析 / 406
14.2.1 涉案专利介绍 / 406
14.2.2 案件审理过程 / 409
14.2.3 关键环节和典型问题 / 411
14.3 中国企业应对策略 / 424

第15章 结论与建议 / 426
15.1 结论 / 426
15.1.1 国内外专利申请格局 / 426
15.1.2 关键技术 / 427
15.1.3 重点技术 / 428
15.1.4 值得关注的技术 / 429
15.1.5 重点申请人 / 429
15.1.6 美国专利侵权诉讼 / 430
15.2 建议 / 430
15.2.1 产业链上下游结合 / 430
15.2.2 充分利用产业联盟 / 431
15.2.3 专利标准化 / 431
15.2.4 开发核心专利技术 / 431
15.2.5 掌控技术发展方向 / 432
15.2.6 保护跟上准备诉讼 / 432

附录1 查找产品专利的一般性方法 / 434
附录2 重要申请人名称约定 / 438

第1章 研究概况

1.1 研究背景

1.1.1 技术发展现状

当今工业机器人技术正逐渐向着具有行走能力、多种感知能力、较强的对作业环境的自适应能力的方向发展。目前，对全球机器人技术的发展最有影响的国家是美国和日本。美国在工业机器人技术的综合研究水平上仍处于领先地位，而日本生产的工业机器人在数量、种类方面则居世界首位。目前工业机器人技术发展方向如下：

（1）工业机器人性能不断提高（高速度、高精度、高可靠性、便于操作和维修），而单机价格不断下降。

（2）机械结构向模块化、可重构化发展。例如关节模块中的伺服电机、减速机、检测系统三位一体化；由关节模块、连杆模块用重组方式构造机器人整机；国外已有模块化装配机器人产品问世。

（3）工业机器人控制系统向基于PC机的开放型控制器方向发展，便于标准化、网络化；器件集成度提高，控制柜日渐小巧，且采用模块化结构；大大提高了系统的可靠性、易操作性和可维修性。

（4）工业机器人中的传感器作用日益重要，除采用传统的位置、速度、加速度等传感器外，装配、焊接机器人还应用了视觉、力觉等传感器，而遥控机器人则采用视觉、声觉、力觉、触觉等多传感器的融合技术来进行环境建模及决策控制；多传感器融合配置技术在产品化系统中已有成熟应用。

（5）虚拟现实技术在工业机器人中的作用已从仿真、预演发展到用于过程控制，如使遥控机器人操作者产生置身于远端作业环境中的感觉来操纵机器人。

（6）当代遥控机器人系统的发展特点不是追求全自治系统，而是致力于操作者与机器人的人机交互控制，即遥控加局部自主系统构成完整的监控遥控操作系统，使智能机器人走出实验室进入实用化阶段。

（7）机器人化机械开始兴起。从1994年美国开发出"虚拟轴机床"以来，这种新型装置已成为国际研究的热点之一，纷纷探索开拓其实际应用的领域。

目前工业机器人界都在加大科研力度，进行机器人共性技术的研究，并朝着智能化和多样化方向发展。主要研究内容集中在以下10个方面：

（1）工业机器人操作机结构的优化设计技术：探索新的高强度轻质材料，进一步提高负载/自重比，同时机构向着模块化、可重构方向发展。

（2）工业机器人控制技术：重点研究开放式、模块化控制系统，人机界面更加友好，语言、图形编程界面正在研制之中。工业机器人控制器的标准化和网络化，以及基于 PC 机网络式控制器已成为研究热点。编程技术除进一步提高在线编程的可操作性之外，离线编程的实用化将成为研究重点。

（3）多传感系统：为进一步提高机器人的智能和适应性，多种传感器的使用是其问题解决的关键。其研究热点在于有效可行的多传感器融合算法，特别是在非线性及非平稳、非正态分布情形下的多传感器融合算法。另一个问题就是传感系统的实用化。

（4）工业机器人的结构灵巧，控制系统愈来愈小，二者正朝着一体化方向发展。

（5）工业机器人遥控及监控技术，机器人半自主和自主技术，多机器人和操作者之间的协调控制，通过网络建立大范围内的机器人遥控系统，在有时延的情况下，建立预先显示进行遥控等。

（6）虚拟机器人技术：基于多传感器、多媒体和虚拟现实以及临场感技术，实现机器人的虚拟遥操作和人机交互。

（7）多智能体（multi-agent）调控技术：这是目前机器人研究的一个崭新领域。主要对多智能体的群体体系结构、相互间的通信与磋商机理、感知与学习方法、建模和规划、群体行为控制等方面进行研究。

（8）微型和微小机器人技术（micro/miniature robotics）：这是机器人研究的一个新的领域和重点发展方向。过去的研究在该领域几乎是空白，因此该领域研究的进展将会引起工业机器人技术的一场革命，并且对社会进步和人类活动的各个方面产生不可估量的影响，微小型机器人技术的研究主要集中在系统结构、运动方式、控制方法、传感技术、通信技术以及行走技术等方面。

（9）软机器人技术（soft robotics）：主要用于医疗、护理、休闲和娱乐场合。传统机器人设计未考虑与人紧密共处，因此其结构材料多为金属或硬性材料，软机器人技术要求其结构、控制方式和所用传感系统在机器人意外地与环境或人碰撞时是安全的，机器人对人是友好的。

（10）仿人和仿生技术：这是机器人技术发展的最高境界，目前仅在某些方面进行一些基础研究。

总之，21 世纪将会是工业机器人蓬勃发展的时代。

1.1.2 产业现状

据国际机器人联合会（IFR）统计，2011 年工业机器人销量较 2010 年增加了 38%，创下 166028 台的新纪录。工业机器人销售额激增 46%，达到 85 亿美元。其中不包括软件、外围设备和系统工程，如果纳入上述项目，实际工业机器人系统的市场价值估计高达 255 亿美元。[1]

全世界工业机器人的数量虽然每年在递增，但市场是波浪式向前发展的，1980 年

---

[1] 全球工业机器人市场分析与预测 [EB/OL]. [2013-05-03]. http://www.chinaelc.com/ch_jxzl/2012091330750.html.

以来已出现三次马鞍形曲线。第一次在20世纪80年代中期（1985～1987年），原因是第一代工业机器人在一些发达国家汽车产业中的应用渐达饱和，以及日元不断升值。1988年后，随着电子行业工业机器人的大量应用及日本经济的复苏，工业机器人增长率开始回升，1990年新安装8.7万台，创历史最高纪录，而1998年实际订货7.1万台，销售额比上一年下降16%，出现第三个马鞍形是由于日、韩两国销售额的大幅下降。1999年回升，主要原因是北美和欧洲订单的增长。进入21世纪，工业机器人产业发展速度加快，年增长率达到30%左右。其中，亚洲工业机器人增长速度最为突出，高达43%（参见图1-1）。❶

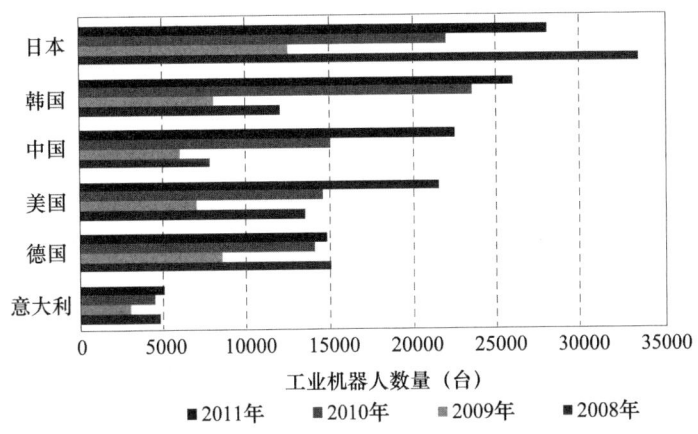

图1-1 工业机器人年供应量最大市场❷

参见图1-1，在2011年，日本再次成为全球最大的机器人市场。销量飙升27%，达到近28000台，有部分原因是由于3月11日海啸破坏的系统需要更换，而汽车业与其他大部分产业对机器人的投资额高于平均值。紧随日本之后的是韩国，机器人销量增长了9%，达到25500台。2010年韩国因电气、电子产业在工业机器人领域的大量投入曾高居榜首，而2011年投资开始放缓。在美国，生产设备的现代化改造和建设正蓄势待发，2011年工业机器人出货量较2010年增长了43%，达到了20555台这样一个新的高峰。2011年，中国采购的工业机器人达到22600台，采购量比2010年多出51%。在2006～2011年，中国的年度供应量增加了4倍。在工业机器人50年的历史中，没有任何国家像中国这样，在如此短的时间内工业机器人安装量维持这样一个大幅度的增长率。德国仍然是欧洲最大的工业机器人市场，在2011年销量较2010年激增39%，达到19500台。这创下了迄今为止的单年销量纪录，占到了欧洲机器人总供应量的45%左右。意大利的工业机器人销量上升了13%，达到了5100台。汽车、饮料与食品、金属及机械行业也增加了高于平均的机器人订单。❸

如图1-2、图1-3所示，在2011年年底，全球制造业每1万名员工拥有55台机器人。韩国、日本和德国是全球自动化程度最高的国家，机器人密度介于每1万名员

---

❶❷❸ 全球工业机器人市场分析与预测［EB/OL］．［2013-05-03］．http：//www．chinaelc．com/ch_jxzl/2012091330750．html．

工对应261~347台。英国是完成工业化国家中采用机器人最少的，其工业机器人普及率仅略高于全球平均水平。在大多数的新兴市场中，例如中国，机器人的密度或自动化的比率仍远低于平均水平。❶

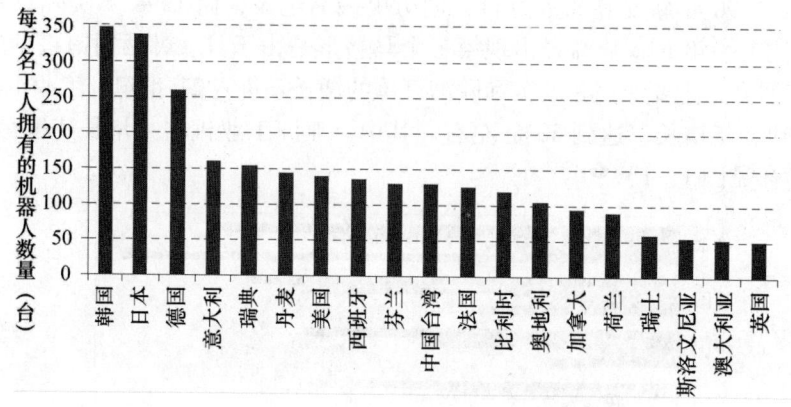

图1-2　各国工业机器人密度

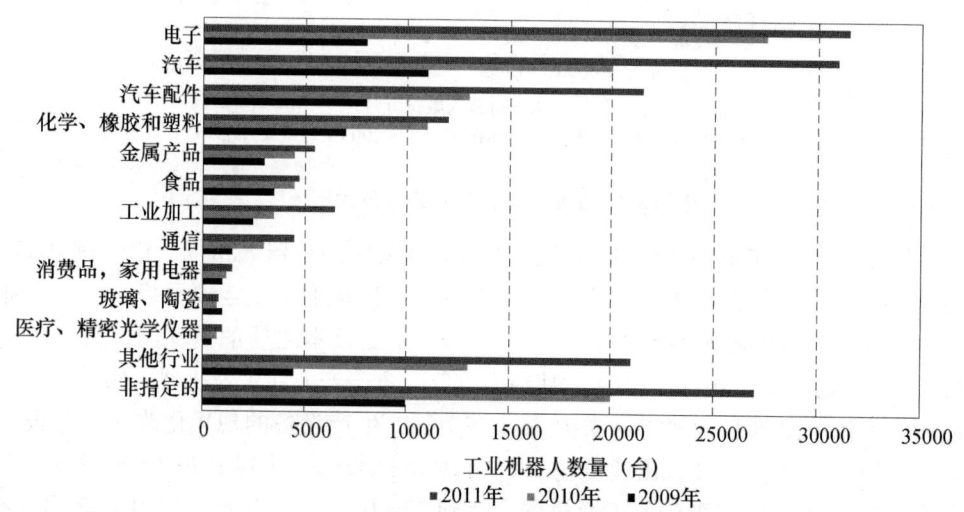

图1-3　2009~2011年全球工业机器人供应行业分布❷

相较于其他产业，汽车业的自动化程度相当高，因此在汽车行业中工业机器人密度也较高。到目前为止，日本汽车业拥有最高的机器人密度，每1万名员工对应1600台工业机器人。其次是意大利、德国和美国，机器人密度为1100~1200台。韩国和日本在汽车以外的领域应用的机器人最多，每1万人分别对应261台和221台工业机器人，主要是电子产业所安装的机器人。德国机器人密度也相当高，达到137台，德国工业机器人分布的行业较广，其中以金属、化学、食品和电气/电子产业最为突出。❸

尽管全球经济疲软，2012年的机器人销售量仍可能增加约9%，达到18.1万台。

---

❶❷❸　全球工业机器人市场分析与预测［EB/OL］.［2013-05-03］. http：//www.chinaelc.com/ch_jxzl/2012091330750.html.

在 2013～2015 年，预计全球机器人的销售额每年将平均增长约 5%。2015 年，工业机器人每年的供应量将超过 20 万台。❶ 如图 1-4 所示。

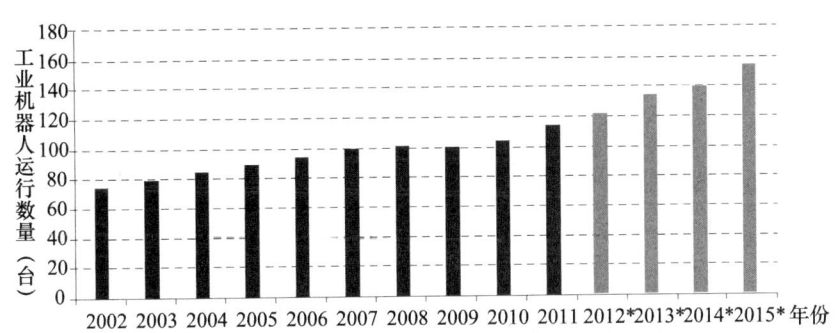

图 1-4 全球工业机器人运行数量预测❷

注：*号为原图标注符号，表示原图制作完成时对 2012 年及之后年份的供应量为预测值。

中国工业机器人市场已呈现出蓬勃发展的产业姿态，中国机器人投资发展迅速，已经成为亚洲第三大机器人市场，2007 年新安装大约 6600 台，比 2006 年增长约 14%。从 2010 年开始中国工业机器人需求量激增，较 2009 年增长了 1.71 倍。预计到 2015 年需求量将达到 35000 台，中国将成为全球最大的需求国。❹ 如图 1-5 所示。

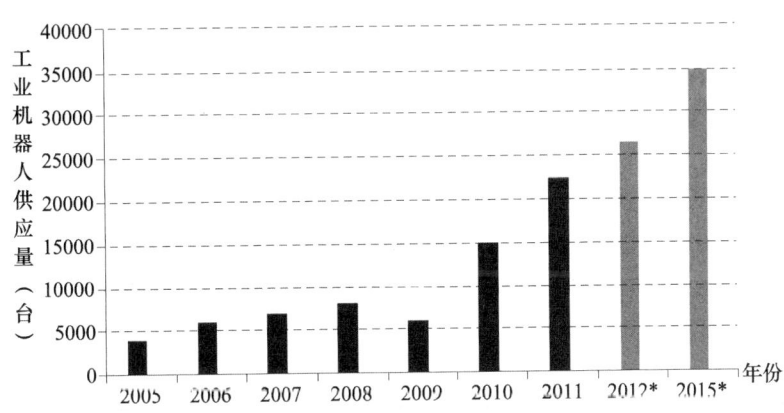

图 1-5 中国每年工业机器人供应量❸

注：*号为原图标注符号，表示原图制作完成时对 2012 年及之后年份的供应量为预测值。

随着我国制造业的发展，特别是作为工业机器人主要应用领域的汽车及汽车零部件制造业的发展，工业机器人的装配量将会快速增长上升。加之工业机器人应用领域正逐渐向电子信息产业以及建筑、采矿等领域延伸，在我国，包括汽车零部件在内的各个领域对机器人的需求都在增长。"十二五"期间是中国工业机器人产业发展的关键

---

❶❷❸ 全球工业机器人市场分析与预测 [EB/OL]. [2013-05-03]. http://www.chinaelc.com/ch_jxzl/2012091330750.html.

❹ 中国工业机器人行业发展趋势分析及预测 [EB/OL]. [2013-09-11]. http://www.askci.com/news/201309/11/1116152833649.shtml.

时期,市场需求也有一个井喷式的发展,需求量每年以 15%~20% 的速度增长。此外,由于自动化立体仓库以每年 40~60 座的水平快速增长,用于物流、搬运的移动机器人每年增幅也将不低于 20%。预计到 2025 年,整个机器人市场将达到 500 亿。❶但是我国目前工业机器人的生产规模仍然不大,多数是单件小批生产,关键配套的单元部件和器件始终处于进口状态,工业机器人的性价比较低。伴随我国经济的高速增长,以汽车等行业需求为牵引,我国对工业机器人需求量急剧增加,国际工业机器人知名企业如 ABB Asea Brown Boveri 有限公司(下称"ABB 公司")、发那科株式会社(下称"FANUC 公司")和库卡有限公司(下称"KUKA 公司")等纷纷在中国建厂,国外知名品牌工业机器人价格逐年下降,制约了我国工业机器人产业的形成和实现规模化,工业机器人新装机量近 90% 仍依赖进口。❷

我国已经成为世界公认的制造业大国,但随着劳动力成本的不断提高,经济发展模式和制造产业结构调整势在必行,发展高科技产业,提高制造业生产自动化水平,由劳动密集型向技术密集型转变已不可阻挡。在这种形势下,我国开始投入力量制定一些发展工业机器人的国家规划、政策以及项目。

1.1.3 行业需求

我国工业机器人经历近 30 年的发展,已进入产业化初期阶段,取得了多项令人鼓舞的成果。但如何抓住我国对工业机器人需求量激增的机遇,实现工业机器人产业的规模化,仍有许多问题值得思考。

(1) 基础零部件制造能力差

尽管我国在工业机器人的相关基础零部件方面已经有了很好的基础,但是无论从质量、产品系列方面,还是批量化供给方面都与国外的产品有较大的差距,特别是在高性能交流伺服电机和高精密减速器方面的差距尤为明显。现在我国制造的工业机器人很大一部分仍需从国外进口伺服电机和减速器,这就影响了机器人的价格竞争能力。

(2) 国内机器人产业化发展有待秩序化

伴随我国对工业机器人需求的迅猛增长,多数企业看好工业机器人市场,大量企业蜂拥而上,并且企业实力良莠不齐,势必造成国内工业机器人市场的恶性竞争。我国有近百家从事工业机器人研究生产的高校院所和企业,现行的体制造成各家研究过于独立封闭,工业机器人研究/研发分散,未能形成合力,同一技术重复研究,浪费大量的研发经费和研发时间。国内多数企业热衷于大而全,一些具有较好的机器人关键部件研发基础的企业纷纷转入机器人整机的生产,难以形成工业机器人研制、生产、制造、销售、集成、服务等有序、细化的产业链。

(3) 中国的工业机器人还没有形成自己的品牌

目前,尽管已经有一批企业在从事工业机器人技术的开发,但是都没有形成较大的规模,缺乏市场品牌的认知度,在工业机器人的市场方面一直面临国外品牌的竞争

---

❶❷ 全球工业机器人市场分析与预测 [EB/OL]. [2013-05-03]. http://www.chinaelc.com/ch_jxzl/2012091330750.html.

压力。国外机器人作为成熟的产业，采用降低整机价格，吸引国内的企业购买、而后续的维护备件费用却很高的策略，逐步占领中国的市场。

(4) 国家在鼓励工业机器人产品研发方面的政策较少

日本政府为了鼓励企业生产和使用机器人制定了相关的扶持和激励政策，极大地促进了工业机器人产业的发展和工业机器人推广应用。目前日本已经成为工业机器人第一产业大国，也是工业机器人应用数量最多的国家，日本使用的工业机器人的数量大约占世界总量的1/2。我国需要在资金、税收、产品销售补贴等各个方面出台相应鼓励政策，在资金、政策上持续支持，鼓励企业采用国产工业机器人；建立真正的产学研用联盟，形成强大的研究、开发、生产、应用队伍；现阶段应走出追求高指标的误区，着眼点放在高性价比方面；结合国情，不断探索机器人应用的新领域和新模式。

工业机器人技术尽管发展得相对成熟，但是工业机器人技术也在不断地发展，满足不同产品需求的新的机器人构型，如具有力觉、视觉及多种传感器的机器人运动控制技术，满足机器人的负载能力越来越高的控制系统，新的机器人驱动及传动器件等技术都在飞速发展。中国的工业机器人如果要实现产业化，还需在下述技术上开展研究：❶

① 工业机器人本体优化设计技术；
② 新一代智能工业机器人控制器技术；
③ 关键机器人部件单元制造技术；
④ 工业机器人离线编程与仿真技术；
⑤ 基于外部传感技术的工业机器人运动控制；
⑥ 工业机器人产业化制造技术；
⑦ 工业机器人故障远程诊断与修复技术；
⑧ 工业机器人与成套装备协调作业技术；
⑨ 复杂机电系统机构优化设计技术及对系统性能的影响分析；
⑩ 具有柔性、高加速度、大负载机器人机构动力学建模、模型简化、辨识及控制方法。

1.2 研究方法和对象

1.2.1 工业机器人技术分解流程及方法

在立题阶段，课题组为制定符合研究需要的技术分解表，主要做了以下工作：(1) 收集非专利文献资料，了解行业背景、行业发展状况和技术发展现状；收集的非专利文献主要包括：行业的宏观报告、行业期刊上发表的相关文章、相关的硕博论文、相关的最新国家和行业技术标准；(2) 咨询中国机床工具协会、沈阳新松机器人自动

---

❶ 全球工业机器人市场分析与预测 [EB/OL]. [2013-05-03]. http://www.chinaelc.com/ch_jxzl/20120913307 50.html.

化股份有限公司和广州数控设备有限公司等多家协会和企业的专家；(3) 初步检索专利文献，对研究的专利文献量作初步的评估。

　　经过上述工作，课题组对如何确定研究的边界设定了以下原则：(1) 根据工业机器人定义确定技术分解表所涵盖的机器人种类，排除各种特种机器人；(2) 涉及的工业机器人专利分析的专利文献量适当；(3) 涉及的重点技术分支应当是行业和企业所认可的关键技术点，即：在技术上应有一定的高度，例如在工业机器人结构方面的减速器技术，是我国机器人领域亟待解决的关键技术。根据这样的原则，课题组划定的研究总边界是：工业机器人，即工业生产线上使用的机器人。对工业机器人的研究包括：操作机，即机器人的机械主体，控制系统以及驱动机构三个主要部分。机械主体根据其相关结构进行进一步细分，控制系统分为控制硬件和控制软件两个方面，而驱动机构根据不同的驱动类型进行了相应分解。同时根据行业和企业需求确定了减速器、焊缝跟踪、3D视觉控制以及点焊钳技术作为关键技术点来进行分析，具体见表1-1。

表1-1　工业机器人技术分解表

一级技术分支	二级技术分支	三级技术分支
操作机（机械主体）	基座	
	关节	手腕关节
		工业机器人的关节一体化
	机械臂	单臂/双臂固定/双臂独立平面关节型的SCARA
		单臂/双臂固定/双臂独立蛙式
	末端执行器	工业机器人的末端执行器一体化
		码垛机器人手爪
		码垛机器人真空吸附
		真空机器人摩擦传输
	部件间连接方式	串联
		并/混联
	减速器	RV摆线针轮减速器
		谐波减速器
控制系统	控制硬件	伺服驱动器
		机器人控制器
		传感器
		供电装置
		安全系统
		通信接口
		示教器

续表

一级技术分支	二级技术分支	三级技术分支
控制系统	控制软件	定位方法
		离线编程
		焊接机器人控制
		喷涂机器人控制
		码垛机器人控制
		真空机器人控制
		搬运机器人（AGV）控制
		自主监控
		通信协议
		伺服驱动软件
		分布式智能控制
驱动机构	汽缸	
	油缸	
	电机	交流伺服电机
		直流伺服电机
		步进电机
		真空机器人直接驱动电机
		空心轴电机
		力矩电机
		特种电机

1.2.2 数据检索和处理

本课题采用的专利文献数据主要来自国家知识产权局专利检索与服务系统（以下简称"S系统"）。检索终止时间为2013年8月30日以前。

工业机器人总体涵盖面比较广，专利文献量特别大，操作机、控制系统以及驱动机构部分之间界限比较清晰，分类号基本没有重叠，且机械部分和控制部分需要不同专业背景的研究人员分别检索，因此在总的检索策略方面，课题组采用了如下方案：(1) 在二级分支上采取分总模式，各技术分支独立检索然后再合并；(2) 在三、四级分支上，各技术分支灵活采用总分模式或分总模式，各技术分支根据检索总文献量再进行细分。

由于涉及的技术领域并无明确的分类号，而且涉及的相关分类号较多，关键词虽然相对准确但遗漏文献的可能性较大。鉴于以上情况，采取的检索思路是：先用分类号限定出总的范围，再用关键词进行限定，得到相对准确的范围。

1.2.2.1 操作机检索

优先使用 IPC 分类号进行检索，同时充分利用欧洲分类号 EC、日本分类号 FI 或 FT 等分类系统进行补充检索，例如，关节、末端执行器均具有相对精准的分类号，因此这两个技术分支都优先采用分类号检索，尽量少用关键词，以降低噪声；在分类号无法细分的情况下，例如机械臂分支，采用关键词，但几乎所有的机器人结构都包含机械臂结构，因此利用关键词和标题检索来降低噪声，尽量保障检索到的专利的技术核心涉及该技术主题。

1.2.2.2 控制系统检索

本课题对于控制系统中的控制硬件的研究范围明确为涉及工业机器人控制的所有硬件部分，包括：控制器、伺服驱动器、传感器、示教器、安全系统、通信接口及供电装置，并将这些硬件的应用对象进一步限定为工业机器人，排除应用在包括服务型机器人、特种机器人等在内的其他场合的技术。

控制硬件这一关键技术分支由于下级分支较为分散，在检索和标引上存在很大难度。首先，文献量特别大，初步检索的文献数量就已经达到 1 万篇。其次，涉及的分类号比较分散。再次，对于一些关键部件表述方式不唯一，且噪声大。

根据对不同分类体系的分析和研究，控制硬件自身虽然没有准确的分类号与之对应，但其 7 个下级分支（机器人控制器、伺服驱动器、传感器、示教器、安全系统、通信接口、供电装置）均有相对准确的 IPC、EC 分类号与之对应，因此无论是中文文献还是外文文献，均使用 IPC 分类号和关键词进行检索，然后再使用 IPC 分类号加关键词进行去噪。

由于控制软件既包括控制方法又包括软件算法，涵盖内容丰富，且各种分类体系没有对控制算法本身有过明确的分类，因此采用机器人分类号、控制系统的分类号、再结合具有软件、方法等特点的关键词进行检索。

1.2.2.3 驱动机构检索

针对汽缸、油缸和电机等通用部件进行检索，在工业机器人的大范围内采用准确的关键词检索相关专利。

检索中使用的主要申请人的名称约定见附录 2。总检索结果如表 1-2 所示。

表 1-2 工业机器人检索专利文献结果

技术领域	检索结果	
	中文库（件）	外文库（项）
总体	34831	94168
操作机	8854	46227
控制系统	13054	53026
驱动机构	12929	16225

任何一个检索式都不可避免地会带来噪声，专利文献的检索过程主要是利用分类号和关键词，因此检索结果中的噪声主要来源于以下两个方面：（1）分类号带来的噪

声，主要包括：分类不准导致的噪声；专利文献本身内容丰富导致其具有多个副分类号，而这多个副分类号中必然会有一些并不体现该专利文献所记载的技术方案本身的发明点所在，这样就会形成噪声文献。（2）关键词带来的噪声，主要包括：关键词本身使用范围很广带来的噪声，如"机器人"可以是指任何类型的机器人，而具体限定为机器人又会漏掉焊接机器人等典型的工业机器人；利用关键词表述但是和技术主题并不相关，如"一种包装盒的生产线"，其中会提到"利用码垛机器人进行搬运"，这样虽然出现了检索的关键词，但是确实和检索的技术主题关系不大，形成另一类型的噪声。

基于对噪声来源的分析，课题组确定了以下去噪策略：（1）利用分类号去噪，去除大部不相关分类号，例如 A 部分类号，几乎和本领域不相关，可以明确去除，进而保障很多特种机器人相关专利文献被去除；（2）利用关键词去噪，例如在整个检索过程中都可以采用医疗、水下等特种机器人相关的关键词进行去噪；（3）在后续的标引过程中还会发现噪声文献，可以通过标引的过程同时去噪。

去除噪声的步骤可归纳为以下几步：

（1）确定去除的噪声分类号或者关键词，在检索结果中进行噪声去除；

（2）浏览去除的文献，评估去噪的效果，如果去除的文献中含有较多的和技术主题相关的文献，对相关文献进行统计分析，对去噪检索式进行调整；

（3）利用调整后的去噪检索式继续去噪，重复步骤（2），直至达到满意的去噪效果。

需要注意的是，在调整的过程中，调整的分类号或者关键词不宜过多，否则无法准确判断每个分类号或者关键词的去噪效果。对于效果较好的去噪检索式中的误伤文献，需要将其合并到最终经过检索去噪的结果中，重新作为目标文献。

对技术分支和技术功效的标引，以数字编码指代具体的技术分支和技术功效。一篇专利文献往往公开了多个技术方案，这些技术方案往往会涉及不同的二级技术分支，分支可以以某个技术分支为主，仅提及其他技术。当一篇文献涵盖了所有的关键词，但是通过阅读发现和技术主题不相关，那么这篇文献就可以标引为噪声文献。一个技术方案通常具有多种技术功效，对每一种技术功效也进行了编码化处理，以便于标引和统计。

1.2.2.4 数据查全率、查准率验证

通过对各技术分支的数据查全率、查准率进行验证，以判断是否要终止检索过程。主要是保障数据查全率，使检索过程可靠。在数据去噪结束时进行各技术分支的数据查全率、查准率验证，主要是保证数据查准率，参见表 1-3。

表 1-3 查全查准率验证结果

技术领域	验证结果	
	查全率验证	查准率验证
总体	87.43%	85.30%
操作机	91.10%	90.90%
控制系统	87.10%	88.00%
驱动机构	84.1%	77.00%

查全率的评估方法是：（1）选择一名重要申请人，一般为该技术领域申请量排名在前10位的申请人或者行业内普遍认可的重要申请人，以该申请人为入口检索其全部申请，通过人工确认其在本技术领域的申请文献量形成母样本。对于所选择的该申请人，需要注意：a. 该申请人是否有多个名称；b. 该申请人是否兼并收购或者被兼并收购；c. 该申请人是否有子公司或者分公司；（2）在检索结果数据库中以该申请人为入口检索其申请文献量形成子样本；（3）子样本/母样本×100% = 查全率。

查准率的评估方法是：（1）在结果数据库中随机选取一定数量的专利文献作为母样本；（2）对母样本中的每篇专利文献进行阅读确定其与技术主题的相关性，和技术主题高度相关的专利文献形成子样本；（3）子样本/母样本×100% = 查准率。

1.2.2.5 相关事项和约定

此处对本报告中出现的以下术语或现象，一并给出解释。

项：同一项发明可能在多个国家或地区提出专利申请，WPI数据库将这些相关的多件申请作为一条记录收录。在进行专利申请数量统计时，对于数据库中以一族（这里的"族"指的是同族专利中的"族"）数据的形式出现的一系列专利文献，计算为"1项"。一般情况下，专利申请的项数对应于技术的数目。

件：在进行专利申请数量统计时，例如为了分析申请人在不同国家、地区或组织所提出的专利申请的分布情况，将同族专利申请分开进行统计，所得到的结果对应于申请的件数。1项专利申请可能对应于1件或多件专利申请。

专利被引频次：是指专利文献被在后申请的其他专利文献引用的次数。

同族专利：同一项发明创造在多个国家申请专利而产生的一组内容相同或基本相同的专利文献出版物，称为一个专利族或同族专利。从技术角度来看，属于同一专利族的多件专利申请可视为同一项技术。在本报告中，针对技术和专利技术原创国分析时对同族专利进行了合并统计，针对专利在国家或地区的公开情况进行分析时各件专利进行了单独统计。

同族数量：一件专利同时在多个国家或地区的专利局申请专利的数量。

诉讼专利：涉及诉讼的专利。

技术发展路线关键节点：在该领域具有一定开创性的专利申请，此类申请申请人一般主要为研究机构或者主要申请人。

主要申请人的主要产品专利：申请量排名靠前的申请人针对主要产品申请的专利。

重要技术首次申请：业界公认的一些重要技术首次提出的专利申请，这些专利申请应当具备以下特征之一：①涉及新的技术领域或者扩展了原有的技术领域，对于同一申请人来说，它的某件专利相对之前的专利申请出现新的主分类号或副分类号；②权利要求保护范围较大并获得授权；③主要申请人或主要发明人的最新专利申请。

全球申请：申请人在全球范围内的各专利局的专利申请。

在中国申请：申请人在中国国家知识产权局的专利申请。

3/5局申请：指同一项专利申请同时向美国专利商标局、欧洲专利局、中国国家知识产权局、日本特许厅、韩国知识产权局中的任意三个局提交了专利申请。

国内申请：中国申请人在中国国家知识产权局的专利申请。

国外来中国申请：外国申请人在中国国家知识产权局的专利申请。

平均被引次数：专利被他人引用总次数除以被引用专利件数。

平均自引次数：自己引用总次数除以被引用专利件数。

国别归属规定：国别根据专利申请人的国籍予以确定，其中俄罗斯的数据包含前苏联，德国的数据包括东德、西德，中国的数据不包含中国台湾。

日期规定：依照授权最早优先权日确定每年的专利数量、无优先权日以申请日为准。

第2章 全球专利总览

工业机器人是继动力机、计算机之后出现的全面延伸人的体力和智力的新一代生产工具。工业机器人经历了多长时间的技术积累呢？背后又隐藏怎样的专利布局？

本章将分析全球工业机器人领域专利概况，重点研究工业机器人领域整体和各技术分支的专利申请趋势、专利技术输出地分布及技术流向、专利申请人分布等。对于某个行业的技术发展历程进行梳理，是了解该行业整体发展过程的一个重要途径。通过对工业机器人领域全球专利概况的分析梳理，可以帮助业内人士对工业机器人领域有一个总体了解，掌握业内各技术分支的发展变化和研发热点，促使本行业国内创新主体能够确定和了解竞争对手，尤其是海外竞争对手的大致专利布局。

本章检索数据的下载日为 2013 年 8 月 30 日，全球工业机器人技术专利申请量为 94168 项，涉及工业机器人的 12 个技术分支：即构成工业机器人主体的基座、机械臂、关节、末端执行器、部件间连接方式、减速器；构成控制系统的控制器及其算法、伺服驱动器、示教器、安全装置；以及构成驱动系统的电机、汽缸、油缸，而不包括例如传感器、供电装置等技术。

2.1 专利申请趋势及发展阶段

如图 2-1 所示，工业机器人全领域的专利申请量总体呈现逐步上扬、伴有阶段性回落的态势。从技术发展的角度上说，可以分为以下三个阶段。

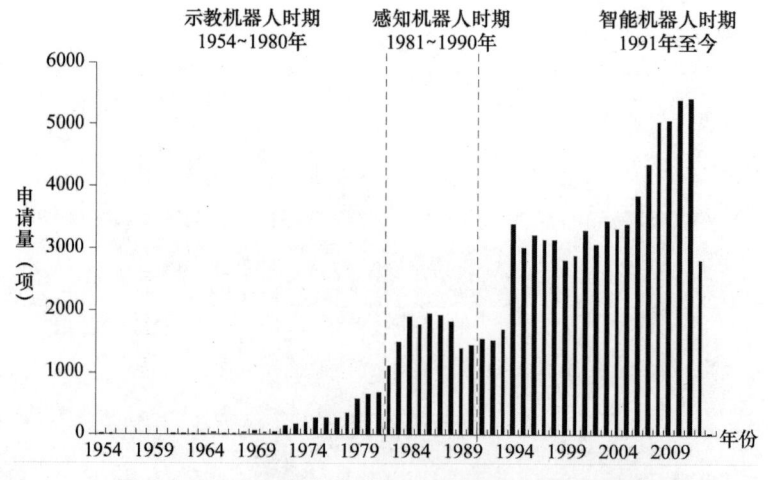

图 2-1 工业机器人全球专利申请趋势及阶段划分❶

---

❶ 由于专利申请公开的滞后性，2012 年之后的部分数据尚未公开，导致本报告统计的 2012 年之后的申请量与实际不一致，因此不能代表 2012 年之后的申请量变化趋势。本报告其余的图和统计数据也是如此，不再赘述。

(1) 示教机器人时期（如图 2 - 2 所示）

工业机器人的最早研究可追溯到第二次世界大战后不久。在 20 世纪 40 年代后期，橡树岭和阿尔贡国家实验室就已开始实施计划，研制遥控式机械手，用于搬运放射性材料。这些系统是"主从"型的，用以准确"模仿"操作员手和臂的动作。主机械手由使用者进行导引做一连串动作，而从机械手尽可能准确地模仿主机械手的动作，这实际上是示教机器人的雏形，后来又用机械耦合主从机械手的动作加入力的反馈，使操作员能够感觉到从机械手及其环境之间产生的力。20 世纪 50 年代中期，机械手中的机械耦合被液压装置所取代，如通用电气公司的"巧手人"机器人和通用制造厂的

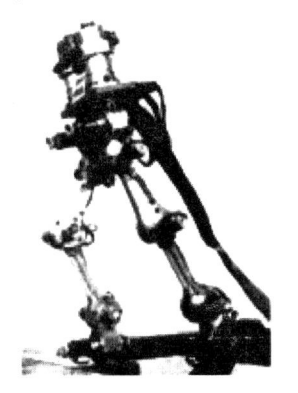

图 2 - 2 示教机器人

"怪物"Ⅰ型机器人。1954 年乔治·德沃尔（George Devol）提出了"通用重复操作机器人"的专利申请，并在 1961 年获得了专利。1958 年，他与被誉为"工业机器人之父"的约瑟夫·英格·博格（Joseph F. Engel Berger）一同创建了世界上第一个机器人公司——Unimation（Univeral Automation）公司，并参与设计了第一台 Unimate 机器人。这是一台用于压铸的五轴液压驱动机器人，采用伺服机构和自动控制技术，手臂的控制由一台计算机完成。它采用了分离式固体数控元件，并装有存储信息的磁鼓，能够记忆完成 180 个工作步骤。与此同时，另一家美国公司——AMF 公司也开始研制工业机器人，即柱坐标型 Versatran（Versatile Transfer）机器人。它主要用于机器之间的物料运输，并采用液压驱动。该机器人的手臂可以绕底座回转，沿垂直方向升降，也可以沿半径方向伸缩。一般认为 Unimate 和 Versatran 机器人是世界上最早的工业机器人。1969 年，美国通用汽车公司用 21 台工业机器人组成了焊接轿车车身的自动生产线。20 世纪 70 年代以后，随着计算机技术、现代控制技术、传感技术、人工智能技术的发展，机器人得到了迅速发展。1974 年 CincinnatiMilacron 公司开发成功多关节机器人；1979 年，Unimation 公司又推出了 PUMA 机器人，它可多关节、全电动驱动、多 CPU 二级控制；采用 VAL 专用语言；可配视觉、触觉、力觉传感器，在当时是一种技术先进的工业机器人。现在的工业机器人结构大体上是以此为基础的。这一时期的机器人属于示教再现（Teach - in/Playback）型机器人，只具有记忆和存储能力且按相应程序重复作业，但对周围环境基本没有感知与反馈控制能力。这种机器人又被称作第一代机器人，它主要由夹持器、手臂、驱动器和控制器组成。其采用在线编程，即通过示教存储信息，工作时读出这些信息向执行机构发出指令，执行机构按指令再现示教的操作。由于其控制方式简单且成本低廉，目前工业中仍在大量使用。❶

可以说，20 世纪 60 年代后期和整个 70 年代是第一代机器人发展最快、最好的时期，其间的各项研究发明有效地推动了机器人技术的发展和推广。

(2) 感知机器人时期（如图 2 - 3 所示）

20 世纪 80 年代，随着传感技术，包括视觉传感器、非视觉传感器（力觉、触觉、

---

❶ 张铁，谢存禧. 机器人学 [M]. 广州：华南理工大学出版社，2005：40 - 45.

接近觉等）以及信息处理技术的发展，出现了第二代机器人——有感觉的机器人，即自适应机器人。它是在第一代机器人的基础上发展起来的，具有不同程度的"感知"能力，能够获得作业环境和作业对象的部分有关信息，具有一些对外部信息进行反馈的能力，诸如力觉、触觉、视觉等，引导机器人进行作业。其控制方式较第一代机器人要复杂得多，这种机器人经过20世纪70年代的探索后，从1980年开始逐步进入实用阶段。1982年美国通用汽车公司在装配线上为工业机器人装备了视觉系统，从而宣布了第二代工业机器人的问世。❶

图2-3 感知机器人

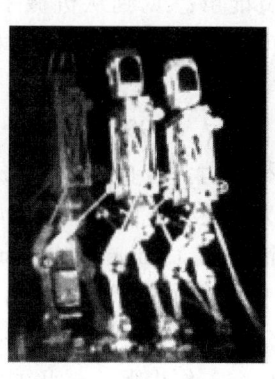

图2-4 智能机器人❷

（3）智能机器人时期（如图2-4所示）

20世纪90年代后出现了第三代机器人，即智能机器人。目前还没有一个统一和完善的智能机器人定义。国外文献中对它的解释是："可动自治装置，能理解指示命令，感知环境，识别对象，计划其操作程序以完成任务。"这个解释基本上反映了现代智能机器人的特点。它不仅具有比第二代机器人更加完善的环境感知能力，而且还具有逻辑思维、判断和决策能力，可根据作业要求与环境信息自主地进行工作。近年来，智能机器人发展非常迅速。❸

从专利申请量发展来看，自1954年首次出现全球第一项有关工业机器人专利申请以来的近20年中，工业机器人领域年专利申请量从每年几项缓慢增长到几十项，属于工业机器人技术发展的萌芽阶段。1971～1990年，随着计算机技术、现代控制技术、传感技术、人工智能技术的发展，研发成果也相继产业化，工业机器人步入第一个快速发展期，其间年专利申请量从1971年的54项跃升到1986年的1960项，年增长率高达40%，同时完成了技术原创国从欧美向日本的产业转移。1972年10月日本成立了世界上第一个工业机器人组织——日本工业机器人协会，用以加速发展工业机器人制造业，推动工业自动化和安全生产，其借助政府和大专院校的支持和帮助并与工业机器人制造商及用户进行广泛合作，使得工业机器人技术在引入日本后迅速进入实用阶段，并由汽车业逐步扩大到其他制造业以及非制造业，培养出

---

❶❷❸ 张铁，谢存禧. 机器人学［M］. 广州：华南理工大学出版社，2005：40-45.

了 FANUC 公司、安川公司、川崎、OTC、松下、不二越等一批国际知名的工业机器人生产企业，1980 年也被称为日本的"机器人普及元年"。随着 20 世纪 90 年代前后的经济衰退，日本的工业机器人产业出现了短暂的低迷期，其专利申请量出现了回落，国际市场转向了以 ABB 公司、KUKA 公司、COMAU 公司等为代表的欧美市场。20 世纪 90 年代中后期以来，为寻找新的经济增长点并谋求更广阔的市场以走出低谷，日本以及欧美的各大工业机器人纷纷将目光投向以中国、印度为代表的新兴市场，转移技术和产能，并且呈现加速态势。1994 年安川公司在中国设立事务所，1996 年成立工业用机器人合资公司（北京），2010 年成立安川电机（印度）有限公司；1997 年上海 FANUC 公司成立；2000 年，KUKA 公司在上海成立其在中国的第一家全资子公司；2006 年，ABB 公司机器人业务部迁到中国上海。❶ 相应地，这些工业机器人国际知名企业也加快了全球专利布局的步伐，专利申请量也一直保持快速增长的态势，1994～2007 年，专利申请量保持在 3000 项左右，2008 年突破了 4000 项，2009 年至今保持在 5000 项左右。

本报告将工业机器人技术分解为以下 12 个技术分支：基座、机械臂、关节、末端执行器、部件间连接方式、减速器、控制器及其算法、伺服驱动器、示教器、安全装置、电机、汽缸及油缸。图 2-5 示出了工业机器人各技术分支的全球发展趋势及在总申请中所占的比例。

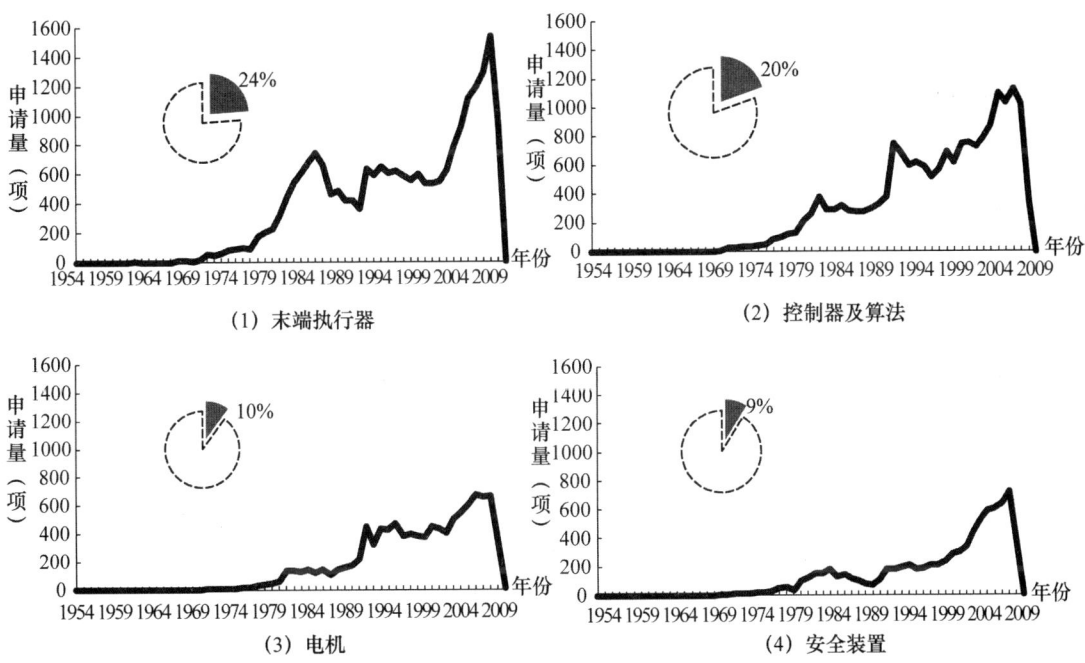

图 2-5　工业机器人各技术分支的全球发展趋势及比例

---

❶ 中国机器人网［EB/OL］．［2003-04-01］．http://zgjqr.com．

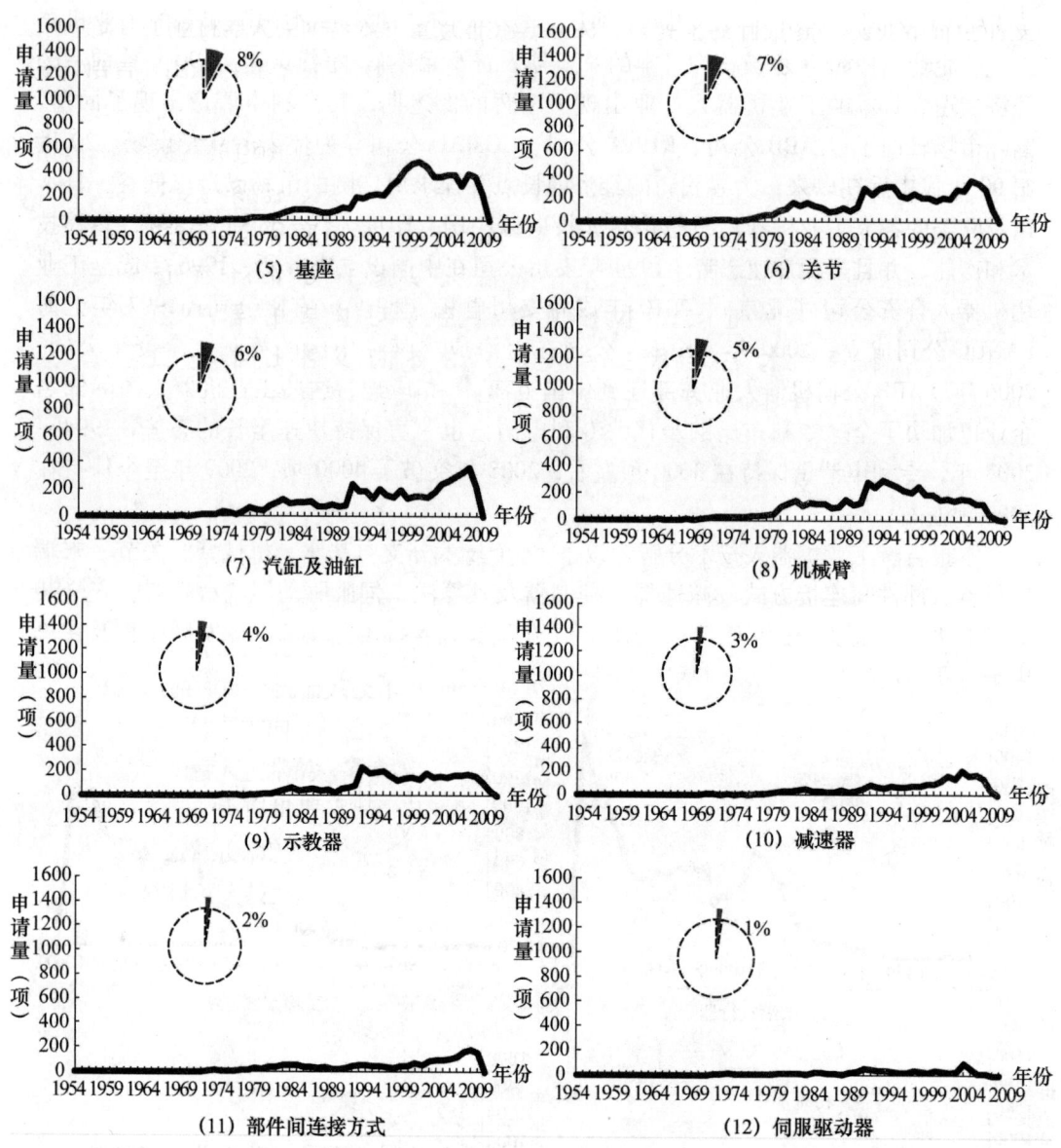

图2-5 工业机器人各技术分支的全球发展趋势及比例（续）

从图2-5中可以看出，末端执行器技术和控制器及算法技术的专利申请量在各技术分支中分列前两位，数量达到2万项左右，分别占总申请量的24%和20%。一方面，这两个技术分支均在1987年前后出现第一个申请高峰，在1995年前后达到第二个申请高峰，并在2011年前后达到申请的顶峰，其峰值的出现时间与全领域峰值时间大体上一致。体现出控制器及算法技术和末端执行器技术均是工业机器人领域的主流技术、重点技术。另一方面，控制器及算法技术的三次申请峰值均比末端执行器技术的峰值提前了一年，体现了控制技术对应用技术的引领作用。

电机技术、安全装置技术、基座技术专利申请量较前两项技术大幅减少，分别位居工业机器人各技术分支中的第 3～5 位。电机技术相关专利申请量占总申请量的 10%，专利申请量超过 1 万项，专利申请峰值出现在 2009 年。安全装置技术相关专利申请量占总申请量的 9%，专利申请量超过 8000 项，专利申请峰值出现在 2011 年。基座技术相关专利申请量占总申请量的 8%，专利申请量超过 7000 项，专利申请峰值出现在 2003 年。

关节技术、汽缸及油缸技术、机械臂技术分列各技术分支中的第 6～8 位，专利申请量分别占总申请量的 5%～7%，专利申请量峰值分别出现在 2009 年、2011 年、1996 年。

示教器技术、减速器技术、部件间连接方式技术、伺服驱动器技术分列各技术分支中的第 9～12 位，专利申请量均在总申请量的 5% 以下，专利申请量峰值分别出现在 1994 年、2008 年、2011 年、2008 年。

根据工业机器人各技术分支专利申请情况和企业需求情况，课题组选择了六个技术点，包括谐波减速器、RV 减速器、机器人点焊钳、3D 视觉控制、焊接机器人焊缝跟踪、喷涂机器人的轨迹规划技术，详细专利分析请参见后续相关章节。

2.2 主要国家或地区专利分布

从表 2-1 可以看出，全球各技术创新主体最重视在所属地申请专利。日本是工业机器人技术的第一大来源国和输入国。日本、德国、韩国的技术创新主体都将美国作为除本国/地区以外最重要的专利申请国，美国市场对各主要国家仍然具有巨大的吸引力。德国作为机械制造业的传统强国，其专利申请量仅次于日本、美国以及作为新兴市场的中国，特别是其在日本、美国的申请量远远多于中国在日本、美国的申请量，可见其在工业机器人领域的技术实力远强于中国。

表 2-1 工业机器人全球专利技术目标国/来源国数据统计　　单位：项

目标国＼来源国	日本	中国	美国	德国	韩国
日本	31506	11	563	302	59
中国	558	9276	118	84	29
美国	2727	61	5204	649	217
德国	1412	68	1237	2569	124
韩国	845	7	198	92	3382

值得注意的是，中国申请量已近万项，该数量表面上看已成为仅次于日本的第二专利申请量大国，但是近万项专利申请中几乎 90% 以上是国内申请，在其他主要国家的申请量均为数十项。这一方面说明中国在工业机器人领域的广阔市场已得到世界主要技术国家的认可，各主要技术国家已开始为将自己的核心技术转移至中国而做事先的专利布局，以求得专利保护；另一方面也说明，国内创新主体已经具备相当的专利

保护意识，但是值得向外国申请专利的真正有价值的技术少之又少，侧面印证了我国在工业机器人领域核心技术的缺失。

从图2-6来看，来自日本的技术创新主体的专利申请量占全球总申请量的50%，位居全球首位。在日本从事工业机器人生产的企业众多，这些日本企业非常重视技术研发和专利布局，专利申请量在业内占据绝对优势，FANUC公司、安川公司等的专利申请量位居前列，其中FANUC公司将日本和美国作为主要的专利布局国，在上述两国的专利申请量基本持平，可见FANUC公司对日本和美国市场同等重视，而安川公司虽然也将日本和美国作为主要专利布局地，但是其在日本的专利申请量远远多于美国，可见其对日本市场更加重视。

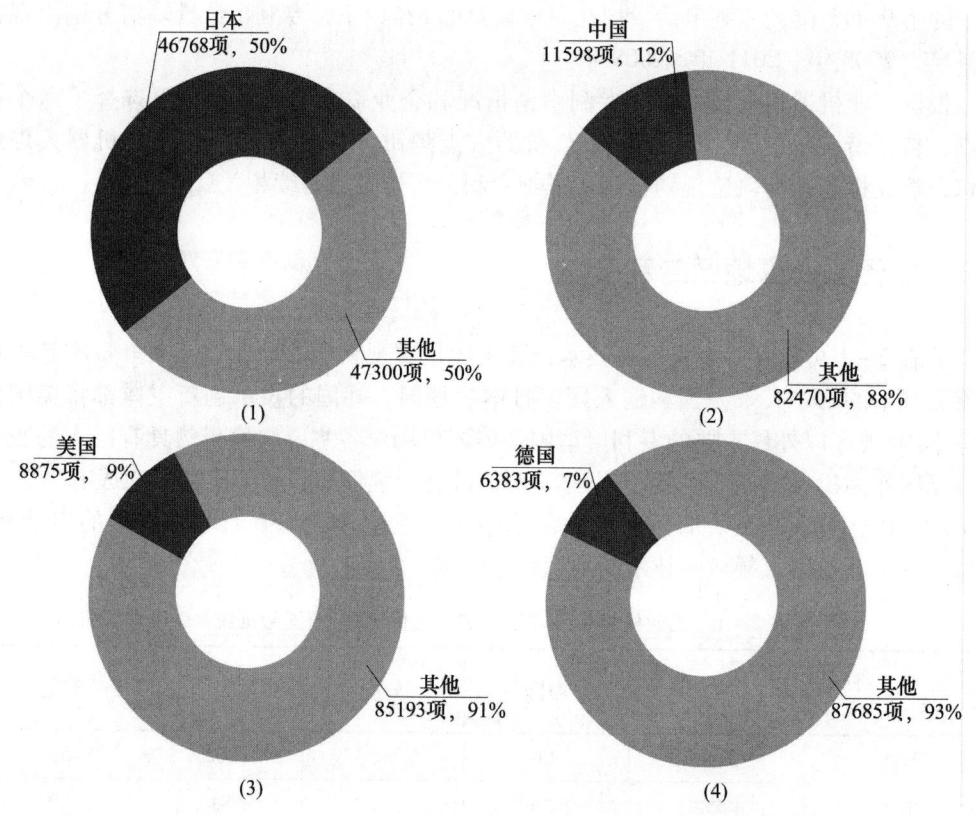

图2-6 工业机器人全球专利主要技术输出国家/地区分布图

最近几年，来自中国的技术创新主体的专利申请量增长很快，目前占全球总申请量的12%，已经超过来自美国的技术创新主体的专利申请比例9%，但是，中国技术创新主体主要在中国国内进行专利申请，很少对外国进行专利布局，例如沈阳新松机器人自动化股份有限公司在工业机器人的重要技术领域方面完全没有在国外进行专利布局，而美国技术创新主体在其他主要国家的专利申请数量远远多于中国。这充分说明中国技术创新主体用来与外国同行竞争的有价值的核心技术非常少，专利质量有待提高。

德国技术创新主体的专利申请量仅次于日本、美国、中国，结合图2-6来看，虽然近年来中国专利申请量逐渐赶超德国，但是作为机械制造业的传统强国，德国在世界多个国家和地区的专利布局数量仍然远远多于中国。也就是说，德国技术创新主体用来与外国企业竞争的核心技术远多于中国，德国虽然在申请总量上弱于中国，但是在专利质量上远超中国。

2.3 申请人排名

本报告对各技术创新主体在全球申请专利的数目进行了统计，如图2-7所示，日本安川公司以2868项专利申请位居全球首位，前10位均为日本企业，第2~10位分别是日本的FANUC公司、本田、三菱重工、松下、索尼、丰田、东芝、电装、日立。中国的鸿富锦/鸿海公司以547项专利申请量排名全球第21位，是前25位中唯一的中国企业。

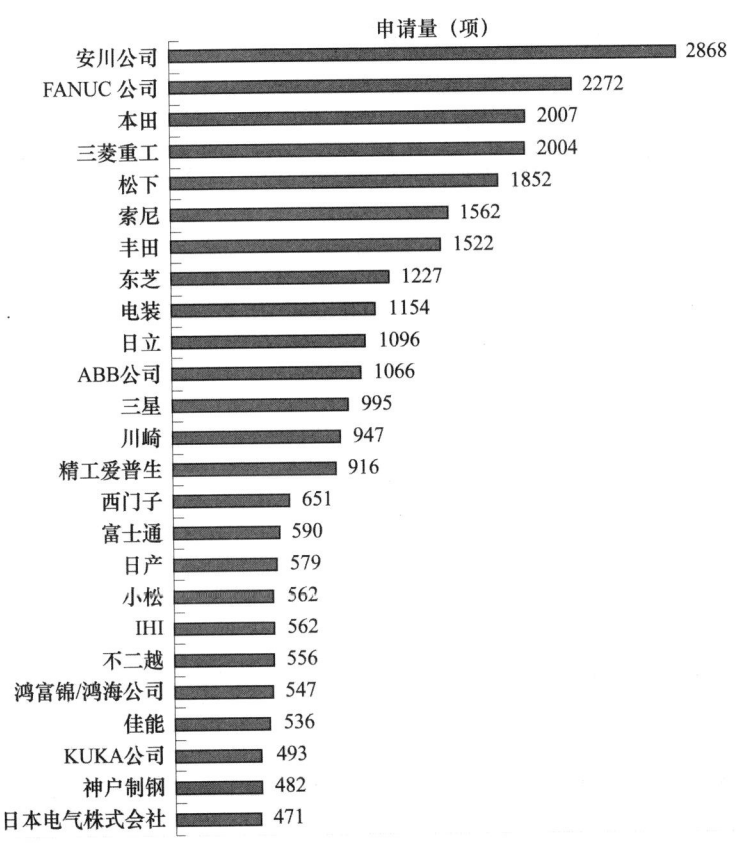

图2-7 工业机器人全球专利申请人排名

在全球专利申请排名前25位的申请人中，日本企业占了21席，其他国家的企业分别是瑞士的ABB公司，排名第11位；韩国的三星，排名第12位；德国的西门子，排名第16位；以及中国的鸿富锦/鸿海公司，排名第21位。各企业申请量的排名在一定程度上反映了企业技术创新能力，但是也和企业专利布局和重视程度等因素密切相关。

　　本报告还按 2010～2013 年专利申请量对申请人进行了排名，如图 2-8 所示，其中安川公司仍居首位，中国的鸿富锦/鸿海公司上升到了第 3 位，清华大学、天津大学和浙江大学分别位居第 8、17、20 位，这一方面反映了中国对工业机器人研发的重视和进步，但另一方面也与中国申请人较多申请提前公开有关。

图 2-8　2010～2013 年工业机器人全球专利申请人排名

　　根据工业机器人全球专利申请量和市场占有率情况，课题组选择了三个创新主体，包括 FANUC 公司、ABB 公司和 KUKA 公司，详细专利分析请参见本报告第 10 章、第 11 章和第 12 章。

第 3 章　中国专利总体分析

随着中国经济的高速发展和产业转型升级的不断推进，中国的工业机器人市场近年来已经呈现出爆发式的增长态势，其巨大的发展潜力已经吸引了全世界的目光，未来的市场争夺将日趋激烈。

本章对工业机器人领域的中国专利申请进行总体分析，重点研究了中国的专利申请趋势、各技术分支的申请发展趋势、中国专利申请主要国家或地区分布、中国申请人态势以及法律状态等。通过对中国专利申请的分析，有助于国内申请人从整体上把握技术发展趋势，寻求技术合作，增强竞争力。

本章检索数据的下载日期为 2013 年 8 月 30 日，中国工业机器人技术专利申请量为 34831 件，涉及工业机器人的 3 个主要分支：操作机、控制系统以及驱动系统。

3.1　申请态势

截至 2013 年，在工业机器人领域，中国的专利申请数量共为 34831 件，其中中国申请人共申请 27751 件，国外申请人共申请 7080 件。

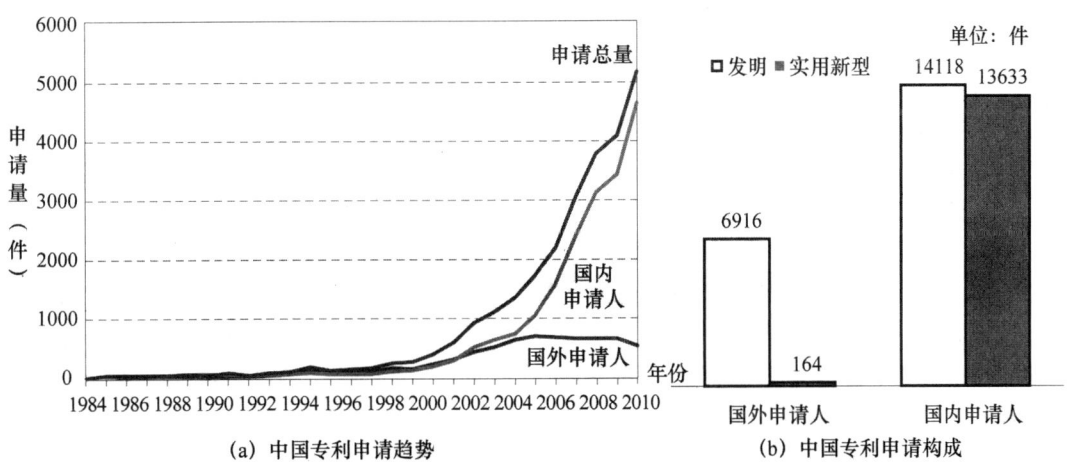

(a) 中国专利申请趋势　　(b) 中国专利申请构成

图 3-1　工业机器人领域中国专利申请趋势图[1]

从图 3-1 中可以看出，工业机器人领域中国专利申请数量总体上呈现持续增长的

---

[1] 中国工业机器人行业发展趋势分析及预测 [EB/OL]. [2013-09-11]. http://www.askci.com/news/201309/11/1116152833649.shtml.

趋势，总体而言可以分为如下三个阶段。

(1) 1984~1999年，中国专利申请数量缓慢增长

与国外先进国家的工业机器人发展历程类似，中国的工业机器人发展同样经历了萌芽期、发展期和实用期三个阶段[1]，只是在时间上有所滞后。中国工业机器人起步于20世纪70年代初。在度过70年代的萌芽期之后，中国工业机器人产业先后历经80年代的发展期和90年代的实用期。从图3-1中可以看出，在这一时期，中国工业机器人专利申请数量稳步增长，从1984年的3件增加到1999年的249件。

20世纪80年代，随着"七五"科技攻关计划以及"863计划"相继将工业机器人列入发展计划实施，中国开始有组织地发展工业机器人事业，促成了中国工业机器人的第一次发展高潮，从图3-1中可以看出，在1984~1999年，中国申请人的专利申请数量在逐渐增加。

同一时期，国外申请人如KUKA公司、西屋电气、三菱重工、小松、川崎及三星等企业已经开始着手在中国进行专利布局，在进入20世纪90年代后，国外申请人的申请数量已经总体上超过中国申请人。但由于这一时期中国工业机器人刚刚起步，中国申请人整体水平与国外差距较大，暂时无法形成有效竞争，因此国外申请人的专利布局力度并不大。

(2) 2000~2008年，中国的专利申请数量高速增长

从2000年开始，受国家宏观调控及居民消费水平提高的影响，中国汽车工业进入一个历史性的高速增长期。作为工业机器人的最为重要的下游产业，汽车产业的增产扩能直接导致工业机器人市场需求迅速增加，中国的工业机器人产业以此为契机进入了高速发展时期，并在随后逐渐向电子等应用领域扩展。从2004年开始，中国的劳动力成本逐渐升高，劳动密集型为主的制造业开始受到冲击，开始向着现代化的资金和技术密集型转型，这也进一步提升了中国工业机器人市场的热度，在这一时期，中国专利申请数量相应呈现高速增长的态势，中国工业机器人保有量从2000年的3500台增长至2008年的3万台。随着工业机器人市场在这一时期的走高，中国关于工业机器人的研发投入和专利布局力度持续增加，中国专利申请数量相应呈现出高速增长的态势，年申请数量也从2000年的270件高速增长至2008年的3073件。

这一时期，在国家科技攻关项目的支持下，中国不断在工业机器人基础理论和关键技术方面取得突破，形成了一批具有较强机器人科研实力的企业和研究院所，如沈阳新松机器人自动化有限公司、广州数控、安徽埃夫特、中国科学院沈阳自动化研究所及哈尔滨工业大学等。随着中国本土的工业机器人研发实力不断增强，国内申请人的专利申请数量也持续增加。从2003年起，中国申请人的专利申请数量已经超过国外申请人。而机器人产业化程度较高的国外申请人在这一时期纷纷开始加速占领中国市场，工业机器人产业的国际巨头们将中国市场视为"决胜未来的战场"。1997年，FANUC公司在上海成立上海FANUC公司，2000年，库卡机器人自动化设备（上海）有限公司成立，2006年，ABB公司将机器人业务全球总部迁至上海。仅ABB公司、

---

[1] 孙英飞，等. 我国工业机器人发展研究 [J]. 科学技术与工程，2012 (12)：2912-2918.

FANUC 公司、KUKA 公司、安川公司四家巨头就占据了中国工业机器人市场的 70%。虽然随着中国机器人市场的增长，国外申请人在中国的申请数量也在 2000 年以后出现了显著增加，但是在 2005 年后便趋于稳定。虽然中国国内申请人的申请数量在这一阶段超过国外申请人，但从市场构成来看，国内工业机器人的研发虽然在这一时期得到了全面而快速的发展，但进行专利申请的多以高校、科研院所为主，工业机器人技术向产业化转移的程度还比较低，在国外机器人产品大量占领中国市场的形势下，国外申请人也并不急于在中国进行大规模的专利布局。

（3）2009 年至今，中国专利申请数量激增

2008 年后，受到新《劳动合同法》颁布的影响，中国劳动力成本暴涨，加之产业升级及对产品加工精度、质量要求的持续提高，工业机器人在中国呈现出爆发式的增长态势。虽然受全球金融危机的影响，2009 年中国工业机器人新安装量出现首次下降，但随后很快强势反弹，2010 年和 2011 年的增速均超 50%，截至 2012 年，中国工业机器人保有量已达 7.5 万台。从图 3-1 中可以看出，虽然在 2009~2010 年中国专利申请数量增速有所减缓，但整体数量仍在不断增加，从 2010 年开始，专利申请数量的增长呈现出进一步加大的态势，截至 2011 年，中国专利申请数量达到 5186 件。

中国工业机器人市场虽然起步较晚，但却是全球增长最快的市场。中国工业机器人的使用密度仅为 21 台，远远低于全球平均水平 55 台❶。中国专利申请的数量在进入 21 世纪后呈现出的增长态势也表明，随着中国经济结构转型、人口结构变化以及产业结构升级的持续进行，中国工业机器人市场仍然存在巨大的潜力。然而，据国际机器人联合会统计❷，2012 年中国机器人购买量为 2.3 万台，而本土品牌机器人销量仅为 3000 多台。随着国外产业巨头纷纷加快在中国市场的本土化，中国企业面临的市场竞争将更加残酷。值得注意的是，在中国申请人进行的 27751 件工业机器人专利申请中，实用新型所占比重为 49.1%，接近申请总量的半数，而在国外申请人进行的 7080 件专利申请中，实用新型所占的比重仅为 2.3%。对发明专利进行的分析表明，参见表 3-1，在发明专利的授权比例以及授权发明专利的有效比例方面，国外申请人也明显占优：国外申请人在中国申请发明专利的授权比例为 55.5%，授权发明专利的有效比例为 75.4%，而中国申请人发明专利的授权比例以及授权发明专利的有效比例则分别为 41.3% 和 73%。由此可知，虽然中国申请人在专利申请数量上占优，但无论是在专利申请的构成、专利质量还是授权专利的稳定性上均与国外申请人有着一定的差距，国内申请人在上述方面还存在较大的提升空间。

---

❶ 国内机器人发展现状分析［EB/OL］．［2013-03-13］http：// amadata. net. cn/sjgx_ news/news _ info. aspx？ id = 11010．

❷ "技术红利"代替"人口红利" "机器换人"前景喜人［EB/OL］．［2013-10-24］．http：// www. cnelc. com/Article/1/AD100172366_ 1. html．

表 3-1 1985~2013 年各技术分支中国发明专利数据   单位：件

		公开			授权			有效		
		国内	国外	小计	国内	国外	小计	国内	国外	小计
驱动系统	缸	2075	125	2200	700	59	759	554	47	601
	电机	3730	367	4097	1540	164	1704	1165	125	1230
控制系统	安全	466	390	856	262	278	540	138	195	333
	传感器	1462	1140	2602	786	755	1541	449	481	930
	供电	1506	541	2047	607	291	898	491	227	718
	控制及算法	1325	1365	2690	543	682	1225	417	574	991
	示教	202	188	390	114	131	245	55	89	144
	伺服驱动器	85	52	137	50	28	78	43	22	65
操作机	基座	221	98	319	122	45	167	94	37	131
	关节	429	282	711	180	147	327	132	121	253
	部件间连接方式	395	36	431	69	12	81	68	9	77
	机械臂	501	503	1004	188	248	436	136	209	345
	减速器	111	71	182	55	43	98	41	38	79
	末端执行器	956	743	1699	342	395	737	274	299	573
总计		13464	5901	19365	5558	3278	8836	4057	2473	6470

3.2 技术构成及申请人排名

工业机器人的三个主要技术分支中，涉及控制系统的专利申请数量为 13050 件，占申请总量的 38%，涉及驱动系统的专利申请数量为 12927 件，占总量的 37%，涉及操作机的专利申请数量为 8854 件，占总量的 25%。工业机器人领域的中国专利申请主要集中于控制和驱动两大领域，而这也符合全球工业机器人发展趋势。如图 3-2 所示。

从发展态势上看，虽然三大技术分支的专利申请量总体均呈现增长的趋势。但随着技术和市场的发展，各技术分支专利申请量所占的比重在不断变化。其中，涉及操作机的专利申请虽然在早期所占的比重较大，但随后逐渐下降，并在进入 20 世纪 90 年代后趋于稳定，这表明随着工业机器人技术的发展，操作机本体的技术发展趋于成熟，申请人对于操作机这一技术分支的关注程度有所降低。而涉及控制系统以及驱动系统的专利申请在专利申请总量中所占的比重总体而言相对稳定。近年来，涉及驱动系统的专利申请在专利申请总量中所占的比重有所上升，随着国内申请人对于工业机器人基础技术研发投入的增加，这一技术分支正在成为中国工业机器人专利申请的热点。

从表 3-1 可以看出，就发明专利而言，国内申请人与国外申请人在控制系统与操

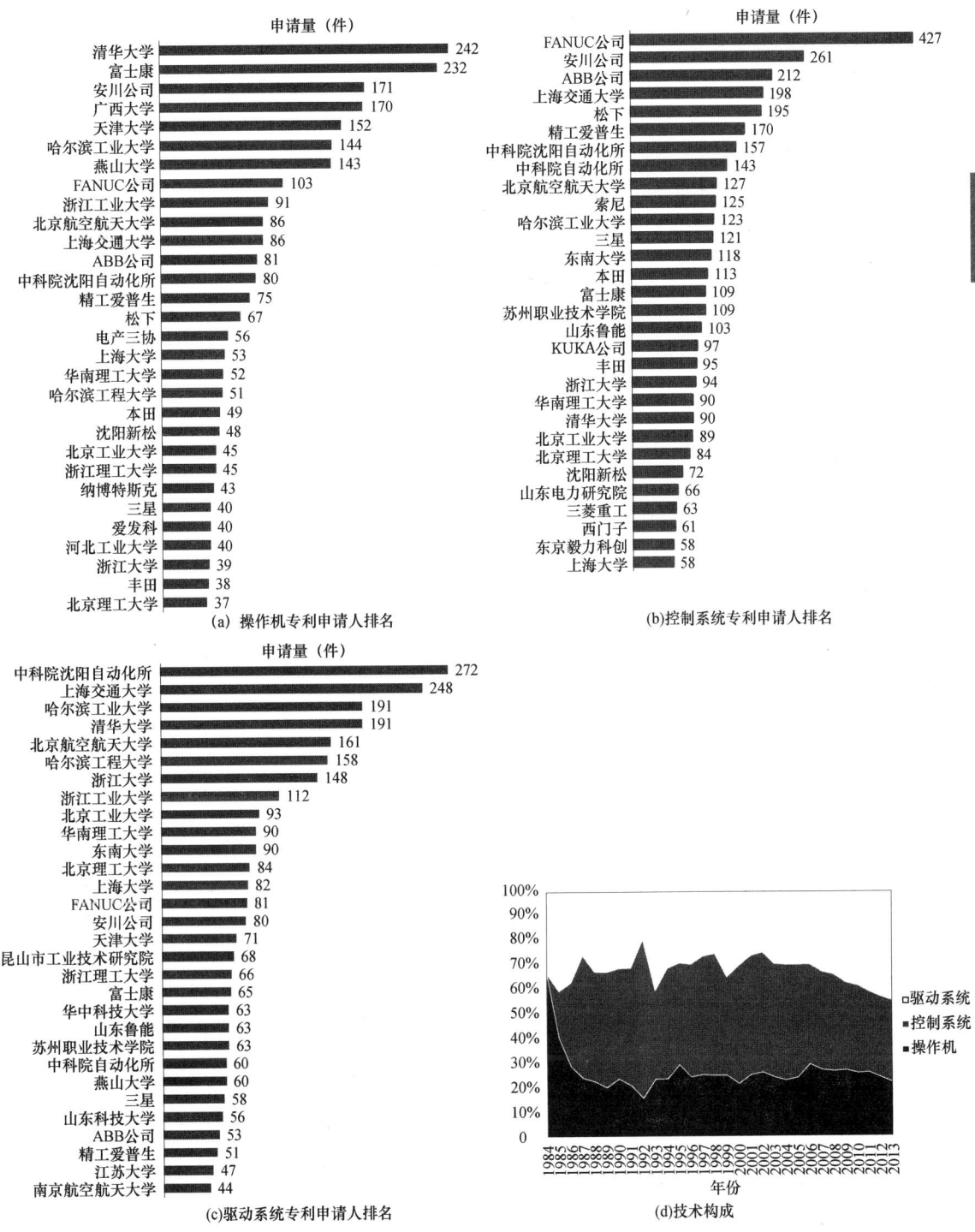

图3-2 工业机器人的三个技术分支中中国专利技术构成及申请人排名

作机这两个技术分支的发明专利数量、授权发明专利数量以及有效发明专利数量上较为接近,在驱动系统这一分支中,国内申请人相对于国外申请人在数量上占据优势。

从各技术分支主要申请人排名也可以看出,在控制系统领域,以FANUC公司、安川公司、ABB公司为主的国外申请人申请量较大。可见,在该技术领域,国外机器人巨头发展较为成熟,技术优势明显,而该领域的国内申请人中除高校及研究院所外,国内企业所占的比重也较大,可见,国内该技术的研究成果已经初步开始实现产业化。在操作机领域,国外企业所占据的比例也较高,其技术也更加成熟,国内申请人中企业所占的比重较小,多数申请来自科研机构。类似的情况也出现在驱动系统领域,国内申请人中高校及研究院所所占的比重同样很大,这表明在该领域国内仍然处于技术研发和积累阶段,是国内申请人目前研究的热点所在,技术水平还有待突破,未来存在很大的产业化发展空间(参见表3-2)。

表3-2 1985~2010年中国发明专利数据申请人排名　　　单位:件

申请人名称	国别	公开		授权		有效	
		数量	构成(%)	数量	构成(%)	数量	构成(%)
安川公司	日本	509	2.42	266	2.47	194	2.64
FANUC公司	日本	487	2.31	375	3.49	205	2.79
清华大学	中国	417	1.98	283	2.63	183	2.49
松下	日本	398	1.89	277	2.58	236	3.22
上海交通大学	中国	388	1.84	310	2.88	142	1.94
哈尔滨工业大学	中国	341	1.62	246	2.29	110	1.50
精工爱普生	日本	266	1.26	66	0.61	59	0.80
北京航空航天大学	中国	265	1.26	189	1.76	89	1.21
本田	日本	209	0.99	176	1.64	102	1.39
浙江大学	中国	177	0.84	117	1.09	91	1.24
其他		17600	83.58	8446	78.56	5925	80.77
总计		21057		10751		7336	

从表3-2可以看出,发明专利申请数量排名前十位的申请人中,日本和中国申请人各占据一半。但日本申请人安川公司、FANUC公司、松下、精工爱普生以及本田均为知名跨国企业,与之相对,中国申请人清华大学、上海交通大学、哈尔滨工业大学、北京航空航天大学及浙江大学则均为国内高校。可见,国内申请人在从技术研发向产业化的转化上有着巨大的发展潜力。国内企业可以积极寻求与高等院校的技术合作,依托后者的研发实力加速技术产业化的进程(参见表3-3)。

表 3-3 1985~2010 年中国发明专利数据申请人及技术分支统计   单位：件

申请人名称	国别	申请人小计	公开 数量	公开 构成(%)	授权 数量	授权 构成(%)	有效 数量	有效 构成(%)
安川公司	日本	小计	509	2.42	266	2.47	194	2.64
		操作机	135	3.11	41	0.94	33	0.76
		控制系统	332	6.93	203	4.07	147	2.85
		驱动系统	42	0.65	22	0.34	14	0.22
FANUC 公司	日本	小计	487	2.31	375	3.49	205	2.79
		操作机	68	1.56	35	0.81	26	0.60
		控制系统	371	7.89	310	6.65	158	3.39
		驱动系统	48	0.74	30	0.47	21	0.32
清华大学	中国	小计	417	1.98	283	2.63	183	2.49
		操作机	176	4.05	115	2.65	78	1.79
		控制系统	72	1.37	55	1.10	28	0.54
		驱动系统	169	2.62	113	1.75	77	1.19
松下	日本	小计	398	1.89	277	2.58	236	3.22
		操作机	60	1.38	50	1.15	40	0.92
		控制系统	321	6.10	217	3.90	188	3.42
		驱动系统	17	0.26	10	0.16	8	0.12
其他申请人		小计	19246	91.40	9550	45.35	6518	30.95
		操作机	3907	89.90	1605	36.93	1281	29.48
		控制系统	9165	89.32	3841	83.03	2721	83.92
		驱动系统	6174	95.72	4104	63.63	2516	39.01
总计		所有申请人总计	21057		10751		7336	
		操作机总计	4346		1846		1458	
		控制系统总计	10261		4626		3242	
		驱动系统总计	6450		4279		2636	

3.3 主要来源国及地区

中国专利申请的国外申请人主要来自日本、美国、德国和韩国，这与上述四国的机器人研发能力相吻合。可见，工业机器人传统强国在抢占中国这一新兴市场时，均非常重视借助专利布局提高竞争力，实现市场和技术的双重垄断。

日本素有"工业机器人王国"之称，而日本企业又一贯重视亚洲市场，因此日本申请人很早就开始在中国进行专利布局。从图3-3中还可看出，日本申请人在1991年以来各时期的中国的专利申请数量均领先于其他国外申请人，其对于中国市场的专利布局力度是最大的。伴随着21世纪初中国工业机器人需求的增长，日本在中国的专利布局明显加快，其在中国的工业机器人专利申请大幅增加，远远超出美国、德国等国。可见，日本申请人不仅在工业机器人领域具备雄厚的研发实力，其对于新兴市场的敏感度和投入力度也超过其他国家。

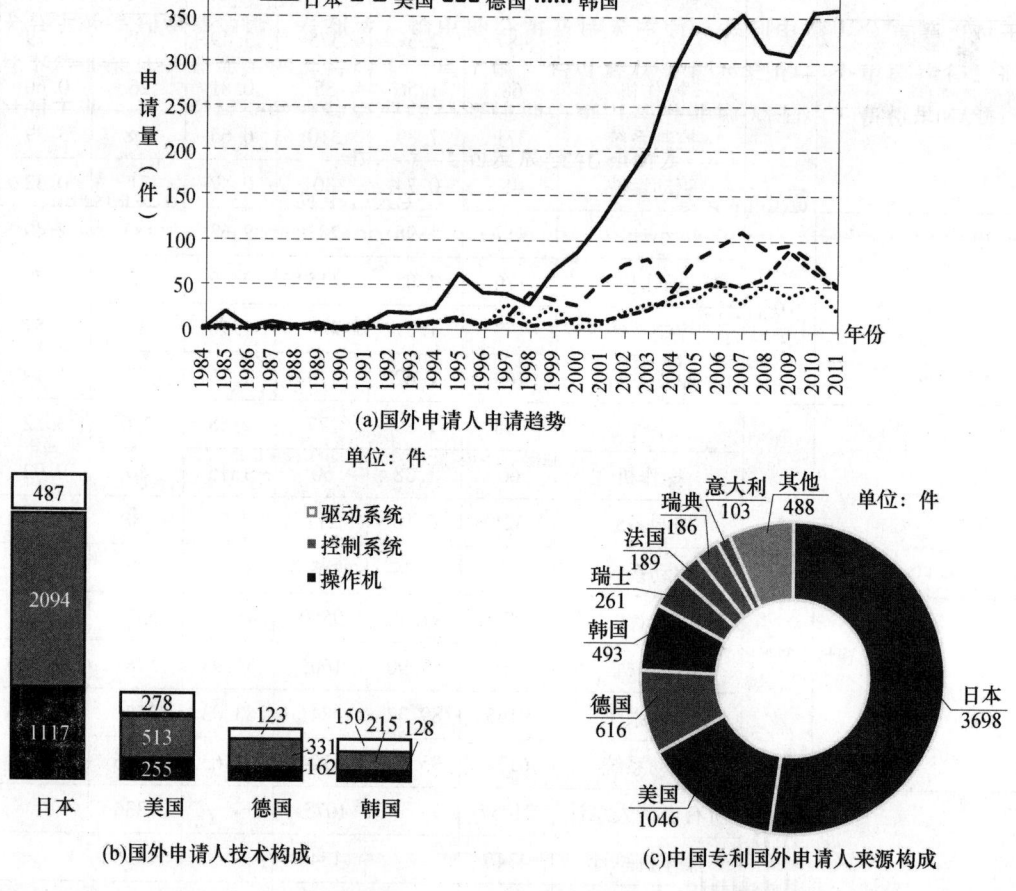

图3-3 中国专利来源国分析

作为第一台工业机器人的诞生地，美国虽然在工业机器人的发展中逊色于日本，但由于偏重理论研究，美国的工业机器人在技术上的领先优势更为明显。因此，在中国进行专利申请的国外申请人中，美国在中国的专利布局同样较早，其专利申请数量位列第二。虽然其申请在数量上不及日本，但可以看出美国同样把握住了中国工业机器人市场的发展，在21世纪初开始加大在中国市场的专利布局力度。

作为欧系机器人的重要代表之一，德国申请人在中国的专利申请数量位列第三。作为最早在中国进行专利布局的国家，德国虽然较早开始在中国进行专利布局，但其布局的力度却逊色于日本和美国。位列第四的韩国工业机器人产业虽然起步晚，但发展速度很快，在短短的 10 年内形成了自己的工业机器人体系，高效地实现了从技术引入国到技术输出国的转变。从图 3-3 中也可以看出，虽然韩国申请人在中国进行专利布局的时间较晚，但其专利申请数量增长很快。

从技术分支来看，在操作机、控制系统以及驱动系统这三个领域，日本的专利申请数量均占优，但其优势主要体现在控制系统和操作机领域，在这两个技术领域，日本申请人在中国的专利布局力度远远超过其他国外申请人。而在驱动系统领域，其余三个国家的申请人同样具有较强的实力。

从表 3-4、表 3-5 和表 3-6 中可以看出，发明专利申请的数量同样体现了上述趋势，日本、美国、德国、韩国、瑞士在中国发明专利数量上位居前列，这与其工业机器人技术的实力是一致的。

表 3-4 1985~2010 年操作机领域中国发明专利数据　　　　单位：件

国别	公开		授权		有效	
	数量	构成（%）	数量	构成（%）	数量	构成（%）
中国	2647	50.40	614	55.37	471	53.22
日本	1657	31.55	317	28.58	275	31.07
美国	615	11.71	51	4.60	44	4.97
德国	111	2.11	18	1.62	11	1.24
韩国	59	1.12	29	2.61	17	1.92
法国	48	0.91	22	1.98	20	2.26
其他	115	2.19	58	5.23	47	5.31
总计	5252		1109		885	

表 3-5 1985~2010 年控制系统领域中国发明专利数据　　　　单位：件

国别	公开		授权		有效	
	数量	构成（%）	数量	构成（%）	数量	构成（%）
中国	5046	57.85	2362	52.18	1593	50.08
日本	2074	23.78	1261	27.86	909	28.58
美国	507	5.81	286	6.32	200	6.29
德国	330	3.78	148	3.27	121	3.80
韩国	211	2.42	134	2.96	91	2.86
瑞士	133	1.52	77	1.70	67	2.11
其他	421	4.83	259	5.72	200	6.29
总计	8722		4527		3181	

表 3-6　1985~2010 年驱动系统领域中国发明专利数据　　　单位：件

国别	公开		授权		有效	
	数量	构成（%）	数量	构成（%）	数量	构成（%）
中国	5803	92.18	2239	90.91	1718	90.85
日本	235	3.73	109	4.43	90	4.76
美国	78	1.24	29	1.18	20	1.06
韩国	61	0.97	32	1.30	20	1.06
其他	118	1.87	54	2.19	43	2.27
总计	6295		2463		1891	

3.4　申请人分析

从图 3-4 中可以看出，中国工业机器人申请主要集中在以下地区：长三角、珠三角和环渤海地区，这与中国工业机器人的发展趋势相符合。

长三角、珠三角以及环渤海地区是中国国内经济发展的热点地区，制造业发达，工业机器人的需求量旺盛，特别是在中国劳动力成本提升后，作为制造业主力军的民营企业也开始意识到工业机器人的优势，装备工业机器人的民营企业越来越多。这些地区的工业机器人保有量占全国的一半以上。面对下游制造业对于工业机器人的旺盛需求，当地政府也纷纷出台政策引导，筹建和规划工业机器人产业基地，推动机器人产业在这些地区的蓬勃发展。以专利申请数量最多的长三角地区为例，上海、昆山、徐州及常州均建成规模巨大的工业机器人产业园，不仅吸引了 ABB 公司和 FANUC 公司等国外机器人制造商进驻，还聚集了华恒、铭赛等国内机器人制造商。从图 3-4 中可以看出，长三角地区的专利申请不仅数量大，而且其增长速度也是最快的。

同样，在环渤海地区，随着唐山、天津、沈阳及青岛相继建成工业机器人产业园，吸引了安川公司、小松、神户制钢、沈阳新松及开元等国内外机器人企业进驻，这一地区的工业机器人专利申请数量也在持续增长。

另外，在黑龙江、湖北、四川、重庆及吉林等地，由于有着从事工业机器人研发优势的高等院校以及发达的汽车工业，工业机器人的专利申请数量也较为可观。这些省市也纷纷立足于此，积极推进工业机器人的发展。目前，在哈尔滨和重庆，工业机器人产业园区的建设已经启动，可以预期，工业机器人在上述地区也将得到快速发展。

虽然中国工业机器人的技术水平与国外还有着巨大差距，但在政府的扶持和引导下，东南沿海地区的中国工业机器人产业保持了蓬勃的发展态势，并且产业已经开始逐步从东南沿海地区向内地扩张。在中国工业机器人产业的发展中，应当重视对技术研发成果的专利保护，以快速形成市场竞争力，占领市场竞争的制高点。

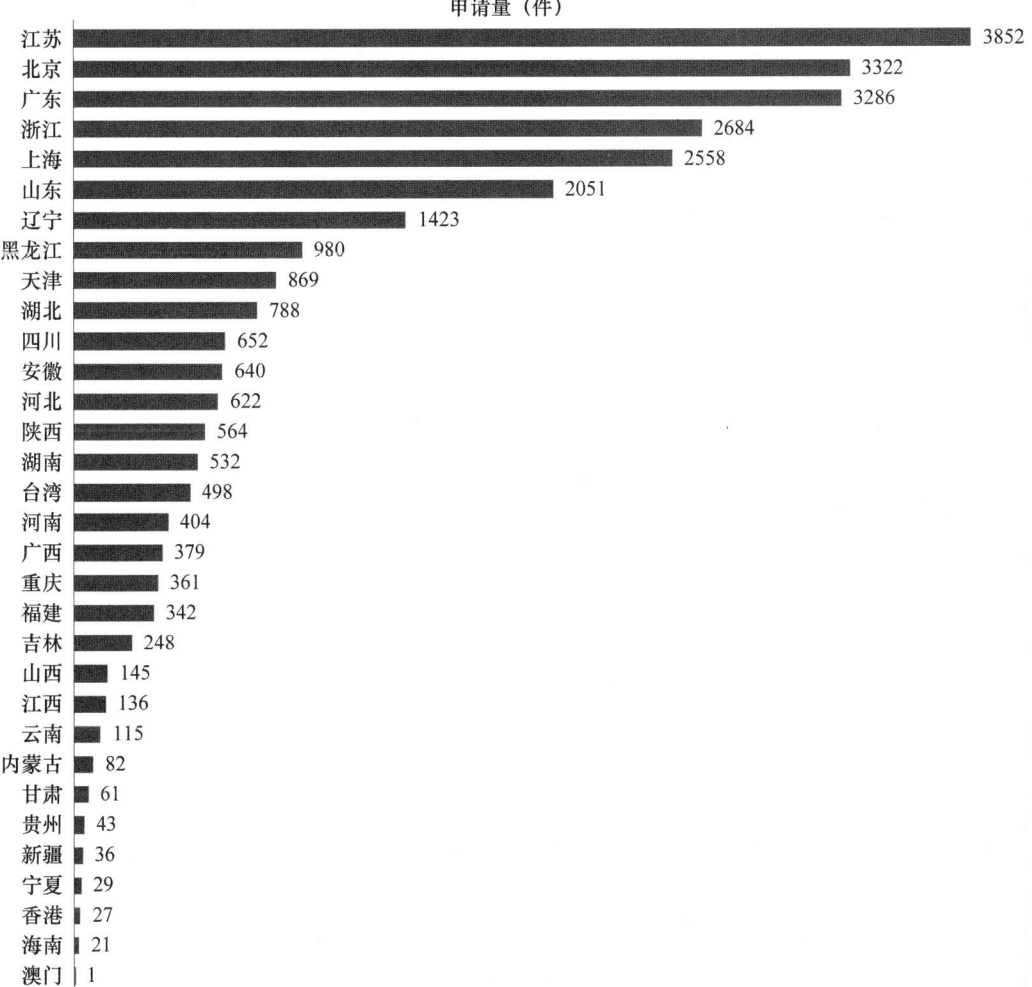

图 3-4　工业机器人领域各省市专利申请排名

第4章 谐波减速器

本章旨在全面分析工业机器人用谐波减速器领域专利技术,包括谐波减速器专利技术发展趋势、全球及中国专利申请状况、对处于全球垄断地位的申请人的多方面关注和分析、中国国家标准及与专利的关系等。通过上述分析梳理,有助于业内人士对工业机器人用谐波减速器技术领域有一个总体了解,掌握该领域的技术走向和研发热点,使本行业创新主体能够确定和了解竞争对手,尤其是强大的海外竞争对手的专利布局,推断出其未来的发展规划,从而为各创新主体提供一定的借鉴和指导。

4.1 技术概况

4.1.1 技术简介

谐波减速器的制造技术基础是谐波传动,谐波传动是20世纪50年代中期随着空间科学技术的发展在薄壳弹性变形理论基础上发展起来的一种新型传动。该传动的基本原理由美国联合制鞋公司研究顾问C. Walt Musser(1909~1998)于1955年提出,并于1955年3月21日提交了美国专利申请,该专利申请于1959年9月29日公开(公开号US2906143A)。1960年,C. Walt Musser在发表于美国《机械设计》杂志的论文中使用了Harmonic Drive一词,中文翻译为谐波传动或谐波齿轮传动。

谐波传动通常由柔轮(Flexible Spline, FS)、刚轮(Circular Spline, CS)和波发生器(Wave Generator, WG)(又称为"谐波传动三大件")组成,当波发生器顺时针转动时,如果刚轮固定,则柔轮逆时针旋转;如果柔轮固定,则刚轮顺时针旋转。由于柔轮与刚轮齿数相差很少,因此可获得很大的传动比。谐波齿轮传动的主要失效形式是柔轮疲劳断裂、柔性轴承损坏、齿面磨损或传动滑移。不过现有的设计规范和工艺可以保证谐波齿轮传动具有预期的工作寿命。❶

因此,谐波传动刚一出现即引起了各国的重视。目前在中国、日本、美国、英国、俄罗斯、乌克兰和印度等国都有研究机构在此领域进行研究工作。如美国就有国家航空航天管理局路易斯研究中心、空间技术实验室、USM公司、贝尔航空空间公司、卡曼飞机公司、本迪克斯航空公司、波音航空公司、肯尼迪空间中心(KSC)、麻省理工学院(MIT)及通用电气(GE)公司等几十个大型公司和研究中心都曾从事过这方面的研究工作。其中以USM公司规模最大,它既生产可供海、陆、空使用的各种类型谐波传动装置,也生产可供民用的谐波传动系列产品。

---

❶ [EB/OL]. [2013-06-30]. http://www.gkong.com/item/news/2009/09/39763.html.

苏联从20世纪60年代初期开始,也大力开展这方面的研制工作,如苏联机械研究所、莫斯科鲍曼工业大学、列宁格勒光学精密机械研究所、全苏减速器研究所、基铺减速器厂和莫斯科建筑工程学院等单位都大力开展了谐波传动的研究工作。它们对该领域进行了较系统、深入的基础理论和试验研究,在谐波传动的类型、结构、应用等方面有较大发展。

日本长谷川齿轮株式会社,除从事谐波齿轮传动的研制外,自1970年起从美国引进USM公司的全套技术之后,对谐波传动装置的各方面工作陆续展开。目前除能大批生产各种类型的谐波传动装置外,还完成了通用谐波传动装置的标准化、系列化工作。值得注意的是西欧一些国家,如德国、法国、英国、瑞士、瑞典等国,近年来除在卫星、机器人、数控机床等领域采用谐波传动外,对谐波传动的基础理论也开始进行系统的研究。

中国从1960年开始谐波传动方面的研制工作,并在1962年研制成功中国第一台偏心盘波发生器谐波传动减速器;1964年研制成功中国第一个谐波传动柔性轴承;1978年联合攻关,研制成功小直径谐波传动产品,包括柔轮内径为φ20的单级谐波传动减速器、行星波发生器谐波传动减速器以及大速比的内啮复波谐波传动减速器等产品;1980年6月电子工业部下达《电子工业产品技术标准编制计划》开展谐波传动减速器标准系列化工作,并在1985年标准系列获得通过,该标准系列(标准号SJ2604—85,GB/T14118—93)由25到200十个机型组成,该标准系列的研制成功使中国成为世界上继美国、日本、俄罗斯后第四个具有谐波传动减速器标准系列产品的国家;1986年成立"七五"科技攻关组,研制成功"工业机器人高精度谐波传动减速器系列产品"(以下简称"R系列");2006年申请"一种渐开线齿廓三维修形的谐波传动装置"发明专利(专利号:ZL200610127982.6),自主创新研制成功"二代谐波传动系列产品"的核心技术,其制造工艺还优于国外"S"齿形的短筒柔轮谐波传动。到目前为止,中国有几十家单位从事这方面的研究工作,并先后研制成功多种类型的谐波齿轮传动装置。如传动误差小于9"、回差小于4"的高精度谐波齿轮传动装置,噪声小于45dB的高灵敏度小型谐波齿轮传动装置,用于水下极光探测仪的谐波传动装置,以及用于导弹发射架和雷达传动系统中的动力谐波传动装置等,为中国谐波传动的研制和开发工作打下了坚实的基础。❶

目前,谐波传动广泛应用于航空航天、机器人、加工中心、雷达设备、造纸机械、纺织机械、半导体工业晶圆传送装置、印刷包装机械、医疗器械、金属成型机械、仪器仪表、光学制造设备、核设施以及空气动力实验研究等领域。例如:日本本田仿生机器人ASIMO的手臂与腿部至少使用了24套谐波传动装置;美国NASA发射的火星机器人每个则使用了19套谐波传动装置;德法英联合研制的空中客车使用谐波传动阵列来检测飞机着陆时副翼的位置;安装于夏威夷Mauna Kea山的Subaru望远镜系统采用了264套谐波传动装置,将8.2m口径主镜镜面精度保持在0.1μm;为确保手术系统高精度定位与配合作业,在外科手术系统中应用了各种型号的谐波传动。现在,约有

---

❶ [EB/OL]. [2013-06-30]. http://www.gkong.com/item/news/2009/09/39763.html.

90%的谐波传动应用在机器人工业和精密定位系统中,谐波传动已成为现代工业重要的基础部件。❶

作为减速器使用,通常采用波发生器主动、刚轮固定、柔轮输出形式。其结构及工作原理如图4-1至图4-3所示。

图4-1 谐波减速器实物图

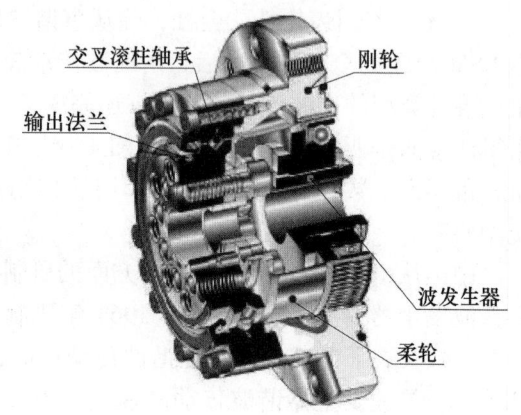

图4-2 谐波减速器结构图❷

波发生器是一个杆状部件,其两端装有滚动轴承构成滚轮,与柔轮的内壁相互压紧。柔轮为可产生较大弹性变形的薄壁齿轮,其内孔直径略小于波发生器的总长。波发生器是使柔轮产生可控弹性变形的构件。当波发生器装入柔轮后,迫使柔轮的剖面由原先的圆形变成椭圆形,其长轴两端附近的齿与刚轮的齿完全啮合,而短轴两端附近的齿则与刚轮完全脱开。周长上其他区段的齿处于啮合和脱离的过渡状态。当波发生器沿图示方向连续转动时,柔轮的变形不断改变,使柔轮与刚轮的啮合状态也不断改变,由啮入、啮合、啮出、脱开、再啮入……周而复始地进行,从而实现柔轮相对刚轮沿波发生器相反方向的缓慢旋转。

工作时,固定刚轮,由电机带动波发生器转动,柔轮作为从动轮,输出转动,带动负载运动。波发生器的连续转动,迫使柔轮上的一点不断改变位置,这时在柔轮的节圆的任一点,随着波发生器角位移的过程,形成一个上下左右相对称的和谐波,故称为"谐波"。

在传动过程中,波发生器转一周,柔轮上某点变形的循环次数称为波数,以 n 表示。常用的是双波和三波两种。双波传动的柔轮应力较小,结构比较简单,易于获得大的传动比,为目前应用最广的一种。

谐波齿轮传动的柔轮和刚轮的齿距相同,但齿数不等,通常采用刚轮与柔轮齿数差等于波数,即

---

❶ [EB/OL]. [2013-06-30]. http://baike.baidu.com/link? url=-1TJ9ll5VMyUUFlUEmSLsv1MtK4RO1-aB7dbikGrwZapVhQDC1C7_PuwnJi3Y4FV.

❷ [EB/OL]. [2013-06-30]. http://ishare.iask.sina.com.cn/download/explain.php? fileid=23374540.

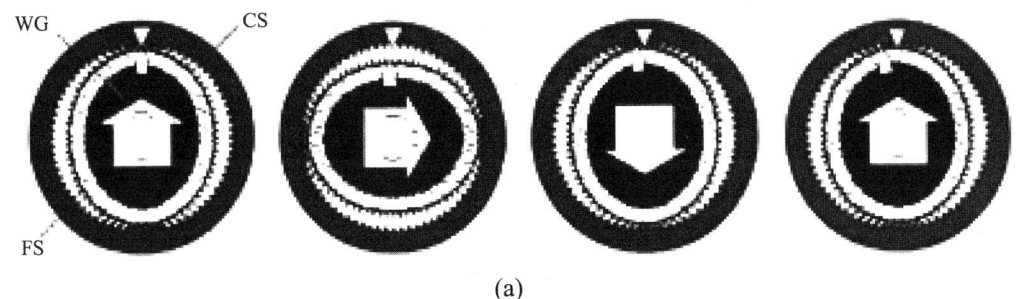

(a)

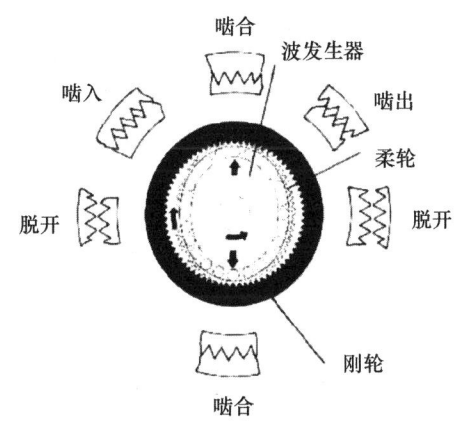

(b) 谐波传动的工作原理

图 4-3　谐波减速器工作原理❶❷

$$z_2 - z_1 = n \tag{1}$$

式（1）中 z_2、z_1 分别为刚轮与柔轮的齿数。

当刚轮固定、发生器主动、柔轮从动时，谐波齿轮传动的传动比为：

$$i = -z_1/(z_2 - z_1) \tag{2}$$

双波传动中，$z_2 - z_1 = 2$，柔轮齿数很多。式（2）负号表示柔轮的转向与波发生器的转向相反。由此可看出，谐波减速器可获得很大的传动比。

经使用证实，谐波减速器的主要优点：

（1）结构简单，体积小，重量轻。谐波齿轮传动的主要构件只有三个：波发生器、柔轮、刚轮。它与传动比相当的普通减速器比较，其零件减少 50%，体积和重量均减少 1/3 左右或更多。

（2）传动比范围大。单级谐波减速器传动比可在 50~300，优选在 75~250；双级谐波减速器传动比可在 3000~60000；复波谐波减速器传动比可在 200~140000。

---

❶ [EB/OL]. [2013-06-30]. http://www.gkong.com/item/news/2009/09/39763.html.
❷ [EB/OL]. [2013-06-30]. http://baike.baidu.com/link?url=JqvJXEnUYZnDUWjrSvZcCgmEvGYzK2viu0p3q4yNs7LYFFFvcTDDBFNZiSG88NQfIr7D12fXHIeu3nM1GLlE7a.

（3）同时啮合的齿数多。双波谐波减速器同时啮合的齿数可达30%，甚至更多些。而在普通齿轮传动中，同时啮合的齿数只有2%～7%，对于直齿圆柱渐开线齿轮同时啮合的齿数只有1～2对。正是同时啮合齿数多这一独特的优点，使谐波传动的精度高，齿的承载能力大，进而实现了大速比、小体积。

（4）承载能力大。谐波齿轮传动同时啮合齿数多，即承受载荷的齿数多，在材料和速比相同的情况下，受载能力要大大超过其他传动。其传递的功率范围可为几瓦至几十千瓦。

（5）运动精度高。由于是多齿啮合，因此在一般情况下谐波齿轮与相同精度的普通齿轮相比，其运动精度能提高4倍左右。

（6）运动平稳，无冲击，噪声小。齿的啮入、啮出是随着柔轮的变形，逐渐进入和逐渐退出刚轮齿间的，啮合过程中齿面接触，滑移速度小，且无突然变化。

（7）齿侧间隙可以调整。谐波齿轮传动在啮合中，柔轮和刚轮齿之间主要取决于波发生器外形的最大尺寸，及两齿轮的齿形尺寸，因此可以使传动的回差很小，某些情况甚至可以是零侧间隙。

（8）传动效率高。与相同速比的其他传动相比，谐波传动由于运动部件数量少，而且啮合齿面的速度很低，因此效率很高。随着速比的不同（$u = 60～250$），效率在65%～96%（谐波复波传动效率较低），齿面的磨损很小。

（9）同轴性好。谐波齿轮减速器的高速轴、低速轴位于同一轴线上。

（10）可实现向密闭空间传递运动及动力。采用密封柔轮谐波传动减速装置，可以驱动工作在高真空、有腐蚀性及其他有害介质空间的机构，谐波传动这一独特优点是其他传动机构难于达到的。

（11）方便地实现差速传动。由于谐波齿轮传动的三个基本构件中，可以任意两个主动，第三个从动，那么如果让波发生器、刚轮主动，柔轮从动，就可以构成一个差动传动机构，从而方便地实现快慢速工作状况。这一点对许多机床的走刀机构具有很好的实用价值，经适当设计，可以大大改变机床走刀部分的结构性能。

谐波减速器的主要缺点：

（1）传动比的下限值高，齿数不能太少，当波发生器为主动时，传动比不小于35；

（2）柔轮和波发生器的制造复杂，需要专门设备，造成单件生产和维修困难，但批量生产时谐波传动装置的价格低于行星传动装置；

（3）柔轮周期性变形，易于疲劳损坏；

（4）转动惯量和起动力矩大，不宜用于小功率的跟踪传动；

（5）在承载初始阶段，刚度较小，变刚度特性是属于带条件性的缺点；

（6）不能做成交叉轴和交错轴的结构形式；

（7）采用滚子波发生器（自由变形波）的谐波传动，其瞬时传动比不是常数；散热条件差。

谐波齿轮减速器在航空、航天、能源、航海、造船、仿生机械、常用军械、机床、仪表、电子设备、矿山冶金、交通运输、起重机械、石油化工机械、纺织机械、农业机械以及医疗器械等方面得到日益广泛的应用，特别是在高动态性能的伺服系统中，谐波齿轮传动更显示出其优越性。它传递的功率从几十瓦到几十千瓦，但大功率的谐波齿轮传动多用于短期工作场合。

国外小模数精密谐波齿轮减速器多采用短筒柔轮，其体积小、重量轻、承载能力高；中国采用的还是普通杯形柔轮，还没有生产出短筒柔轮谐波齿轮减速器。

4.1.2 申请趋势及发展阶段

4.1.2.1 齿形方面

美国 C. Walt Musser 在提出谐波传动直线齿形时，认为柔轮发生弹性变形时只有径向位移，并没有考虑柔轮壳体中线上点的切向位移以及轮齿相对轴线的转角，所以该齿形谐波传动的啮合性能并不好。

后来的一些学者认识到该简化的不合理，用图解法分析后指出柔轮和刚轮可以近似地采用渐开线齿形。与渐开线齿形研究同时进行的还有圆弧齿廓及其代用齿形摆线齿廓的研究。

目前在谐波齿轮的齿形中，渐开线齿形的发展是比较完善的。最初提出用渐开线取代直线齿廓是基于两方面的考虑：第一，当齿数很多时，渐开线齿形已接近直线齿形，而且以渐开线齿形取代直线齿形所产生的误差，对传动性能不会有实质的影响；第二，渐开线齿形在工艺上易于加工。渐开线齿形角主要有 20 度、28.6 度和 30 度三种，其中 20 度齿形角由前苏联提出，采用该齿形角可以沿用现行的各种标准的齿轮刀具进行加工，但极易产生齿廓重叠干涉；28.6 度齿形角是 Musser 根据柔轮变形实验提出的，采用这种齿形角不会产生齿廓重叠干涉，但必须使用专门的非标准谐波齿轮刀具进行加工；日本采用的是 30 度齿形角，虽然其不会产生齿廓重叠干涉，但波发生器的径向载荷会增大。可以说，20 世纪 90 年代以前，在谐波齿轮的研究和应用中，受到极力推崇的是渐开线齿形或修正后的渐开线齿形。虽然在实践应用中渐开线齿形确实有其多种优点，但是若要说渐开线齿形是谐波齿轮传动的理想齿形，还缺乏严密的理论证明。[1]

20 世纪 70 年代开始，苏联最早出现了关于谐波齿轮传动采用圆弧齿形的研究，并在日、美等国获得实际应用。由于日、美等国对于谐波传动的设计和生产资料实行保密，因此无法获得关于圆弧谐波齿轮传动的详细资料，但从外界报道可以看出，其柔轮和刚轮齿廓都采用切线式双圆弧齿形。

1989 年日本学者石川昌一（S. Ishikawa）从不需依靠齿形受载后的变形而保证连续接触的角度出发，提出了基于曲线映射的"S"齿形，映射基准曲线为柔轮齿顶相对刚轮的运动轨迹。1995 年又在已有柔轮齿形上进行改进，成为具有两端圆弧组成的工作齿廓，在接近齿顶和齿根部分为大半径圆弧，该齿形在谐波传动轮齿啮合特性、承载能力等方面得到有效改善与提高。另外，由于谐波传动工作时，在刚轮固定的情况下，柔轮齿的运动轨迹近似为一内摆线，这就要求刚轮齿为凸形齿。而与刚轮齿相共轭的齿形曲线即为柔轮齿廓，为此提出了用圆弧齿作为谐波齿轮传动的齿形。虽然圆弧齿

---

[1] 辛洪兵，等. 谐波传动技术及其研究动向 [J]. 北京轻工业学院学报，1999 (1)：30 - 35.

廓谐波传动相对渐开线齿廓有许多优点，但加工时需采用特种刀具，且切齿刀具形状复杂，因成本较高而不易推广。在使用中，石川昌一还提出了一种圆弧齿的代用齿形，即摆线齿廓。其优点是采用具有直边切削刃的插刀就可进行加工，它继承了圆弧齿廓的优点，但切削刀具的制造较一般渐开线切制刀具复杂。"S"齿形对谐波齿轮啮合性能、承载能力等有很大的提高。

4.1.2.2 控制方面

谐波减速器的控制方面经历了以下阶段：机械力→电磁力→压电力。

1963 年，以电磁力取代机械力控制柔轮和刚轮啮合的电磁谐波传动由美国 USM 公司的 D. F. Herdeg 等人提出。实现驱动、控制和传动结构的集成，将其归为有源传动。它的出现为机械系统在系统性能和结构方面都带来了革命性的变化，使整个机电系统的结构尺寸进一步减小。此传动已成功应用于潜艇导航等尖端技术领域。20 世纪 80 年代以来，中国对电磁谐波传动也进行了卓有成效的研究。

20 世纪初，德国学者 Oliver Barth 提出压电谐波传动理论。其中以压电力控制柔轮和刚轮啮合，由于实现了驱动、控制和传动结构的集成，整个机电系统的结构尺寸进一步减小，并首次将谐波传动原理引入微机电系统（MEMS）研究领域。❶

随着科技的发展，在电磁谐波传动和压电谐波传动的基础上研究人员又提出了机电集成静电谐波传动系统。此系统与电磁谐波传动和压电谐波传动相比较有明显的优势。机电集成静电谐波传动系统既不需要铁心与电磁线圈，也不需要特种材料压电陶瓷，更有利于实现机电传动系统的微型化以及降低经济成本。机电集成静电谐波传动系统属于静电啮合、大减速比运动传递，因此可以产生低速大扭矩（相对其他微机电系统而言）的动力输出。而且，此传动系统还具有结构简单、电压调控、容易加工、响应速度快等优点，可以应用于生物医学、电子安装、海底探测、微型机器人和军事装备等技术领域，以及微型卫星、小型运载火箭等尖端技术领域，应用前景更为广阔。

4.1.2.3 研究趋势

随着工业智能机器人、数控机床、医疗器械、无线电通信设备等民用设备仪器的质量、性能、可靠性的不断提高以及武器装备的不断更新换代，对谐波齿轮传动提出的要求也就必然越来越高。

谐波齿轮传动装置的小型化、高精度和高可靠性将是谐波齿轮传动的主要发展趋势。即齿轮模数将越来越小，零部件精度越来越高，零件材料性能更加优良。短筒柔轮将得到普遍应用，传动装置的体积和重量越来越小，结构更加紧凑合理，可靠性不断提高。

虽然谐波齿轮传动的研究已经取得了很大的进展，但仍然需要进一步研究解决如下问题：（1）短筒柔轮的变形力和应力随着筒长的减小而急剧增加的问题；（2）高强度短筒柔轮材料试验研究及尺寸限制条件下短筒柔轮的优化设计问题；（3）研究新齿形，解决制齿方法和工艺问题；（4）超小模数短筒柔轮和刚轮的制造问题等。这些问

---

❶ [EB/OL]. [2013 - 06 - 30]. http://baike.baidu.com/link? url = - 1TJ9ll5VMyUUFlUEmSLsv1MtK4RO1 - aB7dbikGrwZapVhQDC1C7_ PuwnJi3Y4FV.

题的解决，必将使谐波齿轮传动产品得到更广泛的应用。

目前谐波齿轮传动的研究内容主要可概括为：（1）啮合原理的研究；（2）新齿形的研究；（3）柔轮疲劳强度的研究；（4）传动精度的研究；（5）结构工艺性研究；（6）加工工艺性研究。[1]

4.2 全球申请状况

4.2.1 专利申请态势

自从 C. Walt Musser 发明波动齿轮驱动装置（US2906143，公开日 1959 年 9 月 29 日）至 1982 年，此领域的专利申请总体申请量不大，但是技术改进一直在进行。研究人员（其中包括 Musser 和石川昌一）发明了多种类型的波动齿轮驱动装置，其中，仅仅关于波动齿轮的齿形就提出了多种发明方案。例如，石川昌一提出将基本齿形做成渐开线形齿形（JP45-41171B），该专利于 1980 年公布，从此以后，齿形的改进的专利申请数量开始增长；到 1987 年、1988 年，出现新的齿形设计方法，在该齿形中，使用使两个齿轮之间啮合与齿条近似来获得用于刚性内啮合齿轮和柔性外啮合齿轮之间的宽范围接触的齿顶外形（JP63-115943A，JP64-79448A）。这表现为 1982～1988 年申请数量上的一个高峰期。1995 年，又出现了一个用来防止与齿条近似的齿形之间互相干扰的发明及其相关申请（JP7-167228 A），同样表现为 1995 年的一个申请小高峰。如图 4-4 所示。

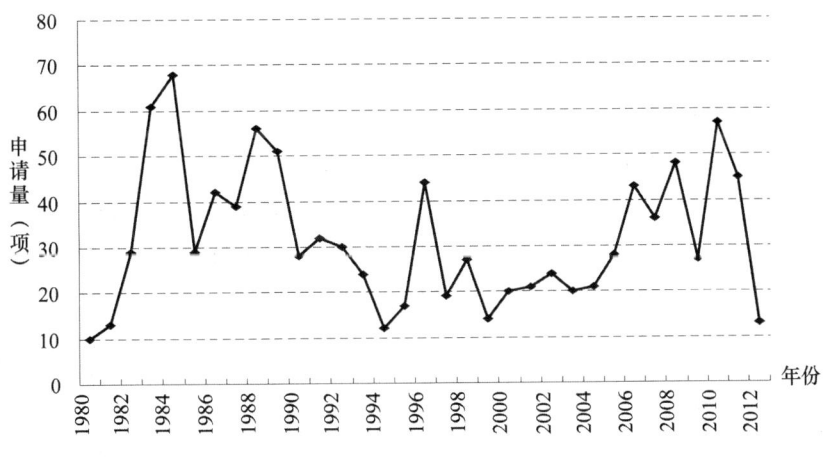

图 4-4 谐波减速器领域全球专利申请趋势图

4.2.2 来源国分析

谐波减速器最早由美国人发明于 20 世纪 50 年代末，但现在美国在谐波减速器方面

---

[1] 辛洪兵，等. 谐波传动技术及其研究动向 [J]. 北京轻工业学院学报，1999（1）：30-35.

的研究和应用主要集中在军事和航天领域等高中端方面,而且美国申请人由于技术领先,往往倾向于申请基础专利,因此美国申请量并不太大。而日本在谐波减速器方面的研究和应用则主要集中于机器人等方面,其研究相对于美国滞后,因而日本申请人倾向于采取外围专利的申请策略。同时由于"S"齿形的应用及谐波传动系统有限公司的异军突起,日本专利申请量占据了全球谐波减速器申请量的2/3。中国近些年来工业水平取得了长足的进步,尤其是改革开放以来,中国逐渐成为世界的加工工厂,工业化水平不断提高,对于谐波减速器的需求日益增加,尤其是随着人力成本的不断提高,机器人应用的不断扩大,使得能广泛用于工业机器人的谐波减速器成为近来研究的热点。由图4-5可以看出,在该领域中国专利申请占到了全球申请量的1/10多,中国已经日渐成为竞技场的主要参与者之一。

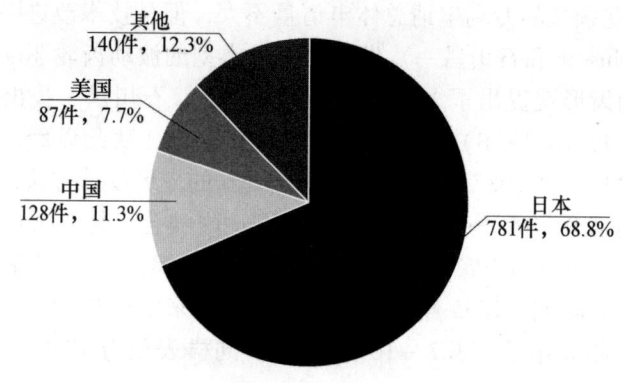

图4-5 来源国分析

4.2.3 目标国分析

从图4-6中可以看出,日本在20世纪80年代末提出"S"齿形之后出现了谐波减速器申请的一个高峰,此后对于"S"齿形的进一步研究和改进,在一段时间内层出不穷,基本上在这一时期确立了日本在谐波减速器方面重要地位。而中国申请主要是集中在近几年,在2000年之前申请量很小。德国专利申请的数量主要在2000~2006年出现波动:2000年申请量显著增加,而2004~2005年申请量持续走低,直至2006年才出现明显增长。美国申请量相对集中在早期,仅仅在2003年出现了较大的增长。

4.2.4 申请人分析

图4-7是全球范围内谐波减速器的前十位申请人的情况,可见全球范围内专利申请人主要集中在日本,尤其是谐波传动系统有限公司(HARM-N)几乎占据着垄断地位,其申请量甚至超过了第二至十位申请人的专利申请量的总和。其他几个申请人的申请量不相上下,可见,其他公司在短期内并不足以撼动谐波传动系统有限公司的知识产权垄断地位。中国有北京中技克美谐波传动有限责任公司(BEIJ-N)和苏州绿的谐波传动科技有限公司(SUZH-N)两家企业进入全球前十位,也加入到全球范围谐波减速器知识产权竞争中。

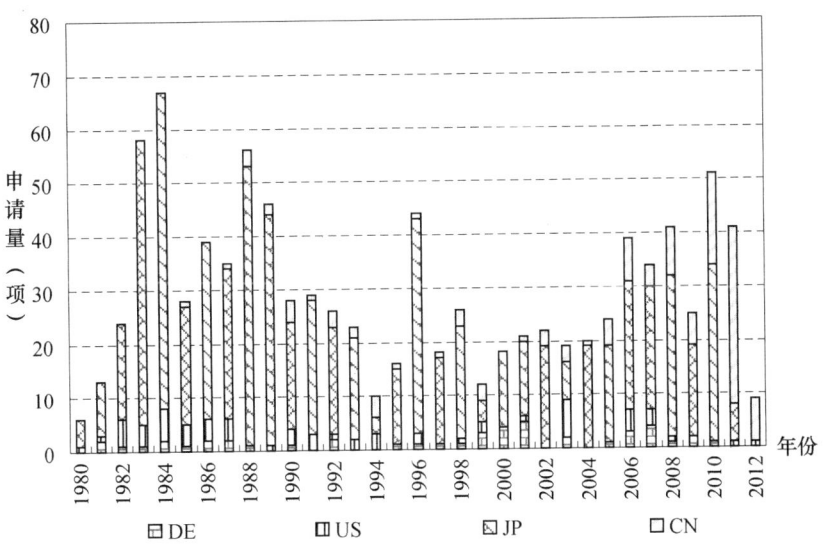

图4-6 四国分布图

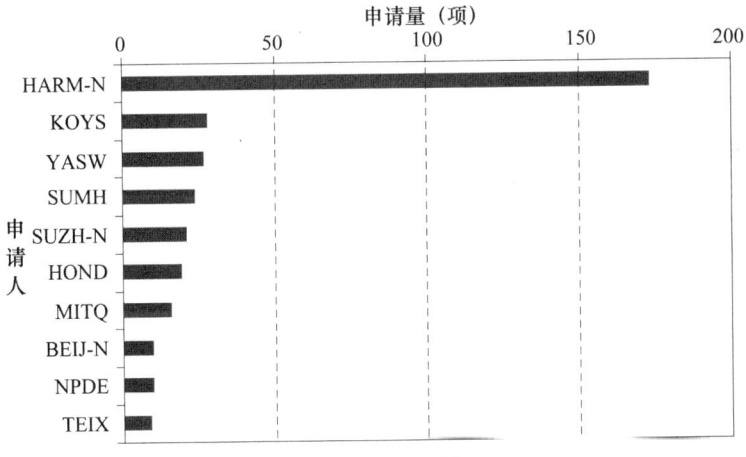

图4-7 申请人情况

而从图4-8中可见,前十位申请人的申请量所占的比重仅仅占到了全球申请量的1/3,谐波传动系统有限公司所占比重也达到近1/4,因而,谐波减速器领域的专利分布存在一家企业独大而其他企业竞争激烈的现状。

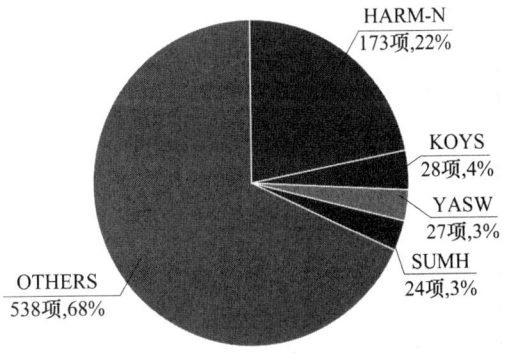

图4-8 主要申请人所占比例图

4.2.5 关键技术发展历程

关于谐波减速器的第一件专利申请 US2906143A 于 1959 年公开，发明人是美国发明家 C. Walt Musser，其一生共获得了 1500 多项专利，被称为"谐波传动之父"。这是首次将谐波传动理论应用于具体齿轮机构的专利技术，在谐波减速器发展史上具有划时代的意义。

1970 年出现了谐波减速器渐开线齿形专利申请 JP45-41171B，用渐开线齿廓取代了直线齿廓，该专利的发明人为日本学者石川昌一；石川昌一在谐波减速器方面进行了深入而持久的研究工作，并在之前发明的基础上，从不需依靠齿形受载后的变形而保证连续接触的角度出发，提出了基于曲线映射的 S 齿形，相关专利申请 JP1220751A 于 1989 年公开。该专利技术通过刚性和柔性齿轮齿形设计，从而使两者在大范围内连续相互接触（参见图 4-9）。

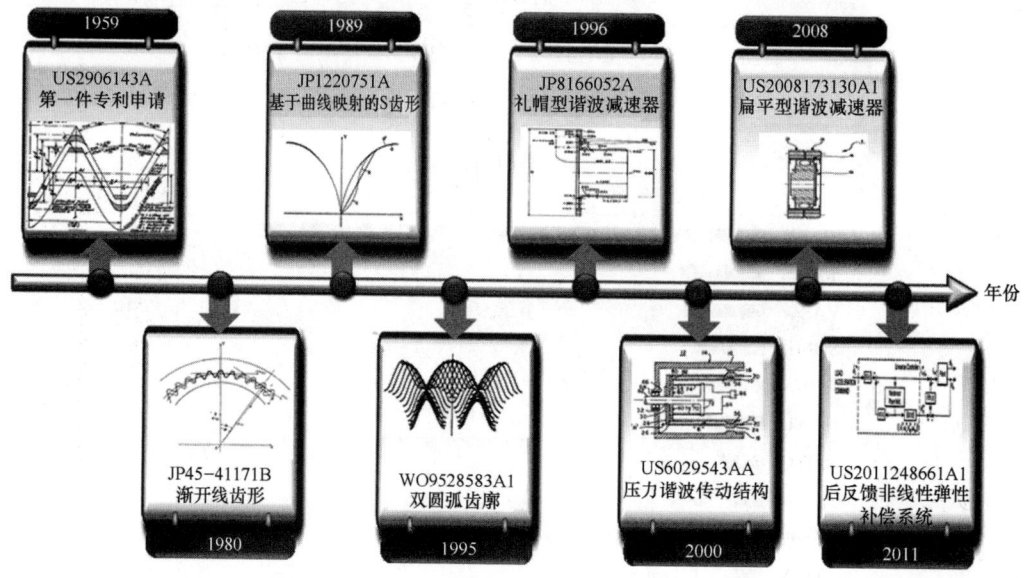

图 4-9 关键专利技术发展历程图

1995 年石川昌一又在已有柔轮齿形上进行改进，设计了双圆弧齿廓；相关专利申请 WO9528583A1 于 1995 年公开。该专利技术通过齿形设计，以及提供包括直齿轮的柔性啮合齿轮装置，直齿轮既用于刚性内齿轮，也用于柔性外齿轮，从而提高齿面的耐磨性。

1996 年关于高性能小尺寸扁平礼帽型谐波减速器的专利申请 JP8166052A 被公开，该谐波减速器具有筒状部、隔膜部、凸起部，以及薄部，薄部的厚度是筒状部主体部分的 80%，通过结构设计避免了应力集中，减小了尺寸；谐波减速器进一步向高性能小型化结构方向发展。

2000 年以压电力控制柔轮和刚轮啮合的压电谐波传动结构产生，代替了传统的电磁力控制。相关专利申请为 US6029543A，其采用了简单有效的耦合，通过新颖的方式满足了高扭矩高速率和低扭矩低速率的需求，消除了现有技术中波发生器及其轴承存在的缺陷。

2008年出现了关于高精度扁平型谐波减速器的专利申请US2008173130A1，其通过优化柔性外齿轮轮缘厚度，大大提高了齿轮装置承载能力，并且装置尺寸进一步缩小。

2011年出现了后反馈非线性弹性补偿系统的专利申请US2011248661A1，该专利技术中，关联于执行机构的波动齿轮装置的输入轴和输出轴之间的非线性弹性特征，作为波动齿轮装置中的非线性弹性特征的补偿方法，构建基于严密线性化技术的后反馈非线性弹性补偿系统，从而减少了负载轴的过冲，并且负载轴可平滑和精确地稳定在目标位置，完善了谐波减速器误差修正补偿系统。

4.3 中国申请状况

4.3.1 申请态势

1985年首次出现了涉及一种差动谐波减速器的专利申请（CN85105993A）其明确记载可用于减速电动机的减速器以及用于汽车、火车、电力机车、坦克这些交通工具的无级变速，或者用于军用电台自动调谐、雷达自动跟踪、经纬仪、分度头和各种分度机构，但是其并未明确记载用于机器人。如图4-10所示，2006年纳博特斯克株式会社（Nabtesco）申请了5件PCT专利申请并进入中国。纳博特斯克株式会社是由日本帝人制机株式会社（TS株式会社）与株式会社纳博克（Nabco）于2003年合并而成。虽然纳博特斯克株式会社在工业机器人精密减速器方面占据大量的市场份额，且其主要研究和生产方向是RV减速器。但由这几件PCT申请可知，显然其并没有放弃在谐波减速器方面的研究和生产，而且其在美国马萨诸塞州专门设立有纳博特斯克谐波传动技术公司，2006~2007年两年共有11项PCT申请进入中国，占到了这两年专利申请总量的一半。

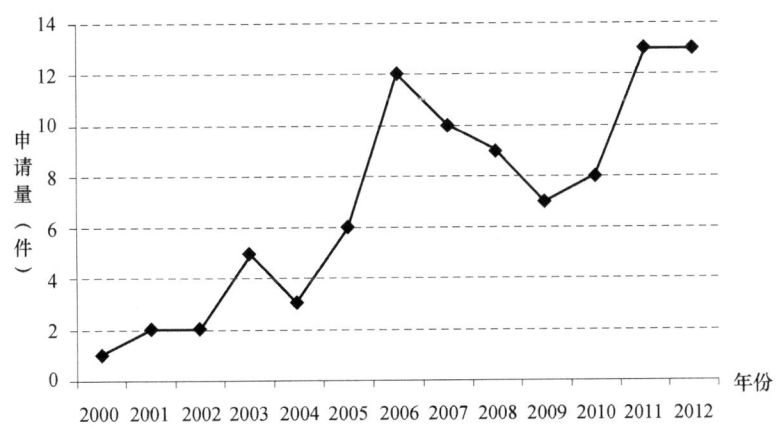

图4-10 谐波减速器领域中国发明申请状况

4.3.2 申请人分析

图4-11为各主要申请人的发明专利申请情况。其中，苏州绿的谐波传动科技有

限公司申请量最大，有 21 件，其中发明 9 件，实用新型 12 件，9 件发明申请都有相同的实用新型。其申请时间从 2011 年开始，涉及 RH 谐波、滚动谐波等多种谐波减速器；2012 年，该申请人的申请出现了带柔性轮、输入轴的谐波减速器，有可能是该申请人在核心部件上有了进一步的突破。

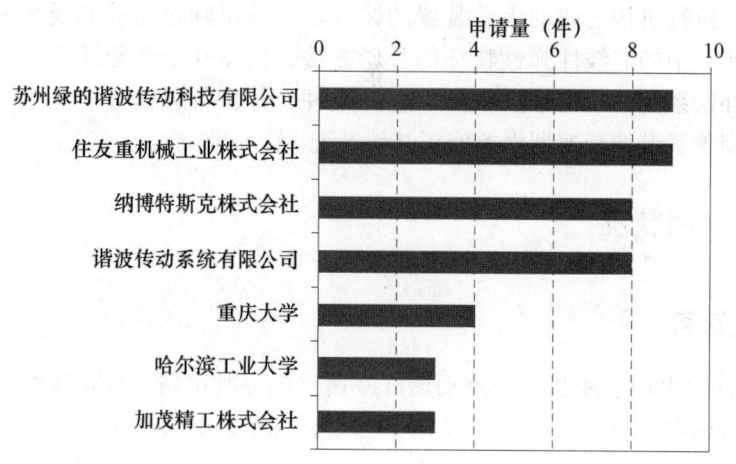

图 4-11　谐波减速器领域中国申请之申请人情况

北京中技克美谐波传动有限责任公司作为中国较早进入该行业的企业，其申请了 12 件实用新型专利，没有发明专利申请，其中 2001 年 1 件、2010 年 6 件、2012 年 5 件。该申请人最早的申请是 2001 年的 CN2481905Y，其要求保护一种带有杯形柔轮的谐波传动装置，主要由杯形柔轮、刚轮、波发生器组成，所述波发生器由凸轮和柔性轴承组成，在所述波发生器作用下，所述杯形柔轮的外齿与所述刚轮的内齿啮合在一起，如图 4-12 所示。

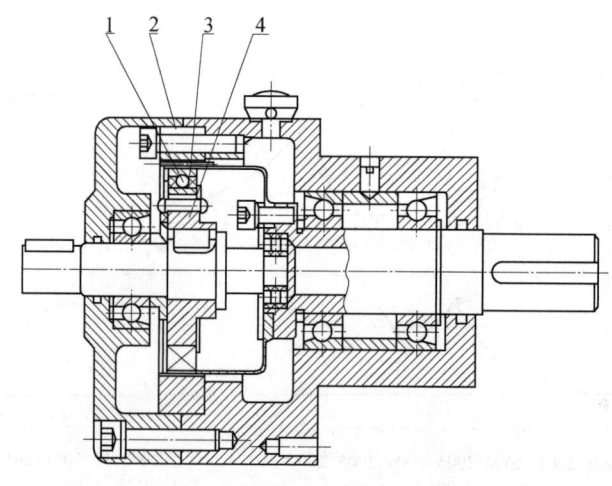

图 4-12　CN2481905Y 的附图

谐波传动系统有限公司进入中国的谐波减速器专利申请有 8 件，特别是在齿形改进上占了一定的比例。如石川昌一作为发明人的 CN1142864A、CN1864018A、

CN102959275A 等，时间贯穿 1994~2011 年，另上述石川昌一的发明申请如图 4-13、图 4-14、图 4-15 所示：

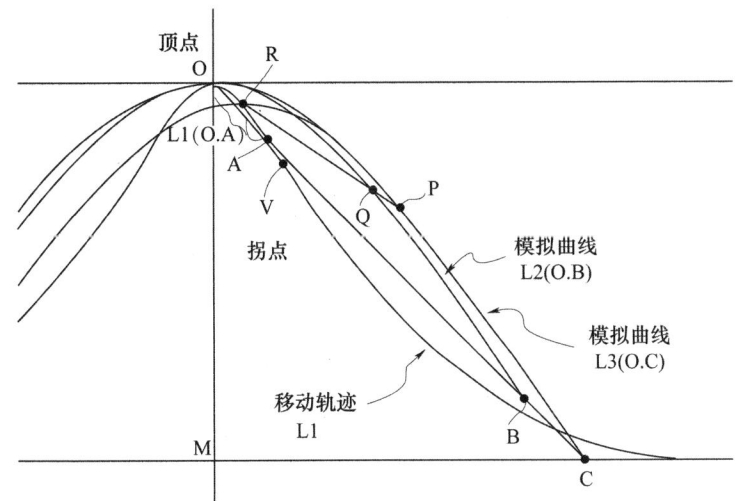

图 4-13 CN1142864A 的附图

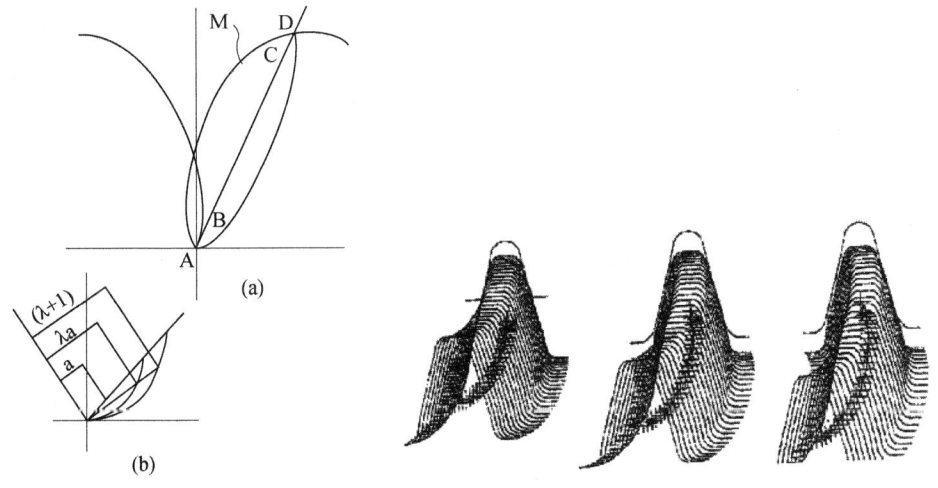

图 4-14 CN1864018A 的附图　　　图 4-15 CN102959275A 的附图

另外，张新月等人也对齿形进行了创新。

对于齿轮的基本齿形，代表性专利申请如下：挠性啮合型齿轮装置中的齿轮的基本齿形是线性的（见 US2906143A，未进入中国）；采用渐开线齿轮的挠性啮合型齿轮装置（见 JP45-411171A，未进入中国）；采用通过变换移动轨迹的相似性所得的曲线作为两齿轮的齿面轮廓（见 JP-63115943A，未进入中国）；带有负偏差校准齿形的挠性啮合型齿轮（进入中国 CN1142864A）；具有一环形刚性内啮合齿轮的波动齿轮（CN1864018A）具有可使齿高加大并使啮合区加宽的齿形；具有三维接触渐开线正偏位齿形的波动齿轮装置（CN102959275A），齿形提供足够大的齿高，该齿高可防止在高负载扭矩期间两齿轮的棘轮效应,即使在高减速比下也是如此。

从图 4-16 申请人类型构成上看,该领域的专利申请人主要是高校和公司,两者所占比重达到了 85%,其中公司申请又占据着绝大部分。从合作申请上看,仅仅存在个人与个人合作这一种类型,并未发现企业间、个人与企业、大学与企业之间的合作。

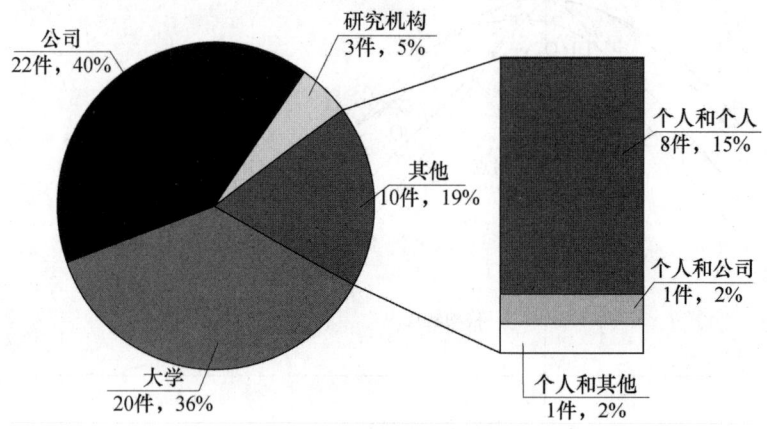

图 4-16 谐波减速器领域中国申请之申请人构成

4.3.3 发明人分析

由图 4-17 的发明人情况可见,左昱昱是苏州市恒加金属制品有限公司和恒加新精密机械科技有限公司的法定代表人,且这两家公司与苏州绿的谐波传动科技有限公司均位于苏州市吴中区木渎镇木胥西路 19 号,左昱昱是申请人苏州绿的谐波传动科技有限公司所有专利申请的发明人。庄晓琴是其重要的合作者,并和左昱昱一起作为恒加新精密机械科技有限公司的部分专利申请的发明人。

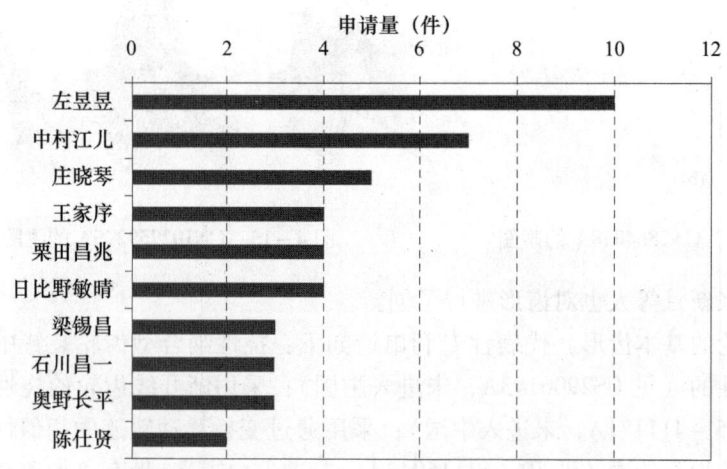

图 4-17 谐波减速器领域中国申请发明人情况

中村江儿是纳博特斯克株式会社的主要发明人之一,其主要研究偏心摆动型减速器。

4.3.4 法律状态

从中国申请专利法律状态来看，由于近两年的申请占了较大比重，且这些发明申请往往尚处于实质审查阶段，处于实审中的案件比例达到45%，在已审查的发明申请中，约60%的案件处于有效状态，25%的申请因为种种原因而并未授权，还有近15%的申请因费用中止。

对于实用新型，只有中国申请人有申请。从保护时间上统计，多数失效专利保护时间仅仅是3年，而有效的专利权中，绝大部分是最近3年的申请，其保护时间还有赖于时间的检验（参见表4-1）。

表4-1 谐波减速器领域中国申请的法律状态　　　单位：件

申请人类型	发明类型	法律状态	申请量	总量
中国申请人	发明	有效	37	193
		实审中	95	
		驳回	5	
		失效	15	
		视撤	41	
	新型	有效	86	155
		无效	69	
国外申请人	发明	有效	39	77
		实审中	30	
		驳回	0	
		失效	4	
		视撤	4	

4.4 谐波传动系统有限公司

4.4.1 公司简介及并购历史

1964年，日本Hasegawa齿轮公司生产了实用化谐波传动减速器；1970年，Hasegawa公司与USM公司在日本东京合资创立了谐波传动系统有限公司。根据合作协议，谐波传动系统有限公司从Hasegawa公司获得谐波传动机构商业权益。1976年9月，公司资本金降至1亿日元，谐波传动系统公司成为USM公司的全资子公司。1977年，谐波传动系统有限公司开始生产销售驱动器和控制器等工厂自动化设备。1984年12月，为了拓展市场，谐波传动系统有限公司在中国台湾地区和韩国设置了销售代理。1987年，其为拓展美国市场，创建了子公司HD System公司，与Mitsui & Co. Ltd签署了在韩国的产品分销协议。1988 年，开始生产具有新开发的 IH 齿形的谐波传动减速器。1989 年，其创建全资子公司，即"新"的谐波传动系统有限公司，并转移商业权益。以前的谐波传动系统有限公司被 Koden 电子公司接手。1990 年，该公司将生产基地从日本 Matsumoto 转移至位于 Nagano 的 Hotaka 工厂，1996 年与德国 Harmonic Drive Antriebstechnik 公司（现在的 Harmonic Drive 公司）签署排他性分销协议，后者负责在欧洲、中东、非洲、印度和拉丁美洲的产品销售，同年 12 月签署授权与技术支持协议。❶

1998 年，谐波传动系统有限公司进入日本证券交易协会场外交易市场；1999 年，创立了 HD 物流和 Harmonic Precision 等子公司。2002 年，其获得了 Harmonic Drive 公司 25% 流通股权；2004 年 12 月，进入了 Jasdaq 证券交易市场；2005 年，在美国创建 Harmonic Drive L. L. C 公司，该公司是 HD Systems 与 Harmonic Drive Technologies Nabtesco 的合资公司。❷

Harmonic Drive AG 成立子公司——Micromotion 公司，专门负责用直接 LIG 工艺开发与制造微型谐波齿轮传动及其传动方案，在微型谐波传动领域，于 2005 年向市场推出了"P"齿形，目前开发出了 MHD8 和 MHD10 两个系列的产品，外径最小为 8mm，采用行星齿轮传动式波发生器，传动比为 160、500 和 1000，质量最小为 2.2g，重复精度可达 10 弧秒。

子公司 Harmonic Drive Polymer 公司专门负责用热塑性塑料制造大减速比精密谐波齿轮传动的开发与制造，子公司 Ovalo 公司则负责大批量的生产与应用，开发或将用户定制的谐波传动产品工业化。Harmonic Drive 公司还分别在英国、法国、意大利、澳大利亚和西班牙创建了另外 5 个子公司，以加强国际销售和本土化服务。

目前，谐波传动系统有限公司的谐波产品有十几个类型，二十多个系列，最小传动比为 30，型号中带有字母"S"的，其齿形为双圆弧齿形，产品垄断了主要国际市场。其中超短杯型号 CSD 和 SHD 柔轮长度仅为常规谐波传动柔轮的 1/3，既增加传动刚度，又大幅度减轻了谐波减速器的重量。

自 2000 年开始，谐波传动系统有限公司还在中国内地注册了 11 项与谐波传动相关的商标，其中，仅 2006 年就申请注册了 10 项。在研究投入方面，根据公司（Harmonic Drive System Inc.）2007 年财报，减速器销售额为 150 亿日元，占公司产品的 75.7%；公司有研究开发人员 55 人，占员工比例 14.9%；研究开发费用 11.85 亿日元，占净销售额的 6.2%。2011 年 1 月，为扩大在中国的销售规模、完善相关的技术服务，该公司成立了哈默纳科（上海）商贸有限公司。

谐波传动系统有限公司的发展历程概述如图 4 – 18 所示。

谐波传动系统有限公司通过持续深入的研究开发、规模化经营与资本运作，促进了新产品的开发和升级换代。此外，在谐波传动轻量化技术方面，采用铝等轻合金材料制造波发生器与减速器壳体等方式，减薄刚轮外缘以及改进连接结构等形式，使整机重量大幅度减轻，在航空航天和机器人领域，其轻量化谐波传动产品系列的应用日

---

❶ [EB/OL]. [2013 – 08 – 30]. http：//www. harmonic – drive. net. cn.
❷ [EB/OL]. [2013 – 08 – 30]. http：//www. hds. co. jp/ir/management_ policy/top_ message/.

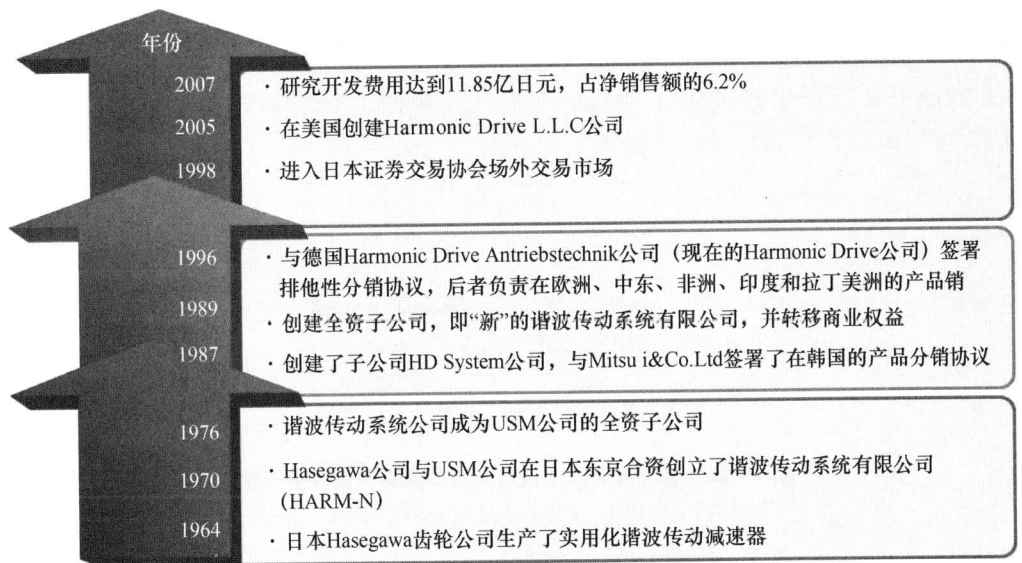

图 4-18 谐波传动系统有限公司的发展历程

益广泛。目前,其谐波传动产品不仅垄断了主要国际市场,而且进入了中国市场。与国外,主要是与日本相比,中国谐波传动产业规模偏小且产品种类少,研究开发人员和投入不足,在加强知识产权保护、加快新产品开发、产品升级换代以及经营管理等方面,谐波传动系统有限公司的发展可以作为有益的借鉴。

4.4.2 专利申请态势

谐波传动系统有限公司从 1986 年开始申请第一件谐波减速器方面的专利。

20 世纪 80 年代后期申请量稳步增长,但是到了 20 世纪 90 年代前半期申请量锐减。这一段时间主要是对波发生器进行改进,如 EP0501522A1。在一段时间对双圆弧齿形的谐波减速器进行生产和消化吸收之后申请量在 1996 年猛增,并开始对谐波减速器的扭矩检测方面进行研究改进,申请了专利 JP3739016B2。在专利爆炸式增长之后,其对于谐波减速器的改进之后又涉及刚轮制造、非弹性补偿系统等方面的专利。由谐波传动系统的专利申请来看,其主要集中在 1996 年,这恰巧是其对所引进的双圆弧齿形的谐波减速器技术进行消化吸收并创新的基础上而进行的。其历年申请量变化如图 4-19 所示。

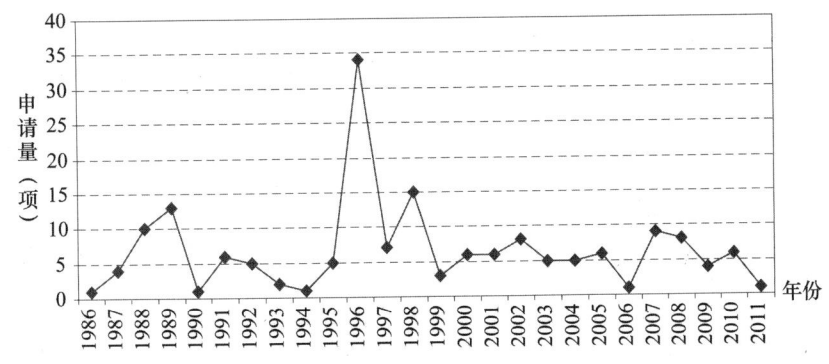

图 4-19 谐波传动系统有限公司历年申请量

谐波传动系统有限公司的专利申请主要集中在日本，并且主要对美国和德国进行专利布局，同时其所创新的技术甚至首先在美国申请，并由此进入到日本。同时它还对中国和韩国进行了主要专利的布局。其在各主要国家专利布局如图 4 - 20 所示。

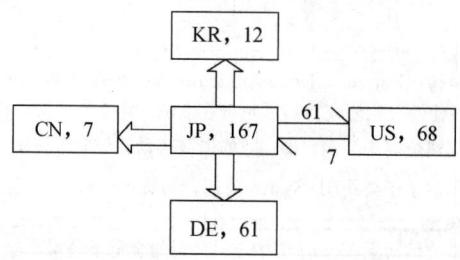

图 4 - 20　谐波传动系统有限公司申请来源国及进入国

注：图中数字表示申请量，单位为项。

4.4.3　研发团队分析

4.4.3.1　主要发明人

图 4 - 21 为谐波传动系统有限公司的主要发明人，其中，可见其主要发明人是 KIYOSAWA Y 和 ISHIKAWA S，后者中文译为石川昌一。其在 20 世纪 80 年代末发明的"S"齿形，是谐波减速器发展史上具有划时代意义的发明，而前者是谐波传动系统有限公司的发明团队的核心，进行了多达 23 项的专利申请，同时该主要发明人还参加了另外 4 项发明的研发工作。

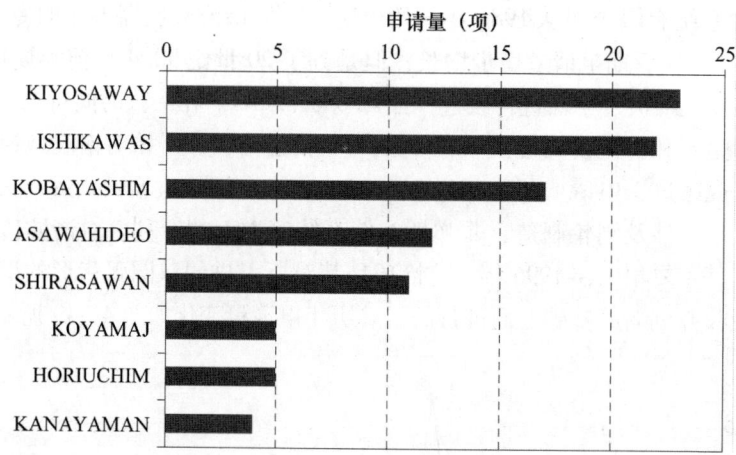

图 4 - 21　谐波传动系统有限公司的主要发明人

该公司在发明团队方面，KIYOSAWA 主要与 KOBAYASHI、TAKIZAWA、CHIYOU、ISHIKAWA、TANAKA、MARUYAMA 分别合作在不同方面进行研究和创新（见图 4 - 22）。

该团队的典型专利如下。

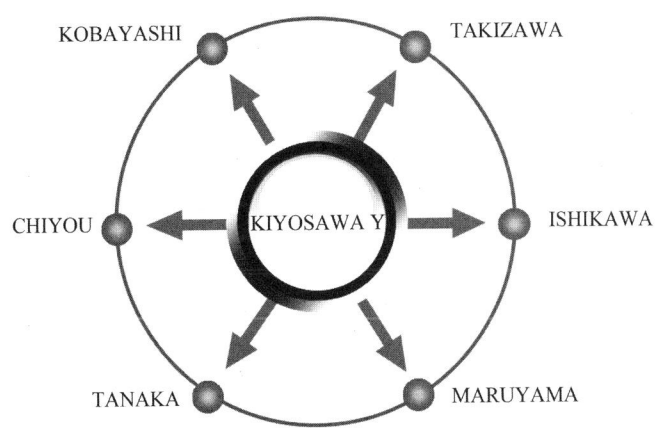

图 4-22 谐波传动系统有限公司的发明人团队

(1) KIYOSAWA 与 ISHIKAWA 合作主要在齿形方面，具体如下：

EP0309197A 公开了一种应变波形齿轮，其具有两个环形齿槽，环形齿槽中的具有与第一环形齿槽相同齿数的柔性齿槽；用于将柔性齿槽变形到椭圆形的波发生器，以及用于旋转波发生器的电机，第一齿槽的齿形是通过轨迹曲线所给定的，齿槽的齿深度形成为等于或大于柔性齿槽的工作深度，从而扭矩传送能力比传统的齿轮更高。JP1220751A（见图 4-23）和 JP1295051A（见图 4-24）分别公开了一种柔性啮合的齿轮装置，其对 JP61-262930A 的齿形进行了改进，获得以下齿形。

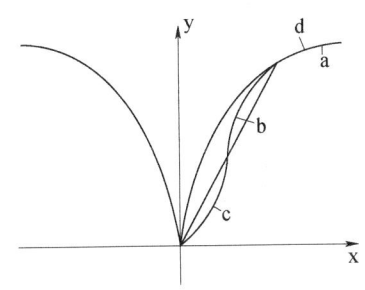 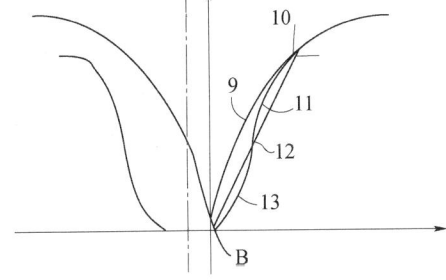

图 4-23 专利申请公开号 JP1220751A 的齿形　　图 4-24 专利申请公开号 JP1295051A 的齿形

(2) KIYOSAWA 与 MARUYAMA 合作，包括以下三个专利：

DE19821441A1 公开了一种速度控制单元，其具有第一和第二柔性齿轮，第一和第二轴发生器连接到旋转轴，全部一起旋转；第一变形齿轮具有外齿，并且用作静止的侧齿轮；而第一刚性齿轮具有内齿并且用作连接齿轮，所连接的齿轮连接到第一旋转元件；第二柔性齿轮具有外齿且连接到第二旋转元件，从而该齿轮提供了改进的速度控制，例如在相反的方向上且相同速度的旋转输出，以及在相同的方向上两倍速度的旋转输出。JP2001304382A（见图 4-25）公开了一种用于中空型波形齿轮的防止润滑泄漏的机构，其具有形成在刚性凸轮板和润滑隔离构件之间的润滑通道，从而避免了润滑剂的泄漏。JP2001218422A（见图 4-26）公开了一种用于精确机构的电制动器，其具有环形径向突起中的内齿，该突起设置在齿轮支架中，作为减速器的一部分，从而通过使用轴承支架的环形径向突起中的内部齿而确保减速器和电机轴的同心度。

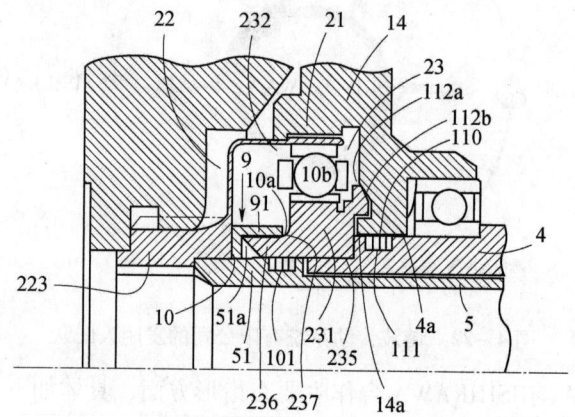

图4-25 专利申请公开号 JP2001304382A 的附图

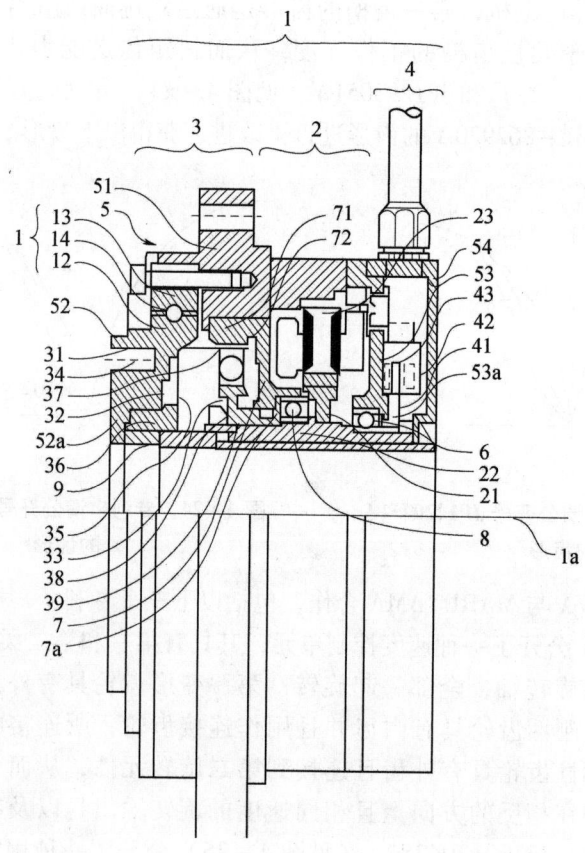

图4-26 专利申请公开号 JP2001218422A 的附图

(3) KIYOSAWA 与 TAKIZAWA 的合作主要针对在应力集中方面的改进，其中：

EP0514829A（见图 4-27）公开了一种杯型谐波驱动器，其具有较短柔性的杯形构件，其厚的凸起形成在膜的中心部分上，膜具有源自凸起的根部，其厚度至少是膜最薄厚度的三倍，从而通过柔性齿槽的齿中每一个一定程度接收在侧面上而获得柔性齿槽的齿与环形凹槽之间的光滑接合。EP1628045A（见图 4-28）公开了杯形波形齿轮装置，其具有环形膜，该膜在一位置处具有等于常数与该位置半径的平方的比值，从而由于椭圆形变形作用在隔膜上的柔性应力非常小，从而避免了首先由剪切应力导致的应力集中，并且增加了最大允许的传送扭矩。JP6017888A（见图 4-29）同样也为了缓和应力集中而对齿的厚度进行了改进，JP9250609A（见图 4-30）则在润滑方面对谐波减速器进行了改进。

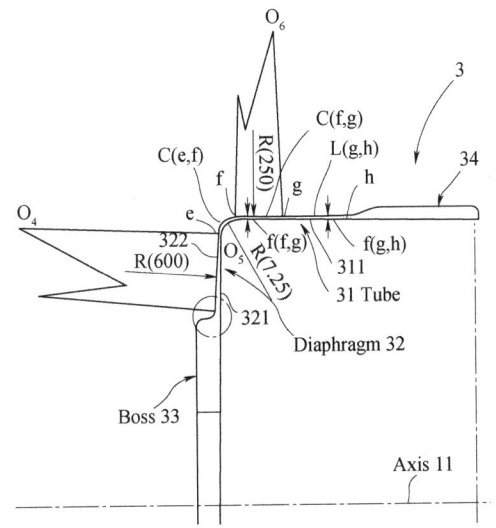

图 4-27 专利申请公开号 EP0514829A 的附图

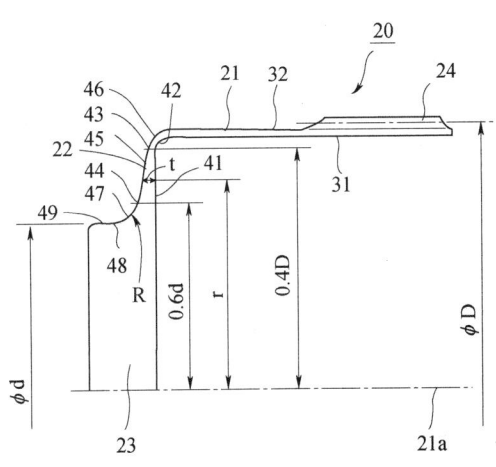

图 4-28 专利申请公开号 EP1628045A 的附图

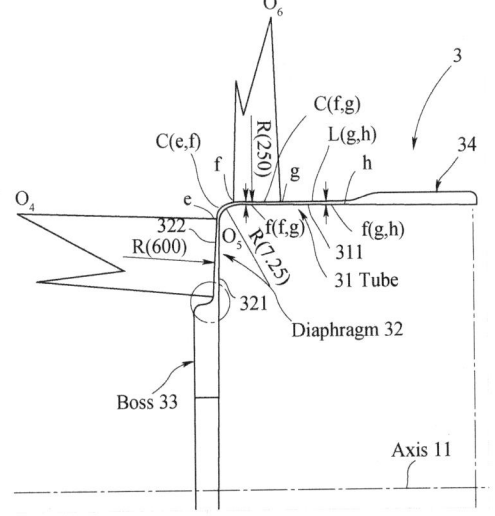

图 4-29 专利申请公开号 JP6017888A 的附图

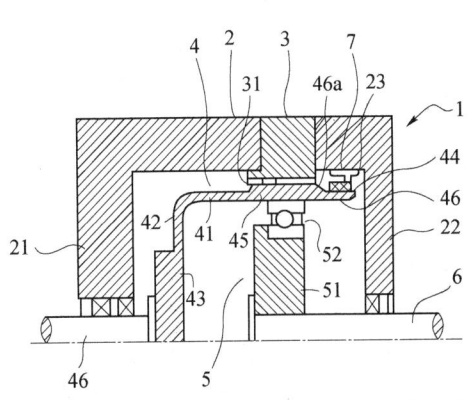

图 4-30 专利申请公开号 JP9250609A 的附图

（4）KIYOSAWA 与 KOBAYASHI 合作，包括以下两个专利：

JP9303501A（见图 4-31）公开了一种齿轮装置齿部的膜形成方法，其在内齿表面形成膜来改善耐磨性，JP2000002306A（见图 4-32）公开了一种波形齿轮，其具有环形底板，环形底板具有较低的刚性，以便所附设表面的误差是通过底板的变形而进行调整，并且环形的刚性齿轮具有内齿，内齿部分与杯状环形柔性齿轮的外齿相啮合，波发生器将内齿和外齿的接合位置移动到圆周方向，从而有效地防止了导致摆动的产生以及齿表面的腐蚀的角度传送误差的增加。

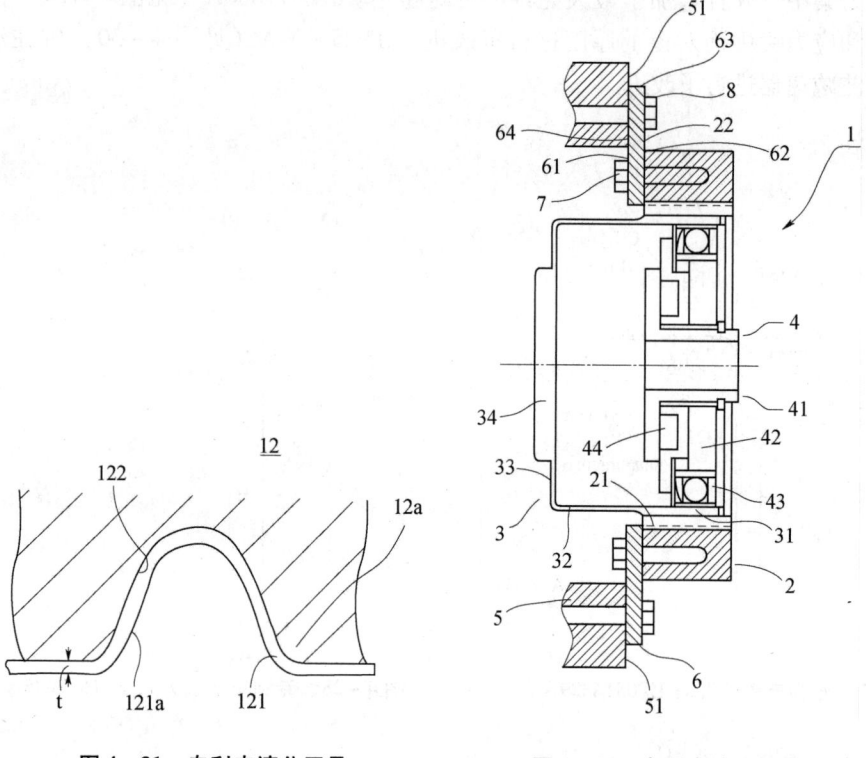

图 4-31 专利申请公开号 JP9303501A 的附图

图 4-32 专利申请公开号 JP2000002306A 的附图

（5）另外，KIYOSAWA 还与 CHIYOU（JP11082641A，JP2000179631A）以及 TANAKA（JP9217798A，WO9636489A）进行了合作。

4.4.3.2 合作伙伴

谐波传动系统有限公司和合作伙伴组成主要包括以下三个方面：子公司、谐波减速器的应用公司、个人，如图 4-33 所示。

与子公司合作仅仅涉及在美国的专利申请，且只有 2 件 US2004184691A 和 US2004083850A（见图 4-34）。US2004083850A 提供了一种轻重量的轴承和波齿轮驱动，其在没有损害轴承座圈表面或者刚性内齿的情况下，同时保证波齿轮驱动的轴承圈以及刚性内齿轮的座表面强度。

与应用公司合作方面，其主要的合作伙伴是 AISIN SEIKI KK（如 JP2009214779A）

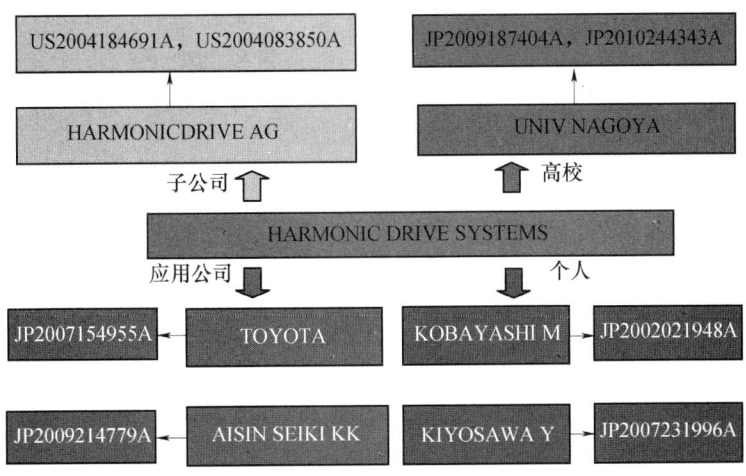

图 4-33 谐波传动系统有限公司的合作伙伴分析

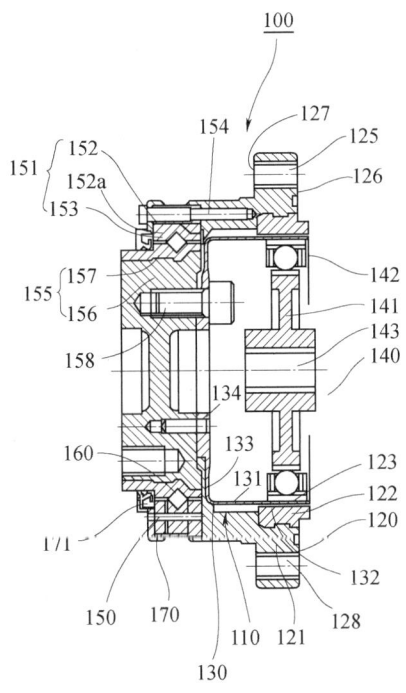

图 4-34 专利申请公开号 US2004083850A 的附图

和 TOYOTA JIDOSHA KK（如 JP2007154955A）。JP2009214779A 公开了一种波发生器，该波发生器在堵塞杆轴向移动以及堵塞中空旋转轴的旋转的状态下被可旋转地支撑，从而获得谐波传动齿轮部分的尺寸减小，并且谐波传动齿轮部分将中空旋转轴的旋转作用力转换为杆的轴向传动作用力，从而由谐波传动齿轮所保持的高效转换有效的实现。JP2007154955A（见图 4-35）提供了一种直接作动的制动器，其包括圆形齿槽，该齿槽在内表面上具有螺纹凹槽，布置在圆形齿槽中并外表面具有螺纹的柔性齿槽，部分与圆形齿槽接合的波发生器，形成谐波传动齿轮来通过螺纹的相对旋转来产生圆形齿槽的轴向位移，设置应力传感器，来检测柔性齿槽的变形，通过缩短直线导向的制动器的长度而减小整个直线导向传动制动器的尺寸。

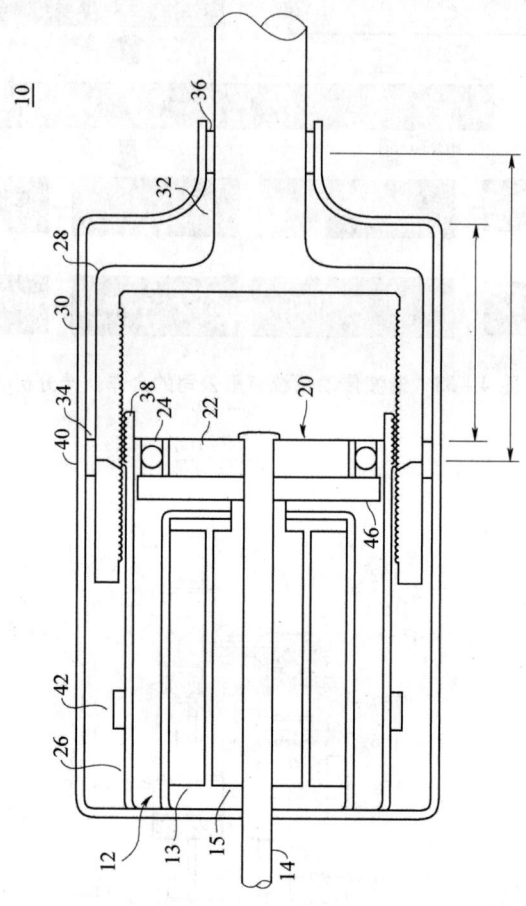

图 4-35　专利申请公开号 JP2007154955A 的附图

与个人合作方面，其主要的合作伙伴是 KIYOSAWA Y（如 JP2002021948A、JP2002031150A）以及 KOBAYASHI M（如 JP2007231996A、JP2009041655A）。JP2002021948A 公开了一种传动单元，该传动单元具有壳体，减速机构和输入轴以及输出轴，输出轴一体形成在柔性外齿的齿轮上，其延伸穿过末端板，从而使得结构更加紧凑。JP2002031150A 提供了一种减速机构，其使得轴承的外圈用作输出轴，以在没有圈变形和不均匀轴向作用力分布的情况下固定到外壳。而 JP2007231996A 提供了一种方法，其用于降低传动侧保持扭矩来将轴齿轮装置的轴发生器保持在旋转制动器中，从而轴发生器通过负载扭矩而不旋转。JP2009041655A 则公开了一种用于波形齿轮系统的波形发生器，其包括固定控制板，以及波形齿轮，波形齿轮固定在控制板的外圆周表面上，波形轴承包括在径向上弯曲的内圈和外圈，并且多个辊子布置在这些圈之间，这些圈由控制板椭圆形地弯曲，从而实现了波形齿轮系统的减速效率。相关参考附图见图 4-36、图 4-37、图 4-38、图 4-39。

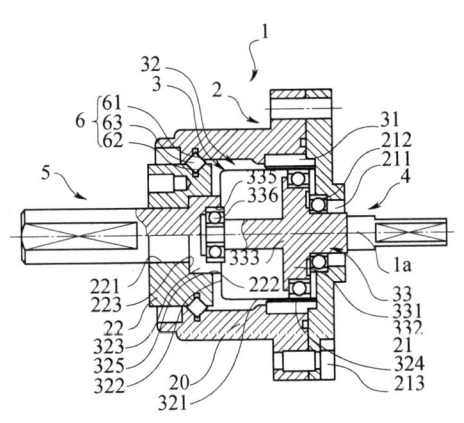

图 4-36 专利申请公开号
JP2002021948A 的附图

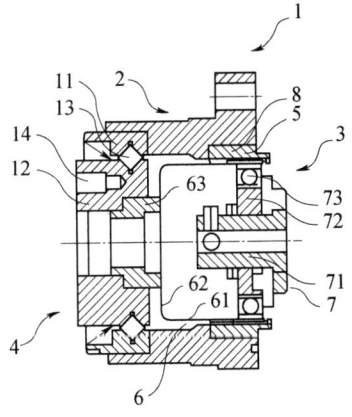

图 4-37 专利申请公开号
JP2002031150A 的附图

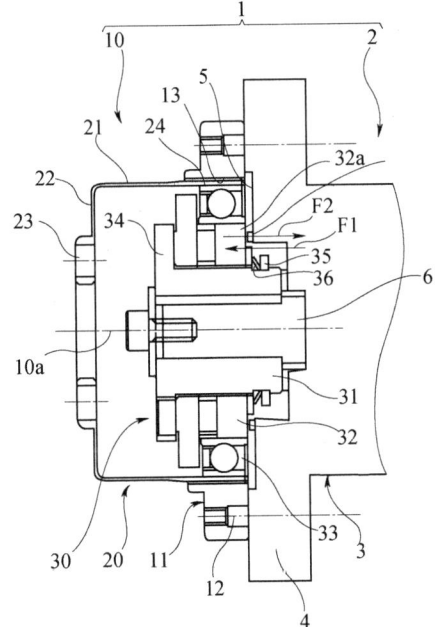

图 4-38 专利申请公开号
JP2007231996A 的附图

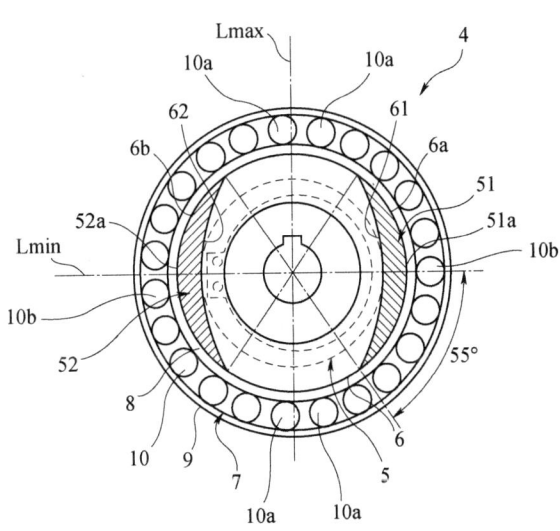

图 4-39 专利申请公开号
JP2009041655A 的附图

另外它们与高校进行了合作，如与 UNIV NAGOYA 合作申请了两件专利申请（JP2009187404A、JP2010244343A）。JP2009187404A 提供了一种波动减速齿轮的有效防止非线性弹性变形成分的补偿方法，其补偿输入值增加到电机轴角度命令中，作为前反馈补偿，从而制动器角度传动误差方面的变形成分得到了补偿，从而有效地消除和最小化了角度传送误差方面的非线性弹性变形成分，由此提高了制动器的定位精度。

4.4.4 关键技术发展历程

谐波传动系统有限公司在 20 世纪 70 年代成立初期，主要致力于谐波减速器相位调整方向的改进，以及扁平形轮的研制；20世纪80年代初期发明了杯形高精度谐波减速器，之后在此基础上进行进一步完善，先后制造了礼帽形、高性能杯形扁平谐波减速器。从1990年开始，该公司不断开发出更高性能的礼帽形扁平轮谐波减速器。2000年左右，在之前基础上先后研发了杯形超扁平谐波传动齿轮、高扭矩谐波传动齿轮以及礼帽形超扁平谐波传动齿轮。并且，公司在谐波减速器相关技术，譬如精密测量、高精度定位、金属部件加工、小型模块化齿轮加工等方面也一直孜孜不倦地进行完善创新。谐波传动系统有限公司始终不断改进升级现有技术成果，从而使该公司的技术发展一直走在世界前沿。谐波传动系统有限公司的专利技术主要集中在以下六个方面：齿形、整体结构、材料、加工方法、润滑和检测修正。专利技术整体发展概况如图4-40（见文前彩色插图第1页）所示。

4.4.4.1 齿形

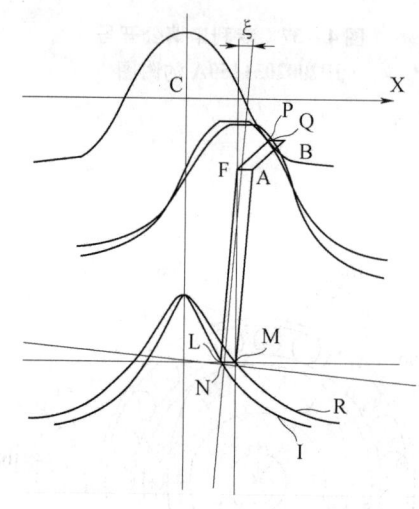

图4-41 专利申请公开号 WO9928651A1 的附图

在齿形方面，谐波传动系统有限公司于1988年公开了第一件相关专利——渐伸线柔轮齿形JP63243565A，使得容易制造齿形，并改善谐波减速器运行性能；之后对接触啮合方式进行了研究，于1989年提出了大范围内连续相互接触的刚轮柔轮齿形JP1220751A，通过刚性和柔性齿轮齿形设计，使两者在大范围内连续相互接触；于1993年提出了柔性啮合齿轮不移位三维成形方法JP5172195A，实现了外齿轮和内齿轮的连续啮合；1999年提供了通过修正轨迹改进的齿形WO9928651A1，使得即使在齿数很少的情况下大范围适度啮合也能够实现，如图4-41所示。

之后该公司一直进行轮齿尺寸和三维接触齿形方面的研发，于2010年提供了杯形或礼帽形波动齿轮装置柔轮的轮缘壁厚和有效齿宽的最适化设计CN101813167A，提高了挠性外齿轮的齿底疲劳极限强度，并可提升装置的负载容量；2013年其进一步研发了具有三维接触渐开线正偏位齿形的波动齿轮装置CN102959275A，在整个齿线范围内实现有效啮合，并能传递更大的扭矩，齿形如图4-42所示。

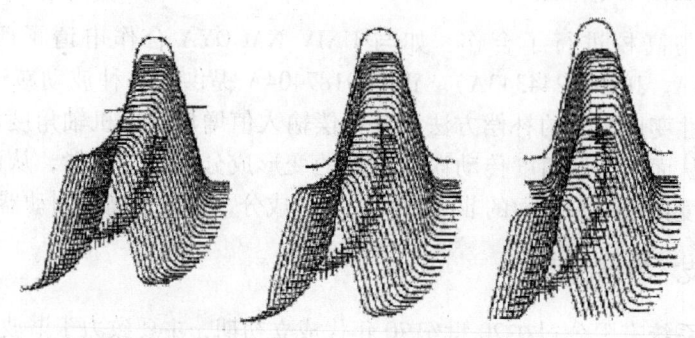

图4-42 专利申请公开号 CN102959275A 的附图

4.4.4.2 整体结构

在整体结构方面，谐波传动系统有限公司一直致力于谐波减速器的耐磨损、轻量级、小型化方面的研究，尤其在小型化结构方面作了不懈的努力。1987年，具有减小的摩擦力的谐波传动装置 US4715247A 公开；1990 年，提出了使用永久磁铁的谐波减速器 JP2017246A，通过将两组永久磁铁配置在柔轮内部，磁极间的引力和斥力使柔轮卵形形变，波发生器不再必需，从而减小了重量，如图 4-43 所示。

1994 年，提供了利用具有至少傅立叶级数关系的正切极坐标方程的波发生器外形 US5282398A，以及具有磁极伸缩型扭矩检测器的杯形谐波传动装置 JP6185580A，扭矩检测器小型化，可靠性高；1998 年提供了改进的礼帽型柔性啮合齿轮装置 US5715732A，避免了应力集中，减小了尺寸，如图 4-44 所示。

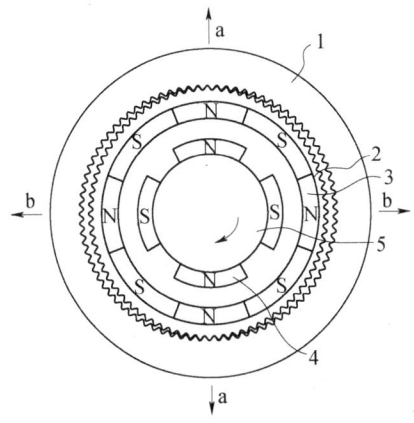 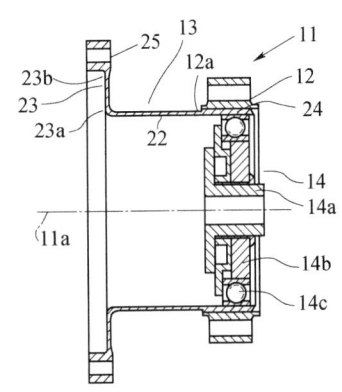

图 4-43　专利申请公开号 JP2017246A 的附图　　图 4-44　专利申请公开号 US5715732A 的附图

2007 年提供了一种波动齿轮装置 JP2007071242A，其具有若干在芯轴和柔性圈之间以同心圆形式布置的压电元件，压电元件容易径向伸缩，柔轮可有效弯曲；2008 年公开了改进的扁平型谐波齿轮装置 US2008173130A1，通过优化柔性外齿轮轮缘厚度，大大提高了齿轮装置的承载能力，如图 4-45 所示。

4.4.4.3 材料

在材料方面，谐波传动系统有限公司主要通过刚轮、柔轮材料的选取，以及表面涂层的改善、热处理工艺的改进，提高谐波减速器性能。

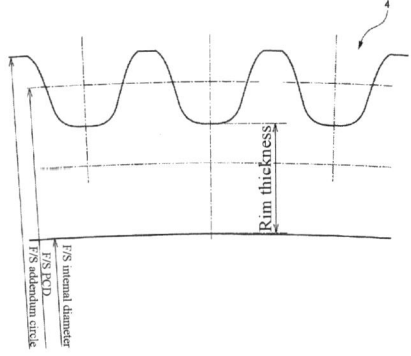

图 4-45　专利申请公开号 US2008173130A1 的附图

1990 年公开了一种波动齿轮装置 JP2275166A，具有铍青铜刚轮，不锈钢柔轮，齿涂敷硫化钼；1997 年公开的 JP9303500A 通过仅电镀步骤在刚轮表面形成预定厚度涂层，防止了疲劳强度的降低，提高了耐磨性，防止了尺寸变化；1998 年提供了包括铝合金凸轮板的波发生器 JP10318338A；2000 年公开的一种杯形波动齿轮的柔轮结构 JP2000055147A，隔膜径向形成在圆柱鼓轮一端，圆柱鼓轮自柔轮的柱面连续，比如氮碳共渗的表面硬化应用在隔膜和鼓面上，从而增强了强度，防止脆性断裂，如图4-46所示。

2002年公开了用于比如无尘室的波动齿轮装置US2002174741A1，具有内齿轮和外齿轮，两者齿面上均具有类金刚石涂层，使得内齿轮和波发生器之间的摩擦表面可被充分润滑，避免了使用润滑剂的激励阻抗造成的功率损失。如图4-47所示。

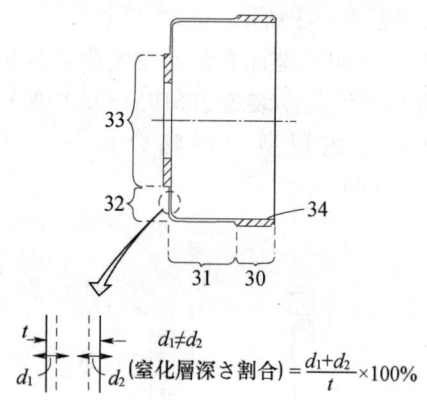

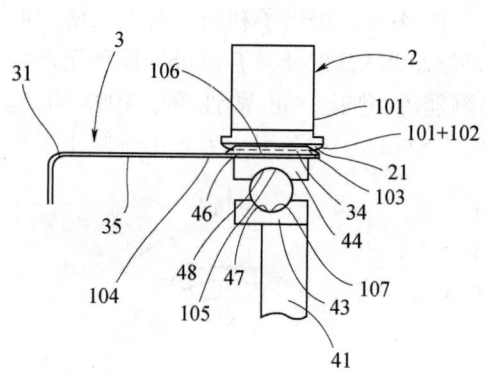

图4-46　专利申请公开号JP2000055147A的附图

图4-47　专利申请公开号US2002174741A1的附图

4.4.4.4　加工方法

在加工方法方面，谐波传动系统有限公司的改进集中于刚轮、柔轮和涂层的加工制造工艺。1990年提出了一种波动齿轮的齿形和相应制造JP2225841A；1997年提供了一种谐波减速器柔轮制造方法JP9184548A；1998年公开的JP10110790A通过喷丸处理柔轮内外表面提高了抗断强度，如图4-48所示。

2000年公开了一种谐波传动齿轮的内齿轮制造方法JP2000154850A，通过在将两圆片分别进行表面硬化后整合圆片，提高了内齿轮硬度；2002年提供了一种刚轮制造方法JP2002307237A，其中刚轮的侧环表面涂敷铝扩

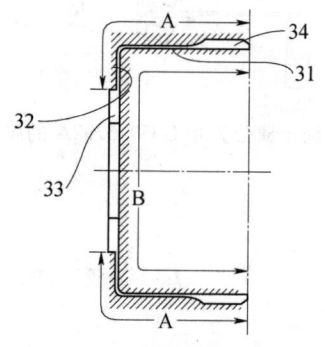

图4-48　专利申请公开号JP10110790A的附图

散涂层，齿轮主体侧环主要由铝合金制成，其与侧环啮合在一起，抑制了铸造缺陷，能够坚固且可靠地整合两个侧环；2006年对刚轮制造方法作了进一步改进，相关专利EP1612453A1简化了刚性内齿轮的制造，其代表性附图如图4-49所示。

4.4.4.5　润滑

在润滑方面，谐波传动系统有限公司于1997年提交了第一件相关专利申请JP9053707A，涉及谐波减速器的油供应机构，其具有形成在输入侧盖的端面中的多个油池，保证了齿轮部件的油供应，并从齿轮处有效移除最初磨损粉末；同年提出了真空室中谐波减速器的防泄漏壳体JP9217798A，简化了结构。之后谐波传动系统有限公司随着谐波减速器应用工况的变化对润滑技术进行了改进，但该方面的申请量不大。

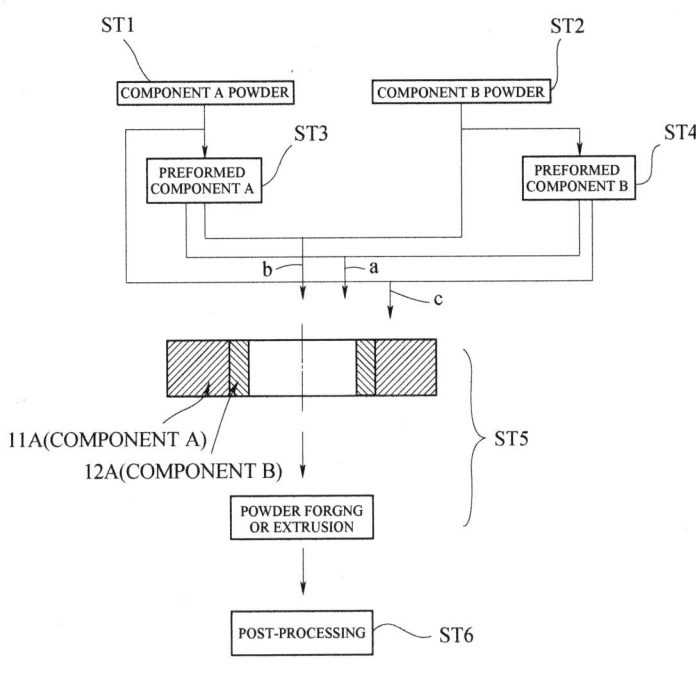

图 4-49 专利申请公开号 EP1612453A1 的附图

2008 年提出了能从外部可靠地向内置在装置壳体内的波动齿轮减速器的润滑部分供给润滑油的润滑方法 CN101260932A，通过将进入挠性外齿齿轮内部的润滑油经由装置壳体上形成的油回收路强制吸引到外部进行回收，可防止因高速旋转的挠性外齿齿轮的内部负压状态而引起的润滑油抽吸现象，能可靠地对波形轴承的部位进行润滑，如图 4-50 所示。

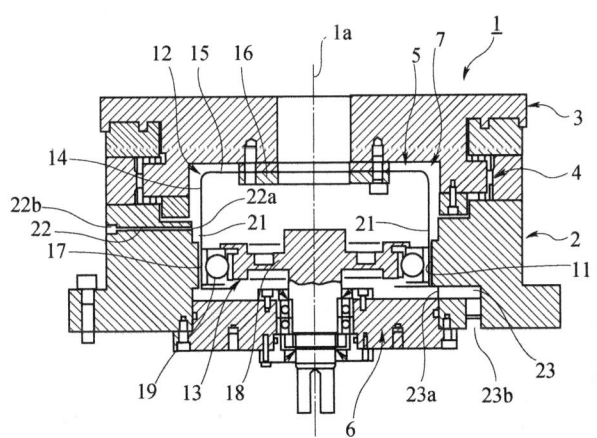

图 4-50 专利申请公开号 CN101260932A 的附图

4.4.4.6 检测修正

根据所获得谐波传动系统有限公司专利文献的内容来看，其在检测修正方面的发展方向为：检测→测量修正→非线性弹性补偿。1994 年公开了一种相位检测调整装置

JP6337045A，避免了旋转误差；1997年提供了一种礼帽式柔轮的扭矩检测装置JP9229147A，扭矩检测器在径向上具有不同的厚度，避免了扭矩检测精度的降低，如图4－51所示。

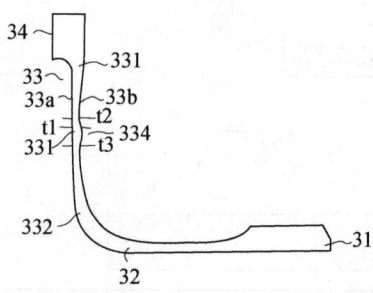

图4－51　专利申请公开号JP9229147A的附图

2010年公开了一种补偿谐波传动齿轮角传动误差的方法WO2010116607A1，提高了马达轴的定位精度，弥补了谐波驱动齿轮的振荡分量；2011年构建基于严密线性化技术的后反馈非线性弹性补偿系统US2011248661A1，完善了谐波减速器误差修正补偿系统，如图4－52所示。

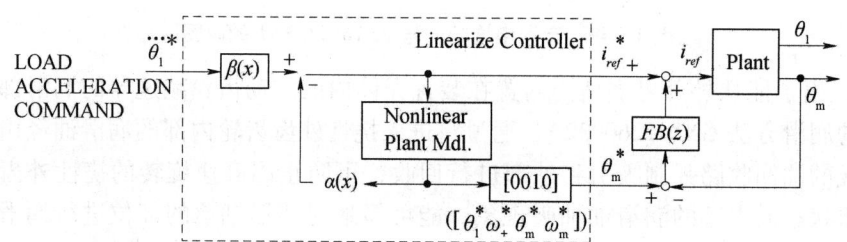

图4－52　专利申请公开号US2011248661A1的附图

4.5　中国国家标准

4.5.1　新旧版国家标准比较

原国家技术监督局于1993年3月18日发布国标《谐波传动减速器》（GB/T 14118—1993），于1993年8月1日实施。该国标由原机械电子工业部电子标准化研究所负责起草。该国标共分为：(1) 主题内容与适用范围；(2) 引用标准；(3) 术语；(4) 符号、代号；(5) 产品分类；(6) 技术要求和试验方法；(7) 检验规则；(8) 标志、包装、运输、贮存。但其所涉及的谐波传动减速器的形式仅仅包括：杯形（XB）和带支座杯形（XBZ）两种形式，如图4－53所示，包括12个机型60种传动比规格。原国标已经实行19年，适用范围包括电子、航空、航天、机器人、机床、纺织、医疗、冶金以及矿山等行业的产品。

原图准为单级卧式双轴伸型谐波传动减速器，其分为大型机和小型机。如图4－53

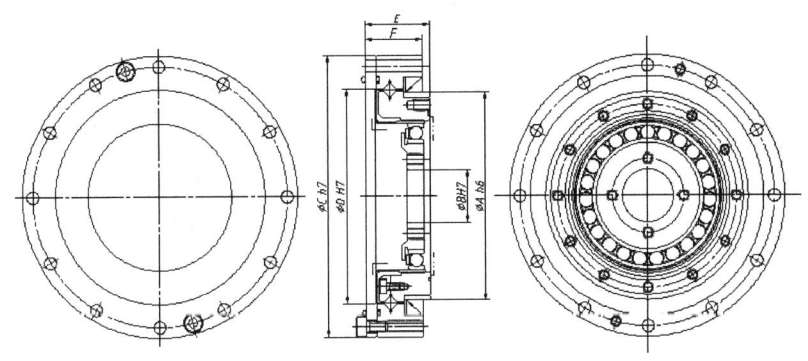

图 4-58 HD 系列减速器结构形式

4.5.2 专利与国家标准

从传统意义上来讲，专利和标准是两个截然不同的概念。

专利是指受到法律保护的发明创造。根据《中华人民共和国专利法》的规定，发明创造是发明、实用新型和外观设计。专利权是一种专有权，具有排他性。

国际标准化组织（ISO）对于标准的定义是："一种或者一系列具有强制性要求和指导性功能，内容含有细节性技术要求和有关技术方案的文件。其目的是让相关的产品或者服务达到一定的安全标准或者进入市场的要求。"按照 WTO/TBT 协议对标准定义："标准是由公认机构批准的，非强制性的，为了通用或反复使用的目的，为产品或相关加工和生产方法提供规则、指南或特性的文件。标准也可以包括或专门规定用于产品、加工或生产方法术语、符号、包装标志或标签要求。"

目前学术界逐渐形成了以下共识："技术标准与专利对于高新技术企业来说犹如车之两轮、鸟之两翼"。[1] 两者之间的关系是建立在以下基础之上的：企业不再满足于通过技术专利所获取的利润，希望借助于标准这一工具实现其利润的极大化。

因而，各行业内企业往往在专业技术联盟推动下，通过以专利联盟为核心的知识产权联盟以及标准联盟，推动技术专利化→专利标准化→标准产业化，来抢占标准的话语权，提高各自在市场上的核心竞争力。显然苏州绿的谐波传动科技有限公司和上海 ABB 工程有限公司在这方面走在了前列。

现在通过新的国家标准与苏州绿的谐波传动科技有限公司的专利来进一步说明专利技术的标准化以及标准对技术创新的推进。

（1）标准对技术创新的推进

技术创新作为技术发展的根本性因素，与技术标准相互影响、相互促进、协同发展。通过将积累的技术经验标准化，从而为新技术的出现提供基础，推动技术创新。因为多技术竞争会带来技术未来的不确定性，导致技术在市场上不能迅速被消费者接受，造成虽有多项技术共存，却都得不到长足进步的困境。而技术标准可以通过其协

---

[1] 季任天，王明卓. 技术标准中的专利披露原则 [J]. 法治研究，2008（12）：8-10.

调作用减少这种多样性,大大降低技术摩擦所带来的社会效益的巨大损耗。同时,也可以通过增强消费者的消费信心,使成为标准的技术迅速占领市场,以促进该技术的发展,而且技术标准作为一个成熟的技术体系,能够使技术产品之间更好兼容,进一步推动互补或兼容产品的发展。

新的国家标准中新增了短筒型谐波减速器(参见图4-60),苏州绿的谐波传动科技有限公司通过此次标准的制定以及适应于新增的短筒型,在此基础上进行进一步研究和创新,于2012年8月和9月提交了CN102889344A(参见图4-59)和CN102817969A、CN202812013U的专利申请。

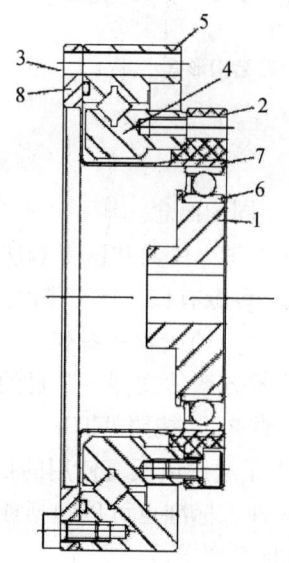
图4-59 专利申请公开号CN102889344A所指出的现有技术

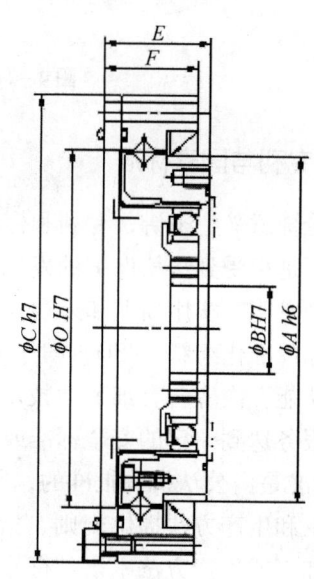
图4-60 新国家标准中HD系列减速器结构

CN102889344A针对现有技术中柔轮本体平板结构以及柔轮本体与柔轮圆环之间没有缓冲使得在工作过程中易随着柔轮圆环的变形而承载能力小且传动效率低的不足,而提供了一种短筒高负载中空型谐波减速机,其独立权利要求1的技术方案为:一种短筒高负载中空型谐波减速机,包含波发生器、柔轮、刚轮、交叉滚子轴承;所述柔轮,其特征在于:包含柔轮本体、柔轮圆环;所述柔轮本体大致呈圆环状,所述柔轮圆环同心地设置在柔轮本体的内环中,所述柔轮本体的内环与柔轮圆环之间设置有圆环状的U形部;所述柔轮圆环的外圆周上设置有第一齿;所述刚轮呈成圆环状设置;所述刚轮的内圆周上设置有第二齿;所述波发生器设在柔轮圆环的内圆周上;所述柔轮圆环的外圆周设在刚轮的内圆周上,所述第一齿与第二齿相互啮合;所述交叉滚子轴承,包含交叉滚子轴承第一部、交叉滚子轴承第二部;所述交叉滚子轴承第一部固定在刚轮上;所述交叉滚子轴承第二部固定在柔轮本体上。如图4-61所示。

另外,针对上述不足,还申请了一种超短型谐波减速器CN102817969A、CN202812013U,通过提高柔轮的变形能力,减少了谐波减速器整体的尺寸。其独立权利要求1的技术方案为:一种超短型谐波减速器,包含波发生器、柔轮、外轮;所述柔轮，包含柔轮本体、柔轮圆环；其特征在于：所述柔轮本体大致呈圆盘状，所述柔轮本体的外部沿圆周方向设置有 U 形部；所述柔轮圆环同心地设置在柔轮本体的外圆周上；所述柔轮圆环的外圆周上设置有第一齿；所述外轮，所述外轮呈成圆环状设置；所述外轮的内圆周上设置有第二齿；所述波发生器设在柔轮圆环的内圆周上；所述柔轮圆环的外圆周设在外轮的内圆周上，所述第一齿与第二齿相互啮合；所述外轮随柔轮圆环一起变形。如图 4-62 所示。

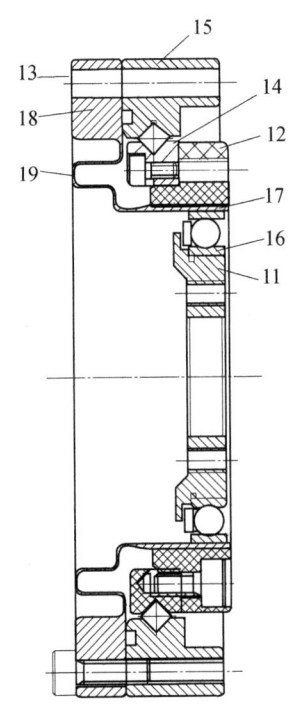
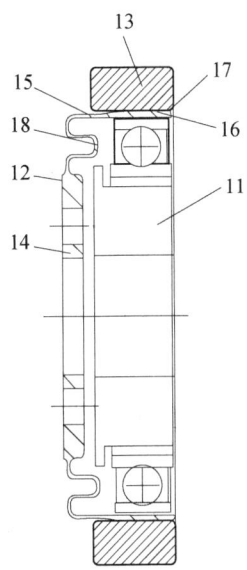

图 4-61 专利申请公开号 CN102889344A 的附图　　图 4-62 专利申请公开号 CN102817969A 的附图

（2）专利技术的标准化

专利技术的标准化是实施知识产权战略的高级层次和境界，由于技术标准需要相对的稳定性，不可能反复修改替换，专利权人尤其是通过组成专利联盟，将整合后的专利技术纳入技术标准中，形成森严的堡垒，实现其他单个公司无法实现的实质上对市场的垄断。

参与标准制定的苏州绿的谐波传动科技有限公司共有专利申请 22 件，其中发明 10 件，实用新型 12 件，而 10 件发明中有 9 件有相同的实用新型，因而其实际的申请为 13 件。

中空型是新国家标准中一个新的定义，也体现在该公司的申请当中，如 CN102734392A 和 CN202732858U 均要求保护一种中空型谐波减速器，其相对现有技术中的连接轴为实心的减速器，基于谐波减速器小型化趋势，提出了一种中空连接轴的谐波减速器，以便于在需要布线时供电缆穿过。这两个专利申请（专利权）的独立权利要求1的技术方案为：一种中空型谐波减器，包括谐波减速器本体，所述谐波减速器本体内设有连接轴，所述连接轴的工作端通过紧固件连接有波发生器；所述连接轴上开有通孔；所述通孔与波发生器上开有的圆孔相联通。显然，独立权利要求1所要求保护的范围几乎涵盖了新国家标准中全部可能的HS系列减速器，即苏州绿的谐波传动科技公司正借助于此次标准修订的契机来实现其专利的标准化。参见图4-63、图4-64。

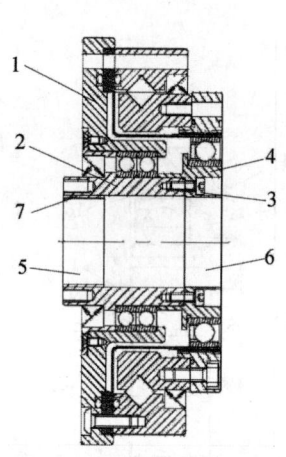

图4-63 专利申请公开号 CN102734392A 的附图

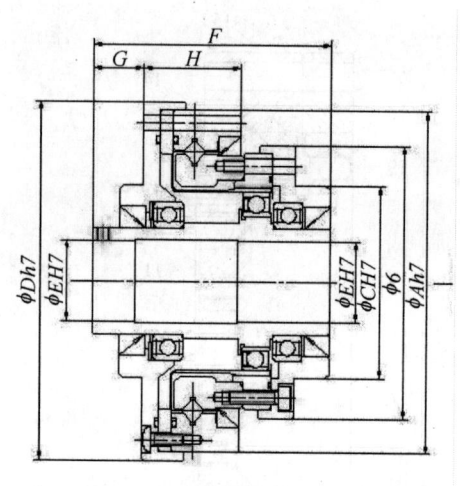

图4-64 新国家标准中 HS 系列谐波减速器

4.6 本章小结

本章谐波减速器的技术发展及专利技术进行了分析，对处于垄断地位的谐波传动系统有限公司（哈莫尼克公司）的专利技术进行了重点分析，以及对于谐波减速器的中国国家标准与专利技术之间的联系进行了一定的探讨，可以得出以下几点结论：

首先，在谐波传动研制及国家技术标准制定方面曾经一度跻身世界前列的中国，已经在当今工业机器人用谐波减速器蓬勃发展的大潮中被日本远远抛开，工业机器人用谐波减速器的市场已经完全被日本企业垄断，中国谐波减速器制造企业的生产当前还大多仅停留在仿造阶段，所生产的产品质量也无法与国外产品相比。

其次，中国企业的专利还仅停留在谐波减速器齿形及结构方面改进，这仅能满足仿造阶段自我的知识产权保护，未能有效从根本上改善基础加工水平，也未能有效提高产品精度和寿命以缩小与国外产品的差距。与之相比，国外企业尤其是处于龙头地位的谐波传动系统有限公司不仅在齿形和整体结构持续二十余年孜孜不倦的改进和创新，而且对于材料、加工方法、润滑以及检测修正等方面进行改进，不断提高自身基础加工水平和产品性能，一步步成为技术龙头，并占据和保持垄断地位。可见，技术的创新不仅要吸收消化改进，更要从源头着手夯实基础。

最后，谐波减速器方面的中国国家标准过于陈旧，远远不能适应日益发展的工业机器人应用的需要，在日本进入"机器人普及元年"的1980年之后三十余年，中国一直处于没有专门的机器人用谐波减速器国家标准，仍旧一直沿用1993年发布的由机械电子工业部标准化研究所起草的谐波传动减速器国家标准，这一方面体现了机器人用谐波减速器起步较晚，另一方面也严重限制了同业中机械人用谐波减速器的制造与生产。这种局面直到2012年由江苏省减速机质检中心会同多家企业和科研机构开始着手制定针对机器人谐波减速器的国家标准才被打破。而在这两次谐波减速器国家标准的制定过程中，中国的中技克美谐波传动有限责任公司以及苏州绿的谐波传动科技有限公司的人员先后分别积极参与其中，这也使得国家标准与它们的部分专利和技术紧密联系。

第5章 RV减速器

RV减速器较谐波减速器具有高得多的疲劳强度、刚度和寿命，而且回差精度稳定，故目前世界上许多国家高精度工业机器人多采用RV减速器，其在先进机器人传动中有逐渐取代谐波减速器之势，因此，对RV减速器进行研究分析，无疑具有重大意义。

本章旨在全面分析RV减速器领域专利技术，包括RV减速器技术概况、全球及中国专利申请状况、对处于全球垄断地位的申请人的多方面关注和分析等。通过上述分析梳理，有助于业内人士对RV减速器技术领域有一个总体了解，掌握该领域的技术走向和研发热点，使本行业中国创新主体能够确定和了解竞争对手，尤其是强大的海外竞争对手的专利布局，从中窥探出其未来的发展规划，对中国创新主体有一定的借鉴和指导价值。

5.1 技术概况

自1985年以来，RV减速机在机器人制造业中已经生产超过300万个以上，广泛用于工业机器人、机床、装配装置、搬运装置等领域（参见图5-1）。

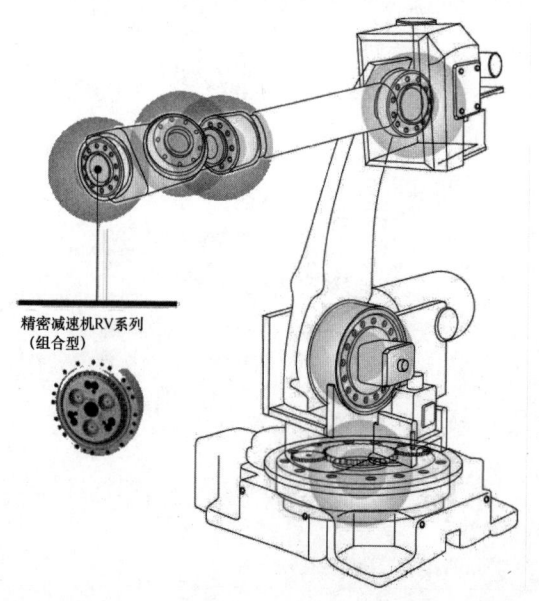

图5-1 RV减速器在工业机器人中的应用❶

---

❶ [EB/OL]．[2013-07-20]．http：//www.nabtesco.com/．

RV 减速器是采用 planocentic 方式的减速结构的高精密控制用减速器,由于该减速器同时啮合齿轮数较多,具备小型、轻量特点的同时,也具有高刚性、耐过载的特点。另外由于间隙、旋转振动、惯性小,所以具有良好的加速性能,可以实现平稳运转并获取正确的位置精度(参见图 5-2)。

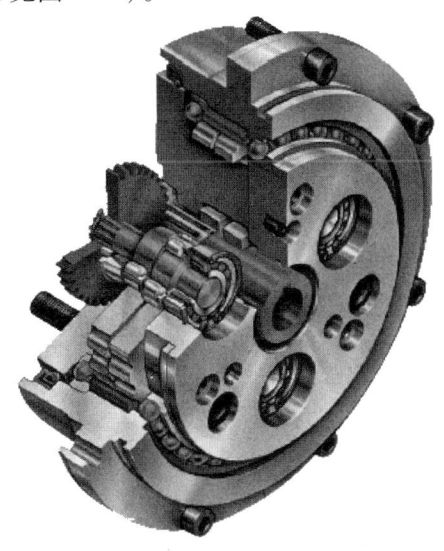

图 5-2　RV 减速器结构立体图❶

5.1.1　工作原理

RV 减速器是由渐开线圆柱齿传输线行星减速机构和摆线针轮行星减速机构两部分组成,如图 5-3 所示。第一级减速的形成执行电机的旋转运动由齿轮轴传递给两个渐

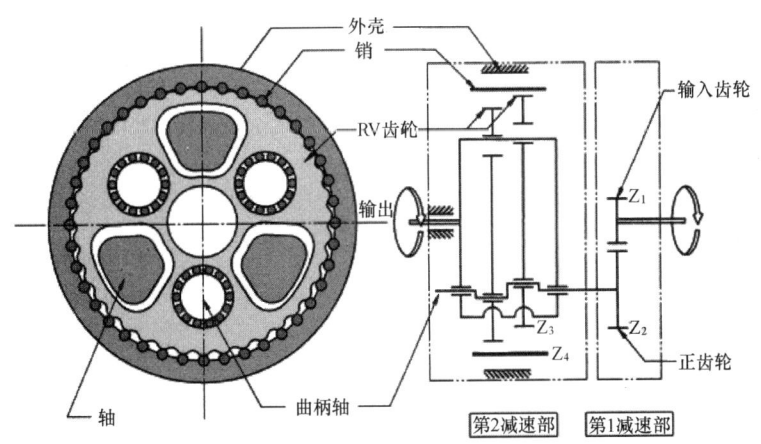

图 5-3　RV 减速器结构图❷

---

❶❷　[EB/OL].[2013-07-20]. http://baike.baidu.com/view/8702200.htm.

开线行星轮，进行第一级减速；第二级减速的形成行星轮的旋转通过曲柄轴带动相距180°的摆线轮，从而生成摆线轮的公转；同时由于摆线轮在公转过程中会受到固定于针齿壳上的针齿的作用力而形成与摆线轮公转方向相反的力矩，也造就了摆线轮的自转运动，这样完成了第二级减速；运动的输出通过两个曲柄轴使摆线轮与刚性盘构成平行四边形的等角速度输出机构，将摆线轮的转动等速传递给刚性盘及输出盘。

其中，渐开线行星齿轮（正齿轮）与曲柄轴连成一体，作为摆线针轮传动部分的输入。如果渐开线中心齿轮（输入齿轮）顺时针方向旋转，那么渐开线行星齿轮在公转的同时还有逆时针方向自转，并通过曲柄带动摆线轮（RV 齿轮）作偏心运动，此时摆线轮在其轴线公转的同时，还将在针齿（销）的作用下反向自转，即顺时针转动。同时通过曲柄轴将摆线轮的转动等速传给输出机构。

RV 传动的传动比由以下公式计算而得：

$$R = 1 + (Z_2/Z_1) \cdot Z_4$$
$$i = 1/R$$

式中 Z_1——输入齿轮的齿数；Z_2——正齿轮的齿数；Z_4——销根数，i——减速比。

5.1.2 国外技术发展概况

在国外，RV 减速器的研制、生产主要集中在日本。1961 年，日本即开始从事三曲柄式行星传动行走装置的开发和生产。这种传动装置具有刚性高、超负荷能力强等优点，获得日本机械振兴协会的奖励。1983 年，日本又开始进行高刚性、高精度、低振动的机器人用传动装置（即 RV 传动机构）的研究，并于 1986 年由日本帝人制机株式会社（TEIJIN SEIKI CO.，LTD，纳博特斯克前身）推出的偏心差动式 RV 系列减速机获得了日本专利❶。同年，日本帝人制机株式会社成功研制出应用于机器人的摆线针轮 RV 减速器，并批量生产和投放市场，其独特的优越性能引起学术界的关注，该系列产品也得到用户的青睐。

1986 年，日本特许厅公开了日本住友重机械工业株式会社研制的应用在油压机上的 RV 减速器专利。目前的主要生产厂家有纳博特斯克、住友以及三菱重工。

1970 年，原联邦德国的 Chrisholm – Moore 制造公司生产的两种起重用卷扬机也采用了双曲柄少齿差行星传动机构。

1986 年，法国专利局也公布了一种与 RV 传动机构类似的摆线齿形、渐开线齿形两种行星减速器专利。

5.1.3 中国技术发展概况

中国（原）太原工学院（现太原理工大学）的朱景梓教授所提出的双曲柄少齿差减速器，其传动原理与日本的 RV 减速器相同，不同之处是其齿形为渐开线齿形。双曲柄式少齿差行星减速器的理论分析和实验研究工作在 1985 年即已完成，并于同年在太原工学院机械厂试制出第一台样机。

---

❶ RV 减速机 [J]. 机械设计（日）. 1987, 31 (8): 58 – 64.

1983年，天津卷扬机厂成功地把输入功率为7.5kW的双曲柄式二齿差减速机应用于该厂生产的一吨快速卷扬机上。

1989年，天津职业技术师范学院与天津减速机厂合作开发了双曲柄摆线针轮减速器。同年，上海减速机厂从日本进口动力用RV减速机并进行制造。

1990年，华东化工学院与天津职业技术师范学院共同研制双曲柄式渐开线行星减速器，并应用在北京人民机器厂生产的P2880型双开四色胶印机上。[1]

在1986年启动的国家高技术发展研究计划（863计划）中，设立了智能机器人主题，它的任务就是研究开发先进的机器人系统。在工业机器人产品研究方面确定了以开发喷漆、点焊、弧焊、搬运和装配机器人为主，同时开发机器人的元部件，如薄壁轴承、谐波减速器、交流伺服驱动装置等[2]。青岛化工学院承担的"机器人用变厚齿轮RV减速器研究"课题就是来源于"863"计划自动化领域中智能机器人主题关键技术。虽然因中国加工水平的限制，各零部件的加工精度没有达到要求，但其多数主要性能指标仍然超过了日本同类产品的水平，如其间隙回差为47arc·sec（日本为1arc·min）；扭转刚度为134.53N·m/rad（日本为78N·m/rad）；传动效率为91.95%（日本为85%）。[3]

李力行教授主持的国家自然科学基金资助项目《机器人用新结构高精度摆线针轮传动优化设计理论与方法研究》、何卫东副教授主持的国家"863"计划项目《机器人用RV-250AⅡ减速器》于1999年12月10日通过了辽宁省科委组织的技术鉴定，其中提出了机器人用高精度RV传动的优化设计理论与优化新齿形，并研制出RV-250AⅡ样机。

RV减速器中国尚没有成熟的产品，沈阳新松机器人自动化股份有限公司正在和天津天星百利合作开发RV减速器，当前已经完成实验平台的搭建。

5.1.4 发展方向

RV减速器相比于谐波减速器具有更高的刚度和回转精度，目前发展方向是如何通过对内部轴承的配置、材料和热处理工艺的改进、增加扭转刚度、最大抗弯弯矩以及提高在频繁加减速等恶劣工况下的使用寿命。

5.2 全球申请状况

5.2.1 专利申请态势

全球的专利申请始于1986年，最初十年处于缓慢发展阶段，申请量较少且几乎仅为非多边申请，一方面是由于企业的主要市场集中在本国境内，另一方面是由于技术

---

[1] 彭文生. 齿轮技术新面貌[J]. 国际学术动态，1990（3）：11-14.
[2] 贾培发，王全有. 关于中国工业机器人产业化的几点思考[J]. 机器人技术与应用，1999（3）：3-5.
[3] 林彰淼. 变厚齿轮RV传动的研究[D]. 哈尔滨：哈尔滨工业大学，1992：9-11.

尚未完全成熟。但随着技术的发展，虽然申请量增长缓慢但多边申请比例显著增加，可见企业希望通过多边申请占领其他国家市场，在2004年专利申请量爆炸式增长，且多边申请量进一步增加，说明这些年RV减速器领域的研究和创新处于高度活跃期，2011~2012年由于专利的公开滞后原因存在一定的数据误差，但从趋势来看这几年的专利申请量仍将保持较高值，预示RV减速器的研发仍在如火如荼地进行（参见图5-4）。

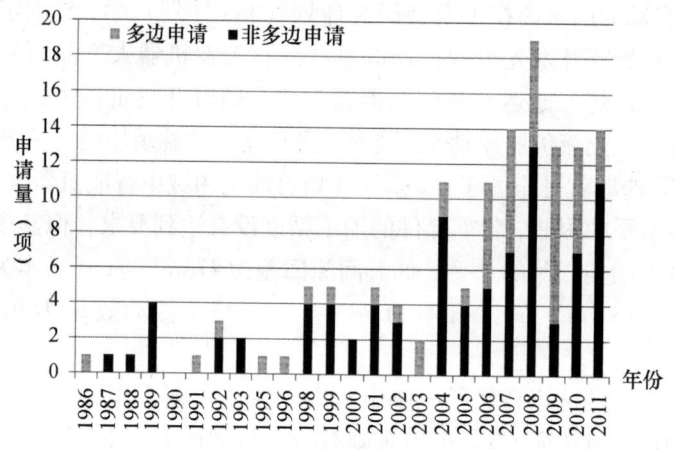

图 5-4　全球专利申请情况

5.2.2　来源国分布

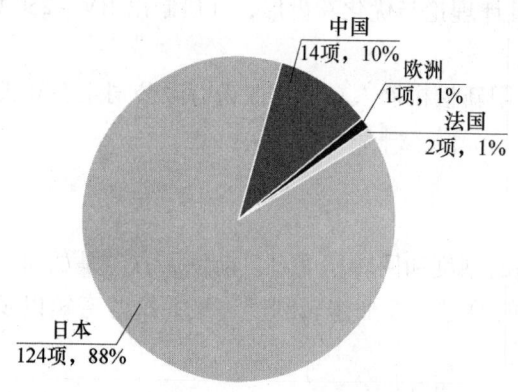

图 5-5　以优先权为统计来源的国家分布

通过优先权，能够有效地判断技术来源。从图5-5中可以看出以日本专利申请为优先权的申请量占据绝大多数，也就是说在全球范围内，日本在该领域中占据近似垄断地位，因而研究日本的专利申请文件中的技术，能够有效地掌控技术发展的方向和热点。

中国作为最活跃的经济体，也正表现出对于这种技术的关注，一方面由于近年来工业机器人方面需求量显著增加，另一方面也表明中国企业、高校及研究院所也正在加强这方面的研究。

此外，法国在这方面也有一定的研究和申请。

5.2.3　申请人分析

从申请人的分布来看（参见图5-6），纳博特斯克的专利申请占据了绝大多数，占据超过六成的RV减速器专利申请，显然这与其在全球的RV减速器超过六成的市场份额是相对应的。从纳博特斯克的专利申请和市场份额情况可以清楚地看到专利在企业创新和市场方面的显著作用。

此外，住友重工作为摆线减速器方面的重要申请人和市场占有者，其在RV减速器方面的专利申请也占据重要的地位，其专利申请量仅次于纳博特斯克。

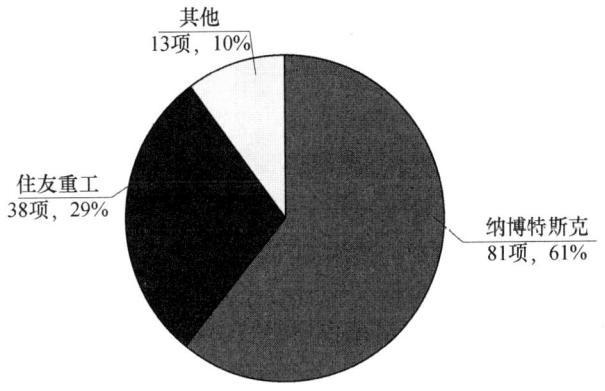

图5-6 RV减速器领域申请人情况

5.2.4 重点专利技术分析

帝人制机株式会社（纳博特斯克的前身）作为RV传动技术的提出者和先驱者，其以PCT申请形式公布了RV减速器方面的第一件申请，其公开号为WO86/05470A1，优先权日为1985年3月18日，发明名称为"用于工业机器人的减速装置"，并且进入了以下国家和地区：美国、加拿大、德国、韩国以及欧洲。

该专利公开了RV减速器的基本结构，将行星减速与摆线针轮减速有机结合起来，实现了两级减速。如图5-7所示。

帝人制机株式会社之后还申请了发明名称为"CONTROL DEVICE FOR PLANETARY DIFFERENTIAL TYPE REDUCTION GEAR"（行星减速齿轮的控制装置）的JPH08184349A，并通过其同族进入了美国、德国、英国，如图5-8所示。

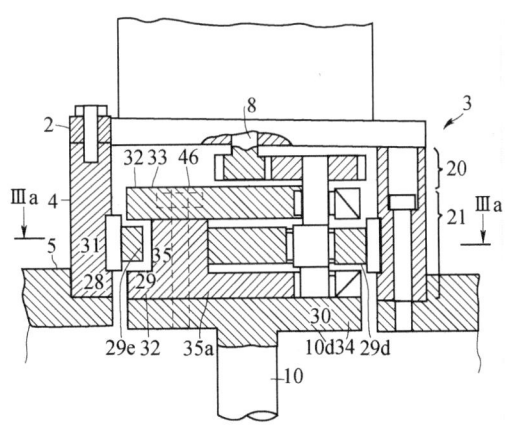

图5-7 专利申请公开号WO86/05470A1的附图

住友重工是RV减速器方面的另一个主要申请人（其主要专利均进入中国），于2008年申请的发明名称为"偏心摆动减速装置"的专利申请，其通过同族进入了德

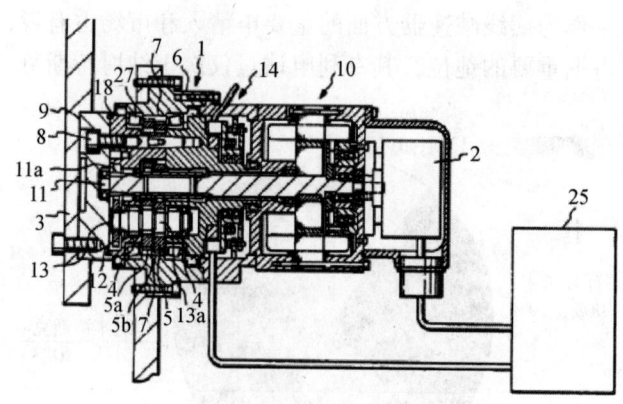

图 5-8 专利申请公开号 JPH08184349A 的附图

国、韩国和中国（授权公告号为 CN101294615B），也进入了中国台湾地区。

该专利提供了一种偏心摆动减速装置，其特征在于，具有：中心转动体；偏心体轴驱动体，通过该中心转动体而转动；偏心体轴，与该偏心体轴驱动体一体地转动；至少 2 个摆动体，配置在该偏心体轴驱动体的轴向两侧，并通过上述偏心体轴而摆动转动；内齿轮，该摆动体分别与其内接；以及隔片，配置在上述摆动体之间，并限制摆动体的轴向的活动；上述内齿轮形成为至少在其内周侧、在轴向上具有间隙的形状，在该间隙中配置有上述隔片。如图 5-9 所示。

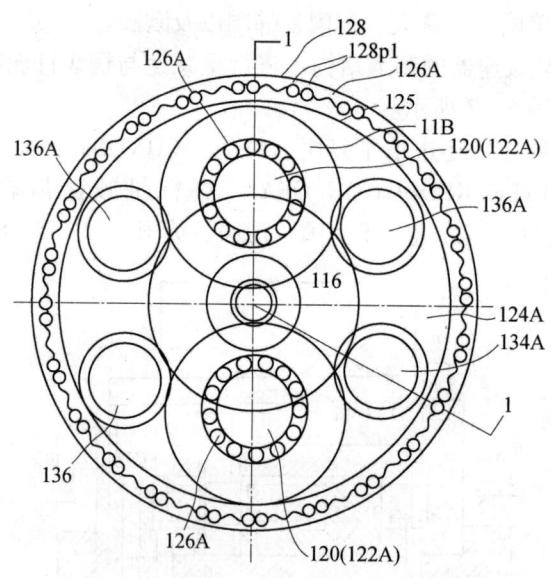

图 5-9 专利申请公开号 CN101294615B 的附图

住友重机械工业株式会社还于 2010 年提交了发明名称为"减速装置"的发明申请，在中国已经授权，授权公告号为 CN101839309B，其通过同族已经进入了德国、韩国和中国，也进入了中国台湾地区。

该专利提供了一种减速装置（300），其具备：设置在旋转外壳（317）上的环形部件（313）、内接于环形部件（313）的内侧部件（312）、配置在内侧部件（312）的轴向两侧的第 1 支承块、第 2 支承块（314）、（315）、连结第 1 支承块、第 2 支承块（314）、（315）的连结部件（323），将第 1 支承块（314）固定在固定部（308）上，从旋转外壳（317）导出旋转，并且，该外壳（317）与固定部（308）或第 1 支承块（314）的至少一部分彼此具备间隙（350）地相互对置。如图 5-10 所示。

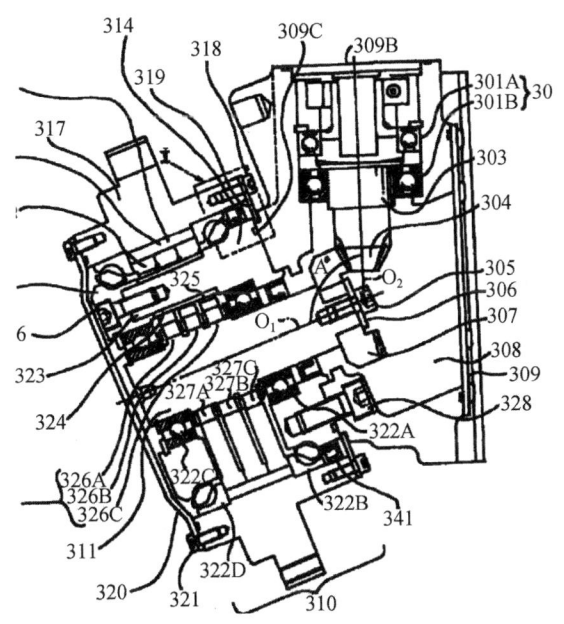

图 5-10 专利申请公开号 CN101839309B 的附图

5.3 中国申请状况

现就 RV 减速器在中国的发明申请的情况，本节将从中国发明申请情况、申请人情况、发明人情况、中国申请的法律状态以及重点专利技术分析这五个方面进行详细说明。

5.3.1 中国发明申请情况

在中国，虽然 RV 减速器的研究 20 世纪 80 年代就已经开始，但专利申请自 2001 年才开始且至今申请量一直较少，究其主要原因在于核心技术掌握在国外领先企业手中，中国研发相对处于起步阶段。RV 减速器方面的专利申请数量在 2006 年和 2007 年开始显著增加，尤其是 2010 年之后申请量持续快速增加，一方面，由于工业机器人的需求量增大，因而作为工业机器人不可缺少的 RV 减速器研发和创新增多；另一方面，国外企业对于中国市场的重视程度越来越大，积极开展专利布局，经过多年技术消化吸收所涌现出的具有研究和创新能力的 RV 减速器企业也积极进行专利申请，保护自主知识产权。尤其需要特别注意的是，由于专利申请的滞后公开的特点，2012 年和 2013 年的申请量可能更大，显示出 RV 减速器近年的勃勃生机。如图 5-11 所示。

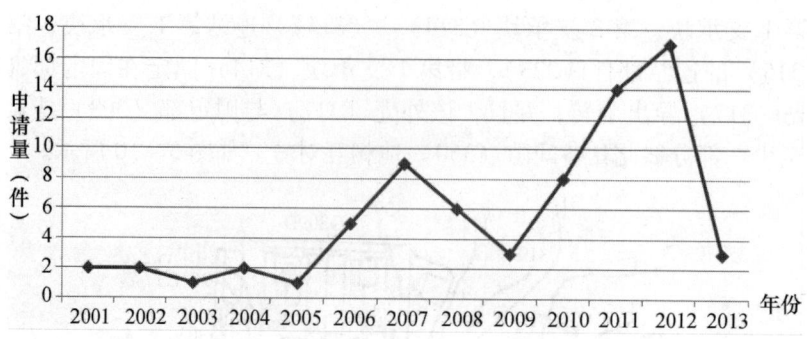

图 5-11　中国发明申请的申请量

5.3.2　申请人情况

虽然在华申请量近年来持续增加，但是其发明专利申请主要申请人，仍旧是日本企业。日本申请人在中国的 RV 减速器方面专利申请量占到了近 2/3，可见该技术领域中国与日本相关研发具有相当大的差距，且日本非常重视在中国的专利布局，以实现对中国市场的垄断。而中国申请人较为分散，浙江企业的专利申请量占据较大的比重，其中浙江恒丰泰减速机制造有限公司在浙江省专利申请中占了绝大部分。如图 5-12 所示。

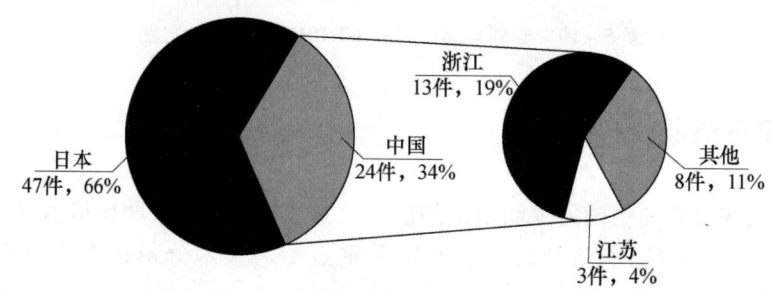

图 5-12　中国发明专利申请的申请人分布

而且，从图 5-13 可知住友重机械工业株式会社和纳博特斯克两家日本企业在该技术领域的专利申请方面遥遥领先，中国企业主要是浙江恒丰泰减速机制造有限公司，其申请量已经有 10 件，远远超过其他中国企业。另外，中国企业还有南通振康机械有限公司、华创机器人制造有限公司秦川机械发展股份有限公司、哈尔滨轴承集团公司，但是都只是进行了零星的专利申请。此外，中国的研究机构和高校主要是天津职业技术师范学院、哈尔滨理工大学、广州中国科学院先进技术研究所，但是这些研究机构和高校在这方面的专利申请也相对较少。此外需要注意的是，个人申请人吴声震、吴小杰在这方面也有相应的研究和专利申请。

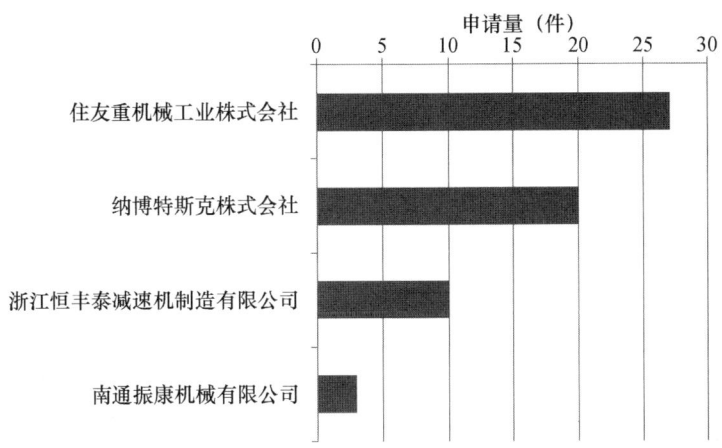

图 5-13 RV 减速器领域中国发明专利申请的主要申请人

5.3.3 发明人情况

从图 5-14 中国发明专利申请的主要发明人排名可以看出，除孔向东和叶胜康共同申请的 10 件专利之外，其他主要发明人均来自日本。在该领域中发明创新的主体主要集中在日本的两家企业中，其中芳贺卓是来自住友重机械工业株式会社，其主要对摆动内啮合型减速装置进行了研究。

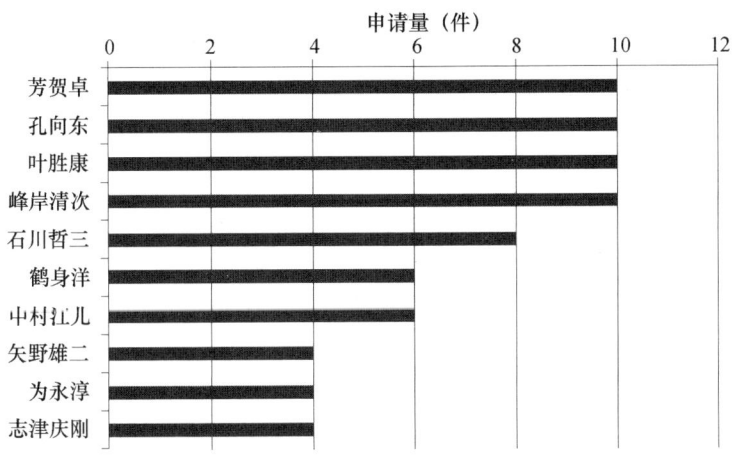

图 5-14 RV 减速器领域中国发明专利申请的主要发明人

5.3.4 中国申请的法律状态

从表 5-1、图 5-15 可知，就在华申请的法律状态来看，半数以上的专利申请已获专利权并处于有效状态，超过 2/5 的专利申请处于实审过程中，仅有极少部分（1%）专利权中止，仅仅 4% 的专利申请未被授予专利权。这种现状主要是由于在中国专利申请主要集中在最近三年，大量的专利申请正在实审中，同时由于 RV 减速器正处于蓬勃发展时期，申请人往往通过坚持专利权有效来坚持自身对于市场的判断和需求。

表5-1 RV减速器领域中国申请法律状态　　　　　单位：件

申请人类型	发明类型	法律状态	申请量	总量
中国申请人	发明	有效	2	16
		实审中	12	
		未授权	1	
		失效	1	
	实用新型	有效	10	11
		失效	1	
国外申请人	发明	有效	26	47
		实审中	19	
		未授权	2	
		失效	0	
	实用新型	有效	0	0
		失效	0	

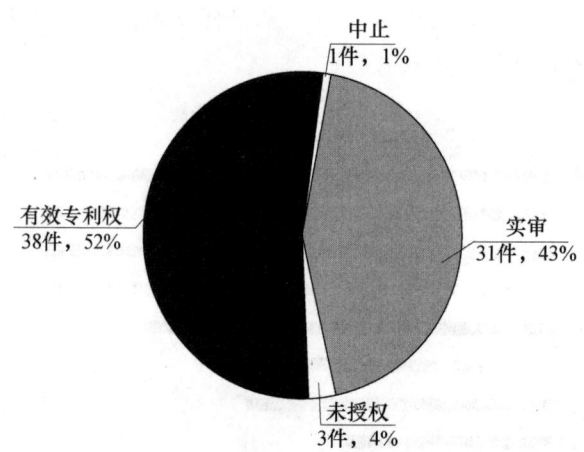

图5-15 RV减速器领域中国专利申请的法律状态

5.3.5 重点专利技术分析

5.3.5.1 中国申请人

陕西秦川机械发展股份有限公司于2001年申请了发明名称为"减速器制造工艺方法"的专利申请，并于2008年1月30日被授予专利权，授权公告号为CN100364716C。

如图5-16所示，该专利提供了一种减速器制造工艺方法，包括以下步骤：（1）成对组合加工左、右摆线轮上的销孔和齿形，且在左、右摆线轮上销孔错位180度下成对组合加工齿形；（2）在成型内齿轮磨齿机上用小磨头磨削针齿壳上针齿孔；（3）先加工偏心轴两端的同心圆，再在外圆磨床上用一偏心夹具加工偏心外圆；（4）成对组合加工行星架轴承孔；(5) 三件一组加工行星轮。

RV 减速器的难点之一在于其制造工艺。该专利技术公开了对左、右摆线轮上的销孔和齿形、针齿孔、同心圆、偏心外圆、轴承孔及行星轮等关键技术点的加工步骤，同时还公开了对其进行精度测试的方法和设备。

天津职业技术师范学院于 2002 年 11 月 12 日提交了发明名称为"圆弧齿 2K - V 型行星减速机"的专利申请，并于 2003 年 12 月 17 日被授予了专利权，授权公告号为 CN2592959Y，但该专利权在 2010 年 2 月 17 日已经因费用而被终止并公告。

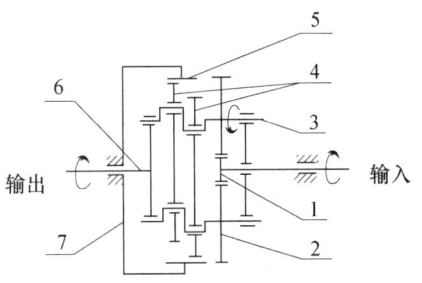

图 5 - 16 专利公告号 CN100364716C 的附图

如图 5 - 17 所示，该专利所提供的减速机包括中心齿轮轴（1）、输出盘（2）、针齿轮（3）、行星架（4）、曲柄轴（5），其特征是，在所述的曲柄轴（5）上分别设置有与所述的中心齿轮轴（1）构成外啮合副的渐开线齿行星齿轮（6）和通过主轴承（8）、（9）套装在所述的行星架（4）以及输出盘（2）外周的针齿轮（3）构成内啮合副的圆弧齿行星齿轮（10）、（11），所述的圆弧齿行星齿轮（10）、（11）的齿廓为纯圆弧齿廓。该专利由于圆弧齿易于制造，传动精度易于控制，可实现高定位精度和传动精度。

浙江恒丰泰减速机制造有限公司于 2011 年 7 月 21 日提交了发明名称为"精密摆线减速器"，公开号为 CN102242795A 的专利申请，现在仍在实质审查中。

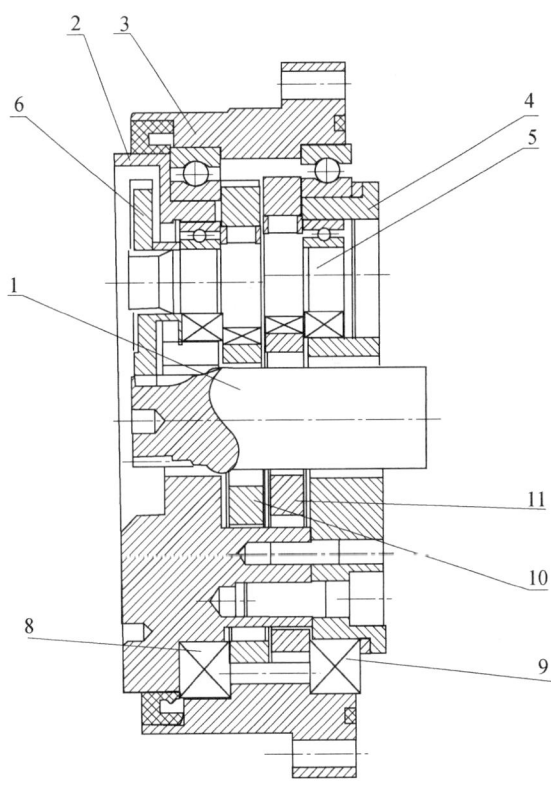

图 5 - 17 专利公告号 CN2592959Y 的附图

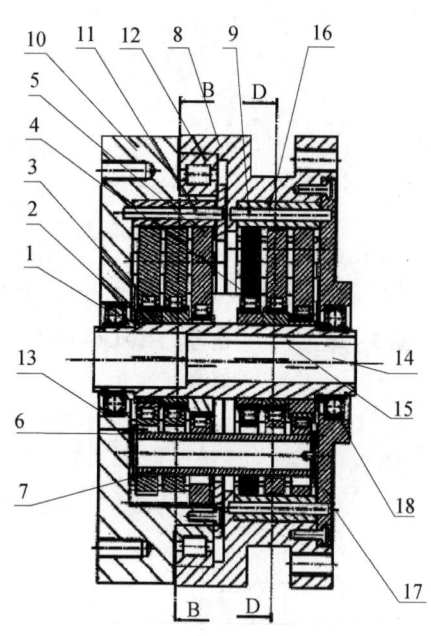

如图 5-18 所示，该专利提供了一种精密摆线减速器，包括转臂及固定在转臂外的偏心套、偏心套通过转臂轴承连接摆线轮，摆线轮与固定在针齿壳上的针齿销相配合，固定在转臂外的偏心套多个错位设置，各偏心套外的摆线轮分为逆向摆线轮和顺向摆线轮两组，逆向摆线轮和顺向摆线轮上具有不同的齿数并开设连接传动孔，逆向摆线轮和顺向摆线轮由穿过连接传动孔的连接轴相连，针齿壳分为静止针齿壳和输出针齿壳，逆向摆线轮与固定在静止针齿壳上的静止针齿销相配合，顺向摆线轮与固定在输出针齿壳上的随动针齿销相配合。该专利申请通过上述设计，具有高精度、高效率、高刚性、高承载、使用寿命长的优点，特别适合于在重载工业机器人中使用。

南通振康机械有限公司于 2011 年 7 月 15 日提交了发明名称为"采用锥齿轮行星减速机构的 RV 减速器"，公开号为 CN102392880A 的专利申请，现在正处于实质审查中。

图 5-18 专利申请公开号 CN102242795A 的附图

如图 5-19 所示，该专利申请提供了一种 RV 减速器，包括齿轮轴，齿轮轴上设有中心轮，中心轮与行星轮啮合，其特征是：齿轮轴采用圆锥柱结构，中心轮采用直齿锥齿轮结构，行星轮采用直齿锥齿轮结构，且行星轮的锥角与中心轮的锥角一致。该专利采用直齿锥齿轮结构降低了对齿轮制造精度的要求，减小了传动装置在装配精度和制造精度上的误差，提高了 RV 减速器的运动精度。

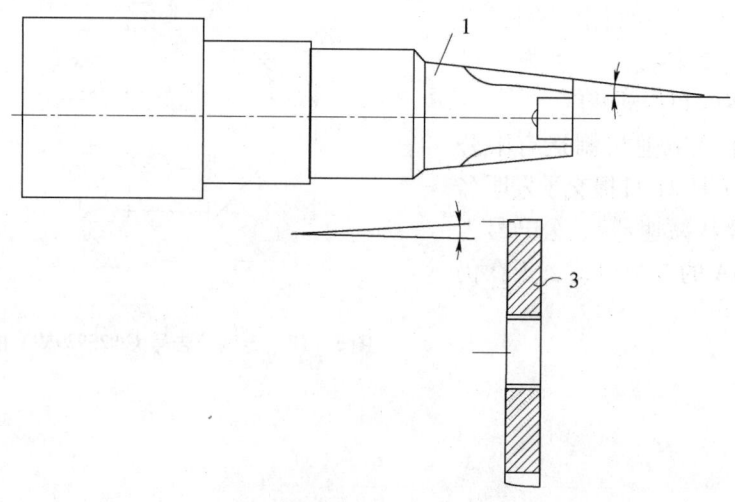

图 5-19 专利申请公开号 CN102392880A 的附图

不管是早期申请（中国第一件申请在 2001 年），还是近期申请，技术创新密集的领域在提高制造精度方面。部分原因在于，中国在加工方法、结构设计上已经有了很大的进步，但受中国基础加工的水平限制，产品精度还有所欠缺。同时，也反映了中国在 RV 减速器的制造方面还有待提高。

5.3.5.2 外国申请人

帝人制机株式会社（纳博特斯克株式会社）于 2002 年 9 月 13 日提交了发明名称为"偏心摆动型减速器"的发明专利申请（其优先权日为 2001 年 9 月 13 日），并于 2006 年 1 月 18 日被授予专利权，其授权公告号为 CN1237292C。

如图 5-20 所示，该专利提供了一种偏心摆动型减速器，且构成多对齿轮组（67）中每对齿轮组的两个外从动齿轮（66）相对于输入轴（62）的轴向位置是相同的，沿输入轴（62）的轴向方向偏移设置不同对齿轮组（67）。因此，仅仅两个构成一对齿轮组（67）的外从动齿轮（66）被设置在输入轴（62）的相同的轴向位置上。因而，即使这些外从动齿轮（66）的直径被制造得非常大，也不会彼此干涉。此外，能够利用外主动齿轮和外从动齿轮而容易地扩大减速比。

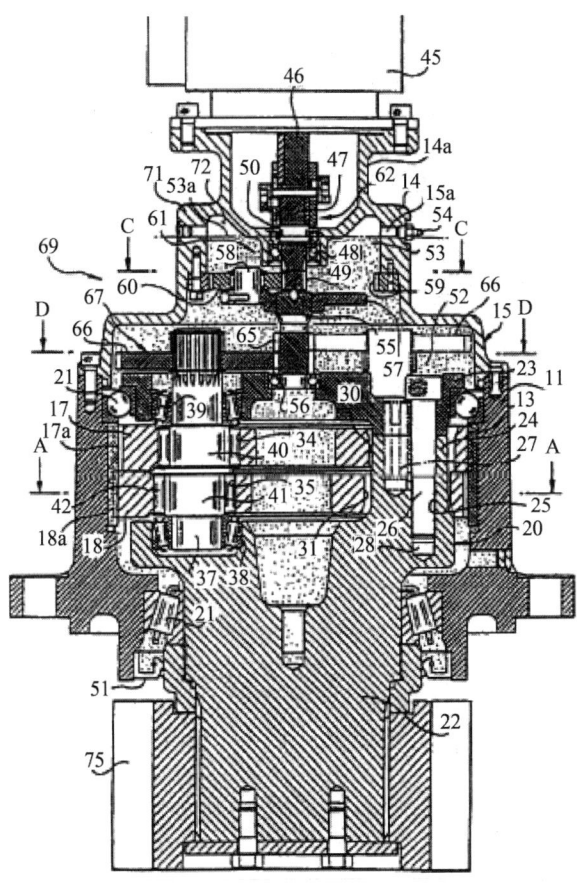

图 5-20　专利公告号 CN1237292C 的附图

纳博特斯克于2006年8月7日提交了由中村江儿发明的名称为"减速装置"的发明专利申请（其优先权日为2005年8月11日），并于2012年1月11日被授予专利权，授权公告号为CN101243268B。

如图5-21所示，该专利提供了一种减速装置，设有：偏心摆动型减速机，具有将轴向两个端部可转动地支承在承载件上并沿周向等距离间隔的多个曲轴；从马达传递驱动力而转动的第1外齿轮；安装在至少任意1个曲轴的轴向一侧端上的第2外齿轮；支承在承载件上的支承轴；和支承在上述支承轴上的可转动的第3齿轮，其具有与第1外齿轮啮合且直径大于该第1外齿轮的大径齿轮、以及与第2外齿轮啮合且直径小于该第2外齿轮的小径齿轮。该专利能够降低噪声并减小能量损失。

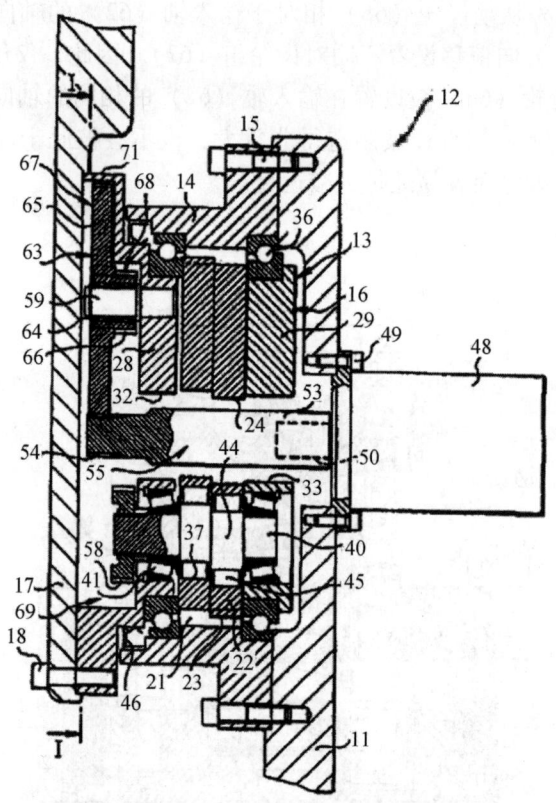

图5-21　专利公告号CN101243268B的附图

纳博特斯克于2007年6月11日提交了由中村江儿发明的名称为"减速装置"的专利申请，其优先权日为2006年6月13日，并于2011年11月16日被授予专利权，其授权公告号为CN101466967B。

如图5-22所示，该专利提供了一种沿其旋转轴线方向的长度减小的内啮合行星齿轮式减速装置。曲柄部件（22）插设在外齿轮（20a）的通孔（58）、外齿轮（20b）的通孔（59）与支撑轴（24）之间。在曲柄部件（24）上形成装配在外齿轮（20a）的通孔（58）中的偏心盘部（25）和装配在外齿轮（20b）的通孔（59）中的偏心盘部（27）。在支撑轴（24）与曲柄部件（22）之间布置轴承（26）以支撑曲柄部件

（22）绕支撑轴（24）旋转。该专利通过减小曲柄部件（22）的不包括偏心盘部（25，27）在内的长度而减小减速装置沿其旋转轴线方向的长度。

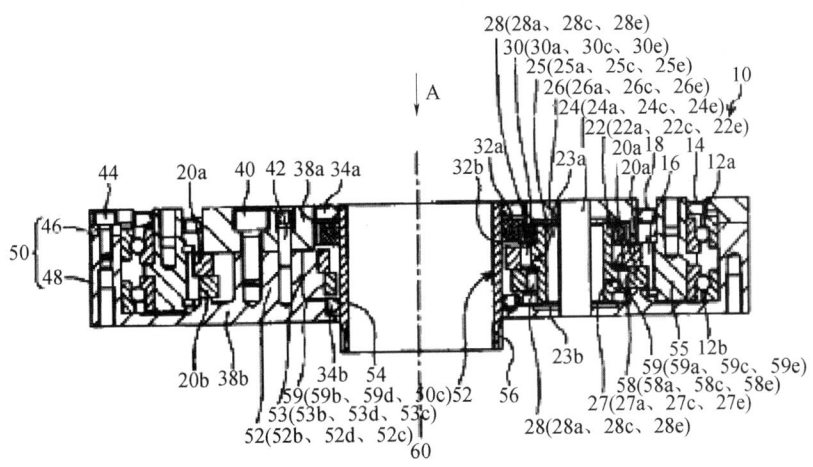

图 5-22　专利公告号 CN101466967B 的附图

上面两项专利是纳博特斯克的重要发明人中村江儿的发明专利，该发明人在减速器降噪、缩短减速器轴线方向的长度等研究方向上具有多件申请。

另外，住友重机械工业株式会社还于 2010 年提交了发明名称为"减速装置"的发明申请，公开号为 CN102052451A，该专利申请正在实质审查中。

该专利提供了一种减速装置，实现轴承的负载能力最适化，并且，使轴承间的加压载荷平衡，能够长期使用。参见图 5-23，该减速装置具备：具有固定部（151，152）和旋转部（122）的减速器（121）；固定在旋转部（122）上的前端侧部件（116）；对前端侧部件施加与通过前端侧部件的自重使旋转部旋转的旋转负荷方向相反负荷的负荷补偿机构（118）；其中，在固定部和旋转部之间且在减速器的轴向连接有负荷补偿机构的位置配置有主轴承（158），并且主轴承的负载

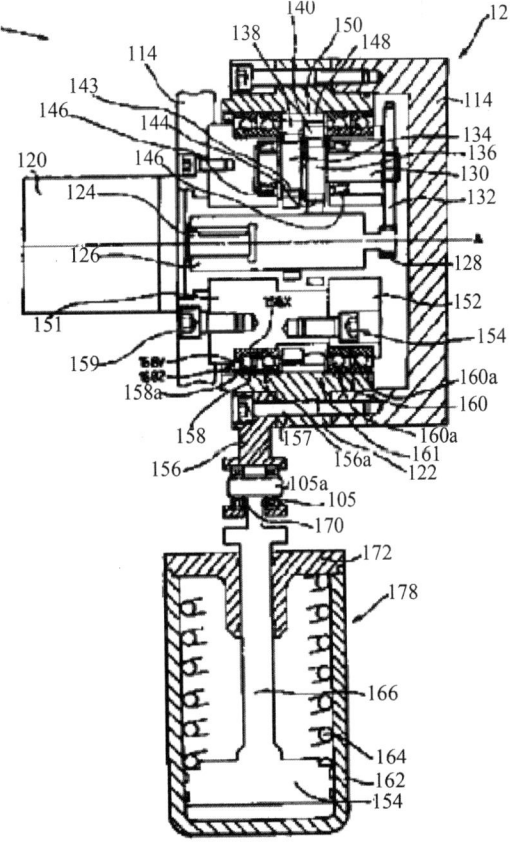

图 5-23　专利申请公开号 CN102052451A 的附图

能力在包含主轴承（158）并配置于固定部和旋转部之间的全部轴承（161）中为最大，并且，在全部轴承（161）整体上加压被平衡。

5.4 纳博特斯克

纳博特斯克（Nabtesco）是一家居世界领先地位的精密传动控制系统及组件制造商。

5.4.1 概况

5.4.1.1 公司简介

纳博特斯克由帝人制机株式会社和纳博克株式会社两个成功的日本全球跨国公司合并组成，是一家居世界领先地位的精密传动控制系统及组件制造商。纳博特斯克生产以控制技术为核心的产品，业务范围广泛，不仅包括铁路、船舶、汽车等运输领域，还包括机器人、自动门等产业和生活领域。

目前全世界已经有超过 200 万件由纳博特斯克制造的精密减速器及伺服传动装置产品投入使用。

纳博特斯克是世界上最大的精密摆线针轮减速器制造商。纳博特斯克精密减速器产品在世界范围内广泛应用于工业机器人关节和其他应用领域，因为其体积小巧、质轻、高定位精度、高刚度、高效率等优异特点满足所有市场需求。特别是在工业机器人关节领域，纳博特斯克占有大约60%的全球市场份额。如图 5-24 所示。

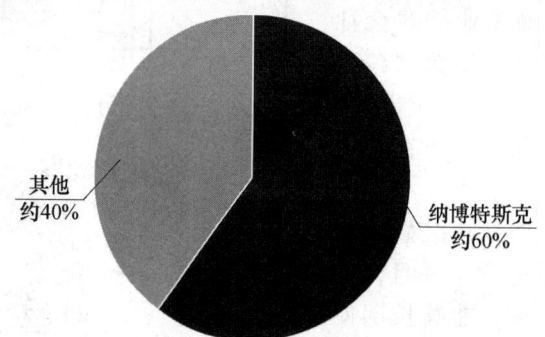

图 5-24 工业用机器人关节上的精密减速机全球市场份额

5.4.1.2 并购历史

2003 年 9 月，纳博特斯克由帝人制机株式会社和纳博克株式会社两个成功的日本的全球跨国公司合并组成，旨在最大化公司价值并实现长期增长。帝人制机株式会社和纳博克株式会社，均与时俱进地利用其技术实力成为相应领域的领袖企业。作为运动控制系统和零部件的生产商，两个公司都在其特定的业务领域，控制了很高的市场份额和掌握了高端核心技术，并使其在日本乃至全世界都名列第一。

纳博特斯克旨在利用两大公司优势产生的技术协同作用，提升它们在现有业务领域中的地位，并扩展新的业务。纳博特斯克自信在结合帝人制机株式会社零部件技术能力和纳博克株式会社系统技术优势的基础上，使其能在世界范围内更好地满足客户需求开发更多的创新型产品。

为了实现未来规划，纳博特斯克在2008年5月制作了新的中期经营计划。具体目标为以下三项：（1）追求进一步的增长性和收益性；（2）促进意识到ROAQOE的经营；（3）对企业文化进行改革。纳博特斯克希望通过加强在全球增长市场的事业以及重视所有利益相关的企业经营，谋求持续增加的企业价值。

纳博特斯克大事记（前帝人制机株式会社）[1]：

1944年，公司成立并在飞机制造业开展业务；

1947年，成立单独公司开展纺织机械制造业务；

1955年，开始制造飞行器零部件；

1959年，扩展至机床制造业——建成松山工厂；

1976年，在华盛顿州成立美国办事处；

1980年，取得了精密摆线针轮RV减速机专利，于1986年开始批量生产，并开始为现代工业机器人的关节应用进行配套；

1989年，东京研究中心建成；

1992年，在德国成立欧洲办事处；

1999年，在密歇根成立纳博特斯克运动控制有限公司；

2003年，纳博特斯克成立；

2010年，纳博特斯克（上海）传动设备贸易有限公司。

5.4.1.3 技术发展历程

纳博特斯克在精密减速器产品方面的技术发展历程可以通过其产品系列进行说明：其在1961年生产了HT系列斜轴活塞泵式马达，20世纪70年代初期先后生产了MK系列斜盘活塞泵式马达以及DH系列低速大扭矩马达，并在20世纪70年代末80年代初生产了GM系列止走马达，广泛用于挖掘机领域中。

随着工业机器人元年后所带来的工业机器人市场以及挖掘机领域对于精密减速器的需求，帝人制机株式会社首先在20世纪80年代初提出了RV传动理论，并且将其实施为RV减速器。20世纪80年代后期及之后的30年间纳博特斯克基于RV传动的原理衍生了RV-A系列，RV-AⅡ系列、RV-C系列和RV-E系列等RV减速器产品，并且通过这些产品的优秀性能占领了RV减速器市场的近2/3份额，同时在进入21世纪之后，对这些产品的部分方面进行了进一步研究和改进，使得这些产品的性能更加优越。

5.4.1.4 主要产品[2]

在工业机器人关节领域，纳博特斯克约占60%以上的最大全球市场份额。纳博特斯克主要包含以下几个类型的RV减速器。

---

[1][2] [EB/OL]．[2013-07-20]．http://nabtesco.com．

（1）RV 型减速器

RV 型减速器是标准型，其广泛用于工业机器人的旋转轴中。如图 5 – 25、图 5 – 26 所示。

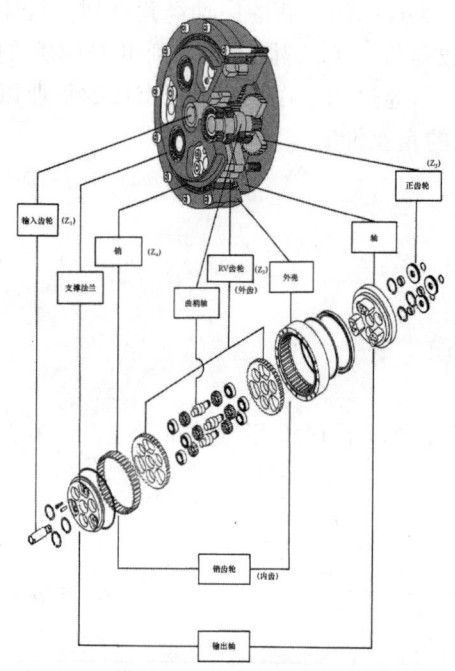

图 5 – 25　RV 型结构立体图及分解图

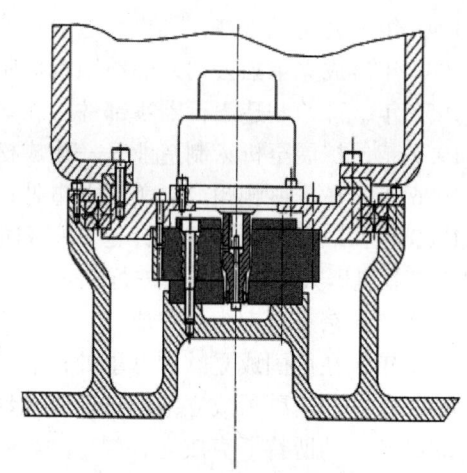

图 5 – 26　RV 型减速器在工业机器人中的应用

（2）RV – E 型减速器

RV – E 型减速器包括第 1 减速部（正齿轮减速机构）和第 2 减速部（差动齿轮减速机构），在第 1 减速部中，输入轴的旋转从输入齿轮传递到正齿轮，按齿数比进行减速。在第 2 减速部中，正齿轮与曲柄轴相连接，变为第 2 减速部的输入。在曲柄轴的偏心部分，通过滚动轴承安装 RV 齿轮。另外，在外壳内侧仅比 RV 齿轮的齿数多 1 个的销，以同等齿距排列。如果固定外壳转动正齿轮，则 RV 齿轮由于曲柄轴的偏心运动也进行偏心运动。此时如果曲柄轴转动 1 周，则 RV 齿轮就会沿与曲柄轴相反的方向转动 1 个齿。这个转动被输出到第 2 减速部的轴。将轴固定时，外壳侧成为输出侧。如图 5 – 27 所示。

RV – E 型减速器往往应用于工业机器人的机械臂和手腕轴处。如图 5 – 28、图 5 – 29 所示。

（3）RV – C 型减速器

RV – C 型减速器包括第 1 减速部（正齿轮减速机构）和第 2 减速部（差动齿轮减速机构）。在第 1 减速部中，输入轴的旋转，通过中心齿轮从输入齿轮传递到正齿轮，按照齿数比进行减速。在第 2 减速部中，正齿轮被连接到曲柄轴，变为第 2 减速部的输入。在曲柄轴的偏心部分，通过滚动轴承安装 RV 齿轮。另外，在外壳内侧仅比 RV

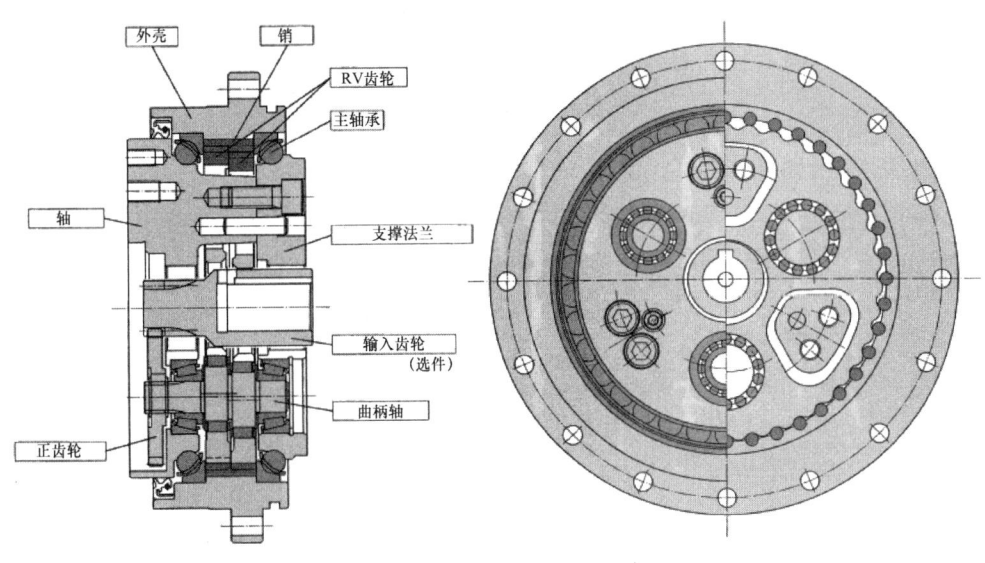

图 5-27　RV-E 型结构图

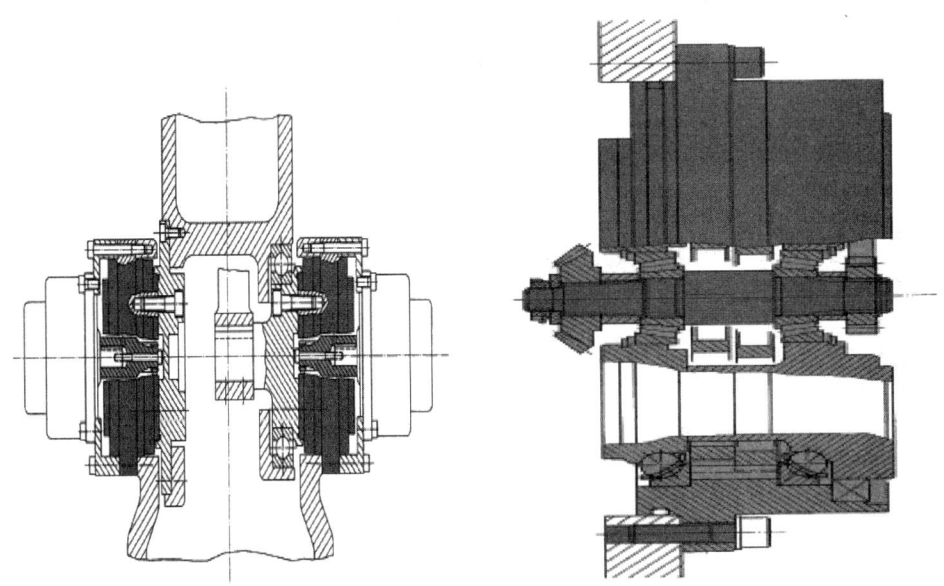

图 5-28　RV-E 型减速器在机械臂中应用　　图 5-29　RV-E 型减速器在手腕轴中应用

齿轮的齿数多 1 个的销,以等齿距排列。如果固定外壳转动正齿轮,则 RV 齿轮由于曲柄轴的偏心运动也进行偏心运动。此时如果曲柄轴转动 1 周,则 RV 齿轮就会沿与曲柄轴相反的方向转动 1 个齿。这个转动被输出到第 2 减速部的轴。将轴固定时,外壳侧成为输出侧。如图 5-30 所示。

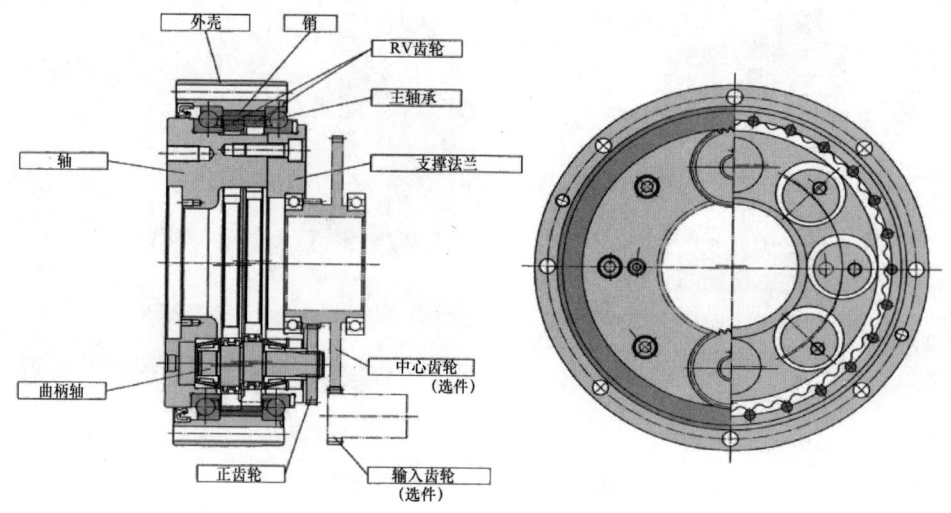

图 5-30 RV-C 型结构图

RV-C 型减速器由于其结构的特殊性，实现了旋转轴节省空间、提高耐环境性、增大动作角度、机械手侧不需要主轴承以及工作台的中空结构，因而广泛应用于旋转轴、机械臂以及分度盘中。如图 5-31、图 5-32、图 5-33 所示。

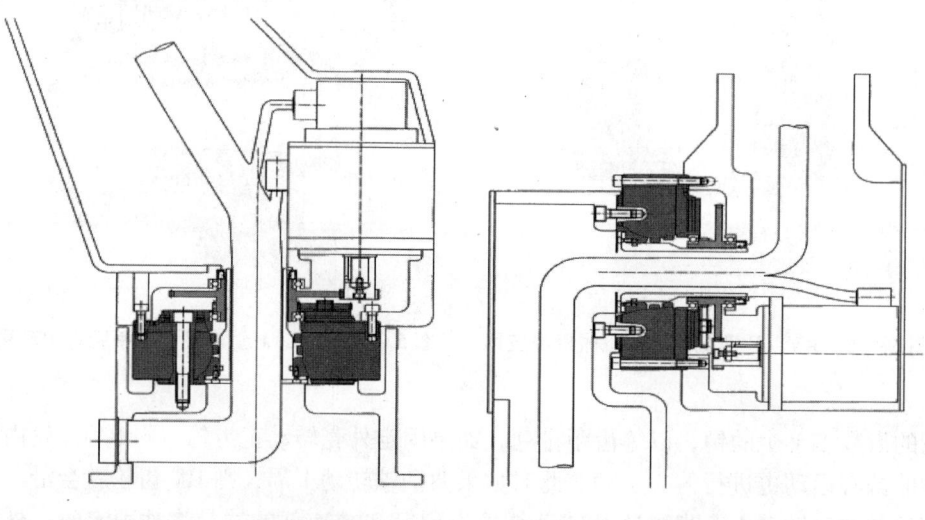

图 5-31 RV-C 型减速器在旋转轴中应用

图 5-32 RV-C 型减速器在机械臂中应用

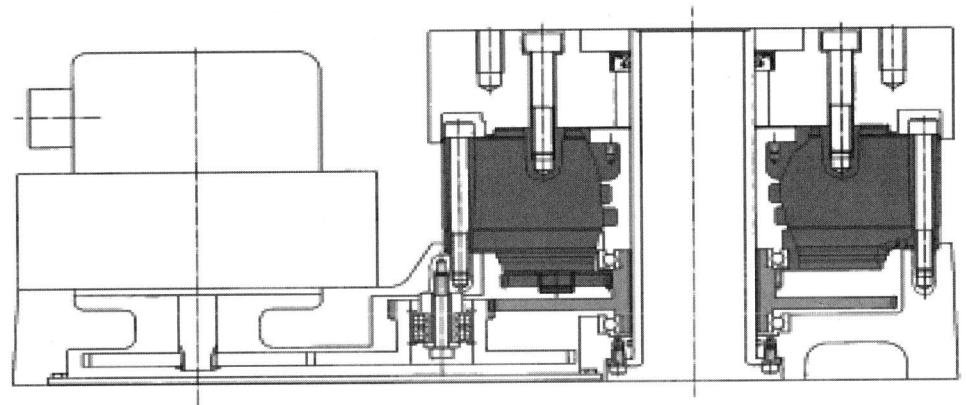

图 5-33　RV-C 型减速器在分度盘中应用

5.4.2　专利申请态势

从图 5-34 来看，其在合并成立纳博特斯克之前，其前身帝人制机株式会社在 RV 减速器方面的专利申请量较少，在 2003 年纳博特斯克成立之后，其专利申请量大幅增加，并于 2008 年达到了最大，可见合并给纳博特斯克带来了新的活力，使得其 RV 技术得到了长足的进步，而且需要注意的是，近年来虽然专利申请量相比于 2008 年有所下降，但是，近年来，其主要通过 PCT 申请对成果进行保护，以便在全球范围内进行专利布局。

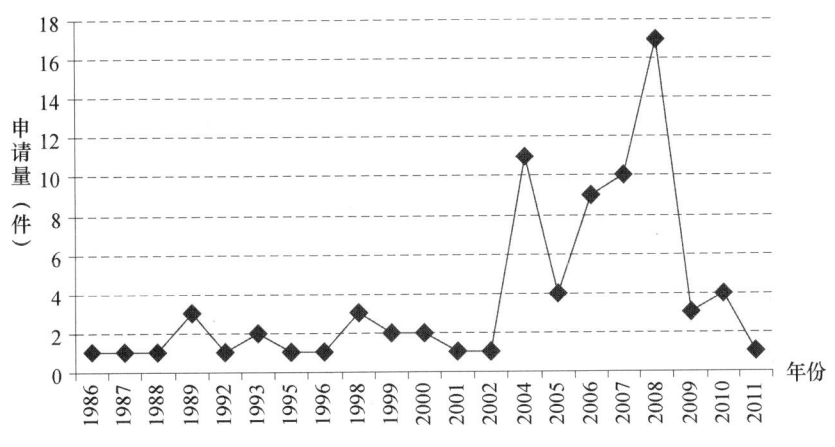

图 5-34　纳博特斯克的专利申请趋势

5.4.3　主要发明人与专利布局

5.4.3.1　主要发明人

纳博特斯克的主要发明人如图 5-35 所示，虽然专利申请的数量并不多，最多的才 4 件，但进行技术创新的团队人员较多，从而保证了纳博特斯克的 RV 减速器在众多方面长久地占据技术优势。

另外通过对发明人的统计,尚未发现其有组织的发明团队,RV减速器方面的技术创新还在于各个方面的技术人员的个人奋斗,但纳博特斯克的技术管理方式为每个发明人提供了进行发明创造的平台。

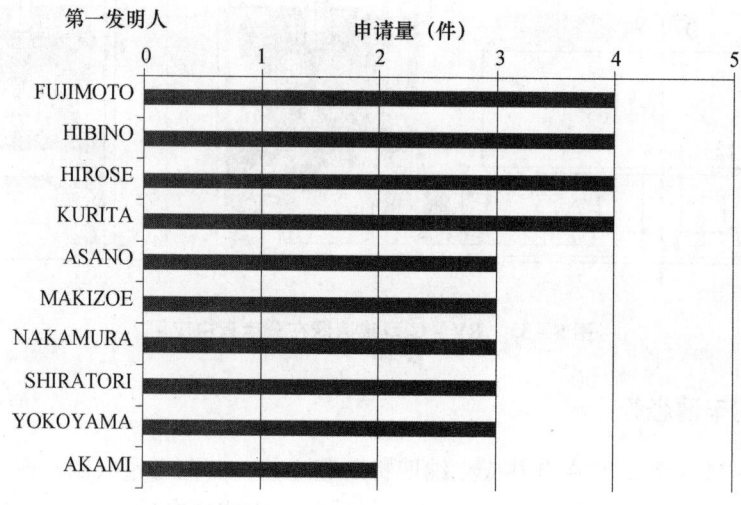

图 5-35　纳博特斯克的主要发明人

5.4.3.2　专利布局

纳博特斯克的专利总量为81项(同族专利仅算作一项),但需要注意的是,其中将近25项专利是通过多边形式进行申请,并且进入到美国、欧洲、中国、韩国、德国等国家和地区,一方面反映了这些国家和地区对于RV减速器及其技术的需求,另一方面也反映了纳博特斯克对于这些国家和地区市场的重视。其中多边申请25项专利申请的4/5在美国、欧洲、中国进行了专利申请,可见中国市场已经成为纳博特斯克布局的重点之一。如图5-36所示。

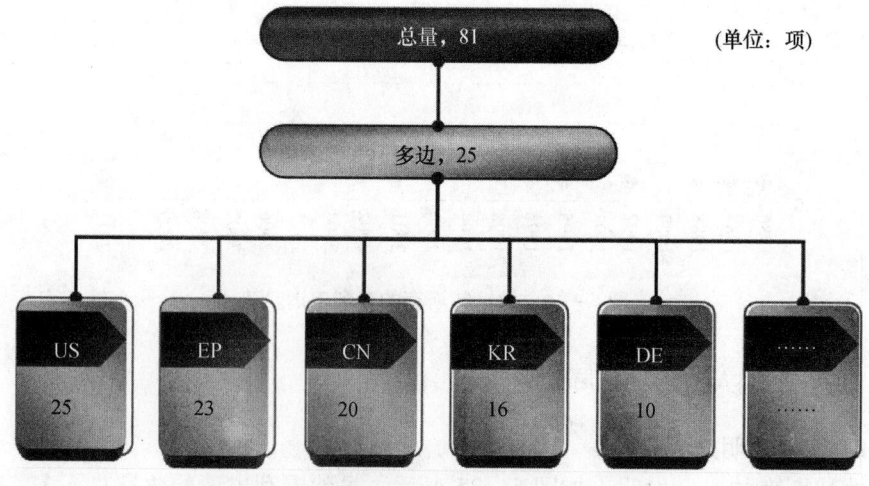

图 5-36　纳博特斯克在主要国家的专利布局

5.4.4 关键技术发展历程

5.4.4.1 重点产品专利

纳博特斯克在 RV 减速器方面的第一件申请（基础申请）为 PCT 申请，其公开号为 WO86/05470A1，优先权日为 1985 年 3 月 18 日，发明名称为 "用于工业机器人的减速装置"，并且进入美国、加拿大、德国、韩国以及欧洲。

如图 5-37 所示，该专利公开了 RV 减速器的基本结构，即该公司的 RV 型减速器。随后，在 1986~1989 年针对该专利申请进行了多个申请，进一步完善了相关产品。

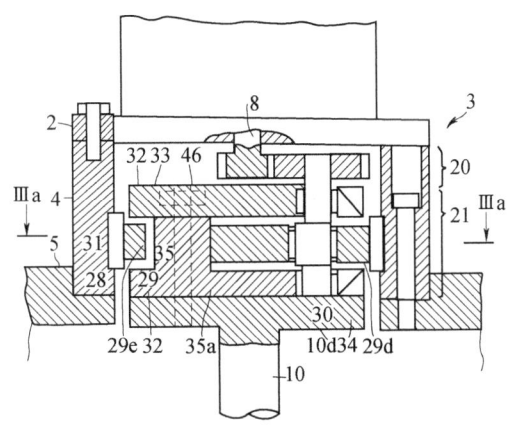

图 5-37　专利申请公开号 WO86/05470A1 的附图

在 1990 年前后，在多个申请的基础上，出现了新的产品，即 RV-A 型产品。经过不断改进，1990~1997 年，相继出现 RV-AⅡ、RV-C、RV-E 型产品。如：

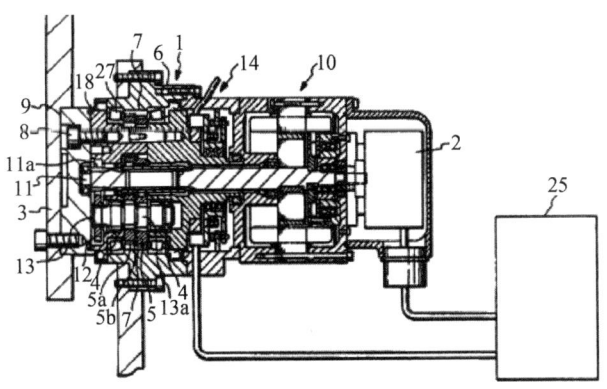

图 5-38　专利申请公开号 JPH08184349A 的附图

1994 年的发明名称为 "CONTROL DEVICE FOR PLANETARY DIFFERENTIAL TYPE REDUCTION GEAR"（行星减速齿轮的控制装置）的日本专利 JPH08184349A，其结构图如图 5-38 所示，其同族专利进入了美国、德国、英国。另一个日本专利为 JP2000120811A，其结构图如图 5-39 所示，其同族专利则进入了美国和德国。

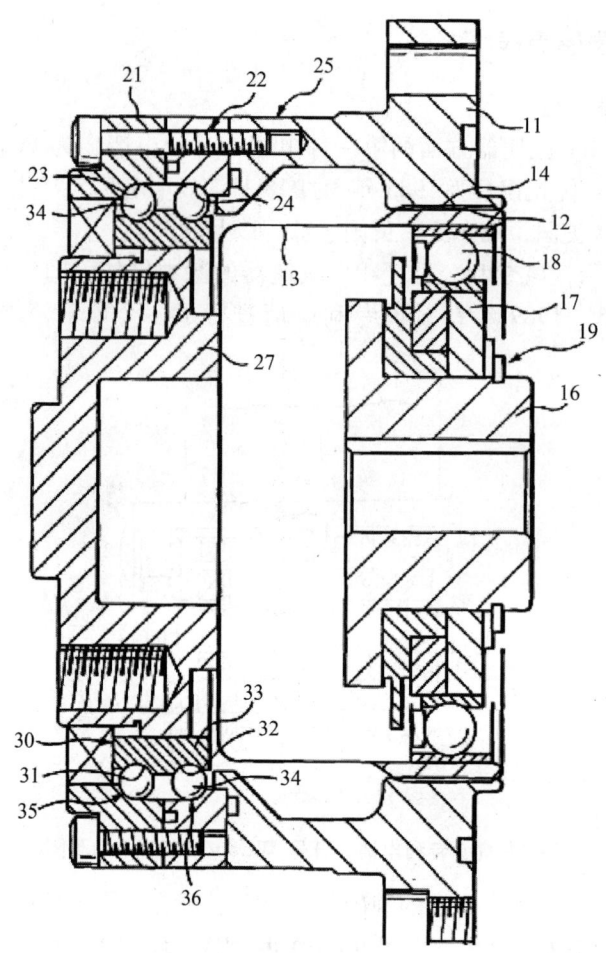

图 5-39　专利申请公开号 JP2000120811A 的附图

一种比较典型的 RV-E 型减速器,包括两级减速机构,即正齿轮减速机构和差动齿轮减速机构。正齿轮减速机构输入轴的旋转从输入齿轮传递到正齿轮,按齿数比进行减速。差动齿轮减速机构的正齿轮与曲柄轴相连,变为第 2 减速部的输入。在曲柄轴的偏心部分,通过滚动轴承安装 RV 齿轮,在外壳内侧仅比 RV 齿轮的齿数多 1 个的销,以同等齿距排列。

目前,纳博特斯克的主要产品依然是 RV、RV-C、RV-E 等型产品。现在的技术发展,主要在其精细度上,如减少减速器噪声、缩短减速器旋转轴线方向的长度等方面。如:WO2007023783A1,如图 5-40 所示,其发明名称为"CENTER CRANK TYPE ECCENTRICALLY ROCKING REDUCTION GEAR"(中心曲柄式偏心摆动型减速器),其进入了美国、中国、韩国以及欧洲相关国家和地区。

从最早的在日本本国的申请,到进入德国和美国等欧美国家,近年来又开始重视中国和韩国,以 PCT 申请的形式进入了上述国家。同时,根据其申请技术的特点,向着更精细化的方向进行,也从一定程度上表明该公司在相关行业内的进步并处于领先地位。

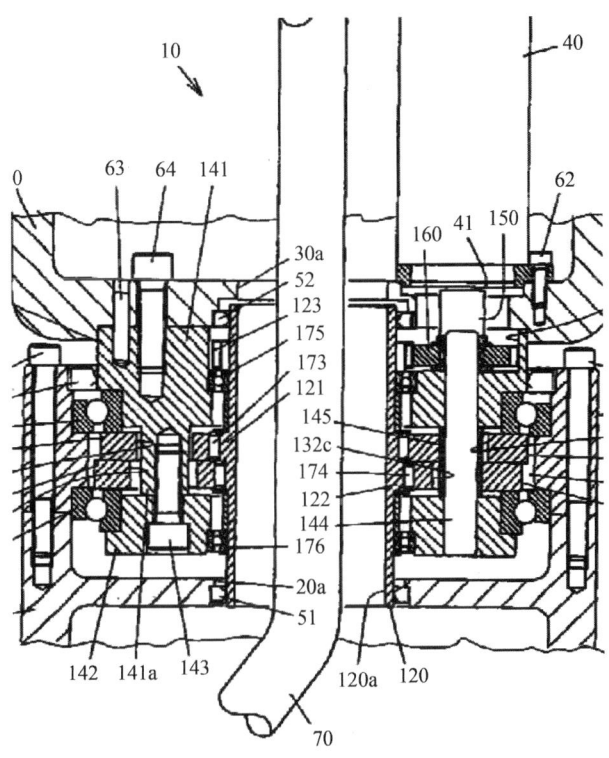

图 5-40　专利申请公开号 WO2007023783A1 的附图

5.4.4.2　精细化技术

纳博特斯克的精细化专利技术主要集中在以下五个方面：小型化结构、制造组装、润滑、冷却和降噪，其中，对小型化结构的研发方向包括两个主要内容：缩短减速器轴向方向长度以及在不增大减速器尺寸的情况下提高输出转矩。专利技术整体发展概况如图 5-41 所示。

(1) 小型化结构

纳博特斯克在 RV 减速器小型化技术方面研究起步较早，并始终致力于该方面的研究。早期专利 JPH0165968U 仅在日本中国申请，其公开了一种减速装置，其通过改善第 1 减速机构和第 2 减速机构的结构设置，获得了高减速比，并使装置小型化。如图 5-42 所示。

2005 年公开的专利 JP2005113899A 进入了多个国家，其提供了一种适用于风力发电装置的偏摆驱动装置、效率高并且轴向长度短的减速器，其由三级减速部构成，将一级减速部和二级减速部的合计减速比设定为 1/6~1/60，并且由具备内齿齿轮体、多个外齿轮、多个曲柄轴和支座的偏心摆动型减速机构构成三级减速部，将偏心摆动型减速机构的减速比设定为 1/50~1/140，并且将减速器的总减速比设定为 1/1000~1/3000。如图 5-43 所示。

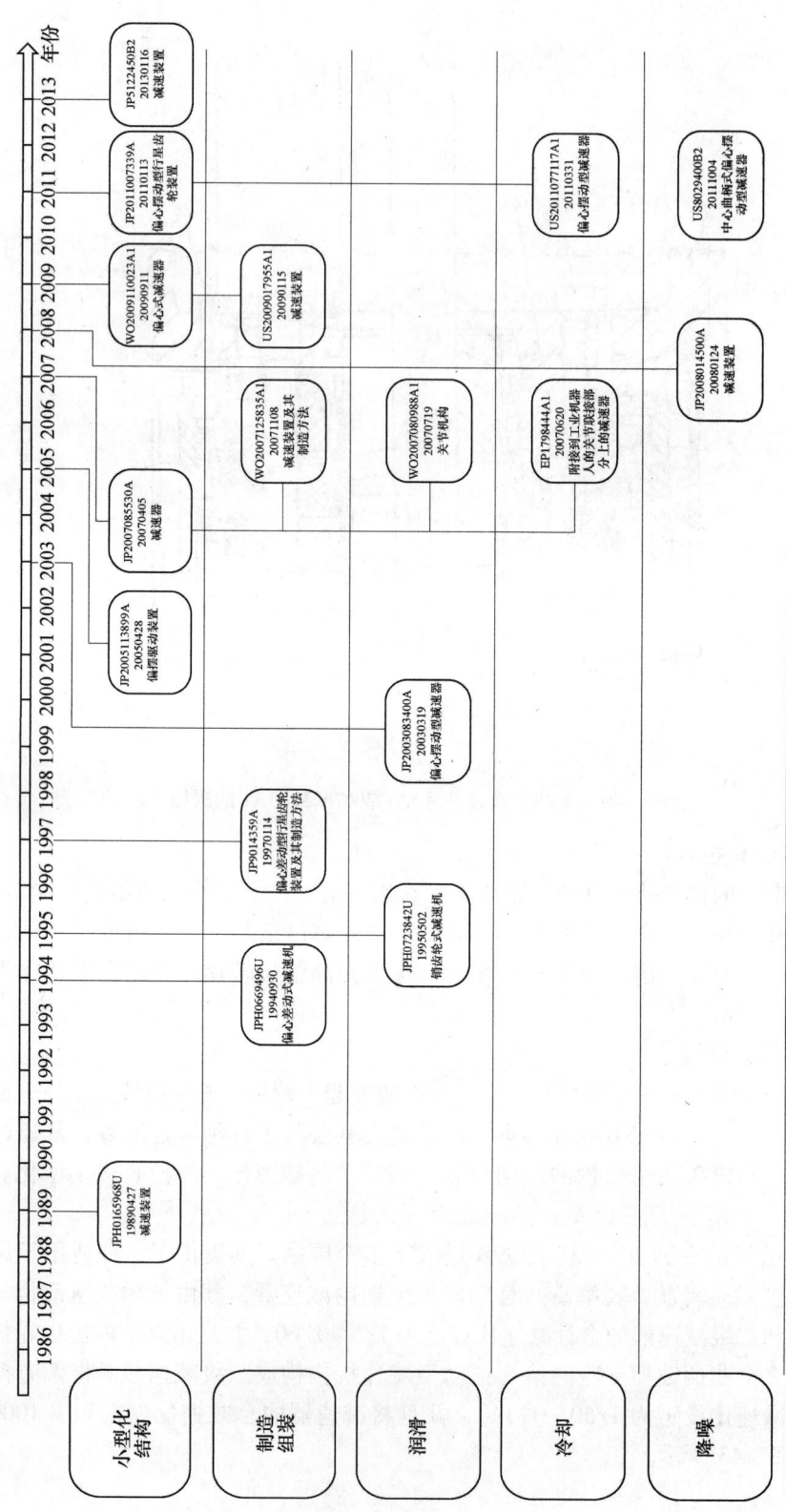

图 5-41 纳博特斯克专利技术整体发展

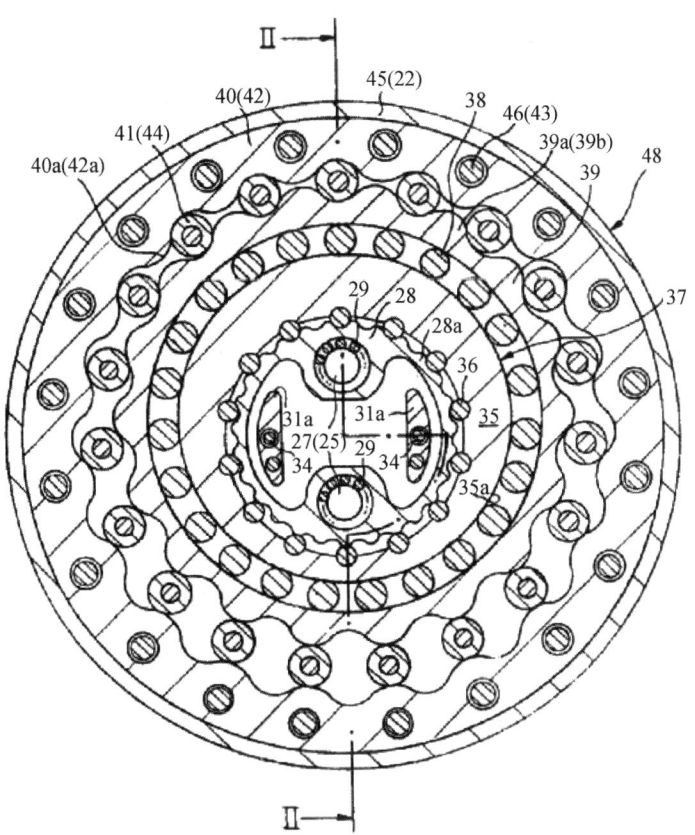

图 5-42 专利申请公开号 JPH0165968U 的附图

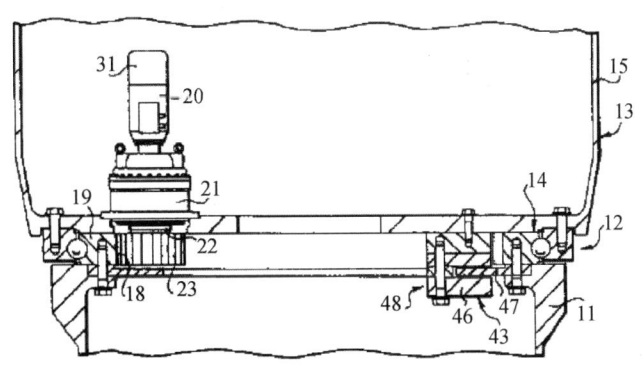

图 5-43 专利申请公开号 JP2005113899A 的附图

2007 年公开的日本专利 JP2007085530A 提供了一种减速器，通过配置多个小型马达，能够缩短转向结构轴向的长度。空心减速器是行星齿轮设备，包括：曲柄轴；副齿轮，其外周形成有外齿，装配到曲柄轴的曲柄部分，并偏心移动；以及壳体，其内周表面形成有内齿，与副齿轮的外齿形成啮合，其中，所述空心减速器内部形成有空心孔，用于所述空心减速器的输入的中心齿轮设置在所述空心孔的位置，设置在多个马达的输出轴处的小齿轮同时与所述中心齿轮形成啮合。如图 5-44 所示。

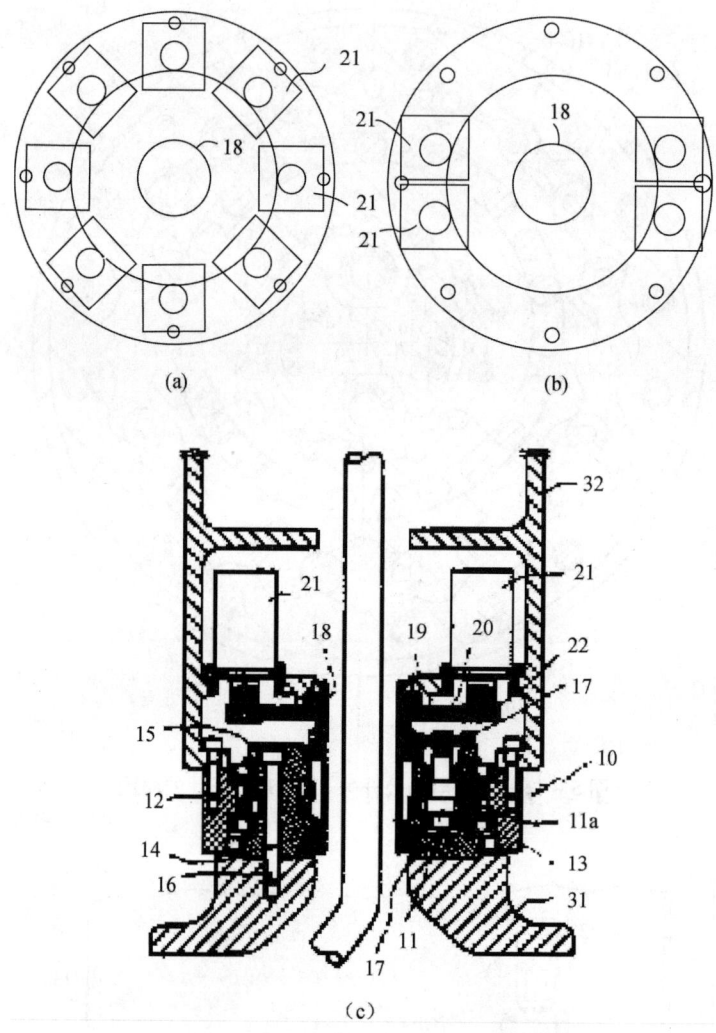

图 5-44　专利申请公开号 JP2007085530A 的附图

专利 WO2009110023A1 于 2009 年 9 月 11 日被公开，其提供了一种偏心式减速器，使得不增大外壳的径向外形尺寸就能够谋求提高输出转矩。在支柱的周围侧面的、支柱与基部托架连续的根部分设有形成曲率半径不同的曲面的第 1 曲部和第 2 曲部。第 1 曲部形成在支柱的与旋转支承孔相对地配置的支承孔相对侧面上。第 2 曲部形成在外侧面与支承孔相对侧面之间，该外侧面在支柱中位于外壳的径向上的外侧且朝向外壳的内周的一侧。第 2 曲部的曲率半径形成得大于第 1 曲部的曲率半径。如图 5-45 所示。

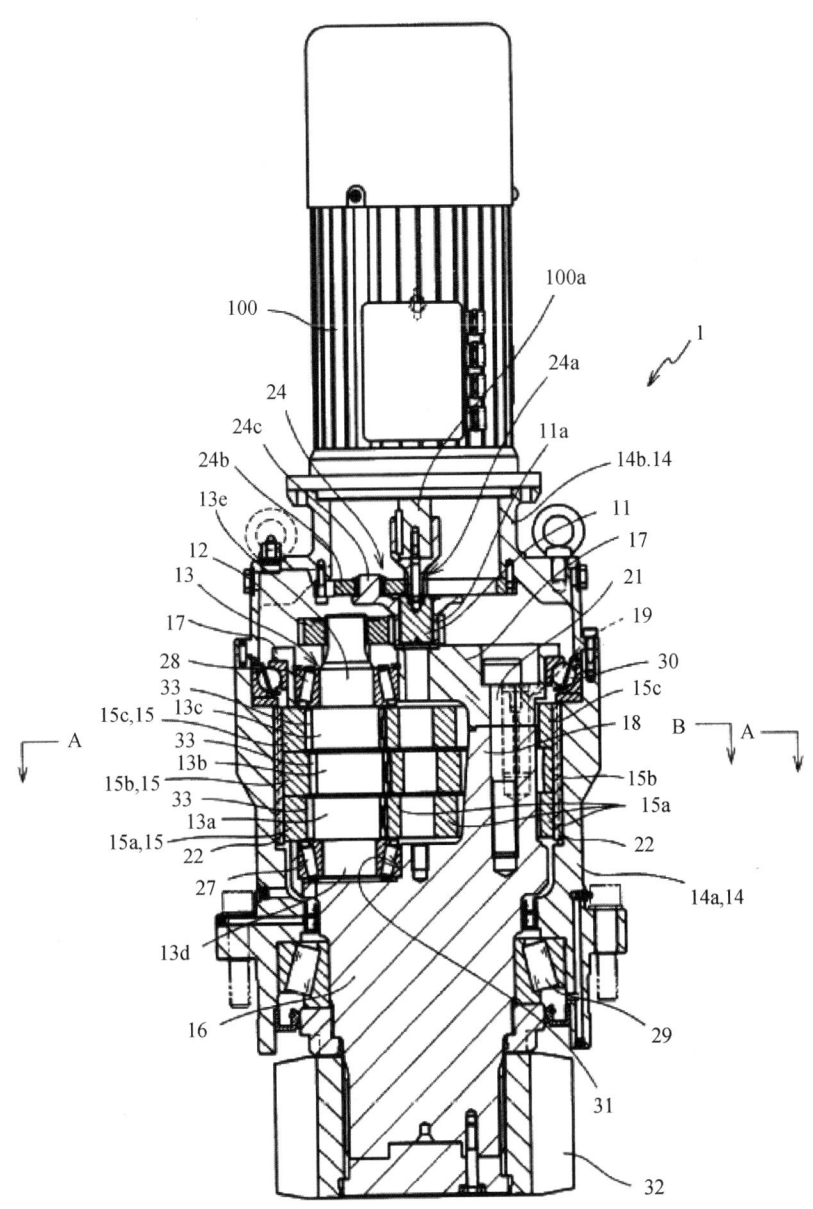

图 5-45 专利申请公开号 WO2009110023A1 的附图

2011 年公开了日本专利 JP2011007339A，提供了一种偏心摆动型行星齿轮装置，将通过抑制外齿齿轮的桥状部和外齿的弹性变形来延长外齿的齿面寿命，并提高震动特性，防止行星齿轮装置大型化，大幅度地增大输出扭矩。使构成内齿的滚柱的直径 D 除以内齿的齿距 P 的比率减小，外齿的齿顶超过内齿轮的内周的半径方向外侧；或者驱动分力的反作用力 K 的作用线 S 汇聚的汇聚点 C 比以往向半径方向外侧移动，位于经过所有的内齿滚柱的中心的滚柱圆 P 与经过通孔的半径方向外端的外端经过圆 G 之间；或者使外齿齿轮相对于内齿轮的偏心量 H 在内齿（滚柱）的半径 R 的 0.5 倍以上。如图 5-46 所示。

2013年授权的日本专利JP5122450B2提供了一种沿其旋转轴线方向的长度减小的内啮合行星齿轮式减速装置。曲柄部件插设在外齿轮的通孔、外齿轮的通孔与支撑轴之间。在曲柄部件上形成装配在外齿轮的通孔中的偏心盘部和装配在外齿轮的通孔中的偏心盘部。在支撑轴与曲柄部件之间布置轴承以支撑曲柄部件绕支撑轴旋转。通过减小曲柄部件的不包括偏心盘部在内的长度而减小减速装置沿其旋转轴线方向的长度。如图5-47所示。

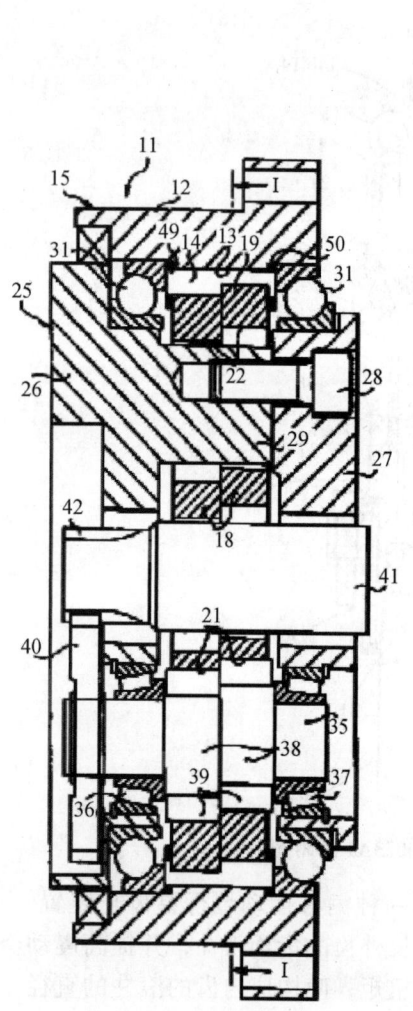

图5-46 专利申请公开号 JP2011007339A 的附图

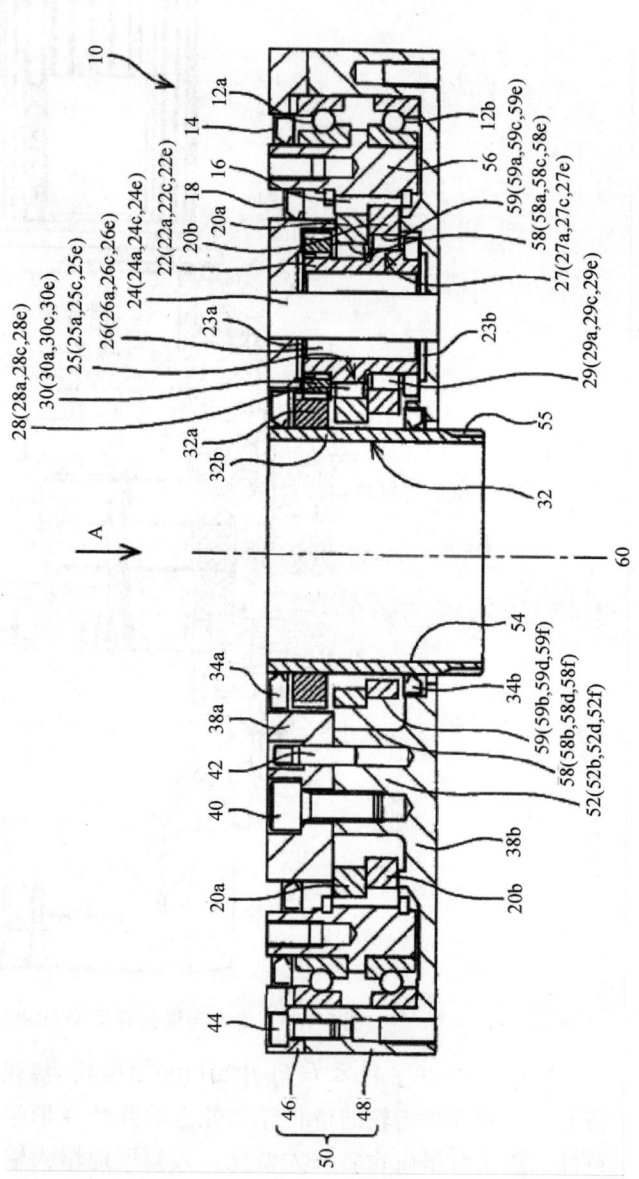

图5-47 专利公告号 JP5122450B2 的附图

(2) 制造组装

1994 年公开的专利 JPH0669496U 提供了一种偏心差动式减速机,通过调整装置配置和材料,使得减速器制造简化,成本降低。如图 5-48 所示。

1997 年公开的专利 JP9014359A 提供了一种偏心差动型行星齿轮装置及其制造方法,其不需要调整轴承预设负荷,并且减少了部件数量,从而简化了制造工艺,节省了制造和组装时间。如图 5-49 所示。

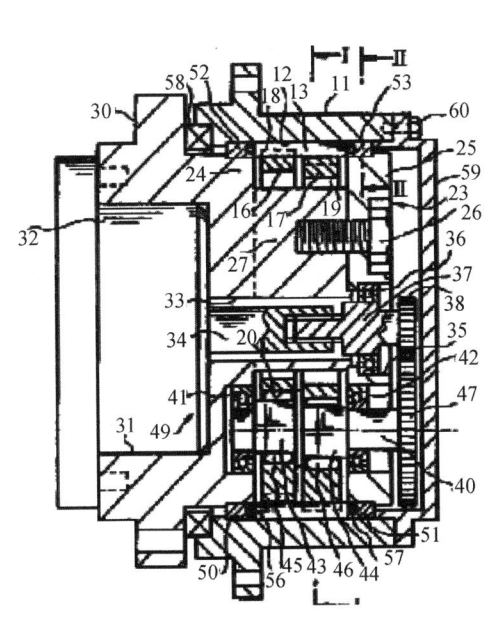

图 5-48 专利申请公开号 JPH0669496U 的附图

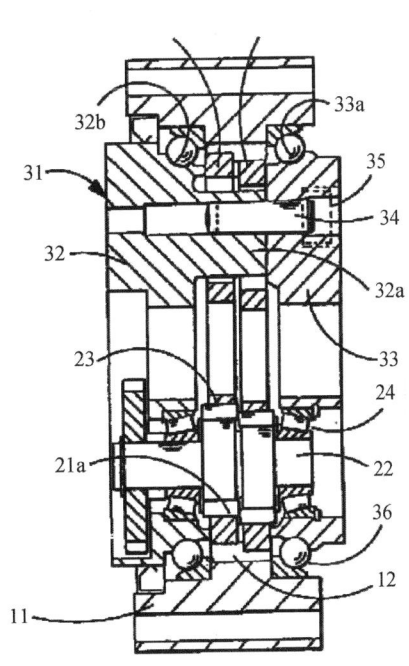

图 5-49 专利申请公开号 JP9014359A 的附图

2007 年公开的专利 WO2007125835A1 提供了一种减速装置及其制造方法。在该减速装置中,无需改变旋转方向变换齿轮机构和减速单元而将总减速比调整为期望值。所述旋转方向变换齿轮机构包括与输入轴一体旋转的输入齿轮以及大致正交地与输入齿轮啮合的中间齿轮。减速比调整齿轮机构包括与中间齿轮一体旋转的第一正齿轮、与第一正齿轮啮合的第二正齿轮以及与第二正齿轮啮合的第三正齿轮。所述减速单元包括与第三正齿轮一体旋转并使偏心凸轮偏心地旋转的曲轴、以与偏心凸轮接合的方式旋转的外齿轮、环绕外齿轮并与其啮合的内齿轮,内齿轮的齿数与外齿轮的齿数不同。该减速装置能够通过将第一正齿轮、第二正齿轮和第三正齿轮中的至少一个替换为具有不同齿数的另一齿轮而改变其总减速比。如图 5-50 所示。

2009 年公开的专利 US2009017955A1 提供了一种简化制造的减速装置,其是通过组合各自单元化的旋转方向转换部分和减速部分而制成的。旋转方向转换单元包括具有第一平面的第一基座、支撑在第一基座中的输入轴、与输入轴大致垂直的中间轴、与输入轴一体旋转的第一齿轮以及与第一齿轮啮合并与中间轴一体旋转的第二齿轮。减速单元包括具有第二平面的第二基座、内齿轮、接收在内齿轮中的外齿轮以及与外

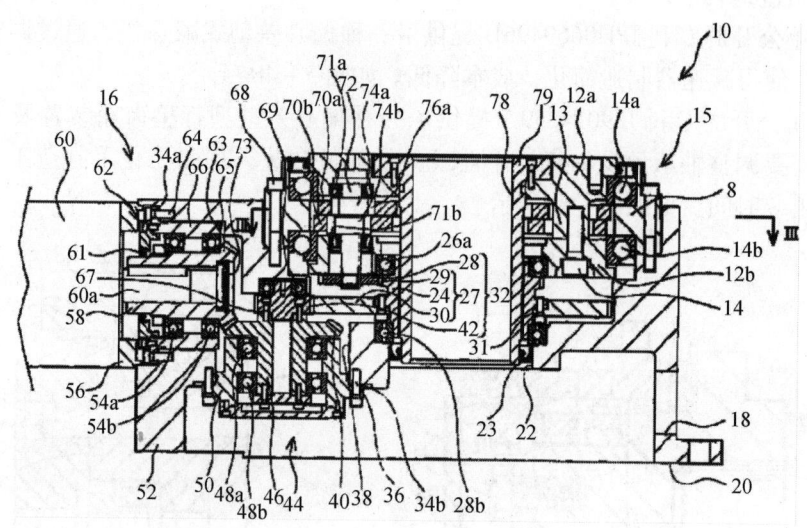

图 5-50 专利申请公开号 WO2007125835A1 的附图

齿轮接合的曲轴,该曲轴偏心地转动而使外齿轮在内齿轮中公转。旋转方向转换单元和减速单元在第一平面和第二平面处于面接触的状态下固定在一起。如图 5-51 所示。

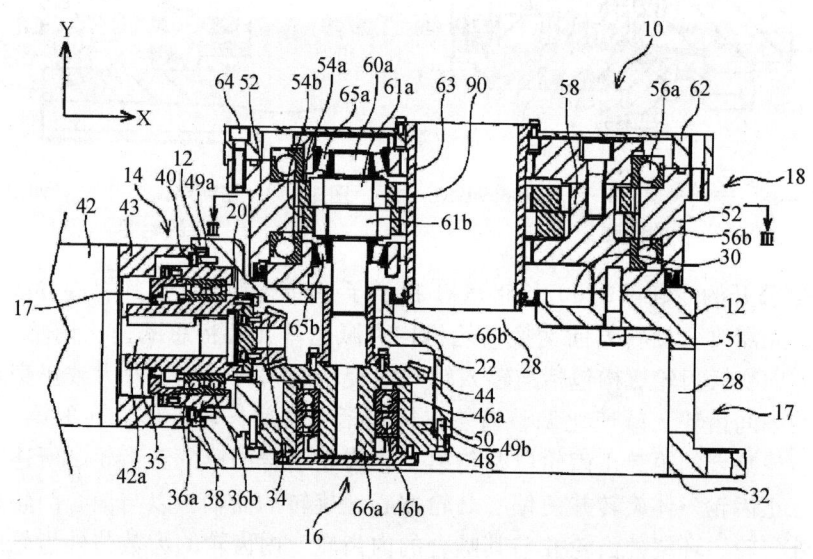

图 5-51 专利申请公开号 US2009017955A1 的附图

(3) 润滑

1995 年公开的专利 JPH0723842U 公开了一种销齿轮式减速机的润滑结构,从而减小了壳体与销体之间的摩擦。如图 5-52 所示。

2003 年公开的专利 JP2003083400A 提供了一种偏心摆动型减速器,设置在外壳体和输入轴之间的轴承和油封可以被密封空间内的润滑油所润滑,从而没有必要制造用于润滑轴承和油封的润滑设备，或没有必要进行补润滑油的操作。如图 5-53 所示。

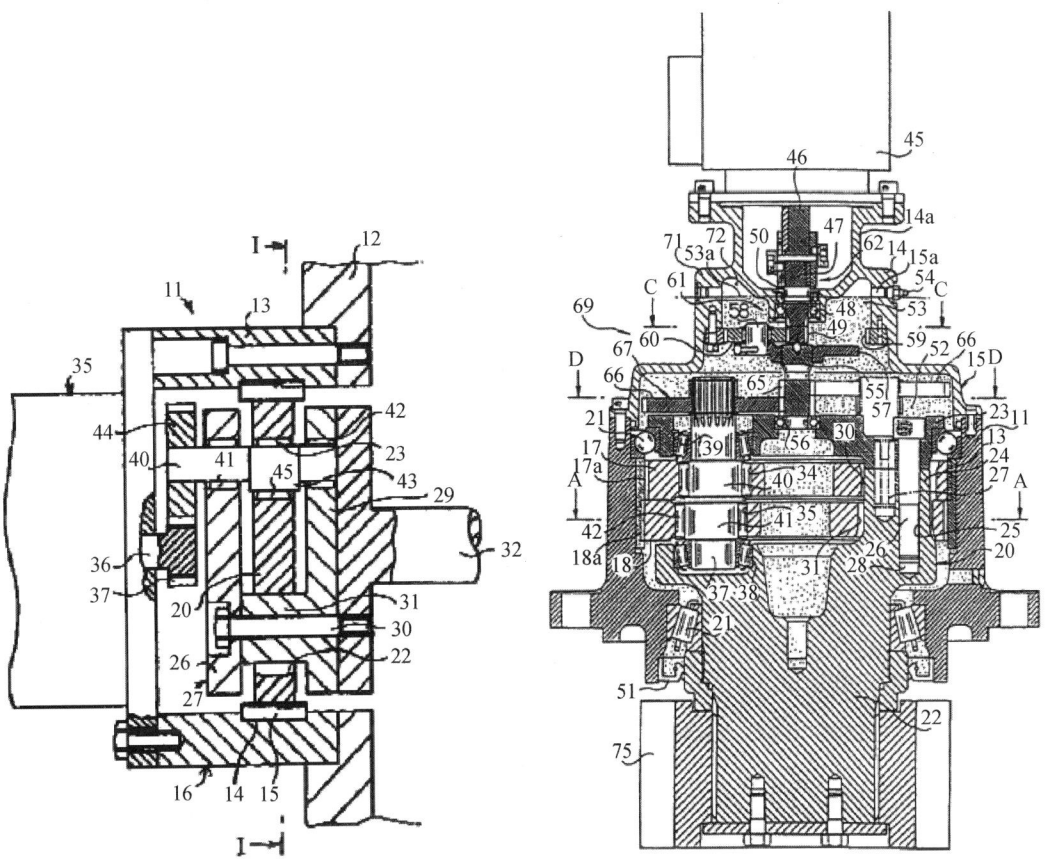

图 5-52　专利申请公开号 JPH0723842U 的附图　　图 5-53　专利申请公开号 JP2003083400A 的附图

专利 WO2007080988A1 公开了一种关节机构，该关节机构能够抑制减速器的润滑剂的温度升高，使减速器进入稳定工作状态并防止减速器的早期损坏。该关节机构包括：基座；回转基座，布置在所述基座上方并且旋转；和臂，下端部由所述回转基座以可枢转的方式支撑，其中用来旋转所述回转基座的减速器布置在所述基座内，提供：以可枢转的方式被支撑在所述回转基座上方并且填充有润滑剂的汽缸构成的平衡系统，以气密密封状态沿纵向可滑动地布置在汽缸内的活塞，和一个端部连接到活塞且另一个端部连接臂的活塞杆，减速器和平衡系统的汽缸被连接，并且减速器的润滑剂被引入汽缸。如图 5-54 所示。

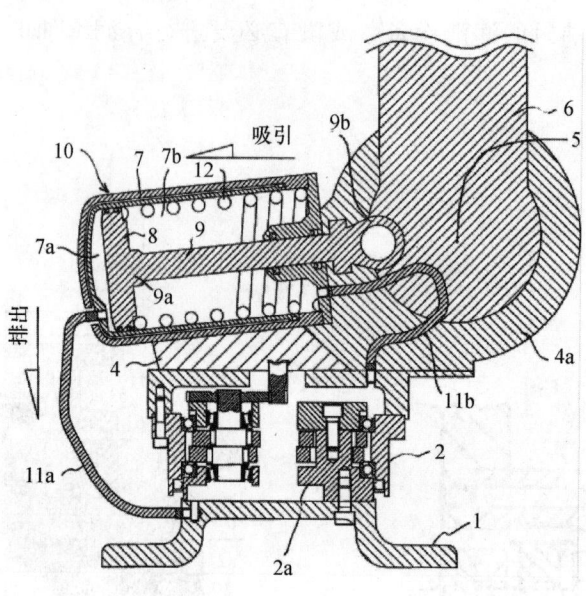

图 5-54 专利申请公开号 WO2007080988A1 的附图

(4) 冷却

专利 EP1798444A1 提供了一种附接到工业机器人的关节联接部分上的减速器，即使在将减速器附接到工业机器人的关节连结部分上并且减速器的输入或输出速度增大的情况下，也抑制了减速器的放热，从而防止了减速器的寿命缩短。如图 5-55 所示。

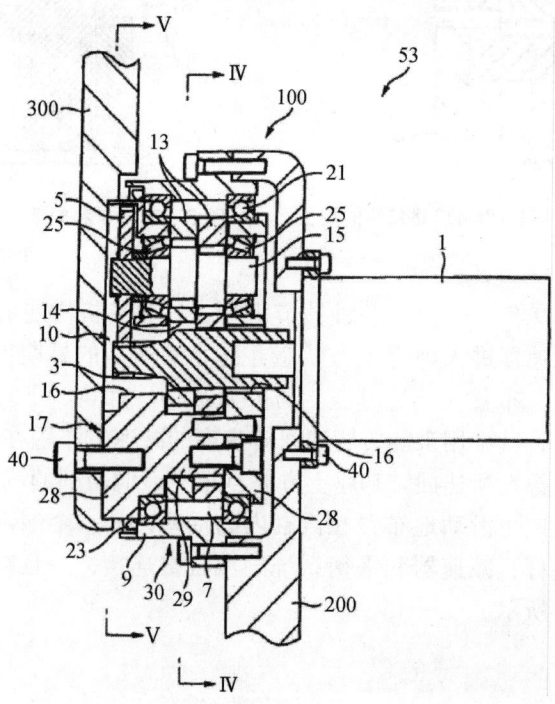

图 5-55 专利申请公开号 EP1798444A1 的附图

专利 US2011077117A1 公开了一种可通过极简单的结构更有效地被冷却的偏心摆动型减速器。偏心摆动型减速器包括：凸轮轴，具有曲柄部分；多个外部带有齿的齿轮构件，它们分别具有孔，每个孔容纳相关联的一个曲柄部分，并且它们通过凸轮轴的旋转而偏心地运动；内部带有齿的齿轮构件，具有内周表面，在该内周表面中形成要与形成在外部带有齿的齿轮构件的外周表面上的外齿啮合的内齿，从而设定内齿的数量略微大于外齿的数量；和支撑构件，分别布置在外部带有齿的齿轮构件的两端，从而以可旋转的方式支撑凸轮轴的两端。此外，支撑构件通过支柱部分彼此一体地联结。在该偏心摆动型减速器中，提供有穿过一休地联结的支撑构件和支柱部分的冷却剂通道。诸如冷却水或冷却空气的冷却剂通过冷却剂通道。因此，可以高效地冷却偏心摆动型减速器。如图 5-56 所示。

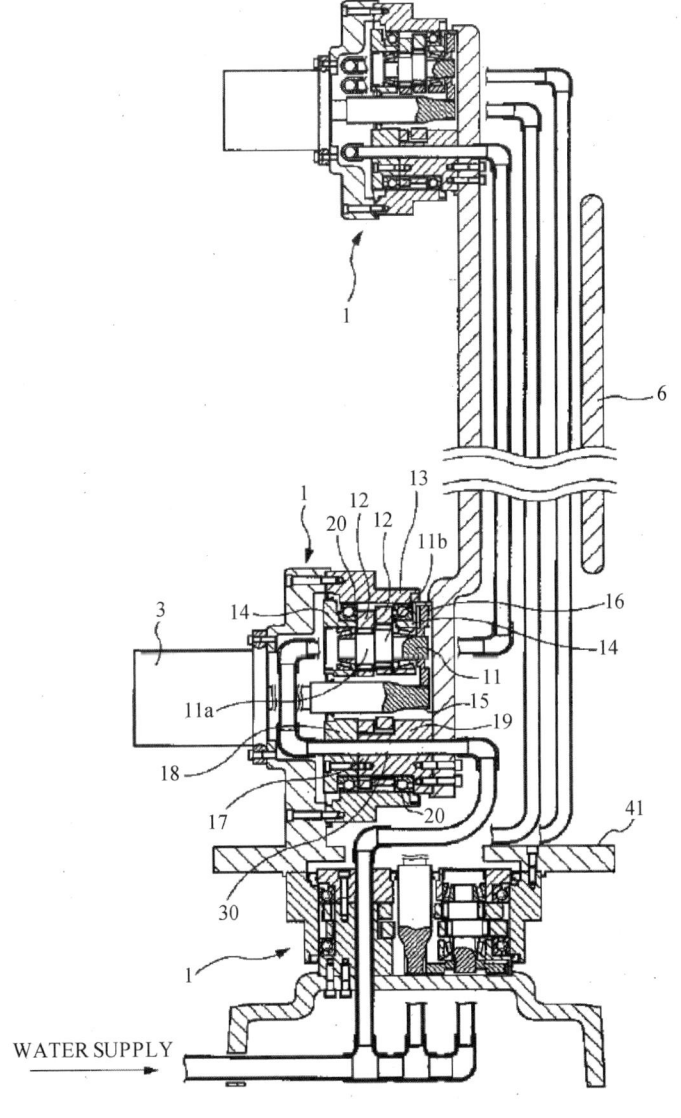

图 5-56　专利申请公开号 US2011077117A1 的附图

（5）降噪

专利 JP2008014500A 公开了一种结构简单、小型且能量损失较小的低噪声的减速装置。由于仅在支承轴上支承2级齿轮、即第3外齿轮的大径齿轮（65）、小径齿轮，在曲轴的轴向一侧端安装与小径齿轮啮合的1级第2外齿轮（58），因此，能够缩短减速装置整体的轴向长度，从而能够实现小型化。另外，在将驱动力从第1外齿轮传递至曲轴之前，由于齿轮仅在2处啮合，因此，能够降低噪声并减小能量损失。如图5-57所示。

授权专利 US8029400B2 公开了一种中心曲柄式偏心摆动型减速器，与现有技术相比，它能够增大空心孔的可用面积，同时抑制较大噪声的产生。偏心摆动型减速器包括具有内齿的外壳，空心曲轴，该空心曲轴具有外齿轮，设置在内齿的大致中心处，并相对于外壳转动，该外齿轮分别具有与内齿啮合的外齿，与曲轴接合并通过曲轴进行偏心运动，承载件，该承载件与外齿轮接合并通过外齿轮相对于外壳转动，及传动齿轮，该传动齿轮与安装在马达的输出轴上的输入齿轮和外齿轮啮合，并将从来自齿轮的动力传递给外齿轮。该传动齿轮由承载件可转动地支承。如图5-58所示。

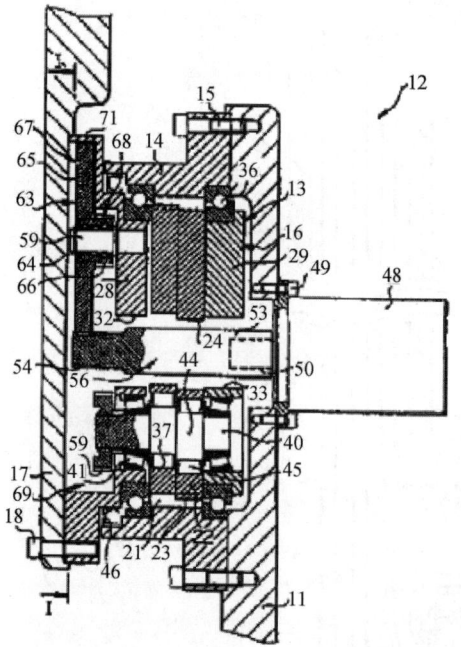 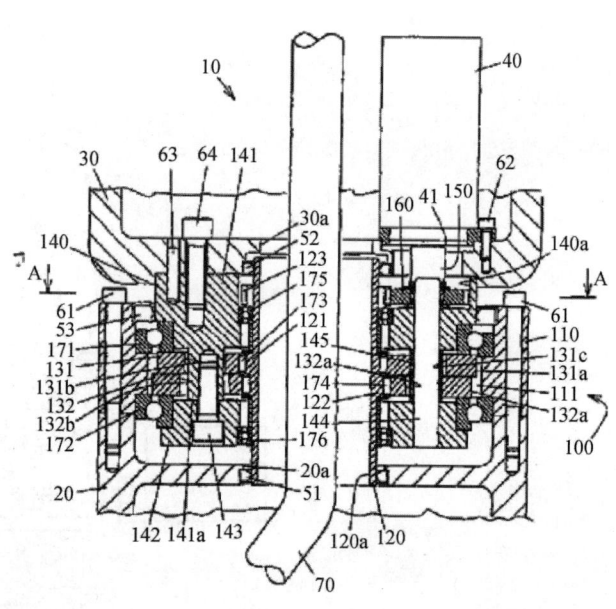

图5-57 专利申请公开号 JP2008014500A 的附图

图5-58 专利公告号 US8029400B2 的附图

5.5 本章小结

本章从 RV 减速器的概况、全球申请和中国专利申请情况进行了分析，并对主要申请人纳博特斯克（帝人制机株式会社）进行了重点分析，可以得出以下几点：

首先，RV减速器始于20世纪80年代中期，但迄今为止在国外，RV减速器的研制、生产都主要是在日本，这一方面与RV减速器由日本帝人制机株式会社通过产品所推出有关，另一方面也与日本机器人行业蓬勃发展有关。中国RV减速器的研究还主要由高校进行，尚没有成熟的自主知识产权产品，但工业机器人在中国的发展及RV减速器自身独有的特点，使得作为工业机器人关键部件的RV减速器不仅成为科研人员所关注的焦点，也成为相关企业所青睐的项目产品。

其次，日本企业在RV减速器的科研、制造及专利布局中占据着绝对的垄断地位，其中又以纳博特斯克在RV减速器中占据垄断地位，从纳博特斯克技术发展历程可以看到积累与专注两者完美的结合，二十余年的基础加工方面的积累使其在RV传动理论提出之后迅速并成功实施为RV减速器，又通过三十来年对于RV减速器的专注，使其产品性能日益突出。正是通过这种积累与专注的结合，纳博特斯克成为引领RV减速器潮流的领军企业。

最后，纳博特斯克对于RV减速器的改进与创新来源于市场和自身对产品品质的日益提高的要求，一方面体现了机器人对于小型化的市场需要，另一方面还体现了对于RV减速器组装、润滑、冷却和降噪这些直接影响产品性能方面的技术需要。这也是其产品能够牢牢占据RV减速器垄断地位的保障。

第6章 点 焊 钳

焊接机器人分为弧焊机器人和点焊机器人两种。机器人点焊钳是点焊机器人不可或缺的重要组成部分。本章中，课题组主要从功效矩阵分析和核心技术问题分析这两个不同的角度，通过功效矩阵、TRIZ 理论等方法开展专利分析，希望从分析方法以及点焊钳的技术、功效、创新和规避四个不同的方面给国内企业以启示。

本章检索数据的下载日为 2013 年 5 月 31 日，工业机器人点焊钳技术的全球专利申请量累计达 1372 项，工业机器人点焊钳技术的中国专利申请量为 113 件。

6.1 技术概况

工业机器人点焊钳是机器人实现对工件（板材）加压、通电，使工件发生熔化，并在压力下重新凝固从而实现点焊的末端执行器。点焊钳从形状上而言，分为 X 形和 C 形，它们的结构分别如图 6-1、图 6-2 所示。

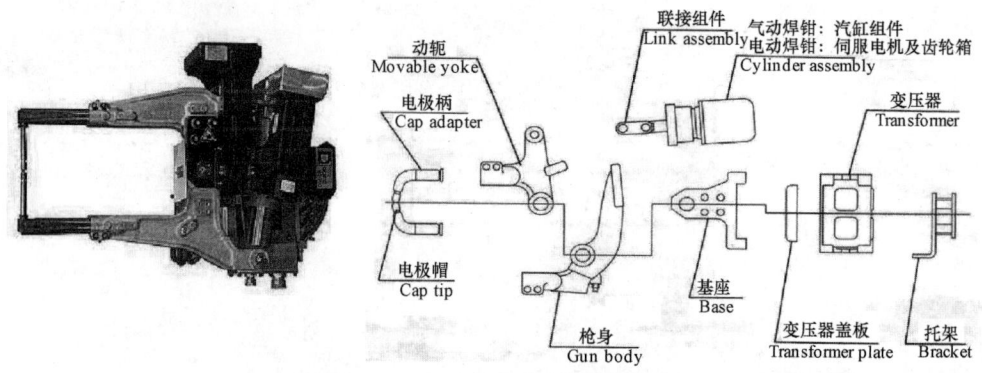

图 6-1　X 形机器人点焊钳结构

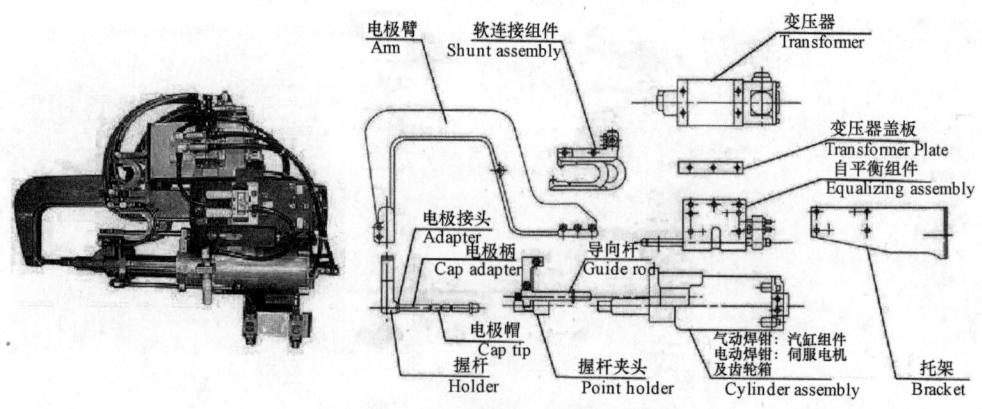

图 6-2　C 形机器人点焊钳结构

从图6-1、图6-2可以看出，机器人点焊钳是一个以机械机构为基础，结合电气、流体压力等技术的多部件协同的整体。

6.2 全球申请状况

6.2.1 专利申请态势

截至2013年5月31日，机器人点焊钳的全球专利申请量累计达1372项，图6-3为机器人点焊钳的全球申请态势。

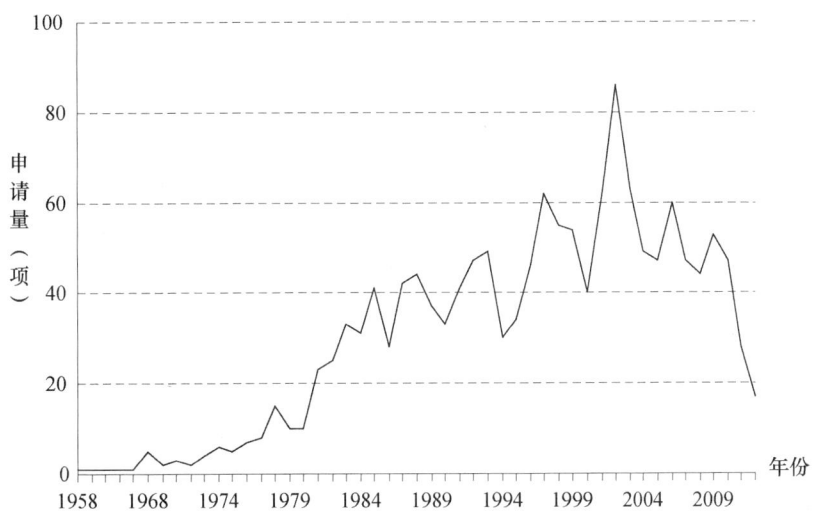

图6-3 机器人点焊钳的全球申请态势

工业机器人点焊钳的专利申请始于1958年，由美国的WOLFBAUER公司在德国提出并获得授权。自此，全球各国都开始了在机器人点焊钳方面的专利申请。

从图6-3可以看出，机器人点焊钳的相关专利申请量呈稳步上升态势。1958~1980年的22年内，专利申请量一直较少，属于点焊钳技术的萌芽期；1981~1985年，点焊钳的专利申请量逐年上升；1986年至今，点焊钳技术稳步发展，尤其是2002年，达到了发展的高峰，年申请量达86项；2011年、2012年的申请量下降主要是由于部分申请未公开所造成。总体来说，机器人点焊钳的发展态势良好。

汽车部件的焊接，尤其是车身的焊接是机器人点焊钳的一个重要应用领域。因而点焊钳技术的发展从侧面印证着汽车领域中机器人的点焊技术的发展。20世纪80年代以来，点焊钳的申请量快速增长，反映出了机器人在汽车工业中的大范围应用，以及对车身点焊技术越来越高的要求；而后，对应于汽车工业进入相对平稳的发展时期，点焊钳的申请量也趋于平缓。

6.2.2 重要申请人

从表6-1来看，日本企业占据了领先优势，申请量前5位全部为日本企业，其中位居三甲的日产汽车公司、本田汽车集团和小原株式会社的申请量分别为96项、86项和84项。

纵观全球申请量前10位的重要申请人，可以发现其主要有三种类型：汽车生产商、焊钳供应商、机器人供应商；其中，日产汽车公司、本田汽车集团、现代汽车集团、丰田汽车公司、戴姆勒股份公司以及巴伐利亚机械厂股份公司，这6家公司均属于汽车生产商，从一个侧面反映出机器人点焊钳在汽车工业中的广泛应用；小原株式会社、电元社制作所以及博世集团均属于焊钳供应商，其中小原株式会社和电元社制作所均是以点焊钳为主要业务的公司；FANUC公司株式会社属于机器人供应商，也说明了点焊钳和机器人之间关系密切。

本报告后面的章节将对不同类型的申请人的专利进行对比分析，从而获得不同类型申请人在技术需求和技术手段上的异同。

表6-1 全球电焊钳技术重要申请人专利申请量　　　　　　单位：项

申请人	外文	中文	全球统计
日产汽车公司	94	2	96
本田汽车集团	68	18	86
小原株式会社	72	12	84
电元社制作所	47	1	48
FANUC公司株式会社	24	11	35
现代汽车集团	32	1	33
丰田汽车公司	31	2	33
戴姆勒股份公司	24	1	25
博世集团	23	1	24
巴伐利亚机械厂股份公司	22	1	23

6.3 中国申请状况

本节主要以中国的专利申请为基础，分析中国申请的态势和重要申请人。

6.3.1 专利申请态势

机器人点焊钳在中国的申请源于1985年，截至2013年5月31日，已经公开的专利申请共有113件。其中1985~2001年，年申请量一直低于5件，2002年之后，申请量逐渐上升，至2010年，年申请量达到26件；2011年、2012年的申请由于部分尚未公开，因而数据不完整。总体而言，机器人点焊钳在中国发展处于快速发展时期。参见图6-4。

6.3.2 重要申请人

中国申请的重要申请人仍然以国外公司为主，申请量超过5件的公司有6家，其

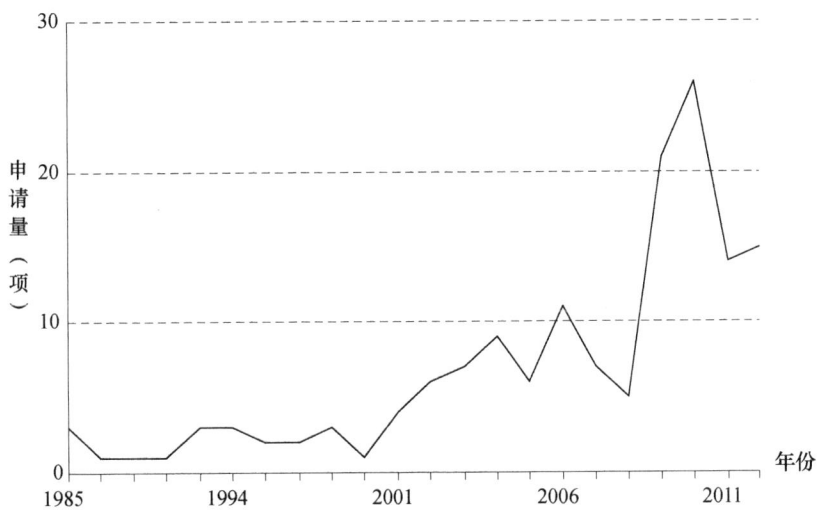

图 6-4 全部 + 分类（发明/新型）+ 分类（国内/国外）

中 5 家为国外公司，1 家为国内公司，具体参见表 6-2。

表 6-2 中国重要申请人　　　　　　　　　单位：件

申请人	申请量
本田技研工业株式会社	18
弗罗纽斯国际有限公司	13
FANUC 公司株式会社	10
小原株式会社	9
上汽通用五菱汽车股份有限公司	7
富士重工业株式会社	6

中国机器人点焊钳技术的发展始于 1980 年前后，但仅在个别企业中开展研究；直至 1986~1987 年，点焊机器人的研究正式纳入国家"七五"攻关项目，才拉开了国内研究机器人点焊钳的大幕。但遗憾的是，在机器人点焊钳领域中至今尚未出现有重要影响力的国内申请人。造成这种状况有多方面的原因：一方面，国内的汽车产业与国外汽车厂商关系密切，包括点焊钳在内的整条生产线完全由国外引进；另一方面，国外的焊钳供应商也提供技术成熟的独立的机器人点焊钳产品。但是近年来随着对机器人点焊技术越来越高的要求，以及在成本、供应链等方面的考虑，国内的汽车厂商也开始重视对机器人点焊钳技术的研发。

6.4 重要申请人技术功效分析

在分析全球机器人点焊钳重要申请人的过程中已经发现，申请人主要分为三类：焊钳供应商、整车厂商以及工业机器人供应商，其中主要是焊钳供应商和整车厂商。下面以小原株式会社为焊钳供应商的代表，以本田和日产为整车厂商的代表进行技术功效分析。通过对这三家公司的机器人点焊钳的申请分析归类，根据其采用的不同的技术手段和技术效果，进行逐篇人工标引，分析机器人点焊钳在关键技术点和不同技术需求上的集中度，分析在焊钳供应商和整车厂商之间，不同整车厂商之间的异同，以期为制造或使用机器人点焊钳的厂商给予参考。

6.4.1 技术功效分解

技术功效矩阵是将技术手段和技术功效进行分解，从而可以看出关键技术点和关键技术需求上的专利申请集中度，较为集中的为重点和/或热点技术；申请量较少或甚至为零的，则是空白点技术。通过技术功效的分析，可以进行更深层次的详细分析。

6.4.1.1 技术手段

课题组根据焊钳的结构，将技术手段分为焊臂、电极系统、浮动机构、与机器人的接口、整体结构、壳体、变压器、驱动机构和控制器及控制方法九种。下面对这些技术手段加以简单说明。

（1）焊臂：焊钳的主体机械结构件，其用于支撑电极系统，并可以使得电极系统相互靠近；其形状可以分为C形、X形，其上安装驱动机构、导向机构、枢接装置和冷却系统，一般其末端连接通电端子，并设置浮动机构以减弱冲击。焊臂的材料除需要强度高、重量轻之外，还需要具有良好的导电性能。目前，焊臂的材料以黄铜、铬锆铜和铝合金为主。

（2）电极系统：焊钳实现点焊的电极部分，包括电极柄和电极帽。电极系统承担了通电以使工件加热和对通电部分施加压力的两项功能。通常其改进在于电极系统的材料以及电极帽的形状。为了方便更换电极，有时电极系统还具有电极更换系统。

（3）浮动机构：用以降低机器人对工件定位精度的要求，在与调幅电流控制相配合的情况下，即使工件制冷不好也能避免焊后搭边处产生波浪变形。浮动机构还常用于应对电极的磨损。常规的浮动机构通常有齿轮齿条式、汽缸式、弹簧式，近些年还出现了伺服电机浮动机构。齿轮齿条浮动机构的传动效率高，传动稳定，使用寿命高，用于近距离传动，焊钳结构紧凑，能防止电极偏转；汽缸浮动机构使焊钳在焊接过程中运行平稳，焊接位置准确，浮动效果好，结构简单；弹簧浮动机构成本低，结构简单，使用寿命短，易出现故障。

（4）与机器人的接口：机器人点焊钳用于机器人，其需要和机器人的末端进行连接，其中包括机械连接和电连接。接口的设计分为：特殊型和通用型。前者为专门的点焊机器人专门设计，后者趋向于使其尽可能适用于所有机器人。接口的设置，除连接牢固外，还需要运动通畅，并具有一定的减震作用。

（5）整体结构：包括焊钳的各个机械结构、电气结构的布置或特殊结构的焊钳。

（6）壳体：为了防止飞溅、灰尘等进入焊钳内部，从而磨蚀、损害焊臂、浮动机构、驱动机构等而设置的一个在焊钳本体外部以对其进行保护的外壳。通常，外壳上还设置有冷却系统等。

（7）变压器：变压器是机器人点焊钳实现低电压、大电流点焊必不可少的一个部件。最初，变压器设置在机器人外部，这种设置存在电缆与机器人运动相互干涉的弊端；之后，变压器设置在机器人臂中，但电缆的走线与腕关节的缠绕依然是一个问题；最后，变压器与焊钳一体，形成一体式焊钳，从而干涉问题得以解决；但带来了焊钳重量大、体积大的技术问题。因此，变压器的改进在于如何使其小型化、轻量化，并实现工作电流大和电流损耗低。近些年，研究的热点在于逆变式变压器和整流器，以实现大电流的直流点焊接，提高的焊接质量。

（8）驱动机构：驱动焊臂以使得电极相互靠近并对焊点加压的装置。驱动机构先由汽缸式转变为伺服汽缸式，后又改进为电机伺服式，近些年，国内的机器人点焊钳出现了气、电两用式驱动。汽缸式驱动加压迅速且压力大，但其仅有两个行程位置，且重量大，不符合现代机器人焊接的要求；电动伺服驱动可以实现电极加压软接触和电极压力实时调节，是现代最常用的驱动方式。

（9）控制器及控制方法：控制器根据控制的方式分为：中央控制、分散控制和群体控制。中央控制：焊接控制部分与机器人控制部分结合在一起，优点是设备集成度高、不需要远距离通信，缺点是系统不能单独调试及单独使用。分散控制：焊接控制部分与机器人控制部分分开。群体控制：针对多台焊接机器人同时导通会导致电网电压大幅下降的问题，实现焊接电流的分时交错，限制电网的瞬时负荷，稳定电网电压，群控制主要应用于汽车自动生产线中，是点焊控制的主流发展方向。控制方法主要是：点焊方法、电极张开检测、电极闭合速度控制、加压检测控制、定位方法、焊接质量检测控制、故障检测、供电控制、示教及模拟方法、运动路径控制和姿态控制。

6.4.1.2 技术效果

根据申请文件中记载的技术效果，将技术效果分为提高点焊质量、提高定位精度、提高焊接效率、小型轻量化、可靠性、通用性、防干涉和低成本八种。下面对这些技术效果加以简单说明，参见表6-3。

表6-3 技术效果说明

技术效果	说　　明
提高点焊质量	表现为夹持精确，加压平衡，电流量大，电损耗小，冲击小，变形小，防飞溅，防粘连
提高定位精度	表现为定位精确
提高焊接效率	表现为单点焊接速度快，焊点到焊点之间途经时间短
小型轻量化	表现为焊钳长度/宽度方向更短，体积更小，重量更轻，结构更简单
可靠性	表现为减少零部件耗损，延长零部件使用寿命，易更换，易维护，防水性能好，安全性高
通用性	表现为适应不同的工件点焊，适用于不同的机器人
防干涉	表现为机器人运动过程中，电缆与本体、焊钳不发生干涉，焊钳与工件不发生干涉
低成本	表现为成本降低，产量提高

需要说明的是，功效图中的技术手段是根据专利文献记载的发明点来进行划分；技术效果也是根据专利文献记载来进行划分的。机器人点焊钳是一个整体，其技术手段之间、技术效果之间也有相互联系。如一件申请的发明点在于焊钳、浮动机构和驱动机构的布置，则将其划分为整体结构；而如果申请文件虽然描述了整体结构，但其发明点在于浮动机构的改进，则将其划分至浮动机构；而对于技术效果而言，可靠性中的减少零部件故障，自然也能产生成本降低的技术效果，但在对专利申请的技术效果归类时，本报告采用了专利申请客观记载的效果进行。

6.4.2 总体分析

图6-5为小原、日产和本田三家公司总体的机器人点焊钳的技术功效图。从图中可以看出，专利申请主要集中在控制装置及方法、驱动机构和浮动机构三种技术手段；而提高点焊质量、提高焊接效率、小型轻量化和可靠性是三家公司最集中要实现的四个技术效果。

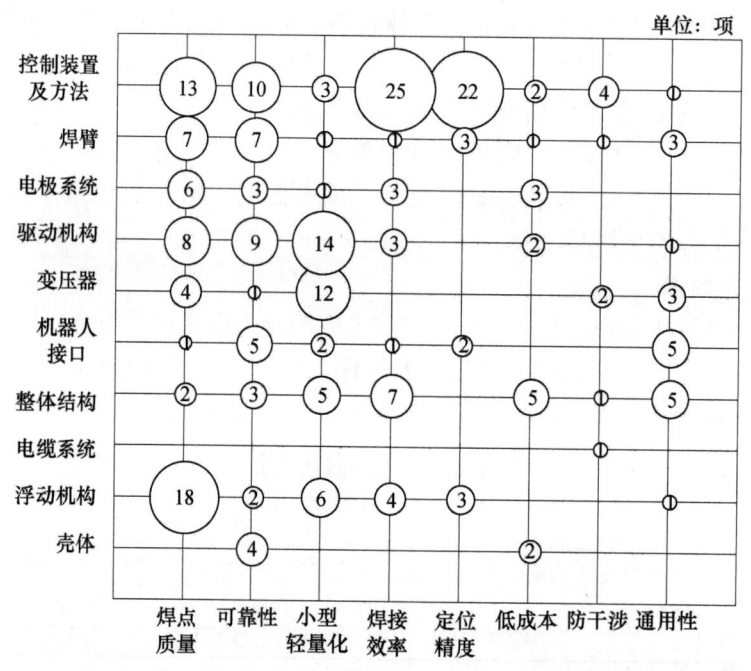

图6-5 小原、日产、本田机器人点焊钳的技术功效图

由于这三家公司的申请量是机器人点焊钳专利申请的所有申请人中的前三位，这种集中度也在一定程度上反映出机器人点焊钳的研究重点。对机器人点焊钳而言，无论是上游的供应商还是下游的使用商，都很关注点焊质量、焊接效率、小型轻量化和可靠性四种技术效果，其中以点焊质量最为重要。而对于焊钳而言，小型轻量化是其独特的一个核心技术效果，获得该技术效果后，能同时实现机器人点焊钳降低冲击、提高焊接质量、提高定位精度、提高效率和可靠性等技术效果。

从总体上看，驱动机构、浮动机构和控制装置及方法是机器人点焊钳技术中的核心技术所在。

6.4.3 对比分析

如前所述,机器人点焊钳的申请人主要分为两类,即焊钳供应商和整车厂商。下面分别从焊钳供应商与整车厂商的对比和两大整车厂商的对比,来分析不同类型的厂商在机器人点焊钳上的异同。

6.4.3.1 焊钳供应商和整车厂商

小原是世界上最大的焊钳供应商之一,其专利申请能在一定程度上反映焊钳供应商的研究的热点和重点。本田是机器人点焊钳申请量最大的整车厂商。本课题组以这两者为代表,通过技术功效图6-6来比较这两种类型的厂商在技术手段和技术需求上的异同。

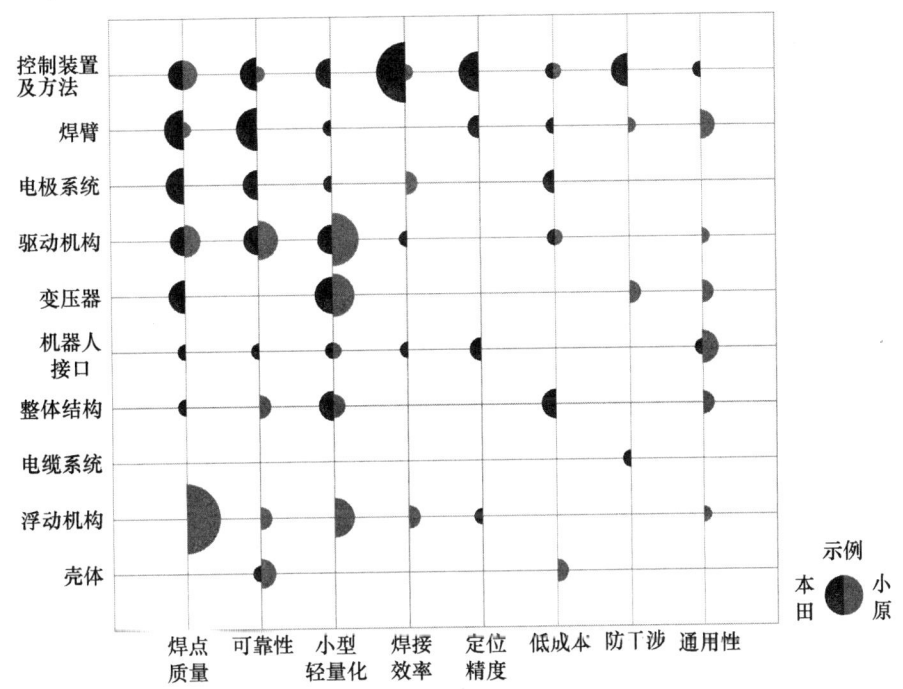

图6-6 小原、本田技术功效图

(1) 技术需求

作为焊钳供应商的小原,其比较关注的是点焊质量、小型轻量化和通用性能;而对定位精度完全没有涉及。

作为整车生产商的本田,其比较关注的是焊点质量、可靠性和小型轻量化;而对于通用性的研究则寥寥无几。

这种异同与公司的性质密切相关。首先,无论是焊钳这个部件的供应商,还是作为焊钳这个部件的使用商,焊接质量的保证无疑是最重要的。而焊钳的小型轻量化这个技术效果和焊接质量密切相关,属于焊钳的技术需求中的核心部分。因此,两种类型的公司都需要这两种技术效果。其次,作为上游的供应商,其更多地需要保证焊钳这个产品能适用于不同的机器人和工件，这样才可以促使其占领更多的市场，因而在小原的技术需求中，通用性位列前三；而作为下游的使用者的整车厂商而言，可靠性比起通用性而言更重要，可靠性的提高能很大程度上降低生产成本。最后，由于焊钳的定位主要是靠传感器、控制器和控制方法来实现，且还很大程度上依赖于机器人本体的控制，作为焊钳本体的供应商，不关注焊钳定位精度技术效果也是情有可原的。

（2）技术手段

作为焊钳供应商的小原，其关注最多的是浮动机构和驱动系统；而对控制装置及方法很少涉及。

作为整车厂商的本田，其研究的重点在于控制装置和方法，其次是焊臂和电极系统；而对于浮动机构很少涉及。

从上面分析可以看出，技术手段上，两种不同公司之间形成了明显的对比：焊钳供应商注重焊钳本体的结构，而整车厂商注重与实际使用更紧密的部分。这种区别和企业的性质也相关。作为上游的供应商，其应该致力于提供更好的焊钳本体；而作为下游的使用者，自然应致力于更好地运用焊钳。具体来说，对于使用者而言，无论焊钳本体是外购的还是自主研发，其实现的功能必不可少地需要通过控制器和控制方法来实现；而由于这个技术手段和工件材料、形状、结构以及所需焊接的性能密切相关，整车厂商必然将以该技术手段为最重要的切入点。这种特质在本田体现得很充分，而在另一家整车厂商日产的申请中，则体现更加明显。除该技术手段外，由于电极系统是直接和工件接触并最终实现点焊的部分，且由于电极系统本身的可替换性，无论焊钳本体是外购还是自主研发，整车厂商对电极系统进行改进均是经济和实用的一种技术手段。

综上可知，不同类型的企业在技术手段和技术效果上都各有侧重。从这两类公司的功效矩阵图来看，相关企业在进入机器人点焊钳领域时，应考虑本身公司的性质和定位。如果是将机器人点焊钳作为产品，应致力于焊钳本体，在提高焊接质量和更小、更轻外，通用性也是需要考虑的。当然，对于机器人点焊钳供应商而言，其控制器和控制方法的技术手段现在关注度较少，但若是企业在提供焊钳产品的同时能一并提供控制器和控制方法，或许也能打开一个市场。

6.4.3.2 不同整车厂商

作为整车厂商，本田和日产的机器人点焊钳的申请量在所有申请中排名第一和第三。上文中已经对不同类型企业的机器人点焊钳的功效矩阵加以分析，以下将特别对这两个整车厂商的技术功效图加以分析，以期能对整车厂商进入机器人点焊钳领域作些参考，参见图6-7所示。

（1）技术需求

本田和日产两个整车厂商，在技术手段和技术需求上也各有侧重。

在技术手段上，两个整车厂商都很注重控制装置和方法，但此外，本田更关注焊臂和电极系统，而日产相比较而言更关注整体结构技术手段。由于焊臂的改进和整体结构的改进均已涉及焊钳本体，也就是说，从这张功效矩阵中可以看出，本田、日产的整车生产中所使用的点焊钳至少有一部分应该是公司自主研发、生产的。而由于两

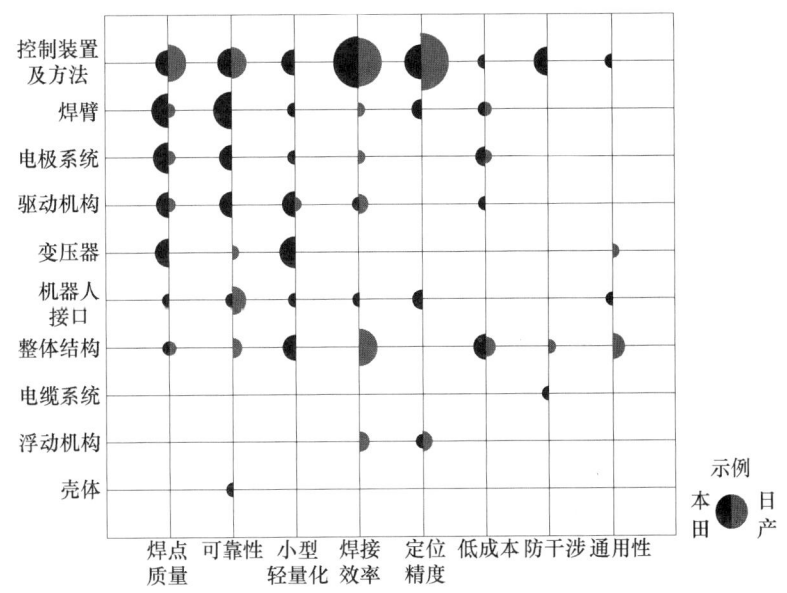

图 6-7 本田、日产技术功效图

家公司外销的产品中均没有机器人点焊钳，因而这些点焊钳应该仅是供本公司旗下的生产商所用而不外销。究其原因，极有可能是因为点焊的特殊位置、点焊工件的特殊材料以及价格因素等，致使焊钳供应商无法提供完全符合整车厂商需求的机器人点焊钳，而这种需求与供应的不对称促使了整车厂商发展自己的机器人点焊钳。

在技术效果上，两家公司都很关注点焊质量、定位精度和焊接效率，但这三者之中，本田最关注点焊质量，焊接效率次之，定位精度最后；而日产最关注焊接效率，其次是定位精度，而点焊质量最后。可见，质量、效率和精度是整车厂商的最重要的三个需求，但不同的厂商在这三者之中会有所侧重。如果机器人点焊钳用于高端车系或对点焊质量要求较高的焊点，则应更注重焊接质量；而如果机器人点焊钳用于对点焊质量要求不高的焊点，特别是一些不受力的焊点，则为了提高生产效率降低成本，这些焊点使用的点焊钳可更加追求焊接效率。

（2）控制方法

对于这两家整车厂商而言，控制方法是专利申请中的重中之重。因此，课题组将控制方法与控制方法所能产生的技术效果单独做了一个技术功效图（参见图6-8），以对其进行进一步分析。

从图6-8的对比可以看出，控制方法是提高焊接效率、提高定位精度的有效手段。国内的企业在面临这两类技术需求时，可优先考虑采用控制方法来实现。控制方法整体而言，由于其除传感器之外，几乎不需要再添加硬件设备，因而对整车厂商或其他点焊钳使用者而言，改进控制方法是成本低廉而改进效果明显的一种技术手段。

具体而言，当企业需要提高点焊的焊接效率时，可以采用点焊方法、运动路径控制、姿态控制、电极张开检测、电极闭合速度控制和示教模拟方法等方法加以实现，特别是示教模拟方法对提高焊接效率的作用明显。

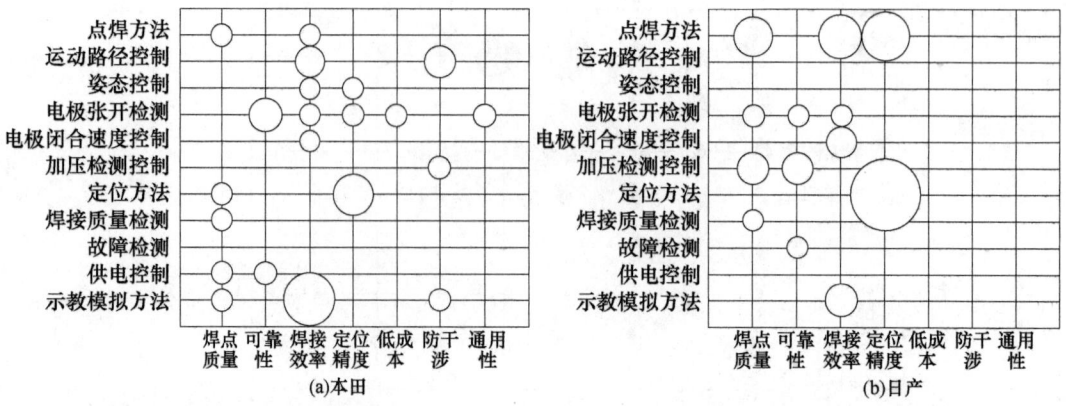

图 6-8 本田、日产控制方法功效对比

注：图中圆圈的大小表示申请量的多少。

当国内企业需要提高定位精度时，可以采用点焊方法、姿态控制、电极张开检测和定位方法来实现，其中定位方法对提高定位精度的作用最大。

值得注意的是，本田在示教模拟方法方面的申请较多，而日产在点焊方法和定位方法上的申请较多，国内的企业一方面可以根据自身的情况，了解这些专利申请的法律状态等，对这些技术加以针对性地学习和应用；另一方面在这些方面进行专利申请时，也应当注意避免侵权。

当然，空白点并非一定是不可实施的。例如，电极闭合速度太高会对焊点产生冲击，从而造成焊点变形，因此电极闭合速度的控制也有助于提高点焊质量；而日产和本田均未就这方面进行研究。国内的企业可以在这里发展自己的技术，以避免侵权。

6.4.4 目标国分析

本小节以目标国为切入点，探寻这三家公司的机器人点焊钳的申请进入国家的情况。

6.4.4.1 专利申请态势

图 6-9（见文前彩色插图第 2 页）为小原、本田和日产公司机器人点焊钳专利申请的目标国比较。从输出目标国来看，小原公司和日产公司向美国、韩国、中国、欧洲均进行机器人点焊钳专利的输出，本田则向除韩国外的其余三个国家或地区进行了专利输出。

从专利输出量来看，美国是三家公司除日本之外机器人点焊钳技术专利申请数量最多的国家，占到了总申请量的 20.92%，而向韩国和中国的专利输出量大致相当，处于中游水平，向欧洲输出的数量极少。

众所周知，点焊是汽车制造中的一项重要工艺，自动化程度较高的机器人点焊钳也因此被发达国家的汽车制造商广泛地应用于现代化的车身生产线上。三家公司之所以在全球专利布局中呈现出上述态势，一方面因为美国长期以来一直是世界最大的汽车生产国，汽车工业是其重要支柱产业之一，在美国汽车企业中，自动化的点焊技术应用广泛，机器焊钳在美国有着巨大的市场；另一方面因为日本汽车企业一贯奉行国内生产出口和国外生产销售相结合的出口策略，在其全球三大生产销售基地北美、亚洲和欧洲中，日本车企在以美国为中心的北美地区经营较早，也最为成功，美国一直是日本汽车企业最大的海外生产销售基地。

以本田为例，北美市场几乎占据本田营业利润的三分之一。根据本田汽车发布的数据，在2013财年其全球产量为4056141辆，其中美国工厂产量达到了1687168辆，已经占据了本田总产量的40%以上。因此，日本机器人点焊钳制造企业小原以及整车制造商本田、日产向美国输出的焊钳专利申请数量均远远超过日本以外的其他国家或地区，在本田的申请中美国专利申请的比例更是占到了总量的35%。

与此相对，日本汽车企业长期以来在欧洲的业绩并不算成功，其在欧洲市场甚至一度处于长期亏损状态。同样以本田为例，2013年，本田在欧洲市场的产量仅为170505辆，仅占其总产量的4.2%，可见日本汽车企业在欧洲市场的竞争力相对有限，这一点从小原、本田、日产机器人点焊钳的专利申请输出量上可以得到一定程度的印证。在三家公司的申请中，欧洲的专利申请量均很少，其在焊钳领域的技术优势并未在欧洲专利申请中得到体现。

在亚洲市场，尤其是中国，日本汽车企业近年来的产销量总体呈现上升趋势，大有赶超日本本土市场的趋势。2013年本田公司中国产量为597802辆，日本本土产量为876039辆，但是从专利申请量上看，以中国为目标国的专利申请在小原、本田和日产三家公司中所占比重处于中等水平，距数量最多的美国申请还有一定差距。因此，从专利申请输出的目标国以及数量上看，三家日本公司对于其机器人点焊钳技术的专利申请输出趋势与其海外市场的上述特点是基本契合的。

值得注意的是，日本汽车企业在美国市场的发力较早，因此其专利布局数量也较多，而在中国的专利布局从数量上来说还未形成规模。以日产为例，尽管在机器人点焊钳方面进行过数量可观的专利申请，但日产并不热衷于向海外市场大量输出这些技术，其在中国的专利申请很少。但是，以中国为代表的新兴市场近年来崛起势头迅猛，已经逐渐成为全球车企所重点关注的对象。据日产公司数据显示，2013财年日产公司在中国产量为1114712辆，甚至已经超过了日本的1060157辆以及美国的671748辆，可见中国在日本汽车制造商各市场中的地位日益重要，因此也不排除这三家企业会以此为契机在未来加大对中国的焊钳专利输出，以在这一迅速扩大的市场抢占先机的可能性。

6.4.4.2 核心技术的专利布局

作为焊钳的上游生产商的小原公司，在日本以外各目标国的专利申请数量各不相同，但在进入各目标国的申请中，涉及"驱动系统"和"浮动机构"的专利申请所占的比重最大，对于这两项技术的研究也体现了小原公司在机器人点焊钳领域，特别是在焊钳结构方面的技术优势，是其在全球范围内重点输出的核心技术。

与小原相比，本田公司根据目标国的特点和目标国对技术的重视程度，对控制装置及方法、电极系统、焊臂以及驱动系统这几项技术向国外输出的比例进行调整，在美国以申请涉及控制装置及方法的专利申请为主，而在中国则主要进行驱动系统的专利申请输出。

日产公司向日本之外国家的技术输出最少，但从这些输出中仍然可以看出涉及控制装置及方法的专利申请是日产公司向各目标国所重点输出的。

可见，三家公司对于各自焊钳的核心技术均向日本以外的国家进行专利申请，以便在全球范围内实现对核心技术的保护。国内的企业，在具有自己的核心技术时，不仅应该通过专利申请在国内得到专利保护，也应该根据以该核心技术为基础的产品、方法在不同国家销售、使用的情况，在这些国家进行专利的布局，以更好地获得专利保护并占领市场。

6.4.4.3 在中国的专利布局

表6-4体现了这三家日本公司在中国申请的专利的法律状态。

表6-4 小原、本田、日产在中国申请法律状态

序号	公开号	申请人	技术类别	发明点	法律状态
1	CN1583343A	小原	电极系统	无效固定式电极头取出装置，对电极头保持器施力使其相对基板移动，利用基板上的制动器，定位上下电极头组，制动器的通路形成于弹性分界壁中	无效
2	CN101244499A	小原	驱动系统	马达旋转轴为中空轴，导向轴承部分或全部收纳在旋转轴内	无效
3	CN101298112A	小原	驱动系统	中空轴伺服电机构成的电驱动单元驱动X形焊枪	无效
4	CN101298113A	小原	驱动系统	中空轴伺服电机构成的电驱动单元驱动X形焊枪	无效
5	CN101337302A	小原	驱动系统	电动机的旋转轴为中空轴，螺纹轴、螺母及加压轴内置在中空轴内，采用滚珠花键轴承导向	无效
6	CN201231373V	小原	驱动系统	伺服电机通过齿轮、丝杠螺母传动实现驱动	有效
7	CN102294540A	小原	驱动系统	均压器采用连杆与弹簧配合	未决
8	CN202317423U	小原	驱动系统	伺服焊钳通用枪架，具有多个安装孔和定位孔	有效
9	CN202438783U	小原	整体结构	伺服焊枪包括通用的基本共通体、轻量逆变变压器、冷却水分配器和通电电缆端子	有效
10	CN1103822A	小原	浮动机构	螺纹传动机构与联轴器连接，工件与可动臂电极接触后联轴器将动力输出到螺纹传动机构，使另一可动臂的电极向工件移动	无效
11	CN1121857A	小原	浮动机构	油缸用于固定臂的位置调整，使焊枪固定臂的电机总是和被焊接物的一面相接	有效
12	CN1165067A	小原	浮动机构	两个伺服马达，其中一个驱动固定臂位置调整C形臂的往复运动	有效
13	CN1507384A	本田	控制方法	通过设置操作路径防止焊钳与工件干涉	有效
14	CN1509218A	本田	驱动系统	具有空心转子的马达产生大扭矩，防水防撞	有效
15	CN1810437A	本田	电极系统	弧面开槽电极，防止飞溅，提高质量	有效

续表

序号	公开号	申请人	技术类别	发明点	法律状态
16	CN101087672A	本田	电极系统	电极头易于更换	无效
17	CN1861331A	本田	控制方法	通过设置操作路径防止焊钳与工件干涉	有效
18	CN102101214A	本田	壳体	壳体具有与外界气体通气的通气孔	未决
19	CN102161129A	本田	焊臂	紧固支承支点轴的轴承，减少破损，易于维护	未决
20	CN102107322A	本田	驱动系统	编码器防振机构	未决
21	CN102145431A	本田	驱动系统	中空杆电动机经行星齿轮减速驱动滚珠螺杆	未决
22	CN102458751A	本田	电极系统	推压构件对堆叠组件施加压力进行点焊，提高质量	未决
23	CN102371426A	本田	电极系统	加压装置的布置实现小型化	未决
24	CN102905835A	本田	驱动系统	伺服电机空心轴内滚珠丝杠防脱结构	未决
25	CN102974931A	本田	整体结构	单侧点焊装置，提高焊接质量	未决
26	CN1896758A	日产	控制方法	不用高压测量就能监视连接电源和焊枪的多个电缆中的每个故障	有效
27	CN102596481A	日产	控制方法	高韧性电焊部的焊接构造件焊接方法	未决

（1）小原公司

小原公司对于"驱动系统"和"浮动机构"这两项核心技术的研究起步较早，所涉专利申请均始于1988年。

对于"浮动机构"，小原的早期申请多集中于将液压缸、汽缸或伺服汽缸应用于不同种类的焊钳构成浮动机构以提高焊钳对工件表面变形、电极磨损的适应性，从而提高点焊的质量。随后，其逐渐开始采用伺服电机实现电极的浮动，并配合相应的力矩离合器、夹紧力传感器等实现对点焊夹紧力更为精确的控制，以进一步提高焊接的质量。随着近年来对机器人点焊钳小型化轻量化的要求不断提高，小原的申请中开始出现采用弹簧与凸轮、连杆等结构配合构成的浮动机构。这一类型的浮动机构相对于气动、电动浮动机构结构更为紧凑，不需要复杂的控制系统，因此在实现焊钳小型化和可靠性方面具有优势。

对于"驱动系统"，小原的早期申请主要采用了气动伺服技术实现焊钳的驱动以保证工件的质量。随后，其开始大量采用伺服电机对焊钳进行驱动，并就伺服电机与减速齿轮、滚珠丝杠等减速装置共同构成的焊钳驱动系统形成了相当数量的专利申请。其中，小原较早地使用了空心轴形式的伺服电机与滚珠丝杠的组合形式，在短期内对这种类型的驱动机构进行了大量改进，大幅缩小了焊钳的整体尺寸，减轻了焊钳的重量，成为其实现焊钳小型轻量化的所主要采用的一种成熟的驱动手段。

从表6-4中可以看出，在小原进入中国的专利申请中，涉及浮动机构的申请共有4件，分别涉及了其浮动机构中的上述三个主要技术分支，即，液压（CN1121857A）、伺服电机（CN1165067A、CN1103822A）以及弹簧浮动机构（CN102294540A）。其中，除涉及弹簧浮动机构（CN102294540A）的申请目前还在审查中，其余3件获得授权的专利中仅有涉及液压（CN1121857A）和伺服电机（CN1165067A）的申请目前处于有效状态。

对于驱动系统，小原公司共有5件专利进入中国，且均涉及采用伺服电机的焊钳驱动系统。其中，除1件实用新型专利（CN201231373Y）不涉及空心轴电机外，4件发明专利申请（CN101244499A、CN101298112A、CN101298113A、CN101337302A）均是关于空心轴伺服电机驱动系统的申请。然而，目前涉及空心轴伺服电机的发明专利申请均被视为撤回或放弃，仅1件不涉及空心轴电机的实用新型专利获得授权并处于有效状态。因此，采用空心轴电机的焊枪驱动系统虽然在小原公司关于驱动系统的专利申请中占比较大，但在中国，小原却没有通过专利对这项技术建立起有效的保护。

对于中国申请人较为关注的焊钳"整体结构"，虽然小原没有在日本国内对该技术进行相关申请，但其向日本以外的国家进行了一定数量的专利申请并且以进入中国的申请量占比最大，可见，小原针对于不同国家的市场特点，也采用了不同的专利申请策略进行布局。

从上述分析中不难发现，对于上述两项核心技术，虽然小原公司分别就一些类型的"浮动机构"以及"驱动系统"在中国进行了专利申请。但一方面，相对于小原在国外的申请，小原在中国涉及这些技术的有效专利数量极为有限，没有形成一定的规模；另一方面，除进入中国的少量专利申请外，小原在国外还有着相当数量的涉及浮动机构和驱动机构的专利申请，这些申请涉及其研发过程中对这些主要的核心技术从多种角度进行的改进和完善。例如，采用汽缸或伺服汽缸以及其多种变型作为浮动机构以提高焊接质量，提高焊钳的小型轻量化，以及通过多种弹簧凸轮结构的浮动机构提高焊钳的小型化轻量化和可靠性，采用中空轴形式的伺服电机与滚珠丝杠的组合实现小型轻量化以及提高可靠性等，而这些数量可观的申请并未进入中国进行申请。可见，小原公司目前在中国的专利申请规模并不足以对其核心技术形成全面的保护。企业在进行机器人点焊钳的研发时，可以根据自身需求对小原全球范围内的专利进行分析和发掘，重点关注其没有在中国进行申请的技术，例如如何从不同类型的浮动机构着手解决提高焊接质量、焊钳小型轻量化，以及采用空心轴伺服电机的焊钳驱动技术，以丰富自身的技术储备。

另外，从专利的申请形式上可以看出，小原目前在中国的有效专利中，2件早期授权的发明专利权分别转移到其两家独资子公司"小原（南京）机电有限公司"和"小原（上海）有限公司"名下。事实上，在这两家子公司成立后，小原在中国进行的专利申请主要是通过这两家独资子公司进行的，并且均为实用新型专利。由于国内企业实力相对有限，专利申请多以申请周期较短，费用较低的实用新型专利为主，国内企业的专利申请中发明/实用新型为5/11，从专利角度还暂时无法形成稳定的竞争力，小原随之对其在中国的专利申请策略进行了相应的调整，通过其独资子公司采取了更为经济的模式在中国实现其相关技术的保护；从另一方面来看，由于实用新型专利都是没有经过实质审查而获得的授权，小原的上述申请策略也恰恰给中国企业提供了契机，中国企业对于需要学习的技术可以深入的研究，尝试通过无效的方式借鉴，而且由于专利无效程序中申请文件修改方式的局限性，各企业实现相关专利的规避也比较容易。

(2) 本田公司

作为全球化的公司，本田在专利保护方面的投入较之小原更为积极，手段也更为成熟，体现了其对专利保护的重视，其进入中国的涉及机器人点焊钳的13件专利申请均为发明专利申请。在这13件发明专利申请中，有4件（CN1507384A、CN1509218A、CN1810437A、CN1861331A）已获得授权，其中除涉及电极系统的专利申请（CN1810437A）处于失效状态外，其余3件均处于有效状态，分别涉及焊钳运动路径控制以及伺服电机驱动系统。另外有8件申请目前处于审查中，其中3件主要涉及伺服电机驱动系统、2件主要涉及电极系统、1件主要涉及整体结构，另1件主要涉及壳体。可见，对于中国申请人申请不多的技术"控制装置及方法"，尽管其在本田全球申请中所占比重较大，为其重点关注和发展的技术，但在进入中国的专利申请中，本田公司目前涉及该技术的有效专利数量相对较少，并且仅仅集中于运动路径控制技术方面。事实上，作为世界知名的整车制造商，本田公司对于机器人点焊钳的控制装置及方法的研究是较为全面的。在其全球范围内涉及该项技术的专利申请中，虽然运动路径控制作为一个重要的技术分支占据一定的比例，但本田的该项技术上的优势更多地体现通过示教、模拟方法以及电极张开检测等控制技术提高焊接效率、焊接质量及定位精度方面。而对于涉及这些优势技术的相关专利，本田目前还没有在中国形成有效布局，因此对于国内申请人而言，如果试图从机器人点焊钳使用者的角度出发开展焊钳的研发工作，对于本田公司这些数量巨大的未进入中国的专利申请给予及时关注将有助于汲取国外先进整车制造商在焊钳开发过程中所积累的经验。

同时，本田公司处于在审状态的8件发明专利申请，所涉及的分别为焊钳本体结构的不同方面。由于发明专利的稳定性较高，如果这些发明专利未来在中国获得授权，本田可以从不同角度出发对焊钳的本体结构形成长期的保护。另外，本田在焊钳结构方面的优势技术主要体现在通过焊臂结构以及电极系统的改进提高焊接质量及可靠性等，而这些技术在其进入中国的专利中涉及较少，如果本田在未来就这些技术继续在中国进行大量的专利申请，势必对中国申请人在该方向的研发有所影响，因此，中国申请人在发展过程中可以及时关注这些专利的状态，提前采取手段进行规避，避免不必要的风险。

(3) 日产公司

对于产销量最大的中国市场，日产仅就机器人点焊钳技术中控制方法提出过2件专利申请，其中获得授权并处于有效状态的1件为涉及采用电缆检测技术提高安全性（CN1896758A）的发明专利，另一件涉及其在机器人点焊钳控制方面具有技术优势的点焊控制方法的发明专利申请（CN102596481A）目前还处于审查中，可见，虽然日产公司也将部分技术通过专利输出到中国，但是就其申请数量而言，目前日产在中国对于其机器人点焊钳技术的保护还远远不足。国内申请人可以充分利用这一特点，对于日产全球专利中所公开的核心控制技术，如高效率的焊钳点焊方法、高精度的焊钳定位方法等进行充分的借鉴，甚至可以预先进行专利布局。

(4) 国内申请现状的对比分析

从图6-10中可以看出，国内企业的申请主要集中于针对8驱动系统（18）、6整体结构（10）、7变压器（9）、3浮动机构（7）进行改进，以2定位精度（10）、5可靠性（10）、8 低成本（10）为主要目标，且申请中发明专利申请所占的数量较少，还不及总数的1/3。因此，无论从专利的数量上还是质量上，均处于较低的水平。

在小原公司和本田公司进入中国的申请中，涉及驱动系统的专利申请比重也是最多的，可见，尽管国内焊钳的专利申请水平不高，国外公司也会结合自身情况，针对国内企业关于焊钳驱动系统的研发较为集中的特点，进行有一定针对性的专利布局。但就整体态势而言，三家日本公司对机器人点焊钳技术在中国的保护无论从质量上还是数量上暂时还是较为有限的，这对于国内申请人在机器人点焊钳技术方向的发展相对有利。

通过图 6-10 中可以看出，国内申请人的申请中相对于三家公司的申请，在某些技术方面还是有一定优势的。例如，对于焊钳技术中的整体结构和变压器，除小原公司有一定程度的涉及外，作为整车制造商的本田和日产在中国的专利申请量很少，国内申请人在通过对整体结构的改进提高焊钳系统可靠性、通过对变压器改进实现小型轻量化以及控制成本的技术上有一定的专利优势，而对于控制装置及方法，国内申请人在通过控制方法提高可靠性上同样具有一定的优势。国内的焊钳制造商可以结合自身实际对这些技术进行进一步的改进和完善，形成一定规模的专利申请，建立起自己的优势技术专利。

6.4.5 技术发展趋势

上面的分析是针对三家公司的全数据进行的，下面是将这三家公司的数据按年代进行划分，希望能从中读取出这三家公司的技术哪些是从始至终都一直在发展的核心技术，哪些是近年来研究的热点，希望能从中给相关企业以参考。这三家公司的机器人点焊钳的申请起始均在1980年前后，这与点焊机器人开始普及进入整车生产的时间是相一致的。

6.4.5.1 小原公司

1981～1985年（4项），小原的机器人点焊钳的起步阶段；

1986～1990年（15项），小原的关注点从机器人接口，转变为一体式变压器；

1991～1995年（22项），小原重点研究浮动机构，为了获得更好的点焊质量，从气动式浮动机构转变为伺服气动式浮动机构，并最终转变为电动式浮动机构；

1996～2000年（17项），小原致力于小型化、轻量化的研究，并提出了电动伺服驱动结构的改进，将电机主轴改进为空心轴，从而大大缩短长度方向的尺寸，并减小了焊钳体积，降低了焊钳重量；

2001～2005年（11项），小原申请较为分散，在各个方面均有所涉及；

2006～2012年（11项），小原进一步在伺服电机驱动方面进行研究，主要集中在空心轴和滚珠丝杠方面；另外，最近两年，为了进一步提高点焊质量，开始申请螺纹式、油缸式和伺服电机式浮动机构的专利申请。

从小原公司的焊钳发展历程可以看出，小原先于1991～1995年改进了浮动机构，而后在1995～2000年改进伺服电机驱动机构，从而迎来了机器人点焊钳的蓬勃发展期。特别是将电极主轴改为空心轴，从而大大提高焊钳的小型轻量化水平，这是小原

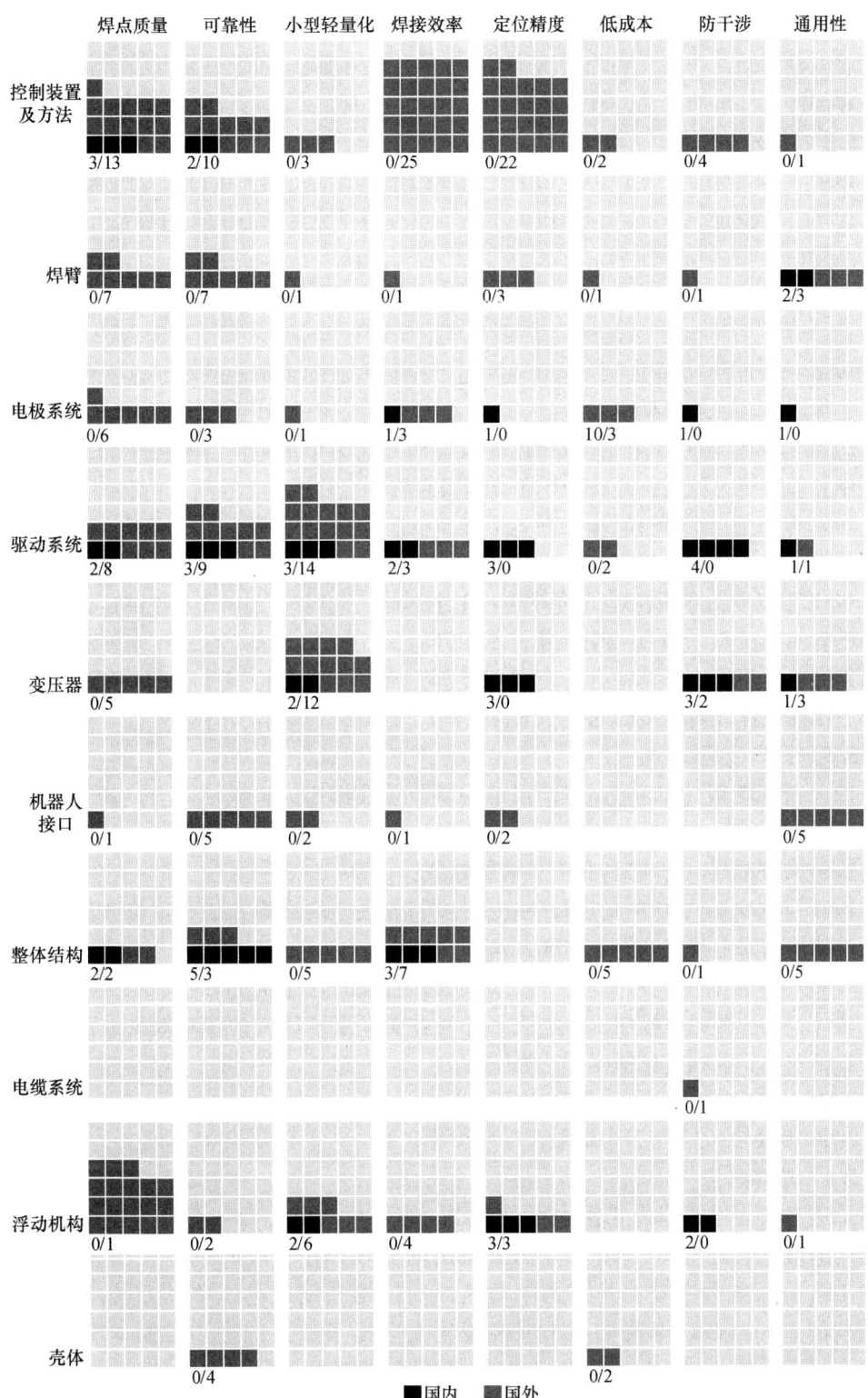

图 6-10 国内申请人与三家企业的功效对比

的首创。之后，小原的申请量有所下降，且较为分散，也有很大程度是由于浮动机构和伺服电机驱动结构的发展都遇到了瓶颈。特别是伺服电机驱动结构，在近些年也一直在零部件的细节位置加以改进，没有突破性的进展。

6.4.5.2 本田公司

1980~1985年（15项），本田关注最多的是焊臂、机器人接口和变压器的结构；

1986~1990年（14项），本田关注的重点改为研究控制方法（电极张开检测）、变压器结构；

1991~1995年（7项），本田对焊钳各个部分都有改进，但申请量少且分散在各个领域；

1996~2000年（15项），本田又掀起了控制方法的申请小高峰，这次的控制方法主要是加压方法和点焊模拟；

2000~2005年（13项），本田还是以控制方法为申请主体，其关注的是运动路径的控制和焊钳姿态控制；并又开始研究电极系统；

2006年以后（13项），本田在各个方面申请保护，同时新提出了"单侧点焊"的焊钳技术；并加强了对伺服电极驱动系统的研究。

1985年以前，本田在焊钳的研发上关注本体，此时应是本田生产供自己在生产上使用的焊钳的阶段。1985~1990年，本田开始关注控制方法。而近年来随着车型设计的特别性，本田提出了其特有的"单侧点焊"专利申请，特别针对雅阁车型研发，其能够直接焊接制成封闭截面的各个部件，制造轻量并且牢固的车体。

6.4.5.3 日产公司

1979~1985年（17项），日产申请主要覆盖在焊钳的机械结构上，其重点又主要是焊钳的整体结构；

1986~1990年（4项），日产申请量锐减；

1991~1995年（20项），日产主要对控制方法中的点焊方法和定位方法提出了申请，且技术效果上集中在提高精度方面；

1996~2000年（21项），日产主要还是在控制方法上面的改进，除点焊方法、定位方法外，还主要对电极加压、电极张开两方面开展了研究；技术效果方面，开始转变为提高效率，兼顾定位精度和点焊质量；

2000~2005年（6项），日产申请量锐减；

2006年以后（3项），申请量进一步减小。

6.4.5.4 总体趋势

从这三家公司的年代变化中可以看出，小原作为供应商一直致力于焊钳本体各个结构的改进。且1990~2000年为其发展的高峰，在这段时期内，小原在机器人焊钳上有两项重大突破：分别是电动式浮动机构和伺服电机驱动系统。采用这两种结构的点焊钳在点焊质量和小型轻量化上取得了长足的进步。而本田和日产作为整车厂商，在1985年之前都曾在机器人点焊钳的本体结构上投入了相当的精力；但进入20世纪90年代后，其研究的重点不约而同地转向了控制装置及控制方法。可见，对于整车厂商而言，对控制装置及控制方法的研究是研究的热点和重点所在。

近些年来，机器人点焊钳的发展趋于平缓是由多种原因导致。其中，机器人点焊钳的机械结构相对固定是原因之一；驱动系统目前已发展到空心伺服电机、滚珠丝杠、直线导轨这种较为成熟的技术手段，正在等待下一次技术的突破点是原因之二。下面，本课题组将就小型轻量化这个核心技术需求为突破点，对驱动系统进行重点分析。

6.5 小型轻量化手段分析

在机器人点焊钳的技术需求中，小型轻量化是其中很关键的一个技术需求。焊钳的小型轻量化使得机器人运行中焊钳的惯量变小，点焊机器人高速运转时对极限点焊区更容易实现速度控制和精度控制；机器人在加速、制动以及在点焊过程中的机械磨损也相应减少。另外，由于焊钳的小型轻量化，其驱动电动机功率相应下降，并可以减少焊钳与工件的干涉。也就是说，小型轻量化的实现，对点焊质量、点焊精度、点焊效率、成本降低等都有促进作用。

目前，机器人点焊钳多采用电机伺服点焊钳，本节围绕如何解决伺服电机点焊钳小型轻量化这一关键技术问题展开，详细分析各种解决该问题的技术方案，希望给有志于电机伺服机器人点焊钳的企业一点参考。

6.5.1 伺服电机点焊钳技术概况

点焊钳按照电极压力驱动方式可分为气动焊钳和电机伺服点焊钳。最初，国内外汽车工业车身点焊主要使用气动焊钳，但随着汽车工业的发展，气动焊钳逐步暴露了一些缺点，比如对柔性焊接件的冲击较大、控制定位精度不高、效率较低、电极磨损较大等；并且其与机器人的集成度较低、维护成本比较高，已经不太适应现代汽车工业的发展要求。近来，汽车工业上机器人点焊钳多采用电机伺服点焊钳，其最大结构变化是以电机伺服装置代替气动装置，结构原理如图6-11所示。

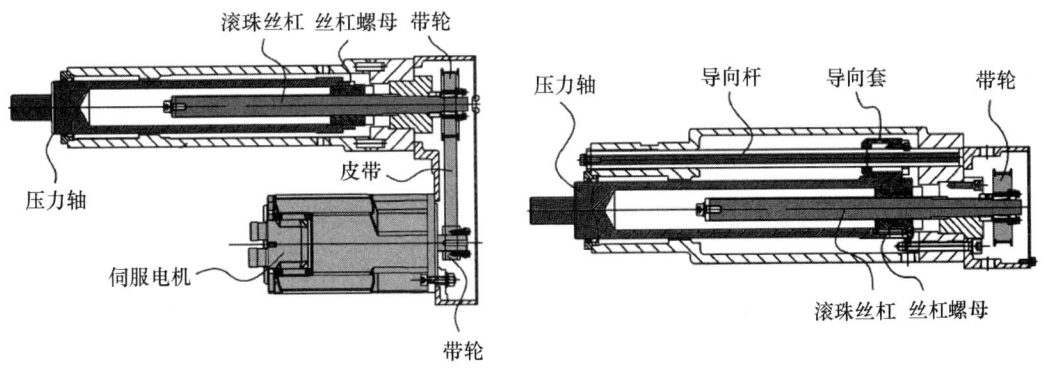

图6-11 电机伺服点焊钳结构图

伺服电机通过减速系统带动滚珠丝杠副，通过直线导向副的导向和滚珠丝杠副的运动来推动压力轴,从而实现焊钳的张开和闭合。图6-11中减速系统为带轮和皮带,滚珠丝杠副为滚珠丝杠和丝杠螺母,直线导向副为导向杆和导向套。

采用伺服电机可以按照预先编制的程序,由伺服控制器发出指令,控制伺服电动机按照既定的速度位移进给,脉冲指令经过编码器,最后形成电极的位移与速度控制。脉冲的数量与频率决定了电极的位移与速度,转矩决定了电极压力,因此焊钳的张开度可以根据实际需要任意选定和设定,而且电极间的压紧力也可以无级调节。伺服电动机的特性决定了焊枪电极定位的高精度与高效率,可以快速实现预压以及对电极压力的精确控制。

在伺服焊钳机械结构中,滚珠丝杠副是最重要的传动元件,它是由丝杠、螺母、滚珠等零件组成。滚珠丝杠副具有驱动力矩小、精度高、可实现微进给及高速进给、刚性高、可逆性强等特点,保证了伺服焊钳功能的实现。

6.5.2 技术手段分析

由于小型轻量化对机器人点焊钳而言非常重要,因此国内外申请人通过各种技术改进来实现点焊钳的小型轻量化。归纳起来,主要分为元件省略、元件替换、元件位置改变和元件改进四大类型。下面,就这四种分别加以阐述和分析。

6.5.2.1 元件省略

元件的省略是指将焊钳中的某个部件省去,或者将部件从焊钳中分离出去。在现有的专利技术中,这两类均有所体现。

部件的省去主要是连轴器的省略和丝杠螺母的省略两种。这类申请省去了轴与轴之间的连接部件,从而缩短了长度;或者减少了丝杠螺母本身,使得焊钳在长度、宽度方向的尺寸减小。

部件从焊钳中分离有三种:备用电源分离、电机分离和定电极省略。这三种技术方案均是将焊钳原有部件分离出去,从而实现减小焊钳尺寸,减轻焊钳重量的目的。

元件省略的技术方案和相关申请参见表6-5。

表6-5 元件省略的技术方案

	公开号	附图	技术手段
连轴器省略 丝杠螺母省略	JP2000126867A JP2000343231A WO02061922A1		1. 电机旋转轴前端为滚珠丝杠,后端为编码器轴。 2. 压力轴内表面直接作为丝杠螺母

续表

	公开号	附图	技术手段
备用电源分离	JP8276279A		备用电源设置在机器人臂上，在备用电源和焊钳上分别设置连接端子，从而可以使得焊钳接上电源
电机分离	JP2001038670A		将电机设置在机器人臂上，通过柔性电缆带动焊钳上的滚珠丝杠
定电极分离	JP2013094830A		将定电极从焊钳中分离出去，单设为地电极，通过动电极实现点焊

6.5.2.2 元件替换

元件的替换是指将焊钳中的某个或某些部件用另外的机械结构来替换。在专利申请中，小型轻量化主要是通过减速和传动机构的替换来实现。

传统伺服机器人点焊钳中，需要使用皮带或齿轮等减速机构，并通过丝杠、螺母进行传动。下面这些专利申请通过采用不同形式的传动机构来代替传统的减速、传动机构，以实现焊钳小型轻量化的目标（参见表6-6）。

表 6-6 元件替换的技术方案

公开号	附图	技术手段
减速、传动机构的替换		
JP10026204A		曲柄连杆机构来实现电机的转动到直线运动的转化
DE102009049745A		电机带动旋转盘旋转，旋转盘上的凸轮槽带动销上下运动
CN101043969A		电机带动齿轮旋转，依靠齿轮旋转带动连杆促使焊钳开闭
CN1182002A		电极是旋转促动，将定电极与电机的定子相连，动电极与转子相连，直接旋转转子促使定、动电极的开闭

6.5.2.3 元件位置的改变

元件位置的改变是指改变焊钳中原有部件的位置，促使焊钳在某个或某些方面的尺寸缩小。如将电机旋转轴和丝杠同轴布置，缩小了焊钳宽度方向的尺寸；或将电机旋转轴和丝杠平行布置，则缩短了焊钳长度方向的尺寸。按照现有专利技术，元件位置的改变基本有以下几种，下面分开对其加以叙述，参见表6-7所示。

表6-7 元件位置改变的技术方案

	公开号	附图	技术手段
电机、丝杠和电极同轴布置	JP2000126867A		电机、丝杠和电极同轴布置，缩小了焊钳的宽度
电机与丝杠平行，电极与丝杠同轴布置			电机与丝杠平行，电极与丝杠同轴布置，宽度方向尺寸稍大，但长度尺寸减小
电机与丝杠同轴，但与电极平行布置	JP2003053552A		电机与丝杠同轴，但与电极平行布置，长度方向尺寸减小

续表

	公开号	附图	技术手段
电机、丝杠、电极全部平行布置	JP2009082983A		电机、丝杠、电极全部平行布置，使得焊钳的长度为焊臂长度加上丝杠和电机的宽度
电机轴与电极垂直	CN102686328A		常规的丝杠传动，电机轴与电极垂直，多用于X形焊钳，用于减少焊钳的宽度尺寸
编码器、转子、电极、导向装置平行设置	CN102371426A		编码器、转子、电极、导向装置平行设置。这种设置将可能同轴的部件全都平行偏置设置，使长度方向的尺寸大为减少

续表

公开号	附图	技术手段
编码器、转子、电极、导向装置平行设置 CN102371426A		编码器、转子、电极、导向装置平行设置。这种设置将可能同轴的部件全都平行偏置设置，使长度方向的尺寸大为减少
加压电机与控制加压电机、变压器平行设置 CN102950372A		加压电机与控制加压电机、变压器平行设置，这种设置抑制了焊钳宽度方向的尺寸，实现小型华

（1）电机、丝杠和电极同轴布置。这是近年来最常用的一种促使焊钳小型轻量化的技术手段。这种手段促使所有传动系统在一个方向上，从而大大缩小了焊钳的宽度。

（2）电机与丝杠平行，电极与丝杠同轴布置。这种设置在伺服电机焊钳中出现得最早，其宽度方向尺寸要比第（1）种方案大，但其长度方向要小于第（1）种方案。

（3）电机与丝杠同轴，但与电极平行布置。这种设置在宽度方向的尺寸大于第（1）种方案，但长度方向要小；对比第（2）种技术方案，其在宽度方向的尺寸要更小。

（4）电机、丝杠、电极全部平行布置。这种设置在 C 形焊钳和 X 形焊钳中都有应用，其使得焊钳的长度为焊臂长度加上丝杠和电机的宽度，其长度要大于第（3）种方案，但宽度方向的尺寸小于第（3）种。

（5）电机轴与电极垂直。这种设置区别于常规的位置排布，主要用在两种情况下：第一种是传动机构不是常规的丝杠传动，而是采用了凸轮槽传动或曲柄连杆驱动，如

JP10026204A 和 DE102009049745A，这类技术方案具体参见表 6-7；第二种是常规的丝杠传动，多用于 X 形焊钳，用于减少焊钳的宽度尺寸。

（6）编码器、转子、电极、导向装置平行设置。这种设置将可能同轴的部件全都平行偏置设置，使长度方向的尺寸大为减少。

（7）加压电机与控制加压电机、变压器平行设置。这种设置抑制了焊钳宽度方向的尺寸，使其实现小型化。

6.5.2.4 元件的改进

元件的改进是指焊钳各部件自身的改进，通过单个部件的小型轻量化来实现减小整体焊钳尺寸和降低焊钳整体重量。这种手段是目前焊钳实现小型轻量化的一个最主流的手段。

元件的改进一般通过电机部件、传动部件、变压器和整流器部件、冷却部件、侧板、焊臂、平衡部件和防冲击部件这八个不同部件的改进来实现。下面从各个方面展开分析，如表 6-8 所示。

表 6-8 元件改进的技术方案

	公开号	附图	技术手段
电机部件	JP2004298966A		电机转轴空心化
	JP2004298966A		电机转子轴承的改进
	CN1509218A US2005253469A1		磁铁的改进
	US2011155699A1		编码器的扁平化
	JP2000158144A DE202008013882U		选择轻量化电机
传动部件	EP1089019A		丝杠端部的凸缘，防止轴承脱落
	US5528011A		减速机构选择齿轮实现

续表

	公开号	附图	技术手段
传动部件	JP2003103375A		缩短了导向装置与丝杠之间的距离
传动部件	EP2415550A		导向装置与枢转装置相结合
传动部件	JP2001293577A		压力轴的棘轮止转装置

续表

	公开号	附图	技术手段
传动部件	US2008149601A1		压力轴外周平端面止转
	US2009008427A1		压力轴外周设置滚珠花键止转
变压器、整流器的改进	FR2551912A1		整流器中采用半导体薄片
	GB2225972A WO2009016602A2		改变变压器的结构
	RU2221681C2 CN202438783U		选择小型变压器和轻量化的逆变器
冷却部件	JP2005161348A		使得焊钳的部件中空，部件内存在冷却通道
侧板	EP2075081A1		侧板的形状设置和其他部件的合理布局

续表

	公开号	附图	技术手段
焊臂	CN102686328A CN202894577U		采用型材和采用轻合金材料,如铝合金
重量平衡装置	JP7214332A		重量平衡装置为弹簧式
防冲击装置	JP2012254463A		通过凸轮机构来实现防冲击,该结构体积小,重量轻

（1）电机部件

电机部件的改进中目前对小型轻量化而言最有效的是电机转轴空心化。这种技术手段使得电机转轴与丝杠的串联连接变成了电机转轴在外、丝杠在内的串联,从而大大减小了长度方向的尺寸。

此外,电机部件的改进还体现在电机转子轴承（JP2004298966A）、磁铁（CN1509218A、US2005253469A1）、编码器的扁平化（US2011155699A1）和选择轻量化电机（JP2000158144A、DE202008013882U）四个方面。可以看出,这些电机中零部件的改进对电机的小型轻量化都能产生积极的影响。

（2）传动部件

传动部件的改进,主要是对丝杠的改进。丝杠是传动部件中的核心部件,申请人对其进行的改进主要是两方面：丝杠端部和丝杠导程。前者主要的改进使得丝杠与其他部件的排布紧密牢固从而实现小型轻量化,如 EP1089019A、US2009100950A1 和 CN102905835A；后者是通过导程、螺纹头数等实现小型轻量化,如 CN102145431A。

传动部件的改进还体现在当电机旋转轴与丝杠平行设置时,减速机构选择齿轮实现,如 US5528011A。这种设置比起最初采用皮带传送实现减速的小型化效果明显,主要是减少焊钳宽度方向的尺寸。

此外,还在导向装置上有一些改进,如 JP2003103375A,其缩短了导向装置与丝杠之间的距离,从而使得焊钳的宽度方向尺寸减小；类似的缩短导向装置与丝杠之间距离以小型轻量化的申请还有 JP2009082983A。在导向装置上,申请人还采用把导向装置与枢转装置结合起来的技术手段,从而达到焊钳小型轻量化的目的,如 EP2415550A。

压力轴的改进也是目前焊钳小型轻量化中的一个有效手段。在伺服电机点焊钳中,压力轴均采用空心方式,因此在此不作为改进点出现。目前,压力轴的改进集中在止转装置上,JP2001293577A 采用了棘轮式止转,US2008149601A1 采取压力轴外周平端面止转,US2009008427A1 将压力轴外周设置滚珠花键。这三种改进均不防止电机中空旋转轴孔径变大,从而使得焊钳有效小型轻量化。

（3）变压器、整流器

在伺服电机点焊钳中,采用变压器、整流器的改进来实现焊钳小型轻量化的方案也不少。其中如 FR2551912A1 是在整流器中采用半导体薄片从而减小尺寸；如

GB2225972A 和 WO2009016602A2 是改变变压器的结构来使得尺寸减小，而 RU2221681C2、CN202438783U 则是直接选择小型变压器和轻量化的逆变器来减小焊钳的尺寸和重量。由于在机器人点焊钳中，变压器、整流器等并不依赖于伺服电机驱动方式而存在，因此这些手段也适用于其他驱动方式的点焊钳。

（4）冷却部件

冷却部件是机器人点焊钳中必不可少的部件。目前，为了实现焊钳小型轻量化的冷却部件的改进集中在使得部件中空，也就是部件本身存在冷却通道，从而提高冷却效率，也减小了焊钳的重量和尺寸。这类专利申请有 JP2005161348A、JP2006198631A、CN1509218A 和 EP2452772A1。

（5）侧板

侧板的改进主要是通过侧板的形状和其他部件的合理布局来实现焊钳的小型轻量化。其代表性的专利申请为 EP2075081A1 和 JP2005219073A。

（6）焊臂

焊臂的改进主要有两种：采用型材和采用轻合金材料，如铝合金。这两种技术手段的采用不局限于伺服电机点焊钳，对气动焊钳等也同样适用，其代表性专利申请有 CN102686328A 和 CN202894577U。

（7）重量平衡装置

采用重量平衡装置来实现焊钳小型轻量化的专利申请仅有 1 项，其为 JP7214332A。该专利中重量平衡装置为弹簧式，从而在保证重量平衡效果的同时减轻了整体焊钳的重量。

（8）防冲击装置

防冲击装置的改进专利申请仅有 1 项，其为 JP2012254463A，它主要是通过凸轮机构来实现防冲击，该结构体积小，重量轻，从而实现焊钳的小型轻量化。

6.5.3　专利技术分析

本节主要将针对工业机器人点焊钳小型轻量化这一典型技术问题，从专利的分布、企业的布局、中国申请现状这三个方面分别展开分析。

实现小型轻量化的专利申请分布图如图 6-12（见文前彩色插图第 3 页）所示。

6.5.3.1　专利申请分布

对于伺服电机点焊钳小型化的技术手段中，元件改进的技术手段最多，而其中采用电机空心旋转轴是最为有效地控制焊钳长度方向尺寸的方式。因此，目前大部分伺服电机点焊钳专利均采用了空心电机轴，也可以从图 6-12 中看出，采用空心电机轴有大量的专利分布。由于元件改进属于点的改进，因此，为了实现小型轻量化，可以采用一个元件到多个元件的改进。

元件位置改变能有效地缩小长度或者宽度的尺寸，但一般而言一个维度的尺寸减小往往会增大另一个维度的尺寸。因此，元件位置改变通常还会结合元件改进，特别是增大尺寸的维度，会采用元件改进来减小这种增大的尺寸。例如：在电机轴和丝杠平行设置时，会采用齿轮减速来替代带传动，以期减小宽度方向的尺寸；电机轴和丝杠、电极同轴设置时，会采用电机空心旋转轴来减小长度方向的尺寸。由于焊钳的应用位置的不同，可以看出各种位置关系均有相当的专利申请分布，但电机——丝杠——压力轴同轴布置是最常规的布置方式。

元件替换多在传动系统替换，目前的替换方式虽然一定程度上使得焊钳小型轻量化，但其精确度却有所下降。目前，还没有更好的传动方式能替代滚珠丝杠的精确微进给，因而其虽然有一定的申请量，但未成为主流的方式。

元件省略毫无疑义是有效实现小型轻量化的技术手段。目前，联轴器的省略已经是成熟的技术，其能够在一定程度上减小长度方向的尺寸；但是一体成型的轴会提高维护成本，因而其分布的专利并不多。其他省略如电源、电机的分离等，虽然也能实现小型轻量化，但是其在防干涉、精确传动等方面性能下降明显，因而制约了这些分离手段的专利分布。

6.5.3.2 企业布局

目前在伺服电机点焊钳的小型轻量化专利申请中，申请量最大的是小原公司，其次是本田公司，其他公司如丰田、博世、FANUC公司、马自达、尼玛克等多个公司也均有申请，这些公司覆盖了焊钳供应商、整车企业和机器人供应商。可见，从上游供应商到下游的使用商都很关注小型轻量化这个技术需求。

小原公司的专利申请没有覆盖元件的替换，其在电机——丝杠——压力轴同轴和空心电机转轴上的专利申请分布最多，可见这是它的核心技术之一。

事实上，将这些专利申请分布按时间展开，可以发现，最初小原公司是将电机轴与丝杠平行设置，并且通过齿轮减速传动以使得焊钳小型轻量化。在1998～1999年提出的4项申请中均采用了电机轴与丝杠同轴设置，且省略联轴器，使得电机旋转轴前端加工成丝杠，后端加工成编码器轴，以此抑制长度方向的尺寸。2000年之后，小原公司致力于采用电机空心轴来实现小型轻量化，且在此基础上，发展出动、定电极平行连接丝杠副；棘轮止转、压力轴外周面平端面或滚珠花键止转等进一步实现焊钳小型轻量化的技术方案。由此可见，小原公司一直在该核心技术需求上进行研发投入，使得其焊钳更小、更轻以适应市场的需求。

小原公司不是最早在伺服电机驱动中采用电机空心轴的公司，但是其紧跟着第一项相关申请，提出了自己的专利申请，并将其系列化。这种成系列的研发与其发明团队密不可分。在对小原公司的申请进一步分析发现，小原公司除1994年在中国的实用新型申请外，其余的11项小型轻量化的伺服电机点焊钳申请中，有10项为佐藤良夫独立完成，1项为其与别人合作完成。由此可见，在该核心技术需求中，佐藤良夫为名副其实的核心发明人。

由于小原公司在焊钳领域和伺服电机点焊钳领域的先进地位，国内企业在进入该行业或研发小型轻量化的伺服电机点焊钳时，需要对小原公司的专利申请重点分析，并对其技术进行参考和学习，并且在专利上进行改进或规避。

本田公司在小型轻量化上也有相当的专利申请，其手段较为多元，其专利分布也较广，但其没有特别明显的倾向性。本田公司在变压器的改进、电机中空轴的采用、编码器的改进、丝杠的改进、冷却部件的改进和传动部件的替换中均有所涉及，但从其专利的分布可看,其属于广撒网型,并未如小原公司一般形成体系。

国内申请人目前有关小型轻量化的伺服电机点焊钳申请还很少,仅有苏州工业园区华焊科技有限公司和深圳市鸿栢科技实业有限公司进行了 2 项实用新型专利申请。前者涉及电机旋转轴和丝杠平行设置,通过同步带减速传动;后者涉及电机旋转轴与丝杠同轴设置,焊臂采用铝合金,这两项技术的类似申请均已在较早时期的国外申请中出现过。

由中国申请人目前的申请状况可以看出:首先,中国申请人还没有意识到伺服点焊钳的小型轻量化的重要性,尚未对其进行研发投入;其次,中国目前的技术还远落后于国外的同类技术,如果中国申请人要对其进行研发,可适当参考国外的先进技术。

6.5.3.3 在中国申请现状

伺服电机点焊钳的小型轻量化专利申请中,有 18 件在中国申请,其法律状态和技术内容如表 6-9 所示。

表 6-9 在中国申请的技术方案和法律状态

序号	公开号	申请人	法律状态	实现小型轻量化的手段
1	CN1165067A	小原株式会社	有效	电机旋转轴和丝杠平行设置,齿轮减速传动
2	CN1182002A	丰田自动车株式会社	无效	伺服电机的定子连接定电极,转子连接动电极,旋转促动
3	CN1509218A	本田技研工业株式会社	有效	中空电机轴,磁铁改进,冷却通道与电机一体,转子与丝杠之间保持一定压力连接
4	CN101043969A	弗罗纽斯国际有限公司	有效	电机+齿轮+连杆依靠齿轮旋转带动齿轮偏心的连杆运动促使焊钳开闭
5	CN101244499A	小原株式会社	无效	中空电机轴,压力轴外同面设置成平端面止转
6	CN101337302A	小原株式会社	无效	中空电机轴,压力轴外周设置为滚珠花键止转
7	CN102686328A	伯尔霍夫连接技术有限公司	未决	焊臂用型材
8	CN102101214A	本田技研工业株式会社	有效	中空电机轴
9	CN102107322A	本田技研工业株式会社	有效	中空电机轴,编码器扁平化
10	CN102145431A	本田技研工业株式会社	未决	中空电机轴,增大丝杠导程并采用减速机
11	CN102905835A	本田技研工业株式会社	未决	中空电机轴,丝杠设置防脱凸缘
12	CN102371427A	本田技研工业株式会社	未决	丝杠传动后用引导槽,引导销传动电极
13	CN102371426A	本田技研工业株式会社	未决	将编码器、电极、引导部偏置设置
14	CN102950372A	富士重工业株式会社	未决	中空电机轴,加压电机、控制加压电机、变压器并排布置

续表

序号	公开号	申请人	法律状态	实现小型轻量化的手段
15	CN201231373Y	小原（南京）机电有限公司 小原（上梅）有限公司	有效	电机旋转轴与丝杠平行设置，皮带减速传动
16	CN202271094U	苏州工业园区华焊科技有限公司	有效	电机旋转轴与丝杠平行设置，同步带减速传动
17	CN202438783U	小原（南京）机电有限公司 小原（上梅）有限公司	有效	选择轻量逆变器来轻量
18	CN202894577U	深圳市鸿栢科技实业有限公司	有效	电机旋转轴与丝杠同轴布置；焊臂用铝合金拼

在中国进行布局的主要是本田公司和小原公司。

从这些在中国申请中可以看出，2000年之后，本田公司很注重在中国的专利布局，几乎所有涉及小型轻量化的相关申请均在中国进行了布局。目前，本田公司的7项在中国申请中3项已经处于有效状态，还有4项处于未决状态，国内的企业在进行研发时要特别注意对其进行专利的规避。

对于小原公司，虽然其在小型轻量化中有重要的贡献，但是其在中国的申请仅有1项发明和2项实用新型有效，其他的已经处于无效状态。也就是说，小原公司在中国还没有对其产品形成足够的专利保护。

另外，国外的公司自1994年起就开始在中国进行布局，2000年之后，布局的申请量骤增；而中国公司从2011年才开始进行伺服电机点焊钳的专利申请，且专利申请中包含的技术也属于较为初期的伺服电机点焊钳技术。出现这种情况有两方面的原因，一方面可能是因为中国工业机器人行业尚未崛起，从而与其配套的机器人焊钳也还处于萌芽阶段，因而还没有意识到伺服电机点焊钳小型轻量化的重要性；另一方面可能是因为中国的整车企业等焊钳使用商，一般采用外购的焊钳，因而影响了中国的焊钳供应商和整车企业的自主研发。

6.6 基于 TRIZ 的创新思路分析

上一小节的归纳分析囊括了所有现有专利申请中公开的实现了工业机器人点焊钳小型轻量化的技术手段。从其数量和类型上看，实现小型轻量化的方式多种多样不可穷举。本课题组希望能去繁留简，以专利分析为基础，以 TRIZ 理论为手段，探索创新思路，从而对中国申请人进一步的发明创造提供更大的参考价值。

6.6.1 TRIZ 理论概述

TRIZ 是俄文"发明问题解决理论"的词头。它是前苏联阿奇舒勒（GS Altshulle）及其领导的团队，在研究世界上近250万件高水平发明专利的基础上提出的创新理论。

技术冲突是 TRIZ 理论中与产品创新相关的物理冲突、技术冲突及管理冲突 3 类冲突之一。技术进化原理是发明问题解决理论的核心，而解决冲突是技术系统进化的推动力。

技术冲突是指一个作用同时导致有用及有害两种结果，为了消除技术冲突，必须把组成冲突的两个方面用 39 个标准工程参数进行表示，即把实际工程冲突转化为一般的或标准的技术冲突。在此基础上，利用 40 个发明创造原理创建的冲突矩阵找到消除技术冲突的解，进而找到问题的解决方案，其主要解决在设计过程中选择发明原理的难题。在本节中，课题组就以该方法为手段，分析伺服电机点焊钳小型轻量化的创新思路。

6.6.2 小型轻量化的创新思路

伺服电机点焊钳的小型轻量化是指焊钳整体体积的缩小、长度方向的缩小和质量的减轻。也就是说，改进的工程参数是运动物体的重量、运动物体的长度和运动物体的体积。焊钳小型轻量化之后，焊钳的强度会下降，而且由于机电一体化结构变小，维修困难。

根据其恶化和改进的工程参数，对照 TRIZ 的冲突矩阵，确定其发明原理，参见表 6-10；并对现有专利申请进行分析，参见图 6-13（见文前彩色插图第 4 页）。

表 6-10 技术冲突解决的发明原理

改进工程参数	恶化工程参数	发 明 原 理
运动物体的重量	强度	28 机械系统的替代
		27 用低成本不耐用的物体替代
		18 振动
		40 复合材料
	可维修性	2 分离
		27 用低成本不耐用的物体替代
		28 机械系统的替代
运动物体的长度	强度	11 预补偿
		8 重量补偿
		35 参数变化
		29 气动与液压结构
		34 抛弃与修复
	可维修性	1 分割
		28 机械系统的替代
		10 预操作
运动物体的体积	强度	9 预加反作用
		14 曲面化
		15 动态化
		7 套装
	可维修性	10 预操作

分析这些发明原理发现，部分发明原理，如用低成本或不耐用成本替代、振动和气动与液压结构在焊钳的小型轻量化中难以实施，这主要是三个方面的原因。第一，机器人点焊钳为机器人所使用，为了提高机器人工作的效率，尽可能增加机器人的工作时间并减少更换零部件的频次，而用低成本或不耐用成本替代的发明原理与实际需求正好相反，因此该发明原理不实际；第二，振动的发明原理是指使物体处于振动状态；或振动存在时，增加频率，甚至到超声；或者使用共振频率；或者使用压电振动代替机械振动；或者使超声振动与电磁场耦合；而由于在电阻点焊中，振动是一个有害因素，应尽可能减少振动，因此该发明原理与实际技术需求矛盾，因而，该发明原理也不好用；第三，气动与液压结构是指物体的固体零部件用气动或液压零部件代替；由于伺服点焊钳中的伺服电机，不仅考虑了小型化，更重要的是为了电极的精确控制；而气动或液压结构在电极控制上的精确度不如伺服电机，因此，该发明原理在伺服点焊钳的小型轻量化中也不实用。由此可见，发明原理的选择，不仅需要按照TRIZ冲突矩阵获得的可能的发明原理，还需要将其与实际技术结合进一步分析其可行性。

对于可行的发明原理，本课题组将解决点焊钳小型轻量化问题的专利申请按照发明原理进行了排布，如图6-13所示。从图中可以看出专利申请在不同发明原理上的布局，分布得越多，该发明原理的实现方式越多，研究投入的也最多。没有专利布局的，说明还是当前研究的空白点，从而可以从其中引导研发的方向。

目前，在焊钳小型轻量化的研究中，专利申请分布最为集中的发明原理有两个，分别是套装和曲面化，下面对它们分别进行分析。

套装的发明原理主要是将一个物体放在第二个物体中，将第二个物体放在第三个物体中，以此进行下去或者使一个物体穿过另一个物体的空腔。目前，采用套装的发明思路的实现方式主要是采用空心压力轴、采用空心电机轴、焊钳部件中空以设置冷却通道和焊臂使用型材这四种。其中空心压力轴在焊钳领域使用的最早，目前几乎所有的机器人伺服点焊钳均采用这种方式，而空心电机轴如之前的分析所言，是目前焊钳小型轻量化中最有效的手段之一。

曲面化的发明原理的要点有三个，将直线或平面部分用曲线或曲面代替，立方形用球形代替；采用辊、球、螺旋和用旋转运动代替直线运动。第二、第三要点均在专利申请中有大量体现：如滚珠丝杠传动以及用曲柄连杆、齿轮连杆、旋转凸轮槽或电机直接旋转促动代替原来的直线运动等。可见，曲面化的研究主要集中在传动系统中。

目前，套装和曲面化的已实现的创新思路最多也最集中，已经属于较为成熟的技术。中国申请人在研发时可以对这些技术加以学习，但应注意专利技术的规避。

此外，目前的专利申请还体现在采用复合材料、分离、预补偿、重量补偿、抛弃与修复和参数变化等发明原理。但其专利申请数量都较少。复合材料是指将材质单一的材料改为复合材料，FR2551912A中使用半导体薄片的整流器，体现了复合材料的发明原理。分离是将一个物体中的"干扰"部分分离出去，或者将物体中的关键部分挑选或分离出去。JP8276279A和JP2001038670A分别将焊钳中的备用电源和电机从焊钳中分离出去，从而实现了焊钳的小型化。预补偿是采用预先准备好的应急措施补偿问题相对较低的可靠性，如 EP1089019A 使得丝杠端部具有凸缘，以防止丝杠和压力轴脱节。重量补偿是采用另一个能产生提升力的物体补偿第一个物体的重量或者通过与环境相互作用产生空气动力或液体动力的方法补偿第一个物体的重量，目前 JP7214332A 通过重力平衡装置实现小型轻量化。抛弃与修复是指当一个物体完成了其功能或变得无用时，抛弃或修改该物件中的一个元件，或者立即修复一个物体中损耗的部分，体现主要是焊钳的冷却水循环。系统参数变化是改变物体的物理状态，或者改变物体的浓度或黏度，或改变物体的柔性，或改变温度或者改变压力，JP2012254463A 采用防冲击装置改变焊钳的柔性，CN102145431A 通过丝杠导程的改变来改变压力。

这些少量的申请不仅说明了该发明原理的可行性，另一方面也给出了产生原始创新想法之前的参考。举例来说，对于采用复合材料这个发明原理，不仅可以在变压器中采用半导体薄片来小型轻量化，还可以用在滚珠丝杠的传动中。为了使得滚珠丝杠更小更轻，可以尝试采用耐磨且有一定强度的复合材料来制备滚珠丝杠；或者是采用常用材料制备滚珠丝杠，在上面设置复合材料涂层；或者在丝杠螺旋槽中设置复合材料保护层。企业可以根据这些发明原理，来确定出不同的技术方案，并通过推理和试验，选择其中最有可能实现的方案并将其实施。

当然，在运用这些发明原理时，确定出的不同技术方案也会各有利弊。如均为采用曲面化的发明思路，采用曲柄连杆机构或滚珠丝杠传动均能够实现。前者长度方向尺寸小，但定位精度低；后者精度高但长度方向尺寸大。因此，不同的技术方案之间的选择，还需要企业进一步考虑最需要解决的技术需求。

此外，部分发明原理目前尚没有专利申请分布，且通过分析，也不属于不能实现的情况。从图 6-13 中可以看出，如机械系统的替代、分割、预操作、预加反作用和动态化均属于此列。

机械系统的替代是指用视觉、听觉、嗅觉系统代替部分机械系统，或者用电场、磁场及电磁完成与物体的相互作用，或者将固定场变为移动场，将静态场变为动态场，将随机场变为确定场，或者将铁磁离子用于场的作用中。在这种发明原理的指引下，可以产生诸如采用视觉系统替代焊钳中的机械定位装置或防干涉装置之类的新的创新思路。

下面，将分割、预操作、预加反作用和动态化的发明原理加以阐明。分割是将一个物体分成相对独立的部分、或将物体分成容易组装及拆卸的部分、或增加物体相互独立部分的程度。预操作是在操作开始前，是物体局部或全部发生所需的变化、或者预先对物体进行特殊安排，使其在时间上有准备，或已处于易操作的位置。预加反作用是预先施加反作用，或者某一物体处于或将处于受拉伸状态，则预先增加压力。动态化是使一个物体或其环境在操作的每一个阶段自动调整，以达到优化的性能、或将一个物体划分为具有相互关系的元件，元件之间可以改变相对位置，或者一个物体是刚性的，将其变为可活动的或可改变的。由于课题组并不是专业的工程人员，对这些发明原理下的创新思路的开拓就不再赘言。企业可以根据自身的特长，选择合适的创新思路。

在本节中，课题组初次尝试了将 TRIZ 理论和专利分析结合起来，以产生一种新的、有实际指导意义的创新思路分析方法。对于中国企业而言，采用这种方法，能更好地选择发明原理，并通过现有专利布局，掌握时下的热点和空白点，对专利技术进行有效地学习和规避，从而更好地指导产品的创新。

6.6.3 专利规避初步设想

专利规避最初的目的是从法律的角度来绕开某项专利的保护范围以避免专利权人进行侵权诉讼，专利规避是企业进行市场竞争的合法行为。本课题组拟从技术冲突矩阵以及 TRIZ 技术进化定律理论两方面分别与专利分析相结合，初步探讨专利规避的方法。

总结与归纳组件规避原则，主要从删除、替换、更改以及语义描述的变化等方面进行专利规避。实际应用中专利规避设计可遵循以下三点原则：（1）减少组件数量以满足全面覆盖原则；（2）使用替代的方法使被告主体不同于权利要求中指出的技术以防止字面侵权；（3）从方法/功能/结果上对构成要件进行实质性改变，以避免侵犯等同原则。专利规避设计原则是从侵权判断的角度进行分析，根据权利要求书分析专利的必要技术特征，对其进行删减和替代，以减少侵权的可能性。专利规避设计原则是宏观层面上的指导方针，对设计人员来说，需要具体可以实施的过程来详细指导如何在现有专利技术基础上进行重组和替代，开发出新的技术方案绕开现有专利的保护范围。

前面主要是将 TRIZ 技术冲突矩阵和专利分析结合，挖掘出发明原理，并对发明原理进行分析和解释，并将运用该发明原理的专利加以归类和说明，从而阐明现今研究的热点和空白，并指出创新思路。

具体来说，国内的企业，可以通过选择当前没有专利布局的发明原理的实施，创新出新的技术，从而实现专利的规避；也可以选择已经有专利布局的发明原理，通过现有的专利技术进行全面系统的分析，再挖掘基于同一发明原理的不同实施方案来实现专利的规避。

此外，也可以通过 TRIZ 的进化理论来探讨新的规避方法。比如，通过分析目前国内的伺服点焊钳在小型轻量化这个技术需求上的专利布局可知，为了能实现小型轻量化，伺服点焊钳由电机旋转轴和丝杠平行设置→电机旋转轴和丝杠同轴设置→电机旋转轴和丝杠为同轴→电机旋转轴为空心，丝杠套接在其中的技术发展路线，其进化符合缩短能量流路径长度的进化定律。为了进一步缩短能量流路径长度，最理想化的是完全不需要减速机构和传动机构，由驱动机构直接实现电极的驱动。在这样的理想的驱动下，可以进行设想：采用直线电机来代替伺服电机作为电极的驱动动力。这样的设想，实现了技术上的突破，从而在根本上规避了现有的伺服电机的专利。

由上面的分析可知，当 TRIZ 理论和专利分析结合后，能在很大程度上提供一种指引中国申请人进行专利规避的方法。

6.7 本章小结

本章对机器人点焊钳进行专利分析，主要从重要申请人的专利的技术功效进行分析，探讨了不同类型申请人之间在技术需求和技术手段上的异同；随后，拾取了小型轻量化这个核心技术需求，分析了目前专利申请中，从元件省略、元件替换、元件位置改变和元件改进四种不同类型来实现该技术需求的技术手段；再后，结合 TRIZ 的冲突矩阵理论，着重分析了实现小型轻量化的发明原理，并结合专利，对不同发明原理的目前专利分布进行了分析，从而将创新和专利规避有机地结合在一起；最后，结合 TRIZ 的进化理论进一步对专利规避进行了探讨。

第 7 章 3D 视觉控制技术

本章的标题为 3D 视觉控制技术，那么何为 3D 视觉控制技术，其实这种称呼从专业的角度来说并不准确，准确地理解应该是基于 3D 视觉技术对工业机器人进行控制的技术，即称为工业机器人的 3D 视觉控制技术。

目前在产业上，工业机器人面临在精度、速度、安全性等方面的越来越高的要求，其中通过 3D 视觉定位来实现高精度、高速度、高可靠性的工业机器人正越来越多地占据市场。

本章将对工业机器人的 3D 视觉控制技术进行着重分析，分别从全球和中国的角度进行全面的专利分析，从宏观上对工业机器人的 3D 视觉控制技术给出一个初步的认识和了解；然后着重从 3D 视觉控制技术的发展历程、专利申请发展态势、专利布局、重点产品与专利技术的关系、专利保护策略等方面对三个在工业机器人的 3D 视觉控制技术方面占主要地位的重要申请人进行分析；最后对三个重要申请人的技术演进进行比较，同时分析市场占有率高的一些重要产品与专利技术的关系。

本章用于分析的统计数据以 2013 年 6 月提取的已公开的中国专利数据和全球专利数据为基础，涉及可用于工业机器人的 3D 视觉技术方面的专利数据，其他诸如医疗领域、生活领域、特殊环境领域的机器人专利数据不在本章分析的数据范围内。

7.1 技术概况

机器视觉系统的特点是提高生产的柔性和自动化程度。在一些不适于人工作业的危险工作环境或人工视觉难以满足要求的场合，常用机器视觉来替代人工视觉，同时在大批量工业生产过程中，用人工视觉检查产品质量效率低且精度不高，用机器视觉检测方法可以大大提高生产效率和生产的自动化程度。

3D 视觉系统可以应用于很多领域，其中在容器中拣取零件、机床上的工件装卸以及包装和焊接领域中的应用已经取得了理想的成效。随着 3D 视觉技术的不断突破，其在机器人领域的应用必将更为广泛，最终将成为机器人系统不可获缺的标准附加设备。

由于工业机器人的 3D 视觉控制技术涉及的技术体系和技术构成复杂，所以对整个 3D 视觉控制技术进行技术分解是非常困难的。鉴于 3D 视觉影像重构技术是 3D 视觉控制的核心技术，本章从 3D 视觉重构的角度，对工业机器人的 3D 视觉控制技术进行技术分解，解析其技术构成。因此，下面所分析的 3D 视觉控制技术的数据没有完全覆盖 1708 篇涉及工业机器人的 3D 视觉控制技术的专利文献，除了涉及通过视觉技术获取 3D 影像信息的专利申请外，其余大部分专利文献涉及对获取的 3D 影像信息进行数据处理的专利申请，在这里不作为重点研究对象，如图 7-1 所示。

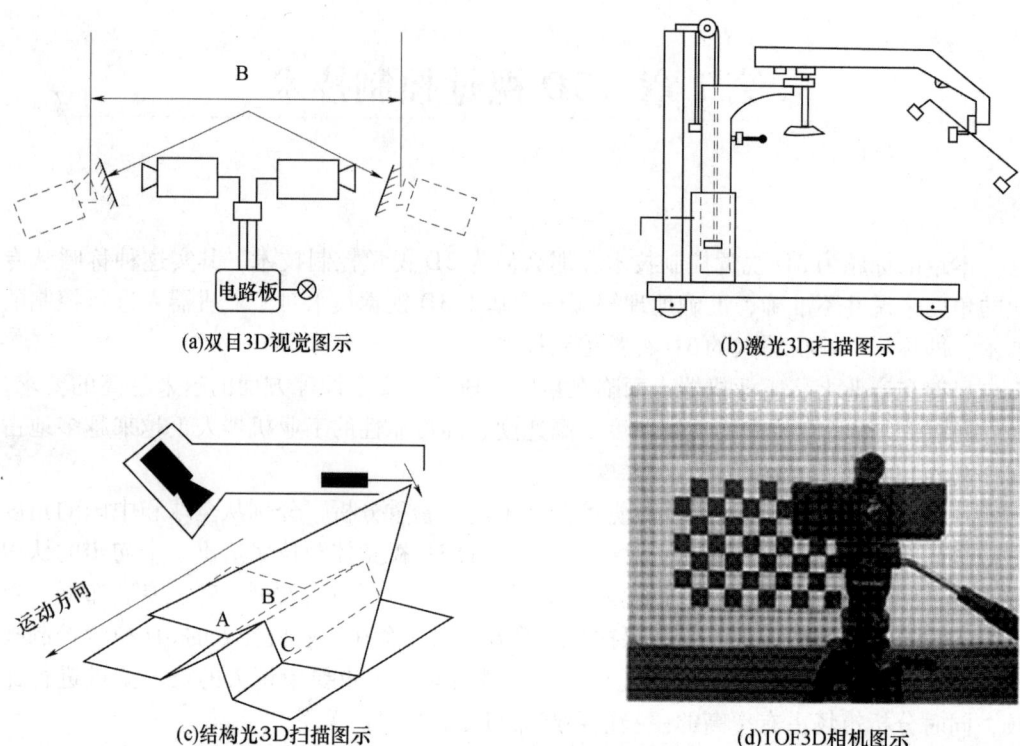

(a)双目3D视觉图示　　(b)激光3D扫描图示

(c)结构光3D扫描图示　　(d)TOF3D相机图示

图7-1　3D视觉控制技术的技术分支

从3D视觉技术的角度,可以分成几个技术分支,如表7-1所示。

表7-1　3D视觉技术分解表

技术分支	含　义	下位分支
被动3D视觉技术	不依赖于其他物理辅助手段,仅仅依靠单个相机或者多个相机来重建目标3D信息	单目3D视觉重建技术
		双目3D视觉重建技术
		多目3D视觉重建技术
激光3D扫描技术	通过投射激光,由相机捕捉激光图像,实现立体测量功能	点激光测量
		线激光测量
		点阵激光测量
结构光3D扫描技术	使用普通投影设备或者光栅投影机,通过结构光编码技术实现快速的高精度和高密度的3D视角重建过程	空间编码
		时间编码
TOF相机技术	TIME OF FLIGHT,即飞行时间相机技术,采用特制的CMOS传感器,配合高频LED,通过LED发射高频光信号,遇到物体反射,由传感器接受,分析信号从发射到返回的时间差,结合光速,实现距离的测量	

从表 7-1 中可以看出，3D 视觉技术可以分成 4 个技术分支：被动 3D 视觉技术、激光 3D 扫描技术、结构光 3D 扫描技术和 TOF 相机技术。其中，被动 3D 视觉技术又分为三个下位分支，其中单目 3D 视觉重建技术结构简单，难以完成高精度和高密度的 3D 重建过程，是最早被研究的技术，但由于理论存在致命缺陷，所以目前实际应用的非常少。双目 3D 视觉重建技术，顾名思义，类似人的双眼，用两个相机组成立体视觉系统，通过三角测量原理来实现 3D 视角重建，最核心的问题是立体匹配问题，即从两幅图像中找到对应的特征点。该项技术研究广泛，但立体匹配算法本身存在理论缺陷，实用程度的稳定性和可靠性还不能够达到要求，同时算法运算量很大，目前仍有研究，但实用的较少。多目 3D 视觉重建技术，是使用 2 个以上甚至几十上百个相机来实现精确的 3D 重建，与双目系统类似，使用更多的相机目的主要是实现更稳定更可靠的匹配问题，但由于使用相机过多，导致系统非常庞大，目前投入实用还存在不小的距离。

其余三种 3D 技术统称为主动 3D 视觉技术。激光 3D 扫描技术又可以分为三个下位技术分支。点激光测量是投射一个激光点，由两个相机组成的立体视觉系统，对该点进行 3D 深度计算，需要逐点测量。线激光测量和点阵激光测量则分别是投射一条激光线和一个激光点阵，由两个相机组成的立体视觉系统分别对激光线上的点和点阵进行 3D 深度计算。点激光测量和线激光测量一般速度比较慢，点阵激光测量的速度较快。由于激光 3D 扫描技术受到激光散斑缺陷的限制，一般很难达到非常高的精度，而且激光对于人眼存在伤害性，所以应用范围有限。结构光 3D 扫描技术是利用普通投影设备或者光栅投影机，通过结构光编码技术实现快速的高精度和高密度的 3D 视角重建过程，因此，结构光 3D 扫描技术可以根据其编码原理进行划分，分为两个下位技术分支：空间编码和时间编码。空间编码就是投影设备只投射 1 张编码图案，图案中包含有编码信息，相机拍摄到之后，通过图像解码算法，提取出投射的不同编码信息，进而对应于投影机编码图案，从而解决了匹配问题，进而通过三角测量原理实现 3D 重建过程。而时间编码，顾名思义，就是投射出一组编码信息，由多张编码图案组成，通过相机同步连续拍摄，从图像序列中重建出高精度和高密度的 3D 数据。相比较而言，空间编码的优点是速度快，只需要一次投射和一次拍摄就可以重建 3D 影像，但缺点是重建出来的 3D 点云的密度比较低，一般几千个点，但却可以做到动态和实时地进行 3D 重建，一般精度也比较低，在厘米——毫米级别。时间编码的优点在于精度高、密度高，是目前市场上的结构光 3D 扫描仪大部分在用的 3D 重建技术。结构光 3D 扫描技术存在一个主要问题，和所有其他光学测量技术一样，物体表面对其会产生影响，比如对于透明表面，结构光条纹投不上去，就无法测量，对于黑色或者强反射表面，无法投射有效的结构光条纹信息，也无法测量，所以现有解决方法大多是先进行表面喷涂处理，即在物体表面喷涂白色粉末，再进行 3D 扫描，一般可一次完成几百万点的 3D 重建，精度从几微米到几十微米。TOF 相机技术属于比较新的技术，它速度很快，能达到 60 英尺/秒以上，精度在毫米——厘米级别，但其缺点是分辨率一般比较低，约几万个点，成本也比较高。

7.2 专利申请态势

本节从全球和中国两个视角出发,对应用于工业机器人的3D视觉控制技术的专利申请进行了全面分析,并挑选了该项技术的三个重要申请人做重点研究,解读他们的技术研发路线、专利布局方法、重点专利技术以及专利保护模式。

7.2.1 全球专利申请态势

分析专利申请的总体发展趋势有助于企业了解整个行业的发展态势,合理预期某项技术的发展空间,认清行业发展态势,找准自身的位置,有目标、有侧重地进行技术研发。为了研究工业机器人的3D视觉控制技术的发展情况,对包含中国在内的全球专利申请量进行了统计分析,如图7-2中上方曲线所示。同时,图7-2中下方曲线表示多边申请量的发展趋势。这里首先要解释一下多边申请的含义,所谓多边申请,即是指向多个国家或地区进行了专利保护请求的专利申请。从定义中可以看出,多边申请是同一申请人向不同的国家或地区进行申请。可见,申请人希望在这些不同的国家或地区拥有该项技术的专利权,获得专利保护,那么就说明该项技术对于申请人来说非常重要,是申请人的重要技术,还说明请求获得保护的国家或地区是该申请人非常重视的市场,抑或代表该项技术所转化的相关产品将进入或已经进入请求获得保护的国家或地区,申请人希望通过专利权来维护自己的合法权益,并利用专利权保护自己。

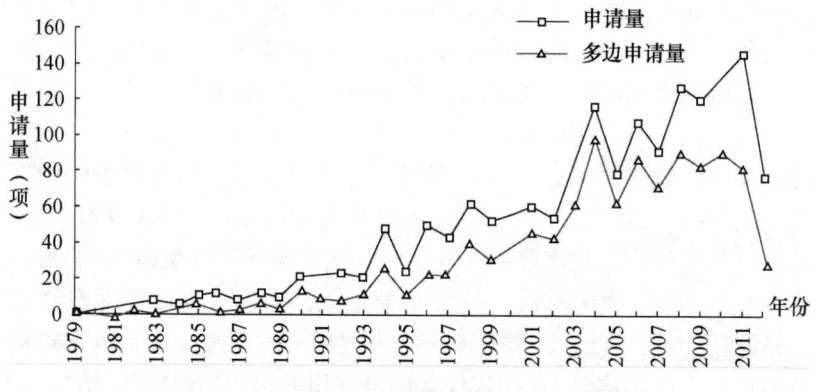

图7-2 全球申请量与多边申请量发展趋势

截至2011年底,全球涉及工业机器人的3D视觉控制技术的专利申请总量大约为1600项。需要说明的是,虽然统计数据中包含2012年的专利申请量,但由于专利制度的特殊性,截至2013年6月,2012年大部分的专利申请还没有进入出版公开阶段,没有进入数据库,因此,我们的统计数据仅仅包含部分2012年的专利申请量,故2012年的申请量不完整。从图7-2中可以看出,早在20世纪70年代末就已经出现了关于工业机器人的3D视觉控制技术的专利申请。从1979年开始到2011年,整体的申请量发展趋势是逐渐上升的。1984年前,每年的申请量很少,仅仅在个位数上徘徊，1985～1989 年，每年的申请量略有增长，但仍然不多，仅仅为十几项，而进入 20 世纪 90 年代后，申请量呈现了明显的增长势头，直到 2004 年出现了第一个明显的申请高峰，涉及工业机器人的 3D 视觉控制技术的申请量达到了突破性的 116 项；随后，虽然在 2005～2007 年出现小幅度的波动，但整体的增长趋势显著，申请量逐年增长，并在 2011 年达到最高峰。从申请量发展趋势来看，工业机器人的 3D 视觉控制技术在全球范围内的专利申请经历了一个波动式增长的发展过程，大致可以分为以下三个阶段：

（1）萌芽期（1979～1984 年）

在 1979～1984 年，虽然每年都有申请，但总体数量不多，始终在个位数上徘徊，工业机器人的 3D 视觉控制技术处于起步阶段，相关技术还处于开发初期，多数企业或研究机构正处于基础研究和实验室论证状态。1979 年，美国的通用汽车公司开创性地申请了一篇名为"视觉运动跟踪系统"的专利申请 US4254433A，实现了对工业机器人的 3D 视觉控制技术请求专利保护的零的突破。工业机器人最早出现在汽车生产线上，负责汽车生产流程中的搬运、喷涂、安装等环节的操作。由于其带来了减少劳动力、降低生产成本，提高安全性和可靠性等显著效果，工业机器人的使用从汽车制造领域逐渐扩展到目前的各个行业，但汽车制造领域仍然是使用工业机器人的最主要的对象。美国通用汽车公司作为全球著名的汽车生产厂商，其对工业机器人的使用及研究都走在了前面。

（2）缓慢发展期（1985～1993 年）

随着工业机器人的优势逐渐被人们认识，工业机器人逐渐进入各个行业，各个公司和研究机构对工业机器人的技术研究也逐渐加大力度，而 3D 视觉控制技术也随着工业机器人的发展缓慢发展起来。因此，在 1985～1993 年，每年的申请量缓慢增加，但仍然数量不多，保持在十几到二十几项的水平。9 年间，申请量比萌芽期增长了 2 倍，申请人和发明人逐渐增加，加入研究的企业和机构不断增多，研发队伍不断壮大，逐渐积蓄开发力量，等待厚积薄发。

（3）稳定发展期（1994～2003 年）

随着制造机器人本体材料的不断研发、机械加工水平的逐年进步、计算机编程能力的继续提升，工业机器人的 3D 视觉控制技术也得到了平稳快速的发展。每年的申请量也突破了百件，2011 年的申请量是 1993 年的将近 7 倍，达到历史最高峰的 146 项。可见，从 20 世纪 90 年代开始至本世纪初，关于工业机器人的 3D 视觉控制技术获得了人们越来越多的重视，工业机器人的 3D 视觉控制技术稳中有升地发展。

（4）快速发展期（2004 年至今）

3D 视觉控制技术使工业机器人的控制水平大幅度提高，控制精度也大幅度提升，能够满足产业上对工业机器人操作的越来越精细、越来越灵活、越来越快速的要求，同时生产制造领域对成本、劳动力、安全性等方面的要求也不断提升，对工业机器人的研究日趋丰富和多样化。

在这一期间，工业机器人的本体结构、外壳、框架等生产技术日趋完善，整体架构变化不大，更多的技术研究重点落在了控制程序、3D 视觉重构方式、数据处理等方面，3D视觉控制技术的研究开发偏重软件方面的研究。

从图7-2中可以清晰地发现，表示多边申请量的下方曲线始终依附于总申请量曲线下方，保持相对稳定的距离，两条曲线走势基本一致，说明多边申请量在申请量中所占比重也是逐渐稳步增长。在萌芽期，多边申请量占申请量的比重平均为40%，缓慢发展期，多边申请量占申请量的比重平均为45%，而到了快速发展期，在2004年到2006年的上半期，多边申请量占申请量的比重持续走高，更是在2006年达到峰值，从54%一路飙升到81%，而从2007年开始的下半期，随着申请量的持续增长，多边申请量占申请量的比重却开始逐渐回落，到2011年，比重下降到55%。这表明工业机器人的3D视觉控制技术在经历了30多年的发展之后已经日趋成熟，各大企业或研究机构对3D视觉控制技术在海外市场的专利技术布局日趋完善，市场份额相对固定，逐渐将发展重心回收到本国，更加重视本国市场。

7.2.2 中国专利申请态势

在了解了工业机器人的全球3D视觉控制技术的发展态势之后，本课题组分析了一下中国工业机器人的3D视觉控制技术的发展情况。本小节将重点研究中国专利总体发展态势、各国在中国的申请情况和申请人的构成情况、国内各省份专利申请和产业布局等。这里所说的中国专利申请包括中国内地和中国台湾地区的专利申请（参见图7-3）。

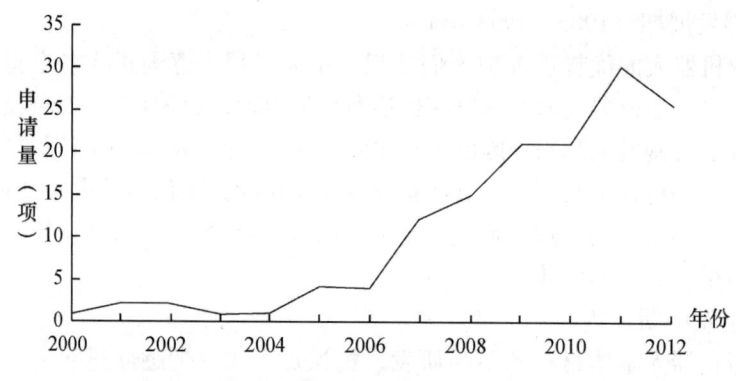

图7-3 中国3D视觉控制技术发展趋势

从图7-3可以看出，中国关于工业机器人的3D视觉控制技术发展较晚，从2000年开始出现专利申请。在2006年之前一直处于非常少量的申请态势，表明中国的技术创新主体虽然从2000年开始涉足了工业机器人的3D视觉控制技术，但还处于探索阶段，对其投入的研发力量不大。从2007年开始申请量有了明显增加，增长幅度非常高，2007年的申请量是2006年的3倍，之后增长趋势延续到2011年。虽然2012年的数据下降，但由于截至数据样本获得时2012年的专利申请数据不完整，因此可以预计2012年的申请量一定还会远远大于2011年，增长势头不会降低。这表明从2006年之后，中国的技术创新主体经过前几年的探索，逐渐发现了3D视觉技术的优势，加大了力度进行研究，同时也取得了显著的研究成果。同时，中国市场的格局也有了很大的变化，劳动力短缺、劳动成本提高，这些都增加了市场需求。

而且中国的企业和发明人也越来越多地认识到专利的意义，开始对中国市场进行专利布局了。

7.2.3 专利申请构成

从图7-4和图7-5可知，在3D视觉技术的四个技术分支中，激光3D扫描技术所占比重最大，达到了38%。紧接着是结构光3D扫描技术，占到32%，而由单目、双目、多目视觉重建技术构成的被动3D视觉技术占到27%，TOF作为新兴技术，申请量只占到3%。按照申请量趋势来看，TOF相机技术早在1986年和1987年两年就出现了两篇相关申请，分别是机器人视觉系统公司和美国的通用电气公司申请的，涉及"三维跟踪视觉技术"和"焊缝的自动研磨装置"。10年后在1997年又出现了一篇专利申请，之后沉寂了6年，在2003年又开始出现相关专利申请，一直持续至今。虽然每年的申请量都非常少，最多不过3件，但持续至今一直都有该项技术的申请。这说明经过20世纪的几次试探性尝试后，随着科学技术的不断进步，企业和研究机构逐渐认识到TOF技术的优点和可预见的发展空间，开始不断摸索对TOF技术进行深入研究，力求保持其本身精度高的优势，克服价格昂贵的劣势，争取满足市场需求，进入市场实际应用阶段。被动3D视觉技术、激光3D扫描技术和结构光3D扫描技术几乎成三足鼎立的形式分别占据了3D视觉技术的大约1/3的天下。被动3D视觉技术从1983年开始出现相关专利申请，之后在波动中呈稳步上升的趋势，在2011年的申请量达到最高值。根据前面的分析，被动3D视觉技术虽然存在立体匹配算法的缺陷，但随着人们对计算机技术掌握程度的增强、高计算能力的计算机的产生，人们还是比较看好被动3D视觉技术，不断研究改善、克服缺陷，力求使该项技术达到实际应用的要求。激光3D扫描技术最早从1981年就出现了相关专利申请，在2002年之前都处于波动式缓慢增长的态势，从2003年开始申请量迅猛增加。2003年的申请量达到18项，是2002年的3.6倍，激光3D扫描技术进入了高速发展的阶段，并在2005年达到了峰值。这种迅猛发展的趋势一直持续到2010年，而在2011年，申请量下降到14项。可见，经过7～8年时间的大力开发研究，激光3D扫描技术日趋成熟，各大企业和研究机构减少了对其的研究力度，转而更加关注其他技术的研发。

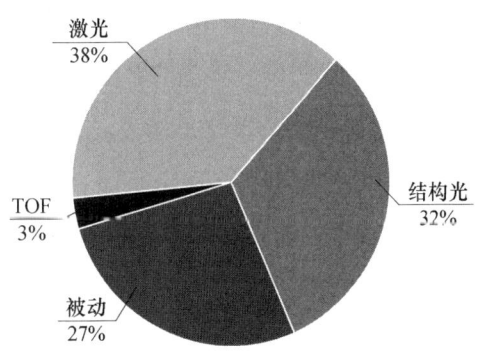

图7-4 3D视觉技术分支比例

结构光3D扫描技术早在1979年即进行了相关专利申请，虽然在1989年进入了申请量的低谷，但在1996年达到第一个申请高峰，并在2010年达到申请最高峰。2011年申请量有所回落，比2010年下降了45%。这说明结构光3D扫描技术日渐成熟，对其技术的改进和提高空间有限，各大企业和研究机构逐渐降低了对其研究的力度，更加重视其他新兴技术的研究开发。

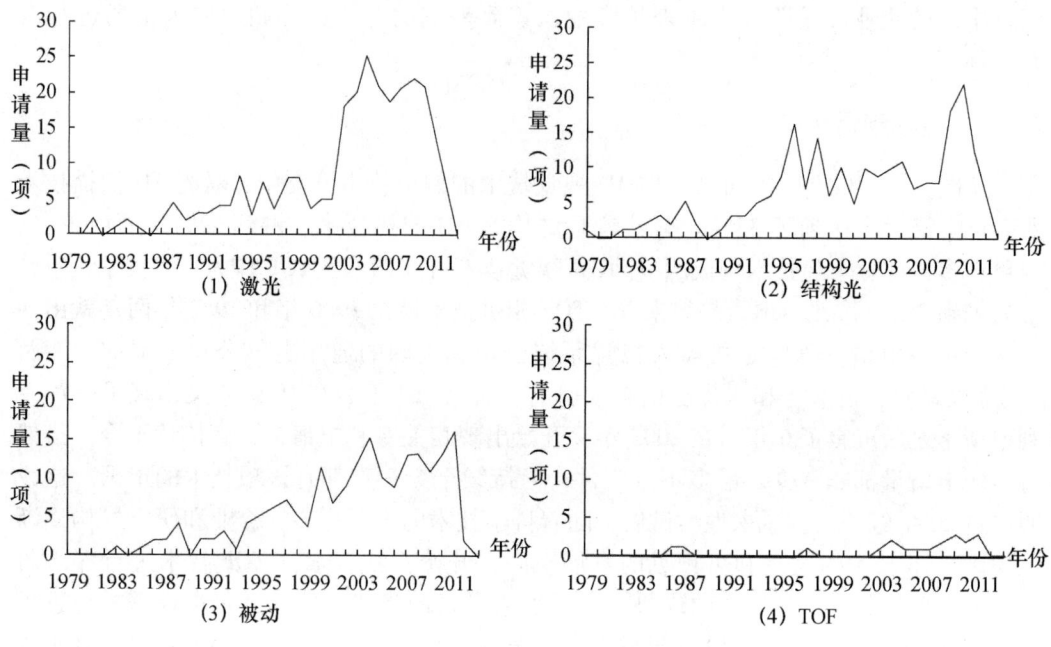

图7-5 各技术分支申请量趋势

7.2.4 来源国分析

技术来源国家或地区的分析能够反映主要技术力量的来源分布情况，从宏观上体现世界范围内的技术力量分布，而技术目标国家或地区的分析能够反映技术力量的市场布局、战略意图，因此这两方面数据的研究能够指导企业寻求技术力量、挖掘研究人才、有效进行专利技术布局等。

从图7-6和图7-7可以看出，日本是最大的技术来源国，其除了注重本国市场外，最关注的海外市场是美国，其次是欧洲地区和中国，对同为亚洲四小龙的韩国关注不多。因为工业机器人很大比重用于汽车制造行业，因此日本也比较重视同为汽车生产强国的德国市场。这说明日本企业非常重视本国市场，在稳固本国市场份额的前提下也非常注意开发海外市场，它们把美国作为其企业发展的主要地区，着力在美国进行完善、全面的专利布局。同时，它们还把眼光盯在了传统经济活跃地区——欧洲，多方占领海外市场。中国在20世纪改革开放以来，经济飞速发展，吸引了全球投资者的眼球，日本因此也在中国进行了精心的布局。韩国和日本在3D视觉控制技术方面发展水平相对平衡，竞争激烈，因此日本在韩国地区的申请量很少。

美国是全球第二大技术来源国，其申请量达到全球的31%，同时也是最大的技术目标国，是各个国家和地区最重视的市场。美国作为全球最发达的国家，其技术实力毋庸置疑，同时又是全球第一大经济体，对所有国家和地区的企业都有着巨大的吸引力。其他国家和地区在稳定本国技术力量的基础上，最为关注的就是美国，因此纷纷抢占美国市场，进行专利技术布局。几个重要的技术来源国家或地区向美国进行了大量的技术输入，技术强国日本在美国的申请量为312项，作为老牌技术强国的德国在美国的申请量达到了 60 项。欧洲地区在美国的申请量为 36 项,韩国在美国的申请量为 34 项,中国不甘落后,在美国的申请量也达到 13 项。

德国是老牌经济发达国家,其技术实力非常雄厚,成为第三大技术来源国。除不断研发新技术、发展现有技术外,还非常重视美国市场,在美国的申请量达到 60 项,高于欧洲的 57 项。同时德国也比较重视亚洲市场,在日本、中国、韩国的申请量分别为 27 项、18 项和 6 项。德国的汽车制造、机械加工领域的技术水平高超,是全世界公认的。因此,关于这两个领域常用的工业机器人的技术水平发展也处于领先地位。除德国外的其他欧洲国家包括多个传统的资本主义发达国家,其经济力量雄厚,市场吸引力大。除在自身的欧洲地区进行了最大量的专利布局之外,欧洲国家非常重视

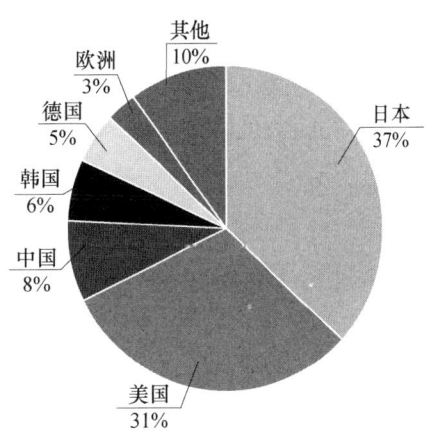

图 7-6 各主要技术输出国申请量比例

美国市场,在美国的申请量达到 36 项。同时它们也比较重视亚洲市场,在亚洲的技术经济领军国家——日本申请了 20 项专利申请,而在亚洲的后起之秀——中国提出了 11 项专利申请。其他欧洲国家也非常关注欧洲的老牌技术强国——德国的市场,在德国提交了 10 项专利申请。对于亚洲四小龙之一的韩国,欧洲国家没有足够重视,仅提交了 4 项专利申请。

韩国是第四大技术来源国,其最关注的同样是本国市场,申请量为 92 项。其次就是大家都想分一杯羹的美国市场,申请量为 45 项,接下来是日本 13 项。对作为邻居的中国也比较重视,提出了 11 项专利申请,在欧洲地区及德国分别提出了 8 项和 4 项的专利申请,可见其对欧洲地区的市场不太重视,更加关注传统强国及周边地区的市场。

中国作为申请量排名第三的国家,其技术输出量却位居第五。从图 7-7 中可以看出,其创新技术大部分在本国消化吸收,表明中国技术创新主体最关注的是中国本土市场,对海外市场不够重视。这是因为中国的工业机器人技术起步较晚,涉及工业机器人的基础制造技术还处于萌芽状态,很多重要技术,例如:自动化控制技术、电机技术、特殊材料技术相对落后。同时,中国的技术创新主体对专利的重要性认识不够,对知识产权的理解不够,还没有从传统的闭门造车状态中完全清醒过来。近些年,我国部分企业在开拓海外市场时纷纷遭遇了知识产权的法律纠纷,损失惨重,已经逐渐在总结经验教训,不断提升自身对专利、对知识产权的认识。同时国家也非常重视专利权,鼓励我国技术创新主体也拿起专利这个有利的武器,保护自身,尽快开展海内外市场的专利布局,避免在国际市场上遭遇专利侵权纠纷。另一方面,虽然中国的申请量位于领先地位,但数量上的领先不代表技术上的领先。应该看到,我国的专利申请整体质量不高,专利技术含金量偏低。而国外企业又都认准了中国这块大蛋糕,纷纷抢占中国市场,因此我国企业更要清醒地认识形势,尽快完成自身的专利布局,保

护本国市场。

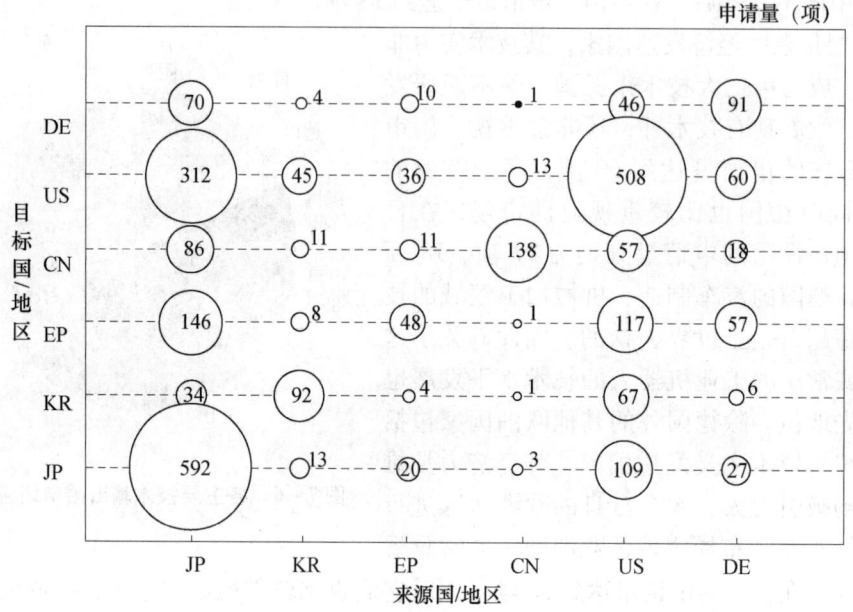

图7-7　3D视觉技术主要技术输出国家/地区技术流向

7.3　FANUC公司

日本FANUC公司是生产数控系统和工业机器人的著名厂家，中文名称发那科（也有译成法兰克），其创建于1956年的日本，自20世纪60年代生产数控系统以来，已经开发出40多种系列产品。FANUC公司于1959年首先推出了电液步进电机，在后来的若干年中逐步发展并完善了以硬件为主的开环数控系统。进入20世纪70年代，微电子技术、功率电子技术，尤其是计算机技术得到了飞速发展，FANUC公司毅然舍弃了电液步进电机数控产品，从GETTES公司引进直流伺服电机制造技术。1976年FANUC公司研制成功数控系统5，随后又与SIEMENS公司联合研制了具有先进水平的数控系统7。从那时起，FANUC公司逐步发展成为世界上最大的专业数控系统生产厂家。

本节对FANUC公司的机器视觉核心产品所涉及的专利技术进行梳理，通过分析其专利布局及技术发展历程、在国际及中国市场的运营策略，为国内企业完善自身产业结构以及借助国际合作提升实力提供建议。

7.3.1　专利申请布局

对于智能机器人系列产品的关键技术之一的3D视觉控制技术，FANUC公司早在1989年就开始对相关技术进行专利布局，如图7-8所示。

从图7-8可以看出，截至2013年5月底，在3D视觉控制领域，FANUC公司在各地区的有效专利数分布为：日本和美国约40项，欧洲20余项，中国7项。其在各地

第 7 章 3D 视觉控制技术

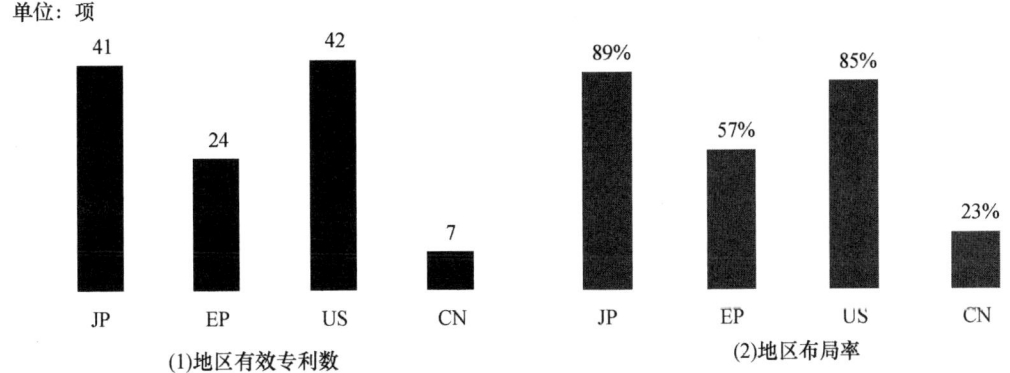

图 7-8　FANUC 3D 视觉控制技术专利布局

区的布局率（进入该地区的专利申请数量/全球专利申请数量）为：日本和美国超过 80%，欧洲在 50%~60% 之间，而中国仅为 23%。由此不难看出，无论是从各地区有效专利数，还是地区布局率来看，从地域关系上说，日本本国和位于太平洋彼岸的美国都是 FANUC 公司 3D 视觉控制技术专利布局的首选国家/地区。一方面，这与日本企业重视欧美市场的传统相契合。另一方面，FANUC 公司在 3D 视觉控制技术方面的技术优势主要体现在工业机器人上的应用，在除日本外的世界范围内，欧美企业的工业自动化起步较早、发展最迅速，其工业机器人的各项应用也最广泛，对具备卓越视觉功能的工业机器人的需求最为迫切，作为 FANUC 公司的 3D 视觉控制技术的典型应用的工业机器人在这两个地区具有相对广阔的市场前景。因此，FANUC 公司优先对美国和欧洲进行专利布局也符合其市场格局，而对以中国为代表的新兴市场，FANUC 公司也在逐步加快专利布局的步伐。

图 7-9 显示出了 FANUC 公司在 3D 视觉控制技术领域的专利布局历史图。从该图中可以看出，FANUC 公司在日本、美国、欧洲三个地区的专利公开量在 1995 年之后迅速增多，并于 2003 年达到顶峰，之后有所降低。而在中国内地 2004 年才首次出现了公开专利文献，并于 2005 年达到申请量的高峰。上述专利公开的授权率根据申请地区而略有不同，基本保持在 50% 以上。其中在日本和美国的专利授权率较高，平均达到 70%~80%；在欧洲地区的授权率略低，平均在 50%；而在中国的平均专利授权率基本位于 50% 以下。根据上述图示数据，可以分析出 FANUC 公司将需要保护的新技术更多的投放到美国、日本市场，其次是欧洲地区，而在中国投放的技术较为陈旧，现有技术较多，难以获得专利保护。这也侧面印证了中国工业机器人 3D 视觉技术与国际先进水平存在巨大差距，FANUC 公司并未将中国的技术创新主体作为主要的竞争对手。

机器视觉技术是计算机学科的一个重要分支，自起步发展至今，机器视觉已经有数十年的历史，其功能以及应用范围随着工业自动化的发展逐渐完善和推广。20 世纪 50 年代开始研究二维图像的统计模式识别，20 世纪 60 年代麻省理工学院（MIT）的 Roberts 开始进行 3D 机器视觉的研究，20 世纪 70 年代中，MIT 人工智能实验室正式开设"机器视觉"课程。与此同时，FANUC 公司也实现了向工业机器人方向的产业转移。从 20 世纪 80 年代起，机器视觉开始了全球性的研究热潮，新概念、新理论不断涌

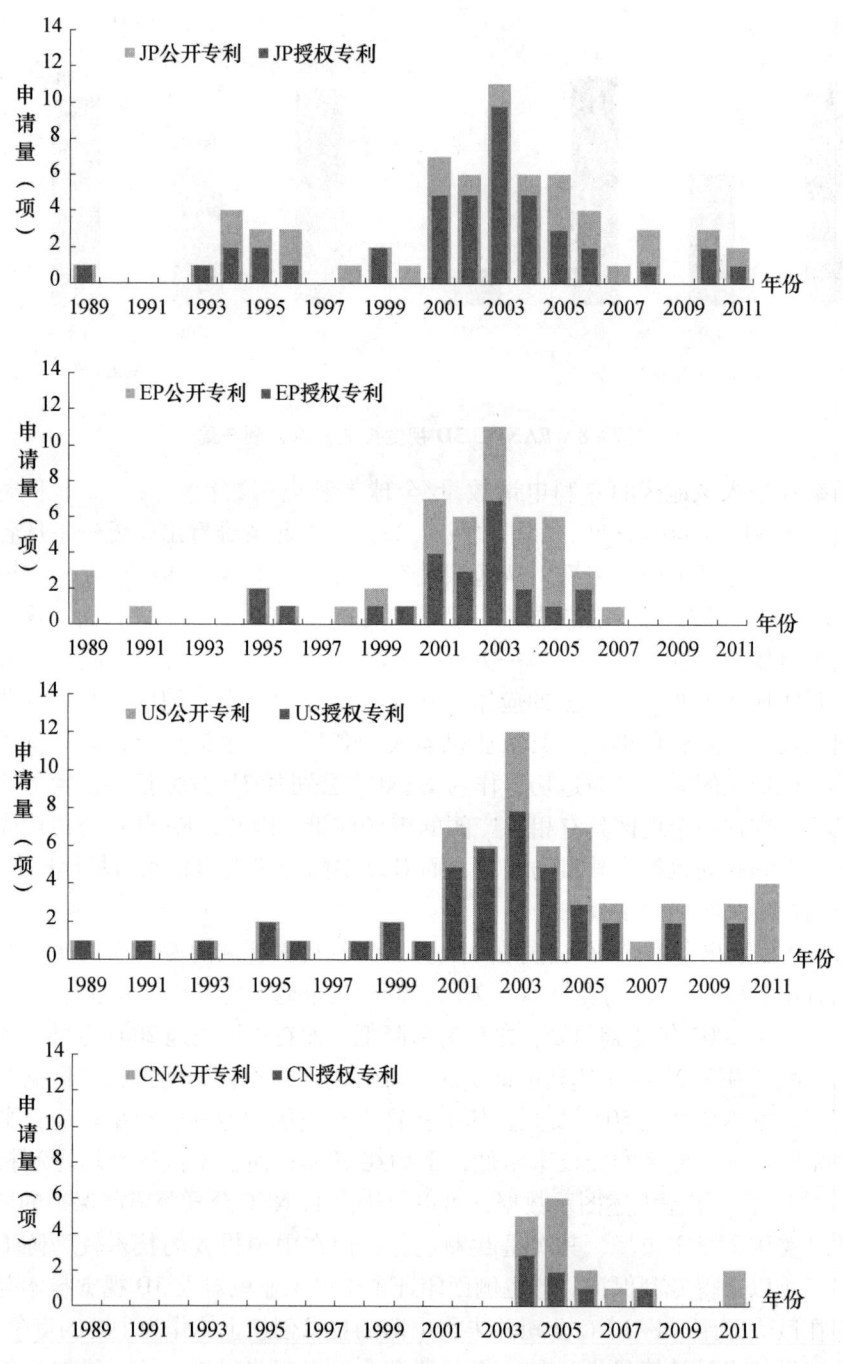

图 7-9 FANUC 公司 3D 视觉控制技术专利布局历史图

现。从图 7-9 可以看出，FANUC 公司正是在这一机器视觉的蓬勃发展期介入 3D 视觉控制技术的研发。而这一时期，随着欧洲和北美工业机器人产业的崛起，国际市场的格局已经发生了明显变化，从素有"机器人王国"之称的日本转向了欧洲和北美。因此 FANUC 公司在介入伊始就十分重视在美国、欧洲的技术保护和市场占领，在日本国内和美国、欧洲地区同时进行专利申请，并在20世纪80年代末获得在日本国内和美国的专利保护，在20世纪90年代中期获得在欧洲的专利保护。在其后的发展历程中，FANUC公司始终如一地将美、日、欧同时作为其专利布局的主战场。进入21世纪以来，随着日本本国早年工业机器人因服务期限而带来的更新换代需求，度过了几年的低迷期的日本工业机器人又开始重新焕发生机。FANUC公司也大幅加快了其专利布局的步伐，在美、日、欧的专利申请量、授权量均获得了爆发式增长，为其牢牢占领工业现代化水平最高、机器人使用率也最高的三大市场、保持自身的市场领先地位占得了先机。在不断巩固已有市场的基础上，FANUC公司还注重发掘新兴市场，随着以中国为代表的新兴国家工业自动化水平的逐步提高，其对工业机器人的需求也大幅增长。在这样的背景下，FANUC公司从2004年开始在中国持续进行3D视觉控制技术的专利布局。有理由相信，未来一段时间内，FANUC公司势必进一步加强在全球范围内包括3D视觉控制技术在内的工业机器人相关专利申请。同时，中国凭借其广阔的市场前景，将成为继美、日、欧之后的FANUC公司又一主要产品竞争市场。

值得注意的是，在与日本邻近且自动化水平相对较高的韩国，FANUC公司尚未就3D视觉控制技术进行专利布局。

7.3.2 重点产品与专利申请

机器人视觉系统是降低工具成本和提高生产效率的一种良好方法。采用视觉技术以后，可以在工具（夹具）和制造方面每年节约大量的资金，并可大幅度提升生产效率。使用机器人视觉技术来定位相比一般定位方式存在明显优势，在电子、运输等领域已逐步有所应用。FANUC公司在机器视觉领域的代表产品为机器人集成视觉系统。2006年，发那科机器人美国公司（FANUC Robotics America，Inc）专为FANUC R-J3iC系列新型控制器推出了视觉系统FANUC iR Vision，具备使用简便、高度集成化等一系列的特点，并基于此开发出了3DL视觉系统。

FANUC iR Vision 3DL视觉系统：该视觉系统由一个安装于地面上的3D激光传感器完成视觉数据采集。该视觉系统解决了定位面有偏差的工件上料位置变化问题。由于待加工工件为毛坯件，机器人抓取工件后，上料的定位孔位置会发生变化，甚至工件上料时的平面度也有变化。该技术可以自动补偿位置变化，实现高精度上料。系统组成及结构如图7-10所示。

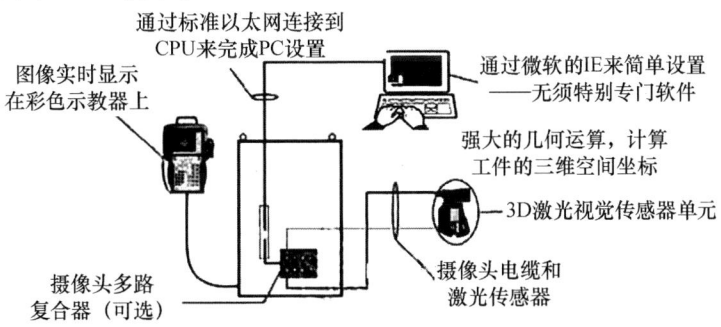

图7-10 FANUC iR Vision 3DL系统结构图

计测原理：如图 7-11 所示，3DL 视觉传感器通过激光发生器对工件表面照射产生的激光条束图像进行解析，取得 3D 特征数据（距离 Z 和姿态 W、P），将通常 2D 图像处理取得的 2D 特征数据（水平位置 X、Y 和旋转 R）与 3D 特征数据合并为完整的三维偏移数据（X、Y、Z、W、P 和 R）。

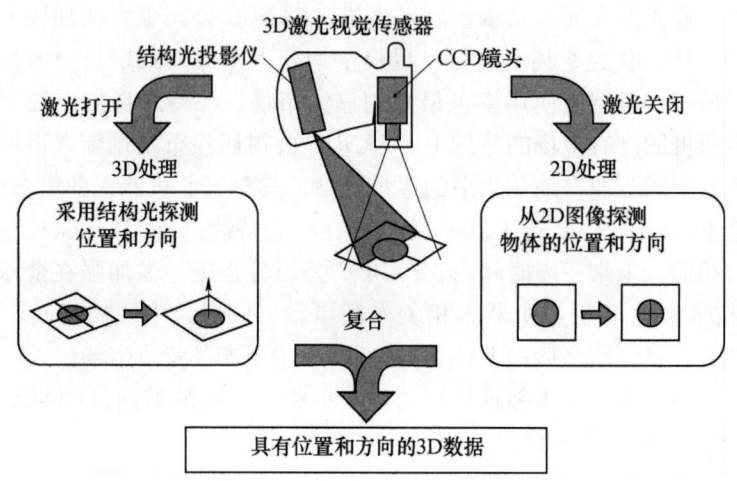

图 7-11　FANUC iR Vision 3DL 计测原理图

补偿方式：应对各种应用场合，理解 iR Vision 3DL 的补偿方式及特性，选择一个合适的视觉补偿方式非常重要。

如图 7-12 所示，用户坐标系补偿（User Frame Offset）由于采用的是照相机固定在机器人上的方案，所以视觉补偿方式为用户坐标系补偿。机器人在用户坐标系下通过视觉检测目标当前位置相对参考位置的偏移量，并自动进行补偿。

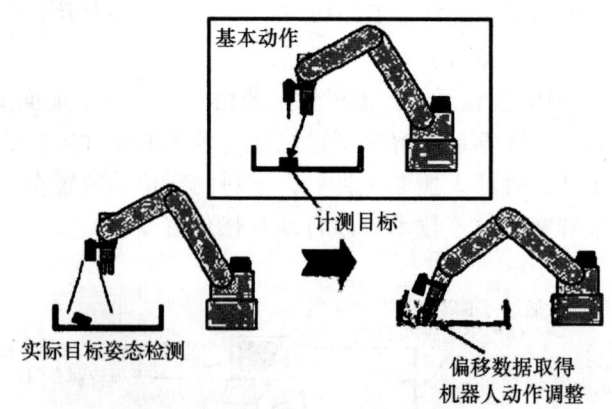

图 7-12　用户坐标系补偿示意图

如图 7-13 所示，工具坐标系补偿（Tool Frame Offset）采用固定式照相机的方案。工具坐标系补偿的机器人在工具坐标系下通过 Vision 检测在机器人抓手上的目标的当前位置相对于参考位置的偏移量，并自动进行补偿。

相关专利有：2000 年，FANUC 公司公开了一项专利申请，该申请涉及 3D 镜头，

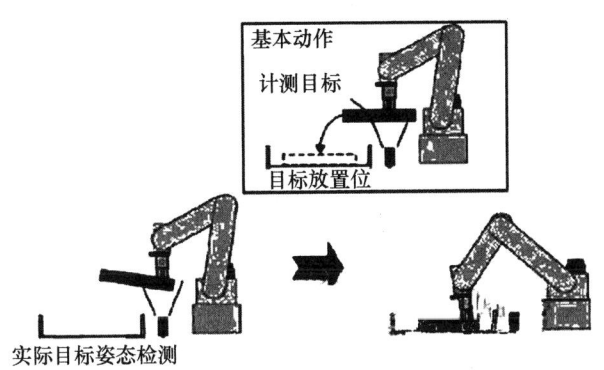

图 7-13 工具坐标系补偿示意图

公开号为 US6122062A，发明名称为 3-D camera，发明人为 BIEMAN LEONARD H 和 RUTLEDGE GARY。该专利的技术方案如图 7-14 所示。

在该专利申请中，光源具有多行发光管，当从不同行选择一定数量的发光管时，向光栅发射红外光，以在物体上形成不同的光栅阴影。如此可以采用较少的便携部件快速、低成本地产生物体的三维图像。

2002 年，FANUC 公司公开了一项专利申请，该申请涉及观察和识别机器人机械臂局部的方法，专利授权号为 US6490369B1（专利有效期截至 2019 年），发明名称为 METHOD OF VIEWING AND IDENTIFYING A PART FOR A ROBOT MANIPULATOR，发明人为 BIEMAN LEONARD H。该专利的技术方案如图 7-15 所示。

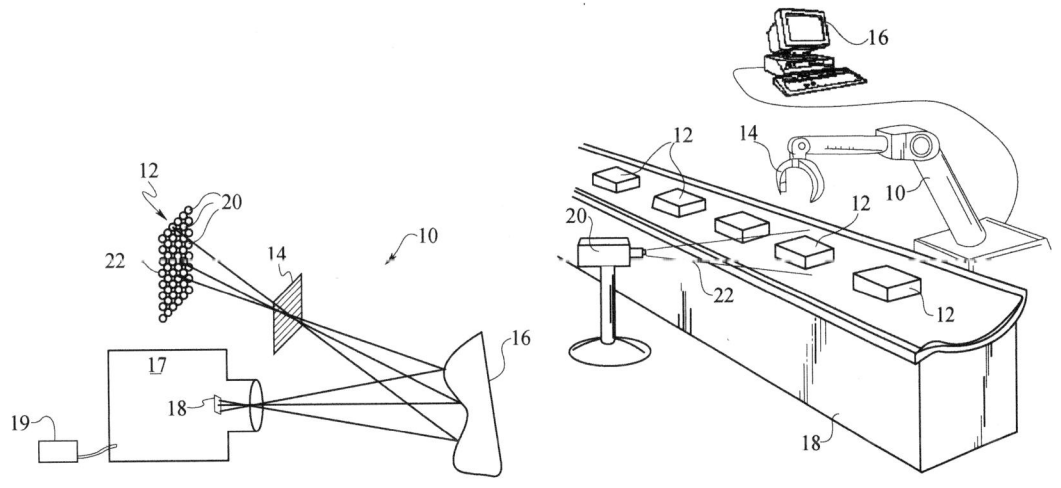

图 7-14　US6122062A 技术方案示意图　　　图 7-15　US6490369B1 技术方案示意图

在该专利申请中，计算机中存储具有 ID 参数及镜头确定的相对位置信息的方盒的模板，基于所存储的信息将变形图像转变为真实图像，确定真实图像的真实参数并与模板参数比较，使得计算机能够识别用于机器人进行预期操作的方盒。

2005 年，FANUC 公司公开了一项专利申请，该申请涉及工具中心点校准系统，公开号为 EP1584426A1，发明名称为 TOOL CENTER POINT CALIBRATION SYSTEM，发明人为伴一训和山田慎。该专利的技术方案如图7-16所示。

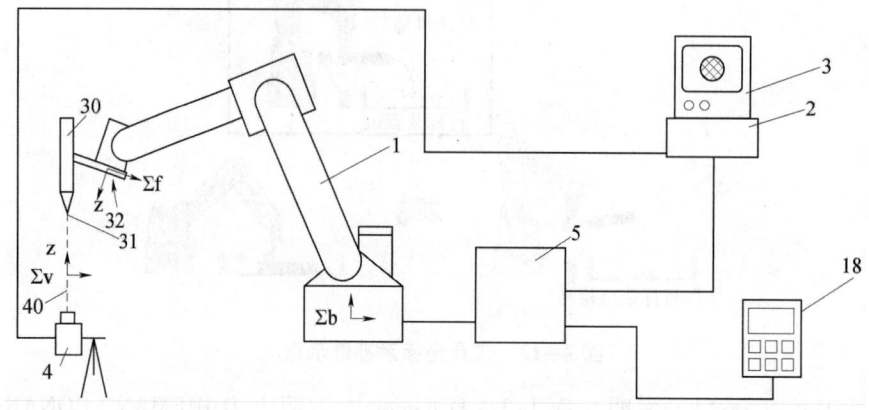

图7-16 EP1584426A1 技术方案示意图

在该专利申请中,执行从两个初始位置把用照相机捕捉的工具前端点的图像移动到受光面中心的规定点移动处理,取得机械手位置 Qf1、Qf2,根据 Qf1、Qf2 求出视线的方向;接着,把机械手移动到将位置 Qf1 绕坐标系 ∑v1 的 Z 轴旋转 180 度的位置上,进行规定点移动处理;旋转移动结束后,取得机械手位置 Qf3;然后求出 Qf1 和 Qf3 的中点作为坐标系 ∑v2 的原点位置;再利用视线的位置、姿势,求得工具前端点的位置。由此,可以使用固定的受光设备求得工具前端点相对于工具安装面的位置。通过追加计量相对位置已知的离开工具前端点的 2 点的位置,不仅可以求得工具前端点的位置,而且可以求出工具的姿势。如此不管机器人姿势如何,均能准确测量工具中心点相对工具安装表面的位置。

2005 年,FANUC 公司公开了一项专利申请,该申请涉及 3D 视觉传感器,公开号为 JP2005201861A,发明名称为 THREE-DIMENSIONAL VISUAL SENSOR,发明人为伴一训。

在该专利申请的技术方案中,机器人控制器从获取的 2D 物体图像中探测物体图像平面的特征线,并在 3D 直角坐标系中投射特征线和参照面,确定投射线,控制器转换投影特征线与相交线交点的坐标值,转换成机器人和传感器形成的坐标系的 3D 坐标值。

7.3.3 专利保护策略

3D 视觉控制技术主要包括 3D 视觉重构方式、图像处理、具体应用等方面的内容。下文将通过对技术发展历程、在各分支上的专利保护等方面的研究,剖析 FANUC 公司在 3D 视觉控制技术上的专利保护策略。

7.3.3.1 技术发展历程

从 3D 视觉的现有构造方式上来看,主要包括结构光 3D 视觉法、立体视觉法、光流法、亮度立体法、阴影法和纹理法等。

经典的结构光 3D 视觉法是将基准光栅条纹结构光投影到物体表面,条纹随着物体表面形状的变化而发生畸变,摄像机摄取物体表面图像,然后采用计算机图像技术,从被物体表面形状所调制了的畸变条纹模式中,提取出物体的三维信息。工业应用中很少采用基准光栅条纹结构光,而是采用一种简化的激光扫描照射系统。这种方法虽然在成本以及设备体积上不够理想,但计算精度高。

立体视觉法,属于双目或者多目视觉,采用两个或者多个摄像机从不同的位置拍摄图像,通过三角测距原理得到物体的三维尺寸。这种方法虽然设备安装复杂,需要在多幅图像之间进行对应点的匹配,但效率高、精度合适,系统整体结构简单,且成本较低。

光流法:当目标在相机前运动或相机在一个固定的环境中运动时,都能获得对应的图像变化,这些变化可用来恢复(获得)相机和目标间的相对运动以及场景中多个目标间的相互关系。在具体技术上就是通过求解光流方程来求取表面朝向。变化应完全由图像中模式的运动引发,不应该包括反射性质变化带来的影响。

亮度立体法:属单目视觉,基本原理是在同一光照条件下,物体不同的表面朝向对应图像中的不同灰度即反射图方程。由于反射图方程属于病态方程,所以通过变换光源得到不同光照条件下的图像,利用反射图方程组来求解表面朝向,进而计算三维尺寸。应用的最理想情况是:成像光源和摄像机为无穷远,物体表面为均匀漫反射表面,则可以得到理想反射图方程;物体表面为光滑表面,并且已知物体表面的特征点高度。

阴影法:属单目视觉,成像的基本原理同亮度立体法,但不需要控制光源,是一种简单可行的方法。此方法需要采用附加的约束,如唯一性、连续性(表面、形状)、兼容性(对称、外极线)等来求解反射图方程,进而求得三维尺寸。运用的理想情况同亮度立体法。

纹理法:属单目视觉,利用物体表面上纹理的变化可以确定表面取向并进而恢复表面的形状。在获取图像的透射投影过程中,原始的纹理结构有可能发生变化,这种变化随纹理所在表面朝向的不同而不同,因而带有物体表面取向的信息。要求纹理元清晰、均匀、有固定的形状。

后四种方法由于需要控制照明或物体运动且条件要求苛刻,适用范围窄,不适合环境相对恶劣的工业现场。而应用于工业现场的工业机器人正是 FANUC 公司的主流产品,因此其机器视觉系统中极少采用这几种方式,而一直以来以立体视觉法、结构光法以及三维激光扫描法为主。在对视觉控制精度较高的应用场合,例如焊接、伺服、导航等多采用结构光法以及三维激光扫描法,在对精度要求适中的场合,为了提高操作效率以及控制成本,多采用立体视觉法。

工业机器人的应用主要包括工件装卸装配、焊接、零件拣取、喷涂、注塑、搬运、码垛、机械加工等。就 3D 视觉控制技术而言,FANUC 公司在不同时间、不同应用方向上的研发和专利保护力度也是有所侧重的。在综合了专利同族数、被引用频次、地区分布数、专利在技术发展中所起的作用等多方面因素的基础上,筛选出在各个应用分支上的重点专利,按时间演进给出了 FANUC 公司在 3D 视觉控制领域重点专利的发展脉络,如图 7-17 所示。

从图 7-17（见文前彩色插图第 5 页）可以看出，虽然有利于提高工作效率、降低人工劳务费用、提高产品质量是机器视觉在所有应用分支上的普遍优点，但就具体应用而言，喷涂、注塑、码垛通常仅需简单的二维示教即可实现，对 3D 视觉需求度不高。而不同三维形状物体的搬运、机械加工则对机器视觉、机器人控制的要求相对严苛，3D 视觉在这方面的应用尚不成熟，技术实现难度较大，因此技术难度相对适中、工业应用范围广、能够适应现阶段工业升级需求的零件拣取、工件拆卸、焊接等就成为 FANUC 公司 3D 视觉控制技术应用比较集中的几个技术分支。其大致以 1999 年为界，1990~1999 年，FANUC 公司的 3D 视觉控制技术以应用在焊接和工件装卸装配为主。1999 年以后，随着在焊接和工件装卸装配方向上技术的日渐成熟，FANUC 公司转而将研发的重点放在更具应用市场的零件拣取上，无论是结构性拣取还是任意性拣取，均实现了从视觉拣取、容器防碰、防碰监控系统的全面研发和专利布局。

除具体应用以外，FANUC 公司还在下述具有应用通用性的方面进行了研究。首先，21 世纪以来，示教装置和仿真系统成为了 FANUC 公司比较关注的两个方面，体现出 FANUC 公司对于示教机器人的工作精度以及对工业机器人在编程、部件调整等过程中的自整定能力的重视，从成本、效率、效果几方面凸显出其工业机器人的智能性，以更好地适应现代工业生产的无人化要求。其次，对于作为机器视觉根基的视觉传感器及其定位方法，FANUC 公司始终坚持在这一技术方向上的不断研发。自机器视觉兴起之初，FANUC 公司就认识到采用视觉系统是工业机器人发展的大势所趋。因为在工业生产中产品型号的新旧更替十分频繁，如果机器人只能一成不变地对单一型号的产品进行加工，则在产品型号发生改变时必须更换机器人，或者对控制程序进行更新，这无疑会大大增加生产成本。而采用视觉系统则能在机器人和加工对象之间形成关联，使得机器人能够根据视觉系统的观测结果调节自身的控制动作，大大降低了对加工对象的单一性要求，节省生产线的运营及升级改造成本。因此 FANUC 公司十分重视自身机器视觉技术的开发，将其视为工业机器人技术中不可或缺的重要一环，这与其他工业机器人公司将开发重点只专注于机器人本体自身、而将机器视觉部分视为"配件"并完全依靠引进其他公司成熟产品的发展模式是迥然不同的。而这也正是 FANUC 公司能够逐步赶超竞争对手、处于市场领先地位的重要因素。有数据显示，FANUC 公司生产的机器人 90% 的零件都是自主研发，这一点应该能够给国内包括工业机器人生产在内的诸多企业以深刻的启示：关键部件完全依靠外来的生产经营方式，即便有辉煌也只是暂时的，只有真正掌握产品的核心技术才能永不受制于人，使企业获得长远的发展。

7.3.3.2 专利保护体系

作为工业机器人行业的领军企业，FANUC 公司在 3D 视觉控制技术上也实现了有效的专利保护，通过分析其 3D 视觉控制技术的专利申请，可以管窥 FANUC 公司对其技术与产品进行专利保护的显著特点：通过专利保护链、专利保护球对关键技术全面保护。

（一）拣取

至今为止，机器人主要应用于拣取容器中任意堆放的零件。达到这一目的需要满足三个基本要素：视觉系统、容器防碰撞以及防碰撞监测系统。需要视觉系统，这是毋庸置疑的，因为首先需要找到零件究竟在什么地方。然而，只依靠容器壁进行检测具有一定的局限性，因为机器人的手爪还将进一步深入到容器的底部，因此零件的拣取将会越来越困难。在这样的工作条件下，一旦当零件的位置被确定以后，机器人就开始进行自动运算，确定其是否真的能够从容器中拣取这一零件。第三个要素就是防碰撞检测。最终，机械手必然会触及容器壁，因此它需要区分究竟是属于软接触还是硬接触，如果是硬接触，则可能会损坏机器人系统。

1999 年，FANUC 公司公开了一项专利申请，该申请涉及物品拣取装置，公开号为 EP0951968A2，发明名称为 ARTICLE PICKING – UP DEVICE，发明人为渡边淳和原龙一。该专利的技术方案如图 7 – 18 所示。

在该专利申请中，许多例如螺栓的同一形状物体堆放在盘子表面，通过三维视觉传感器搜寻各单体，并在预定时间内将其逐个移出预定位置。并可以通过喷气嘴或震动装置将堆成堆的物体松动及摊开以便拣取，能够从物体堆中逐个拣取单体而无需手动排列和摆放物体，也无需相应的特定器械。

2000 年，FANUC 公司公开了一项专利申请，该申请涉及具有图像处理功能的机器人，公开号为 EP1043642A2，发明名称为 ROBOT DEVICE HAVING IMAGE PROCESSING FUNCTION，发明人为渡边淳和有松太郎。该专利的技术方案如图 7 – 19 所示。

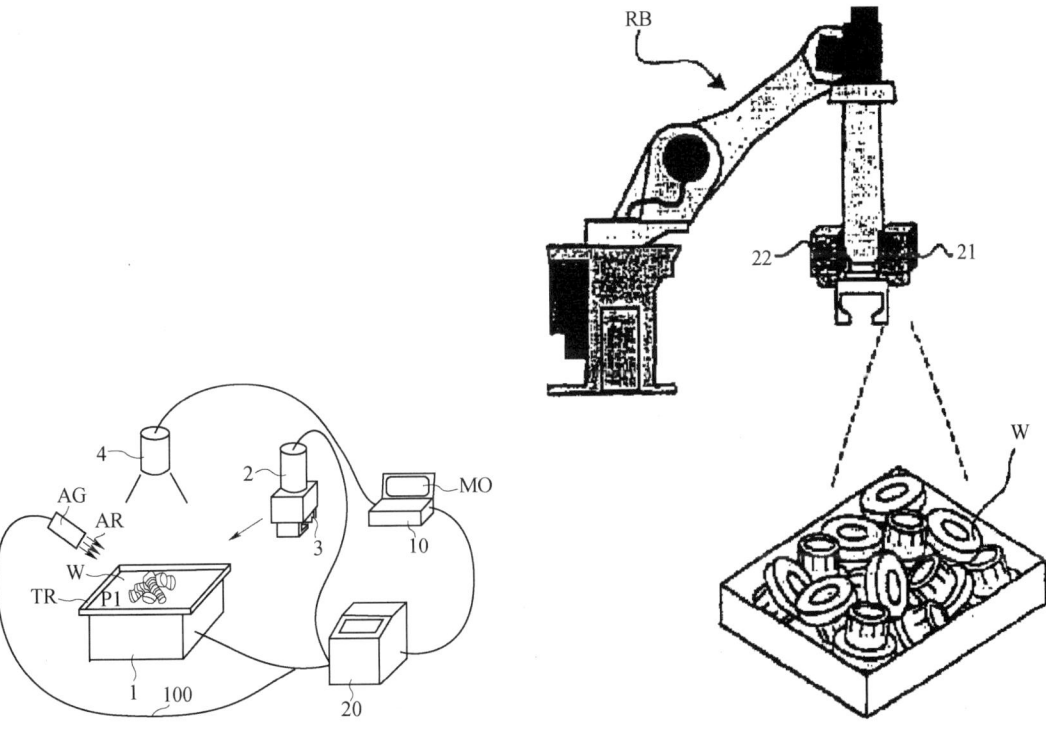

图 7 – 18　EP0951968A2 技术方案示意图　　图 7 – 19　EP1043642A2 技术方案示意图

在该专利申请的技术方案中，机器人系统具有图像处理功能，能够探测随意堆成堆的工件中的单体的位置和/或姿势，来确定相应的机器人操作位置和姿势。通过第一视觉传感器各方向采集的参考工件二维图像来建立参考模型并存储，以及存储第一视觉传感器与工件的相对位置/姿势、第二视觉传感器与工件的相对位置/姿势。将照相机获取的成堆工件图像与参考模型进行比较，并选择相互匹配的一幅图。通过所选工件的图像以及视觉传感器与工件的相对位置/姿势模型来确定该工件的三维位置/姿势，基于该位置/姿势来调整第二视觉传感器的位置/姿势，第二视觉传感器在该位置/姿势下对工件的位置/姿势进行精确测量，基于第二视觉传感器的测量结果，机器人对单个工件进行更精确的拣取操作。

2002年，FANUC公司公开了一项专利申请，该申请涉及防碰装置，公开号为EP1256860A2，发明名称为INTERFERENCE AVOIDING DEVICE，发明人为管野一郎。该专利的技术方案如图7-20所示。

在该专利申请中，防碰装置存储机器人工具及其外围物体的形状、尺寸信息，接触判定装置基于存储的信息和机器人工具的命令位置来判定机器人工具与外围物体的接触。当接触判定装置判定出机器人工具和外围物体将要发生碰撞时，位置/朝向设定器将为机器人工具设定新的位置/朝向，取代原先的设定位置/朝向，以避免机器人工具和外围物体的碰撞。该申请可以用于例如物体的取放，以确保安全性。

2004年，FANUC公司公开了一项专利申请，该申请涉及工件取出装置，公开号为EP1428634A2，发明名称为WORKPIECE TAKING OUT DEVICE，发明人为伴一训。该专利的技术方案如图7-21所示。

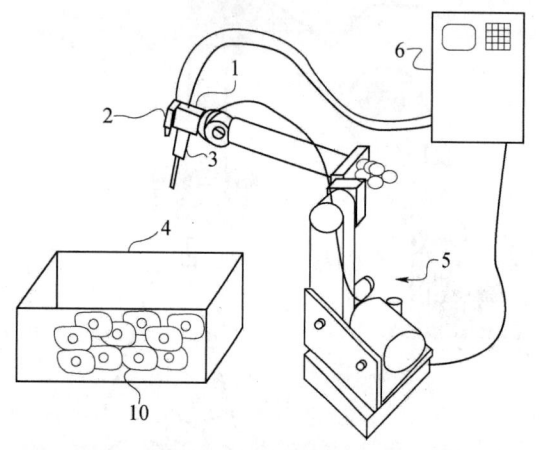
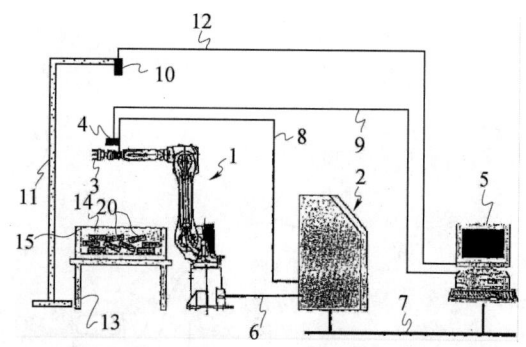

图7-20　EP1256860A2技术方案示意图　　图7-21　EP1428634A2技术方案示意图

在该专利申请中，工件取出装置具有安装在机器人上的三维视觉传感器，高度测量仪获取工件所在区域的高度分布数据，定位信息计算单元基于该数据计算工件的位置和姿势，机器人定位判定单元判定机器人位置用于工件的测量，结合传感器取出工件。高度分布数据的获取不会干扰测量位置的判定，因而能准确取出工件。

2004年，FANUC公司公开了一项专利申请，该申请涉及工件取出装置，公开号为EP1418025A2，发明名称为WORKPIECE TAKING OUT DEVICE，发明人为伴一训。该专利的技术方案如图7-22所示。

该装置具有一个分区单元，用于将工件的三维区域划分为多个局部，机器人采用视觉传感器感测各个局部，机器人抓手基于感测的结果抓取工件，计算机基于盛装工件的容器的形状、位置/姿势信息决定三维区域。该装置能够根据盛装容器的尺寸可靠探测小尺寸工件，执行可靠的抓取。

2005年，FANUC公司公开了一项专利申请，该申请涉及物体取出系统，公开号为CN1699033A，发明人为伴一训和管野一郎。该专利的技术方案如图7-23所示。

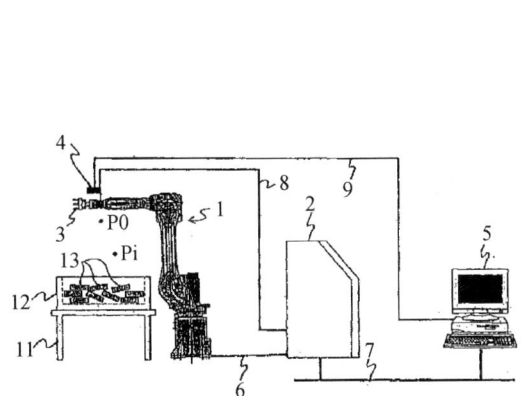
图7-22 EP1418025A2技术方案示意图

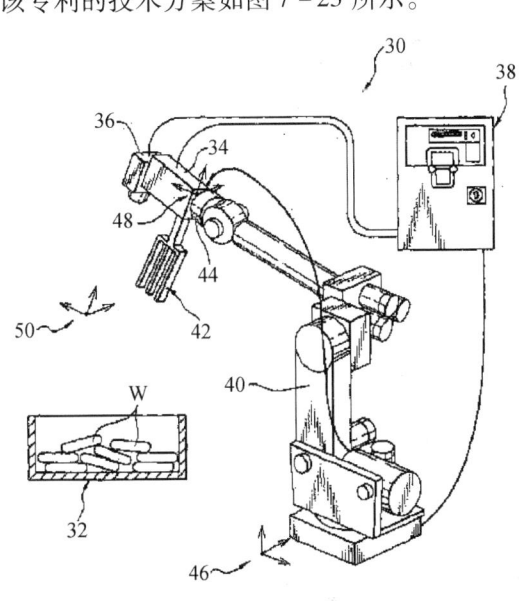
图7-23 CN1699033A技术方案示意图

该物体取出系统挨个取出多个物体，具备：检测部，作为图像、检测相互至少部分重叠设置的多个物体中的取出对象物体；存储部，存储具有与取出对象物体相同外观的基准物体的规定部分的外观信息；判断部，根据存储在存储部中的基准物体之外观信息，判断在检测部检测的取出对象物体的图像中、对应于基准物体的规定部分的取出对象物体的检查部分是否被其他物体所隐蔽；控制部，根据判断部的判断结果，确定取出对象物体的取出动作，输出取出动作的控制信号；和取出机构，根据从控制部输出的控制信号，对取出对象物体实现取出动作。取出机构可由机器人机构部构成。工件拣取的效率和安全性得到提升。

2007年，FANUC公司公开了一项专利申请，该申请涉及工件取出装置以及方法，公开号为CN101081512A，发明人为伴一训和渡边桂佑。该专利的技术方案如图7-24所示。

该工件取出装置的图像处理装置具有摄像机控制部，其进行包括取入来自摄像机的摄像数据的摄像机控制；存储器，其对取入的摄像数据进行存储；工件检测部，其提取存储器内的一个或者多个图像，由该图像检测工件；和工件选定部，其在工件检测部检测出的工件中选定应该取出的工件；还具有装载状态判断部，其判断容器内工件的装载状态有无变化。通过省略或者降低取入图像时机器人机械手的移动动作来实现循环时间缩短的工件取出装置以及工件取出方法。

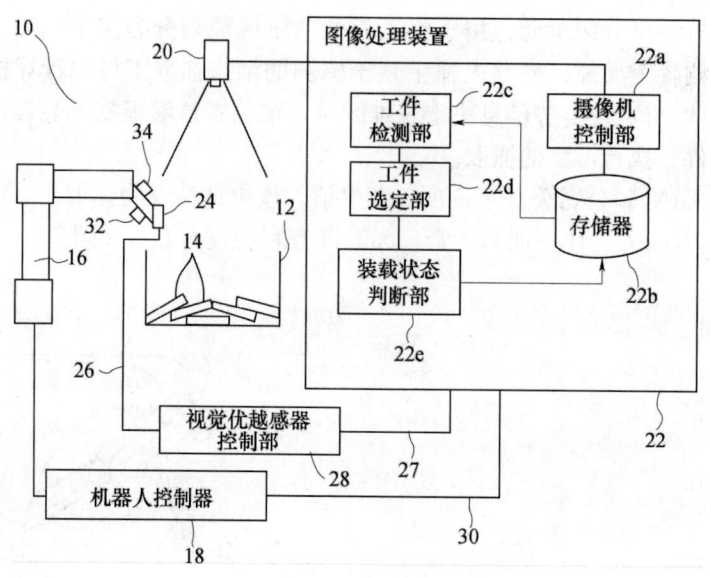

图 7-24 CN101081512A 技术方案示意图

（二）焊接

在进行焊接的时候，机器人可以利用视觉系统，以适应两个焊接元件之间的微妙变化，即使在点焊应用领域，也可利用视觉技术校正误差。

1990 年，FANUC 公司公开了一项专利申请，该申请涉及例如用于弧焊机器人的光学距离传感器，采用激光和振镜扫描工件，采用 CCD 镜头探测反射光，并运用三角法计算距离。该申请的公开号为 WO9013001A1，发明名称为 OPTICAL DISTANCE SENSOR，发明人为鸟居信利、协尾宏志。该专利的技术方案如图 7-25 所示。

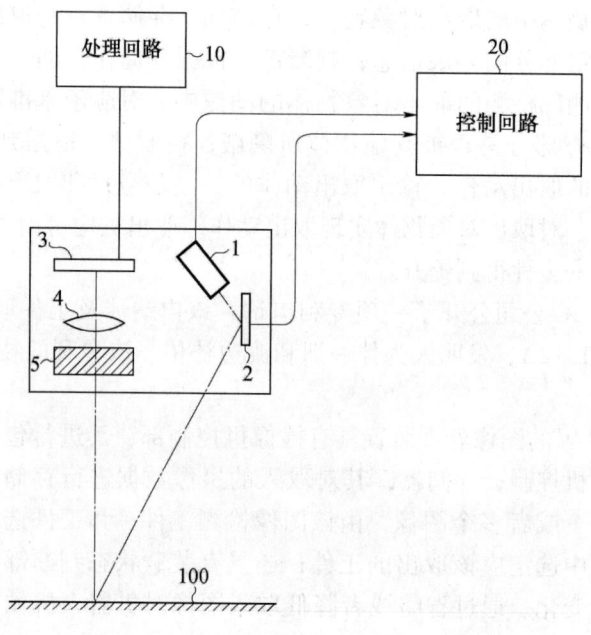

图 7-25 WO9013001A1 技术方案示意图

在该专利申请中，光学距离传感器例如安装在弧焊机器人的焊枪上，来自激光器的激光在振镜的作用下以特定方向扫描工件上的焊线，除过滤器阻挡的电弧光外，第一反射光、第二反射光以及散射光均通过透镜而被受光部件的光接收单元所接收。当受光部件被照射时，会从光接收单元产生与光数量相应的输出。当光接收单元产生的输出量达到预设值时，相应数据被记入缓存，只有当前一扫描周期内光接收单元的输出已达到预设值、数据从另一缓存读出时，光接收单元的输出才通过模拟开关发送到峰值检测电路，溅射光被清除。根据峰值探测电路以及地址计数器的输出，机器人控制器判定已达到的光接收单元，并根据光接收单元的位置和振镜的摆角采用三角测量法来计算工件距离，从而实现距离的精确测量。

1995 年，FANUC 公司公开了一项专利申请，该申请涉及机器人示教程序的校正方法，适用于包括焊接在内的多种应用场合，该申请的公开号为 WO9508143A1，发明名称为 METHOD OF CORRECTING TEACH PROGRAM FOR ROBOT，发明人为寺田知之。该专利的技术方案如图 7-26 所示。

在该专利申请中，采用照相机的视觉传感器安装在机器人腕部，传感器探测工件上的一特定点，并获取其在传感器坐标系统中的位置数据。该特定点在示教程序中的位置数据被转化为在传感器坐标系统中的数据，根据实际测量位置数据和程序转换位置数据的差值即可获得机器人腕部坐标系统的误差值，再采用该误差值来校正程序中的每个点。如此能够避免手动校正带来的误差，使机器人更准确、高效地工作。

1999 年，FANUC 公司公开了一项专利申请，该申请涉及基座上的机械臂控制的路径示教，适用于包括焊接在内的多种应用场合，该申请的公开号为 US5959425A，发明名称为 VISION GUIDED AUTOMATIC ROBOTIC PATH TEACHING METHOD，发明人为 Leonard H. Bieman。该专利的技术方案如图 7-27 所示。

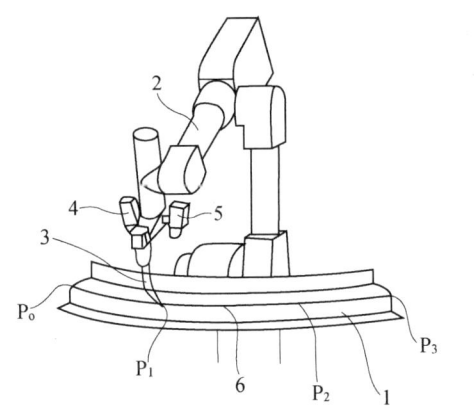

图 7-26　WO9508143A1 技术方案示意图

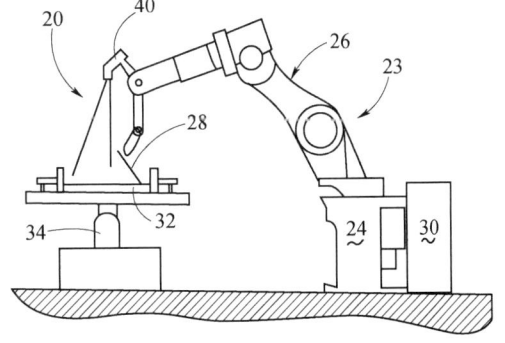

图 7-27　US5959425A 技术方案示意图

在该专利申请中，采用照相机产生工件标记的两个不同视角的二维图像，随即用以产生该标记在实际空间内相对机器人的三维位置，由于可视标记对应一预期路径，因此所产生的三维位置信息便可用于机器人预期路径的自动编程。

（三）装卸

在许多应用领域中，在拣取零件以后，直接将其安装到机床上进行加工。在大部分情况下，该机床的夹具系统不允许机器人的零件安装位置出现任何差错。因此，零件的精确定位对零件的夹紧系统来说非常关键。机器人能够确定图像拍摄的位置，因此能够识别物体所处的位置，然后对该物体的大小、类型和质量作出相应的判断。如果没有这些功能，那么机床将可能发生损失惨重的故障。因此，采用视觉技术有利于零件的正确定位。

1998 年，FANUC 公司公开了一项专利申请，该申请涉及用于插入工作的具有视觉传感器的机器人力量控制，公开号为 WO9817444A1，发明名称为 FORCE CONTROL ROBOT SYSTEM WITH VISUAL SENSOR FOR INSERTING WORK，发明人为原龙一和伴一训。该专利的技术方案如图 7 – 28 所示。

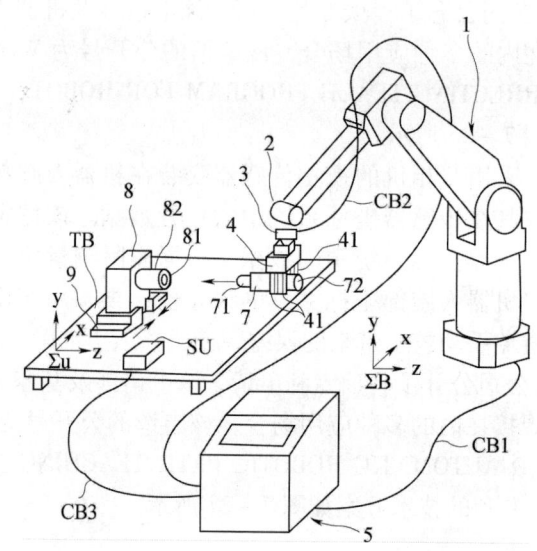

图 7 – 28　WO9817444A1 技术方案示意图

在该专利申请中，系统在机器人指节部分设有力传感器，该力传感器探测六轴向的力以便进行力道控制，并将探测到的力传送到机器人控制器。系统还提供了一个结构光单元和一个三维视觉传感器，该视觉传感器包括图像处理部分，视觉传感器探测机械手的夹具中所持的将要插入的工件的投影部分的位置和姿势，并探测工件将要插入的、由固定装置固定着的凹部的位置和姿势，工件插入的起始位置根据探测到的为止进行校正。当所用力道控制好时将投影部分插入凹部，再去除插入工件的固定作用，从而实现高可靠性的工件插入。

（四）三维视觉传感器及其定位测量方法

1993 年，FANUC 公司公开了一项专利申请，该申请涉及测量目标三维位置和姿势的方法及装置，该申请的公开号为 WO9313383A1，发明名称为 METHOD AND APPARATUS FOR MEASURING THREE – DIMENSIONAL POSITION AND POSTURE OF OBJECT，发明人为平泉满男和榊原伸介。该专利的技术方案如图 7 – 29 所示。

在该专利申请中，第一投影机向物体投射第一带光并进行扫描，向 CCD 照相机输入每幅图像；第二投影机向物体投射第二带光并进行扫描，也向 CCD 照相机输入每幅图像；第一带光和第二带光相互正交，通过处理输入的图像，可以确定每次扫描的带光图像产生的直线上的曲点、断点，并输出这些点，处于直线上的多数点被提取出来，所获得的该直线作为物体的脊线（ridgeline），三维位置和姿势数据从该脊线和物体的形状数据中获取。无论物体朝向任何方向，至少有一带光会捕捉到物体的脊线，使得即使运动过程中带光的移动距离缩短以及测量时间也缩短的情况下，脊线也能有效探测到。从而在机器人以及工厂自动化过程中，即便在很小的范围内，也能快速准确地定位任何形状的物体。

1995 年，FANUC 公司公开了一项专利申请，该申请涉及 3D 视觉传感器的定位测量方法，以及定位偏差校正方法，公开号为 JPH07286820A，发明名称为 POSI-

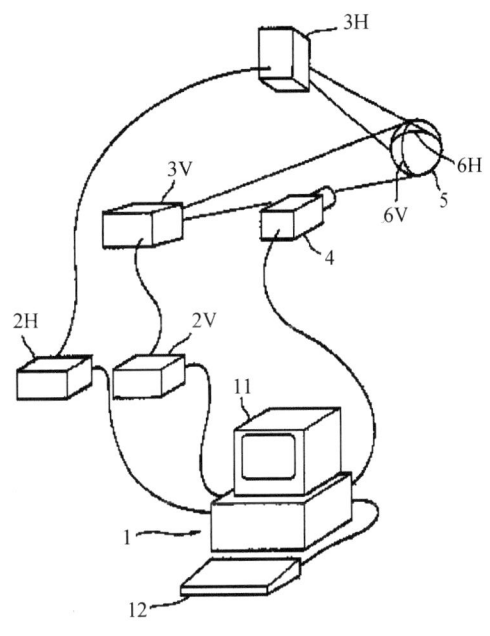

图 7-29　WO9313383A1 技术方案示意图

TION MEASURING METHOD USING THREE – DIMENSIONAL VISUAL SENSOR, AND POSITIONAL DEVIATION CORRECTING METHOD，发明人为泷泽克俊。该专利的技术方案如图 7-30 所示。

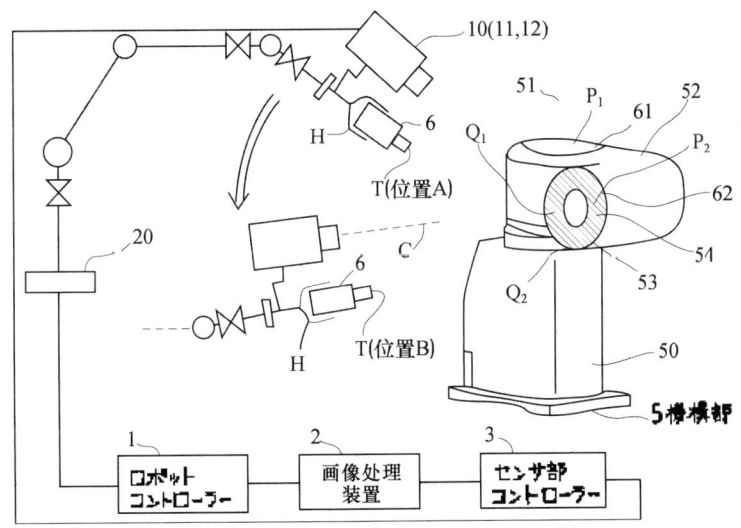

图 7-30　JPH07286820A 技术方案示意图

在该专利申请中，机器人控制器将机器人移动到位置 A，部件通过传感器被发光部件照亮，两个光学图案顺序产生并与穿过附件表面的部件孔的切线相交，这些光图案由 CCD 照相机成像，且图像数据发送到图像处理器，该图像数据由图像处理器进行分析，采用附件表面外围许多点的三维坐标来计算以获得附件表面的位置和方向；机器人移动到 B 位置并通过普通照相法获得附件表面的图像，图像送入图像处理器进行分析，通过两幅图像的比较来计算定位误差。如此，即使照相机和物体之间的距离发生变化，也能够高精度地校正位置偏移，提供准确度更高的机器人。

1998 年，FANUC 公司公开了一项专利申请，该申请涉及融合机器人坐标系统和视觉传感器系统的方法，公开号为 JPH1063317A，发明名称为 METHOD FOR COMBINING COORDINATE SYSTEM IN ROBOT AND VISUAL SENSOR SYSTEM，发明人为泷泽克俊和榊原伸介。该专利的技术方案如图 7-31 所示。

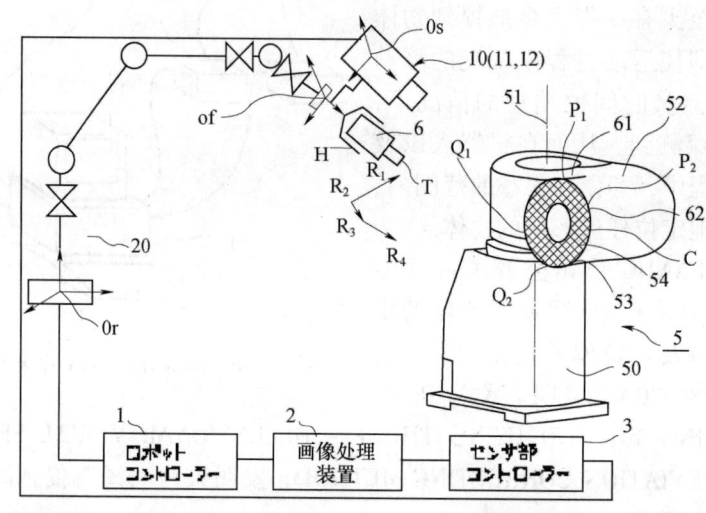

图 7-31　JPH1063317A 技术方案示意图

在该专利申请中，在机器人手部安装一具有 CCD 照相机的 3D 视觉传感器，机器人依序移动到多个测量位置，传感器的光投影机向置于机器人手部的被测物体发射带状光，CCD 照相机拣取带状光的图像，基于所拣取的图像，图像处理器探测带状光图像在传感器坐标系统中的位置坐标。在机器人手部坐标系统中获取机器人测量位置的位置坐标，基于传感器坐标系统和机器人手部坐标系统的相互关系，获得从一个坐标系统转换到另一坐标系统的转换矩阵。如此则无需在机器人坐标系统中获得测量位置，避免机器人对测量物体的不必要接触，即使在更换传感器、传感器坐标发生偏移时，也能实现坐标系统的结合。

2004 年，FANUC 公司公开了一项专利申请，该申请涉及 3D 视觉传感器，通过将物体的整体/部分形状与参考形状相比较，计算物体相对测量点的旋转量。该申请的公开号为 EP1413850A2，发明名称为 THREE - DIMENSIONAL VISUAL SENSOR，发明人为伴一训。该专利的技术方案如图 7-32 所示。

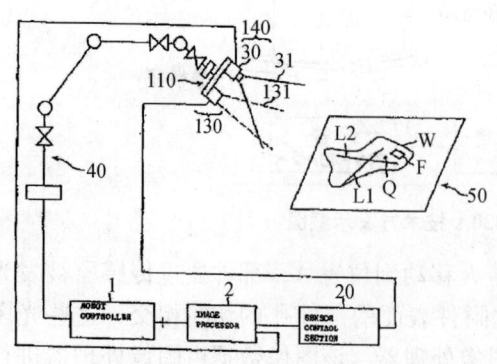

图 7-32　EP1413850A2 技术方案示意图

该传感器根据照相机捕捉到的物体图

像来确定一条穿过物体上的测量点和照相机的中心点的直线,点的三维位置由直线和物体表面的交点确定。物体围绕该点的旋转量,由物体的整体/部分形状与参考形状相比较来确定。视觉传感器的可操作性提高,应用范围更广。抗噪声干扰的性能和精确度得到提高。即使带光照射的部分区域由于噪声而变得不连续,平面的三维信息也容易获取。

（五）示教校正

2002 年,FANUC 公司公开了一项专利申请,该申请涉及机器人示教装置,公开号为 EP1215017A2,发明名称为 ROBOT TEACHING DEVICE,发明人为渡边淳和小坂哲也。

该专利的技术方案如图 7-33 所示。

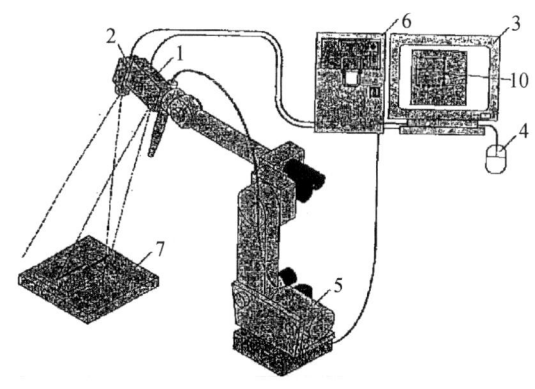

图 7-33 EP1215017A2 技术方案示意图

在该专利申请中,机器人适当位置的照相机获取参照物的图像并在显示装置上显示,图片的位置指示装置指示测量的起始点,示教装置基于照相机的位置和方向确定相应的观测线,逐渐靠近参照物并移动到一个合适的测量位置,光带进行投影,测量点及其附件表面的测量开始。照相机获取上面具有射线图像的参照物图像,随即测量沿着工作路线的不同点的三维位置,采用该三维位置作为机器人的移动路径的示教点。采用点式投影机,照相机装设在另一机器人上,该示教装置也可以对无需示教工作的另一机器人进行示教。如此即使测量起始点的三维位置未知,也可以使照相机或投影机到达能够准确拍摄起始点的位置。

2004 年,FANUC 公司公开了一项专利申请,该申请涉及示教位置校正装置,公开号为 US2004172168A1,发明名称为 TEACHING POSITION CORRECTION DEVICE,发明人为渡边淳。该专利的技术方案如图 7-34 所示。

该校正装置具有 PC,基于物体的操作位置修正示教程序中的示教点位置。基于传感器捕捉的物体图像中的特征点位置来确定物体位置,修正单元基于缓慢进给的操作工具上的控制点位置来进行示教点位置修正。当工具缓慢进给时,程序中的示教点基于控制点的位置进行修正,能够运用离线编程系统在短时间内很容易地完成程序修正。

2005 年,FANUC 公司公开了一项专利申请,该申请涉及示教位置校正装置,公开号为 US2005107920A1,发明名称为 TEACHING POSITION CORRECTION APPARATUS,

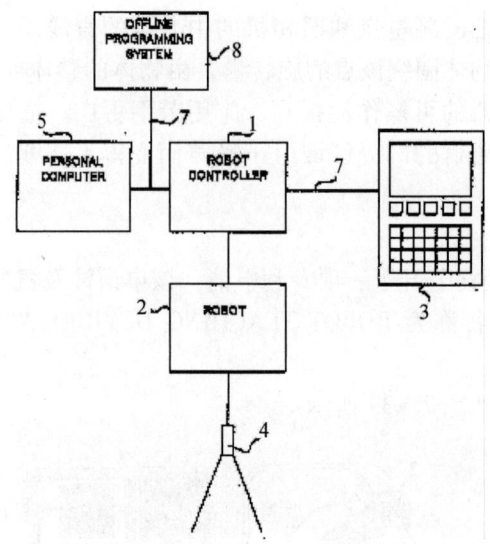

图7-34 US2004172168A1 技术方案示意图

发明人为伴一训。该专利的技术方案如图7-35所示。

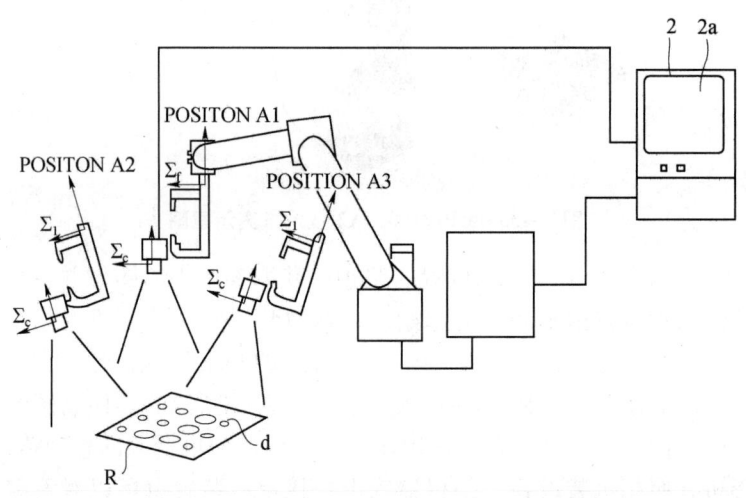

图7-35 US2005107920A1 技术方案示意图

该校正装置具有一视觉传感器，测量传感器相对于机器人部分的位置和方向，位置计算单元基于传感器数据，在机器人位置发生变化的前后获得被机器人操作的物体上的三个点的三维位置，机器人控制装置基于位置计算单元输出的结果来校正机器人运动程序中的示教位置。视觉传感器未采用复杂的方法来测量位置，因而能够短时间完成，视觉传感器识别机器人手臂前端的位置和方向，且传感器可在需要时随时安装，传感器安装部分的位置和方向无需高精度，因而运动的校正能够更容易、精确地执行，视觉传感器的使用减少了操作器移动示教的工作量。

（六）仿真

1991年，FANUC公司公开了一项专利申请，该申请涉及3D指示器及其在离线编程系统上的应用。该申请的公开号为WO9107738A，发明名称为THREE-DIMENSION-

AL CURSOR AND OFF – LINE PROGRAMMING SYSTEM USING THE SAME，发明人为杉村洋、寺田知之、长塚嘉治。该专利的技术方案如图 7 – 36 所示。

在该专利申请中，三维指示器用于指明三维空间图形显示屏上的物体或机器人的位置或姿势，以及采用该三维指示器的离线编程系统。三维空间内以一定角度相交的 X、Y、Z 三条线轴在显示屏上显示为三条线指示器，并且能够在二维空间内移动，从而能够在二维的平面显示屏上指明三维空间内的三维位置和姿势信息。通过三维指示器指明机器人或物体布置的位置和姿势，使得控制机器人的预编程的复杂度大大降低。

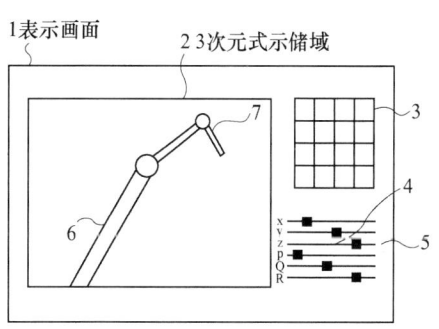

图 7 – 36　WO9107738A 技术方案示意图

2003 年，FANUC 公司公开了一项专利申请，该申请涉及仿真系统，公开号为 EP1310338A2，发明名称为 SIMULATION DEVICE，发明人为渡边淳和长塚嘉治。该专利的技术方案如图 7 – 37 所示。

在该专利申请中，工件的二维图形信息和位置信息通过 CAD 装置读入仿真装置，通过机器人、工件的形状数据和图表，机器人和工件三维模型展示在显示屏上，一操作单元基于机器人的操作点信息操作显示屏上的机器人三维模型。如此能够快速准确地进行包括操作机和外围设备的系统的三维模型离线仿真。

2005 年，FANUC 公司公开了一项专利申请，该申请涉及仿真装置，公开号为 EP1527850A，发明名称为 SIMULATION APPARATUS，发明人为渡边淳。该专利的技术方案如图 7 – 38 所示。

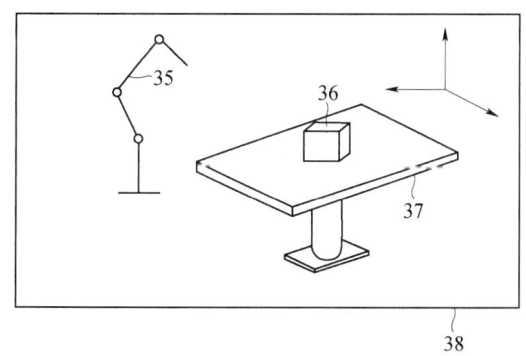

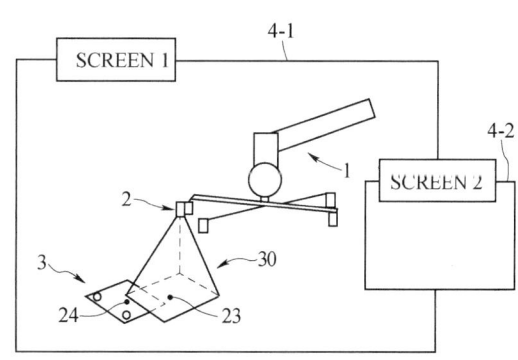

图 7 – 37　EP1310338A2 技术方案示意图　　　图 7 – 38　EP1527850A 技术方案示意图

该仿真装置具有可视区域显示功能，可在屏幕上显示相机、机器人、工件的可视区域的 3D 图像。消除机器人系统操作程序的离线编程、编辑、修正中带来的诸多不便和低效，易于确定物体探测和机器人位置、方向研究过程中的参考点。

2008 年，FANUC 公司公开了一项专利申请，该申请涉及机器人系统的模拟装置，公开号为 CN101105715A，发明人为长塚嘉治和武田俊也。该专利的技术方案如图 7 – 39 所示。

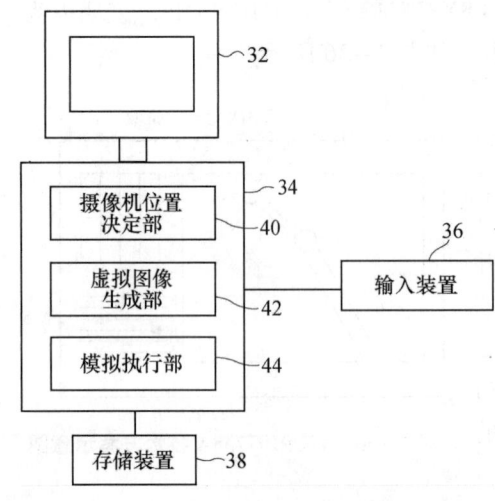

图7-39　CN101105715A 技术方案示意图

该模拟装置在显示装置的画面上显示机器人系统的三维模型,进行具有机器人、摄像机和外围设备的机器人系统的模拟。模拟装置具有在画面上显示 3D 虚拟空间的显示装置,根据由操作者指定的摄像范围、使用的摄像机的光学特征和要求的测量精度决定摄像机的设置位置的摄像机位置决定部,和根据在三维虚拟空间中的摄像机的位置及其光学特征信息生成通过摄像机要取得的虚拟图像的虚拟图像生成部。使之容易地进行摄像机的适当的位置的决定以及检测参数的调整。

从上述六部分内容可以看出:FANUC 公司针对 3D 视觉控制技术的 3 个最主要的具体应用都进行了充分的扩展和延伸,形成若干条专利保护链,再整体形成专利保护球,对最主要的应用进行专利保护。同时,跳出具体应用的局限,以解决的技术问题、实现的技术效果为纲,对 3D 视觉控制技术通用的重要部件、操作方法、控制方法等进行保护,实现以技术问题、技术效果为中心的保护球。

国内的企业在发展自身的核心技术时,也可以从其技术问题、技术效果入手,实现该技术的重要部件、操作方法、控制方法等的全面保护。同时,针对该核心技术的主要应用,可以该技术为核心,按其改进思路不断扩展和延伸,形成专利保护链,进而形成系统的专利保护球。

7.3.4　在中国市场的运营策略及启示

7.3.4.1　FANUC 公司在中国市场的运营策略

随着 20 世纪 80 年代以来我国经济的飞速发展,我国的工业现代化进程也在不断加快,而工业机器人的广泛运用正是其突出代表。2000 年时,我国工业机器人的拥有量为 3500 台左右,主要包括点焊、弧焊、喷漆、注塑、装配、搬运、冲压等各类机器人,销售额为 6.7 亿元。2005 年时拥有量达到 7000 台,年销售额增长至 28.7 亿元。近几年来,随着经济的快速增长,特别是汽车业的高速发展,我国每年新增的工业机器人台数以及总安装量都在快速增长。根据国际工业机器人协会统计数据显示,近 5 年来我国工业机器人平均每年安装量约 15000 台,截至 2012 年底,国内工业机器人累计安装量已超过 10 万台,占全世界正在服役总量的 8% 左右。❶

早在 20 世纪 90 年代中期,FANUC 公司预见到中国作为工业机器人新兴市场的巨大潜在商机,继续巩固日、美、欧市场的同时,着力于发掘和抢占中国市场。

---

❶ FANUC 机器市场占有率遥遥领先 2011 稳居中国榜首 [EB/OL]. [2013-06-18]. http://gongkong.ofweek.com/2012-04/ART-310005-8420-28605629.html.

——1997年，作为最早进入中国推广机器人技术的跨国公司，上海发那科成立；

——2002年，建设了自己的厂房，浦东金桥拥有近3000平方米的系统工厂；

——2003年始，在广州、深圳、天津、武汉、大连、太原等地设分公司；

——2008年，在宝山购置新厂区，基地面积达3.8万平方米；同年，FANUC公司成为世界上第一个突破20万台机器人的厂家，真正成为工业机器人的领头羊；

——2010年，FANUC机器人入驻世博会，上海发那科迁至宝山新工厂。❶

进入中国16年以来，FANUC机器人在中国许多制造工厂里随处可见，为中国工业诸多领域提供自动化解决方案，成为中国优秀的工业自动化合作伙伴之一。那么，FANUC公司采用了怎样的运营策略，使其在中国的制造业市场中获得成功的呢？

（1）齐全的机器人产品系列

随着制造业的不断发展，机器人在制造业的应用愈来愈广，除了常规的搬运、焊接、装配、喷涂、涂胶等生产环节，近年来在去毛刺、抛光、冲压、铆接、测量、检测等工艺中，机器人应用也越来越普遍。除了汽车这个机器人的大客户外，诸如IT、电子仪表、医药、金属加工、食品包装等各个领域，机器人的身影也经常出现。而以上所有应用，FANUC公司的机器人都能应对自如。FANUC公司拥有最齐全的机器人产品体系，多达240多种产品系列，负重从0.5~1350kg，能够最大限度地帮助用户优化劳动力、降低成本、减少浪费、提高质量与生产效率，并提供一个安全的工作环境。

（2）质量保证是客户信赖的基石

工业自动化是企业整体战略竞争中的关键优势。任何一个企业，都需要一个具有丰富专业知识和完善售后服务力量的自动化合作伙伴帮助它获得最终的成功。

汽车产业是工业机器人的主要应用方。FANUC公司是通用集团指定的全球唯一机器人供应商，连续多年获通用公司"最佳供应商奖"。同时FANUC公司也是大众公司指定的两家机器人供应商之一。有数据表明，上海通用南厂车身车间现有200多台FANUC机器人，平均每周工作6.5天，每天工作22小时，已经制造了超过100万台车身，从来没有出现过任何因机器人本体发生的故障，为该公司创造了巨大的利益和价值。

苏州洽兴塑胶有限公司是塑胶行业的佼佼者，FANUC公司设备已经成为该公司最主要的生产设备。目前，其生产线上普遍采用了包括FANUC机器人和与机器人配套的注塑机的自动化系统。FANUC公司设备的高可靠性，使其产品品质优化、生产效率提升，同时也大大减少了生产线上的生产人员。

在焊接领域，占据主导地位的上海林肯电气有限公司选择FANUC公司作为合作伙伴已经有20多年，一起共同为中国客户提供专业的焊接解决方案。

国内首例机器人硅钢片叠装系统诞生在上海电气临港工程。在该系统中，内置视觉技术的FANUC机器人，完全替代人工进行硅钢片叠装，不但降低了人工劳动强度，更大大提高了生产的自动化程度。

---

❶ 发那科品牌发展史［EB/OL］．［2013-07-03］．http：//www.shanghai-fanuc.com.cn/index.php?option=com_content&view=article&id=359&Itemid=151&lang=zh．

(3) 专业创新，是企业发展的源动力

FANUC 公司致力于保持在机器人技术上的领先与创新，拥有很多的唯一性：是全世界唯一一家由机器人来做机器人的公司，是世界上唯一提供集成视觉系统的机器人企业。

FANUC 公司每年推出数款新品机器人，来应对行业客户对机器人更高效、更先进的要求。近几年来，分别研发了多款"最"级别的机器人：负载可达 1350kg 的"世界上最大机器人" M-2000iA，该款机器人在 2010 年上海世博会上大秀风采；"世界上最小且速度最快"的机器人 M-1iA，高速紧凑型的学习机器人 R-1000iA；"世界上最迷你"的喷涂机器人；"食品专业级"装配机器人等。FANUC 公司在全球 25 万多台 FANUC 机器人广泛服务在汽车、IT、电子仪表、医药、金属加工、重工、机床、食品包装等各个领域，2011 年，上海 FANUC 在中国以 3400 台的销量稳居中国榜首。❶

7.3.4.2 FANUC 公司在中国市场的运营策略的启示

FANUC 公司能够从众多知名工业机器人企业中脱颖而出，在中国市场取得成功，与其运营策略是密不可分的。通过对其在中国市场的运营策略的上述分析，可以给我国的制造业企业以如下启示：

(1) 市场竞争，以技术能力取胜

技术地位决定市场地位，市场地位决定企业地位，这里的技术地位主要是指技术创新能力。技术和技术能力是有区别的，有技术不等于有技术能力。技术是可以买来的、是有生命周期的，而技术能力一定是在企业长期的技术创新实践中积累起来的，技术能力是支撑技术不断发展、不断保持技术活力和生命力的创新能力。技术能力是买不来的，只能在技术创新的实践中不断积累。技术能力在哪里，未来就在哪里。技术能力源于技术底蕴，技术底蕴决定技术能力。一个企业要做强做大，要在市场中有地位，必须不断地加强技术底蕴的积累，而不可能绕过艰难的技术底蕴积累过程。衡量一个企业有没有完成艰难的技术积累过程，最关键、最根本的标志是看能不能进行技术自主创新和开发，特别是技术的原始创新。从这个角度来看，多数国内制造业企业还没有完成这个过程，因为其大部分技术和产品都还处在技术跟踪、技术模仿阶段，真正属于原始创新的东西不多。必须把技术底蕴积累作为提升技术自主创新能力的基础，在技术创新的实践中摸清和掌握技术发展的内在机理，实现技术底蕴的不断积累、技术能力的不断提升。

(2) 以多元化的产品开辟市场

针对特定新市场，在推广自身已有产品的同时，还着力开发适应特定需求的新产品，做到"人无我有"，实现产品的多元化、差异化，以更多地开拓和占领新市场。不断开发适销的新产品，满足新老客户越来越多的产品需求，既是企业长足发展的必由之路，更是赢得良好声誉、为品牌增色添彩的基础。

(3) 依托行业领军企业拉动市场

积极打入产品应用行业的各领军企业的供应链，借助其在本领域的技术积累、市

---

❶ 独领风骚背后的秘籍 [EB/OL]．[2013-07-03]．http：//www.shanghai-fanuc.com.cn/index.php?option=com_content&view=article&id=388&catid=37%3Afanucnews&Itemid=73&lang=zh.

场营销、成本控制等优势，充分发挥其在本行业中的影响力，为自身产品打入整个行业营造声势。

（4）以可靠的质量、优质的服务巩固市场

"人有我优"，质量是产品生存的根本，也是企业发展的基石。而客户服务体系是造成市场竞争差异化的重要因素，在行业中具有举足轻重的地位。要想在行业中立足，唯有依赖过硬的产品质量和良好的售后服务体系，用户的口碑是企业最有价值的财富。

7.4 康耐视公司

美国康耐视公司（以下称"COGNEX公司"）是一家视觉技术龙头企业，我国多家工业机器人生产或应用企业均使用过该公司的视觉产品，因此对COGNEX公司的3D视觉控制技术进行分析，对我国企业的技术研发、专利保护具有重大参考价值。本节从COGNEX公司的专利技术布局、专利保护策略两个方面进行分析，以供国内企业借鉴。

7.4.1 专利申请布局

COGNEX公司是一家专注于为自动化制造领域提供视觉系统、视觉软件、视觉传感器和表面检测系统的全球领先供应商，其产品主要应用于产品的缺陷检测、生产线的监控、装配机器人的引导以及零件的跟踪、分类和识别等众多领域，以及医疗和制药、汽车、半导体和电子、食品和饮料、包装、太阳能等各个行业。COGNEX公司通过设在北美、欧洲、亚洲和拉丁美洲的诸多办公室，以及由集成商与分销合作伙伴组成的全球网络，为广大客户提供产品与服务。自2002年进入中国市场以来，COGNEX公司一直致力于促进视觉技术的推广与普及。

针对3D机器视觉技术在工业机器人领域的应用，COGNEX公司早在1996年就开始对相关技术进行专利布局，如表7-2所示。

表7-2 COGNEX公司3D视觉专利布局　　　　　　　　　单位：项

国别 年份	美国	欧洲	日本	韩国	中国
1996	5	1	1	0	0
1997	13	1	1	0	0
1998	5	2	1	0	0
1999	11	4	4	0	0
2000	8	3	1	0	0
2001	5	0	0	0	0
2002	3	1	1	1	1
2003	6	6	1	0	0
2004	7	5	2	1	5
2005	11	4	1	0	2
2006	8	5	1	0	0
2007	12	3	2	0	3
2008	2	2	1	0	0
2009	3	1	1	0	2
2010	4	1	0	0	0
2011	1	0	0	0	0

从表 7-2 中可以看出，由于 COGNEX 公司为美国企业，同时美国又是传统工业强国，对工业机器人性能的提升具有迫切要求，特别是将 3D 机器视觉技术与机器人相结合以解决机器人的定位、引导及降低成本等问题，因此美国一直以来是 COGNEX 公司专利布局的主要国家。自 1996 年始，COGNEX 公司几乎同时在美国国内、欧洲、日本进行专利布局，其间存在少量的韩国申请，但仍以美国国内为主。1997 年之后，欧洲和日本申请量逐渐增多，美国国内的专利申请量呈逐渐下降趋势，直到 2002 年美国国内专利申请量达到谷底。2002 年 COGNEX 公司正式进军中国市场，并在中国申请了首件专利。之后 COGNEX 公司在中国的申请量逐渐增多，这与 21 世纪亚洲制造业特别是中国制造业突飞猛进的势头有关。

从表 7-2 还可以看出，欧洲地区、日本、中国是 COGNEX 公司在美国之外的主要专利布局对象，这与 COGNEX 公司的主要业务发展区域（美国、日本、欧洲地区、亚洲（日本除外））一致。上述区域中，欧洲地区申请量最大，一方面因为欧洲地区存在 ABB 公司、KUKA 公司等多家大型工业机器人制造商，对工业机器人视觉性能提升有着迫切需求，市场份额巨大；另一方面也因为欧洲地区机器视觉技术发展最成熟而且使用量最大，存在多家强有力的竞争对手，如德国的 MVTec 公司，迫使其不得不重视知识产权的竞争。日本同样是工业机器人制造强国和视觉技术强国，在日本市场做好未来的专利布局同样符合 COGNEX 公司的战略。中国制造业正在重新布局全球产业，产业价值链调整的新一轮全球化进程中"中国制造"在全球炙手可热。一方面"中国制造"走遍世界市场的各个角落；另一方面世界跨国制造巨头纷纷向中国转移和建立其 OEM 战略伙伴关系。在这样的大背景下，中国制造业的发展也为 COGNEX 公司带来了新的发展机遇。由于中国的机器视觉技术还处于初级阶段，技术普及不够，在许多行业的应用仍处于空白，机器视觉技术在中国还没有形成大而成熟的产业链，因此 COGNEX 公司在中国的专利申请总量不多，但是其自 2002 年之后稳步推进在中国的专利布局，也说明其对中国市场的重视。可以预见，尽管中国工业设备水平较低，机器视觉技术进入中国较晚，但作为世界最大的生产基地，随着国内用户对产品质量的不断提高，需求的日益增强，中国机器视觉技术的市场潜力已经逐步凸显出来。中国的工业生产正从依赖廉价劳动力转向高度自动化生产。对于国内传统观念来讲，还需要具有经验的人来引导，使得机器视觉技术更好更恰当地应用在生产当中。在不远的将来，中国市场必将是 COGNEX 公司布局的重中之重。

图 7-40 示出了 COGNEX 公司 1996~2011 年总计 16 年间的年度专利申请量（涉及 3D 视觉技术在工业机器人的应用）。从图中可以看出，1997 年与 2007 年 COGNEX 公司分别达到了申请高峰，2002 年是其申请量的谷底。通过对专利数据的综合分析，出现上述情形的原因是 COGNEX 公司在不同的时期有着不同的研发重点。在 1996~2001 年，COGNEX 公司的专利申请主要围绕 PatMax 几何图案匹配技术、In-Sight 机器视觉传感器技术、Checkpoint 便携机器视觉系统进行部署；2002 年之后研究重点转向了 VisionPro 3D 三维机器视觉系统和 DS1000 3D 激光剖面系统；2005~2007 年的 3 年间研究成果集中出现，并由此达到专利申请高峰。

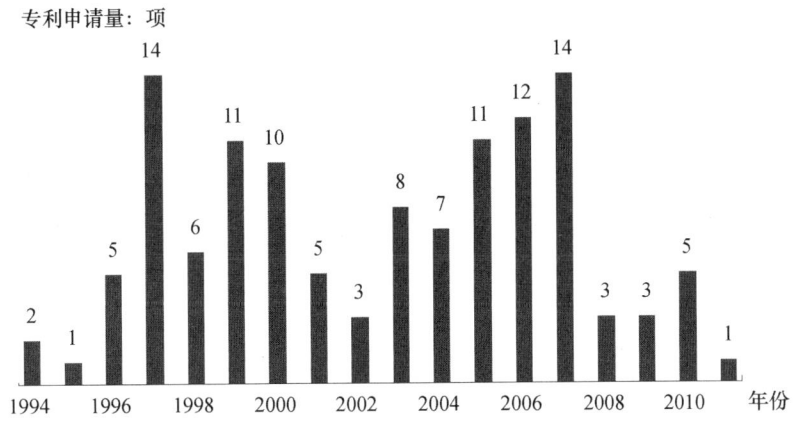

图 7-40 康耐视年均专利申请量

7.4.2 专利保护策略

7.4.2.1 重点产品与专利申请

COGNEX 公司 3D 机器视觉技术的代表性产品为 DS1000 3D 激光剖面系统和 VisionPro 3D 三维机器视觉系统，以及作为 3D 视觉辅助技术的 PatMax 几何图案匹配技术。

(1) DS1000 3D 激光剖面系统

COGNEX 公司于 2013 年宣布推出新的 DS1000 3D 激光剖面系统。该系统可以校准无法通过传统二维机器视觉执行的按实际单位测量的检测。新的 DS1000 3D 传感器可以读取诸如汽车轮胎上的压纹或凸字符、检查盒子和包装内低对比度物品的存在、识别低或无对比度物品的表面缺陷和碎裂、测量元件的高度和倾斜度，以确定是否对准、计算食品分配的体积和尺寸。DS1000 3D 传感器在出厂时校准，提供按实际单位测量的微米级精度，使得 3D 应用程式易于理解和部署，DS1000 系统与其他激光轮廓仪不同，其集成了行业中最强大的 3D 视觉工具套件 - VisionPro® 软件。借助 VisionPro，用户也可以添加用于 2D 检验任务的 GigE 摄像头。DS1000 是一个集成系统，COGNEX 公司专有的高速传感器和激光都内附于工业 IP65 等级外壳，参见图 7-41 所示。

图 7-41 DS1000 3D 传感器

经过对专利文献的梳理，发现美国专利文献 US2010303337A1（用于实用 3D 视觉系统的方法和设备）是 DS1000 3D 技术的最相关专利文献。

(2) VisionPro® 3D 软件系统

COGNEX 公司于 2011 年 5 月在已有的 VisionPro 软件系统基础上增加了 3D 功能，推出了 VisionPro® 3D 软件系统。该系统专为各种机器人应用设计，如汽车等精密制造行业中的装上货架/取下货架和卸垛，以及打包和组装验证。VisionPro® 3D 系统能够提供准确、实时的3D位置信息，有助于改善单独使用2D工具所无法满足要求的广泛应用中的视觉性能。VisionPro 3D 配合固定式或机器人安装的摄像头提供充分的应用程序灵活性，它基于PatMax®专利技术和其他校准技术。VisionPro 3D 视觉提供准确、实时的三维位置信息，以便在汽车和精密制造产业中实现具有挑战性的组件验证、物流和机器人应用的自动化。VisionPro 3D 使用 VisionPro 的可靠工具库创建的多组二维功能，这些工具包括 PatMax，PatFlex™和其他几何图案匹配工具。这些工具可以适应不均匀的照明环境，并在图案被部分遮盖的情况下仍保持可靠的功能，可确保在最困难的环境和条件下实现准确的零件定位，如图7-42所示。

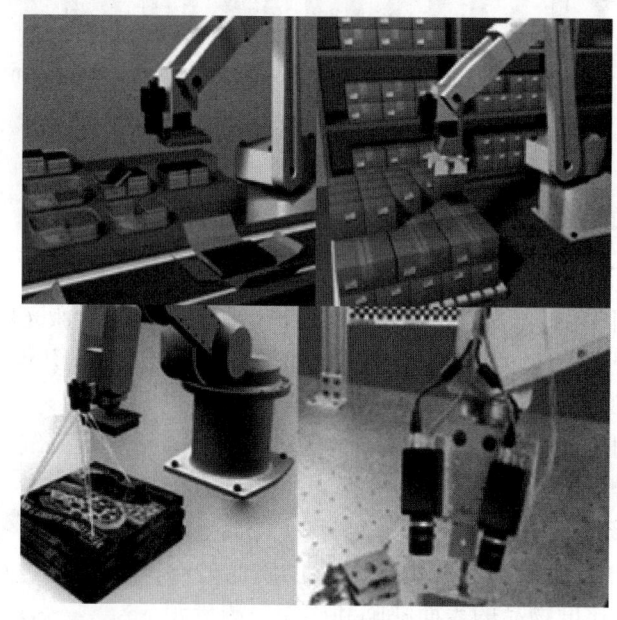

图7-42　VisionPro® 3D 的应用示例

VisionPro® 3D 系统的设置通常包括以下3个简单步骤：

①校准：校准是任何三维视觉项目成功的关键。通过调整光学畸变和摄像头位置的高精度校准工具使应用程序的性能得以提高，并使相机与移动对象（例如机械手）同步。VisionPro® 3D 软件还提供了一个校准向导来简化图像采集、校准参数设置、校准和验证。该向导可用于实验室，或在工厂车间进行部署。

②特征检测：三维定位的第二步是检测零件的特征。COGNEX 公司享有专利的图形匹配工具 PatMax®结合 SearchMax™和 PatFlex®工具，确定对象的精确三维定位。

③三维姿态确定：三维定位设置的最后一步是确定零件的姿态。有很多方法使用三维定位，包括：单摄像头三维、多摄像头三维摄影测量、双摄像头短基线（立体声）三维、带有固定式和安装了机器人的摄像头组合的应用。

经过对专利文献的梳理，发现美国专利文献 US2007081714A1（用于实用3D视觉系统的方法和设备）和 US2008298672A1（通过机器视觉定位三维对象的系统和方法）、US2010166294A1（使用机器视觉进行目标的三维校准的系统和方法）是 VisionPro® 3D 技术的最相关专利。

其中专利文献 US2007081714A1 利用照相机从不同的视角采集目标图像，照相机被校准以识别来自三维空间的光线映射，并被训练以识别目标图像的期望图案，图案在三维空间的位置被逐像素的进行三角测量，一旦某台照相机产生了与其他照相机不一致的图像，其将被重新校准。通过该专利技术，可以对目标位置和方向进行高速确定，如图 7-43 所示。

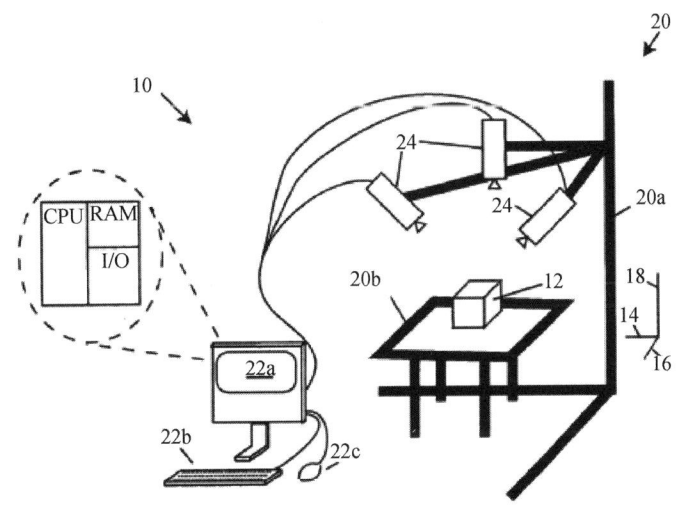

图 7-43　US2007081714A1 技术方案示意图

专利文献 US2008298672A1 通过在物体复数个平面的每一个上采用 2D 机器视觉处理而提供用于决定三维视觉物体位置的系统和方法，由此改善物体的位置。物体可以位于相对未知的位置、方向，也可位于相对已知的位置。首先导出物体的粗略姿态估计，此粗略姿态估计可基于保持物体的端效器的位置数据，该获得的物体图像与在不同方向的已训练物体的可能轮廓的一起比较，或通过获得物体的复数个平面姿态（使用多个照相机）以及使已训练的图像图案的角落等已知相对于原点的坐标与获得物体产生关联性。一旦达成粗略姿态，此姿态可借由以下手段得到改善：将姿态定义为旋转的四元素（a、b、c、d）与供平移的三变量（x、y、z）；使用加权的最小平方进行计算，以最小化在已训练的模型影像的定义小镶边与获得的执行时间小镶边之间的误差。在具体实施方式中，整体改善/最佳化姿态估计系合并来自照相机（或获得多个视图的单一照相机）的获得影像的每一个的资料。借此，该估计可使在每一照相机/视图已训练模型影像的小镶边与相关联照相机/视图的获得执行时间小镶边之间的总错误最小化。通过上述专利技术，可以调试 PatMax 二维机器视觉系统来提供解决特征为六个自由度（x、y、z 平移度与三个对应旋转度）或更大自由度的三维训练图案的机器视觉系统，如图 7-44 所示。

专利文献 US2010166294A1 提供了一种使用机器视觉进行目标的三维校准的系统和方法。该系统具备三维传感器和处理元件，被布置为生成一场景的 3D 表示。一个特殊的压缩过程用来产生 3D 场景的 3D 高级几何图形（HLGS）。一个相应的处理比较 3D HLGS 和模型 3D HLGS，以生成场景中候补的 3D 位置信息。相应的处理过程被构造和

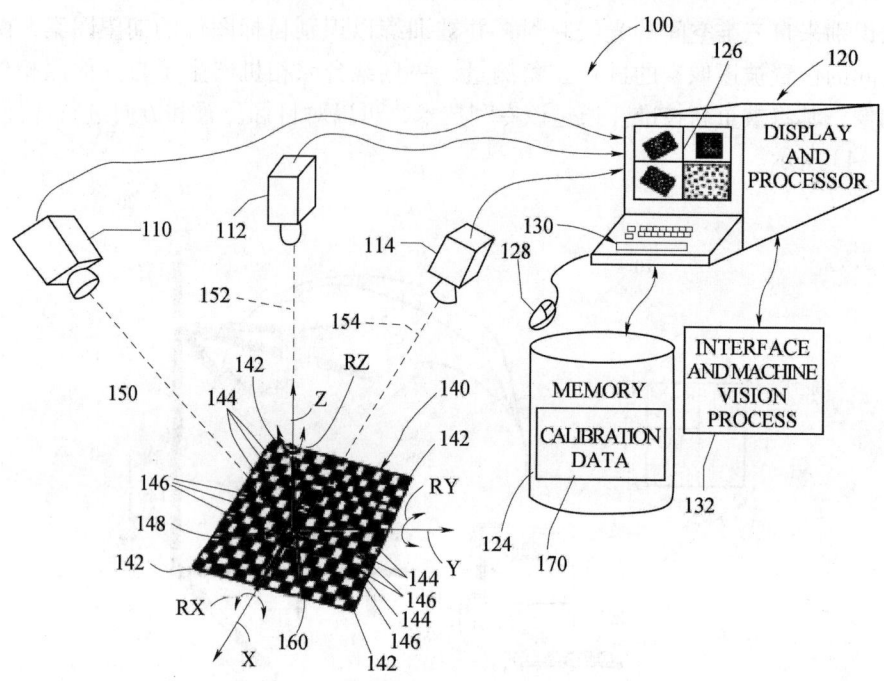

图 7-44　US2008298672A1 技术方案示意图

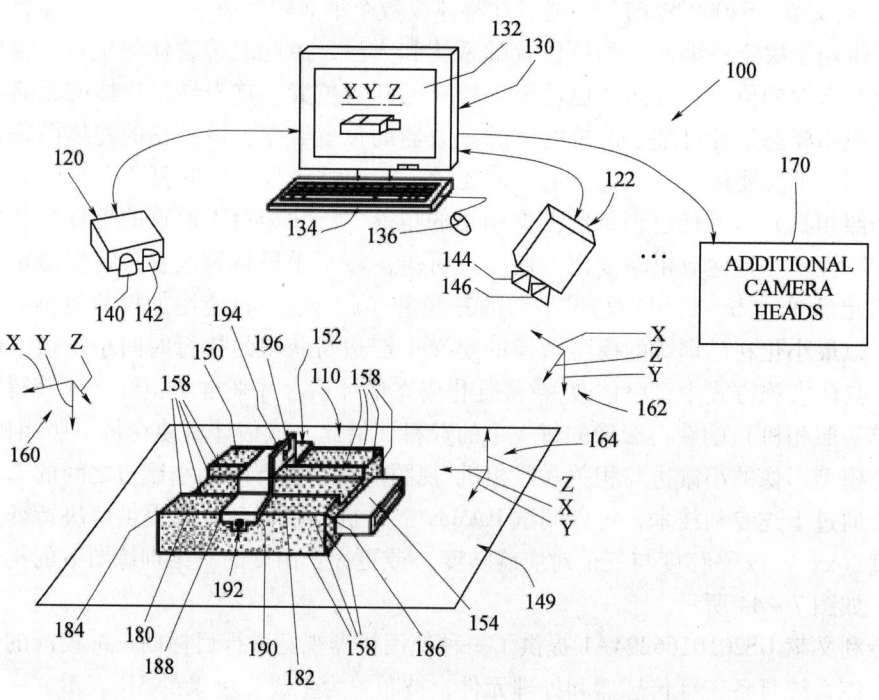

图 7-45　US2010166294A1 技术方案示意图

布置为评价位置信息的分数,基于足够的高分选择高分位置,如图 7 – 45 所示。

(3) PatMax® 几何图案匹配技术

COGNEX 公司的 PatMax® 技术作为机器视觉中首项高准确度、高速度、高处理量的物体定位技术,于 1997 年首次获得专利认证。PatMax® 技术虽然不是一种直接的 3D 视觉技术,但是其在 VisionPro® 3D 系统的三维定位过程中起到重要作用。

PatMax® 技术利用高级几何图案匹配技术定位工件,既可靠又准确。即使在最为极端的条件下,此工具也能大大减少或消除固定要求和成本。对于定位零件或特征来说,PatMax® 技术是视觉系统中视觉检测处理量最大和最为可靠的工具。

任何机器视觉应用中的最初一步,通常也是决定该应用成功与否的关键一步,就是在视觉相机的视野内定位物体,该过程也称为图案匹配。图案匹配有时会非常困难,因为许多变量都能影响到物体在视觉系统中的显示方式。传统图案匹配技术以通常被称作正规化相关性的像素网格分析流程为基础。这种方法寻找某物体的灰度级别,或基准图像,与图像各部分之间的统计学相似性,然后确定物体的 X/Y 位置。这种方法尽管在某些情况下非常有效,但当生产线的外观经常性地发生变化时(如物体角度、尺寸和外形变化),寻找物体的能力及其准确性就会受到限制。要克服这些限制,COGNEX 公司开发出了 PatMax® 几何图案匹配技术。该技术采用一系列不依赖于像素网格的边界曲线获取物体的几何形状,然后在图像中寻找相似的形状,这种技术不受特定灰度级别的限制。这样,不管物体角度、大小和形状如何变化都能准确地找到该物体,使得这种方法的工作能力得到根本性的提高。

经过对专利文献的梳理,发现美国专利 US6856698B1(如图 7 – 46)(快速高精度多维图形的定位)、US6850646B1(快速高精度多维图形的检测)和 US6658145B1(快速高精度多维图形的检测)是 PatMax® 技术的原始专利。其中专利 US6856698B1 的最早优先权日为 1997 年 11 月 26 日,专利 US6850646B1 和 US6658145B1 的最早优先权日为 1997 年 12 月 31 日。上述三项已授权的专利有效期分别至 2022 年(US6856698B1)、2023 年(US6850646B1)和 2020 年(US6658145B1),如图 7 – 47 所示。

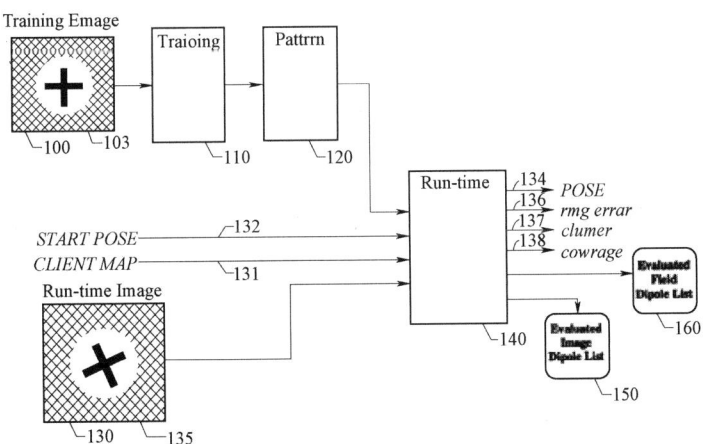

图 7 – 46　US6856698B1 的技术方案示意图

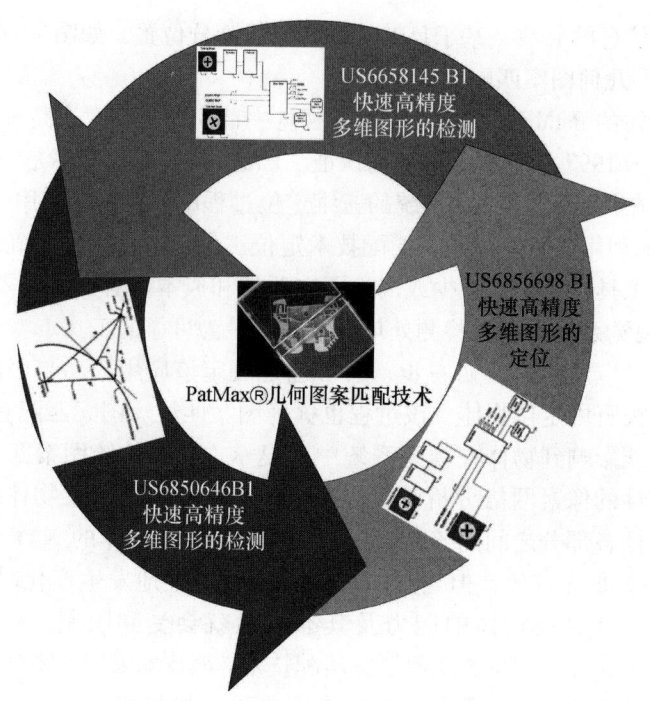

图 7-47　PatMax® 专利技术

专利 US6856698B1 用更低的成本、更快的速度，更准确地实现了图像中各图形的精确定位。通过使用模型图形的起始位置、图像分界点、图像分界点权重因子，并对应沿图案边界位置来计算模型图形新的位置。模型图形新的位置是对图像中目标对象真实位置的更精确的评估。其中，模型图形包括目标对象期望图形的几何描述，该几何描述包括图形分界点；上述图形的起始位置表示目标对象真实位置的初始评估；图像分界点被探测，图像分界点权重因子表示每个图像分界点的可靠性评估，如图 7-48 所示。

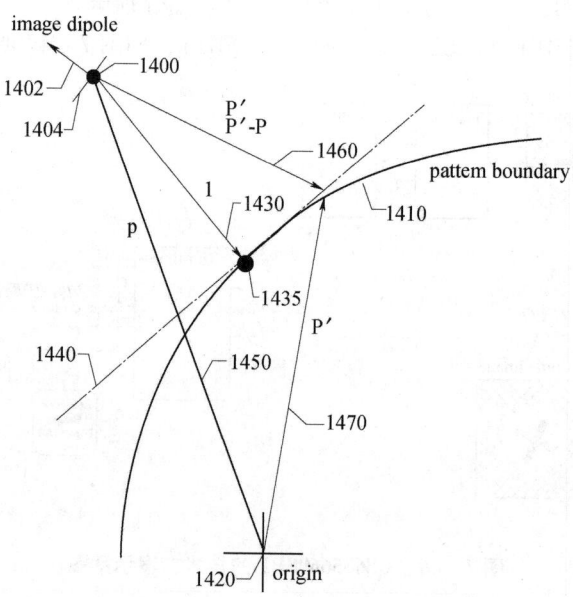

图 7-48　US6850646B1 的技术方案示意图

专利 US6850646B1 公开了一种图形检测方法，求解了对应多个图像边界点的多个方程，因此可以提供六自由度的坐标变换。图像边界点包括位置向量和方向。变换被应用到每个图像边界点，将图像边界的当前位置绘制得更加准确。

专利 US6658145B1 所述的方法可以更快速、更准确地进行图形检测，而不会产生像素栅格的量化误差。该方法包括存储一模型图形，图像起始位置和存储的模型图形决定了分界点和沿边界对应位置的可靠性的评估。一新的位置表示从起始位置、分界点、可靠性评估和对应位置获得的图形的真实位置，如图 7-49 所示。

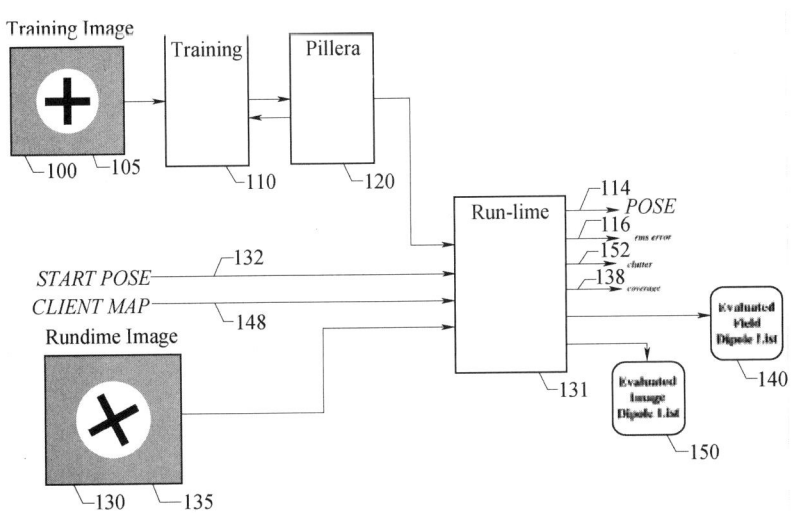

图 7-49　US6658145B1 的技术方案示意图

特别强调的是，COGNEX 公司的 PatFlex 技术是对 PatMax® 技术的进一步扩展，使得无论何种表面或变形都可定位物体，保证了工具在复杂表面上的应用，也对 3D 视觉技术具有着重要辅助作用。

7.4.2.2　技术发展历程

如图 7-50 所示，COGNEX 公司自 20 世纪 90 年代不断推出 3D 机器视觉的新技术，下面通过对 COGNEX 公司的专利进行梳理，来观察其技术发展历程。

1996 年 COGNEX 公司提交了专利申请 US5978502A，主要涉及一种利用机器视觉确定三维目标的空间特征的方法。其方式是通过计算目标高度上对应的横截面积和容积来确定空间属性。该专利技术可以用于 BGA 封装的焊盘的检查、倒装芯片的检查等。

2000 年 12 月 COGNEX 公司提交了专利申请 US6728582B1，主要涉及一种利用双目机器视觉来确定目标位置的系统和方法。该双目相机与机器视觉搜索工具相连，该搜索工具能够记录沿着图像平面的至少两个平移自由度以及沿着与图像平面正交的相机轴的至少一个非平移自由度的图案的变换。

2000 年 4 月 COGNEX 公司提交了专利申请 US6701005B1，主要涉及一种用于执行 3D 目标分割的三维机器视觉方法和装置。二维视觉像素数据的多个相关立体参数集被分别处理为边缘参数集，每个相关立体参数集被成对地处理以将一对边缘数据集转换

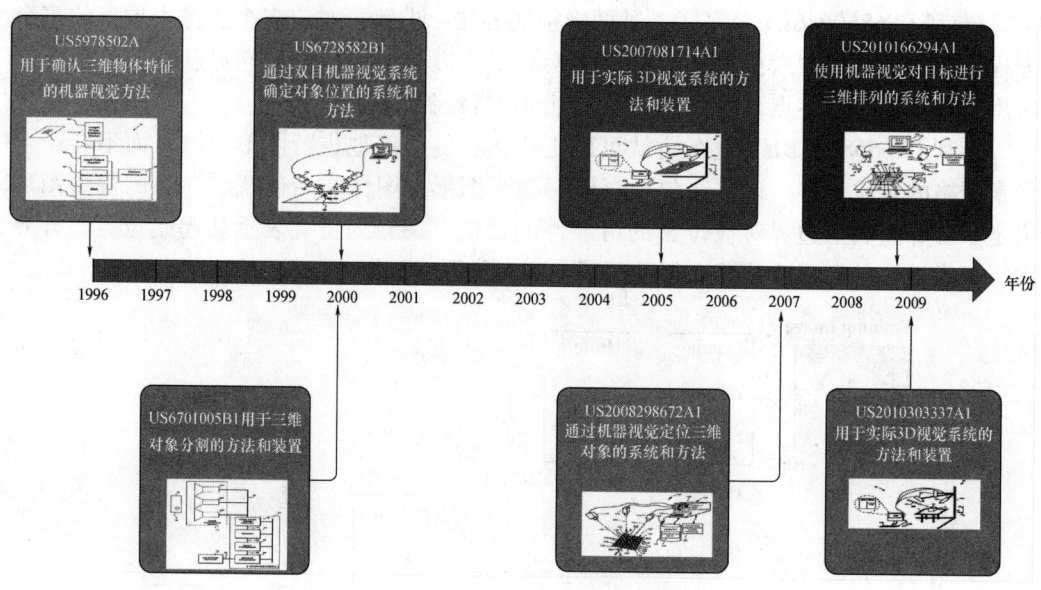

图 7-50 关键专利技术发展历程

为 3D 点数据，多个成对的 3D 数据参数集此时被合并和用于获取 3D 特征。

2005 年 COGNEX 公司提交了专利申请 US2007081714A1，主要涉及一种用于实际 3D 视觉系统的方法和装置。该方法和装置主要利用多台相机在不同视角捕捉目标图像，利用三角定位的方法获取 3D 数据，属于多目机器视觉技术。

2007 年 COGNEX 公司提交了专利申请 US2008298672A1，主要涉及一种通过机器视觉定位三维目标的系统和方法。该方法通过使用 2D 机器视觉技术来处理多个目标平面端面的每一个，以获取目标的三维信息，属于多目机器视觉技术。

2008 年 COGNEX 公司提交了专利申请 US2010166294A1，主要涉及一种通过机器视觉进行目标的三维校准的系统和方法。该系统包括一个或多个 3D 传感器和一或多个处理单元以产生 3D 场景信息，然后产生 3D 场景的高级几何图形，将 3D 高级几何图形与模型相比较产生一个或多个场景目标的候选 3D 位置，进行相对应的处理，对候选 3D 位置进行评分，并依据合适的高分选择至少一个高分位置。

2009 年 COGNEX 公司提交了专利申请 US2010303337A1，主要涉及一种用于实用 3D 视觉系统的方法和设备。该 3D 成像系统包括多个照相机，该多个照相机包括至少第一和第二照相机，其中每个照相机具有沿照相机不同轨道排列的视场，其方法包括以下步骤：在多个照相机的视场内的位置呈现零件；在多个照相机中的每个照相机的视场内在零件上标识感兴趣区域；以及针对多个照相机中的每个照相机：（1）采集包括感兴趣区域的该零件的至少一幅图像；（2）在与该至少一幅图像中的感兴趣区域相关联的照相机的视场内标识照相机专属感兴趣视场；以及（3）存储所述感兴趣视场以供随后使用。

通过观察 COGNEX 公司的上述典型专利申请，可以看出 COGNEX 公司的 3D 机器视觉技术偏向于 3D 图像处理的软件算法，少有 3D 机器视觉与工业机器人相结合的实际应用的专利申请。这既与 COGNEX 公司自身定位有关，又与 3D 机器视觉技术本身的特点有关。首先，COGNEX 公司是为制造自动化领域提供机器视觉系统、视觉软件、视觉传感器和表面检测系统的全球领先提供商，并不是机器人系统集成商或机器人系统制造商，所以其机器视觉专利技术布局必然从大处着手，涉及机器视觉的软件算法可以应用到各种领域，必然是 COGNEX 公司的布局重点，而不仅仅拘泥于机器人这一单一的应用范围。其次，3D 机器视觉的硬件结构划分已基本定型，主要有双目/多目视觉系统、激光三维轮廓仪、结构光三维重构、TOF 等，对 3D 机器视觉起着重要推动作用的是 3D 视觉软件的发展，因此 COGNEX 公司必然极其重视涉及软件算法的专利申请。此外，COGNEX 公司的机器视觉专利技术具有从双目视觉系统逐渐向多目视觉系统发展的趋势。

7.4.2.3 专利保护策略启示

COGNEX 公司在维护公司的知识产权问题上具有强硬立场，不管是维护自身技术还是坚守自己的专利。近年来，COGNEX 公司在其自身专利保护行动中屡屡获得胜利，他们曾经胜诉 Acacia Research 公司，2004 年曾对 Lemelson Partnership 进行起诉。2008 年 5 月 27 日，COGNEX 公司在位于美国马萨诸塞州波士顿的联邦地区法院填写申请，正式起诉了德国 MVTec Software 公司及其子公司 MvTec LLC。其实不光是 COGNEX 公司，高科技企业之间专利诉讼案例在世界范围的机器视觉行业内近些年也呈上升态势。我们暂且不去评述这些案件双方的表现和情况，需要深思的是 COGNEX 公司的专利保护行为从法律角度和市场角度应该给我国正处于萌芽状态的机器视觉产业及相关机器人企业带来什么启示？

通过梳理 COGNEX 公司所拥有的专利，并对该公司的专利诉讼情况进行了解，可以明显看出，COGNEX 公司所保护的专利技术和专利诉讼主要是机器视觉软件或通过软件实现的方法，这也是机器视觉领域的一大特点。由于单纯的软件算法被许多国家包括我国认定为智力活动的规则和方法而不能被授予专利权，因此国内使用 3D 机器视觉技术的机器人厂商和机器视觉厂商应当如何对视觉软件算法进行专利申请和专利保护呢？这将是国内企业面临的重大难题。

（1）保护形式的选择

软件算法（计算机程序）既可以采取著作权法保护，亦可采用专利法保护。著作权法保护的是计算机程序的表现形式，其核心是防止复制，但对思想内涵的保护则无能为力。然而，软件的精华往往不在其表现形式，而在其思想内涵，即软件处理问题的设计构成原理、算法模型、处理过程和运行方法等，对此采取专利法予以保护就成为必然。随着计算机技术的发展，不断涌现出包括计算机程序在内、软硬件结合的发明，这些发明的技术要点往往体现在计算机程序之中，将数学算法与工程控制结合为一体，成为一种信息或控制工程的处理方法。显然著作权法对上述这些计算机程序技术特征也是无力保护的。借助于专利法，可以对一部分符合专利条件的计算机程序进行保护。为了说明这个问题，我们不妨从计算机软件保护的角度，将专利法与著作权法作对比分析可以看出，与著作权保护条件相比，计算机软件的专利权保护条件是比较苛刻的，但也应看到利用专利权保护计算机软件，具有很明显的优点：

①专利法保护创造性的方法，而程序中最有价值的就是开发者提出的方法；

②专利保护具有强烈的独占性，一项发明创造获得专利权，其他的类似发明，即使是独立开发出来的，也不受保护，甚至不能使用；

③专利权的权利效力较著作权要大得多；

④专利保护期限比著作权的要短，更接近软件的技术和经济寿命，较为合理。

究竟采取何种法律保护计算机程序，计算机程序的作者可权衡利弊，采取适当的保护方式。尽管著作权法和专利法保护软件各有利弊，但从实务上讲，因为专利具有排他性特征，其保护范围又由权利要求书明确给出，相对于著作权保护更易于取得侵权证据，因此，对于一项确实具备专利条件的计算机软件，则最好采取专利与著作权双重保护的方式。

（2）主要技术来源国对计算机软件类专利申请的态度

国内的机器视觉企业和相关的机器人企业在世界机器视觉巨头专利之战打得如火如荼的同时，现在就应该未雨绸缪，在机器视觉软件、硬件及系统的研发阶段就开始考虑专利保护问题，将专利保护战略融合到企业整体战略中去。只有这样，国内机器视觉企业在与国际巨头同台竞争中才能使自己处于有利位置。

但是计算机软件即计算机程序在专利申请中情况特殊，早先许多国家包括发达国家的专利法和法院判例是不支持向计算机软件授予专利权的。直到20世纪70年代中期以来，美国、日本、欧洲、加拿大等国家的法院及知识产权机构先后开始为计算机软件授予专利权透出绿灯，其他一些国家也开始采取类似的做法。

根据国家知识产权局颁布的《专利审查指南（2010版）》的规定，凡是属于中国《专利法》第25条第1款第（2）项规定范围之内的涉及计算机程序的发明专利申请都不授予专利权，但是如果一项权利要求在对其进行限定的全部内容中既包含智力活动的规则和方法的内容又包含技术特征，则该权利要求就整体而言并不是一种智力活动的规则和方法，不应当依据《专利法》第25条排除其获得专利权的可能性。此外，凡是为了解决技术问题、利用技术手段并可以获得技术效果的涉及计算机程序的发明专利申请属于专利保护的主题，包括例如（一）用于工业过程控制的涉及计算机程序的发明专利申请，（二）涉及计算机内部运行性能改善的发明专利申请，（三）用于测量或测试过程控制的涉及计算机程序的发明专利申请，（四）用于外部数据处理的涉及计算机程序的发明专利申请等四种情况。

美国自1987年以来进一步调整了计算机程序的专利审查基准，大大放宽了有关的限制，提出虽然程序本身不受专利保护，但是程序所控制的硬件运行方法步骤可以作为方法申请专利。1989年美国结合大量判例制定了一个用于软件专利审查的指导原则。1995年美国专利商标局发布的《对软件以及与电脑相关发明的审查标准》规定，包含于软件中的数字算法只是一种"抽象思想"，但是，若将这种数字算法用于实践，从而产生"有用的（useful）、具体的（concrete）、有形的（tangible）后果"，则该软件即可成为专利性主题，能够获得专利。例如：采用计算机程序控制的装置可作为"机器"申请专利保护；具有一定物理结构的、并可用于计算机操作、运行的储存数据（包括计算机程序），固定在光盘、磁盘或其他存储介质中，可以作为"制品"申请专利保护，能够说明如何在计算机中运行或利用计算机实现一系列操作的计算机程序，可作为"方法"申请专利保护。在草案中同时提出，与物理结构无关的资料编辑或安排，储存有一般文学、艺术作品光盘或磁盘本身，用于编制程序的特定字词或符号，与计算机操作、运行无关的数据结构，仅是控制抽象观念的"方法"，例如只是解决数学问题的步骤所用的方法，均不可以受到专利保护。

《欧洲专利公约》进行修改后规定，将计算机硬件系统与软件作为一个整体，如能够对现有技术作出贡献，可以被授予专利权。欧洲专利局1985年颁布的新的审查基准确认，一项与软件有关的发明如果具有技术性，则该软件就具有可专利性。

日本特许厅1975年制定公布了《关于计算机程序的发明专利审查基准》，确认计算机程序可申请方法专利；1982年又公布了《关于微型计算机应用技术的发明处理方针》，确认与硬件结合的计算机软件可以申报装置专利；1988年，又发布了《有关计算机软件发明的审查办理案》；1992年进一步公布了《新软件专利审查标准框架方案》。

（3）涉及计算机程序的发明专利申请的撰写规范

通过上述分析可知，我国基本肯定了一定条件下的计算机程序的可专利性，那么国内的机器视觉企业和相关的机器人企业如何撰写此类专利申请以符合我国专利法的规定，从而增加专利授权的可能性和更好的界定权利要求的保护范围便是我们在此探讨的重中之重。

①说明书的撰写：涉及计算机程序的发明专利申请的说明书除了应当从整体上描述该发明的技术方案之外，还必须清楚、完整地描述该计算机程序的设计构思及其技术特征以及达到其技术效果的实施方式。为了清楚、完整地描述该计算机程序的主要技术特征，说明书附图中应当给出该计算机程序的主要流程图。说明书中应当以所给出的计算机程序流程为基础，按照该流程的时间顺序，以自然语言对该计算机程序的各步骤进行描述。说明书对该计算机程序主要技术特征的描述程序应当以本领域的技术人员能够根据说明书所记载的流程图及其说明编制出能够达到所述技术效果的计算机程序为准。为了清楚起见，如有必要，申请人可以用惯用的标记性程序语言简短摘录某些关键部分的计算机源程序以供参考，但不需要提交全部计算机源程序。

涉及计算机程序的发明专利申请包含对计算机装置硬件结构作出改变的发明内容的，说明书附图应当给出该计算机装置的硬件实体结构图，说明书应当根据该硬件实体结构图，清楚、完整地描述该计算机装置的各硬件组成部分及其相互关系，以本领域的技术人员能够实现为准。

②权利要求书的撰写：权利要求的内容代表了一项专利权的保护范围，因此其在专利文件中的地位是极其重要的。由于计算机程序自身无实体形式，侵权行为难以界定清楚，例如就计算机程序流程限定存储器的方式而言，存储器中的计算机程序是静态的，不构成解决方案，侵权证据最终必将脱离专利权利要求，而指向著作权保护的依据；再例如"执行程序的处理器"仍旧仅限于用户使用机器的情形，而实际的侵权产品提供方仅生产或销售未执行程序的静态机器，仍旧无法追究侵权责任。

综上所述，我国专利行政管理部门倾向于严格要求此类权利要求的撰写，以方便后续的侵权认定。我国专利行政管理部门对涉及计算机程序的权利要求的撰写主要有以下几项要求：

①既可以写成一种方法权利要求，又可以写成一种产品权利要求；

②主题名称实质为"程序"的权利要求，无论其限定的内容如何，均认为其要求保护的是计算机程序本身，属于《专利法》第25条第1款第（2）项规定的不授予专利权的客体；

③如果一项权利要求除其主题名称外，对其进行限定的全部内容仅仅涉及程序本身，则该权利要求实质上仅仅涉及智力活动的规则和方法，不属于专利保护的客体；

④软硬混杂形式撰写的权利要求不符合计算机程序解决方案的实际情况，通常会判定为权利要求保护范围不清楚，不符合《专利法》第26条第4款的规定；

⑤如果全部以计算机程序流程为依据，则需要按照与该计算机程序流程的各步骤完全对应一致的方式，或者按照与反映该计算机程序流程的方法权利要求完全对应一致的方式撰写装置权利要求；即这种装置权利要求中的各组成部分与该计算机程序流程的各个步骤或者该方法权利要求中的各个步骤完全对应一致，则这种装置权利要求中的各组成部分应当理解为实现该程序流程各步骤或该方法各步骤所必须建立的功能模块，由这样一组功能模块限定的装置权利要求应当理解为主要通过说明书记载的计算机程序实现该解决方案的功能模块构架，而不应当理解为主要通过硬件方式实现该解决方案的实体装置。

国内的机器视觉企业和相关机器人企业只要做到未雨绸缪，科学地运用法律武器和管理工具，有效地组织自己的机器视觉软件设计、研发、专利保护等技术创新工作。我们必将能构筑技术专利的坚固堡垒积极地参与到国内甚至国际机器视觉的市场竞争中去。中国未来的机器视觉市场必将属于我们自己。

7.5　SICK公司

SICK传感器智能公司（以下简称"SICK公司"）成立于1946年，公司名称取自于公司创始人欧文·西克博士（Dr. Erwin Sick）的姓氏，总公司位于德国西南部的瓦尔德基尔希市（Waldkirch）。SICK公司已在全球建立了接近50个子公司和众多的销售机构，雇员总数超过6300人，2012年销售业绩达到9.71亿欧元，是很具影响力的智能传感器解决方案供应商，产品广泛应用于各行各业，包括包装、食品饮料、机床、汽车、物流、交通、机场、钢铁、电子、纺织等行业。其产品主要包括：

工厂自动化产品：包括工厂自动化、工业安全系统以及自动化识别类产品。为自动化系统提供制造生产过程控制和质量保证，是各类非接触传感器、编码器和通道测量系统所承担的最重要任务。

物流自动化产品：为生产、仓储、分销物流领域提供系统解决方案。其中包括，用于自动化识别传统条码和二维条码的先进方案，提供物流系统中物品识别能力的无线射频识别系统，以及用于高度、形状、体积测量的可调校激光测量系统等。

过程自动化产品：SICK公司提供各种传感器件和完整系统方案，用于气体分析、

尘埃测量、流量测量、液体分析、液位测量等领域。❶

在工业机器人3D视觉领域中，SICK公司主要涉及的是用于工业机器人的光电保护装置如光电安全、安全光栅、激光扫描仪、安全连锁开关等用来防止意外事故的发生，保障操作人员的人身安全。

7.5.1 公司简介

SICK公司产品发展历程如图7-51所示。

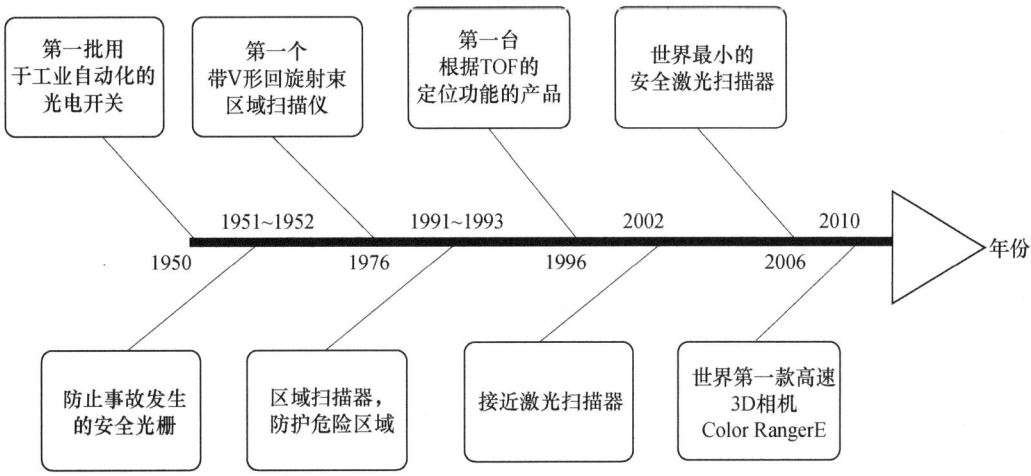

图7-51 SICK公司产品发展历程

7.5.2 专利申请态势

如图7-52所示，SICK公司关于工业机器人3D视觉的专利申请有22项，申请地

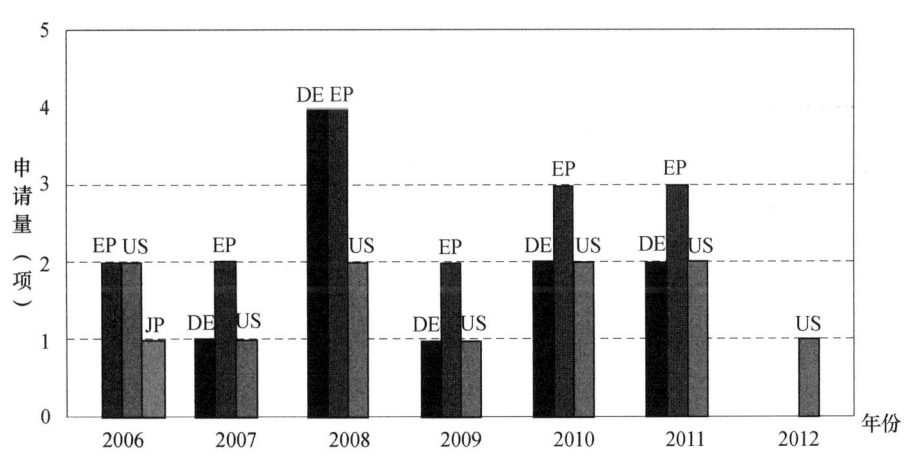

图7-52 专利申请分布

---

❶ 关于西克［EB/OL］．［2013-06-18］．http：//www.sickcn.com/about.

区绝大部分分布在欧洲、德国和美国，日本仅有1项。可以看出，SICK公司比较重视欧洲和美国市场的专利保护。

7.5.3 技术发展历程

7.5.3.1 对安全区域物体的识别

经过SICK公司这22项专利的分析，可以看出，绝大部分专利都是涉及对于机器人工作的安全区域进行监控。

在工业机器人领域当中，对安全区域的监控是非常重要的一个技术分支，因为工业机器人需要在一个封闭的、隔离的工作区域内工作，为了避免工业机器人和同属一个工作区域的移动物体或是静止物体发生碰撞。尤其是避免工人意外遭到工业机器人的伤害，物体需要远离工业机器人的该工作区域，如何让工业机器人能够避免碰撞，是使工业机器人和工人能够在同一个工作区域内协作完成任务的关键问题。对工业机器人工作区域的安全监控就是为了实现在存在潜在危险，例如有物体侵入工业机器人工作区域或工业机器人可能与区域内的静止或移动物体存在碰撞风险等情况下进行警报、停止工业机器人运动以及控制相关设备避让等措施以避免事故的发生。

（1）第一阶段

SICK公司早期（2006～2007年）比较关注对安全区域物体的识别。早期是对物体是否存在进行识别，例如光幕、光栅等技术，代表性的专利有EP1927867A1，如图7-53所示。

在该专利中，设置多个光传感器，每个传感器覆盖监视区域的一个平面，用来检测是否有危险。该技术对传统的传感器的光幕技术进行了改进，实现了对监视区域的3D监视。这种技术结构简单、成本低、使用灵活；但是只能用于监测机器人外围某个区域是否有物体进入，不能检测靠近光幕的物体，或者当物体速度过快时，检测到物体的时候已经没有时间作出处理。主要产品有C4000系列等安全光幕产品。

关于识别安全区域物体是否存在，相关专利DE102007009225B3涉及一种加工零件的机床工具，保护区域具有危险的机床元件，检测设备获取保护区域的三维图像，来判断该保护区域内是否有危险的物体，如图7-54所示。

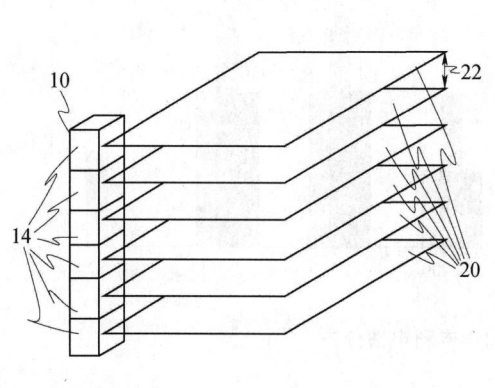
图7-53 EP1927867A1附图

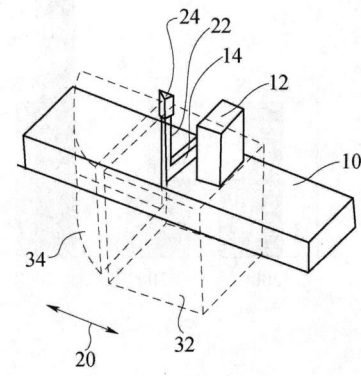
图7-54 DE102007009225B3附图

更进一步，除了识别是否存在，还可以实现对不同类物体分类的识别，例如：

EP2053539A1 可以对检测到的三维物体进行分类，并且检测它们的位置和方向。采用的方法是，其设置模型库，根据多次假设测试来识别物体或者精确确定物体的分类，如图 7-55 所示。

专利 EP1927957A1 同样涉及一种监视安全区域的安全系统。该系统中采用的延长的反射带能够在本地空间像素分辨率低时方便识别物体，从而能够在三维保护区域可靠识别亮的和暗的物体，如图 7-56 所示。

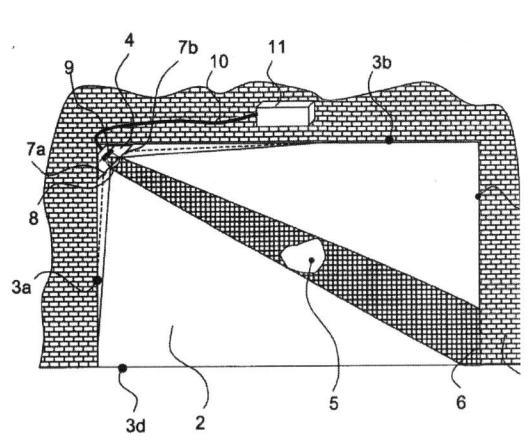

图 7-55　EP2053539A1 附图

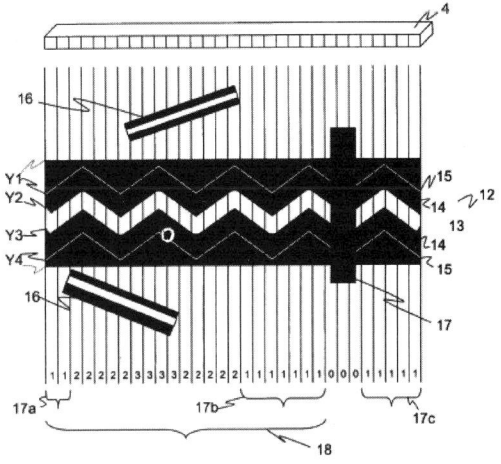

图 7-56　EP1927957A1 附图

（2）第二阶段

2007~2008 年前期，SICK 公司致力于研究对移动物体的监测以及对精度和可靠性的提高上。如专利 EP2048557A1，其中的三维摄像机控制器设置为从立体摄像机接收的信号来检测碰撞。配置装置将区域划分为例如：保护区域、警告区域、屏蔽区域和空白区域等；配置装置能够接受立体空间的手持设备的信号，从而确定该手持设备的位置，然后根据位置信息来确定子区域的一个边界点、边界线或边界面，如图 7-57 所示。

EP2083209A1 涉及一种安全系统，该系统中有一个固定的物体（例如工业机器人）和一个相对于该固定物体运动的物体，系统中的估计单元根据三维摄像机拍摄的物体的两幅图片来估计运动物体的运动和路径，从而判断出两个物体是否会产生碰撞，如图 7-58 所示。

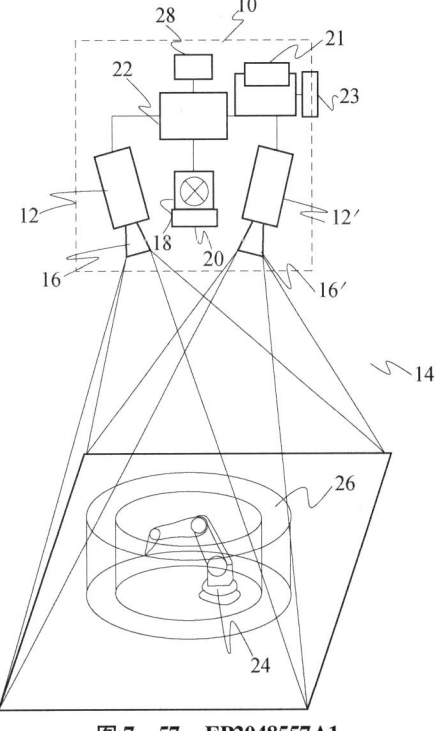

图 7-57　EP2048557A1

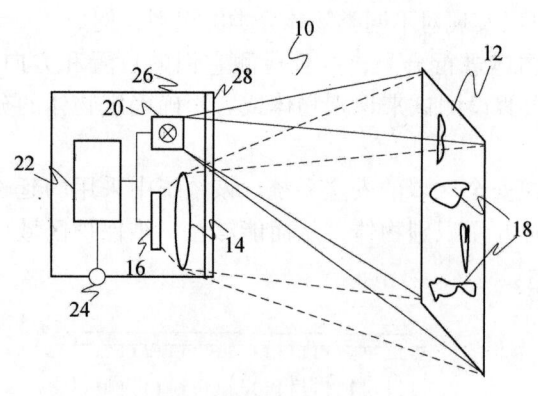

而 DE102008020326B3（2008-04-23）公开了一种立体三维安全摄像机，该摄像机具有两个立体系统，每个立体系统具有在一个基线上排列的两个图像传感器；评估单元从传感器中读出成行和成列的图像数据，然后合成一个完整图像；能够加快反应速度，提高可靠性，如图7-59所示。

图 7-58　EP2083209A1

DE202008013217U（2008-10-04）公开了一种监视例如机械臂等的危险源安全系统，其中光源和衍射光学元件联合保证监视区域样本的高对比度，通过设置衍射光学元件来产生对比样本，来提高传感器的灵活性和精度，如图7-60所示。

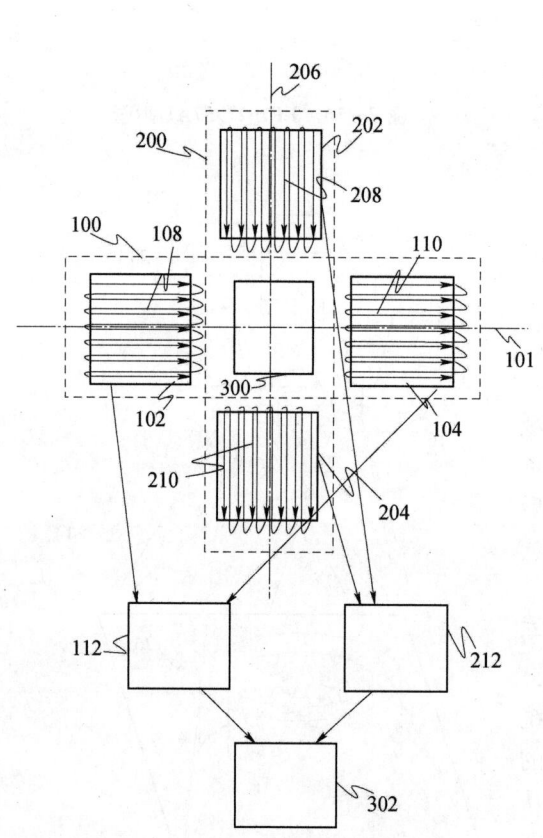

图 7-59　DE102008020326B3 附图

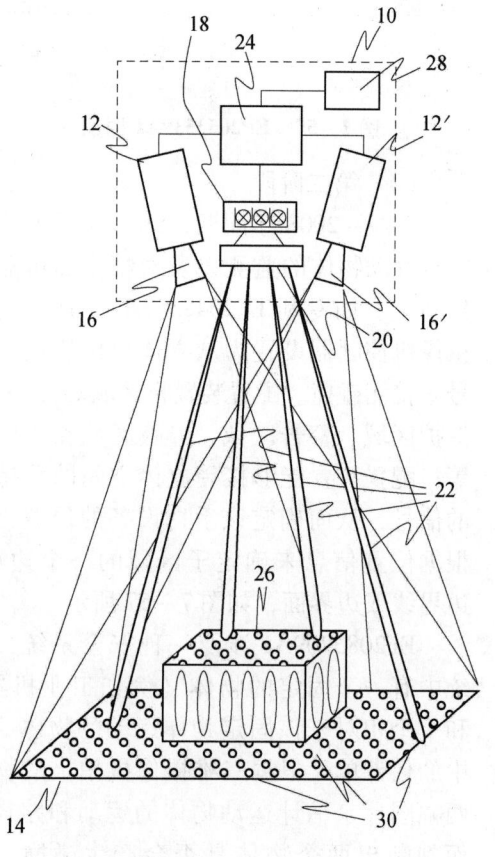

图 7-60　DE202008013217U 附图

（3）第三阶段

2009～2011年，SICK公司主要专注于在复杂情况下（例如操作人员和机器人在同一区域内工作）的智能化和精度的提高。

例如，DE102009036641A1涉及一种监视安全区域的安全系统，包括设置供机器人工作的工作区域，并用3D摄像机记录在该区域工作的机器人个数，以确保工作人员安全，如图7-61所示。

EP2380709A2公开了一种安全系统，采用结构光3D图像技术，在机器人和操作人员共同存在于某一区域中时，利用3D传感器来确定操作人员的运动模式，以避免发生安全事故。如图7-62所示。

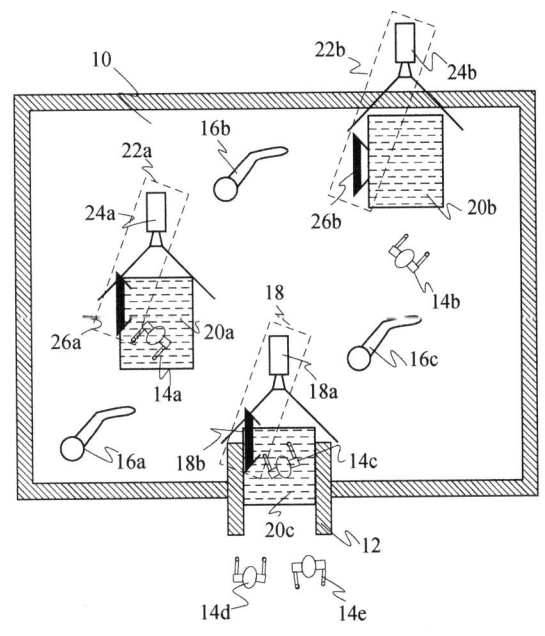

图7-61　DE102009036641A1附图

US2011273723A1涉及的是一种监视安全区域的安全系统，能够确定被检测物体到安全区域的距离，如图7-63所示。

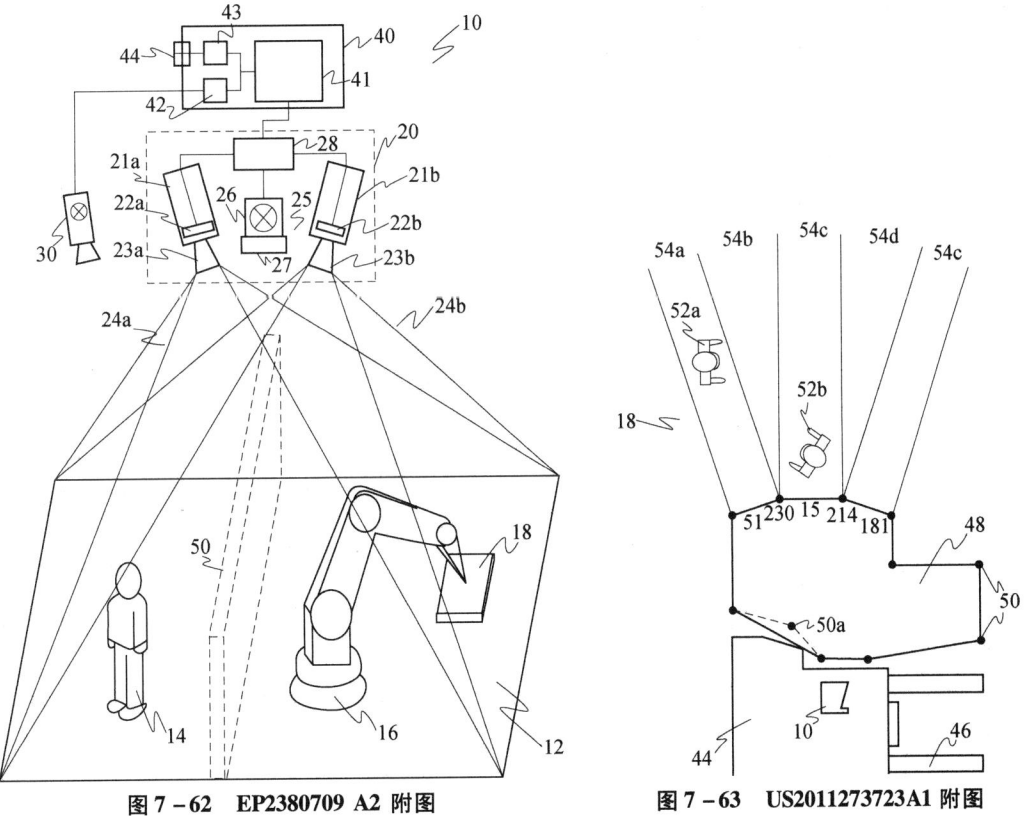

图7-62　EP2380709 A2附图　　　图7-63　US2011273723A1附图

从图 7-64（见文前彩色插图第 6 页）SICK 公司技术发展路线图中可以看出，从一开始的简单识别某个区域是否存在物体，到对物体种类的识别，再到对监视区域运动物体的位置和速度的监控，从而判断是否会产生危险，再到更复杂情况下，例如人和机器人在共同区域一起工作时，通过对操作人员工作模式的识别等方式来实现对人员安全的智能防护。可以看出，SICK 公司的基于 3D 视觉的监视安全区域的未来发展方向一定是朝着在复杂情况下能够实现准确和可靠的智能保护的方向发展。

7.5.3.2 3D 摄像机中的光源系统

SICK 公司的这 22 篇专利中涉及 3D 摄像机中光源的改进有 7 篇专利。

目前的 3D 视觉技术大致可以划分为，

（1）被动 3D 视觉技术，即不依赖于其他物理辅助手段，仅仅依靠单个相机或者多个相机来重建目标 3D 信息，主要包括单目 3D 视觉重建技术，双目 3D 视觉重建技术，多目 3D 视觉重建技术。

（2）主动 3D 视觉技术，就是通过物理辅助手段，例如光学投射等物理手段，实现更为精确可靠的 3D 重建过程，此类方法研究最多，应用也最为广泛。

主要包括：（a）激光 3D 扫描技术：即通过投射激光，由相机捕捉激光图像，实现立体测量功能；（b）结构光 3D 扫描技术：实用普通投影设备或者光栅投影机，通过结构光编码技术实现快速的高精度和高密度的 3D 视角重建过程；（c）TOF 相机技术：TIME OF FLIGHT，即飞行时间相机技术，采用特制的 CMOS 传感器，配合高频 LED，通过 LED 发射高频光信号，遇到物体反射，由传感器接收，分析信号从发射到返回的时间差，结合光速，实现距离的测量。

而目前来看，主动 3D 视觉技术是发展的主流方向，而所有的主动 3D 视觉技术都需要光源，光源的投射质量直接影响到形成的 3D 图像的质量。

SICK 公司工业计算机 3D 视觉领域关于光源主要有以下专利：

（1）EP2199737 A1 涉及的是一种监视安全区域的安全系统，采用的是结构光 3D 扫描技术，利用反射单元使光源具有更好的对比度和穿透度。

（2）DE102009031732B3 涉及的是一种监视安全区域的安全系统，用来监测机器人是否碰到了不允许接触的物体，如果有接触，将照明装置调到最大值。

（3）EP2166304 A1 涉及的是一种监视安全区域的安全系统，3D 摄像机的激光源在监视区域产生不同模式，利用相位元件避免图像中低对比度或孔洞区域，达到结构简单，可靠性高和低成本的目的。

（4）EP2166305A1 涉及的是一种监视安全区域的安全系统，其光源能够调节焦平面，从而方便改变照明模式的结构。

（5）EP2280239A1 涉及一种监视安全区域的安全系统，其中 3D 立体安全摄像机的照明设备的光学元件捆绑在一起并且具有不同的楔角，从而保证合适的光线分布和监视区域的均匀照明，达到小型化的目的。

（6）DE102010037744B3 涉及的是一种短距离物体检测单元检测工作区域的物体的方法，从而控制照明单元在近距离进行照明，提高照明效率。

（7）US20122936275 A1 涉及的是一种监视安全区域的安全系统，其 3D 摄像机中的光源采用了不规则分布的发射元件,从而增加背景的对比度,在背景情况不好时检测密集的深度图。

从上面 7 篇专利的内容来看,SICK 公司关于光源的改进一方面注重光源的机构简单、效率高,另一方面注重改进光源结构来提高生成图像的质量,今后也将是朝着这两个方向发展。

7.5.4 SICK 公司与 COGNEX 公司的比较

在 SICK 公司上面 22 项专利中,有 7 项专利引用了 COGNEX 公司的 US6297844B1 专利,如表 7-3 所示。

COGNEX 公司的 US6297844B1(申请日:1999 年 11 月 24 日;发明名称:VIDEO SAFETY CURTAIN;发明人:David A. Schatz,Needham 等),分析了现有技术中常用的光幕,和激光测量系统(LMS)利用 time-of-flight 来确定物体位置技术的不足,提出了一种安全系统,该系统包括两台或两台以上摄像机,根据这些摄像机摄取的 2D 图像,重新建立 3D 图像,可以实现确定"闯入物体"的相对位置和方向,还可以检测物体的路径,以及目标物体和闯入物体的最小距离向量,如图 7-65 所示。

表 7-3 SICK 公司引用 US6297844B1 的专利

公开号	来源国	目标国	最早优先权日
EP1927867A1	EP	EP,US	2006-12-02
EP2048557A1	EP	EP	2007-10-11
EP2083209A1	EP	EP,US	2008-01-28
DE102008020326B3	DE	DE	2008-04-23
DE202008013217U1	DE	DE	2008-10-04
EP2380709A2	EP	EP,DE	2010-04-22
DE202011050899U1	DE	DE	2011-08-04

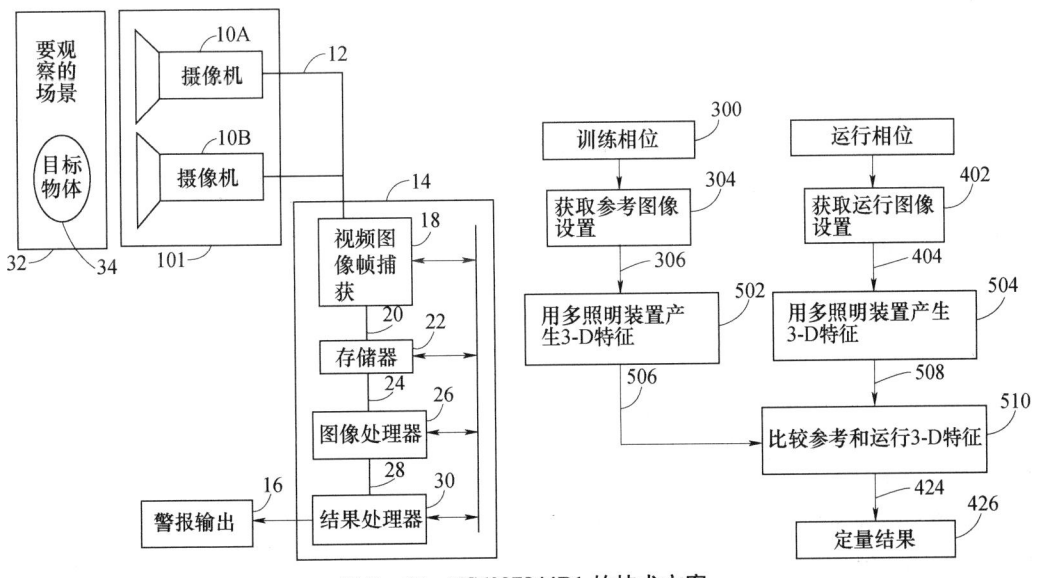

图 7-65 US6297844B1 的技术方案

可以说，SICK 公司对于机器人安全区域监视的起步比 COGNEX 公司晚，但是 2006～2011 年提出的专利申请始终都是关于该领域的，目前在该领域已经是领先于其他传感器公司。

可以说，US6297844B1 提出了针对传统光幕的不能检测移动入侵物体，不能识别物体的缺点进行改进的方向，并且提出了采用摄像机来采集 3D 图像进行分析的方法。而通过研究 SICK 公司引用 COGNEX 公司的 US6297844B1 的 7 项专利，可以发现，7 项专利基本上都是也采用了摄像机摄取图像，然后对图像进行处理，它们要解决的技术问题也大多是实现对移动物体的识别，或者提高识别精度和可靠性。

尤其是专利 EP2083209A1，它采用的根据三维摄像机拍摄的物体的两幅图片来估计运动物体的运动和路径，从而判断出两个物体是否会产生碰撞的方式是目前安全监控领域最常用的监控方式。

相比较来看，COGNEX 公司的专利中也有 4 篇专利引用了这篇专利 US6297844B1，如表 7-4 所示。

表 7-4 SICK 公司引用 US6297844B1 的专利

公开号	来源国	目标国	最早优先权日
US2005093697A1	US	US, EP, WO	2003-11-05
US2008298672A1	US	US, TW, WO	2007-05-29
US2008100438A1	US	US, WO	2002-09-05
US8326084B1	US	US, WO	2003-11-05

US2005093697A1 涉及一种例如十字旋转门的入口安全监视系统；

US2008298672A1 涉及一种使用机器视觉定位三维物体的系统和方法，提供用以借由在物体的多个平面的每一个面上，使用 2D 机器视觉处理以决定一视图三维物体的位置的系统方法，以此改善物体的位置；

US2008100438A1 涉及一种追踪人的移动的过道进出口监测系统；

US8326084B1 涉及一种机器视觉应用中用 3D 信息控制 3D 摄像机自动曝光的方法。

这 4 项专利都不涉及工业机器人的安全监控。也就是说，虽然 COGNEX 公司提出了工业机器人安全监控领域非常重要的一个基础专利，但是并没有在该领域将其作为基础进行进一步的改进和发展。反而是 SICK 公司更加专注于工业机器人安全监控，目前在该领域已经处于领先的地位。

7.5.5 公司运营模式

（1）历史以及研发

1946 年 SICK 公司的诞生：Erwin Sick 在得到驻慕尼黑美国军管政府的批准后成立了自己的工程办公室。

1952 年在汉诺威举办的国际机床博览会上展出第一个畅销的事故预防光幕，因此而收到的订单让公司开始了组装线工作，而此举也成为一个经济突破。

1956 年 SICK 公司搬迁到瓦尔德基尔希，此时该公司已拥有雇员 25 人。

1972 年第一个子公司在法国成立。

1975 年成立了在美国的第一个子公司。

1988 年 79 岁高龄的 Erwin Sick 去世了，他的夫人 Gisela Sick 作为首席合伙人开始经营 SICK 公司。

1996 年 SICK 公司由 Erwin Sick GmbH（一家私营有限公司）变成 Aktiengesellschaft（股份公司）。

1999 年第一次在国内及国外发放员工股。

2006 年庆祝 SICK 公司诞辰 60 周年。

2010 年 SICK 在全世界范围内已拥有员工 5000 余人，并在全球建立了接近 50 个子公司和众多的销售机构，年销售额达到 7.48 亿欧元，SICK 已成为全球领先的传感器和传感器解决方案生产商之一。

2012 年 SICK 在全世界范围内雇员总数超过 6300 人，年销售额达到 9.71 亿欧元。❶

SICK 公司非常注重产品的研发，目前在全世界很多地区都分布了其研发机构。

SICK 公司中国成立于 1994 年，为 SICK 在亚洲的重要分支机构之一。目前已在广州、上海、北京、青岛、香港等地设有分支机构，并形成了辐射全国各主要区域的机构体系和业务网络。

（2）专利申请分析

因为 SICK 公司是一家传感器公司，是工业机器人的上游供应商，因此更多关注的是 3D 视觉技术本身，而且其产品大多是安装在距离机器人一定距离的地方，来监视机器人周围的情况，因此，不需要考虑与工业机器人其他部件的协调以及接口等问题，只是关注于传感器本身的精度、可靠性和低成本。

以上 22 项专利当中，21 项专利来自 SICK AG，1 项来自 SICK GMBH OPTIK – ELEKTRONIK ERWIN 和 SICK AG 的联合申请，没有和其他公司的联合申请。

另外，在上述 22 项专利中都没有中国同族。也就是说，在 3D 视觉领域，SICK 公司并没有在中国进行布局。这和其研发机构的布局也是一致的，在亚洲，只有在日本京都和新加坡设有研发机构，在中国的子公司主要负责的是销售及服务，并不承担研发任务。

7.6 本章小结

通过上述分析，可以得出结论，目前应用于工业机器人的 3D 视觉控制技术已经逐渐成熟，主要技术来源地是日本、美国和欧洲，呈三足鼎力之势。日本更多的是机器人制造企业（如 FANUC 公司），将 3D 视觉产品作为附加设备融合到自身产品中去，配套销售和服务，从而使自身机器人产品与视觉设备之间的配合更完美、安装和维护更方便，同时使自身的机器人产品具有不同于其他竞争对手的技术优势，与之相对应的

---

❶ SICK 公司简介 [EB/OL]．[2013 – 06 – 18]．http：//baike.baidu.com/link? url = w0nHRTsfnwY9obU_0rOu7gNpJFYQh1C99sFyx1YdBserzjSbbnoFg – wRy_ XkNGrggxtLl8u7XD1YN_ TR – L882q.

缺点就是销售对象仅限于使用该企业机器人产品的用户，兼容性不够；美国视觉技术企业（如 COGNEX 公司）更注重视觉技术本身，其产品不仅仅应用于工业机器人，在许多其他工业领域都能够得到应用，此外，其应用于工业机器人的视觉产品兼容性更强，能够根据机器人的类型进行定制，从而使工业机器人的用户有更多的选择，例如，在不淘汰老式机器人产品的情况下，利用视觉附加设备改善机器人工作效率和精度；欧洲视觉技术企业的特点与美国更为接近，但是更专注于某一领域的应用，例如工业机器人的安全领域的应用，这是由于欧洲视觉技术企业在某一应用领域后来居上，取得了技术优势，从而超过了之前的日本和美国企业。通过进一步的分析，还可以看出，3D 视觉控制技术的竞争焦点已经从硬件产品转移为软件产品，其专利技术更多的涉及 3D 软件算法，侵权诉讼也全部围绕软件侵权而进行。目前，我国的 3D 视觉控制技术仅限于高校的理论研究和具体的产品应用，并没有企业可以单独的生产、研制视觉技术产品。在我国工业机器人企业未掌握核心技术的情况下，不可能生产出大量占有市场的机器人产品，所以在 3D 视觉技术领域不适合走日本模式，即机器人制造商发展适合自身产品的视觉设备这条路是走不通的，我国更应该学习美国和欧洲模式，先在视觉技术的核心技术上有所突破，然后逐渐将视觉技术应用于各种工业领域，积累经验，最后在工业机器人的控制领域有所突破。尤其值得借鉴的是 SICK 公司，即在某一特定应用领域先学习模仿，最后赶超并研发出具有自主知识产权的产品。

第 8 章 焊 缝 跟 踪

工业机器人焊缝跟踪技术是实现焊接过程自动化的关键技术，是机器人焊接自动化领域的重要研究课题，是保证焊接质量、实现焊接自动化的重要技术手段。

本章将着重分析机器人焊缝跟踪技术的全球与中国的专利概况，分别对全球和中国焊缝跟踪技术的申请态势、技术构成、技术发展路线、技术原创国与目标国、重要申请人分布等进行分析。

本章检索数据的下载日为 2013 年 4 月 19 日，全球工业机器人焊缝跟踪技术专利申请量累计达 752 项，中国工业机器人焊缝跟踪技术的专利申请量为 150 件。

8.1 技术概况

工业机器人焊缝跟踪就是指在焊接过程中实时检测焊缝的偏差，并调整焊接路径和焊接参数，保证焊接质量和可靠性。由于工件的加工误差（工件间的尺寸差异、坡口的准备情况等）、装夹精度以及焊接时的热变形等因素的存在，以示教——再现方式工作的弧焊机器人在焊接时常常因为焊缝和示教轨迹有偏差而导致焊接质量下降，所以焊缝跟踪是保证弧焊机器人焊接质量的一个重要的方面。在机器人弧焊所使用的传感器中，电弧传感器和视觉传感器占有突出位置，其中电弧传感器用得最多，而视觉传感器则被认为是最有前景的焊缝跟踪传感器。

（1）主动视觉焊缝跟踪

目前主动视觉焊缝跟踪研究的内容主要有以下四个方面：第一，提高激光跟踪的鲁棒性，如适应各种焊接接头、接头尺寸变化等；第二，跟踪中的快速稳定的图像处理方法；第三，传感器的设计问题，例如激光和传感器的角度；第四，焊缝跟踪中的控制问题等。

（2）被动视觉焊缝跟踪

被动视觉传感器具有信息量大、接近人类真实视觉等优点，因此受到研究人员的广泛关注。受机器人视觉技术的大量成功应用的启发，人们尝试将被动视觉传感应用到各种焊接方法中。在取像的位置方面主要是被动观察熔池及其附近区域，另外利用工件的特征观察其他区域而获得焊缝信息。多数研究中摄像机是在斜上方的位置取像的，而在大型管材的对接焊接中则可以从熔池的侧面取像，这样可以获得更丰富的信息，同时实现焊缝跟踪和熔池控制。对熔池机器人附近区域取像时，取像时刻一般选取电弧亮度小且图像稳定的时刻。脉冲 GTAW 焊接中，取像时刻通常固定在每个脉冲基值期间的某一时刻，通过电源同步脉冲来控制取像时刻。在 GMAW 焊接时，取像时刻通常为短路时刻。

目前利用被动视觉传感器进行焊缝跟踪的研究中，一般使用一台摄像机，所跟踪的焊缝是二维的。但是根据一幅画面很难获得焊缝高度信息。虽然计算机视觉技术中有根据一幅灰度图像恢复表面形状的方法，但因熔池图像本身很复杂且控制过程中有时间要求，所以很难在焊缝跟踪中实现。即使使用两个摄像机采用立体视觉技术计算高度，特征点的匹配也较困难。所以在利用被动视觉跟踪焊缝高度的问题上还需要作进一步的研究。

焊接机器人作为焊接自动化的一个重要载体必将在我国得到更加广泛的应用，而焊缝跟踪是弧焊机器人应用的一个重要的研究方向。在各种传感方法中视觉传感是很有前景的传感方法，其中被动视觉传感因为具有较多优点，将成为一个研究热点。

8.2 全球专利申请分析

为了明确机器人焊缝跟踪技术在全球的发展历程和特点，本节针对该领域的全球专利进行发展趋势的分析，研究技术发展变化的情况，并对焊缝跟踪领域的各技术分支的构成进行了分析。

8.2.1 专利申请态势

如图 8-1 所示，从 20 世纪 70 年代中期开始，焊缝跟踪技术的相关专利申请量呈逐步上升态势，1976~1985 年的 10 年间，焊缝跟踪技术呈急剧发展趋势，这一时期可以说是焊缝跟踪技术的发展和技术储备期。

但是 1986~2000 年的 15 年间，申请量开始呈现稳定波动状态，同期申请人数量也呈下降趋势。这一时期由于世界汽车工业进入相对平稳时期，世界主要工业国家市场趋于饱和，经济发展出现波动。而焊缝跟踪技术是汽车工业中广泛应用的技术，其发展态势也受到汽车工业发展状况的影响，因而导致这一时期专利申请量的波动。

从 20 世纪 80 年代开始，一方面，随着电子工业、计算机软硬件、网络通信和图像处理算法等技术的飞速发展，机械控制、电气及材料技术日益更新，新的传感器、控制器、控制软件和机器人等先进系统的不断推出，使得弧焊机器人焊缝跟踪控制技术变得更加先进与复杂，焊缝跟踪控制技术也日臻成熟，焊缝跟踪的质量和精度也获得进一步提高。这些高端的焊缝跟踪技术大部分掌握在一些大型的行业巨头手中，一批落后的中小企业逐渐落伍被淘汰，这也体现在专利申请量上。从 20 世纪 80 年代开始，全球焊缝跟踪技术的申请人的数量总体呈下滑趋势，与此对应的专利申请量也呈同步下降趋势。这进一步表明焊缝跟踪技术已进入了新的技术周期。

另一方面，在全球化浪潮中，新兴国家的汽车、造船等行业开始兴起，并在大量使用新一代焊缝跟踪技术。各大企业为了谋求市场，开始在新兴发展中国家进行专利布局。另外中国等发展中国家汽车和造船行业的兴起，有更多的力量投入到焊缝跟踪技术的研发，此一时期的表现就是以中国为代表的新兴国家的专利申请量又开始稳步增长。

未来随着新技术的不断应用和完善，以及在新兴市场经济体工业机器人的大量使用，相信焊缝跟踪技术的研发和专利申请在这些地区还会有增长的态势，从而也会进一步影响全球的申请态势，使得全球申请量在一定时期内保持一个稳定的水平。

8.2.2 技术分支分析

截至 2013 年 4 月 19 日，全球工业机器人焊缝跟踪技术专利申请量累计达 752 项，其中视觉式焊缝跟踪相关专利申请 399 项，电弧式焊缝跟踪相关专利申请 195 项，接触式焊缝跟踪相关专利申请 158 项（参见图 8-1）。从专利申请技术构成可以看出，当前视觉式是焊缝跟踪技术中专利申请量最多的技术分支，占据焊缝跟踪技术超过一半的专利申请量，这说明视觉式焊缝跟踪技术已成为焊缝跟踪技术生产和研究中的主流。

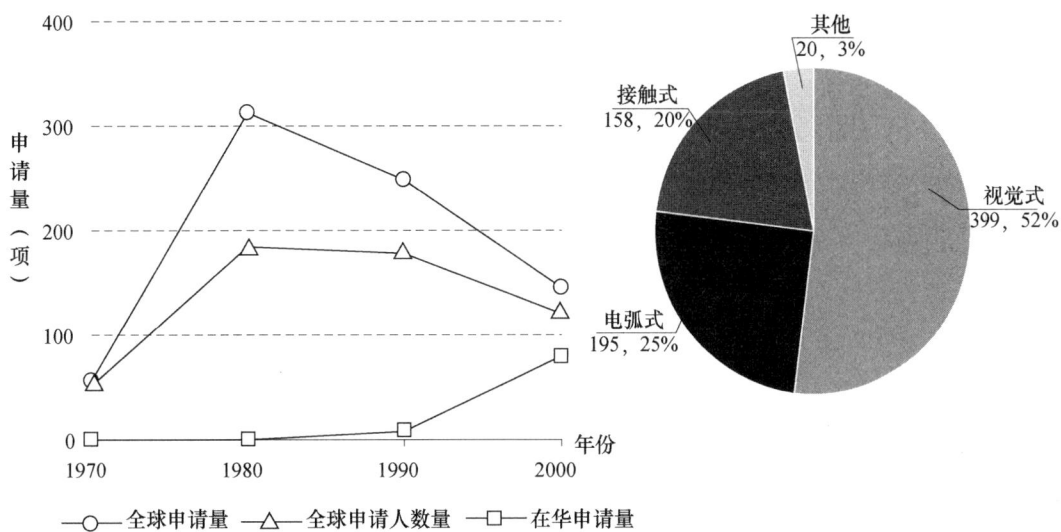

图 8-1 焊缝跟踪专利全球申请态势及技术构成

（1）接触式"由盛转衰"

工业机器人焊缝跟踪技术发轫于 20 世纪 60 年代，由于大规模制造业的蓬勃发展以及工业机器人的兴起，尤其汽车制造生产中开始大量使用焊接工业机器人，各种焊缝跟踪方法也就开始得到大量研究和发展。传统的机械接触式焊缝跟踪技术最早得到发展和应用，如：自仿形、滚轮式、探针式等。而自 1980 年以来由于新技术的兴起以及传统接触式焊缝跟踪技术在传感信息量和检测精度方面的不足，传统型机械接触式焊缝跟踪技术在生产应用和研究中所占比例呈逐年下降趋势。但是这种趋势并没有一发不可收拾，由于结构简单实用、成本低廉等特点，传统接触式跟踪技术并没有被完全抛弃和退出历史舞台。自 1990 年以来，由于光电技术等新技术与机械技术的结合，焊缝跟踪技术焕发了新的生机，进入第二次发展期，仍然申请了相当数量的专利，这也说明相对于成本高昂的非接触式跟踪技术，接触式焊缝跟踪在技术改进上还存在继续发展的余地。

（2）电弧式和视觉式"由弱变强"

专利申请量的变化往往预示着技术发展方向的调整或新技术的兴起。20 世纪 70 年代随着电子工业的飞速发展以及 CCD 等视觉技术在焊缝跟踪中的应用，电弧式与视觉式焊缝跟踪技术进入快速发展时期。由图 8-2 可以看出，20 世纪 70 年代以来电弧式与视觉式焊缝跟踪技术所占的比例呈现逐年增加的态势，另外，电弧式传感器与视觉式传感器兴起和大规模应用的时间相差无几，在 1990 年后的相当一段时期内并驾齐驱，不分上下。但随着计算机技术的进步，图像处理技术和计算机硬件性能都得到了长足发展，使得视觉式传感器技术更加成熟，促使视觉式传感器的应用正在逐渐超过电弧式传感器，并成为未来技术发展的主流方向。

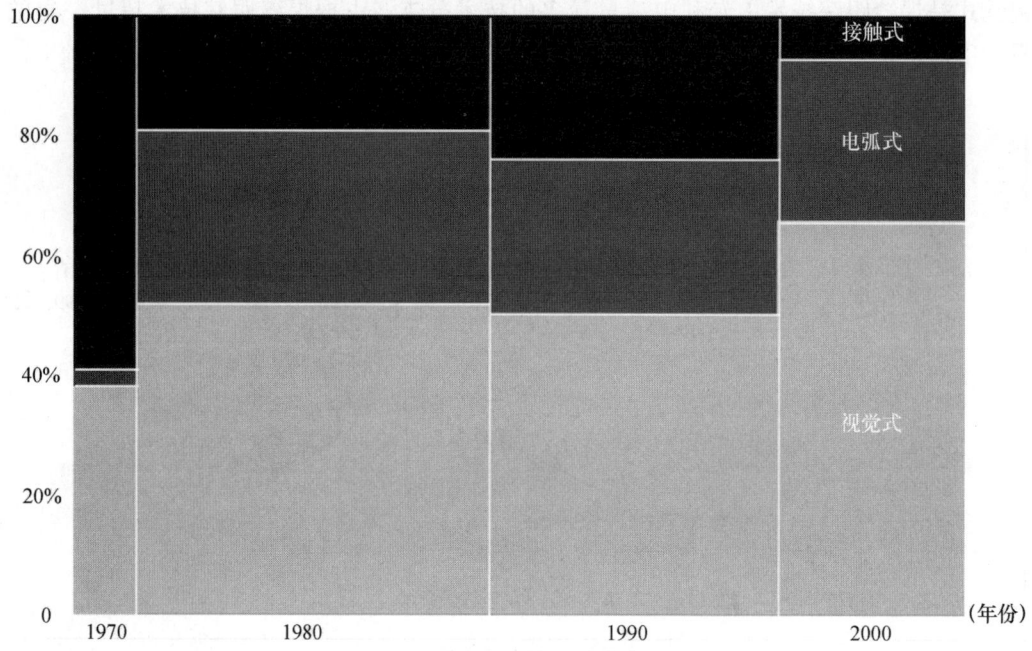

图 8-2　全球专利申请技术分支申请态势

技术来源国分析反映了主要技术力量的来源分布情况，而目标国分析则反映了这些技术力量的战略意图，例如技术布局、市场占有等。这不仅从宏观层面上体现了世界范围内技术和市场的变化，也能够为企业寻觅技术力量、嗅探市场空白点、实现技术和产业的有效布局提供帮助。

从图 8-3 可以了解，日本是全球焊缝跟踪技术领域的主要目标国，五国都在日本进行大量专利申请，在这些专利申请中日本的申请量大约占据全球申请量的半数，这与日本作为机器人大国的身份是相吻合的，一方面体现了其国内所拥有的强大研发实力，另一方面也说明日本在焊缝跟踪技术方面有着最为广阔的市场前景，使得世界各国的申请人纷纷在日本进行专利布局，以争取在日本市场的发展中夺得先机。

美国和德国也是传统的工业强国和机器人大国，是仅次于日本的机器人大国，都很注重机器人的应用，除了在汽车工业大量使用机器人以外，在其他劳动密集型产业和危险、有毒、有害的行业都广泛应用机器人。这也导致各机器人大国在德国和美国进行了焊缝跟踪方面的大量专利布局。

目前，法国与机器人强国之间差距较大，其生产机器人的企业屈指可数。但在机器人拥有量和机器人应用水平上都处于世界先进水平。这主要得益于法国政府一直比较重视机器人技术，法国通过大力支持一系列研究计划，建立了一个完整的科学技术体系，法国的机器人发展比较顺利，尤其注重机器人基础技术方面的研究，重点放在开展机器人的应用研究上。法国汽车制造业是工业机器人的最大使用者，接下来是机械和装备业。由于上述原因，法国依然吸引了欧洲机器人企业的目光，纷纷在法国进行了焊缝跟踪专利布局。

相对于传统工业强国，韩国在焊缝跟踪技术方面起步较晚，但随着韩国汽车和造船工业的兴起，近年来其专利申请量呈现快速增长趋势，这体现出韩国在焊缝跟踪技术方面的积累。

而中国作为后起之秀，目前也积累了大量的专利申请，中国的专利申请量主要来自国内，仅有少数国外申请人在中国进行专利布局。这一方面由于中国的焊缝跟踪市场还没有发展到需要通过专利进行保护的程度，不足以吸引全球主流企业在中国进行专利布局；另一方面中国经济的发展促使国内相关科研院所以及企业在全球化大潮中逐步增强研发实力。

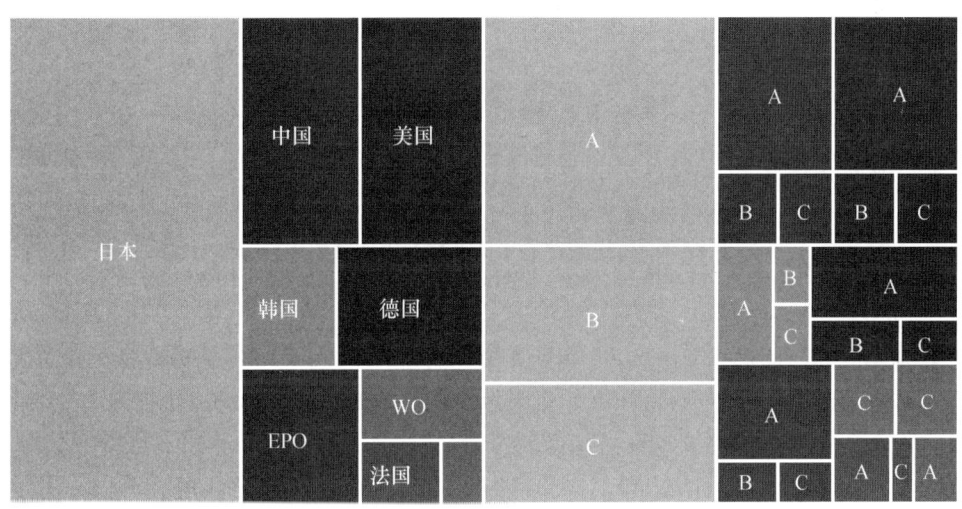

A：视觉式　B：电弧式　C：接触式

图 8-3　焊缝跟踪技术全球专利申请地域分布

下面本课题组对主要技术来源国分别进行深入的分析。

（1）日本

由图 8-4 可知，日本是全球最大的焊缝跟踪技术原创国，也是最大的技术输出国，其在其他五国和地区均进行了专利布局。尤其在 20 世纪 80~90 年代，日本专利申请量无论是在本国还是在欧美，都出现了快速增长，深入研究可以发现此阶段正是日本的"产业机器人普及元年"。这一时期日本在各个领域广泛推广使用机器人，使其成为世界上名副其实的"机器人王国"，这也使得日本的焊缝跟踪技术在同期进入了繁荣增长期。

日本自 1967 年由川崎重工工业公司从美国 Unimation 公司引进机器人技术以来，

开始在汽车工业及电子工业大量使用机器人，以广泛缓解劳动力不足的状况。日本政府多年来也一直高度重视工业机器人相关技术的发展，对中小企业采取了诸多经济优惠政策等，这一系列行之有效的措施使得日本机器人产业迅速壮大。而作为弧焊机器人中的关键技术，焊缝跟踪技术也紧随行业快速增长，使得日本在焊缝跟踪领域的原创技术众多，产生了许多重要专利。

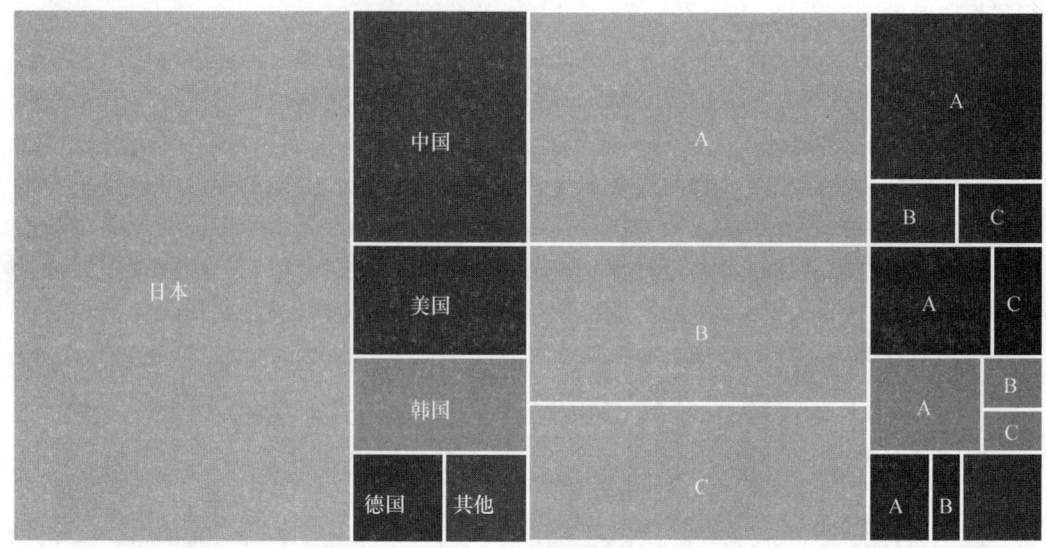

A：视觉式　B：电弧式　C：接触式

图 8-4　焊缝跟踪技术全球专利申请原创地分布

（2）美国

紧随日本之后的是美国，虽然美国也是经济强国，但美国在工业机器人的发展史上走了一条重理论研究、轻应用开发的曲折道路，主要注意力放在高精尖技术的开发上，因此其在这一领域的原创技术远远不及日本。由图 8-5 可知，20 世纪 80~90 年代，美国的焊缝跟踪技术同样处于申请高峰期。虽然美国是机器人的发源地，但美国的相关机器人技术在焊缝跟踪技术领域并没有一直占优。

20 世纪 60 年代到 70 年代，美国的工业机器人主要立足于研究阶段，只是几所大学和少数公司开展了相关的研究工作。那时，美国政府并未把工业机器人列入重点发展项目。20 世纪 70 年代后期，美国政府和企业界虽对工业机器人的制造和应用认识有所改变，但仍将技术路线的重点放在研究机器人软件及军事、宇宙、海洋、核工程等特殊领域的高级机器人的开发上。尤其在 20 世纪 60 年代末，美国开发出了 CCD 视觉技术，美国国内研发重点都集中在视觉式跟踪技术方面，而没有投入足够的精力去研究电弧式跟踪技术，这导致美国在电弧式专利申请方面"一无所获"。虽然电弧式焊缝跟踪传感器早在 20 世纪七八十年代便已经被开发和使用，但以美国作为技术来源国的有关电弧式焊缝跟踪传感器的专利申请却寥寥无几，例如仅有美国西屋电气等几家公司在 20 世纪 70 年代末、80 年代初对电弧式焊缝跟踪传感器做过相应的研发，并就此申请了几件专利，此后的近三十年中鲜有美国本土的申请人再就电弧式焊缝跟踪传感器及其相应技术提出专利申请。作为技术原创大国和工业强国的美国为何在电弧式焊缝跟踪传感器这一领域中少有建树呢？

其实通过简单的分析不难发现其中的道理。众所周知，电弧式焊缝跟踪传感器可以适用于能施用弧焊焊接的各类场合，其基本原理是利用焊枪与工件之间的距离变化而引起的焊接电流参数变化，并根据焊炬与焊缝的已知几何关系导出焊炬与焊缝的相对位置等被传感量，由此不难发现电弧式焊缝跟踪传感器更加适用于中厚板焊接，因为在中厚板上所形成的焊缝坡口尺寸较大，当焊枪对这样的焊缝坡口进行扫描时所获得的电弧参数变化曲线会更清晰，对焊接过程的控制会更为有利和高效，所以中厚板焊接技术发达的国家其电弧式焊缝跟踪技术也就相对较为发达。中厚板焊接技术往往被应用在工程机械、造船等传统重工行业，虽然美国是公认的世界工业强国，但美国的工业体系主要集中在高精尖技术制造业，应用于高精尖技术制造业的工业机器人一般会装配精度更高的视觉传感器。由于美国的工业体系在很早就不再倚重于传统重工行业，因此中厚板焊接技术在美国国内应用范围并不广泛，本国对中厚板焊接技术的需求并不高，国内市场小，因此美国本土的企业和科研院所便不会投入很多的人力、物力在电弧式焊缝跟踪传感器这一领域进行研发，自然产生的专利申请数量就不会很多。

（3）德国

德国工业机器人的总数占世界第三位，仅次于日本和美国。这里所说的德国，主要指的是原联邦德国。它比英国和瑞典引进机器人晚了五六年。其之所以如此，是因为德国的机器人工业在起步阶段就遇到了国内经济不景气。但是德国的社会环境却是有利于机器人工业发展的。因为战争导致的劳动力短缺，以及国民技术水平高，都是实现机器人大规模应用的有利条件。到了 20 世纪 70 年代中后期，政府采用行政手段为机器人的推广开辟道路；在"改善劳动条件计划"中规定，对于一些有危险、有毒、有害的工作岗位，必须以机器人来代替普通人的劳动。这个计划为机器人的应用开拓了广泛的市场，并推动了工业机器人技术的发展。他们始终坚持技术应用和社会需求相结合的原则。除了像大多数国家一样，将机器人主要应用在汽车工业之外，更突出的一点是德国在纺织工业中用现代化生产技术改造原有企业，报废了旧机器，并购买了现代化自动设备、电子计算机和机器人，使纺织工业成本下降、质量提高，产品的花色品种更加适销对路。到 1984 年终于使这一被喻为"快完蛋的行业"重新振兴起来。与此同时，德国看到了机器人等先进自动化技术对工业生产的作用，提出了 1985 年以后要向高级的、带感觉的智能型机器人转移的目标。经过近十年的努力，其智能机器人的研究和应用方面在世界上处于公认的领先地位。

（4）韩国

韩国工业机器人虽然起步比较晚，于 20 世纪 80 年代开始大力发展工业机器人焊缝跟踪技术，但发展速度惊人，在焊缝跟踪方面的专利申请量已位居世界前茅。目前，韩国在日本、美国和中国均进行了专利布局，但韩国作为后起之秀，在数量上和日本还有比较大的差距。

（5）中国

中国在焊缝跟踪技术研究方面起步比较晚，1990 年以前，中国国内的焊缝跟踪技

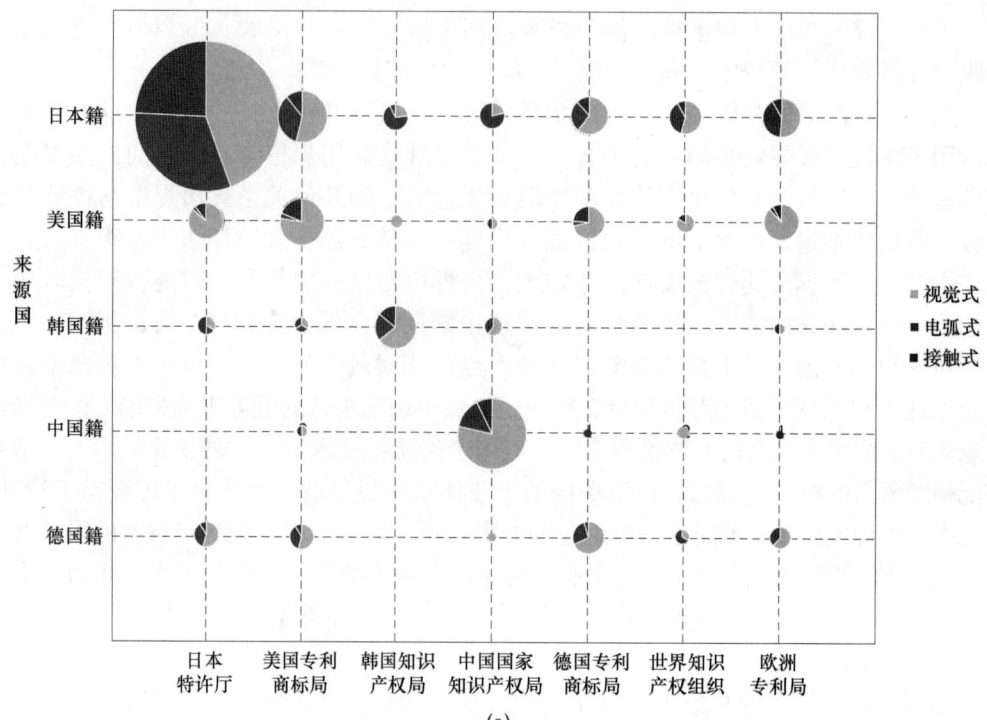

(a)

流向地	日本特许厅			美国专利商标局			韩国知识产权局		
	视觉式	电弧式	接触式	视觉式	电弧式	接触式	视觉式	电弧式	接触式
日本籍	243	171	133	34	22	7	3	9	1
	562			64			13		
美国籍	25	1	3	41	2	10	2	0	0
	32			56			2		
韩国籍	2	1	3	1	1	1	31	10	7
	6			3			48		
中国籍	0	0	0	1	0	1	0	0	0
	0			2			0		
德国籍	6	4	1	6	4	1	0	0	0
	11			11			0		

流向地	中国国家知识产权局			德国专利商标局			世界知识产权局			欧洲专利局		
	视觉式	电弧式	接触式	视觉式	电弧式	接触式	视觉式	电弧式	接触式	视觉式	电弧式	接触式
日本籍	3	11	0	20	9	4	13	9	2	18	14	3
	14			34			25			36		
美国籍	1	1	0	15	1	5	5	0	1	21	1	2
	2			22			6			27		
韩国籍	3	2	0	0	0	0	0	0	0	1	0	1
	5			0			0			2		
中国籍	94	17	9	0	0	1	2	0	0	0	0	1
	120			1			2			1		
德国籍	1	0	0	15	6	1	1	2	0	5	3	0
	1			23			3			8		

(b)

图 8-5 焊缝跟踪技术五国专利流向目的地以及年代分布

术的专利申请几乎为零，20 世纪 90 年代也仅有 2 件专利申请，直到 2000 年以后，中国的专利申请才开始迅猛发展，这与中国经济高速发展基本同步。随着国内机器人的大量使用，激发焊缝跟踪领域的相关申请人申请了大量专利，使得中国的专利申请量近来也位居世界前列。但从五国专利布局分布来看，中国仅有"零星"专利申请走出国门，表明中国在焊缝跟踪技术领域仍处于发展中，中国仍算不上是焊缝跟踪领域的强国。

从总体态势来看，日、美、欧等工业机器人大国或地区都以对方市场为主要目标，这也造成在日、美、欧的外国专利申请主要为日、美、欧企业。而中、韩仅在本国申请了大量专利，在日、美、欧仅有少量专利布局。这表明中、韩在焊缝跟踪技术方面走向世界还有一段路程要走。

8.2.3　主要申请人专利申请态势

从全球专利申请量来看，日本企业占据了领先优势，申请量前 5 名全部为日本企业，其中株式会社日立和 FANUC 公司分别提交了 57 项和 39 项专利申请，占据领先地位。其次是松下、三菱重工和神户制钢所。以上表明日本在焊缝跟踪技术的研发实力具有绝对的优势。

从图 8-6（见文前彩色插图第 7 页）可以看出，上述五个公司在焊缝跟踪技术的发展重点方面各有侧重，其中日立、FANUC 公司和松下在视觉式跟踪技术方向遥遥领先，而三菱重工和神户制钢则在电弧式跟踪技术方向具有较强的实力。另外，日立在三个技术分支都有涉及，发展比较均衡。而 FANUC 公司在视觉跟踪方面技术实力雄厚，积累了 32 件专利，大幅领先其他公司。

8.3　中国专利申请分析

本节对机器人焊缝跟踪技术在中国的专利申请情况进行统计分析，尤其对于国内历年申请趋势进行了统计分析，以期了解该技术在中国的发展历程和现状。此外，还针对国内外申请人构成和技术构成进行了统计分析，借此了解国内在该技术所处的研究状况和阶段以及国外申请人在中国的布局情况。

8.3.1　专利申请态势

从图 8-7 可以看出，在焊缝跟踪这一技术领域，我国相关企业和科研院所对此的研究虽然起步较晚，但整体来看正呈追赶趋势。从 20 世纪 80 年代的几件专利起，专利申请量逐年增加，几乎每 10 年一个台阶。尤其是 2004 年以来专利申请量更是迅猛增长。这表明国内在焊缝跟踪技术方面已经进入了高速发展期。

另外，从国内申请技术构成来看（参见图 8-7），经过二十多年的努力，国内焊缝跟踪技术的研究已经涉及各种类型的焊缝跟踪传感器，接触式、电弧式以及视觉式焊缝跟踪技术在国内均有专利申请。其中，也是以视觉式焊缝跟踪技术专利申请为主。总体来看，国内焊缝跟踪技术的发展路线与世界范围内的焊缝跟踪技术发展趋势基本相符。

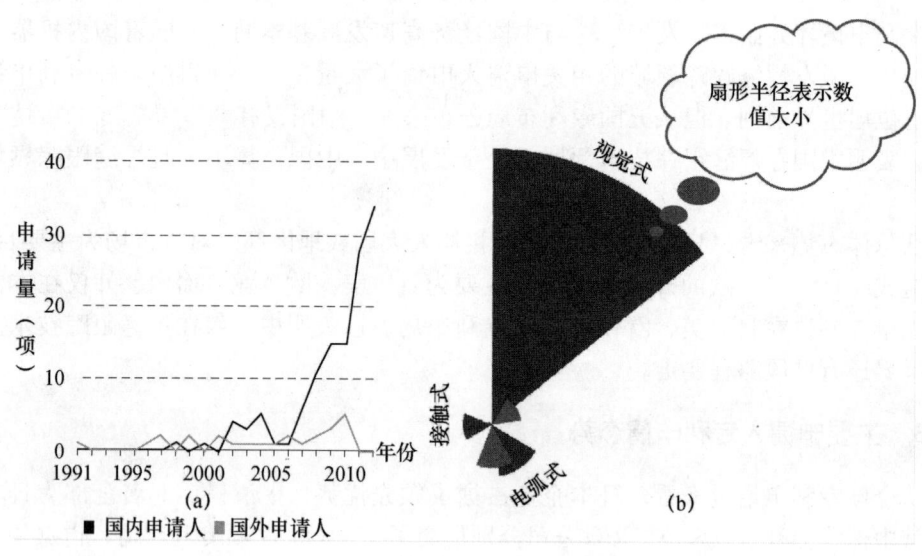

图8-7 焊缝跟踪技术中国申请态势及技术构成

此外，从申请数量上的变化来看，与我国社会经济的发展趋势相一致。2004年以来，中国经济高速增长，随着经济实力的增强，国内对技术研发的投入日益增加，研究成果显著，申请量也随之呈逐年上升趋势。2012年4月，科技部出台《智能制造科技发展"十二五"专项规划》和《服务机器人科技发展"十二五"专项规划》，提出"十二五"期间将重点培育发展工业和服务机器人新兴产业。相信在不远的将来，随着中国工业机器人大规模的应用，作为焊接机器人的关键技术，焊缝跟踪技术还将呈现快速发展的趋势。

8.3.2 申请人构成

从国内的申请人统计分析来看（参见图8-8），中国本土的申请人仍然占据大多数，说明国内申请人的专利意识增强，同时也说明国外申请人在中国的专利布局尚不充分，国内申请人应该趁机加快专利布局步伐。随着中国社会经济的发展和产业升级，对焊接质量的要求必将越来越高，国内申请人应该加大在视觉式传感器等高新技术领域分支的研发力度，尽快进行相应的专利布局，抢占市场先机。同时，对于国外企业尚未在国内申请的专利技术，由于暂不受中国专利法的保护，可以"洋为中用"。

通过对国内申请人的构成分析不难发现，我国在焊缝跟踪技术领域的申请人主要还是集中在高校以及科研院所，如湘潭大学、东南大学、清华大学及中科院自动化所等。而具有机器人本体制造能力的企业却很少涉足这一领域。在我国，产学研结合并不是很紧密，技术向产品的转化并不是很顺利，集中在科研院所手中的技术还没有很好地转化为对应的生产应用技术，国内也未能出现可以与国外工业机器人巨头抗衡的企业。目前，我国的机器人生产企业基本上不涉足焊缝跟踪这一技术领域，其所生产的机器人装配的焊缝跟踪系统往往向国外企业直接购买，而国外的机器人生产企业或

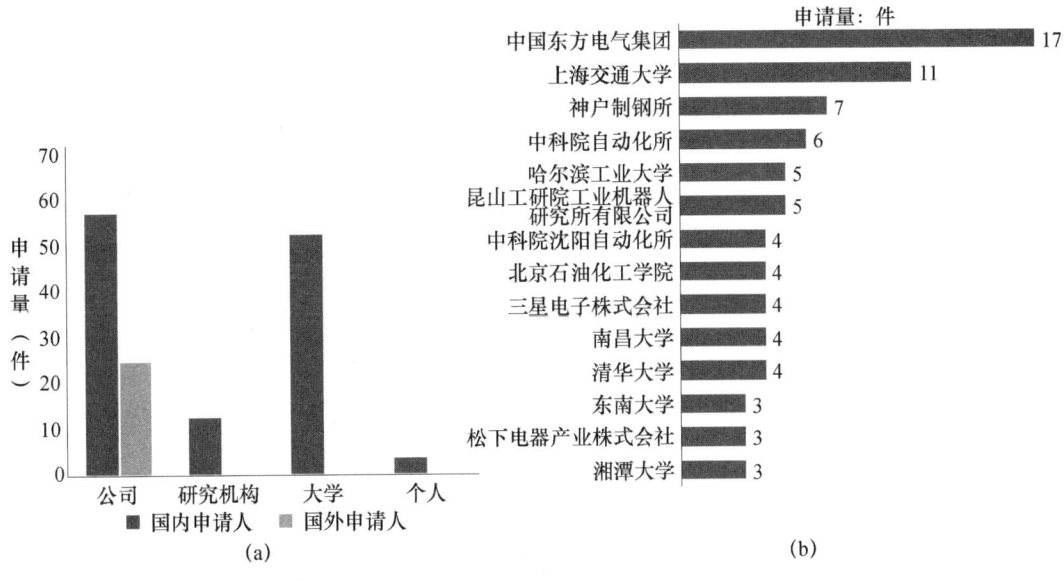

图8-8 中国申请人构成及排名

是装配自己开发的焊缝跟踪系统,或是直接向国外知名焊接辅助设备制造商购买。另外,就我国目前的工业结构来说,多集中在传统加工制造领域,对焊接质量的要求不是很高,制造过程并不需要借助精度很高的焊缝跟踪技术,多使用示教方式或传统的机械接触式焊缝跟踪传感器,这从国内生产企业的专利申请多涉及机械接触式焊缝跟踪技术可以得到印证。

由上面的分析不难看出,不论是从技术方面来看,还是从市场需求方面来看,国内都没有孕育出在焊缝跟踪技术领域具有较强研发实力的企业,没有强力的竞争对手,国内企业自然也不急于在中国进行专利布局了。

8.3.3 重要申请人

通过统计国内申请人专利申请量分布(参见图8-8),可以看出,清华大学和湘潭大学的专利数量最大,两者的申请量基本相当,但技术侧重点有所不同。1986年航空航天工业部第六二五研究所研发了一种电子分布式焊缝跟踪装置,此后清华大学便在国内较早系统性地开展焊缝跟踪领域的相关研究。例如1993年清华大学开发了旋转式电弧传感器,并以此申请了实用新型专利。近几年,清华大学的研究重点渐渐转移到了视觉式传感器,其间申请了大量专利。湘潭大学在2000年左右才进入焊缝跟踪技术领域,其研究方向主要侧重于电弧式传感器和非接触式传感器。虽然进入时间较晚,但专利数量逐年增长,很快便成为这一领域的国内领导者。

从排名前10位的申请人来看,中国申请主要以大学和科研机构为主,其中仅有三家公司在焊缝跟踪技术方面申请了专利,而大学和科研机构占据了7强。这一方面表明我国在焊缝跟踪技术领域仍处于理论研究阶段,另一方面也说明我国企业的专利意识还不够强烈,未能在国外企业大量进行国内专利布局之前,抢先在国内进行专利申请保护,以维护本土企业的根本利益。

8.4 技术发展历程

焊缝跟踪传感器根据与焊炬的相对位置关系可分为直接式和附加式,其中电弧传感器为直接式,其余均为附加式;就工作原理而言可分为机械式、机电式、电磁式、电容式、射流式、超声式、红外式、光电式、激光式、视觉式、电弧式、光谱式及光纤式等。

最早被发展和应用的是传统附加式焊缝跟踪传感器,机械接触式传感器、电磁感应式传感器、涡流式传感器、气动式传感器、超声波式传感器均属于传统附加式焊缝跟踪传感器,特别是机械接触式传感器被最早被应用于工业机器人焊缝跟踪技术(参见图8-9)。

8.4.1 接触式

接触式焊缝跟踪技术中最常采用的是机械接触式传感器,机械接触式传感器由于结构简单、操作方便,在1980年以前被广泛应用。机械接触式传感器一般使用导杆或导轮在焊炬前方探测焊缝位置,可分为机械式和机械电子式,机械电子式又可分为开关式、差动变压器式、光电式。

在机械接触式传感器中,滚轮式传感器是被较早应用的一种,其采用滚轮作为与焊缝的接触元件。1937年美国林德空气产品公司开发的焊接装置(US2189399A)装配了一种通过导轮在焊缝中滚动来探测焊缝位置的机械接触式传感器。自从焊接机器人出现以后,机械接触式传感器便开始被应用在焊接机器人上以提高焊接质量,1976年日本川崎重工开发了一种安装有探测导引轮的焊接机器人(JP60110015A),较为简单的结构使得机器人的移动焊接范围有了明显的提高;随着控制需求的提高,滚轮式传感器被用于获取多类型焊接数据,1988年川崎重工开发了一种自动焊接机器人(JP2059178A),在该机器人上安装了滚轮接触式焊缝跟踪装置,该装置装配了两个探测滚轮,一个探测滚轮检测焊接区域表面形状,另一个探测滚轮探测高度变化;由于该类型传感器的简单实用,时至今日仍被人们广泛地应用和改进;2012年北京时代科技股份有限公司研制了一种非规则曲线焊缝自动跟踪装置(CN202701570U),该装置所配备的跟踪轮既能自动跟踪,又能承受较小的压力,可以减轻或消除跟踪轮压痕,对非规则曲线焊缝进行检测。

此外,与滚轮式传感器相比,同样较早被应用和发展的还有探针式传感器,其采用探针作为与焊缝的接触元件。探针式传感器的优点在于易于实现多方向的移动以进行多维探测。1985年日本的日立集团便研制了一种安装了探针接触式传感器的焊接机器人(JP62081270A),该机器人利用探针与焊接基件的接触寻找定位正确的目标焊接点,控制焊炬在各目标示教点之间移动,1989年哈尔滨工业大学研制了一种三维触觉传感器(CN2032318U),利用接触微力来判断焊缝准确位置,传感器采用电阻应变片,轴向(Z向)采用了剪幅式弹性元件,水平方向(X、Y向)采用了悬臂梁弹性体结构,可用于焊缝跟踪;1996年日本的安川电机开发了一种焊接机器人(JP10029063A),在

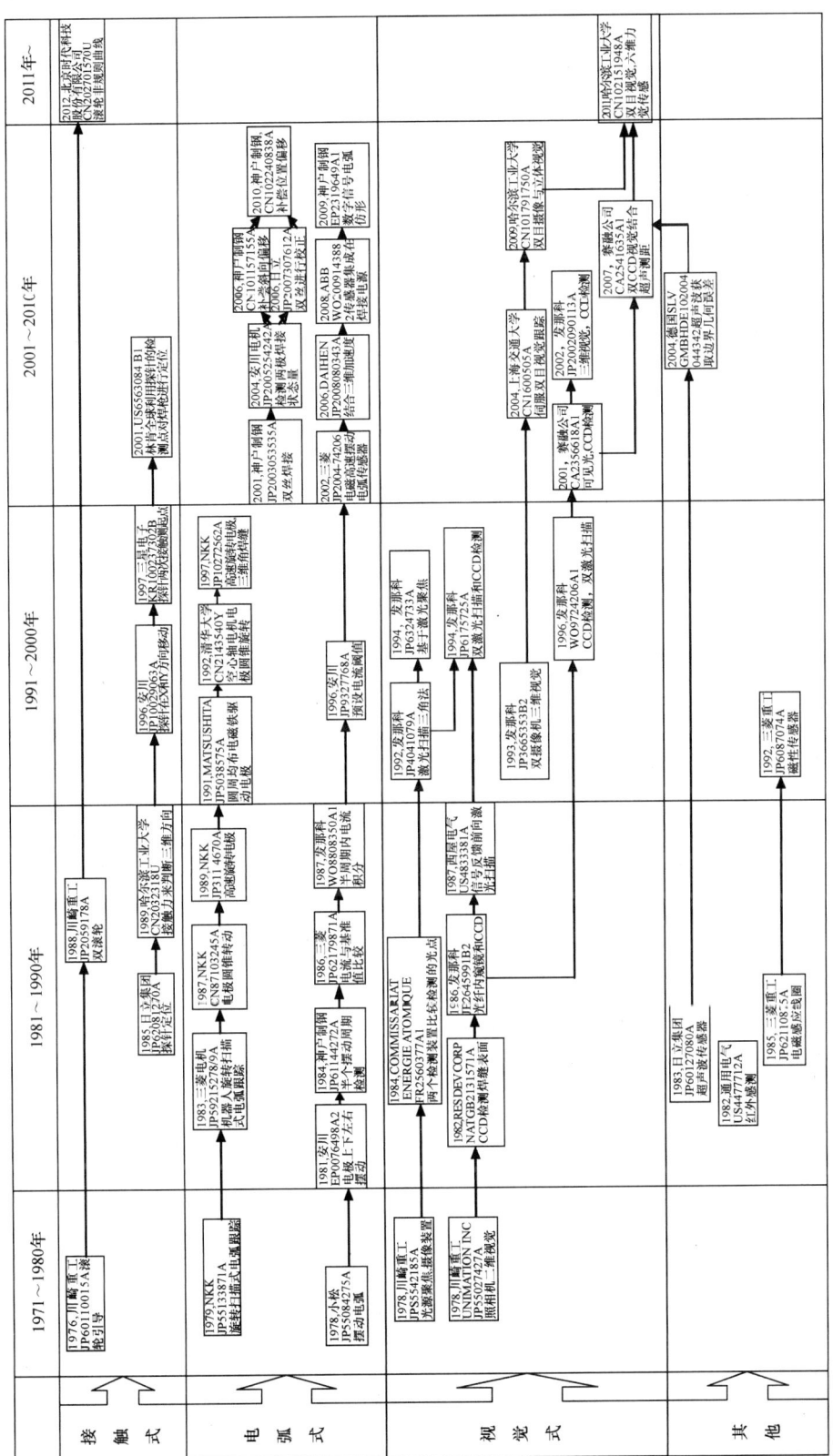

图 8-9 焊缝跟踪技术发展路线图

该机器人上安装了探针接触式传感器，利用接触探针分别在 X 方向和 Y 方向的移动测量焊接区域数据并经过算法处理后存储，控制焊炬在目标位置进行焊接操作；如今，机械接触式传感器还被用于进行焊缝起点的寻找，1997 年韩国三星电子研制了一种焊接机器人（KR100237302B），该机器人使用探针仅通过两次接触就能够准确地检测出同焊接母材的不规则性和固定时的位置偏移无关的焊接初始点，相比现有技术有效地缩短了检测时间；2001 年美国林肯全球公司开发了一种焊接机器人（US6563084 B1），在该机器人上安装了探针接触式传感器，该传感器的探针在给定方向上延伸，并与焊炬机械固连，在自动焊接过程中控制系统通过接触探测点对焊枪进行定位。

8.4.2 非接触式

除了机械接触式焊缝跟踪之外，非接触焊缝跟踪的研究和应用起步也较早并一直延续至今。非接触焊缝跟踪传感器一般包括电磁式、电感式、超声式、视觉式（包括可见光、红外线、激光等）等。

（1）电磁传感器

电磁传感器实质为共用初级线圈的两个变压器，当初级线圈偏离焊缝中心时，两次级线圈感应出不同的电势，总输出电压极性和大小的变化反应出传感器与焊缝中心的偏差，1959 年美国芝加哥焊接研发股份有限公司开发出电磁感应式焊缝跟踪传感器（US2971079A），使用两个对称设置的电磁线圈对焊缝位置进行探测，1985 年日本三菱公司开发的电磁式焊缝跟踪装置，利用两个电磁式传感器在径向以及垂直方向的探测对圆形焊缝进行跟踪定位（JP62110875 A），1992 年日本三菱公司又研制了一种磁性传感器，通过磁场特性的变化对焊接位置进行跟踪定位使得钢结构焊接机器人自动实施焊接，大大提高焊接效率（JP6087074A），电磁传感器体积较大，对磁场干扰和工件装配条件较为敏感，因此一般适用于对焊缝跟踪精度要求不高的作业场合。

（2）超声波传感器

由超声波发生及接收装置构成，当传感器左右摆动时，可以得到关于焊缝位置的二维信息，根据声波反射时间的不同，可以确定焊缝的位置从而实现焊缝跟踪，其不受焊接过程中电磁、光和烟尘的干扰，精度和稳定性相对较好。1977 年德国曼内斯曼公司开发了一种基于超声波传感器的焊缝定位系统（DE2722961A）。1983 年日本的日立集团开发的一种焊接机器人便装配了超声波式焊缝跟踪传感器，通过超声波传感器的两个感应线圈的感应参数控制调节焊炬姿态使得焊炬始终位于焊缝的中间位置（JP60127080A）；2004 年德国 SLV GMBH 公司开发了一种超声波探测装置，使用超声波探测器获取焊缝表面边界的几何数据检测焊缝误差（DE102004044342A）。

（3）视觉式传感器

视觉式传感器以可见光、激光或者红外线作为光源，以光电元件如光电管、线阵CCD、面阵 CCD 等为接收单元，利用光电元件提取焊缝的信息，进行焊缝跟踪，随着计算机视觉技术在机器人领域的快速发展，视觉传感技术在近年来被广泛应用于机器人的焊缝跟踪，其能够提供更为丰富的焊缝信息，精度和灵敏度较高，并且抗电磁干扰能力强，适用于各种坡口形状，因此其在焊缝跟踪技术中所占的比例越来越高。视觉焊缝跟踪系统的视觉传感器分为3种：结构光式、激光扫描式和直接拍摄电弧式，其中结构光式和激光扫描式属于主动视觉方法，直接拍摄电弧式则属于被动视觉方法。

1）一维视觉

在视觉式焊缝跟踪传感器中，较早出现的是一维视觉传感器，其以单个或几个光电接收单元为检测组件，基于单点镜面反射成像原理实现对焊缝坡口高度信息的传感，其检测组件经历了由点到线、由光电管到线阵CCD、PSD的发展过程。1978年日本川崎重工开发了一种基于光源照射聚焦焊缝，并通过摄像装置采集焊缝信息以进行处理的焊缝跟踪技术（JPS5542185A），1984年法国COMMISSARIAT ENERGIE ATOMIQUE公司研制了一种对焊缝表面反射光点进行两次聚焦检测比较的焊缝跟踪技术；此后，1986年瑞典ASEA AB公司开发了一种焊接机器人（SE8604101A），该机器人在焊枪的前方安装了光学三角测量仪，通过测量仪获取角度数据进行焊枪姿态在坐标系内的矫正；1994年日本FANUC公司开发了一种焊接机器人，该机器人利用激光传感器对焊缝进行实时跟踪，将获得的焊缝数据转换成机器人自身的坐标系内数据，并基于示教路径对焊枪的运动进行矫正（JP6324733A）；1997年日本安川电机公司研制的焊接机器人，利用光学传感器提高厚板焊接的焊接质量，通过提前输入的板厚数据和实际测量的焊接槽底面数据的分析进行焊接定位（JP11033727 A）；此外2007年安川电机公司又开发了一种高精度焊接机器人，该机器人可适应不同的工件焊接操作，使用光学传感器对焊缝进行跟踪，在不需要高精度标定数据的情况下能够实时矫正焊枪姿态（JP2008272814 A）。

2）二维视觉

相对于一维视觉传感器，二维视觉传感器能够为焊缝跟踪提供更多的信息，因此，随着二维视觉传感器，尤其是面阵CCD、PSD等在工业机器人视觉技术中的广泛使用，二维视觉传感器逐渐成为焊缝视觉跟踪中的一种主流技术。早在1978年，日本的川崎公司和美国的UNIMATION公司便合作开发了一种基于照相机视觉传感器的焊缝跟踪系统（JP55027427A），1982年英国NAT RES DEV CORP公司也发明了一种基于激光二极管扫描焊缝表面以CCD摄像机进行检测的焊缝跟踪系统（GB2131571A）。1980年11月2日日本的川崎公司和美国的UNIMATION公司在美国合作申请了另一种基于伺服控制的照相机视觉传感器的焊缝跟踪系统（US4380696），随后美国的SRI公司于1981年8月28日、日本的DIFFRACTO公司和PLAYER公司于1982年2月15日分别申请了各自的基于照相机视觉传感器的焊缝跟踪系统（US4412121、JP58217285A）。随后基于PSD和CCD的焊缝跟踪系统也相继出现，1983年1月18日美国AUTOMATIX公司也发明了一种激光安装在焊枪头的基于CCD检测的焊缝跟踪系统（US4497996A），随后的1985年5月31日日本安川公司也发明了一种采用光纤内窥镜和CCD检测的焊缝跟踪系统（JP61279491A），该检测系统能随机械臂手腕作同样的旋转运动。1987年，美国西屋电气公司进一步开发了具有反馈信号的焊接机器人，通过比较激光扫描焊缝位置与焊枪位置误差，实时调整焊枪运行轨迹。

3）三维视觉

三维视觉传感器通常是对多个低维传感器获得的信息进行综合处理运算来实现检

测。三维视觉包括直接采用双摄像头进行焊缝空间位置跟踪技术，如1993年，日本FANUC公司开发出了一种基于双摄像机三维视觉焊缝跟踪系统（JP3665353B2），以检测焊缝的位置和深度，2004年上海交通大学研制了机器人伺服双目视觉传感器，其中CCD摄像机、减光和滤光系统固定在平板支架上，平板支架固定在外空心轴上，内、外空心轴之间设置轴承，伺服电机的动力通过同步带传动系统传递到外空心轴上，从而带动CCD摄像机绕焊枪转动。这解决了传感器功能单一，只能用于焊缝跟踪，当焊接曲率较大的焊缝时，会发生跟踪失败，滤光片固定在摄像机前端不能移动，无法在自然光条件下使用的问题。此后哈尔滨工业大学进一步研制了一种基于立体视觉的远程机器人焊缝跟踪技术，该系统中的液晶光闸眼镜与立体视觉显示器连接，且立体视觉显示器通过工业以太网与双目摄像机连接，宏观视觉显示器通过工业以太网与宏观变焦摄像机连接，宏观变焦摄像机装在第二可控云台上，双目摄像机装在第一可控云台上，机器人的末端装有焊枪，焊枪上装有激光视觉传感器工作头。解决了目前遥控焊接中的焊接过程实时性要求高、自主控制进行遥控焊接的适应性不好、视觉反馈差以及系统对焊接任务的通用性低的问题。

三维视觉除了双目视觉跟踪外，还包括在二维视觉的基础上结合一维检测的技术或直接三维视觉技术。1996年FANUC公司开发了一种通过CCD二维检测工件位置和位姿信息结合激光扫描焊缝信息实现对焊缝三维信息的提取的跟踪系统（WO9724206A1），2001年赛融公司在引用了FANUC公司技术的基础上，利用可见光照射，CCD检测获得二维图像，结合激光扫描检测获得第三维度的距离信息，来获得工件实时三维图像。此后，FANUC公司于2002年继续开发了基于激光传感器直接检测三维信息并利用CCD检测的焊缝跟踪系统。

在三维视觉跟踪技术继续发展的基础上，三维视觉技术开始结合其他传感器检测，进一步发展为多传感器多维度的检测技术。例如，2007年赛融公司开发了基于双CCD视觉三维检测结合超声波距离检测的跟踪系统（CA2541635 A1）。2011年，哈尔滨工业大学开发了基于双目视觉跟踪结合六维力度传感器的远程焊缝跟踪技术（CN102151948A）。

从发展趋势看视觉传感是焊缝跟踪发展的必然趋势，尤其是三维传感技术结合其他传感检测的集成跟踪技术是当前的发展热点。从三维视觉技术申请主体来看，日本的FANUC公司和加拿大Servo Robot公司是三维视觉跟踪技术领域的开拓者和先导。国内的上海交通大学和哈尔滨工业大学在视觉跟踪领域的研究也很有特色和潜力。此外，英国Meta视觉系统公司也是世界领先的激光焊缝跟踪系统制造商。

8.4.3 电弧式

电弧焊缝跟踪的基本原理是利用焊枪与工件之间的距离变化而引起的焊接电流参数变化，并根据焊炬与焊缝的已知几何关系导出焊炬与焊缝的相对位置等被传感量。电弧焊缝跟踪的传感器主要有摆动式电弧传感器、旋转式电弧传感器以及双丝式电弧传感器。由于电弧传感器是一种直接式传感器，直接利用焊接电弧特性进行探测，与附加式传感器相比不存在附加误差，基本不占额外空间，响应快，实时性好，因此在弧焊中应用十分广泛。总体来讲，电弧传感器是 20 世纪 90 年代使用最广泛、效果最好的焊缝跟踪方式。

（1）摆动式扫描电弧传感器

摆动式扫描电弧传感器利用焊炬沿焊缝垂直方向的低频摆动实现电弧对坡口的扫描，电弧在坡口中摆动时，焊丝端部和母材间的距离随坡口角度而变化，从而引起焊接电流和电压的变化，这种电弧传感器需要一套摆动装置或通过机器人手臂带动焊炬实现摆动，实时性好，成本较低，被广泛应用于焊接机器人。

利用焊炬的摆动运动实施焊接的方式出现较早，美国 GWYNNE RAYMOND 公司早在 1931 年便发明了一种焊接机（US1933340），该焊接机通过焊炬的沿焊缝有规律的摆动实现焊炬移动路径对焊缝长度和宽度的全覆盖，而美国通用电气公司在 1943 年则发明了一种焊接装置（US2360160），该装置利用焊接电压的变化特性自动调整焊接电极和工件表面之间的距离，基于这些技术的广泛应用，通过机械结构促动的摆动式扫描电弧传感器便被开发并在各类电弧传感器中被最早应用于焊接机器人，1978 年日本小松公司在专利申请（JP55084275A）中记载了焊接机器人采用电机及摇臂促动的摆动电弧进行焊缝跟踪。早期的电弧跟踪传感器需要独立的机械摆动机构和控制机构，随着关节型焊接机器人技术的不断发展，通过机器人末端的关节实现电极摆动，通过机器人内部控制器实现跟踪控制从而提高集成度的专利申请开始逐渐出现，其使传感器的集成度更高，1998 年 FANUC 公司通过申请（US6064168A）对类似的电极摆动方式进行保护，2008 年，ABB 公司在申请（WO2009143882A1）中提出一种低成本的焊缝跟踪系统，其没有附加控制器，在焊接电源中集成了电压、电流传感器，实现高精度的焊缝跟踪。

通过机械结构促动的摆动式扫描电弧传感器的扫描频率较低，通常只有几赫兹，为了提高摆动扫描式电弧传感器的扫描频率，电磁促动摆动式扫描电弧传感器开始出现，1980 年前苏联 GORKI POLY 公司发明了一种焊接装置（SU941058），该装置使用的传感器便是电磁促动摆动式电弧传感器；为了进一步提高摆动频率，2002 年日本三菱公司发明了一种电磁高速摆动电弧传感器（JP2004074206A），其两侧分别有永磁铁和激励线圈，当激励线圈通过一定频率的直流电流时，导电杆便会产生一定频率的摆动，从而实现对焊缝的跟踪，可将扫描频率提高到几十赫兹。

在电极的摆动方式方面，针对最初的电极左右摆动方式，安川电机在其 1981 年提出的申请 EP0076498A2 中提出使电极进行上下、左右摆动进行更为精确的焊缝跟踪，1986 年新明和与日立公司的共同申请 US5171966A 中，提出对不同类型的焊缝预设不同的摆动模式以提供跟踪精度。

自电弧传感器被应用于焊缝跟踪以来，其控制算法被不断改进，1984 年新明和在申请 JP61074778A 中提出通过检测电流计算增益系数实现跟踪，1986 年，三菱公司在其申请 JP62179871A 中提出采用电流与基准值进行比较实现跟踪，1987 年，FANUC 公司先后申请专利 WO8808350A1 和 WO8901381A1，分别对半周期和 1/4 周期内的电流进行积分以降低数据噪声，获得更为精确的跟踪效果。2009 年，神户制钢所在 EP2319649A1 中采用了数字信号进行焊缝跟踪，提高实时性并减小了误差。

在电弧传感的发展过程中，与其他传感器的融合也是其研究的一个重要方向，1988 年，安川公司在申请 JP2127979A 中提出通过摆动时的电流变化与电弧声音变化信号结合进行焊缝跟踪，2006 年，DAIHEN 公司申请专利 JP2008080343A，将电弧传感器与三维加速度传感器结合，提高焊缝跟踪的速度和精度。

虽然摆动式扫描电弧传感器的速度在不断提高，但受机械结构方面的限制，其在某些对焊接速度要求较高的场合难以满足需求，为了克服摆动扫描式电弧传感器的频率较低的问题，旋转式扫描电弧传感器应运而生。旋转式扫描电弧传感器以旋转电弧的方式代替了摆动电弧，通过检测旋转过程中焊枪与工件之间的距离的规律性变化，判断焊枪相对于焊缝中心的偏移，虽然其结构较摆动式电弧传感器更加复杂，但是其较高的转速增加了焊枪位置偏差的检测灵敏度，提高了跟踪精度及快速响应特性，在高速焊接和薄板搭接的焊缝跟踪领域占有重要的地位。

（2）旋转扫描式电弧传感器

旋转扫描式电弧传感器最早见于日本 NKK 公司关于窄间隙焊接的报道中，1979 年日本 NKK 首先提出旋转电弧传感器（JP55133871A），通过电机和齿轮副驱动偏心导电嘴旋转，利用导电嘴上的偏心孔使得焊丝端头和电弧旋转，实现狭窄间隙的焊缝跟踪，但其仅能实现频率为 5Hz 的扫描，1983 年，日本三菱公司所申请的专利（JP59215278A、JP59215279A）公开了在焊接机器人上应用由电机和齿轮驱动的旋转扫描式电弧传感器进行焊缝跟踪。由于导电杆的转动容易造成相应部件的磨损，使电极进行圆锥形式旋转的旋转式扫描电弧传感器开始出现，1987 年日本 NKK 公司再次申请专利（CN87103245A），采用电机和齿轮副驱动电极进行圆锥摆动以简化供电结构，使得旋转扫描式电弧传感器的体积更为轻便并且可以实现更高速度的旋转。

为顺应焊接设备小型化、轻量化的发展趋势，1991 年，松下公司在其专利申请（JP5038575A）中提出采用电极圆周方向均布的三个电磁铁驱动电极进行旋转，由于省略了原有的电机和齿轮副结构，传感器体积得到大幅缩减。1992 年，清华大学发明 RAT—II 型高速旋转式扫描焊炬并申请专利（CN2143540Y），该扫描焊炬采用集成度更高的空心轴电机驱动电极进行圆锥旋转。随着传感器体积和重量的进一步缩小，其被用于对结构更为复杂的焊缝进行跟踪。例如 1997 年，NKK 公司在其专利申请（JP10272562A）中，采用高速旋转电极进行三维角焊缝的跟踪。

（3）双丝式电弧传感器

随着工业生产对焊接速度、焊缝质量要求的不断提高，双丝焊接的应用越来越广泛，双丝式电弧传感器也随之产生。2001 年，神户制钢所在其申请的一项专利（JP2002053535A）中，在焊接机器人中应用了双丝焊接技术，2004 年，安川电机就焊接机器人双丝焊接中的焊缝跟踪申请专利（JP2005254242A），通过检测先行电极和后行电极的焊接状态量进行焊缝跟踪，2006 年，日立公司的专利申请（JP2007307612A）提出采用工具对双丝进行校正以提高跟踪精度，同年，针对安川申请（JP2005254242A）无法有效跟踪斜向偏移焊缝的问题，神户制钢所在其基础上进行改进，在其专利申请（CN101157155A）提出后行电极绕先行电极回转对后行极进行纠偏的焊缝跟踪技术，并在 2008 年的专利申请（CN101486123A）对其具体方法进一步保护。2010年神户制钢所再次申请专利（CN102240838A），针对围绕先行电极回转不便于机器人示教操作的问题，在先行电极和后行电极之间的任意的旋转中心进行电弧焊时的电弧跟踪情况下，通过机器人可以修正先行电极的位置偏移。

8.5 神户制钢所

日本株式会社神户制钢所（以下简称"神户制钢"）是日本第三大钢铁联合企业。该公司创建于1905年，以钢铁制造业、锻造业起家，其前身为当时日本国内最大的贸易厂家神户钢铁厂，经过一百余年的发展，神户制钢所已经成为一家以钢铁业为核心的综合性跨国公司。其主要业务领域包括：钢铁材料、焊接材料、铝及铜、钛制品、基本建设工程作业、机械工业、建筑器械、电子信息业、房地产开发，以及一般贸易及服务等，在日本本土及世界各地控股多家子公司，并设立了多家海外办事机构，神户制钢在日本、美国、亚洲以及欧洲均设有很多具有一定影响力的公司。

神户制钢在焊材领域具备雄厚的实力，其推出的ARCMAN系列电弧焊接机器人不仅长期以来始终领跑日本中厚板焊接机器人市场，而且在企业全球化扩张进程中，通过与中国本土企业的合作而成功进入中国市场，占据了国内中厚板焊接市场的大量份额。本节对神户制钢核心产品的关键技术所涉及的专利进行梳理，通过分析其与国内企业的典型合作模式，为国内企业完善自身产业结构以及借助国际合作提升实力提供建议。

8.5.1 专利申请布局

对于弧焊机器人系列产品的关键技术之一的焊缝跟踪技术，神户制钢早在1985年就开始对相关技术进行专利布局，如图8-10所示。

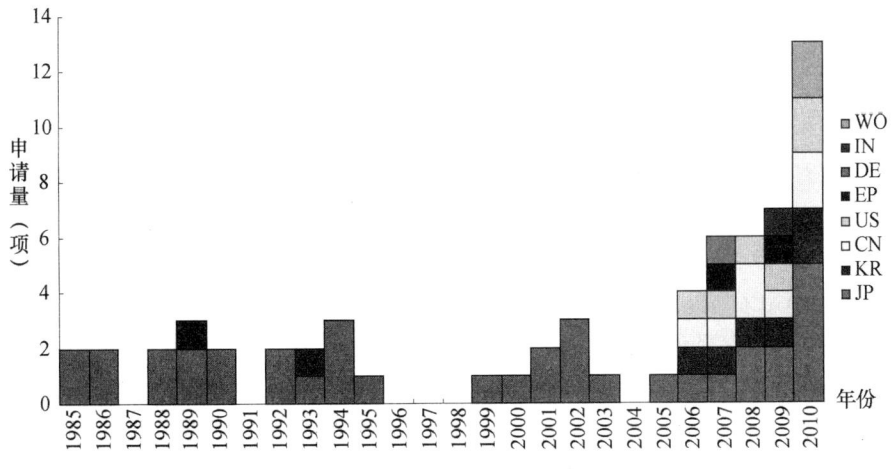

图8-10 神户制钢焊缝跟踪专利布局

从图8-10可以看出，从地域关系上来说，亚洲近邻韩国和中国是神户制钢焊缝跟踪专利布局的主要国家。一方面，这与日本企业重视亚洲市场的传统相契合，另一方面，神户制钢在焊接机器人方面的技术优势主要体现在中厚板焊接领域，而中厚板焊接又以工程机械、矿山机械、造船、航空航天、桥梁、铁路车辆、煤炭机械、建筑钢结构、机床和风电等领域应用最为集中，在除日本外的亚洲范围内，韩国和中国在上述应用领域中的起步较早并且发展迅速，对中厚板焊接自动化设备的需求更为迫切，作为神户制钢的自动化焊接设备代表产品的焊接机器人在这两个国家具有相对广阔的市场前景，因此，神户制钢在亚洲范围内优先对韩国和中国进行专利布局也符合其市场的布局。

从图8-10中还可以看出，在2007年之前，神户制钢关于焊缝跟踪的专利申请基本集中在日本国内进行布局，其间仅于20世纪90年代初在韩国进行过少量的申请。事实上，神户制钢在1995年的阪神大地震中曾遭受重创，一度陷入经营不振的境地，借着2002年后钢材价格的走高，神户制钢才逐步重现生机并逐步扩张，从2007年开始，神户制钢关于焊缝跟踪的专利几乎同时开始在韩国、中国、美国、欧洲乃至印度进行相关布局。2010年4月，神户制钢发布企业中长期经营蓝图KOBELCO VISION "G"，其中字母"G"的多重含义之一为"Global"，即全球化。根据神户制钢对市场的分析，在出生人口减少、社会老龄化以及制造业移师海外等背景下，日本国内需求总体上会有所减少，而以新兴国家为主的海外需求会不断增加，神户制钢将加强向成长市场的渗透，瞄准以新兴国家市场为主的需求扩大地区，通过开展与其特性相适应的业务来满足全球化需求。2010年开始，神户制钢开始以PCT申请的方式在世界范围内进行专利布局。有理由相信，在这样的背景下，未来的一段时期内，神户制钢势必进一步加强在全球范围内进行焊缝跟踪专利的申请，同时，随着对基础设施建设的投入不断加大，类似中国、印度等一些发展中国家将在神户制钢焊接机器人产品的市场中占据相当一部分比例。

8.5.2 重点产品与专利申请

神户制钢焊材事业的代表产品为ARCMAN系列电弧焊接机器人。2005年，神户制钢推出了ARCMAN系列焊接机器人的中心产品ARCMAN-MP，并在ARCMAN-MP的基础上，陆续开发出适合于天吊焊接系统的小型ARCMAN-SR机器人、具有大动作半径的ARCMAN-XLmkII大型机器人。2011年，ARCMAN系列的最新产品ARCMAN-GS问世，其实现了双丝焊接焊枪电缆内置，且能够发出离线指令，适用范围及工作效率大幅提高。至此，ARCMAN系列焊接机器人的产品线得到进一步的完善。作为成熟的商业产品，ARCMAN系列焊接机器人集中了神户制钢在薄板焊接、厚板焊接等领域的多项关键技术，主要应用于建设机械、建筑钢骨、桥梁、铁路车辆等中厚板焊接领域。据统计，在日本中厚板焊接领域，ARCMAN系列机器人多年来市场占有率始终保持第一。

ARCMAN系列焊接机器人优异的市场表现与神户制钢多年来在中厚板焊接领域所积累的技术优势密不可分。在中厚板焊接中，由于工件尺寸大，很难保证焊接夹具上的工件定位十分精确；焊接时的热量经常会使工件发生变形，这些都易于导致焊接线位置发生偏移，所以，在焊接中厚板工件时，检测并计算偏移量、进行位置纠正的功能必不可少。此外，中厚板焊接一般需要开坡口，由于前期坡口的加工精度、工件组对、焊接过程导致的变形等原因，实际焊缝坡口的宽度并不一致，也会产生错边等缺陷。这些问题在焊前示教编程时不易解决。根据焊接机器人系统的使用效率，用户在实际生产中也不可能接受对同样规格的每个工件逐一焊前示教编程，以修正上述焊接线偏离及坡口宽度的变化。因此，虽然焊接机器人的大规模应用起源于汽车生产线的电阻点焊和薄板弧焊，但事实上，较之前两者，中厚板焊接对于焊接机器人的纠偏和自适应功能有着更高的要求，神户制钢在其研发过程中，针对中厚板焊接的上述特点，已经开发出多种较为成熟的优势技术并将其广泛应用于ARCMAN系列机器人，同时，自1985年起，神户制钢已经开始针对这些关键技术进行相关的专利申请。

8.5.2.1 焊丝接触传感

ARCMAN系列机器人利用焊丝和工件接触时，焊丝与工件之间的电位差变为0V的功能，可使加载有传感电压的焊丝向工件移动，将电位差是0V的位置记忆成工件位置，反映在示教点上。接触传感的原理如图8-11所示，其主要功能包括具有位置纠正功能的三方向传感、开始点传感、焊接长度传感、圆弧传感等，并可以纠正偏移量。

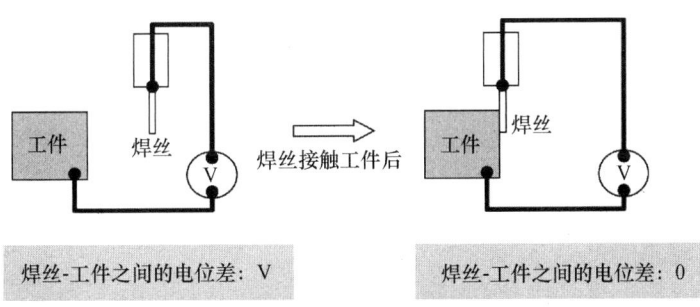

图8-11 接触传感原理

1988年，神户制钢先后通过专利JP1205878A和JP1278971A对起始点接触传感技术进行了保护；1989年，神户制钢申请专利JP3110068A，提出通过电极检测接触面，对工件与示教位置之间的偏移量进行修正；1992年，申请专利JP5329644A，对接触检测坡口的形状，修正焊缝偏差进行保护；在2010年的专利申请CN102259229A中，提出在串联电弧焊接中焊接开始时的焊接线与示教时的位置不同的情况下，也能够使先行极和后行极的位置与焊接线的位置一致而进行适当补正的方案，将焊丝接触传感功能推广到焊接效率更高的双丝焊接中。

8.5.2.2 电弧传感

由于焊接环境存在各种因素的影响，如强弧光辐射、高温、烟尘、飞溅、坡口状况、加工误差、夹具装夹精度、表面状态和工件热变形等，实际焊接条件的变化往往会导致焊枪偏离焊接中心线，从而造成焊接质量下降甚至失败。电弧传感的基本原理是利用焊炬与工件距离的变化引起焊接参数变化，从而探测焊枪高度和左右偏差，其无需在焊枪上安装特殊设备，直接从焊接电弧自身提取焊缝位置偏差信号，焊接的同时即可检测出焊接线位置偏移并及时纠正，焊枪运动灵活，符合焊接过程低成本和自动化的要求，适用于熔化极焊接场合。高精度电弧传感功能被广泛应用于 ARCMAN 系列焊接机器人。

ARCMAN 机器人搭载的焊枪在焊缝坡口内摆动时，导电嘴——母材之间的距离会发生变化。导电嘴——母材之间距离越长，焊接电流越小，距离越短则焊接电流越大。由于上述特性，在焊接线未偏移的状态下，摆动到中央部的焊接电流最小，摆动到端部的焊接电流最大。焊接线存在偏移，摆动到右端或左端的导电嘴——母材之间的距离有所不同，所以摆动到右端或左端的焊接电流亦不同。电弧传感捕捉到变化，可检测出焊接线的横向（摆动方向）位置偏移。同理，焊接线在上下方向发生偏移时，摆动往返区间内的焊接电流平均值和基准电流也不同，电弧传感捕捉到变化，可检测出焊接线上下方向的位置偏移。

1985 年神户制钢申请的专利 JP27763685A 和 JP27763785A 中，采用机器人焊炬的电弧摆动传感功能实现对直角焊缝的跟踪；在 1994 年申请的专利 JP8108277A 中，神户制钢对横摆形式的电弧传感进行了改进，2009 年，针对与焊接线进行大体垂直的横摆方法难于适应根部间隙狭小的 V 形坡口的问题，神户制钢在 CN101554671A 提出了以规定的横摆摆动角大致圆弧状地使所述焊枪横摆，同时实施电弧仿形。

8.5.2.3　双丝焊接电弧传感

双丝电弧焊接通过两根焊丝进行焊接，是一种增加熔敷量和提高焊接速度的焊接方法，可以得到最大 330g/min 的熔敷速度。ARCMAN 系列焊接机器人普遍具备双丝焊接系统，可以进行双丝/单丝切换以及往复焊接，并且通过可以稳定作业的独特焊接电源以及高速送丝装置和 1.2mm 实芯焊丝组合，实现了焊接的高熔敷化。例如，使用 1.2mm 实芯焊丝以 450A 电流焊接时，熔敷速度是 225g/min，效率是 0.5g/min/A。与一般船型焊中使用的 300A 电流的熔敷速度 112g/min、效率 0.373g/min/A 相比，效率提高了 1.4 倍。

为了进行高品质的双丝焊接，必须让两根焊丝在焊接线上定位，若某根焊丝偏离焊接线，会发生咬边和熔深不良等焊接缺陷。因此，使用机器人进行双丝焊接时存在以下问题：为了使两根焊丝都正确地对准焊缝，双丝焊接比单丝焊接需要更加缜密的示教作业。以往的电弧传感在先行极、后行极距离焊接线的偏移量大致相同时有效。但是实际生产现场中由于示教时的误差、工件的设置误差、焊接中的后行极弯曲等变化原因，先行极、后行极距离焊接线的偏移量不同，容易发生后行极偏移而造成焊接不良，如图 8-12 所示。

为了解决上述问题，神户制钢开发出后行极偏移的纠正方法，即通过先行极和后行极获得的电变化量，控制机器人围绕先行极回转。对于此项技术，神户制钢先于 2006 年提出相关申请 CN101157155A，从总体构思角度对该方法进行保护。随后，对于该构思的具体实现手段，神户制钢又于 2008 年提交专利申请 CN101486123A 进行了进一步的保护。在 2006 年专利申请的基础上，神户制钢于 2010 年再次进行申请，针对 2006 年专利中机器人围绕先行极回转不便于示教操作的问题，通过专利 CN102240838A，在先行电极和后行电极之间的任意的旋转中心进行电弧焊时的电弧跟踪情况下，使机器人可以修正先行电极的位置偏移。

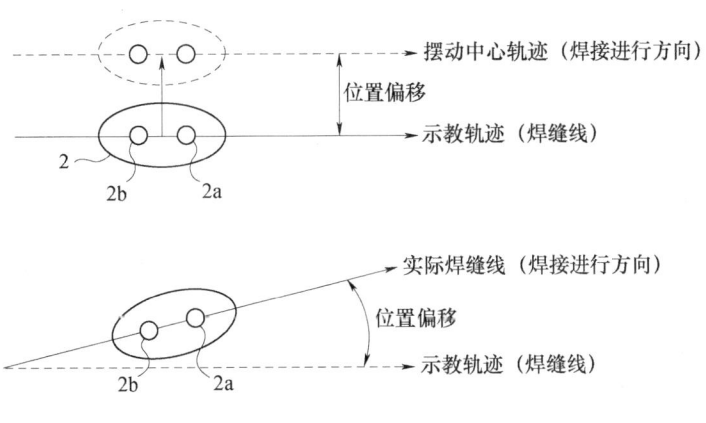

图 8-12 双丝焊接

8.5.2.4 坡口宽度跟踪

在实际生产过程中，坡口宽度不均匀的情况难以避免，ARCMAN 系列焊接机器人能够根据坡口尺寸及偏差自动调整有关工艺参数，以降低或消除不均匀参数对于焊接质量的影响。神户制钢于 1990 年申请专利 JP3221266A，对此项技术进行了保护（参见图 8-13）。

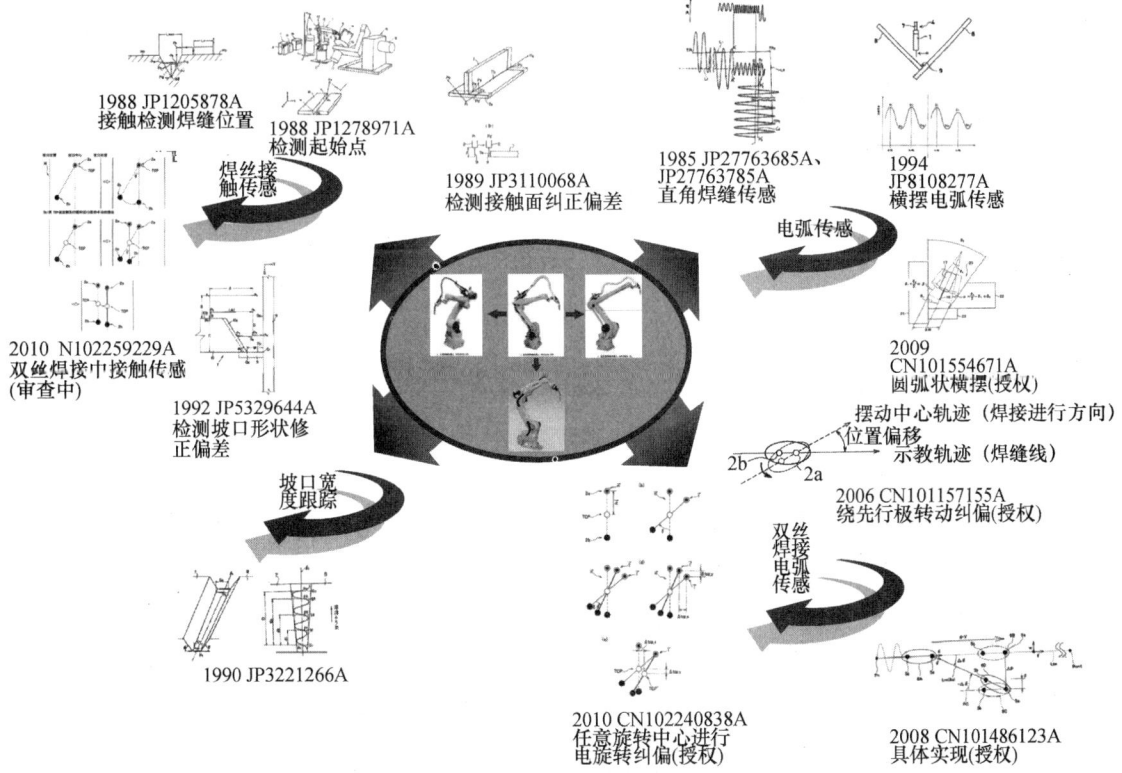

图 8-13 ARCMAN 机器人焊缝跟踪技术专利申请情况

8.5.3 在中国市场运营策略及启示

虽然神户制钢早在 1994 年就进入中国市场开展业务，但从图 8-10 中可以看出，在 2007 年以前相当长的一段时期内，神户制钢在焊缝跟踪技术领域并没有在中国进行相关的专利布局。这种情况的出现与其在中国市场的运营策略密切相关。

在进入中国之后的相当长一段时间内，神户制钢一直向在中国日企出口焊接机器人，并从日本派遣人员提供维护服务。随着中国国内城市化进程的不断推进、新农村建设的陆续开展以及高速公路、铁路等大批基础性建设项目的上马，中国工程机械、铁道车辆等行业得到了迅猛的发展，同时国际上一些发展中国家对于基础设施建设的投入也在不断加大，在中国日资企业的需求不断扩大，中国本土企业也开始面临更为激烈的国际竞争，其长期以来大量沿用的手工焊接生产方式已无法满足企业对产品质量、成本控制的需求，中国国内市场对于中厚板焊接机器人的需求日益迫切。

在察觉到中国国内中厚板焊接行业，尤其是工程机械行业对焊接机器人的潜在需求后，神户制钢开始着手其焊接机器人系列产品在中国的市场布局以及专利布局。一方面，神户制钢的 ARCMAN 系列焊接机器人作为成熟的机器人产品，在制造成本及技术上相对于国内产品具有较大的优势，另一方面，由于机器人产品复杂精密，其维护和售后服务对于国外企业而言成本较高，限制了其在中国的市场发展。对此，与中国国内企业开元的合作成为神户制钢所焊接机器人产品占领中国市场的重要手段。

2005 年 7 月，神户制钢与中国唐山开元自动焊接装备有限公司开始在中国合作进行中厚板机器人系统的市场调查和宣传，经过一年的市场调查，双方达成共识：中国的工程机械行业已经完全具备了导入焊接机器人系统的条件，2007 年，双方正式签署合作协议，共同致力于在中国国内开展中厚板焊接机器人系统的制造、销售和维修服务事业。其合作模式主要体现在：开元从神户制钢购入焊接机器人本体，即配套的焊接电源等产品，利用其在机器人周边装置及装夹设计方面的技术优势，针对国内用户的需求进行系统集成并销售，并通过其积累的售后服务体系提供相关的售后服务，神户制钢则全程参与方案应对、制造过程及成品交付。

在神户制钢与开元进行合作后，二者针对中国市场的专利布局各有侧重。通过图 8-10 可以看出，从 2007 年开始，神户制钢开始就其焊接机器人产品的焊缝跟踪技术在中国陆续地申请专利进行保护，其产业的布局以及专利的布局是大致同步的。

而隶属于唐山开元集团的唐山开元自动焊接装备有限公司作为神户制钢在中国唯一的合作伙伴，长期以来专门从事大型专用自动焊接装备的设计、制造和销售，是国内最大的自动焊接装备制造公司之一，其前身是 1993 年成立的唐山市焊接设备有限公司。2008 年，公司分立为自动焊接装备公司和机器人焊接系统公司。唐山开元（包括唐山市焊接设备有限公司、自动焊接装备公司和机器人焊接系统公司）的专利申请态势如图 8-14 所示。

可以看出，虽然成立于 1993 年的唐山市自动焊接设备有限公司早在 1997 年就开始设计制造机器人焊接系统，但在 2009 年之前，其专利申请数量较少且集中在焊机、切割机、管材加工设备等领域。从 2009 年开始，开元公司的专利申请数量开始逐步上

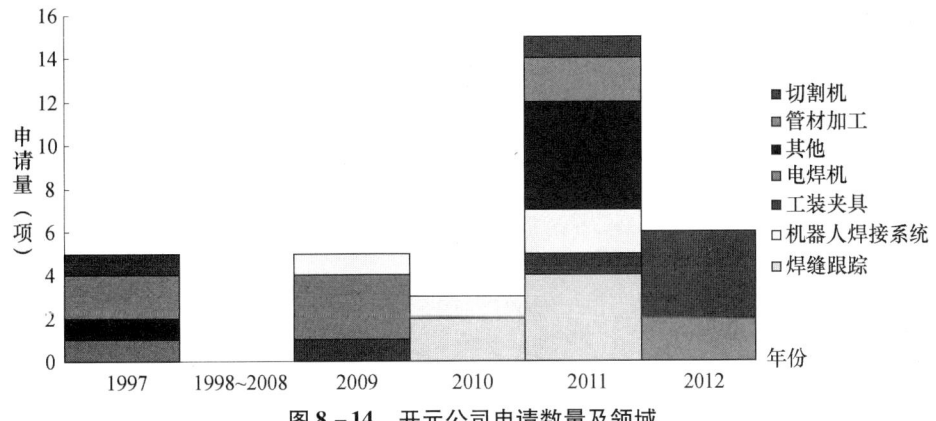

图 8-14 开元公司申请数量及领域

升,其申请主要围绕自动电焊机,包含有焊接机器人的焊接系统,焊接系统中的工装夹具以及切割设备、管材加工设备等领域开展。可见,在与神户制钢进行合作后,开元公司开始重视对自己长期以来积累的核心技术进行专利保护,从其专利申请的领域可以看出,其申请趋势与其在与神户制钢的合作模式中所扮演的角色基本吻合。

从开元公司的专利申请领域可以看出,对于焊接机器人的焊缝跟踪技术,开元公司基本没有相关的专利申请,该技术主要还是由神户制钢单独进行申请保护。可见尽管借助与中国本土企业的合作实现其核心产品在中国市场的推广,但核心产品 ARCMAN 系列弧焊机器人的关键技术仍然由神户制钢掌握。但是,值得注意的是,从 2010 年开始,开元公司陆续在 4 件自动电焊机的专利申请中提及采用电弧摆动的焊缝跟踪功能,在随后的 2011 年,开元公司又申请 1 件专利对基于视觉检测的焊缝跟踪技术进行保护。事实上,在基于视觉实现的焊缝跟踪技术领域,神户制钢在日本国内一直保有一定数量的专利申请,但并未将其作为主流技术应用于其机器人产品中,也没有在中国进行专利布局。可见,在与神户制钢的合作中,开元公司也在尝试从神户制钢的核心产品中发掘一些能够优化自身产业的技术。

借助于开元公司在焊接机器人周边装置生产领域的技术积累,以及其在中国本土市场的成本、营销等方面的优势,神户制钢将 ARCMAN 系列焊接机器人成功推向了中国本土企业,尤其是国内工程机械行业,其客户包括徐工、柳工、厦工、山推等国内知名企业。而开元公司通过与神户制钢的合作,不仅保持了其在行业内的领先优势,也带动了一些自身原有产业的进一步发展,目前开元公司的中厚板机器人焊接系统已经在工程机械、煤炭机械、铁路车辆、桥梁、建筑钢结构、机床、风电等领域得到广泛的应用。

事实上,神户制钢与开元公司的合作是在中厚板焊接机器人领域一种典型的市场运营模式。目前开发国内中厚板焊接机器人系统的主要公司除开元公司外,还有厦门思尔特机器人系统有限公司和昆山华恒焊接股份有限公司。其中,厦门思尔特机器人有限公司是瑞典 ABB 公司在国内最大的合作伙伴之一,在其所生产的焊接机器人系统中,机器人本体主要由 ABB 公司提供。而昆山华恒焊接股份有限公司的焊接机器人系统中,机器人本体主要由德国 KUKA 提供。与开元公司和神户制钢的合作类似,这两家公司同样采用了国外先进机器人制造商提供焊接机器人本体、国内公司针对国内用户的具体需求进行焊接机器人系统集成的合作模式。通过类似的市场运营模式，唐山开元、思尔特、华恒三家公司占据了国内中厚板焊接机器人领域的大部分市场，如图8-15所示，其客户几乎涵盖了国内知名的工程机械企业，同时，神户制钢、ABB、KUKA这三家国外机器人制造公司实现了其机器人产品对这一市场的占领。

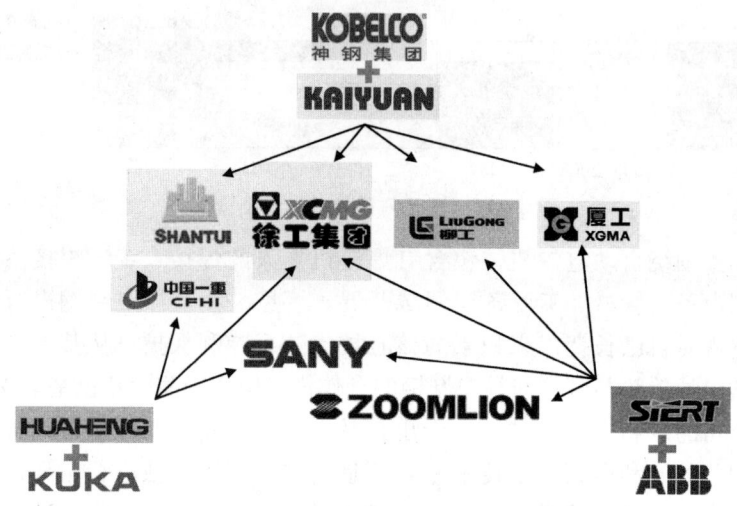

图 8-15 三家机器人公司与中国中厚板焊接市场

这种合作模式在工业机器人领域较为典型。经济的快速发展使中国成为全球范围内最大、发展最为迅速的工业机器人市场，世界各国机器人公司纷纷利用价格优势向中国出口其技术成熟的整机产品。对于自身研发实力有限的国内企业，可以寻求与世界先进公司的进行合作，在合作中，尝试借助对方的先进技术和理念完善自己的现有产业，并结合其专利分析把握技术发展方向，对未来的产品布局和专利布局进行前瞻性的规划。

8.6 FANUC 公司

8.6.1 技术发展历程

FANUC 公司自 1984 年起至今，研究焊缝跟踪技术近 30 年。下面对 FANUC 公司在该领域的研发状况进行梳理，其技术发展路线图如图 8-16 所示。

8.6.1.1 技术发展演进

1984 年，以岸甫、榊原伸介和石川晴行为主的发明人团队连续提交了 2 件专利申请 WO8602030A 和 WO8604004A，分别涉及弧焊中起弧位置的确定、机器人末端实现摆动电弧的方法和通过测量摆动电弧左、右端的电流值来实现焊缝跟踪的方法。

1986 年，FANUC 公司提交了一件涉及光学焊缝跟踪的专利申请 JP62271688A，发明人是渡边淳。其技术方案是采用结构光照射，并通过摄像机绕焊炬旋转来跟踪大角

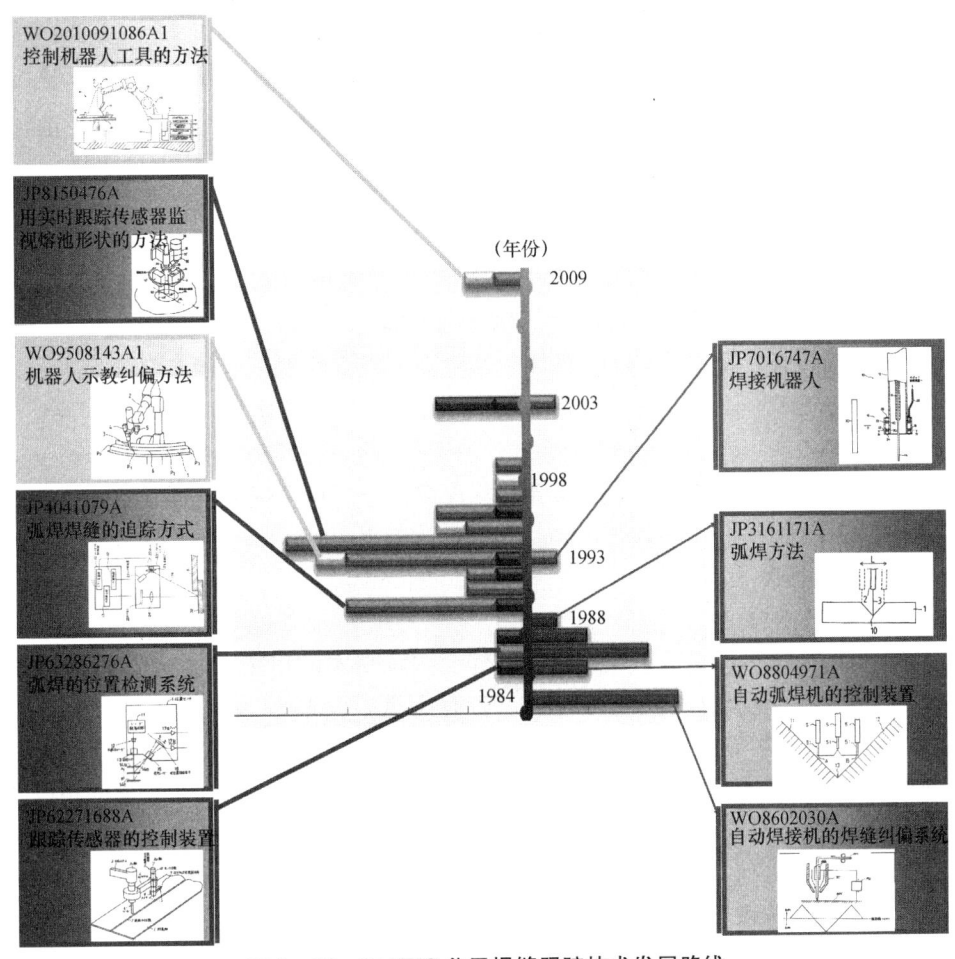

图 8-16 FANUC 公司焊缝跟踪技术发展路线

度转折的对接焊缝。

1986~1988 年，由丰田贤一、水野彻、鸟居信利、神田雄一、森川茂弘为主的发明团队研究了通过摆动电弧来获得角焊焊缝跟踪的方法。这一时期的代表性申请有 WO8804971A、JP63168281A、WO8805362A、WO8805363A、WO8808350A、WO8901381。

1988 年，平泉满男提交了一件搭接焊中焊接位置检测方法的专利申请 JP63286276A，它的技术方案是通过激光左右的摆动来获得反射光的位置，其不连续处即为搭接焊位置；伊腾孝幸、孝坂哲也提交了一件用于弧焊机器人的视觉控制系统的专利申请 WO9000108A，通过摄像图像和示教数据相比较而获得实际焊缝的精确跟踪。

1989 年，FANUC 公司提交了一件变化的焊接和摆动条件下摆动电弧焊缝跟踪的专利申请 JP3161171A，发明人是森川茂弘。其技术方案是根据不同的焊接和摆动条件自动调节焊炬和母材之间的距离。

1990 年，鸟居信利、岩本孝和协尾弘志提出了基于激光扫描三角法图像信息来进行焊缝跟踪的方法。这一时期的代表性申请有 JP4041079A、WO9200542A。

1993 年，FANUC 公司提交了一件弧焊机器人的专利申请 JP7016747A，发明人是二瓶亮、寺田彰弘和岩崎恭士。其技术方案是通过一个接触式电传感器检测母材的位置，由于不需要起弧，因此降低了成本。

1993年，寺田知之提交了一件机器人示教纠偏方法的专利申请WO9508143A1，首次采用两台摄像机形成三维视觉图像来实现弧焊机器人的焊缝跟踪。

1994~1996年，以寺肋文一、池田好隆为主的发明人团队研究了搭接焊、管焊、摆动弧焊、角焊及上述三种形式的堆焊的二维激光扫描法的焊缝跟踪方法。这一时期的代表性申请有JP8030319A、JP8057647A、JP8118022A、JP8187578A、JP8197248A。

1994年，宫肋正直提交了一件监视熔池形状和焊缝跟踪的方法的专利申请JP8150476A，通过将激光扫描装置绕焊炬旋转来实现。

1998年，FANUC公司提交了一件用三维机器人视觉根据划定的路径提取出示教路径的专利申请US5959425A，发明人是Leonard H. Bieman，首次将视觉系统引入到示教的过程中。

2009年，FANUC公司和其他公司合作，提交了一件自动提取工作轨迹的三维机器人视觉系统的专利申请WO2010091086A1，发明人是Krause. Ken，使得三维系统可以直接用于焊缝数据的提取。

8.6.1.2　重点技术演进

从图8-16中可以看出FANUC公司的焊缝跟踪技术的申请文件数量和技术内容，在技术发展历程中每个时期其研究的重点各有侧重。以1989年为界线，1984~1989年，FANUC公司的焊缝跟踪技术以摆动电弧焊缝跟踪法为主；1989年至今，FANUC公司的焊缝跟踪技术重点研究光电式焊缝跟踪法，没有再提交摆动电弧焊缝跟踪法的专利申请。这表明，FANUC公司的研究方向发生了变化，着重于更加直观、形象和易操作的视觉焊缝跟踪技术，这与工业视觉技术的发展是相适应的。光电式焊缝跟踪与摆动电弧式焊缝跟踪技术不同，后者源自电弧焊接也用于电弧焊接；而前者的技术发展与光电传感器的发展密切相关。反映在FANUC公司的专利申请中，就是光电式焊缝跟踪技术有明显的阶段性。FANUC公司的光电式焊缝跟踪的技术发展分为三个阶段：1986~1989年、1990~1997年、1998年至今。在1986~1989年，FANUC公司主要使用结构光照射，通过摄像机来获得实时焊缝的图像，从而实现焊缝的跟踪。在1990~1997年，FANUC公司进行了基于激光扫描的焊缝跟踪方法的探索。自1997年以来，FANUC公司开始在焊缝跟踪中采用双眼视觉技术，以获得三维图像进行焊缝跟踪。

8.6.2　专利保护体系

作为工业机器人行业的翘楚，FANUC公司在焊缝跟踪的技术上是如何实现有效的专利保护呢？本课题组通过分析FANUC公司的焊缝跟踪技术的专利申请，发现其专利保护具有一个明显的特点：关键技术形成专利保护球，以全面对其进行保护。

8.6.2.1　摆动电弧式焊缝跟踪法

如图8-17所示，在摆动电弧焊缝跟踪技术专利申请WO8602030A和WO8604004A之前，FANUC公司同年有三项在先申请：JP60174273A、WO8601617A1和WO8602029A1。这三项申请分别涉及确定摆动电弧在示教路径上的位置的方法、确定起弧位置的方法以及机器人末端实现摆动电弧的方法。这三项专利申请均为实现摆动电弧焊缝跟踪的不可或缺的技术，从申请的时间可以看出，它们均在摆动电弧焊缝跟踪方法之前，且仅相隔几个月的时间，这样的申请策略既避免了自己的在先申请将后续的申请公开，也可以有效避免竞争对手在公开的申请文件中预测出技术的发展趋势而抢先申请。

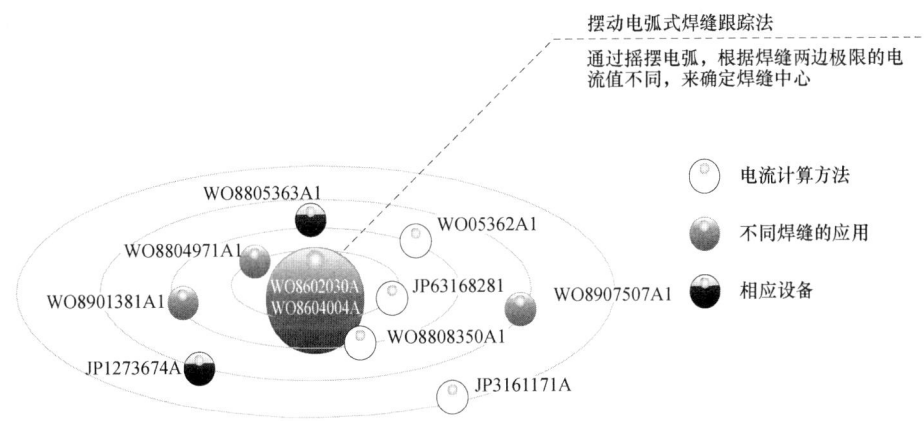

图 8-17　FANUC 公司摆动电弧式焊缝跟踪法专利保护系统

紧接着，FANUC 公司就摆动电弧焊缝跟踪法提出了 2 件专利申请，其涉及该方法中最核心的测量摆动电弧左右极值的电流和电流值的存储和纠偏方法。

而后，FANUC 公司从摆动电弧的电流的计算方法对跟踪方法进行改进，使得跟踪方法能更精确或者适合于不同的焊缝形状，并对这些改进也申请了专利。

之后，FANUC 公司就读、写电弧电流值的存储、输出方法申请了专利，使得跟踪方法的处理时间更短，跟踪更迅速。

此外，FANUC 公司就获得摆动电弧电流的计算值后，反馈控制机器人末端的方法，实现机器人末端高频摆动的设备也提交了专利申请。

至此，形成一个以摆动电弧焊缝跟踪法为核心的专利保护球，囊括了实现该方法的关键先决条件、方法本身、方法的改进、实施方法的设备等各个方面；形成了摆动电弧式焊缝跟踪法全面的专利保护。

8.6.2.2　激光扫描式焊缝跟踪法

FANUC 公司在 1990 年就激光扫描的焊缝跟踪方法首次提交了专利申请。此后，在近十年的时间里，FANUC 公司就该方法外围总共提交了 29 件专利申请。其中，激光扫描和反射光检测单元的设备的专利申请有 5 件，方法本身的改进有 12 件，对不同焊接对象下激光扫描的焊缝跟踪方法的应用也有 12 件。

从图 8-18 中可以看出，FANUC 公司对每个方面都进行了充分的延展；从而形成以激光扫描式焊缝跟踪法为核心、以该方法的改进、实现该方法的设备以及该方法的应用为外围的一个完整的专利保护，实现全面多方位的保护。

国内的企业在发展自己的核心技术时，可以从实现技术的基础开始，到核心技术本身，核心技术的设备或方法的演进，核心技术的应用等各个方面形成有核心、有外围的专利保护球。而当自己的技术面临国外企业的专利保护时，也可以从以上几个方面加以突破。

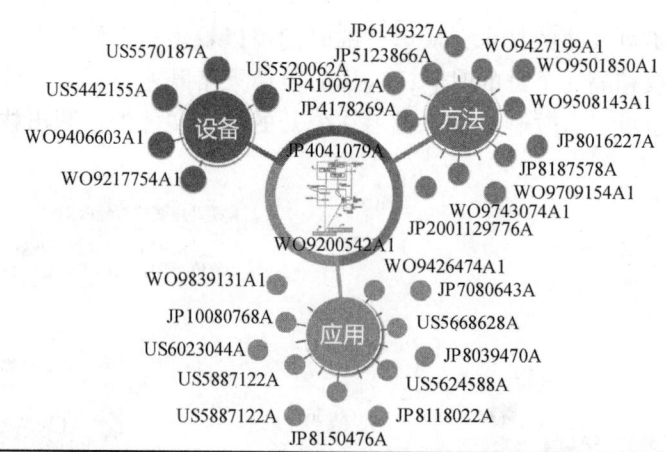

	公开号	技术效果	技术方案
设备	WO9217754A1	传感器保护窗的寿命检测	用保护窗探测到两次光的量的对比,确定是否到更换时间
	WO9406603A1	视觉传感器的保护	采用气帘和玻璃对传感器进行保护,防止电弧溅污
	US5442155A	传感器的冷却和清理	安装防护罩并通入气体
	US5570187A	传感器安装检修方便	对扫描激光装置各部成独立部件安装
	US5520062A	传感器窗口机构	在窗口上滑设一开关装置、玻璃板、雨刮器和玻璃板更换装置
方法	JP4178269A	光学系统校准	焊缝跟踪的光学系统校准
	JP4190977A	高速、精确	通过将扫描探测信息和位置、姿态信息放在两个存储器中,同时控制实现跟踪
	JP5123866A	焊接过程中焊炬的最佳角度保持	通过焊缝位置和姿势的存储计算,保持最佳角度
	JP6149327A	获得准确纠偏值	通过计算方法
	WO9427199A1	对于示教路径的实时纠偏	从激光扫描获得实际三维坐标,实时纠偏
	WO9501850A1	在跟踪出错之后的重置跟踪	通过示教点与实际检测点之间的距离的计算,获得实时焊缝跟踪
	WO9508143A1	消除人工纠偏误差,提高跟踪效率	在焊炬前后两侧分别设置摄像机,进行精确纠偏
	JP8016227A	焊缝测定之后的路径规划	通过计算方法
	JP8187578A	减少扫描激光获得的数据的存储负担	通过计算存储方法
	WO9709154A1	在焊炬损坏的情况下,能实现实时纠偏	两台摄像同时拍摄,提取图像数据后实时纠偏
	WO9743074A1	提高识别效率	喷涂增加漫反射物质减少焊缝上的光反射
	J92001129776A	在检测焊缝错误时传感器可直接复位	通过控制方法
应用	WO9426474A1	摆动弧焊或搭接焊的焊缝跟踪	通过检测数据的控制方法
	JP7080643A	对接焊或搭接焊的焊缝跟踪	激光扫描,获得焊缝宽度
	US5668628A	搭接焊的焊缝跟踪	通过激光扫描角度探测器
	JP8039470A	搭接焊的焊缝跟踪	通过激光扫描的形状探测器
	JP8057647A	轴形部件的焊缝跟踪	激光扫描后把信息存储在存储器,然后输出控制焊炬
	JP8118022A	堆焊的精确每道次焊缝跟踪	堆焊的每层的偏移量的确定和焊缝跟踪
	JP8150476A	焊缝跟踪同时,监测熔池形状	扫描激光为旋转激光
	US5887122A	摆动弧焊中焊炬摆动和激光扫描同时控制	通过摆动电弧和激光扫描之间的时间关系,来进行控制
	JP8197248A	轴形部件的堆焊的焊缝跟踪	首道次焊接将纠偏数据记录在缓冲存储器,后每次从中读取后续道次的纠偏值
	WO9738819A1	搭接焊的堆焊的焊缝跟踪	堆焊时的首次焊接中扫描测量焊缝宽度,与焊接条件一起存储,获得纠偏值
	JP10080768A	角焊的堆焊的考虑热变形的焊缝跟踪	每道次都能从激光扫描的数据中获得跟踪信息
	WO9839131A1	摆动弧焊的堆焊的焊缝跟踪	摇摆激光扫描获得焊缝宽度数据,并根据该数据摇摆焊炬搭接焊接

图 8-18 FANUC 公司激光扫描式焊缝跟踪法专利保护系统

8.7 赛融公司

赛融公司（Servo-Robot Inc.）在智能焊接自动化方面具有公认的世界领先地位，其独特的激光视觉技术广泛应用于弧焊与激光焊机器人和智能自动化专机的智能过程控制，并能够大大改善激光焊缝跟踪、激光焊缝搜索以及焊接质量检测过程中的性能表现。

本节拟从专利的视角给出赛融公司激光视觉技术的发展脉络，给出其产品涉及的专利及专利布局策略。对国内相关企业而言，应当关注赛融公司，了解其专利布局，学习其技术，从而把握技术研发方向、产品及市场动态。

8.7.1 公司简介

赛融公司是一家专注于焊接和搬运领域激光视觉的高技术公司，成立于1983年，公司总部、研发中心以及生产线位于加拿大魁北克省蒙特利尔市南部圣布鲁诺工业园区。

目前，赛融公司在全球已建立良好的分支机构和代理分销网络，包括美国威斯康辛州的分公司、日本大阪的分公司、韩国蔚山的分公司、中国北京的代表处、印度新德里的办事处、德国卡尔斯鲁厄的办事处以及欧洲的合作伙伴和代理商。赛融公司历史参见图8-19。

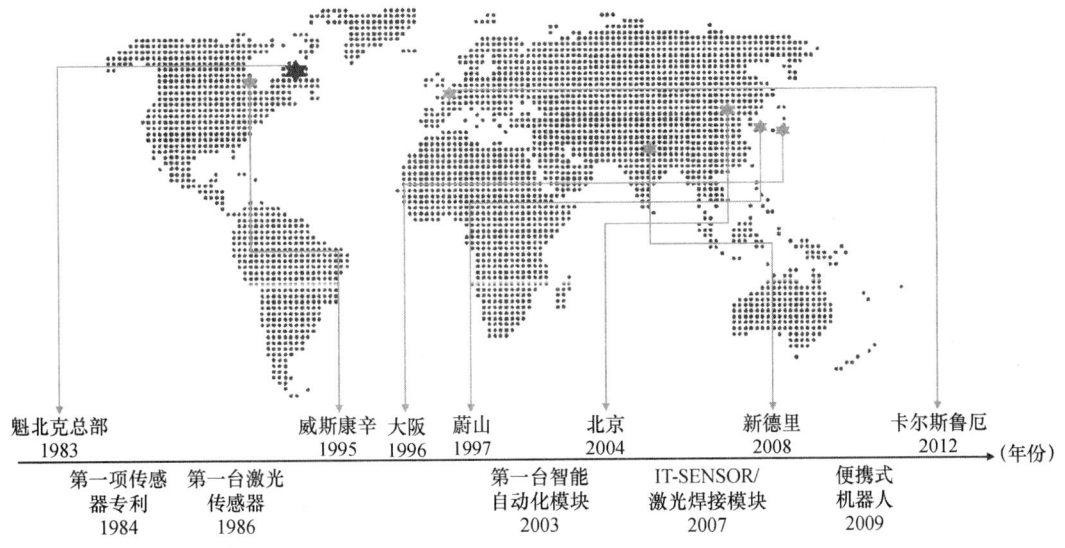

图8-19 SERVO ROBOT 发展历史

1983年，赛融公司成立，与加拿大国家研究理事会的研发时期；
1984年，获得第一件焊接自动化传感器系统专利；
1986年，第一台激光扫描传感器销往日本；
1995年，赛融公司美国分公司成立（美国）；

1996 年，赛融公司日本分公司成立（大阪）；
1997 年，赛融公司韩国分公司成立（蔚山）；
2003 年，Digi – Las 面世，第一台智能机器自动化模块用于激光焊接；
2004 年，赛融公司中国代表处成立（北京）；
2007 年，IT – SENSOR 传感器产品线诞生——内置传感器控制系统与混合传感系统；
2008 年，赛融公司印度代表处成立；赛融公司成立 25 周年；
2009 年，最新版本赛融公司便携式机器人。

8.7.2 专利申请态势

赛融公司自 1983 年成立以来（含与加拿大国家研究理事会的研发时期），共申请了 7 项专利，详情参见表 8 – 1。通过对这 7 项专利进行梳理，分析了赛融公司的技术发展脉络及布局策略。

赛融公司的专利主要由其总部及美国分公司申请，主要在北美（美国、加拿大）布局，仅 2 项在欧洲布局，仅 1 项在日本布局。除前期的 2 项专利失效，其余的 5 项至今仍处于有效状态。

梳理这 7 项专利发现，赛融公司激光视觉技术从最初的依靠激光斑点探测，发展为根据激光条纹探测；从最初的仅用于探测如焊缝深度等工件参数和仅用于探测机器人工具中心（如焊枪、焊丝定位），发展为通过一个传感器同时实现工件和机器人工具的探测；从控制装置与传感系统单独布置，发展为所有控制与处理部件都集成到传感器内部；从焊接过程与检测过程单独探测，发展为同时探测的自适应控制系统。可以判断，激光视觉技术未来发展的方向为高速、高度集成、视觉与非视觉传感器协同的智能混合传感系统。

另外还发现，赛融公司专利布局涵盖了焊接过程中从机器人执行工具端到工件表面检测的各个方面，包括如何精确定位焊丝、如何精确定位焊枪、如何移动焊枪、如何检测焊缝、如何补偿轨迹误差等。

表 8 – 1 赛融公司专利列表

公开号	优先权日	公开日	法律状态	来源国	目标国	技术方案
FR8401386A	1983 – 02 – 01	1984 – 08 – 03	失效	US	GB；CA；FR；DE；JP；US	热辐射传感器横向扫描焊缝实时控制系统
US5612785A	1996 – 01 – 03	1997 – 03 – 18	失效	US	US	双传感器激光探针
CA2281319A1	1998 – 09 – 09	2000 – 03 – 09	有效	CA	CA；US	机器人光学精确定点装置
CA2292372A1	1999 – 12 – 17	2001 – 06 – 17	有效	CA	CA	机器人焊缝跟踪装置和方法
CA2356618A1	2001 – 09 – 04	2003 – 03 – 04	有效	US	US；CA	目标物体位置及朝向传感装置
CA2463409A1	2004 – 04 – 02	2005 – 10 – 02	有效	CA	WO；EP；US；CA	激光焊缝跟踪及焊缝检测系统
CA2541635A1	2006 – 04 – 03	2007 – 10 – 03	有效	CA	CA；US	智能混合传感系统

8.7.3 赛融公司与 FANUC 公司的视觉系统演进

FANUC 公司一直致力于发展工业机器人的视觉技术，并将视觉技术应用于焊接、抓取、堆垛、喷涂等多个领域，也是目前世界上唯一一家在机器人系统中集成视觉功能的机器人供应商。

在机器人视觉领域，还有两大领军公司，分别是英国的 Meta 视觉和加拿大的赛融公司（Servo‑Robot Inc.）。其中，赛融公司在智能焊接自动化方面具有公认的世界领先地位。

本小节拟从专利的视角给出 FANUC 公司和赛融公司视觉技术的发展脉络、专利布局策略、相互引证关系和产品涉及的专利（参见图 8‑20）。

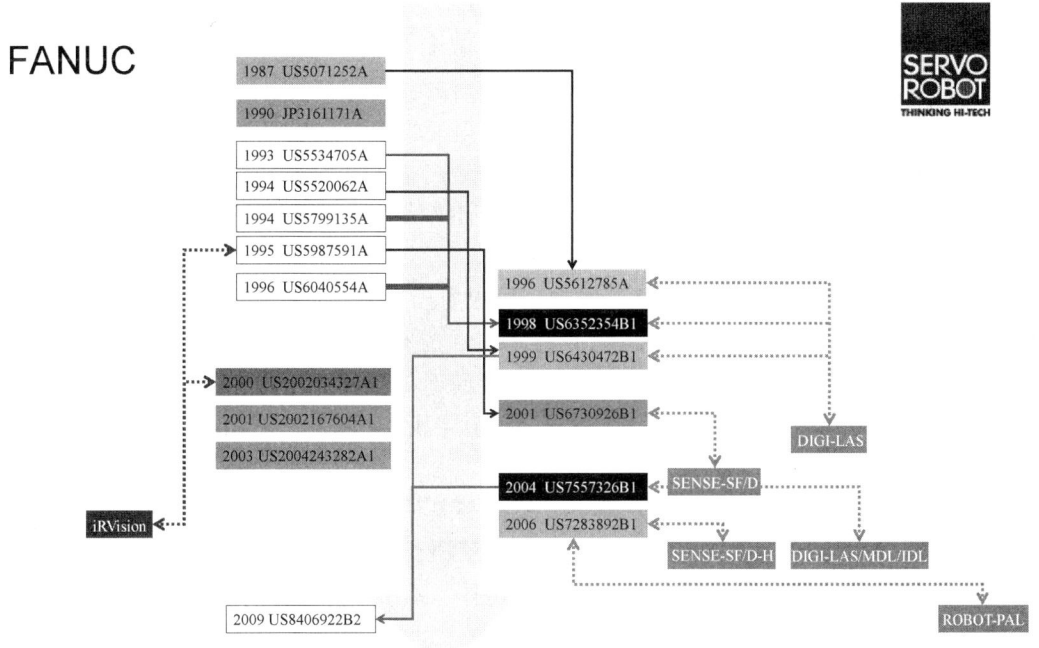

图 8‑20　FANUC 公司、赛融公司的视觉技术发展历程

8.7.3.1　专利技术分析

FANUC 公司自 1982 年首次将视觉传感器引入工业机器人，以识别工件的位置和倾斜状态，专利申请为 JP59095405A。自此以后，FANUC 公司开始了在机器人视觉领域的探索。

赛融公司成立于 1983 年，自 1996 年开始首次申请了 US5612785A 双传感激光探针后，陆续提交了 6 件专利申请，其与 FANUC 公司的视觉申请引证关系如下。

赛融公司的 US5612785A 双传感激光探针引用了 FANUC 公司在前的专利 US5071252A 非接触式工件表面形状检测；专利 US5071252A 是通过传感器的移动来获得不同点的高度信息；而专利 US5612785A 将激光探针变为两个，从而可以同时测量两个点的高度。

赛融公司的 US6352354B 引用了 FANUC 公司在前的三项专利 US5534705A、US5799135A 和 US6040554A；专利 US5534705A 涉及通过执行器与工件之间角度来控制机器人姿态，专利 US5799135A 涉及在工件低精度定位时，通过激光扫描的两条相交线的交点来获得焊缝，专利 US6040554A 涉及在已有预点焊的情况下，通过预点焊位置和激光扫描线来确定焊缝，而后使得工具的中心点与目标位置一致；而赛融公司的专利 US6352354B 主要是通过光学聚焦地焦点与工具的中心点位置重合，从而能够精确地获得工具的中心。

赛融公司的 US6430472B1 引用了 FANUC 公司的在前专利 US5502262A，之后又被 FANUC 公司的 US8406922B2 所引用；FANUC 公司的 US5502262A 是激光扫描传感器的窗装置；赛融公司的 US6430472B1 先提供了一种将激光扫描传感器安装在机器人末端的滑块装置，而后又提出采用两道扫描激光来分别探测前方焊缝和焊条所在处的方案；之后 FANUC 公司的 US8406922B2 涉及对机器人执行器进行对中的装置和方法。

赛融公司的 US6730926B2 引用了 FANUC 公司的在先专利 US5987591A。US5987591A 利用 CCD 获得二维图像，结合激光扫描获得的第三维度的距离信息，来获得工件的实时三维图像，并显示在显示装置上，其中激光扫描线可以是两道；而赛融公司的 US6730926B2 也是采用二维图像和第三维激光扫描信息获得三维数据，以获得工件的位置和姿态，但其不需要移动传感器。

从两个公司的专利的相互引用、发展，可以看出以下几点：

从技术借鉴角度而言，由于 FANUC 公司视觉技术起步早，而赛融公司进入该行业的时间晚，因此，从技术发展上看，赛融公司借鉴 FANUC 公司的技术较多，反之较少；但从这些专利引证可以看出，赛融公司善于寻找现有技术的不足，并针对性改进，从而获得了生存和发展的空间。

从发展的历程而言，两者的激光视觉系统都是从激光照射获得单点距离开始，到激光扫描来获得二维图像检测，而后又均采用了摄像装置获得二维图像并结合激光扫描获得第三维度信息来获得三维视觉的整个历程；从总体上看，同代技术在 FANUC 公司的研发要早于赛融公司；但是，两个公司的技术的差距总体呈现缩小的趋势。

具体而言，激光照射获得单点距离的技术，FANUC 公司是 1987 年，赛融公司是 1996 年，其中间隔 9 年的时间；激光扫描获得二维图像以实现焊缝跟踪的技术，FANUC 公司是 1990 年，赛融公司是 1999 年，其也间隔了 9 年；而 FANUC 公司的三维视觉技术是 1995 年，赛融公司是 2001 年，仅间隔了 6 年，且赛融公司的三维视觉直接获得了工件的位置和姿态，能够实现这种功能的三维视觉技术体现在 FANUC 公司 2000 年提出的 US2002034327A1 中，也就是说，该代技术赛融公司仅晚于 FANUC 公司不足一年的时间；激光扫描式三维视觉技术可以说赛融公司已经能与 FANUC 公司齐头并进了。

从未来趋势而言，2002 年 FANUC 公司提出了将传感器集成使得处理速度变快的专利 US2002167604A1；2003 年 FANUC 公司提出在视觉传感器中集成距离或接触传感器的专利 US2004243282A1；无独有偶，2006 年赛融公司的专利 US7283892B1 提出了将多种传感器和控制单元紧凑型集成。可以看出紧凑化、多传感器集成和模块化将是三维视觉传感器是未来的发展趋势。

综上所述，对于后进入的企业而言，在强敌环伺的情况下，找准定位，选好方向，将某个技术做精做强是成功立足的关键所在；而技术发展的节点是后进公司赶超先进公司的良机，在出现较为显著的技术革新之后，与其在传统技术中亦步亦趋地追赶，不如瞄准先进技术进行研发，从而在下一轮技术的快速发展期中实现齐头并进或赶超。

8.7.3.2 重点产品与专利申请

FANUC 公司和赛融公司均有各自成熟的激光视觉产品。

FANUC 公司的 iRVison 于 2006 年 7 月由 FANUC 公司机器人美国公司发布，是首个内置、集成的机器人视觉产品，也是 FANUC 公司首次推出的机器人视觉系统。它具有 2D、2.5D 和 3D 的不同配置，可以为码垛、焊接、学习等不同的机器人实现不同的视觉需求。虽然该产品进入市场的时间是 2006 年，但早在 1995 年，FANUC 公司就对其基础原理进行了专利申请 US5987591A，并于 2000 年又对该产品的核心技术提出了申请 US2002034327A1。

赛融公司针对机器人焊接或切割的需求设计了 3 种适合不同应用场合的智能焊缝搜索定位系统，包括 Sense–I/D、SF/D、SF/D–H。

Sense–I/D 是最早的智能焊缝搜索系统，其传感器投射出一个激光斑点，照射到目标工件表面，利用激光三角测量原理，实时高速的测量工件至传感器的距离。Sense–I/D 可直接替换机器人的接触探测功能，可应用在以下三种场合：（1）用于机器人搜索定位焊缝，实现轨迹校正；（2）取代电弧电压传感器，实现焊接或切割的实时高度跟踪；（3）结合横向的摆动，采集焊缝坡口截面的信息，实现横向与高度的焊缝跟踪，其中该技术记载在赛融公司最早的专利 FR8401386A 中。

SF/D 是一种内置嵌入式控制器的智能焊缝搜索系统。与 Sense–I/D 相比，SF/D 投射出的是激光条纹，它可以直接测量焊缝坡口截面的轮廓、位置和形状参数，搜索定位的速度更快。

SF/D–H 除了 SF/D 所含有的基本功能以外，还增加了 2D 图像监控，通过视频监控屏幕，可以实时观察焊接区域附近的情况。利用 2D 视频观测和 3D 激光视觉的精确测量，机器人操作人员无须进入机器人工作空间即可实现远程机器人示教或编辑、修改程序。由于结构上的更新设计，SF/D–H 激光传感器的最小工作距离超过 300mm，传感器可安装在机器人末端关节的法兰之下，不影响焊枪的可达性。

Sense–I/D、SF/D、SF/D–H 等 3 种产品的更新换代伴随着赛融公司专利的保护，产品更新的内容均一定程度地记载于新产品推出前的专利中。而这种情况不仅存在于 Sense–I/D、SF/D、SF/D–H 等智能焊缝搜索定位系统中，赛融公司的另外两大产品——数字化智能激光焊接系统、机器人自动化应用中也出现了这种专利布局在先，产品上市在后的策略。

其中，2007 年赛融公司推出用于机器人焊接的数字化智能激光焊接模块 DIGI–LAS/MDL，其配置了 2 个激光传感器，前一个用于焊前搜索定位焊缝、实时焊缝跟踪及自适应控制；后一个用于实时检测焊缝，包括焊缝的成形尺寸和探测表面缺陷。此外，DIGI–LAS/MDL 的激光传感器能够记录机器人跟踪焊缝的误差，在焊接时给予补偿，保证了机器人系统可以满足高速激光焊接的精度要求。

而上述技术完全记载于 2005 年 10 月 2 日公开的 CA2463409A1 中。可见，相关企业若能及时关注赛融公司的专利，即可至少提前一年了解其产品的最新技术，提前规划自己的研发方向，把握市场动态。

更明显的是，2009 年，赛融公司推出了最新版本的便携式机器人，其上用到的视觉辅助机器人技术 ROBO – PAL 也完全记载于 2007 年 10 月 3 日公开的 CA2541635A1 中。

通过分析这两个公司产品与专利，不仅能发现其产品与专利的对应关系，也能看出这两个公司的异同。

首先，先看两家企业的相同之处：两家公司都是先申请核心技术的专利，在专利公开 2～3 年之后，将产品推出市场，从而实现了对产品的有效保护；相关企业在关注公司的专利时，不仅可以提前了解其产品的最新技术，也能一定程度地预测其产品面世的时间，提前规划相关工作。

其次，两家公司的不同之处有以下几点：

两家公司的专利申请周期不同。赛融公司公司基本每两年申请一项核心专利技术；而 FANUC 公司每年都有多件涉及机器人视觉的专利申请；

两家公司的专利申请侧重不同。赛融公司仅对激光视觉本身的设备和方法进行了保护，但 FANUC 公司很大一部分的专利涉及激光视觉数据的存储、处理、图像显示和激光视觉的应用；

产品推出的周期不同，赛融公司每 1～2 年推出一件产品，FANUC 公司至今仅推出了一件机器人视觉产品 iRVsion；

产品存在巨大的区别，iRVison 是集成在 FANUC 公司的工业机器人上的，且其数据处理和图像显示均已集成在工业机器人的控制器上，因此节约了单独 PC 和显示器的成本，并加快了数据处理的速度；而赛融公司的产品均是提供标准接口，其适用于所有标准化的工业机器人。

这些不同，与 FANUC 公司和赛融公司的性质密切相关。FANUC 公司是工业机器人的供应商，视觉技术仅是其中的一小部分。对于 FANUC 公司而言，保护技术是最重要的，因此其频繁地申请专利，用以保护方法、设备和应用，以形成自己的关键技术的专利保护体系；而赛融公司主要是针对产品来申请专利，专利的指向性更加明确。从产品的功能而言，也是如此。FANUC 公司的受众是工业机器人的使用者；赛融公司的受众除工业机器人使用者外，工业机器人的生产者是更大的一部分。因此，FANUC 公司的 iRVision 致力于降低整个工业机器人的购买成本，强调视觉技术与工业机器人的良好协同能力和高速、易操作性；而赛融公司的产品，致力于降低工业机器人生产商的视觉技术的开发成本，提供标准模块，即插即用。

FANUC 公司的视觉技术专利很多，但产品仅是在 2006 年推出 iRVsion。其中有多方面的原因：第一，FANUC 公司很重视机器人视觉，从很早就意识到其是工业机器人发展中不可或缺的一部分，因此，一直致力于这方面的研究和保护；第二，这种模式更加适应于 FANUC 公司本身的发展，使得视觉技术能很快应用于 FANUC 公司机器人，并将 FANUC 公司的视觉技术紧紧地与 FANUC 公司机器人进行了捆绑；第三，随着工业机器人的发展，人工智能和工厂自动化的进程，机器人视觉由"锦上添花"变成了

"必不可少"；第四，赛融公司、Meta等视觉公司的异军突起，也促使其推出产品来抢占工业机器人视觉的市场，从而使得FANUC公司工业机器人更加具有竞争力。

8.7.3.3 公司运营模式

FANUC公司与赛融公司在技术开发、产品模式上的区别与两个公司的运作模式密切相关。FANUC公司是工业机器人的制造商，一直致力于开发高品质、高性能、低价位的工厂自动化及工业机器人，激光视觉技术作为智能机器人的一个重要构成，除了激光视觉技术本身的发展之外，该技术与其他技术的协同能力、在不同工业机器人中的应用也同样很重要。也正因为如此，FANUC公司在开发激光视觉技术的同时，也着重研究了激光视觉的控制方法和应用。而赛融公司作为工业机器人的上游供应商，其更多关注供应的激光视觉技术本身，致力于提供最高精度、效率、可靠性和性价比的传感器系统。不同的公司运作模式，决定了公司的研发重点。虽然这两个公司的运作模式不同，但不可否认这两个公司在各自的领域均已确认了自己的领先地位。

从这两个成功的公司案例看出，不同的公司定位，决定了其研发的重点、产品的模式和专利保护的策略。上游的零部件供应商应更多地关注单个零部件的功能，根据生产商对该零部件的需求，尽可能完善该零部件；而集成商应更多地关注集成的技术、整体控制和市场需求；而如果是整体生产厂商，则需要同时关注零部件功能、集成技术、整体控制和市场需求。

8.8 本章小结

焊缝跟踪技术是在焊接机器人领域中出于大幅提高焊接质量和焊接自动化程度的目的而产生的技术。从行业上看，其涉及焊接、工业机器人、自动化工厂等多个行业，从技术上看，是闭环自动控制技术在工业机器人领域的具体应用。根据前文的分析，对于焊缝跟踪这一种类的技术，在技术研发和产品保护方面具有以下几个特点。

首先，作为一种自动控制技术的具体应用，焊缝跟踪技术具有基本的传感、控制、执行三大组成部分，企业应结合自身的实力和经营目标选择全面掌握这三种技术或者专注于其中的某一种技术。而其中传感器技术作为焊缝跟踪技术的基础，应得到工业机器人企业的高度关注，尤其对于视觉传感器技术的快速发展，应积极开展相关方向的技术研发和专利布局，即使在这一领域不具有很强的技术实力，也应积极寻找在传感器技术方面具有领先地位的企业开展合作，也可结合某些商业策略，例如并购，对这些企业的专利技术进行掌握。

其次，对于焊缝跟踪这一应用性的技术，最为严密和有效的保护方式即是FANUC公司的专利申请和保护模式。正如前文对FANUC公司专利申请策略的分析，其最终能够形成对其某一核心技术的专利保护球，囊括实现该核心技术的关键先决条件、技术本身、技术的改进、实施技术的设备等各个方面。同时这样一种技术还增强了其对产业链上下游的掌控，例如在实施技术的设备和技术应用方面的布局往往就涉及工业机器人的下游产业。

最后，通过对于全球焊缝跟踪技术的分析，可以看到日本在这一领域的实力较强，同时这些日本企业的技术路线和技术发展的侧重却又有所相同，这不仅仅是日本企业在焊缝跟踪这一技术分支的特点。日本企业在技术发展的过程中，往往相对独立而形成百花齐放的局面。同时由于日本企业非常注重专利的布局，尤其是在其海外市场的布局，因此从整个日本的专利布局来看，往往在某一技术领域的各个发展方向上均有相应的专利保护，形成非常强大的专利力量，无论是保护日本本国的工业机器人产业，还是开拓和占领海外市场均非常有效。

第9章 喷涂机器人的轨迹规划

机器人在喷涂作业中的重要性主要体现在两个方面：(1) 安全环保方面，基于保护作业人员健康及环境的目的，一些发达国家颁布汽车环保法规，要求喷涂施工时每平方米有害挥发性有机物 VOC 的排放量不大于 $35g/m^2$。[1] 在此规定下，汽车公司一方面应用新型环保涂料，如水性涂料、高固体分子和粉末涂料，另一方面采用自动化程度更高、涂着效果更好的喷涂机器人以提高涂料利用率，最大限度地降低涂装过程中 VOC 的排放量。在欧美等汽车工业发达国家，轿车车身喷涂线上，高转速旋杯式自动静电喷涂机几乎已完全替代了人工喷漆，最现代化的喷涂线上，喷涂机器人已全部替代人工实现作业无人化。[2] (2) 在生产效率及产品质量方面，喷涂机器人自动化程度高，具有较高的涂装效率，通常3台喷涂机器人可以完成9个高速旋杯静电喷涂站的工作。同时，机器人作业具有较强的柔性，能够适用于多品种、小批量的喷涂任务。另外，喷涂机器人作业采用轨迹再现的方式，可实现全空间位姿控制，轨迹自由度和再现性都很高，能够保证喷涂工艺的一致性，因而能够保证较高的产品质量。

在提高汽车制造中的自动化水平过程中，引入机器人生产线是产业升级的必经阶段。在机器人自动化领域，已经实现了焊接、搬运等机器人的自主研发和生产，并形成了一定的产业化规模。但在涂装领域，国内企业长期以来以国外进口设备为主，尤其喷涂机器人等关键装备100%依赖进口。我国开发具有自主知识产权的、适用于涂装自动化生产的高技术数控装备，打破外国的垄断和技术封锁，对于完善我国工业自动化体系，提高我国涂装工业自动化水平具有重要的战略意义。[3]

本章将着重分析工业机器人喷涂轨迹规划技术的全球与中国的专利概况，其中将重点分析该技术领域的全球和中国范围内的专利布局、重要申请人的技术构成、技术发展路线以及全球重要申请人的技术发展历程。并且，还将重点介绍 TOKICO 公司的专利申请的技术功效，以及该公司的重要发明人。

9.1 技术概况

在工业生产线上，喷涂工具多采用高速旋杯，经过高速离心雾化后的涂料在静电的作用下附着在车身表面形成涂层。喷涂机器人作为喷涂工具的载体（高速旋杯通常固定于机器人末端连杆），携带旋杯沿着车身轨迹运动，同时不断调整姿态使旋杯与车

---

[1] 王战中. 喷涂机器人连续3R斜交非球型手腕设计方法与实践 [D]. 天津：天津大学，2008.
[2] 王锡春. 环境保护与汽车涂装 [J]. 中国涂料，2005，20 (2)：36-39.
[3] 吕世增. 空心非球型手腕喷涂机器人设计及关键技术研究 [D]. 天津：天津大学，2012.

身表面保持一定的角度。喷涂作业时，汽车车身通常置于定位架上，由地链拖动以 1.2m/min～2m/min 的速度匀速通过涂装工作站，通常一个工作站有 4 台机器人作业，分别负责车身的四个部分。车身的喷涂作业如图 9 - 1 所示。❶

(a)地链　　　　　　　　　　　　　　　(b)涂装工作站

图 9 - 1　汽车车身喷涂作业图 ❷

为了保证涂层质量，喷涂机器人应该保证：高速旋杯转动轴线与车身垂直；高速旋杯与车身表面保持一定距离（一般在 250mm～300mm 范围内）；喷涂轨迹重叠保持恒定范围；喷涂工具能够跟踪车身运动；机器人附带的零件、管线等不能与车身接触；旋杯可到达全空间位姿。❸ 而喷涂机器人的喷涂轨迹主要由喷枪的位置向量、姿态向量与速度向量决定，而其位置向量决定了喷枪的前端与被喷涂工件表面之间的距离（喷涂距离）。姿态向量决定了喷枪与被涂工件表面法线之间的角度，而速度向量直接决定了喷枪相对于被涂工件表面的移动速度，可见喷涂机器人的喷涂轨迹直接决定了喷涂的质量与效果。因此，喷涂机器人的轨迹规划技术是提高喷涂质量和效果的关键技术，是喷涂自动化领域的重要课题。

根据喷涂机器人控制方式，可以分为示教型喷涂机器人以及离线编程式喷涂机器人。其中示教型喷涂机器人必须首先确定机器人在喷涂件表面的运动轨迹，先操纵机器人沿运动轨迹空走一遍，即对机器人进行示教。在示教过程中，机器人记录下各个示教点的轨迹坐标。在真正喷涂过程中，机器人根据先前记录下来的示教点对工件进行自动喷涂作业，示教点之间的曲线部分采用插补算法确定各个插补点坐标。以逼近原曲线轨迹，最后通过机器人正逆解运算求出每一关节转过的角度。离线编程式喷涂机器人首先获取被喷涂对象的立体几何形状，然后采用各种算法确定出工件表面的喷涂点坐标，机器人根据已确定的点坐标进行自动喷涂作业。喷涂点之间的曲线部分通过插补运算确定插补点坐标，以逼近原曲面，最后通过机器人正逆解运算将插补坐标从三维空间转换成各个关节角度空间。

1962 年，英国 RICHARD TILNEY 等提出了一种静电喷涂装置（GB1054921A，参

---

❶❷　吕世增. 空心非球型手腕喷涂机器人设计及关键技术研究［D］. 天津：天津大学，2012.
❸　王战中. 喷涂机器人连续 3R 斜交非球型手腕设计方法与实践［D］. 天津：天津大学，2008.

见图9-2）。该装置可实现半自动化，其具有相对于工件可自动调整角度的喷头以及探测工件形状和尺寸的光电传感器，该装置使用磁鼓作为内存储器。但是，由于当时控制技术以及计算机技术的局限，其控制精度以及可靠性都不理想。该静电喷涂装置还不能称为真正意义上的喷涂机器人，但是它给出了一个很好的用于喷涂汽车车体的喷涂机器人的雏形，其中通过光电传感器等控制喷涂轨迹的方式对于后来的喷涂轨迹规划也很有借鉴意义。

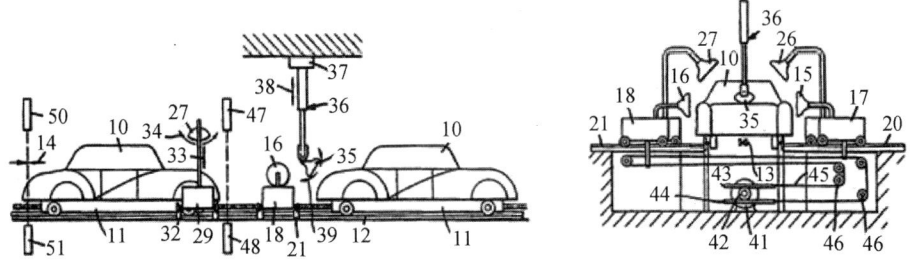

图9-2 专利申请GB1054921A示意图

9.2 全球专利申请分析

9.2.1 专利申请态势

截至2013年5月25日，全球喷涂机器人轨迹规划技术专利申请量累计达305项，其中中国专利申请有111件。从专利申请量的年度分布来看，全球喷涂机器人轨迹规划技术经历了申请量低位波动的萌芽期和申请量稳定增长的发展期，如图9-3所示。

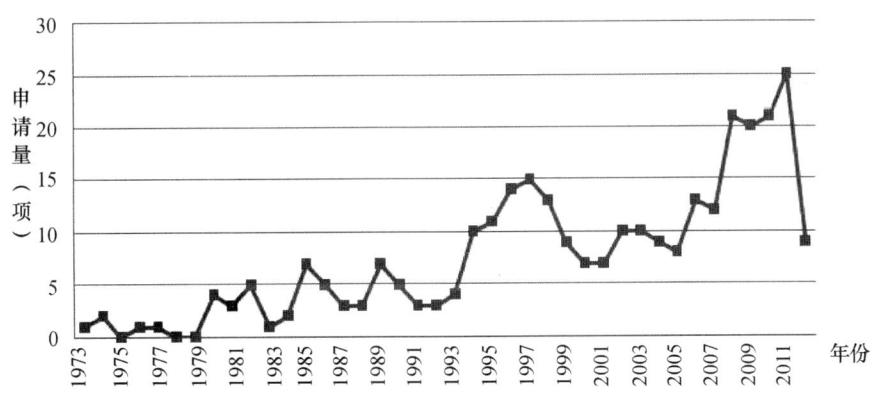

图9-3 喷涂轨迹规划全球专利申请量年度分布情况

从图9-3可知，1994年之前，喷涂机器人轨迹规划技术处于萌芽期。其间，每年的申请量都在10项以下徘徊。其中，1973~1984年，年申请量不足5项，1985~1993年，年申请量呈震荡上行之势，1994~1998年申请量出现了一个小高峰，该期间的年申请量在 10~15 项，并且呈增长的态势。1999~2001 年，受 1998 年亚洲金融危机的冲击，全球制造业也受到影响，导致这期间的年申请量下降到 10 项以下。2006 年后，年申请量呈快速上升态势，这主要是由于随着先进制造技术的发展，自动化、柔性化和批量化的生产理念已经被汽车制造业普遍采用，喷涂机器人由于具有自动化程度高、效率高、工作可靠、易于实现柔性生产且节能环保等优点，在汽车行业中得到广泛应用。近年来新建或改建的汽车涂装生产线，已经普遍采用了喷涂机器人。车身喷涂的效果和效率与机器人的运动速度、运动轨迹、涂覆表面形状、喷枪参数设置、涂料性质等诸多因素有关。目前汽车行业中喷涂机器人的使用量最大，汽车车身涂装具有涂覆面积大、曲面复杂、生产率要求高、漆料昂贵的特点，因此在汽车车身喷涂操作中对喷涂轨迹进行规划显得至关重要。2008 年以后，该技术领域的年申请量有了大幅增长，基本保持在 20 项以上，其中 2011 年的申请量更是达到了 35 项。需要说明的是，检索得到的 2011~2013 年的专利申请量少于实际申请量，原因是依照各国专利法的规定，专利申请文献的公开日会晚于其实际申请日。从而截止到 2013 年 5 月 25 日，还有部分 2011~2013 年申请的专利申请文献没有收录在专利数据库中。因此，可以预见 2011~2013 年的年申请量还是呈上升之势。

9.2.2 专利申请布局

从申请目标国的申请趋势（参见图 9-4）来看，中国、日本、美国和德国是喷涂轨迹规划技术的主要投放市场。日本、美国和德国在该领域中属于一直比较活跃的主要投放市场。尤其是日本，在 1993~1998 年是该领域的第一大申请目标国，在其市场上投放的该领域的专利申请大幅领先于其他国家。而在 1999 年，投向日本市场的专利申请量出现了大幅下滑，2000 年后在日本提交的该领域的专利申请数量一直较少。而中国作为该技术领域的申请目标国属于后起之秀。虽然中国在 20 世纪末才出现该领域

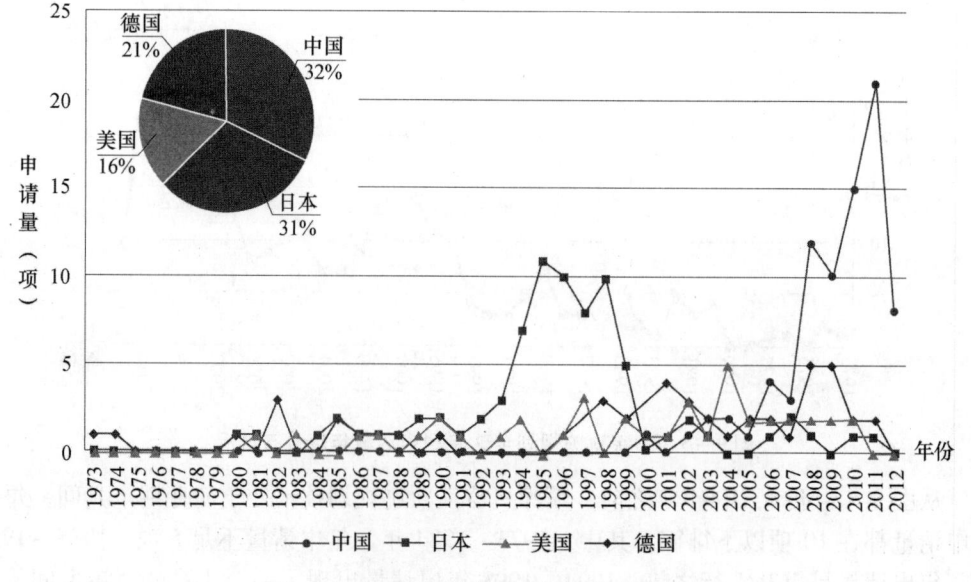

图 9-4 全球主要申请目标国时间分布情况

的专利申请，但是这之后在中国申请的专利申请数量呈突飞猛进之势，该趋势与日本形成强烈对比。从图9-4中还可以看出，近年来在日本申请的专利申请量已经落后于中国。由此可以看出，日本作为该领域申请目标国的绝对优势地位已经有所动摇，中国将成为该领域未来专利申请的主要目标国之一。

从全球主要申请来源国与目标国（参见图9-5）来看，中国、日本、美国和德国是喷涂轨迹规划技术的主要技术来源国，其中日本、美国和德国在美国专利商标局、欧洲专利局、中国国家知识产权局、日本特许厅和韩国知识产权局五局（以下简称"五局"）中均有专利申请。来源于日本的专利申请主要申请目标国是日本，其次是美国和欧洲；来源于美国和德国的专利申请的主要申请目标国是美国和欧洲，其次是中国；来源于中国的专利申请的目标国基本上都是中国。从图9-5还可以看出，中国和日本都更加注重在本国申请，尤其是中国，基本上都是本国申请；而德国和美国注重在本国进行专利申请的同时，还很注重进行海外专利布局，而这样无疑对占领海外市场有非常重要的推动作用。

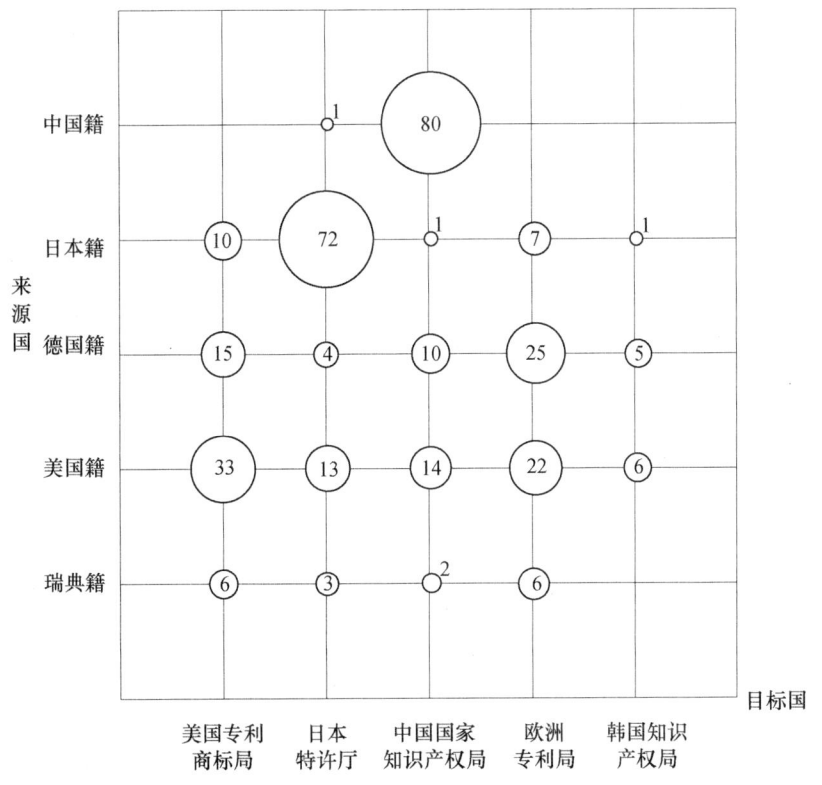

图9-5　全球主要申请来源国与目标国分布

从技术原创国的获权状况（参见表9-1）来看，目前中国、日本、美国和德国作为原创国在该领域的申请量较高，并且授权量也较高。其中日本是授权量最多的国家，而且在五局中均有专利申请获得授权，这说明了日本在该领域中具有绝对优势的技术实力。美国的申请量虽然不高，但是其获权比例较高，达47.5%，这在一定程度上反映出美国的原创申请质量较高。而德国在该领域的专利技术实力与美国不相上下,授权率达到 33.3%,而且美国和德国的原创申请在美国专利商标局、欧洲专利局、中国国家知识产权局和韩国知识产权局这四局中也均有专利申请被授权,可见美国和德国在该领域中具有很强的技术实力。而另一方面,美国和德国都没有专利在日本被授权,这也进一步佐证了日本该领域中的长久优势地位。中国的原创申请量以 80 项排名第一,但是其中有 42 项是实用新型,占到了总申请量的 52.5%,发明专利申请有 38 项。中国的原创申请的目标国基本上都集中在中国,可见中国的原创申请还处于技术积累阶段。而从表 9-1 中还可以看出,日本、美国、德国和瑞典等主要技术原创国在中国都有专利申请被授权,可见全球主要的技术输出国都在中国进行了专利布局,中国已经成为喷涂轨迹规划技术的重要竞技场。

表 9-1 原创国家获权情况

国家	数量（项）	已获权发明（项）	USPTO 获权（项）	JPO 授权（项）	SIPO 授权（项）	EPO 授权（项）	KIPO 授权（项）
中国	80	20	0	1	20	0	0
日本	79	21	9	16	1	4	1
德国	51	17	6	0	3	16	1
美国	40	19	18	0	3	6	2
瑞典	8	6	5	1	1	4	0

9.2.3 重要申请人

（1）盘点重要申请人

全球范围内喷涂轨迹规划技术的主要申请人包括：日本 TOKICO（东机工株式会社）、瑞士 ABB 公司、德国 DUERR（杜尔）公司、江苏长虹公司、日本 FANUC（发那科）公司、日本 HITACHI（株式会社日立制作所）、日本 UBE（宇部兴产株式会社）、中国广东工业大学、中国清华大学等。按专利申请数量,其排名如表 9-2 所示。

表 9-2 喷涂轨迹规划申请人排名

排名	申请人	国籍	专利申请延续时间（年）	2000 年以后的申请数量（项）	专利申请总量（项）	2000 年后专利申请占总量的比重（%）
1	TOKICO 公司	日本	1982~1998	0	25	0
2	ABB 公司	瑞士	1988~2011	17	19	89
3	DUERR 公司	德国	1997~2010	15	17	88
4	江苏长虹	中国	2010~2012	8	8	100
5	FANUC 公司	日本	1984~2010	4	7	57
6	HITACHI	日本	1981~1998	0	7	0
7	UBE	日本	1995~1998	0	6	0
8	广东工业大学	中国	2010	5	5	100
9	清华大学	中国	2009~2012	5	5	100

从表 9-2 中可以看出，日本 TOKICO 公司专利申请量排名第一，达到 25 项；瑞士 ABB 公司、德国 DUERR 公司紧随其后，分别为 19 项和 17 项。但是日本 TOKICO 公司的专利申请都在 1998 年以前，1998 年以后在该领域没有申请专利。与之相反，瑞士 ABB 公司和德国 DUERR 公司 2000 年以后在该领域更为活跃，分别申请了 17 项和 15 项，占到总申请量的 89% 和 88%。中国的重要申请人都是在 2010 年左右提出的申请，可见中国重要申请人大部分是在近几年进入该技术领域中。而国外重要申请人在该领域的专利技术起步较早，ABB 公司、TOKICO 公司、FANUC 公司和 HIYACHI 公司在 20 世纪 80 年代就有了相关申请。结合图 9-5 可以看出，在 2000 年之前，TOKICO 公司在该领域的专利申请较多，是该技术领域的领头羊，HIYACHI 公司紧随其后。而 2000 年之后，ABB 公司和 DUERR 公司在该领域有了大量专利申请产出，从而接过了技术发展的接力棒，成了该技术领域的领军力量。中国的江苏长虹的专利申请量达到 8 项，排名第四，其申请集中在 2010~2012 年，说明近几年江苏长虹非常重视该领域的技术研发和产品市场，在中国市场上已经有了一定技术积累。

申请人拥有专利申请数量多不等于其拥有的专利申请的技术含量就高。在评价申请人拥有的专利技术的技术含量时，一方面可以通过该申请人的专利申请进入 3/5 局的数量来分析，通常申请人会将其认为技术含量较高的专利申请同时向美国专利商标局、欧洲专利局、中国国家知识产权局、日本特许厅、韩国知识产权局中的多个局提交专利申请。另一方面还可以通过申请人的专利文献被引用情况来评价该申请人的专利技术的被关注程度，如果申请人的专利文献被引用次数多，说明该申请人的专利技术为众多本领域技术人员所关注和重视，则该申请人可被视为该领域的重要技术拥有者；相反，如果申请人的专利文献被引用次数很低，则该申请人的专利技术重要程度相对较低。

从表 9-3 中可以看出，在申请量排名前五的申请人中，ABB 公司和 DUERR 公司不论是 3/5 局申请数量还是专利申请平均被引用次数都位居前列，而且二者的 3/5 局申请数量和专利申请平均被引用次数数量相当。可见，ABB 公司和 DUERR 公司已经成为该领域的领军力量。TOKICO 公司和 FUNUC 公司在 3/5 局申请数量或平均被引用次数上也有一定数量，因此它们在该领域也具有举足轻重的地位。

表 9-3 重要申请人专利申请重要度分析

申请量排名	申请人	国籍	申请总量（项）	3/5 局申请数量（项）	平均被引用次数（次）
1	TOKICO 公司	日本	25	0	0.8
2	ABB 公司	瑞士	19	8	4
3	DUERR 公司	德国	17	8	4
4	江苏长虹	中国	8	0	0
5	FANUC 公司	日本	8	3	2.5

(2) 全球重要申请人的技术构成

从图 9-6 可以看出，由于 TOKICO 公司的专利申请都是 1998 年以前的申请，该期间受制于技术发展的局限，因此其采用的技术手段以人工示教为主。ABB 公司和 DUERR 公司的申请大多集中在 2000 年以后，因此相对来说他们采用的技术手段比较多样化。其中 ABB 公司采用视觉传感器的专利申请较多，这主要是由于 ABB 公司在视觉传感器上具有非常强的技术优势，因此其将视觉传感器应用在喷涂轨迹规划技术上具有先天的优势。DUERR 公司可为汽车生产商和供应商提供大规模的生产喷漆车间，作为汽车行业总装的供应商，DUERR 公司是国际汽车业的重要合作伙伴之一，可见 DUERR 公司是应用性很强的企业，这也促使其采用的技术手段较为多样。苏州长虹（CHANGHONG）相对来说采用的技术手段比较单一，都是建模。FANUC 公司在建模的基础上，还采用了其他多种技术手段。而日本 HIYACH 采用了仿真模拟、视觉及其他传感器等技术手段。

将图 9-6 和图 9-7 相结合可以看出，日本 TOKICO 公司属于本领域的技术开拓者，2000 年之前其申请量遥遥领先于其他申请人，TOKICO 公司将人工示教的技术手段用于喷涂轨迹规划，并且将研发重点放在了人工示教上。而随着人工示教技术的发展成熟，TOKICO 公司由于技术的单一性而失去在该领域的优势位置，因此在 2000 年之后没有了专利产出。但是 ABB 公司和 DUERR 公司及时将建模、仿真和视觉定位等技术手段用于喷涂轨迹规划，继而成为该领域的领军力量。

年份 申请人	1981~1990	1991~1995	1996~2000	2001~2005	2006~2010	2011~
ABB公司	2			9	6	2
TOKICO公司	4	11	10			
DUERR公司			2	5	10	
江苏长虹					7	1
FANUC公司	1	1	1	2	2	
HITACHI	2		5			

图 9-6 重要申请人的申请年代分布（申请量：项）

第9章 喷涂机器人的轨迹规划

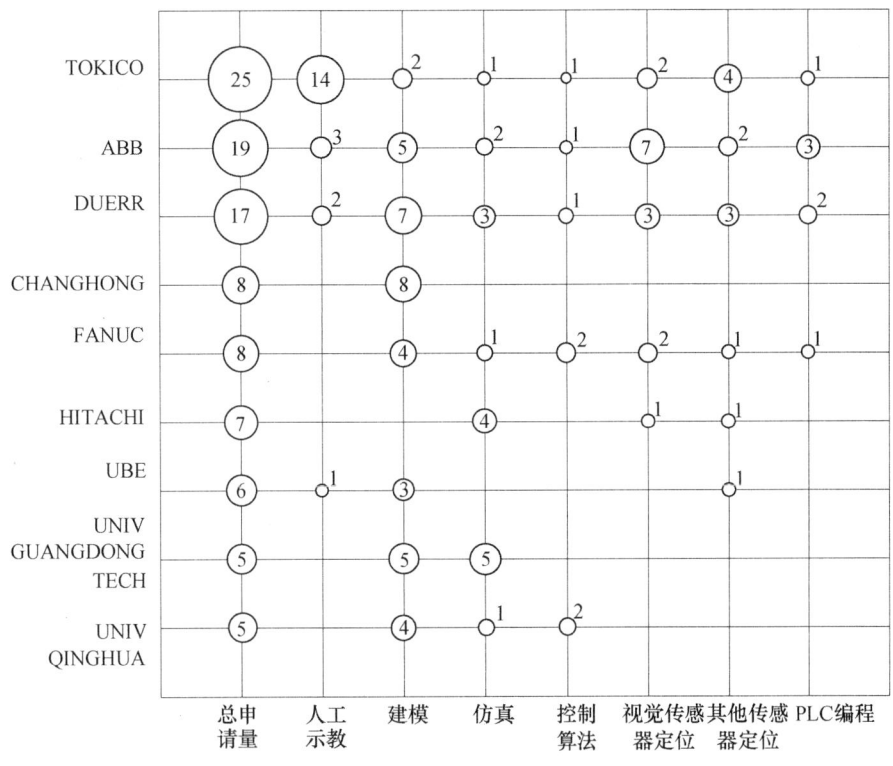

图9-7 喷涂机器人轨迹规划领域主要申请人在不同技术领域的专利分布

9.3 中国专利申请分析

为掌握喷涂轨迹规划技术在中国的专利申请情况，本节将重点研究中国专利申请态势、国内外申请人在中国的专利布局情况、重要申请人在中国的专利申请情况以及重要的中国专利申请。

9.3.1 专利申请态势

截至2013年5月25日，在喷涂轨迹规划领域，中国专利申请共有111件。从图9-8中可以看出，喷涂轨迹规划技术在中国出现的较晚，在中国尚属于工业机器人领域的新兴技术。在2006年之前，喷涂轨迹规划技术的中国专利申请一直徘徊在5件以下，但是整体趋势是缓慢增长的。2007年开始，该技术的中国专利申请出现了较快增长，2007年的中国专利申请达到了9件，2009年的申请量达到了15件，2011年更是达到了24件。这主要是由于随着中国工业的现代化，在中国的许多工业领域，尤其是汽车制造领域，机器人等自动化设备被广泛应用及推广，在这样的大形势下，喷涂机器人在汽车、飞机、轮船、模具制造、管道和集装箱的喷涂或清理等方面得到广泛的应用。而为了提高喷涂的效率和精度，提高产品质量，喷涂轨迹规划技术也成为喷涂机器人领域的研究热点。由于专利申请的公开需要一定期限，可以预见2012年该技术的中国专利申请仍将保持高速增长态势。

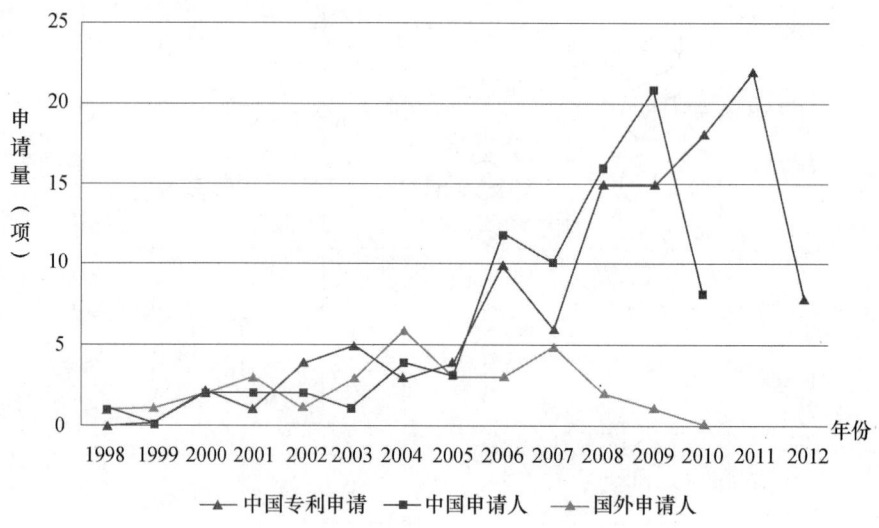

图 9-8 喷涂轨迹规划中国专利申请趋势

单看该技术领域的中国申请人在中国的专利申请,其整体趋势也是增长的,尤其是从 2006 年开始,其年专利申请呈现较快增长。针对国外申请人在中国的专利申请,自 2001 年以来,其年申请量一直在 5 件左右徘徊,可以看出,该技术领域中,国外在中国尚未形成真正意义上的专利布局,这给中国企业在该领域的发展留出了一定的空间。

在 111 件喷涂轨迹规划技术的中国专利申请中,中国国内申请人申请了 80 件专利申请;国外申请人在中国申请了 31 件专利。从图 9-9 中可以看出,在该领域的中国专利申请中,中国申请人在量上占有优势。而国外申请人在中国的专利申请中,美国和德国申请人占了大多数,在老牌工业发达国家中,日本针对该技术在中国的专利申请较少。

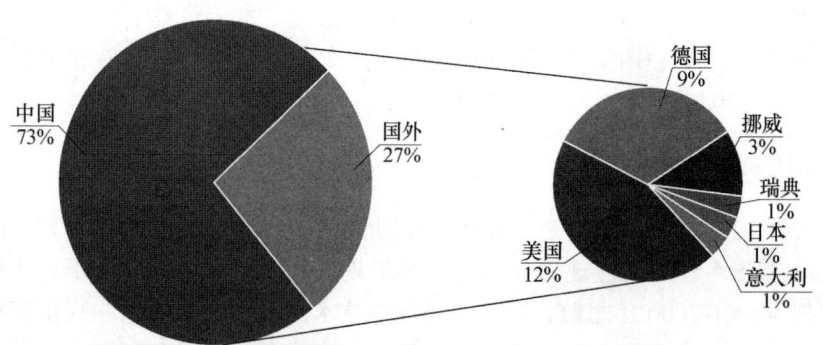

图 9-9 中国专利申请的申请人构成

9.3.2 重要申请人

(1) 国内外申请人对比

由 9.3.1 节的分析可知,在喷涂轨迹规划技术领域的中国专利申请中,中国申请人在申请量上占有绝对优势,但是对比国内外申请人的申请,还需要从专利申请的质量，尤其是专利有效量上进行分析。

从表9-4中可以看出，虽然中国申请人在该技术领域有80件中国申请，但是只有38件发明专利申请，其余为实用新型。而在38件发明申请中，有20件申请目前是专利权有效状态。对比国外申请人，31件中国专利申请全部是发明申请，其中有19件申请目前是专利权有效状态。由于发明专利比实用新型专利的保护期限长，发明高度要求高，专利状态更为稳定，因此可以看出，国外申请人的专利申请的质量较高。另外，就发明专利的有效量来看，国内外申请人的占有量不相上下，而结合图9-8可以看出，国内申请人的发明创造活动更加集中于2008年以后，且活跃程度已经迎头赶上甚至超过了国外申请人。

表9-4 喷涂轨迹规划技术中国申请法律状态表

申请人类型	发明类型	法律状态	申请量（件）	总量（件）	有效率
中国申请人	发明	有效	20	38	52.63%
		未决	11		
		无权	7		
	实用新型	有效	33	42	
		无权	9		
国外申请人	发明	有效	19	31	61.30%
		未决	10		
		无权	2		
	实用新型	有效	0	0	
		无权	0		

（2）盘点重要申请人

从图9-10中可以看出，喷涂轨迹规划技术的中国专利申请中，排名前两位的申请人分别是江苏长虹公司和DUERR公司。其中江苏长虹公司是主要从事汽车焊装、涂装和总装生产线的规划、设计、制造的专业化公司。DUERR公司提供的喷漆和装配系统可为汽车生产商和供应商提供大规模生产喷漆车间。可见排名前两位的申请人都受益于汽车工业在中国的飞速发展，他们都选择了将喷涂轨迹规划技术列为提高喷涂机器人工作效率和质量的突破点。

如图9-10所示，排在前8位的申请人中，中国申请人有5位，其中2位为企业，分别为江苏长虹、宝山钢铁；3位为大学；国外申请人有3位，都是企业，分别为德国DUERR公司、瑞士ABB公司、日本FANUC公司。可以看出，中国申请人在技术领域中的专利申请还有一部分集中在高校或研究机构，如何将这些成果转化为生产力还是中国申请人需要研究的问题。另外，中国申请人排在前面的两个企业江苏长虹、宝山钢铁都是机器人应用企业，并不是专门的机器人制造企业，也就是说，在该技术领域，中国企业还没有形成产业化，更多的是由应用需求导向研发，没有发挥研发的先导性作用。另外，江苏长虹和清华大学有 2 件合作申请，可见在中国排名靠前的申请人中，已经出现了产学研的合作模式。

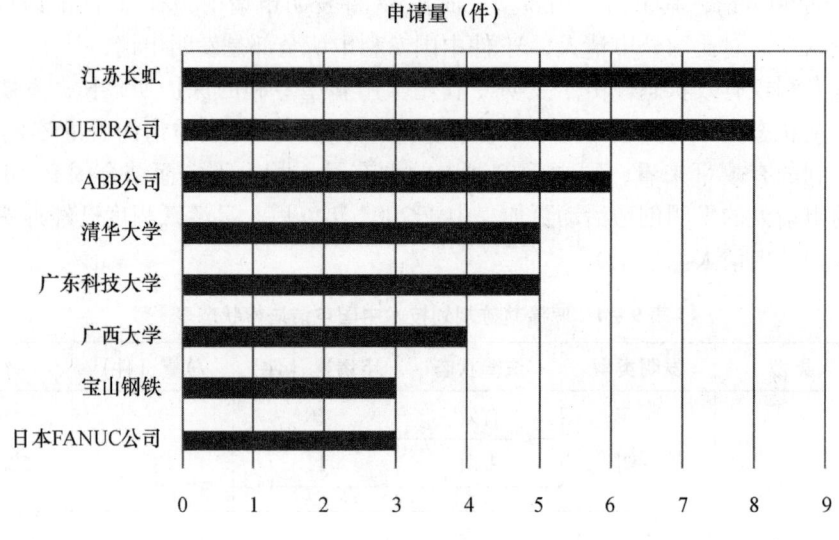

图 9－10　喷涂轨迹规划技术中国申请的申请人排名

如表 9－5 所示，就排名前两位的申请人江苏长虹和德国 DUERR 公司来比较，他们的申请量都是 8 件，但是江苏长虹有 7 件是实用新型，仅有 1 件发明申请，目前还处于未决状态。而德国 DUERR 公司 8 件申请都是发明专利申请，其中 4 件具有专利权，4 件还处于未决状态。可见德国 DUERR 公司的专利实力远在江苏长虹之上。就具有专利权的发明专利的数量来看，DUERR 公司排在前三位的申请人依次是瑞士 ABB、德国 DUERR 公司和日本 FANUC 公司。可以看出在该技术领域中，真正的先进技术还掌握在传统的具有技术优势的国外大集团手中，而这些国外大集团也非常重视喷涂机器人领域的中国市场。

表 9－5　排名在前的申请人的中国申请法律状态表

申请人	在中国申请数量（件）	发明			实用新型	
		有效（件）	未决（件）	无权（件）	有效（件）	无权（件）
江苏长虹	8	—	1	—	7	
德国 DUERR 公司	8	4	4	—		
ABB 公司	6	5	—	1		
清华大学	5	1	2	—	2	
广东科技大学	5	1	—	2	—	2
广西大学	4	1	—	—	3	—
宝山钢铁	3	1	—	—	2	—
日本 FANUC 公司	3	2	1	—	—	—

由图 9-11 可以看出，喷涂轨迹规划技术的中国专利申请中，排名在前的申请人多采用建模、仿真、视觉传感器及其他传感器的技术手段。对比可以看出，德国 DUERR 公司、瑞士 ABB 公司等国外大公司采用的技术手段比较多样化，尤其注重采用建模、控制方法以及传感器等技术手段。而国内企业比较多采用建模和 PLC 的技术手段，这主要是因为国内企业更注重实际应用，而 PLC 具有技术要求较低、应用性强、方便调试、易于使用的优点，因此更为国内企业青睐。国内高校则更侧重于研究，因此多采用建模、仿真的技术手段。

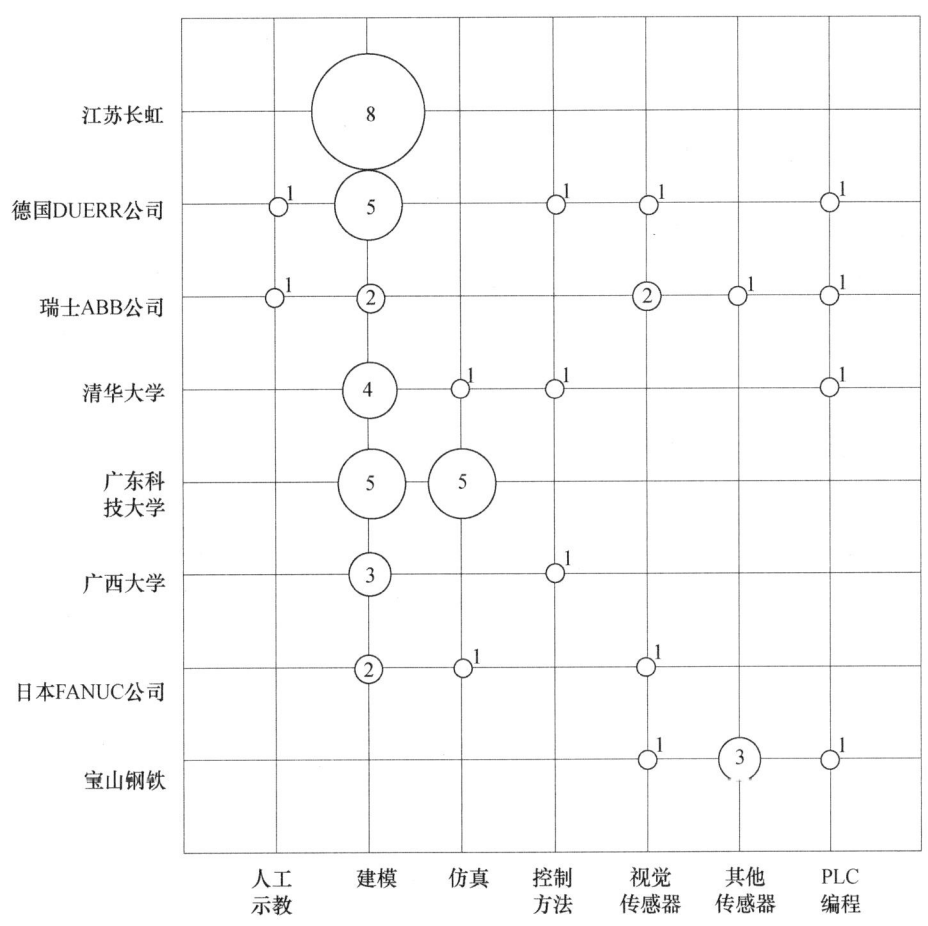

图 9-11　中国专利申请主要申请人的技术构成

9.3.3　重点专利申请

由于我国目前的工业机器人还处于起步阶段，因此现阶段中国企业还应立足于中国市场，因此研究进入中国的专利申请有助于中国企业规避侵权风险，有助于了解国外企业在中国市场的布局以及国外产品的先进技术。表 9-6 是喷涂轨迹规划技术进入中国的重点专利申请。

表9-6 重点的中国专利申请

序号	公开号	发明名称	申请人	中国法律状态	进入国家数量（个）
1	CN101278244A	用于工业机器人的控制系统和示教盒	ABB公司	有效	4
2	CN101449220A	用于控制机器人TCP的改进方法	ABB公司	有效	4
3	CN101510084A	用于处理误差可视化表示的系统和方法	ABB公司	有效	4
4	CN102046300 A	紧凑的涂装室及方法	DUERR公司	未决	8
5	CN101678551 A	用于弹性机器人结构的运动控制器	DUERR公司	有效	8
6	CN102089723 A	用于利用可编程机器人施加涂布材料的方法和系统	DUERR公司	未决	5
7	CN102341220 A	机器人布置结构、特别是布置在涂装室中的机器人布置结构	DUERR公司	未决	4
8	CN102680487 A	用于监控特别是汽车车身部件的喷漆质量的系统和方法	C.R.F.阿西安尼顾问公司	未决	4
9	CN102378943 A	控制机器人工具的方法	FANUC公司	未决	4
10	CN102331718 A	涂布作业仿真装置	FANUC公司	有效	4
11	CN1263553C	用于在工件上涂覆粘接材料的装置	约瑟夫·舒克尔	有效	10
12	CN102567579 A	涂覆路径生成方法和设备	西门子公司	未决	4
13	CN102783769 A	一种小曲率转弯处的涂胶控制方法	浙江工业大学	未决	1
14	CN102831306 A	一种用于喷涂机器人的分层喷涂轨迹规划方法	东南大学	未决	1
15	CN101433887 A	一种整车玻璃涂胶设备及其涂胶生产方法	奇瑞汽车	有效	1
16	CN1307956 A	一种手把手示教机器人	佛山科学技术学院	有效	1
17	CN101739488 A	适应复杂自由曲面喷涂的油漆沉积率模型的建模方法	广西大学	有效	1
18	CN102500498 A	非规则多面体上的喷涂机器人喷枪轨迹优化方法	江苏科技大学	未决	1
19	CN102527554 A	一种自由曲面喷涂机器人的喷枪轨迹规划方法	清华大学	未决	1

9.4 专利技术发展历程

9.4.1 专利技术发展演进

喷涂机器人的轨迹规划技术按照具体实现细节，可分为不同的技术手段，通过对喷涂轨迹规划专利文献进行标引，输理出各个技术手段下的重要专利，如图9-12所示。

第9章 喷涂机器人的轨迹规划

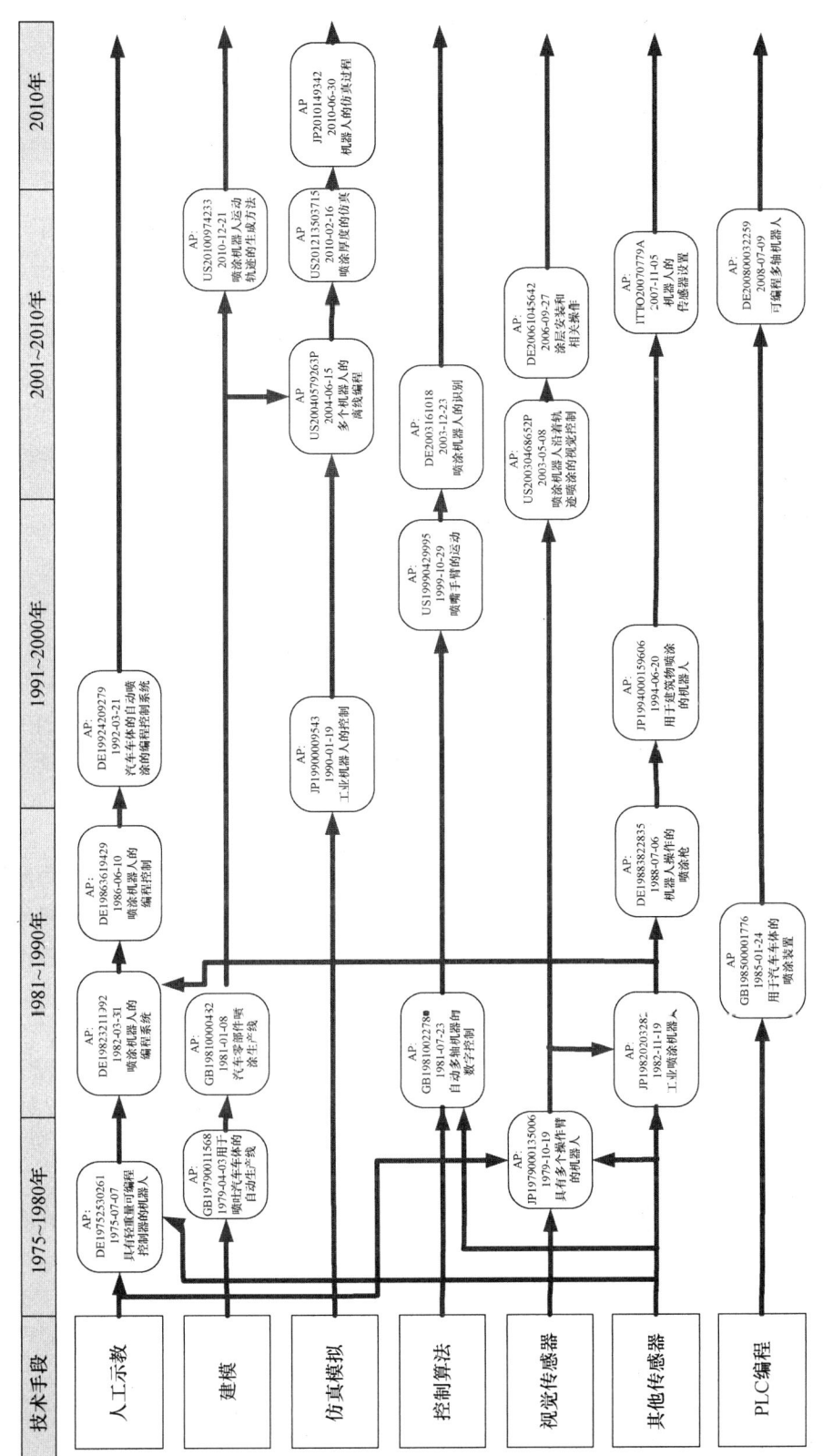

图9-12 喷涂轨迹规划技术手段——年代演进图

从图9-12上可以看出，早期比较有代表性的解决喷涂轨迹规划的技术手段是人工示教，以及人工示教与传感器技术相结合，并且其后很长时间的研究重点在人工示教和传感器技术上。其中在德国出现了采用人工示教和传感器的多件质量较高的专利申请。例如，1975年美国ASEA SPA公司在德国提出了一种轻量的可编程控制的机器人的专利申请（DE2530261A1），该申请使用人工示教的方法设定喷涂机器人的喷涂轨迹，通过示教臂为机器人的动力臂提供可编程的轨迹路径。1982年德国WAGNER GMBH J提出了一种用于喷涂机器人的编程方法和装置，其中使用了人工示教和传感器相结合的技术手段。

从图9-12中可以看出，在喷涂轨迹规划领域中日本专利申请在传感器技术手段，尤其是视觉传感器技术上有很大优势。其中有代表性的专利申请是1979年由TOKICO公司申请的申请号为JP1979000135006的专利申请，其中公开了具有多个操作臂的机器人，采用传感器技术捕捉喷涂机器人的轨迹信息。

从图9-12中可以看出，随着技术的进步，出现了建模、仿真模拟、控制算法和PLC等多种技术手段用于喷涂轨迹规划，近年来的专利申请多集中在仿真模拟、控制算法和视觉传感器。其中在英国出现的专利申请多采用对喷涂生产线进行规划的技术手段，美国和日本多采用仿真模拟的技术手段，而PLC是喷涂轨迹规划领域中常用的技术手段，由于其技术发展比较成熟，因此多与其他技术手段相结合。

9.4.2 重要申请人

9.4.1节分析了喷涂轨迹规划技术的技术路线，总结了喷涂机器人轨迹规划的不同研究方向，但要在纷繁复杂的技术路线中找到正确的方向，还需要借鉴重点申请人在各个时期的研究方向。如图9-13所示。

（1）1990年以前

对日本TOKICO公司、瑞士ABB公司、德国DUERR公司和日本FANUC公司的研发历程进行分析，结果表明，四家企业中TOKICO公司最早进行了相关研究和专利申请，其在1990年申请的专利申请JPH0422456A中给出了规划喷涂机器人喷枪轨迹的控制系统的功能单元和数据处理和利用方法。

（2）1991~1995年

1991~1995年，在这一时期，TOKICO公司进行了大量申请。1991年TOKICO公司在公开号为JPH03213283A的专利申请中提出了一种采用两组数据对喷涂机器人的操作进行控制的示教方法，一组数据描述了机器人的路径，另一组数据描述了在该路径上机器人执行操作的位置。两组数据分别示教。

1992年TOKICO公司申请了公开号为JPH0612118A的专利申请。通过存贮在参考坐标系中的位置坐标值而实现在实际工件不存在的情况下示教操作有变化的点，基于这些位置坐标值而控制两点间移动路径的半径。首先确定参考坐标系，喷涂机器人的各部分的端点位置作为操作变化的点输入控制器的RAM存储器。不同的操作信息，如圆弧半径等也存入RAM存储器，基于这些数据进行机器人的各部分的运动控制。对操作变化点进行插值计算，这样即使需要喷涂的工件不存在，也可以进行操作信息的准备和示教。

第9章 喷涂机器人的轨迹规划

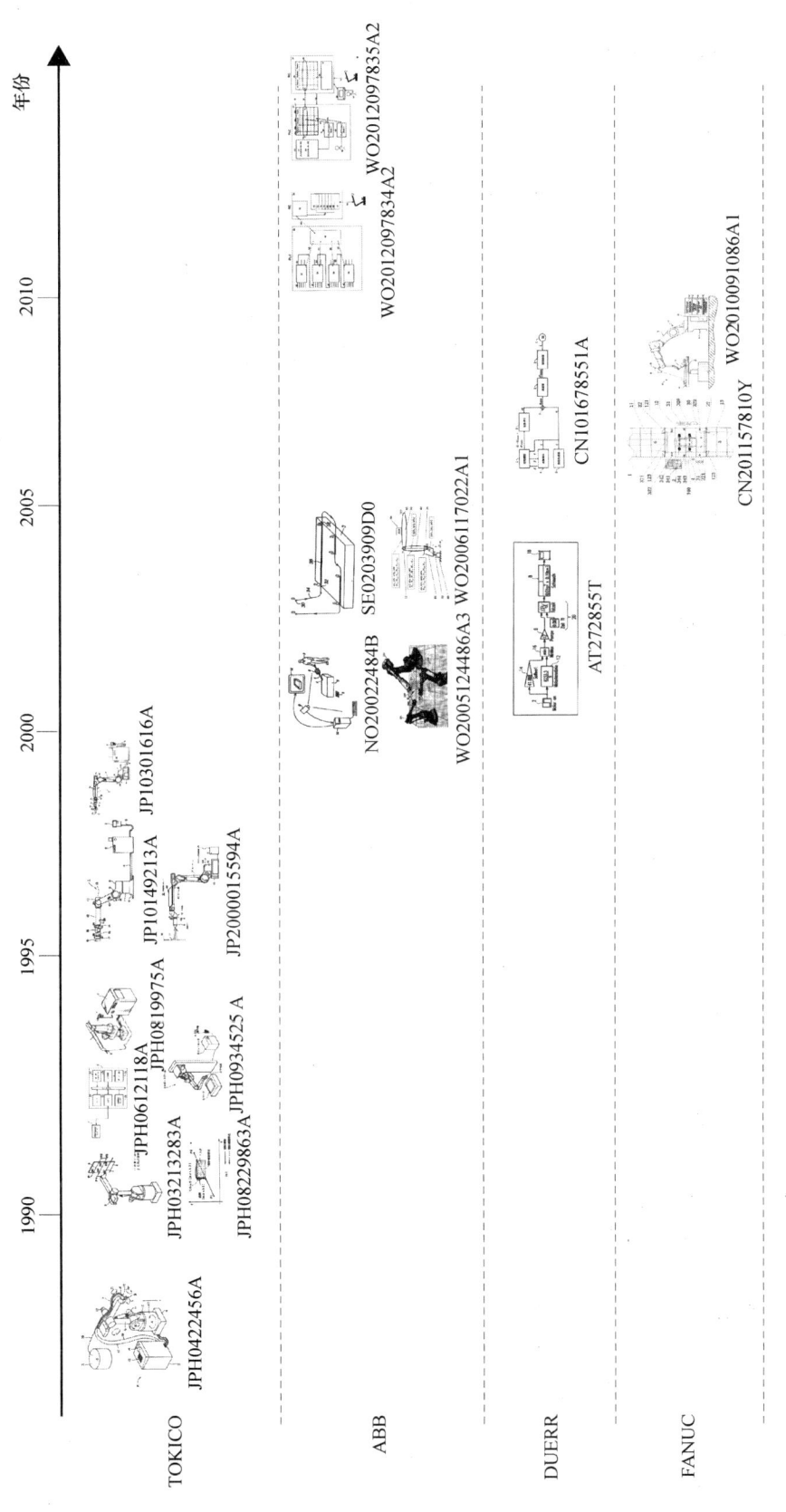

图9-13 重要申请人的技术分布情况

1994年该公司又提交了公开号为JPH0819975A的专利申请。在该专利申请中公开了通过在每个工作区域设置识别标志，以便于存储基于示教的路径信息来降低程序的复杂性，减少示教工作。一个控制器来控制机器人的运动，该控制器具有模式选择开关，当开始进行示教时，选择示教模式；当示教更新时，选择更新模式；当编辑工作程序时，选择编辑模式。示教开关控制示教的开始或停止，一个存储器存储工作程序和各种数据等。

TOKICO公司1995年又申请了公开号为JPH08229863A的关于复杂工件喷涂的专利申请。在该专利申请中，公开了一个控制器包括一个控制电路和一个存储器。控制电路存储了工件形状和遮蔽区域，控制器控制喷枪从一个点移动到另一个点，从遮蔽区域的外围移动，避开遮蔽区域。

1995年TOKICO公司在公开号为JPH0934525A的专利申请中公开了通过自动校正运动轨迹以缩短示教时间的技术方案。该方案包括一个控制器，用于控制机器人手臂，将校正运动机器人手臂运动范围和运动轨迹的数据有序的存储在存储器中。

（3）1995~2000年

TOKICO公司于1996年申请的公开号为JP10149213A的专利申请中公开了一种控制器控制的移动单元。存储器用于存储移动单元运动所需的数据。可移动单元可以沿着三个坐标轴移动。由控制器根据合适的示教程序控制移动单元的位置。当移动单元到了一个新的位置，关于当前距离和方向的信息传递给控制器。通过示教程序完成定位，使移动单元经过最短路径到达设计的点。

TOKICO公司于1997年提出的公开号为JP10301616A的专利申请中公开了基于轨迹上的示教点进行插值计算的方法。机器人根据插值后的点进行操作的方法。在示教操作中，输入装置给机器人包括示教数据的插值。控制器根据轨迹操作机器人，当控制器操作机器人时，用于改变机器人位置的指示数据输入控制器；当机器人的位置变化时，计算装置改变示教点的位置。

TOKICO公司于1998年提出的公开号为JP2000015594A的专利申请提出了一种轨迹规划方法，计数器计算输入脉冲数，从探测开关接收工件探测信号，直到下个工件到达。调整值计算单元计算调整值，控制机器人喷涂速度和跟踪工件的运动速度。

（4）2000~2005年

2002年ABB公司提交的公开号为NO20022484B的专利申请公开了一种喷涂机器人的编程方法，机器人被示教一条在目标物体上和目标物体周围具有节点的路径。

同年，在ABB公司提交的公开号为SE0203909D0的专利申请中，公开了机器人的编程方法和系统。

德国DUERR公司于2002年申请了公开号为AT272855T的专利申请，其公开了提高汽车生产线上的喷涂机器人的相应速度的方法。参数化的等效模型用于对系统进行仿真；对模型系统施加过载的输入信号，以使这些输入信号在输入真实系统后产生预期的结果。

ABB公司于2005年申请了公开号为WO2005124486A3的专利申请，其公开了交互机器人的离线编程。该离线编程系统包括计算机,用于离线编程和验证程序代码,机器人控制器连接到计算机上以下载程序代码,并执行;控制器控制机器人的运动。

ABB 公司于 2005 年申请了公开号为 WO2006117022A1 的专利申请,其公开了将动态物理参数转化为动态模型的基本参数的方法,基本参数用于对机器人进行控制。

(5) 2006~2010 年

FANUC 公司于 2008 年申请了公开号为 CN201157810Y 的专利申请,该专利申请采用 3D 视觉定位系统,进行轨迹规划。

FANUC 公司于 2010 年又申请了公开号为 WO2010091086A1 的专利申请,该专利申请通过生成工件图像,并从该图像提取数据,根据这些数据产生沿着工件的三维路径,机器人沿着该路径进行操作。

德国 DUERR 公司在公开号为 CN101678551A 的专利申请中公开了一种用于喷涂机器人的轨迹控制方法,包括:(a)通过使用多个路径点设定机器人路径,所述多个路径点为机器人路径的参考点,分别由空间坐标限定;(b)根据机器人逆运动原理将各个路径点的空间坐标转换为相应的坐标轴坐标,所述坐标轴坐标表示在相应的路径点处的机器人各个位置;(c)根据转换后的坐标轴坐标启动各个机器人坐标轴的相关控制器;(d)通过相应的与各坐标轴相关的控制器驱动各个与坐标轴相关的驱动电机;(e)根据动态机器人模型计算各个路径点的路径校正值,所述路径校正值考虑了机器人的弹性和/或摩擦和/或惯性;(f)由各个路径点的未被校正的坐标轴坐标和路径校正值计算各个路径点的已被校正的坐标轴坐标;以及(g)以已被校正的坐标轴坐标来启动与轴相关的控制器。

(6) 2011 年至今

2011 年以后,ABB 公司申请了公开号为 WO2012097834A2 关于喷涂机器人 PLC 控制方法的专利申请,该申请涉及一个具有功能模块的系统,功能模块具有一个输入和一个标志模块状态的输出。机器人控制界面用于操作机器人,功能模块顺序的连接,在先的模块的输出为在后模块的输入。界面接收控制器的反馈信号。

同年,ABB 公司还申请了公开号为 WO2012097835A2 的专利申请,该专利申请涉及对机器人进行示教的系统,包括一个机器人,一个控制器,该控制器具有至少一个自动模式,一个示教模式。PLC 与机器人控制器连接。PLC 包括存储了示教位置表的坐标元的装置,坐标元记录了运动路径的坐标。在示教模式下,可对人工触发控制器记录坐标。

9.5 TOKICO 公司

9.5.1 专利申请功效分析

TOKICO 公司在喷涂机器人轨迹规划领域的专利申请共计 22 项,在所有申请人中排名第一。作为喷涂机器人领域的"领头羊",TOKICO 公司进入该领域的研究开发较早。在其全部的专利申请中，有14项为人工示教，1项为基于模型的编程，1项为视觉跟踪，3项为采用其他传感器的申请，另外还有1项为喷涂机器人轨迹的仿真，1项为控制算法，1项涉及PLC编程。

其中，基于人工示教的喷涂轨迹规划的专利最多，包括JPH09168987A（关于提高机器人手柄的轨迹精度）。JPH0612118A是关于在操作发生变化的点采用插值计算，即使在工件不存在的情况下，也可以准备操作的信息或者进行示教，从而减少停机时间，提高生产效率。JPH0819975A涉及缩短工作流程，减少直接示教的工作量，建立自动辅助路径信息。JPH0857782A则是当加工的工件与之前加工的工件相似时大幅缩小示教的时间，以恒定的时间间隔保持机器人在工件上的路径。JPH08229863A涉及工件为复杂的组合件时易于编程的方法，自动建立最佳路径。JPH08252786A涉及提高喷涂效率，减少安装空间。JPH0934525A涉及去除复杂的数据设置，减少处理时间。JPH09168986A提出缩短示教时间，指示具体运动方向，减少输入错误的方法。JPH10149213A涉及提高机器人的操作效率，使移动单元快速定位，使示教数据容易纠正。JPH10301616A涉及缩短校正示教数据的时间，防止机器人操作延时，从而提高工作效率，当示教点被工件或周围设备干扰时，能够进行决策。JPH10329068A涉及缩短示教时间，提高涂层质量的，通过线段轨迹数据产生器和轨迹数据产生器来简化指示轨迹线段上的示教点的操作，通过防止振动来提高示教精度。JPH11191005A涉及提高操作质量确保喷枪位置精度，提高操作过程中的安全性，减少示教程序的长度。JPH11345018A涉及避免周围设备和工件的干扰，防止机器人操作范围内的损坏以保证安全。同时缩短了轨迹上的运行时间，提高生产效率，减少能源消耗。

从TOKICO公司专利申请的目标国分布来看，日本是TOKICO公司最为重视的市场。在图9-14所示的技术功效图中，多达20项专利都是在日本进行布局，有10项涉及提高效率这一技术效果。

9.5.2 发明人分析

按照日本TOKICO公司发明人在喷涂机器人轨迹规划领域申请的数量进行排名，如图9-15所示。申请量最多的发明人是IRIYAMA YOSHIKO和SAISAKA NORIAKI。

IRIYAMA YOSHIKO和SAISAKA NORIAKI是TOKICO公司在技术领域的两个主要发明人，各申请了5项发明专利申请。其中IRIYAMA YOSHIKO的主要研发方向是工业机器人轨迹规划的人工示教，通过多项专利申请对使用人工示教的技术手段进行机器人定位、改变示教点位置、提高轨迹的平滑性、避免干涉等多个方面进行保护。而发明人SAISAKA NORIAKI申请的研发方向也主要集中在喷涂轨迹的人工示教方面，但是其申请针对通过对数据进行不同的数学处理达到提高生产效率的目的。如图9-16、图9-17所示。

第9章 喷涂机器人的轨迹规划

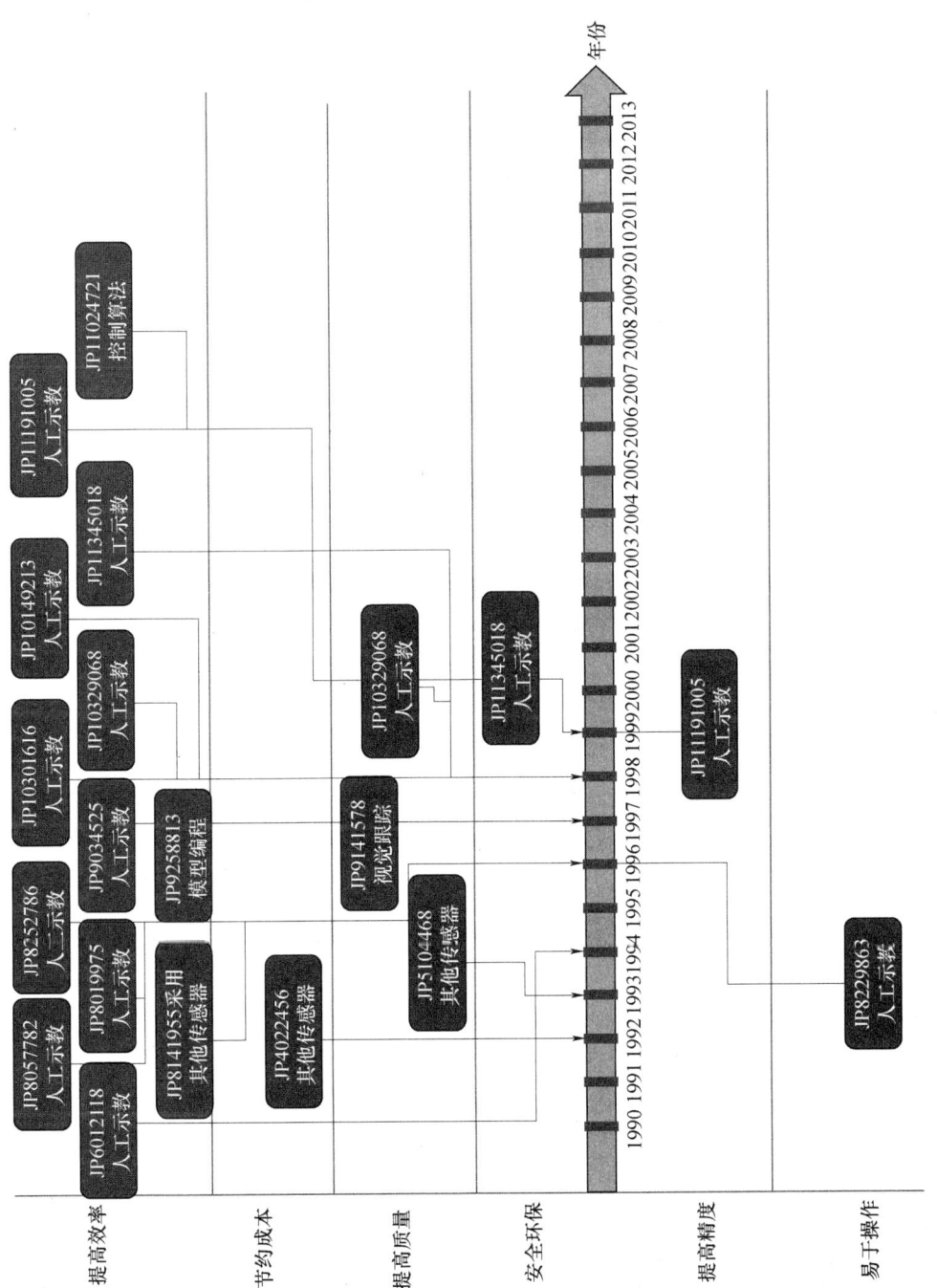

图9-14 TOKICO公司申请的技术功效分析

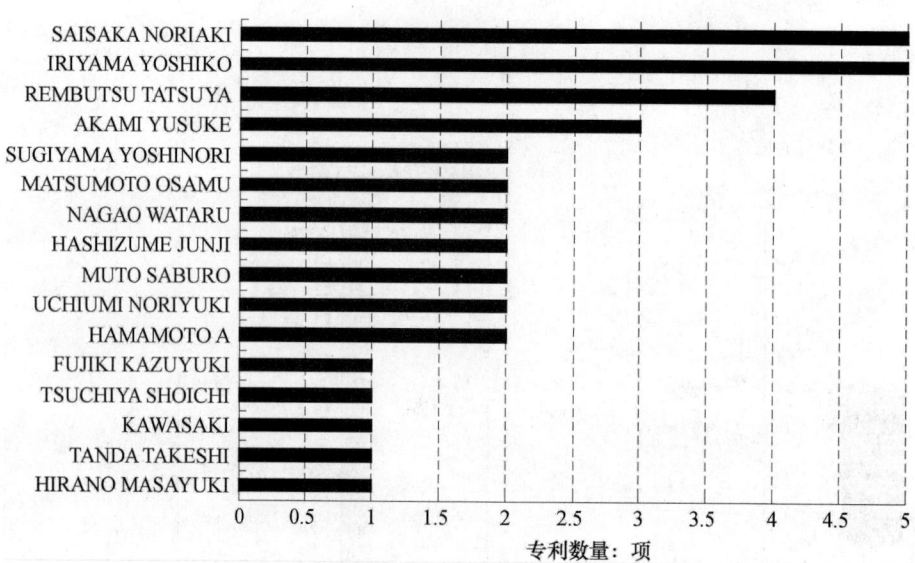

图 9-15 TOKICO 公司的发明人申请量排名

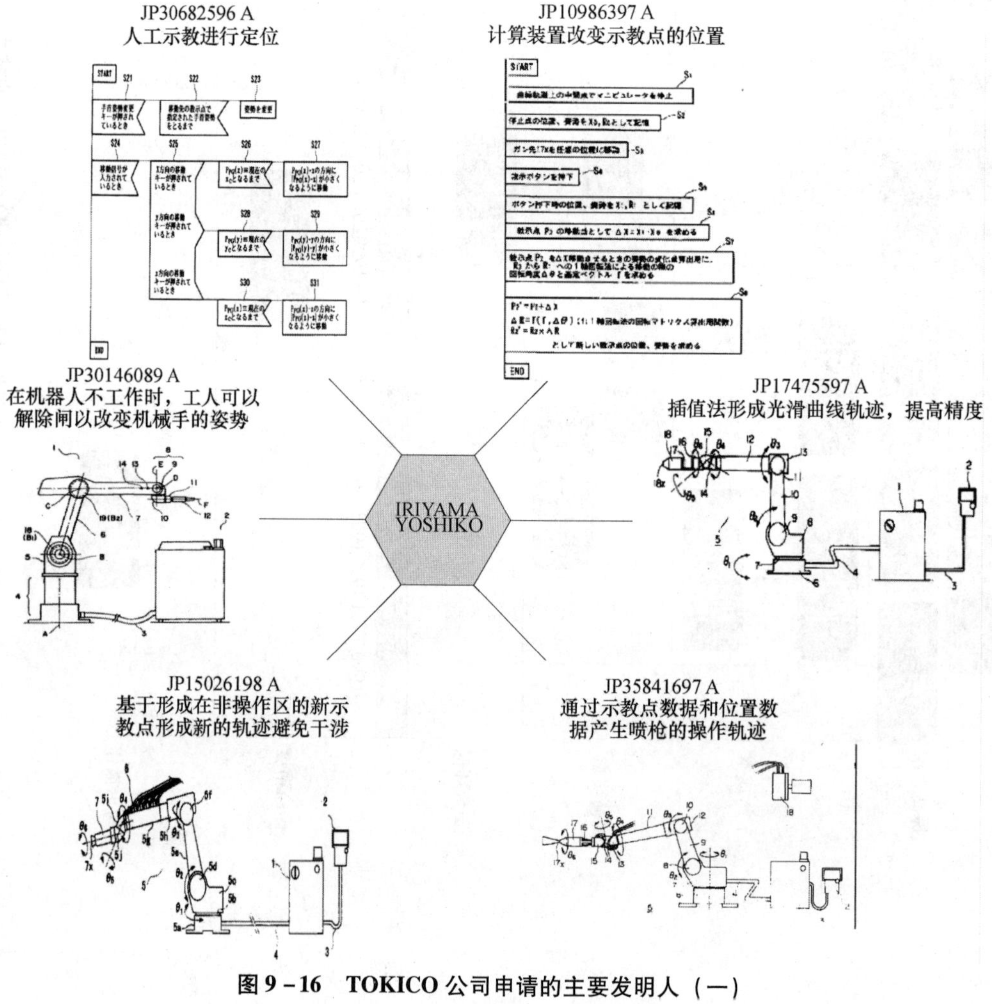

图 9-16 TOKICO 公司申请的主要发明人（一）

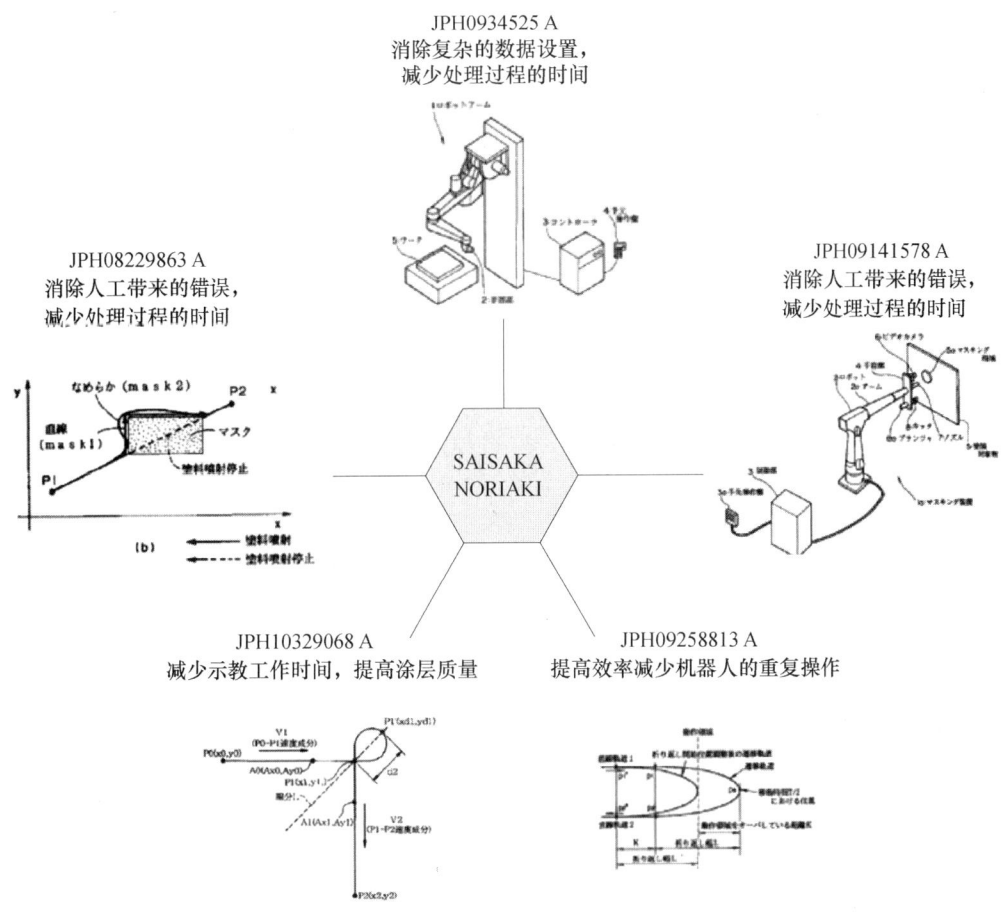

图 9-17 TOKICO 公司申请的主要发明人（二）

9.6 本章小结

在涂装领域，国内企业长期以来以国外进口设备为主，尤其喷涂机器人等关键装备 100% 依赖进口，喷涂机器人的轨迹规划技术是提高喷涂质量和效率的关键技术，如何对喷涂机器人的轨迹进行规划是喷涂自动化领域的重要课题。

近年来，中国成为喷涂轨迹规划专利申请的主要申请目标国之一，国外许多大公司都争相在中国进行该领域的专利布局，例如瑞士 ABB 公司、德国 DUERR 公司，日本 FANUC 公司。另外中国的江苏长虹公司通过与清华大学合作，很好地发挥了产学研合作模式的积极作用，在该领域中占有了一席之地（参见表 9-2、图 9-10），但是申请量排名靠前的中国企业都是机器人应用企业，并不是专门的机器人制造企业，中国企业还没有形成产业化，更多的是由应用需求导向研发，还没有发挥研发的先导性作用。

在喷涂轨迹规划领域，日本 TOKICO 公司进入该领域较早，属于本领域的技术开拓者。2000 年之前其申请量遥遥领先于其他申请人，但 TOKICO 公司将研发重点放在了人工示教上，继而由于技术的单一性而逐渐失去了该领域的优势位置。而反观瑞士ABB公司和德国DUERR公司，他们将建模、仿真和传感器等多技术手段用于喷涂轨迹规划，在2000年之后有了大量的专利产出，从而成为该领域的领军力量。

传感器技术以及多技术手段相融合将成为喷涂轨迹规划技术中的研究热点。从图9-7和图9-13可以看出，日本TOKICO公司、日本FANUC公司、瑞士ABB公司、德国DUERR公司等国外大公司都在喷涂轨迹规划中应用了传感器，尤其是视觉传感器技术，而中国申请人还缺少相关方向的技术研发和专利布局。另外应用多元化的技术手段，例如将建模、仿真、控制算法和传感器等多技术手段相融合在国内尚属技术空白。瑞士ABB公司、德国DUERR公司以及日本FANUC公司已经在喷涂轨迹规划技术中应用多元化的技术手段，而中国申请人采用的技术手段相对单一，大都集中在建模上，缺少多技术手段融合的复合技术，因此这是中国企业值得关注的研发方向。

第 10 章 FANUC 公司

在工业机器人领域,日本 FANUC 公司占据举足轻重的地位,但是其从数控领域的巨头发展成为工业机器人的领导者,这一历程并不是一帆风顺的。本章将从 FANUC 公司的专利申请态势、发展基础和应用方向、产业合作、重点产品、发明人及发明人团队等方面对 FANUC 公司的发展策略进行深入地剖析,并且引入与其发展模式相似而又不尽相同的另一家工业机器人企业——现代重工,通过二者的对比分析为广大工业机器人企业提供一种借助工业制造业产业升级的机遇高效发展工业机器人产业的方式。

本章检索数据的下载日为 2013 年 7 月 18 日,FANUC 公司全球工业机器人领域专利申请量为 1682 项,中国专利申请量为 323 件。

10.1 公司简介

FANUC 公司是世界领先的研发和生产数控系统、工业机器人以及自动化工厂的企业。在 1974 年 FANUC 公司首台工业机器人问世以来,其在机器人的研发和生产方面积累了丰富的经验,机器人产品系列多达 240 种,负重从 0.5kg ~ 1.35t,满足装配、搬运、焊接、铸造、喷涂以及码垛等不同生产环节,如图 10 – 1 所示。

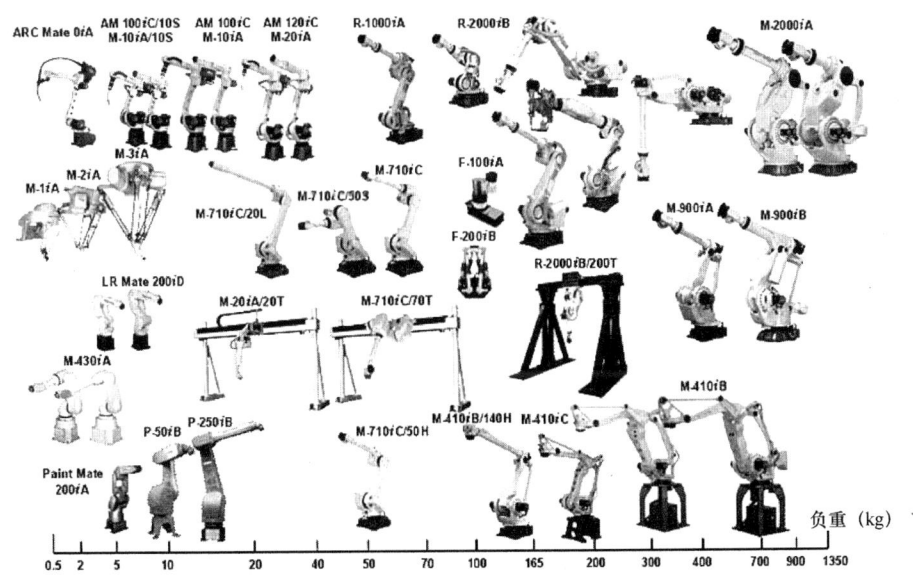

图 10 – 1 FANUC 公司机器人产品系列

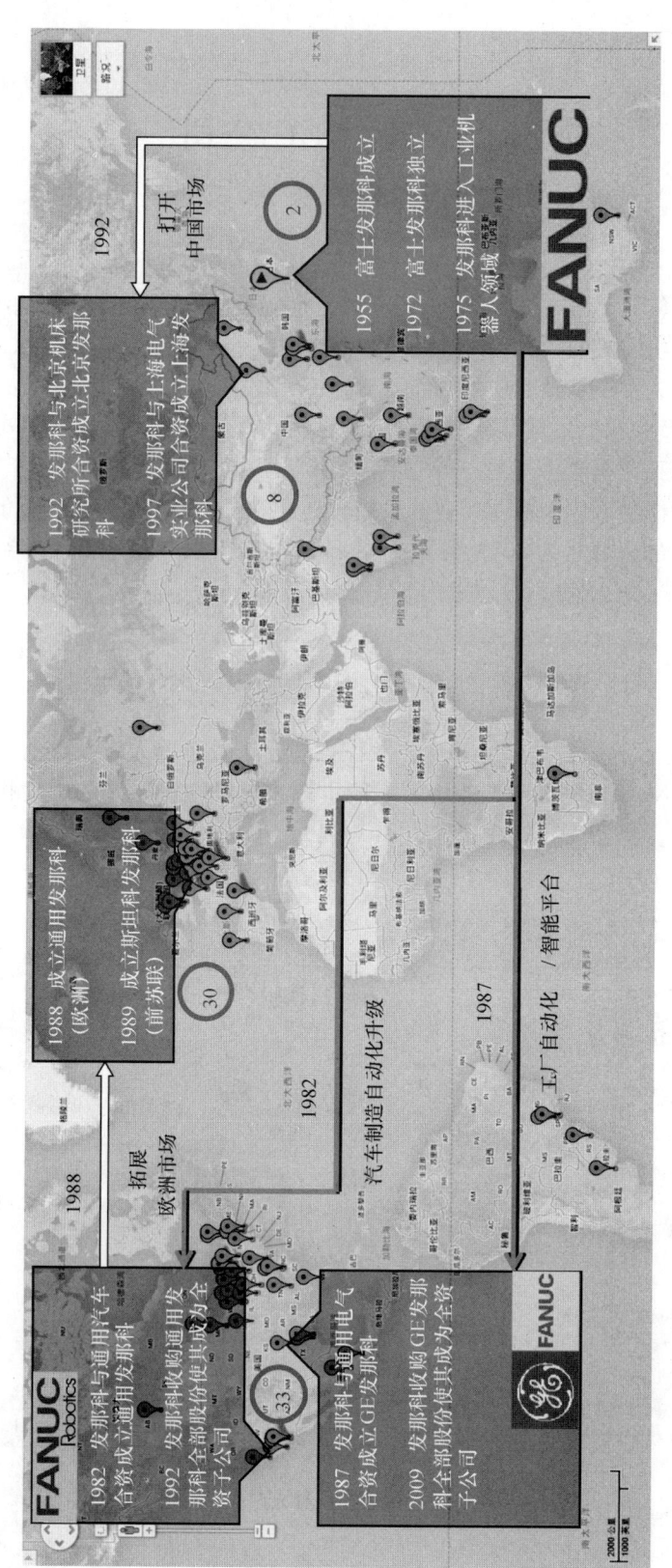

图10-2　FANUC公司发展历史与产业转移

FANUC 公司的发展历程是全球工业自动化程度大幅提升的一个缩影，也对数控系统——工业机器人——自动化工厂整个产业链条的升级起到了巨大的推动作用。纵观 FANUC 公司的发展历史，其主要有以下里程碑事件如图 10-2 所示。

从上述 FANUC 公司的发展历程也可以看到，FANUC 公司的发展紧紧跟随了产业的升级和产业的转移。本章将通过分析 FANUC 公司工业机器人的专利申请，阐述 FANUC 公司如何依托原有数控技术和电机技术优势助推机器人事业起步，并以与美国通用汽车合作为契机将 FANUC 公司机器人产业整体向北美转移，有效补充工业机器人技术短板，成长为全球工业机器人巨头。进一步，通过与同样是依托下游产业的发展实现工业机器人产业崛起的韩国现代重工的对比，分析如何根据企业自身特点借助下游产业的升级实现工业机器人的发展，从而为工业机器人产业提供一种快速发展和占领市场的方式。

然后，以 FANUC 公司机器人的核心产品——并联机器人为例，介绍围绕某一产品的专利查找办法，以及如何围绕其进行产品研发和规避设计。

10.2 专利申请态势

图 10-3 为 FANUC 公司专利申请态势图，包括其全球申请态势、目标国构成、各目标国申请趋势。

第二次世界大战以后，日本国内劳动力资源匮乏与生产力高速发展之间日益显著的矛盾使得日本政府对于工业机器人这项源自美国的新兴技术给予了特别的关注。自 1967 年从美国引进第一台工业机器人技术以来，日本政府一直高度重视机器人技术的持续发展，积极推动和鼓励机器人的研制和应用。在当时，无论是研发制造机器人的企业，还是购买应用机器人的企业均可以从政府获得政策、奖金以及税收等方面的扶持。在政府的大力支持下，日本工业机器人也在经历了 20 世纪 60 年代的摇篮期和 70 年代的实用期后，技术日趋成熟，应用领域也从汽车制造扩大到其他制造业和非制造业，到 20 世纪 80 年代，日本工业机器人进入全面普及应用提高期，日本开始在各个领域广泛推广使用工业机器人。事实上，1980 年被定义为日本机器人元年，自 1980 年以后，日本工业机器人产业出现了爆发式的增长，大幅超越美国。从图 10-3 可以看出，在 20 世纪 80 年代初，FANUC 公司的工业机器人全球专利申请数量开始出现明显的增长势头。

1982 年，FANUC 公司与美国通用汽车合资成立 GM FANUC 公司，这次合作在 FANUC 公司工业机器人的发展史上具有重要的意义。通过与美国汽车巨头的合作，FANUC 公司在工业机器人方面的技术实力得到进一步增强，其工业机器人产品实现了从加工生产线向汽车制造产业的转移和发展，同时，借助这一合作，FANUC 公司的工业机器人产品成功打入美国市场。在与通用汽车合作后，FANUC 公司在 20 世纪 80 年代逐步成长为世界最大的机器人制造商，从图 10-3 也可以看出，FANUC 公司的工业机器人专利申请数量在合作之后仍保持了稳定的增长势头。

随着第一代工业机器人的普及，其在主要应用领域汽车工业的应用逐渐饱和，工业机器人的发展速度也从 20 世纪 80 年代中期开始放缓，FANUC 公司的工业机器人专

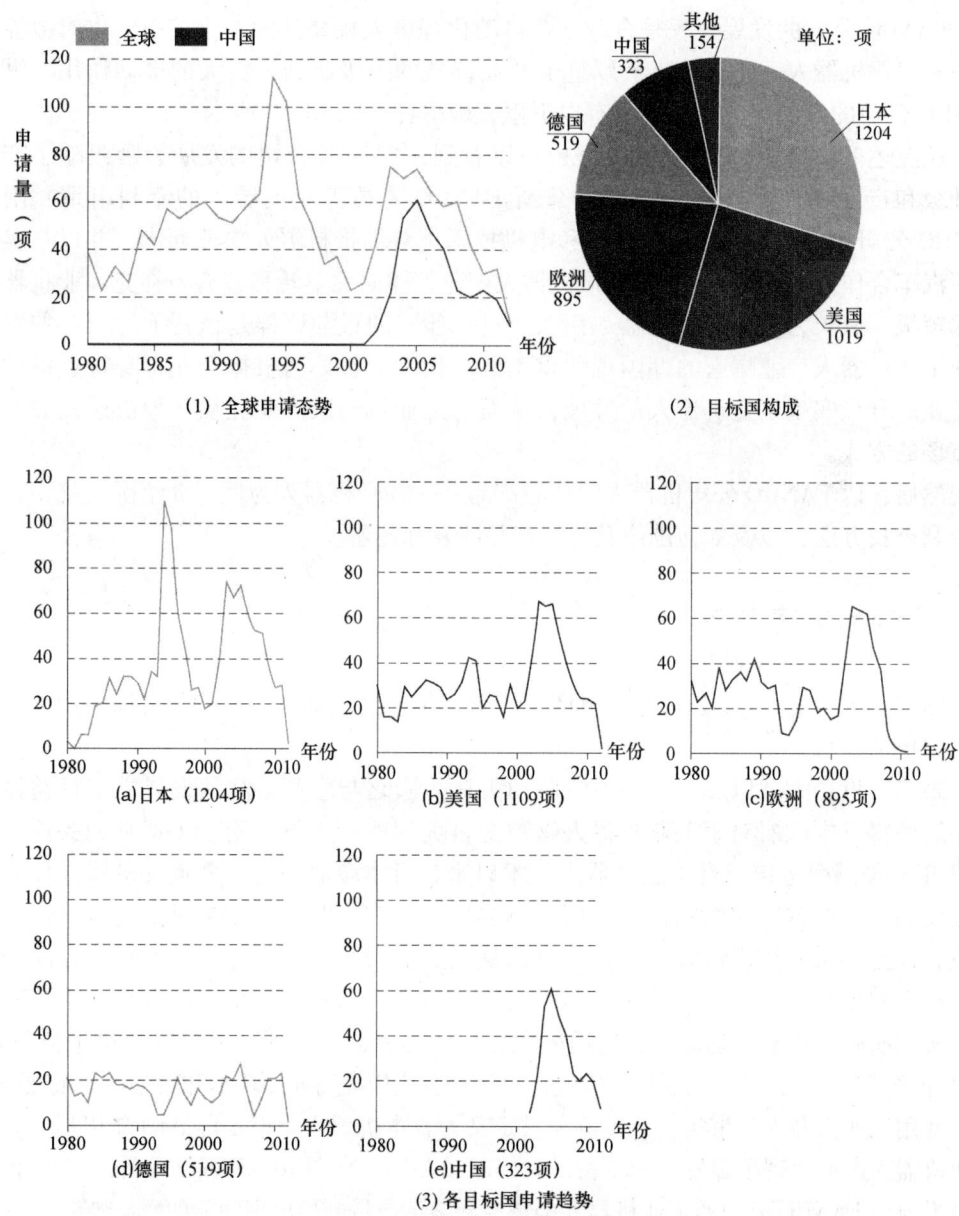

图 10-3 FANUC 公司专利申请态势

利申请数量也在这一时期趋于平稳。

相比于 20 世纪 70、80 年代的高速发展，进入 90 年代，日本国内制造业整体发展持续走低。由于 FANUC 公司长期坚持在其日本本土的各工厂中推行工厂自动化技术，其工厂的自动化程度较高，加之工业机器人产品的核心部件无需外购，因此相对于日本其他机器人制造商，FANUC 公司的工业机器人产品在成本控制上更具优势，从一定程度上抵消了国内经济环境恶化的冲击。与此同时，20 世纪 90 年代初作为 FANUC 公司工业机器人主要市场之一的美国汽车工业开始回暖，对工业机器人的需求急剧增加，面对国内经济形势的恶化，FANUC 公司进一步加大了对海外市场的拓展力度。1992 年

FANUC公司从通用汽车手中收购GM FANUC公司另一半股权,使其成为FANUC公司的全资子公司,并通过GM FANUC公司两家子公司"FANUC Robotics North America"和"FANUC Robotics Europe GmbH"加大对美洲以及欧洲市场的开发。1994年,FANUC公司与美国加州大学联合成立FANUC Berkeley实验室,进一步提升了在工业机器人领域的研发实力。从图10-3可以看出,在1992年收购GM FANUC公司后,通过消化吸收,FANUC公司在工业机器人研发领域的技术储备得到进一步增强,专利申请数量在这一时期还呈现出了显著增长的趋势。可见,尽管20世纪90年代早期日本经济形势低迷,但由于FANUC公司工业机器人产业独特的技术和产业优势,其发展并没有像其他日本企业那样受到较大的波及,在这一时期,FANUC公司全球专利申请数量虽有波动,但整体还是呈现出良好的发展势头。

随着日本以及韩国市场的需求持续减少,在20世纪90年代后期,FANUC公司的经营还是受到了较大的冲击,虽然FANUC公司在北美、欧洲等分支机构对于FANUC公司的工业机器人技术的研发做出的贡献越来越大,但同时期日本专利申请的锐减使其全球申请趋势呈现下降的态势。2000年,随着日本经济形势的逐渐回暖,FANUC公司的工业机器人专利申请数量再次出现上升趋势。

中国工业机器人的发展阶段虽然与日本一样先后经历了萌芽期、发展期和实用化期,但从时间上整体滞后于日本。但相比于日本的起伏不定的经济形势对机器人需求的影响,中国市场对于工业机器人的需求量保持了稳定的增长。作为对海外市场高度敏感的机器人巨头,FANUC公司自然不会忽视这个高速发展的新兴市场。1997年,FANUC公司与上海电气集团联合投资成立上海FANUC机器人有限公司,2002年上海FANUC公司在上海浦东建立工厂,中国在FANUC公司的海外市场中所占分量越来越重。可以看出,从2003年开始,FANUC公司在中国的专利申请数量大幅增加。

从FANUC公司专利申请目标国构成可以看出,在FANUC公司专利申请目标国中,日本所占的比例最大,在日本本土市场,FANUC公司作为工业机器人行业的龙头企业,需要应对如安川、川崎重工等日系机器人制造商的激烈竞争。美国是日本之外的第二大目标国,在FANUC公司的全球化发展历程中,美国是其最早开发经营的海外市场,在美国进行大量的专利布局对于FANUC公司维持其在美国市场的优势地位发挥着巨大的作用。欧洲不仅是ABB公司、KUKA公司、COMAU公司等欧系机器人制造商的大本营,作为工业机器人的下游用户的汽车制造商也大量云集在这里,尤其是德国,其不仅拥有机器人顶级制造商之一的KUKA公司,还拥有大众、奔驰等汽车行业巨头。因此,FANUC公司不仅在欧洲进行大量专利申请,还在德国进行了针对性的专利布局,以在欧洲市场形成与欧系企业的有效竞争,这与欧系企业在日本专利布局普遍薄弱形成了强烈的反差。随着中国机器人市场的日益火爆,世界工业机器人巨头纷纷加速对中国市场的占领,ABB公司甚至将总部迁到中国上海,以期依托中国潜力无限的机器人市场重振机器人业务。为了应对竞争,占领市场,FANUC公司在中国的专利申请数量在近年有了大幅增长。同时,从图10-3还可以看出,尽管不同时期FANUC公司在各目标国申请数量有所差别,但FANUC公司专利申请进入各目标国的时间趋势基本一致的。可见,对于其工业机器人产品的重要专利,FANUC公司习惯在各个海外市场同时进行积极的专利布局。因此，通过提前对目标市场进行有效的专利布局是 FANUC 公司国际战略中拓展和巩固海外市场的一项重要的手段。

10.3 发展基础和应用方向

1962 年，美国 UNIMATION 公司研制成功世界上第一台工业机器人"UNIMATE"，其目的是用自动化的机器来代替工人。然而，鉴于国内当时较高的失业率，美国政府担心发展工业机器人产业会导致更多人失业，因此并没有把工业机器人列入重点发展项目。相反，这项新兴技术却在日本获得了极大的发展，当时在生产力高速发展的日本，劳动力资源紧缺的问题已经日益严重。1967 年川崎重工从美国 UNIMATION 公司引进相关技术，开始仿制工业机器人并将其用于汽车行业。在认识到工业机器人在缓解社会劳动力不足方面的巨大的潜力后，日本政府开始在经济上采取积极的扶持政策，鼓励国内企业发展和应用工业机器人。在自身需求和政府政策的引导下，越来越多的日本企业开始涉足工业机器人的开发和应用。1972 年，作为数控行业领跑者的 FANUC 公司也开始展开工业机器人的研发工作。1974 年，FANUC 公司开始将其研发的工业机器人应用于自己的工厂中，并且从 1975 年开始，FANUC 公司开始对外出售工业机器人产品。然而，作为数控产业的巨头，FANUC 公司早期的工业机器人产品并不像其数控产品那样具有足够的竞争力。相反，川崎重工和日立是当时日本机器人行业的两大巨头，FANUC 公司的工业机器人产品在日本本土所占的市场份额很小。但是，这样的局面并没有持续太久，FANUC 公司在进军机器人市场之前已经是数控领域当之无愧的世界第一，凭借着在工业机器人的上下游相关产业的雄厚研发实力和技术积累，其工业机器人虽然起步相对较晚但却在短期内得到了迅速的发展。并且，凭借工业机器人产品与上下游产业结合紧密的独特优势，FANUC 公司赢得了与国外产业巨头合作进一步壮大实力的机会。到 20 世纪 80 年代，FANUC 公司已经成功确定其在机器人领域的领先地位，成为世界工业机器人行业的领军者，如图 10-4 所示。

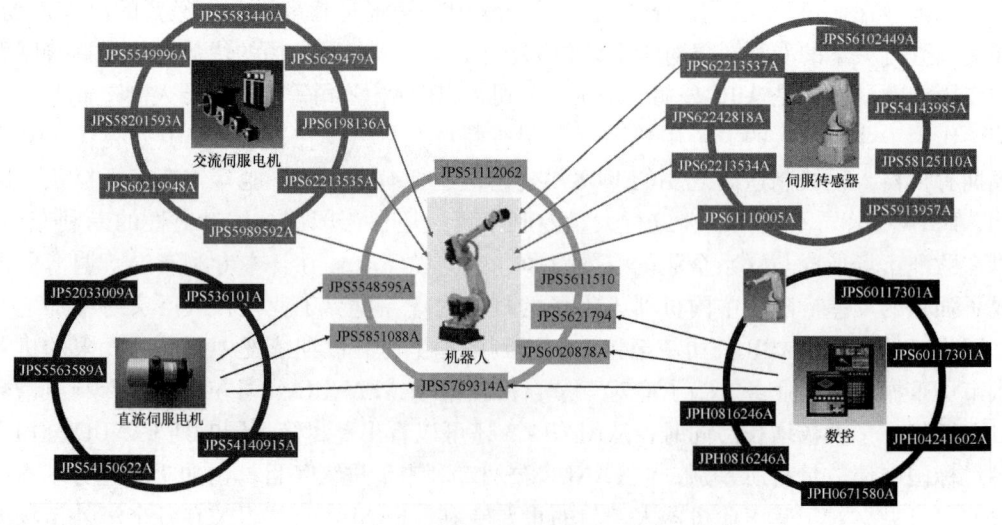

图 10-4 FANUC 公司技术发展图

10.3.1 基础技术

FANUC 公司数控系统的历史比工业机器人的历史要悠久很多，其英文名称"FANUC"其实是"FUJITSU Automatic Numerical Control"的缩写，从其名称也可看出富士通成立 FANUC 公司的初衷是扩展数控领域的市场。事实上，在从富士通独立出来，进行工业机器人的研发之前，FANUC 公司在稻叶清右卫门的领导下已经成为世界数控系统行业的领军企业，在 1971 年，FANUC 公司的数控设备已经占据日本本土市场的 80%，世界市场的 70%。作为数控领域的专家，FANUC 公司的社长稻叶清右卫门一直对控制和电机这两项技术极为重视。自 FANUC 公司成立以来，稻叶就不遗余力地坚持在这两方面进行长期研发，这不仅使 FANUC 公司的数控产品能够在世界市场长期保持领先的优势，而且依托于伺服、数控领域的技术基础从事机电一体化机器人的研发，也使 FANUC 公司与其他竞争对手相比具有的最大特色。

10.3.1.1 电机技术

FANUC 公司的伺服电机以及相应的传感器是其数控产品的核心技术之一，FANUC 公司的电机技术先后经历电液脉冲马达、直流伺服电机、交流伺服电机三个主要阶段。早期的电液脉冲马达使 FANUC 公司在数控领域获得巨大成功，而随后发展的直流、交流电机技术不仅进一步巩固其在数控行业的领先地位，更为早期工业机器人的发展提供了直接的动力，推动了 FANUC 公司工业机器人技术的发展和成熟。

（1）直流伺服电机

在 FANUC 公司开始工业机器人研发之前，川崎重工于 1967 年从美国引进的工业机器人采用的是液压驱动形式，而在 FANUC 公司早期的数控系统中，NC 机床的伺服驱动装置主要采用的是 FANUC 公司自己开发的电液脉冲马达（electro – hydraulic pulse motor）。然而，1973 年爆发的石油危机使得采用液压驱动技术的成本上升，FANUC 公司的电液脉冲马达的优势开始动摇，其竞争对手西门子公司已经着手开发直流伺服电机。1974 年，在短期内独立研发的直流伺服电机性能不理想的形势下，FANUC 公司当即从美国 Gettys 公司引进了直流伺服电机的生产和销售许可以替代电液脉冲马达，并很快开始其电动伺服系统的开发。3 个月后，FANUC 公司就在世界范围内率先推出了采用直流伺服电机的 NC 机床，从而奠定 FANUC 公司在电动伺服领域的领先地位。

在决定舍弃电液脉冲马达并通过直流伺服电机在数控领域获得巨大成功的同时，FANUC 公司积极尝试将这项技术应用于其刚起步的工业机器人产业，将当时广泛采用的由液压驱动的机器人改变为机电一体化的机器人。虽然在 1974 年，FANUC 公司已经开始将其生产的工业机器人实际应用于自己的工厂中，并针对进行上下料作业的工业机器人进行了首件专利申请（JPS5183353A），但在随后的几年中，FANUC 公司关于工业机器人的申请多涉及整体或部件的结构（JPS51112062A、JPS51112063A），并未明确提及驱动技术。而在与此同时的 1975~1978 年，FANUC 公司却在不断改进从美国引进的直流伺服电机技术并进行专利申请，从直流伺服电机的结构（JP52033009A、JP52033010A、JPS53132707A、JPS53132708A、JPS5438504A）、驱动电路（JPS5361013A、JPS5362117A）、控制方法（JPS54140915、JPS5441413、JPS5220212A、JPS5441414A）、故障检测（JPS54150622A）、急停控制（JPS5563589A）等方面对直流伺服电机进行系统的保护。可见FANUC公司一直在持续的消化和创新从Gettys公司引进的直流伺服电机技术，并且在这一过程中不断通过专利进行布局。当FANUC公司的直流伺服电机技术逐渐成熟，关于直流伺服电机的专利申请布局较为完善后，从1978年开始，FANUC公司关于工业机器人的专利申请中，开始大量出现采用直流伺服电机驱动的机器人（JPS5548595A、JPS57155607A、JPS57173489A、JPS5834782A）。早期的很长一段时间内，FANUC公司工业机器人专利申请中很多涉及采用直流伺服驱动系统的工业机器人，而且采用该驱动技术的申请涵盖了从简单柱坐标型到复杂的六自由度关节型的所有机器人。直流伺服电机技术的引进体现了FANUC公司对于电机技术发展趋势的高度敏感以及技术转型的果断抉择，将该技术推广到工业机器人产品使得机器人的结构和能耗得到有效控制，使得FANUC公司早期的工业机器人更加适合完成机床上下料、零部件装配等对空间、灵活性要求较高的作业，而这些恰恰满足了FANUC公司早期工业机器人的主要应用需求。因此，直流电机伺服技术对FANUC公司工业机器人早期的成长起到了巨大的推动作用。

（2）交流伺服电机

如果说FANUC公司的直流伺服电机技术是短期内研发效果不佳被迫临时引进国外技术后再消化吸收，FANUC公司的交流伺服电机技术发展则完全不同，FANUC公司很早就开始进行伺服电机交流化的研发。从1978年就开始，FANUC公司已经开始陆续对AC伺服电机相关研究成果进行专利申请，在1978～1982年，FANUC公司分别就AC伺服电机的PWM逆变电路（JPS5549996A、JPS5563579A、JPS5563598A，1978年）、AC伺服电机的冷却装置（JPS5583440A，1978年）、结构小型化、具有过流保护、转矩波动抑制功能的AC伺服电机控制器（JPS5629479A、JPS5629480A、JPS57162987A）、具有减振功能的AC伺服电机驱动电路（JPS58201593A，1982年）等进行了专利申请，可见FANUC公司在其AC伺服电机产品正式问世前一直着力于技术研发及专利储备。1982年，FANUC公司开发出自己的交流伺服电动机，并在日本建成电机工厂进行生产制造。这一具有取代直流伺服电机潜力的新技术同样很快就与FANUC公司的工业机器人联系在一起。在1982年所申请的专利JPS5989592A中，FANUC公司就已经申请对一种多轴AC伺服电机驱动系统进行保护，并明确记载这种多轴AC伺服电机驱动系统不仅可以用于多轴数控机床，还能够被应用于多轴机器人。可见，在AC伺服电机研发过程中，FANUC公司已经意识到其对于工业机器人的重要价值，并且在研发初期就尝试将该成果向工业机器人的应用进行转化。

在随后的几年中，FANUC公司又陆续对AC伺服电机的结构进行了改进，先后提出了多种AC伺服电机结构。1984年，FANUC公司的小山成昭（KOYAMA NARIAKI）开发出一种具有盘式结构定子的AC伺服电机（JPS60219948A、JPS60216757A），这种电机结构紧凑、集成度高、冷却效果好，这恰恰与工业机器人关节对于伺服电机的需求相契合。鉴于此，在几个月后FANUC公司继续在专利申请JPS6198136A中对该类型的AC伺服电机应用于机器人进行了保护，并且在保持该电机优势的前提下，结合机器人的特点对电机做进一步的改进。两年后，在1986年FANUC公司的专利申请JPS62193538A、

JPS62213535A、JPS62230337A 中，上述伺服电机已经被改造成为一种厚度更小、重量更轻、转矩更大、位置检测装置高度集成的机器人关节专用 AC 伺服电机。

可见，FANUC 公司在其 AC 伺服电机的研发过程中，善于将研发成果及时地应用于其工业机器人的产品中，对一项研究成果能够进行多角度的利用。

（3）相关传感器

伺服电机需要与检测电机转角及转速的传感器相配合实现伺服控制，该类传感器的性能对于伺服控制精度有着很大的影响，是伺服系统中的关键元件。对于这类关键元器件，FANUC 公司同样具有较强的技术储备。

FANUC 公司早期的伺服传感器主要是针对数控机床主轴的大功率伺服电机而研发的旋转变压器（JPS54143985A，1979 年）、测速发电机（JPS56102449A，1979 年）等，其专利申请也多集中于上述类型的传感器以及基于上述传感器的数控机床位置控制系统和方法。在 FANUC 公司早期的关于机器人的申请中，曾经记载过采用测速发电机进行直流伺服电机的传感器的方案（JPS58125110A，1982 年）。

在 1982～1983 年，FANUC 公司就脉冲编码器的结构及其位置、速度控制方法进行大量相关专利申请（JPS5913957A、JPS58148914A、JPS58135415A、JPS5971598A、JPS6014110A、JPS5815479A），随后，1984 年，FANUC 公司开始就通用于数控机床以及机器人手臂的采用编码器进行位置检测的方法进行专利保护（JPS61110005A、JPS61110006A）。两年后，FANUC 公司开始提出多件适用于机器人的旋转编码器，内容涵盖绝对式、增量式、光学式、磁电式，适用范围包括直流、交流伺服电机（JPS62213534A、JPS62213537A、JPS62242818A、JPH01116409A）。可见，随着 FANUC 公司工业机器人的兴起，其基础传感器器件的新研发成果也在持续向这一新兴产业转化。

10.3.1.2 数控技术

数控装置是由中央处理单元、存储器、总线和相应的软件构成的专用计算机，其接收输入信息，经过计算，为各个伺服驱动系统分配速度、位移指令，最早用于控制机床的主轴及进给轴，驱动各部件运动以完成对工件的加工。而与机床类似，机器人是一种集成度更高的机电一体化系统，其同样具有多个运动轴，因此依托数控装置的多轴控制技术向工业机器人控制转型相对容易实现。正是因此，数控装置被称为工业机器人大脑。FANUC 公司在研发工业机器人之初，已经拥有在数控领域近 20 年的技术积累。自 1956 年创建以来，FANUC 公司一直致力于数控系统的研发。1956 年，FANUC 公司开发出日本第一台数控设备并于 1958 年商品化。1959 年首先推出了电液脉冲马达并在之后的若干年中，逐步发展并完善了以硬件为主的开环数控系统。20 世纪 70 年代，随着计算机技术的发展，FANUC 公司在引进直流伺服电机技术后，于 1976 年研制成功数控系统 5，随后又与西门子公司联合研制了具有先进水平的数控系统 7。从这时起，FANUC 公司逐步发展成为世界上最大的专业数控系统生产厂家。1979 年，其研发出数控系统 6，并于 1980 年在系统 6 的基础上同时向低档和高档两个方向发展，研制了系统 3 和系统 9。1984 年，FANUC 公司推出的数控系统 10、11、12 大量采用了大规模集成电路。1985 年，FANUC 公司推出适用于机电一体化小型机床的数控系统 0，该系统成为世界范围内用户最多的数控系统之一。可见，在 FANUC 公司开始工业机器人研发之前，其在数控领域已经取得了巨大的成功。面对这样一笔宝贵的财富，FANUC 公司非常善于将现有的优势技术应用于当时的工业机器人研发中，提高工业机器人产品的竞争力。

FANUC 公司早期研发的工业机器人结构简单、运动轴数较少、功能较为单一，其当时的数控装置能够同时控制机床和机器人，这样的控制策略在成本方面优势明显。1979 年，在 FANUC 公司提出的专利申请 JPS5611510A 中，采用同一套数控装置实现对数控机床以及服务于该数控机床的工业机器人的控制。

随着机器人结构的日益复杂，FANUC 公司逐渐开始采用独立于机床数控系统之外的数控系统（NC）或机器人控制系统（RBC）对工业机器人进行单独控制，使其能够执行更为复杂的作业任务，当机床与机器人的控制器分离时，在某些与机床自动化作业相关度较高的机器人上，二者还共享相同的控制部件。1979 年，在 FANUC 公司申请 JPS5851088A 中，机床的 NC 装置与独立于机床外的机器人控制装置 RC 采用共同非易失存储器，类似的申请还有 1980 年的 KR830001691，在该申请中，数控机床以及为其服务的工业机器人共享同一套脉冲分配装置。而对于更加通用的、独立于机床之外的机器人而言，其已经具有专门的数控装置。1980 年，FANUC 公司通过数控系统对柱坐标形式的工业机器人进行控制（JPS5769314A），1983 年，则是通过数控系统对结构更加复杂的六自由度关节型机器人实现控制（JPS6020878A）。

这一时期，FANUC 公司一直不断地进行通用数控系统研究，在 1979 年之后的专利申请中，能够通用于机床与工业机器人的数控系统越来越多（JPS5636709A，1979 年；JPS5773402A，1982 年；JPS59183412A，1984 年）。与此同时，FANUC 公司也一直潜力研究机床与机器人的数控系统之间交互控制。1981 年，其申请专利对于实现机器人控制系统与机床数控系统之间的数据传输以及交互控制进行保护（JPS5822411A、JPS5822412A）。可见，在维持其一贯技术优势的基础上，FANUC 公司在研发新的数控系统时开始兼顾工业机器人控制特点和作业任务的需求，以通过其在数控领域的研发优势推动机器人产品的发展。

FANUC 公司的工业机器人产品中，有很多核心技术最初源于其数控技术，当工业机器人存在相关需求时，FANUC 公司善于对这些技术进行改进以契合工业机器人的需求，从而丰富机器人产品的功能。1982 年，FANUC 公司在其专利申请 JPS57211603A 中对一种数控机床加工程序的形成方法进行了保护，基于轨迹点之间的连线自动生成数控加工程序。1983 年，FANUC 公司在其申请 JPS60117301A 中对自动生成的数控程序所对应的轨迹进行图形化显示的方法进行保护。此后，该研发团队对于数控程序的自动生成和图形化显示进行持续研究，在 1985 年的申请 JPS6260005A 中，该研发团队将类似的技术"一种自动生成机器人控制程序，并对运动轨迹呈现在显示器上以便于操作者确认的方法"应用于工业机器人。在随后的几年中，类似的技术被不断演变，逐渐形成 FANUC 公司工业机器人的离线编程技术（JPS6318403A）。

多机器人的同步控制技术是 FANUC 公司工业机器人的核心技术之一，当主机器人受控进行动作时，一个或若干从机器人可以跟随主机器人的动作，当主机器人停止时，从机器人也会随之停止。该技术使多机器人可以协同完成对重大工件的搬运，并且使每个机器人的结构、控制得到简化，对于低成本实现工厂自动化具有重大的意义。在1991年的申请JPH04241602A中，FANUC公司对一种CNC同步控制系统进行了保护，而在随后的1992年，FANUC公司就将其应用于机器人上，对一对机械臂的同步控制技术进行保护（JPH0671580A）。

双电机控制技术是另一个将数控系统的优势技术移植于工业机器人并获得巨大成功的典型例子。双电机串联控制是FANUC公司数控系统所提供的一项功能，主要是在大型高速高精度的数控设备中，为了满足动静态刚性，达到运动精度要求，用两台电机以相同的速度和位移作为一个轴来驱动机械部件。FANUC公司在研发时已经注意到其在工业机器人领域的潜在价值。在1994年首次对该项技术申请进行专利保护（JPH0816246A）时，FANUC公司已经在该专利申请中明确记载该技术是一种针对机床以及机器人轴的通用性技术，其在消除回程误差，抑制振动，提高平稳性等方面具有优势。在经过对该项技术分别在响应速度（JP2001273037A）、精度（JP2003200332A）、可靠性（JP2004236433A）、可视化（JP2008126327）等方面的持续改进后，FANUC公司将这项趋于成熟的控制技术应用于其机器人产品。于2007年推出了一种在高速输送机上取件的高速处理机器人M430iA，该机器人的主要关节均采用了双电机串联控制技术，使得其能够以最高每分钟120件的抓取速度抓取1kg重的负载。鉴于其优秀的性能，M430iA获得2007年日本机器人领域最高奖章。

可见，由于FANUC公司善于将其伺服电机、数控等机器人上游产业所积累的技术优势移植到新兴的工业机器人产业中，其机器人产品才能够在激烈市场竞争中争得一席之地，并在发展中形成产品独特的特色，提升竞争力。

10.3.2 应用技术

除了上游产业的促进，FANUC公司相关下游产业的需求对于其工业机器人的发展同样有着巨大的影响。FANUC公司是以生产工厂自动化相关产品为主的公司，其自身一直在不遗余力地追求着制造自动化、实验室自动化、办公自动化。因此，FANUC公司既是工厂自动化技术的提供者，又是该技术最直接的使用者。与大多数工业机器人制造商制造机器人的初衷有所区别，FANUC公司生产的工业机器人最早并不是为了专门满足汽车工业的需求而研发的。作为电子巨头富士通公司为开展自动化工厂事业而专门成立的部门，FANUC公司早期的工业机器人是基于其自身对于加工机床自动生产过程的需求所研发的，并且其最早的应用也是在FANUC公司自己的工厂中。可以说，FANUC公司在自身各生产环节中持续地追求工厂自动化为其工业机器人产品提供了最为直接的应用平台，而来自自动化工厂的各种需求，也成为推进FANUC公司早期工业机器人发展的一个重要的动力。

早期FANUC公司的自动化生产主要实现的是加工机床的自动化上下料或换刀作业，这样的作业任务对于工业机器人的结构和控制系统的复杂程度要求不高，因此，在FANUC公司关于工业机器人的早期专利申请中，较多涉及的是以柱坐标形式为主的机器人整体构型（JPS51112062、JPS53832671）以及以执行抓取任务为主的机械手爪执行器（JPS5243254，1975；JPS5518357，1978年），甚至包括一些附着在加工机床床体上的机床专用机器人（JPS569184A、JPS5621794A），其控制方法主要关注的是如何将工件在机床上的装卡定位误差最小化，因此有关机器人控制方法的申请主要涉及一些定位控制（JPS57114387）以及检测、避免机器人与机床之间干涉的安全控制（JPS563194，1979 年）。由于液压伺服系统效率相对较低、随动性能差，因此，FANUC 公司早期的机器人主要采用电气伺服系统，特别是 FANUC 公司引入的直流伺服电机技术，相对于液压伺服系统，电气伺服系统的体积更小，用于小负载的机床上下料服务作业中具有很大的优势。

随着机床技术的发展以及作业任务的日益复杂，简单构型的专用机器人已经难以满足需求。FANUC 公司的专利申请中开始出现具有更高自由度的通用工业机器人，以及适用于不同工件的机器人手爪和吸爪，以便能够更加灵活地完成更为复杂的机床服务作业。结构复杂的多关节型机器人开始出现在 FANUC 公司的专利申请中（JPS5851088，1981 年），这类型的机器人的基座能够在机床之间进行移动，具备更大的移动范围，能够执行距离更远的搬运作业，由于具有了更多的自由度，其运动较之圆柱坐标形式的机器人则更为灵活，能够实现复杂作业。

同时，随着作业任务的复杂，早期的直流伺服电机因传递功率小，已经难以满足机器人某些负载较大的作业任务如重物的搬运等的需求。在 20 世纪 70 年代末 80 年代初，永磁交流伺服电机得到迅速发展，很多公司都开始致力于机器人伺服电机交流化的工作，FANUC 公司也不例外。在 1982 年研发出交流伺服电机后，FANUC 公司为了应对机器人的多种复杂作业，逐渐开始将其应用于其工业机器人产品上。

同时，为了满足搬运、换刀等作业对于定位、节拍等的更高要求，FANUC 公司对以提高定位精度和快速性等为目的的控制方法进行改进。1982 年，针对抓取作业，FANUC 公司开始将视觉技术引入机器人控制中，通过视觉引导机器人对工件进行识别和定位，实现了更加智能化的抓取作业（JPS59114407）。同样是在 1982 年，FANUC 公司针对弧焊作业研发出适用于弧焊的工业机器人，其具有多关节构型和复杂的腕部结构，能够灵活地从不同角度实现焊接。与此同时，FANUC 公司开始对于与焊接作业相关的机器人路径控制、速度控制等控制方法进行专利申请，这是因为复杂的弧焊作业对于机器人路径、姿态控制以及运动平稳性的提出了更高的要求。

FANUC 公司对于工厂自动化技术的追求及其执着，为了便于用机器人实现马达工厂的自动化装配，FANUC 公司的电机研发人员甚至对马达的结构进行重新设计，以尽可能地简化结构，减少零部件的数量以降低机器人自动化装配的难度（JPS58175683A、JPS63157689A）。在 20 世纪 80 年代中期，FANUC 公司已经实现了电机装配的自动化。

事实上，FANUC 公司工业机器人也正是随着其工厂自动化技术的成功推广获得了迅速发展的契机。1981 年，FANUC 公司首次向世界展示了其自动化工厂的理念，在其新成立的机器人工厂中，由 FANUC 公司生产的工业机器人与数控机床相互协作，进行工业机器人零部件的自动加工。正常情况下，这样的工厂需要 500 名工人，而由于生产过程的高度自动化，该工厂中仅有 100 余名工人负责机器人的维护以及将加工好的部件组装成工业机器人产品。由机器人生产机器人，FANUC 公司机器人工厂的成立成为其自动化技术最为成功的案例，全世界开始真正认识 FANUC 公司在工业机器人和工厂自动化领域的成就和实力。很快，在随后的1982年，FANUC公司与美国通用汽车合作成立GM FANUC公司，为通用汽车的汽车生产提供大量的工业机器人。以此为契机，FANUC公司在与通用汽车等美国知名公司的合作中，实现了其机器人产业的飞速发展。

10.4 产业合作

FANUC公司发展壮大的过程中出现了许多产业巨头的身影，FANUC公司正是借助与它们的合作，抓住产业链升级和转移的机会，带动其自身的机器人技术快速腾飞，成长为世界顶级的工业机器人研发和生产企业。从FANUC公司的发展历史可以看出，在FANUC公司众多的合作伙伴当中，两位美国工业巨头——通用汽车与通用电气的身影最为引人注目，而当今FANUC公司在整个工业自动化中的霸主地位，与这两家企业的合作密不可分。

GM FANUC机器人公司由美国通用汽车公司（GM）和日本FANUC公司合资组建，该公司主要研发、生产和销售工业机器人及相关产品。早期的机器人主要服务于汽车自动化生产，后期拓展到工业自动化的各个领域。GM FANUC机器人公司借助通用汽车的机器人技术以及美国整体雄厚的机器人基础发展自身的工业机器人技术，同时帮助FANUC公司突破了自身工业机器人发展的各个技术瓶颈，很大程度上弥补了FANUC公司在制造复杂机器人技术上的短板，成为其发展为世界工业机器人霸主道路上的强大引擎。

GE FANUC自动化公司由美国通用电气公司（GE）和日本FANUC公司合资组建，提供自动化硬件和软件解决方案，帮助用户降低成本，提高效率并增强其盈利能力。凭借适合于几乎每种工业门类的解决方案和服务，GE FANUC自动化公司提供多样化的产品和服务，范围包括控制器、嵌入式系统、高端软件、运动控制产品、操作员界面产品、工业计算机和激光设备。GE FANUC自动化公司充分结合了通用电气以及FANUC公司在工业自动化方面的技术优势，为FANUC公司保持相关技术优势和进一步拓展市场立下了汗马功劳。

本节将主要通过FANUC公司与通用汽车的技术和资本合作，即GM FANUC机器人公司的专利申请分析FANUC公司如何通过积极的专利申请和布局策略对其自身以及合作研发的技术实施有效地保护，从而借助下游产业链的升级和转移完成自身的技术革新和升级换代，进而通过强大的技术实力和完善的专利保护实现和巩固其工业机器人霸主的地位。

10.4.1 产业升级与技术突破

早期的FANUC公司在数控技术和产品方面具备强大的实力和市场知名度，但是当其雄心勃勃地进入工业机器人领域时，却遭遇来自川崎重工和日立的激烈竞争。由于川崎重工和日立在工业机器人领域起步比FANUC公司早，并且已经占据了日本工业机器人市场的大部河山，FANUC公司无论从技术成熟度还是产品知名度都与它们存在较为明显的差距。鉴于以上情况，FANUC公司的领导者稻叶清右卫门选择了一条充满机遇和风险的道路，即将FANUC公司的机器人技术的研发和产品销售向海外转移，于是便形成了

FANUC 公司发展史上第一次重要的、战略性的合作——GM FANUC 公司应运而生。

20世纪七八十年代是全球汽车工业从机械化生产向自动化生产大步跨越的时期，尤其在美国，三大汽车集团——通用、福特、克莱斯勒均开始采用工业机器人替代工人执行主要的汽车生产工作，并且它们以及它们的供应商依托美国强大的机器人技术基础，研发了许多更为复杂的工业机器人技术。但是，它们在将其应用于汽车的自动化生产时，却纷纷遇到一个瓶颈，即自动化制造技术方面的技术障碍，而这一方面恰恰是日本企业，尤其是 FANUC 公司这一数控领域的强者所具备的优势。于是，基于优势互补，强强联合的策略，全球最为强大的汽车集团——通用汽车与 FANUC 公司，以设立股比为 50∶50 的合资公司的形式展开了合作。而 FANUC 公司在将其先进的数控技术与美国制造复杂机器人的技术相结合后，大大提升了其在工业机器人领域的技术实力和产品竞争力，一举成为全球最为知名的工业机器人企业之一。

通用汽车与 FANUC 公司成立的合资公司，即 GM FANUC ROBOTICS 公司（以下简称"通用 FANUC 公司"），其管理层以通用汽车的人员为主，而技术和产品研发主要由 FANUC 公司负责，这就为 FANUC 公司掌握核心技术提供了良好的条件。

由于通用 FANUC 公司的技术和产品主要是为通用汽车服务，因此其专利申请方面也主要以保护汽车的自动化生产工艺和配合自动化生产的机器人为主，其代表性专利如图 10-5 所示，可以看到其专利申请主要围绕着汽车生产的四大工艺，即冲压、焊接、涂装、总装进行保护。并且从专利申请的时间上来看，也是紧密跟随着汽车制造自动化需求的发展而发展，即从总装的机器人开始，逐渐向焊装、冲压以及喷涂的机器人发展，并且在汽车整车制造的基础上，逐渐向其上游，例如冲压模具的试制和生产领域发展。

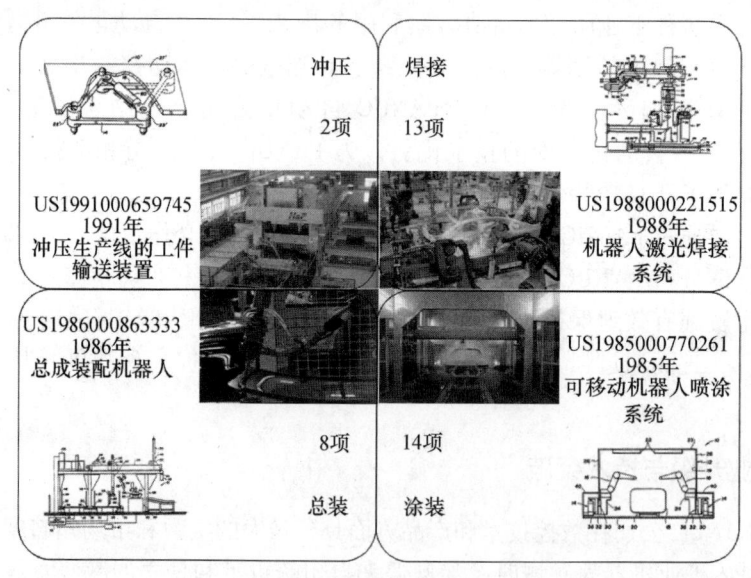

图 10-5 通用 FANUC 公司的代表性专利

FANUC 公司通过通用 FANUC 公司，大量借助通用汽车的机器人技术发展其自身的工业机器人技术，体现通用 FANUC 公司的专利申请主要针对于汽车生产中的机器人技术，且一般只在公司所在国家即美国进行申请。而 FANUC 公司通常会基于通用

FANUC 公司的相关申请，提取其中通用的机器人技术，或者在其基础上进行通用性改进形成可普适于工业机器人领域的技术，并对这些技术进行专利保护，同时对其进行持续的改进和专利申请。另外，FANUC 公司对于这些技术不仅仅在 FANUC 公司的所在国家日本和通用 FANUC 公司的所在国家美国进行专利申请，而且往往还会同时在其他各主要工业机器人市场，例如欧洲、韩国等进行申请。通过上述策略，FANUC 公司将通用 FANUC 公司针对汽车自动化生产研发的技术转化为自身的工业机器人技术，并且在尽可能大的范围内寻求保护，从而抓住汽车制造产业自动化升级的机遇迅速突破和掌握了工业机器人领域的各项关键技术，一跃而成为全球工业机器人的领导者。

如图 10-6 所示，通用 FANUC 公司的技术研发主要集中在机器人的腕部机构、手臂机构、物体的视觉识别以及控制系统等方面。

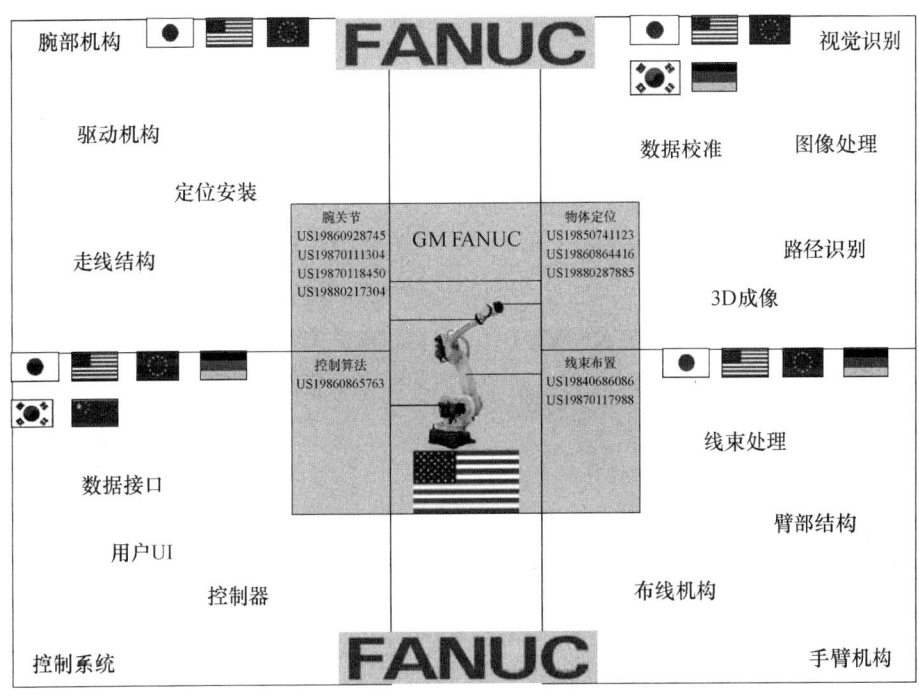

图 10-6　FANUC 公司基于通用 FANUC 公司研发成果的技术发展和专利保护

(1) 腕部结构

工业机器人的腕部是臂部和手部的连接件，起支承手部和改变手部姿态的作用，是工业机器人的关键部件之一，工业机器人的灵活性很大程度上要依靠腕部结构来加以实现。腕部的承重、自由度等性能参数直接关系着机器人的整体加工能力和适用范围。

FANUC 公司在进入工业机器人领域时，其依靠在数控方面强大的技术实力取得了机器人控制技术方面的领先，但是在机器人的其他关键技术领域发展相对滞后，不仅与世界主流的机器人企业存在差距，与日本本土的川崎重工和日立之间的竞争也处于下风。而 FANUC 公司通过通用 FANUC 公司与通用汽车开展合作，借助通用汽车乃至整个美国机器人工业的强大基础，开展持续地研发，大大补强了在这些方面的短板，其中在腕部结构的技术研发和改进以及专利保护方面比较具有代表性。

通用 FANUC 公司的专利申请中有 3 项与机器人腕部结构密切相关，即 "机械手腕机构"（申请号 US19860928745，1986 年），"控制机器人的装置"（申请号 US19870111304，1987 年）以及 "三轴手腕机构"（申请号 US19870118450，1987 年），如图 10-7 所示。

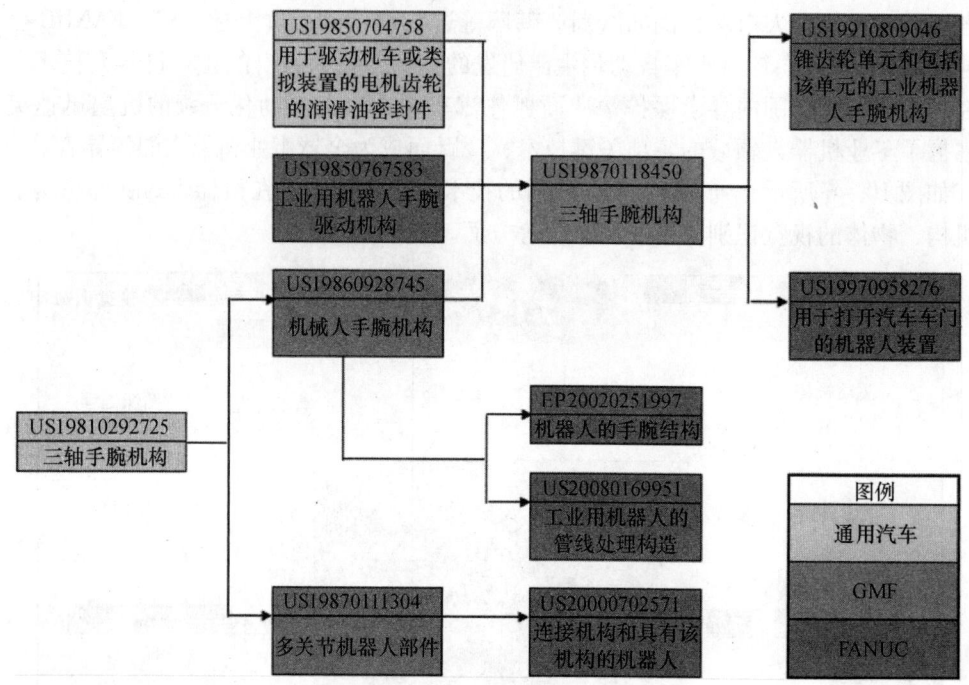

图 10-7　通用 FANUC 公司腕部机构相关技术发展

（2）线束布置

线束[1]是工业机器人基本的组成部分，在机器人本体结构比较简单、控制系统也不很复杂的情况下，线束数量较少，布置相对简单。但是随着工业机器人中的传感器、执行器数量增加且越发复杂，线束的布置就成为一个需要考虑和解决的问题。

制造复杂机器人的关键技术是 FANUC 公司发展工业机器人所必须需要突破的障碍，而线束布置技术也是其中之一。通用 FANUC 公司申请了一项名为 "具有改进线束布置系统的机器人"（申请号 US19870117988，1987 年），其为线束布置提供了一种标准化、可扩展的结构和方法。FANUC 公司后续的许多与线束布置有关的技术均是在该技术的基础上发展而来，例如 "具有线束处理装置的工业机器人"（申请号 US19880246822，1988 年）、"具有补偿臂的工业机器人"（申请号 US19900582214A，1990 年）以及 "工业机器人的布线机构"（申请号 US19910772361，1991 年）等。可见 FANUC 公司在借助通用 FANUC 公司研发的技术突破线束布置技术的瓶颈后，发展更为复杂的机器人结构的难度大大降低。而这一技术正是基于通用汽车的一项 "多轴机械手的导向部件" 的专利（申请号 US19780963430A，1978 年）改进而来（如图 10-8 所示）。

---

[1]　本节中所涉及的线束包括用于传输电信号和电力的电缆、信号线等，以及各种用于流通气体、液体的管路，例如喷涂机器人中的涂料输送管等。

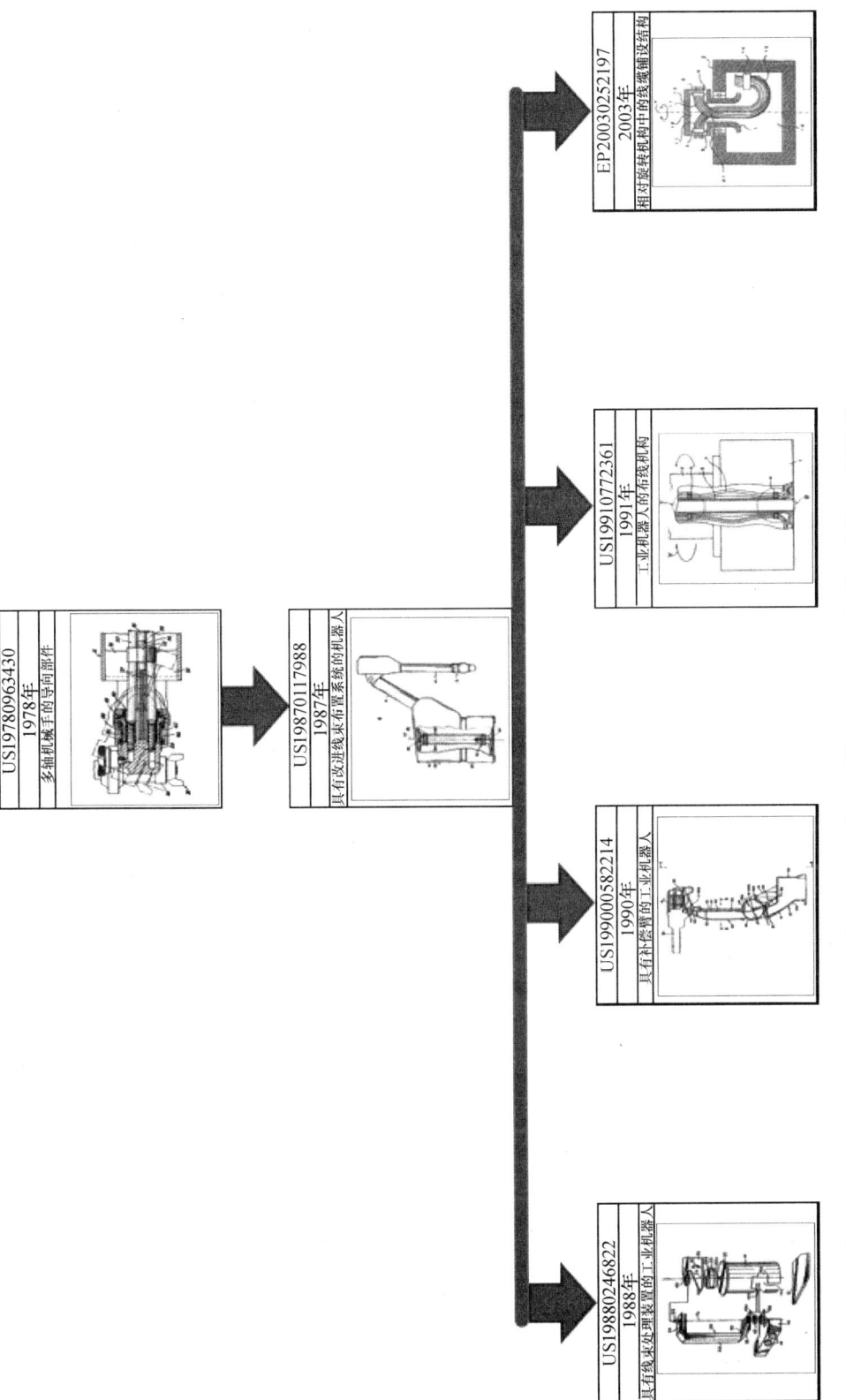

图 10-8 FANUC 公司机器人突破线束布置发展机器人手臂结构

我们可以看到，FANUC公司对于制约其发展工业机器人的基础性技术，积极从合作伙伴的现有技术中借鉴和学习，突破关键技术，进而在其基础上持续改进发展自己的技术，逐渐摆脱对合作伙伴的技术依赖。这一技术发展策略能够帮助企业迅速突破技术瓶颈，高效率地掌握关键技术，同时在掌握关键技术之后的持续改进和创新是降低合作依赖性、提高核心技术竞争力的必备工作。

（3）物体的视觉识别

视觉识别是FANUC公司在工业机器人领域的核心技术和领先技术之一。在其众多有关视觉识别技术的专利申请中，有多项引用了通用FANUC公司的一项专利，即"自动确定物体位置和姿态的方法和系统"（申请号US19850741123，1985年），其通过三台相机对物体的位置和姿态进行实时地识别。FANUC公司后续发展的3D视觉技术基本上也是在上述结构的基础上进行的研发和改进。而通过进一步的追踪，FANUC公司的这一技术依托了通用汽车于1977年申请的一项专利"视觉物体定位装置"（申请号US19770777011），如图10-9所示。通用汽车在该申请中披露了视觉定位的基本结构和原理，其通过两个光源和一个摄头区分物体相对于背景的轮廓从而识别物体的位置和方向，主要应用在汽车焊装、总装生产线上对汽车零部件进行定位和姿态识别。

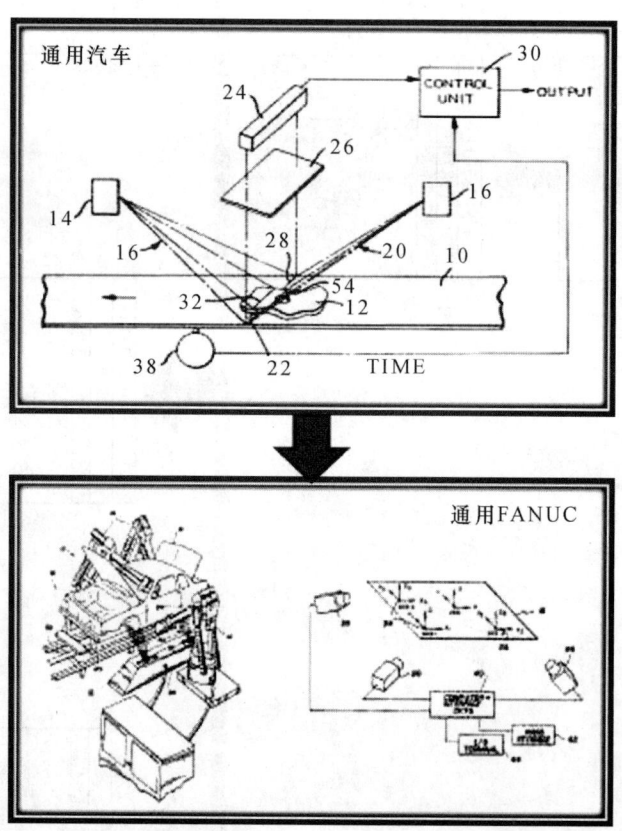

图10-9 通用FANUC公司基于通用汽车技术开发物体定位系统

随着汽车内外饰造型设计对美观的追求越发注重，内外饰包括车身主体部件的外形也呈现复杂化和多样化的趋势。但是这对自动化生产线来说大大增加了定位工件的难度,并且对于体积较大的工件,透视效应造成的视觉失真使得距离摄头较远的位置定位精度大幅降低。基于上述问题,通用 FANUC 公司在其"自动确定物体位置和姿态的方法和系统"的专利中,采用了同样的物体识别原理,同时将双光源单摄头的传感器结构改进为三光源三摄头的结构,从而实现了 XYZ 三个方向上的 3D 定位和姿态识别,为提高整车制造的精度打下了良好的基础。同时作为工业机器人的通用技术,FANUC 公司在该技术方案的基础上进行了后续的改进和进一步研发,并在其众多工业机器人产品中均有体现。

（4）控制系统

控制技术和控制算法一直是 FANUC 公司的强项,但是其在与通用汽车的合作中仍非常注重吸收通用汽车在相关领域的技术。例如通用 FANUC 公司申请的一项名为"利用相同位置的控制方法和系统"的专利（申请号 US19860865763,1986 年）,其在传统的控制器上增加了一个包括一个速率不同的积分器的乘法器与之并行操作。因为集成是速率可变的,由此产生的控制系统具有一个不可分割的位置控制,因此也就没有积分饱和和随后的过冲问题,进而减小了机器人动态操纵控制中的稳态误差。与传统的 PD 和 PID 控制相比,其建立时间更快,抗噪声比也更优秀。此外,因为控制是在集成中以速率可变的方式进行,可以大幅减少控制错误,而不会牺牲了系统的动态性能。

通过进一步分析发现,通用 FANUC 公司的这一技术是在 FANUC 公司的控制技术（专利申请"工业机器人的控制系统",申请号 US19810294797,1981 年）基础上,结合了通用汽车的控制技术（专利申请"自适应伺服电机控制器",申请号 US19840609779,1984 年）改进而来的,如图 10 - 10 所示。其中,控制算法的基本架构是由 FANUC 公司前述的专利申请而来,而在乘法器上集成积分器与之并行运行的发明构思继承于通用汽车的上述专利申请,通用 FANUC 公司在此基础上将积分器的速率改进为可变的,从而获得了前文所阐述的技术效果。

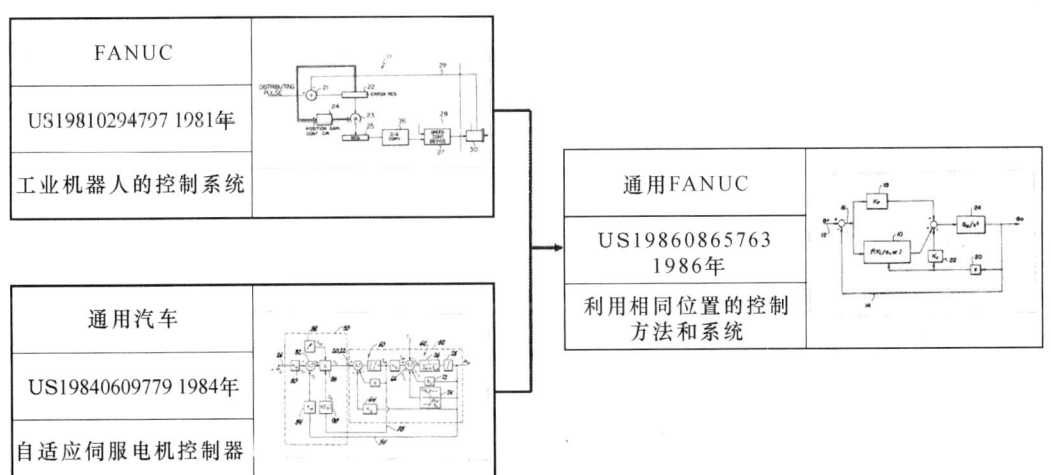

图 10 - 10　通用 FANUC 公司"利用相同位置的控制方法和系统"技术来源

从上述分析可以看出,FANUC 公司在自身擅长的领域也保持着相当开放的学习态度,借助通用汽车的现有技术以及通用 FANUC 公司开发的技术成果,FANUC 公司对其自身的技术进行了相应的改进和升级,并且通过更为严密和策略性的专利申请给予了完善的保护。例如,对于通用 FANUC 公司于 1986 年申请的一项专利(申请号 US19860865763),FANUC 公司迅速在次年,即 1987 年基于同样的技术构思申请了"伺服电机的速度控制器"专利(公开号 JP10725287A),同时还进行了 PCT 申请,在日本、美国、欧洲、德国均提出申请并获得授权。FANUC 公司通过积极的专利申请策略大大增强了对这一技术的保护力度。

10.4.2 产业转移与全球化

20 世纪 80 年代后期,美国的制造业开始走下坡路,并且经历一次大规模的产业转移,其主要目标是劳动力成本更低的发展中国家,例如中国。FANUC 公司积极应对这一趋势,进行了相应的产业转移,并且通过其一贯采用的合作策略抓住这一机会,成功迅速占领了中国的工业机器人市场。

FANUC 公司最早进入中国始于 1986 年,即成立台湾 FANUC 公司机器人有限公司。但真正开始与中国企业进行合作是在 1992 年,由北京机床研究所与日本 FANUC 公司共同组建的合资公司,专门从事机床数控装置的生产、销售与维修。注册资金 1130 万美元,美国 GE – FANUC 公司和北京实创开发总公司各参股 10%,中外双方股比各占 50%。

上海 FANUC 机器人有限公司(以下简称"上海 FANUC 公司")成立于 1997 年 12 月,是由上海电气实业公司与日本 FANUC 株式会社联合组建的高科技合资企业。虽然 FANUC 公司早在 1992 年即通过全数收购通用 FANUC 公司 100% 的股权而终止了与通用汽车的直接合作,但是通用汽车仍然是 FANUC 公司在北美最大的客户。因此 FANUC 公司对于通用的产业链发展和转移一直给予高度的关注。实际上,上海 FANUC 公司的成立在一定程度上可以说是与上海通用汽车有限公司成立❶有关,是其对于通用汽车这一次重要的产业转移做出的迅速反应,"借东风"将其工业机器人业务顺理成章地打入了中国市场,迅速占据了非常可观的市场份额。

上海 FANUC 公司不仅是 FANUC 公司在中国的生产和销售机构,更是 FANUC 公司机器人技术发展的重要组成部分。上海 FANUC 公司共申请了 34 项专利,其中汽车制造相关的专利申请为 22 项,占据了非常大的比例,这也是 FANUC 公司仍然将汽车工业作为其工业机器人重要客户的体现。与一般的全球知名企业在中国成立的合资公司不同,上海 FANUC 公司的技术研发水平和涉及的领域相对与 FANUC 公司的核心技术而言并不边缘化,其主要体现在核心业务——汽车制造相关的机器人技术的研发水平较高,并且对其他领域的机器人的研发也有广泛涉猎。

(1)汽车制造相关机器人

上海 FANUC 公司在汽车制造相关的机器人方面进行了广泛和深入的研发,对于汽车生产的四大工艺均有涉及(如图 10 – 11 所示)。不仅如此,上海 FANUC 公司还向整

---

❶ 上海通用汽车有限公司成立于 1997 年 6 月,由上海汽车集团股份有限公司、通用汽车公司共同出资组建而成。

车制造的相关领域进行了拓展，涉及整车生产上游的一些零部件生产，例如发动机；以及相关的生产工艺，例如铸造，上海FANUC公司申请了"铝液浇注器"（申请号CN200720067312，2007年）这一专利。另外，对于塑料件的生产，其也申请了"注塑成品自动分选装置"（申请号CN0021764720000518，2000年）等专利。对于整车生产后续的测试环节，其也进行了相应的技术研究和产品开发，例如2007年申请的"汽车拉门手爪"专利（申请号CN200720067311），即是对车门性能测试中所使用的机器人的改进。因此，上海FANUC公司对于汽车领域的工业机器人技术研究同样广泛和深入，其对整个中国汽车产业链的渗透和影响更为深远。

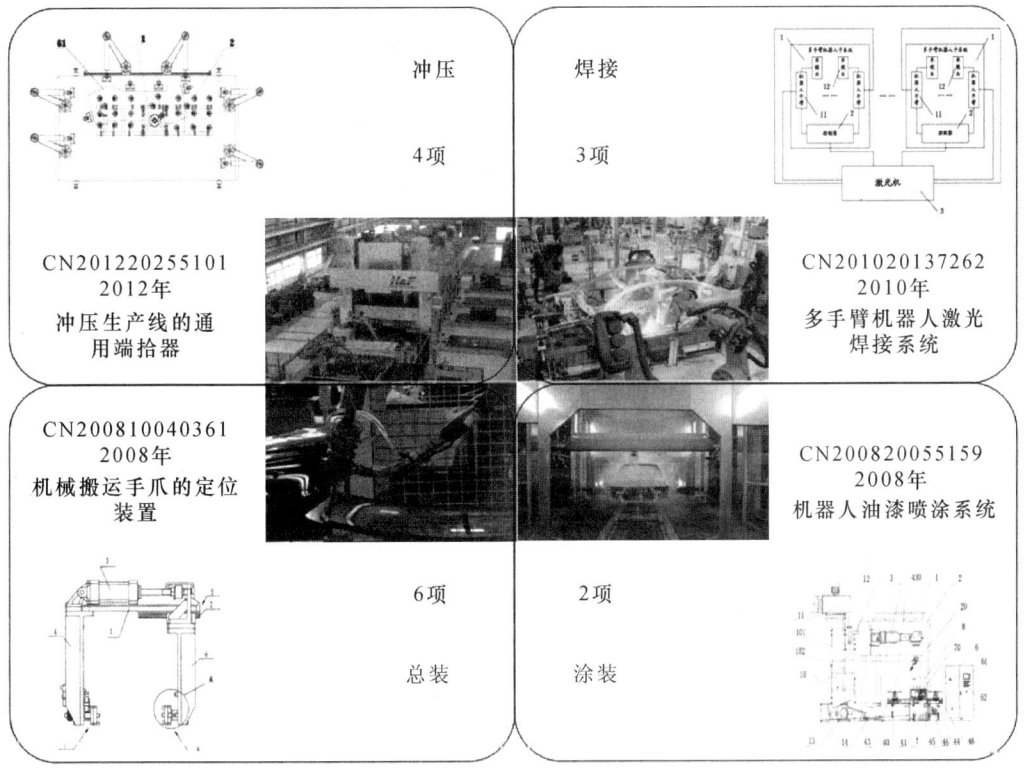

图10-11 上海FANUC公司与汽车制造相关的工业机器人专利

（2）其他工业机器人的专利申请

上海FANUC公司在其他领域的机器人方面也进行了相应的开发，例如电站设备、电子制造领域均有涉及。

另外，其对于通用的工业机器人技术以及工业机器人相关的设备和技术也进行了研发，例如工业机器人的示教系统、柔性系统以及安全系统等。特别需要关注的是，对于FANUC公司最为核心的视觉技术，上海FANUC公司也有相应的专利申请，并且其技术内容涉及结构、算法等关键技术，具备了相当高的技术水准。因此从技术研发和技术保护两个方面，上海FANUC公司对于FANUC公司在中国的战略布局均具有非常重要和深远的意义，其在专利申请和专利布局方面的策略，需要我国有关行业和企业给予重点的关注。

10.4.3 中国工业机器人产业发展的策略

10.4.3.1 韩国现代产业合作模式

作为船舶、汽车、电子等制造业领域所必不可少的自动化生产技术，工业机器人技术的发展与这些下游产业的发展紧密相连。换句话说，工业机器人技术的发展方向和发展动力很大程度上会受到下游制造业对生产自动化需求的影响。因此，正如FANUC公司在工业机器人领域所经历的发展过程一样，与下游产业的合作既是工业机器人技术发展的必然选择，也是最大限度地优化资源配置，集中技术力量，实现产业集群和高效发展的要求。

中国被称为"世界工厂"，各种制造业在中国的集中度非常高，这也为中国工业机器人产业的发展提供了广泛地合作机会。例如，中国目前是世界最大的汽车生产和消费市场，全球各主要汽车和零部件企业均在中国设有工厂，这些工厂对工业机器人的需求非常庞大。同时，自主品牌的整车企业，也在大力提高整车产品的自有知识产权的比例同时，逐步向其上游，例如制造环节，展开技术研发，力图通过制造技术实力的增强将控制力和话语权向产业上游渗透。

因此对于中国工业机器人产业而言，需抓住这一机会，积极开展与下游产业的合作，而下游产业也应开放其制造环节，并与工业机器人企业开展广泛和深入的合作，从而带动中国制造业技术的整体升级。经过多年的发展，中国的自主品牌整车企业已经具有相当的规模和实力，因此在向产业上游渗透的过程中更应有意识地寻找中国的工业机器人企业进行合作研发，甚至可以自主研发工业机器人产品，而相对于FANUC公司的发展策略，与这一发展模式更为接近的是韩国的发展模式。

（1）韩国船舶、汽车行业的推动

韩国工业机器人产业起步较晚，但发展速度惊人，创造了亚洲机器人产业发展史上的奇迹。2003年，韩国将服务机器人技术列为未来国家发展的10大"发动机"产业，他们已经把服务机器人作为国家的一个新的经济增长点进行重点发展，对机器人技术给予重点扶持。通过不断努力，韩国近几年来已然跻身机器人强国之列，其机器人的生产能力仅次于日本、美国和德国，排名世界第四。

韩国的工业机器人保有量位居世界第三，在汽车、金属加工、冶金、电子、交通、造纸、化工、食品、饮料、物流等各个领域都有广泛的应用。而在韩国工业机器人市场中，现代重工的机器人占有率超过50%，尤其是其液晶面板搬运机器人可以满足第二代到第八代之间所有液晶面板搬运的要求，在全球市场中都占有非常高的比重。

韩国汽车行业是最先开始大量使用机器人的行业，韩国主要汽车生厂商均非常重视机器人在整个汽车生产中的应用，纷纷大力发展自动化柔性生产系统，部分焊装线的焊接自动化率达到100%。目前韩国的汽车工业大量应用本国的机器人，汽车行业对工业机器人的大量需求对韩国工业机器人的发展起到了极大的推动作用。

（2）现代重工工业机器人

韩国于20世纪80年代末开始大力发展工业机器人技术，在政府的资助和引导下，由现代重工集团牵头，到20世纪90年代末利用了10年的时间形成了自己的工业机器人体系。现代重工从1984年开始自主研发领先世界技术水平的工业机器人，通过不断地技术开发拥有了多项自动化系统方面的核心专利。现代机器人已经通过了 ISO 9001，ISO 14001，QS 9000TE 等国际品质认证；以及欧洲 CE、北美 UL、美国 NRTL 以及俄罗斯 GOST R 产品安全认证。汽车用工业机器人是现代重工采用最新科技的主力产品，针对这一行业开发了大量专用机型，在售的20多种型号中，负载能力从6～500kg，覆盖了非常广泛的加工范围。最新研发的机器人动作范围进一步增加，而动作更灵活，速度也更快。在弧焊、点焊、搬运、密封、码垛、冲压自动化、打磨以及自动上下料等应用领域的机器人，目前已售往中国、印度、斯克法尼亚、俄罗斯以及伊朗等国家。

现代重工是现代集团的子公司，其发展很大程度上受到了现代船舶和现代汽车的带动，有超过1/3的工业机器人专利申请涉及船舶和汽车制造业，在此基础上逐步向其他领域的机器人拓展。用于电子产品制造领域的搬运机器人和洁净机器人专利申请比用于焊接、喷涂等领域的机器人出现得晚，但近几年这类专利的数量有上升趋势，说明现代重工近来在这一领域加大了研发力度。

现代重工与汽车制造相关的机器人，不仅涉及整车制造四大工艺所采用的工业机器人技术，还广泛向其上游的各种总成、零部件生产的领域进行拓展，包括了整车中最为重要的车身、底盘和动力传动系统的生产制造（如图10-12所示）。相比于FANUC公司而言，现代重工的机器人在整个汽车产业的链条当中应用更加广泛，其汽车产业对工业机器人产业的带动作用更加显著和深入。

专利公开号	发明名称
KR100635702B	缸体头部去毛刺机器人系统
KR20090063413A	缸体衬套的开槽加工器人
KR20100083558A	凸轮轴定位机器人

专利公开号	发明名称
KR20080036455A	喷涂机器人
KR20070113764A	电焊机器人
KR20090005890A	机器人一体化焊接系统

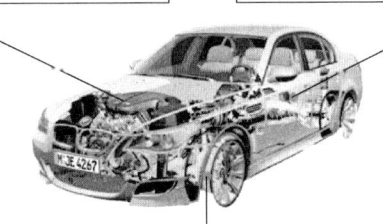

专利公开号	发明名称
KR20060057677A	轮胎处理用机械手
KR20070103814A	抓持车轮机械手的指单元
KR20110095700A	工件拾取机器人

图10-12　现代重工汽车制造相关机器人代表性专利申请

在汽车行业应用中，现代重工最核心的工业机器人产品是HS165（如图10-13所示），它的负载能力为165kg，目前已经发展到第四代。主要应用于点焊和搬运，不仅在汽车行业，其在整个韩国工业机器人市场上均占有领先的市场份额。目前以 HS165 作为基本型，现代重工研发出 HS200（重载、点焊），HH200（重载、搬运），HH130L（130kg、加长臂型），HS165S（165kg、台架安装型），HS200S（200kg、台架安装型），HH100SL（100kg、台架安装型），HD165（165kg、紧凑型），YS100（100kg、紧凑型）等8种变形产品。

图10-13 现代 ADT-HS165 机器人

现代重工另一个尖端产品是 2000 年独立研发的电子产业领域的 LCD 用机器人，其可在机器人做直线运动和连续动作时无晃动，根据 LCD 的大小现在有 4~8 代等 10 余种机型。目前正在研发 10 代以上的超大型 LCD 机器人。随着中国对液晶面板的大量需求和相关行业的大量投资，LCD 搬运机器人在现代重工的中国业务中占比较大的比重。近两年在中国建设 8.5 代 LCD 工厂项目中，现代重工产品超过了 40% 的市场份额，如图 10-14 所示。

 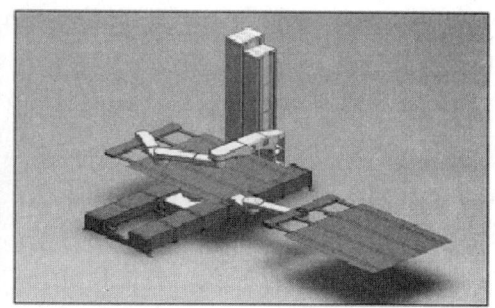

图10-14 现代 8G LCD 搬运机器人

(3) 现代重工在中国

现代机器人于 2000 年进入中国市场，约有 50 台现代机器人在安徽江淮汽车、合肥昌河汽车、长春客车和哈飞汽车等汽车制造厂得到使用。2005 年，北京现代汽车一工厂 30 万台工程项目完成，拥有 390 台现代机器人。2008 年初，北京现代汽车二工厂投入生产，拥有 290 台现代机器人。之后，现代京城机器人部以每年约 20% 的增长率稳步发展，2011 年从现代京城分离出来，并入到现代重工（中国）投资有限公司北京分公司。截至 2011 年 12 月，约有 3000 台现代机器人在中国市场投入使用。为了更好地满足中国市场的需求，现代重工特别推出了从 6~400kg 的 16 种标准型号的机器人，这些都是在汽车生产线上应用较普遍的机器人型号，并且还可以根据厂家的要求订做非标准机器人。近年来，现代重工自动化系统部为北京现代汽车完成了增设年产 30 万辆车身焊接机器人的试运转测试，并参与了合肥昌河汽车、安徽江淮汽车、保定长城汽车、长春客车和唐山客车的众多项目，得到了业界的广泛好评。

现代机器人凭借着韩国先进的技术支持、国内优质的服务以及较高的产品性价比，赢得了众多国内用户的信赖。现代机器人的 Robot Teaching Program 是按照离线程序开发的新技术，该技术通过三维虚拟环境测试，可以事先发现实际运行中有可能发生的问题，其技术被试用于北京现代汽车的机器人系统上，并把试运转时间缩短了30%以上。现代重工目前生产的机器人产品分垂直多关节工业机器人和液晶面板搬运机器人两大系列。其中工业机器人产品涵盖负载能力 6～500kg 的所有的产品，而液晶面板搬运机器人则满足第二代到第八代之间所有液晶面板搬运的需求。六轴机器人方面目前主要在进一步完善产品线，已经完成 600kg、800kg、1000kg 机器人的产品研发，不远的将来将进入市场。

现代重工与中国企业的合作非常紧密（如图 10-15 所示），早期的合作形式以合资公司为主，现代重工掌控技术和市场的话语权，中国企业主要采取以市场换技术的策略。1995 年，现代重工在中国经济最活跃的长三角腹地江苏常州与常林股份成立了合资企业——常州现代工程机械有限公司；2003 年 11 月，韩国现代重工业株式会社（现代重工）与北京京城机电控股有限公司携手合作增资成立了机器人部，开展与北京现代汽车的合作，2003 年 6 月注册工业机器人项目，生产场地位于原汉拿集团与北京叉车厂的合资厂所在地。

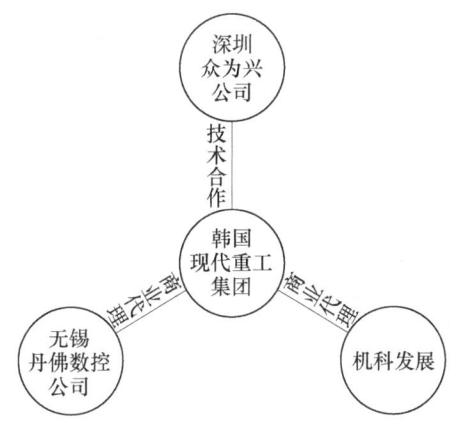

图 10-15 现代重工与中国企业的合作

而随着中国工业机器人市场的发展和自身产业的壮大，目前的合作方式更多采用了对等的技术合作或战略联盟的方式。无锡丹佛数控装备机械科技有限公司在 2012 年正式与韩国现代重工签署战略合作协议，成为现代重工机器人在内地的合作伙伴。同年，即 2012 年 4 月，机科发展科技股份有限公司与韩国现代重工集团达成共识，对其机器人产品在中国地区的推广与应用达成战略合作伙伴关系。更值得关注的是技术和产品研发方面的深入合作，例如深圳众为兴技术股份有限公司与现代重工合作研发的具有超高性价比的六轴工业机器人 ADT-HA006 与 ADT-HA010L 可广泛应用于在焊接、搬运、喷涂等多种工业现场；以及现代重工与拥有丰富临床经验的现代峨山医院合作，共同构建了从开发到商业化阶段的系统。

深圳众为兴技术股份有限公司具有较强的研发实力，是上述三家企业中唯一与现代重工进行技术合作的企业，其与现代重工合作开发了 ADT-HS165 六轴工业机器人、

ADT-HH050 六轴工业机器人、ADT-HH100SL 六轴工业机器人、ADT-HS200 六轴工业机器人。同时，深圳众为兴技术股份有限公司还是深圳机器人协会会员，专注于运动控制产品的研发、制造和服务，是中国领先的运动控制解决方案提供商，为广大设备厂商、终端用户提供整体的运动控制解决方案。公司具有多项运动控制的关键核心技术，其中包括多轴同步控制技术、高速高精运动控制技术、基于总线的运动控制技术、人机交互技术、伺服驱动技术等运动控制平台技术；包括在机床、喷涂、激光加工、切割、点胶、制刷以及 LED 等行业应用运动控制技术。公司主要有运动控制系统（多轴运动控制卡、多轴运动控制器、步进系统、伺服系统、行业应用控制系统），数控设备（工业机器人、教学车铣床等）两大产品体系。

10.4.3.2 中国产业发展策略

基于前文对于 FANUC 公司和现代重工在工业机器人领域的发展模式的分析，中国的工业机器人产业采用的发展策略有如下两种方式：

FANUC 公司模式：适用于独立的工业机器人企业。应基于对中国各个产业自动化生产的需求进行调研，尽快寻找可供依托的下游产业，与之开展技术合作，从专用的工业机器人做起，掌握基础技术，并通过申请专利对这些技术进行保护。尤其对于基础技术中较为通用的技术更应通过策略性的权利要求撰写寻求较大的权利保护范围，从而对核心技术形成更好的保护。进而以这些核心技术为基础，逐步研发更为通用的工业机器人产品，覆盖更多的下游产业，建立更加广泛的合作网，在发展中合作，在合作中发展，逐步实现技术领先和占领市场的双重效果。

现代重工模式：适用于对生产自动化存在较大需求的下游企业，例如汽车、船舶、电子等制造企业。发展自有的工业机器人技术可以大幅降低制造成本和制造风险，由于中国的工业机器人基础较为薄弱，尚没有实力非常突出、可与国际主流机器人供应商相抗衡的企业，因此下游的企业应广泛地寻找多家工业机器人企业，甚至工业机器人上游的机械、电子企业，成立技术联盟或合资公司，以自身需求为主导，集合各家优势，集中开发出一种或几种专用机器人，在满足下游企业需要的同时也使上游企业能够发展工业机器人的相关技术，并且可以通过专利合作申请或以合资公司为申请人申请专利等方式，一方面保护技术，另一方面巩固各家企业之间的合作关系。在这一模式下，无论是下游企业自有的机器人企业，还是上下游企业合资成立的机器人企业，一旦做大做强，都可考虑独立发展以谋求更为广泛的合作和市场。

总之，无论是借鉴 FANUC 公司的发展模式，还是现代重工的发展模式，产业上下游的合作都是必不可少的。根据中国目前的制造业发展状况来看，可能更多的是需要下游产业基于降低生产成本和风险的考虑引导上游的工业机器人企业进行有重点、高效率的技术和产品研发。中国的部分产业已经出现了采用这种模式的企业，例如富士康、奇瑞等，未来更多地需要扩大技术的合作范围以及产品的应用领域。最终带动中国工业机器人整体的发展，为打造中国制造业的核心竞争力打下良好的基础，实现从"中国制造"到"中国创造"的升级。

10.5 并联机器人

并联结构的提出和应用研究开始于20世纪70年代。1965年，德国人Stewart发明了六自由度并联机构，并作为飞行模拟器用于训练飞行员。1978年澳大利亚人Hunttichu把六自由度的Stewart平台机构作为机器人机构。自此，并联机器人技术得到了广泛推广。

自工业机器人问世以来，采用串联机构的机器人占主导位置。串联机器人结构简单、操作空间大，因而获得广泛应用。由于串联机器人自身的限制，研究人员逐渐把研究方向转向并联机器人。和串联机器人相比，并联机器人有以下特点：

（1）并联结构其末端件上同时由6根杆支撑，与串联的悬臂梁相比刚度大，结构稳定。

（2）由于刚度大，并联结构较串联结构在相同的自重或体积下，具有更大的承载能力。

（3）串联机构末端件上的误差是各个关节误差的积累和放大，因而误差大、精度低，并联式则没有那样的误差积累和放大关系，微动精度高。

（4）串联机器人的驱动电机及传动系统大都放在运动着的大小臂上，增加了系统的惯量，恶化了动力性能，而并联机器人将电机置于机座上，减小了运动负荷。

（5）在位置求解上，串联机构正解容易，但逆解困难，而并联机构正解困难，逆解非常容易。所谓的正解和逆解的目的是建立机构主动副输入与输出构建位置姿态的关系，正解是当已知主动副位置求解输出件位置，逆解是已知输出件位置姿态求解输入件的位置，这是控制算法的基础。两种机构正逆解的不同难易程度决定了两者控制方法的特点。

基于上面的特点，并联机器人与串联机器人有很强的互补性，扩大了机器人的应用范围，包括FANUC公司在内的各大机器人公司纷纷开始研发自己的并联机器人产品。

10.5.1 重点产品及专利申请

通过FANUC公司企业主页以及相关的销售途径，获得该公司在并联机器人领域较为重要的产品的型号为$M-1iA$及其相关系列，图10-16为产品说明书中介绍的大致特征：

10.5.1.1 $M-1iA$产品

企业开展专利工作的基础往往来自实际的产品，因此基于有限的产品信息，例如产品的生产商、产品的某些性能或典型结构等查找与该产品或者与该生产商相关的专利从而了解某一产品的专利保护情况或者某一生产企业的专利布局是企业专利工作的重要内容。

基于附录1中给出的查找产品专利的一般性方法，下文将针对FANUC公司的$M-1iA$并联机器人产品的专利进行查找，从而锁定FANUC公司对该产品实施保护的

特 长

FANUC Robot M-1*i*A是一款轻型、结构紧凑的高速装配机器人。
- 轻型、紧凑的机构不仅可以被安装在狭窄的空间,而且可以被安装在任意的倾斜角度上。
- 根据用途的不同可以进行2种机型的选择。
  - FANUC Robot M-1*i*A/0.5A
    3轴手腕(机器人合计6轴)型。
    可以自由变换手腕前端的姿势,适用于装配作业。
  - FANUC Robot M-1*i*A/0.5S
    1轴手腕(机器人合计4轴)型。
    手腕前端可以完成3000度/秒的高速旋转,适用于拾取作业。
- 使用独特的并联机构实现了敏捷的动作。
- 可选择无支架安装、有支架安装、支架上下翻转安装的方式。
  能容易地被安装到加工机械上。
- *i*RVision(内置视觉功能)的相机可以装在机构内部。
- 使用最新的R-30*i*A Mate控制装置来进行控制,可以使用最新的机器人控制功能。

图 10 – 16 FANUC 公司并联机器人产品说明

核心专利。具体包括以下几个步骤。

(1) 试探性检索

如附录 1 中的一般性方法所提到的,对于申请人 FANUC 公司的表达有很多种可能,如果要找全这些表达,需要在互联网上尽可能的搜集。事实上,FANUC 公司可能的表达方式有数十种,举例来说:

FANUC FA Service Ltd.;FANUC Robot Service Ltd.;FANUC Laser Service Ltd.;FANUC Pertronics Ltd.;FANUC Servo Ltd.;FANUC DD Motor Ltd.;FANUC Robotics America,Inc.(U. S. A.);GE FANUC Automation Corporation 等。如果要用全部的表达方式同时检索的话,检索过程将显得过于复杂。这里我们可以选取这些表达方式中的共同点"FANUC"作为申请人的表达形式,在国家知识产权局网站的检索入口——表格检索中选择中外专利联合检索。如图 10 – 17 所示。

直接通过方式①申请人进行检索结果数超过了 6000 篇,这一检索结果的数量对于人工阅读来说几乎是无法接受的,因此需要通过分析产品提取关键词或者年限信息,并通过在检索中增加更多的约束条件以缩小结果的范围。

(2) 产品分析

首先该产品是一种并联机器人,那么"并联机器人"应该是最笼统也是最可能出现的用于描述这一产品的关键词。试探性地通过方式②申请人 + 关键词检索,将目标范围减小到并联机器人领域。根据一般的知识水平,选取并联机器人的表达方式:"parallel robot" 和 "并联机器人"。

输入:申请(专利权)人 =(FANUC 公司 OR FANUC 公司)AND 关键词 =(parallel OR 并联)AND 关键词 =(robot OR 机器人)

结果数为 417 篇,虽然相比于 6000 篇而言,范围已经大大缩小,但是如果最终目

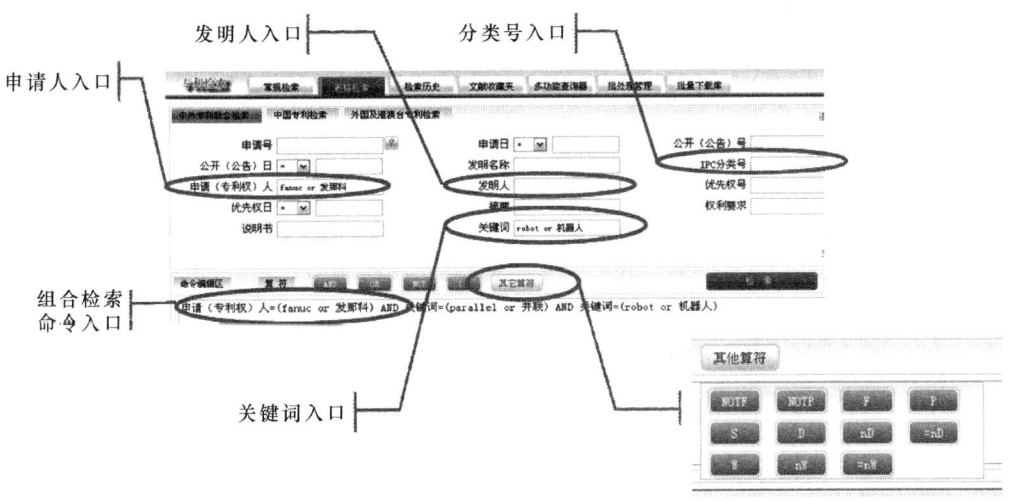

图 10-17 国家知识产权局检索界面

标是可供阅读，那么这一结果数量还是比较大的，无法一一浏览。

因此必须结合进一步的限定才能检索到期望的结果。继续分析该产品，从其特征上提取可能对于检索支撑专利有用的信息：a. 其并联结构的主体是包括 3 个驱动轴的 delta 型并联结构；b. 动平台上设置有"手腕"结构，"手腕"的类型有两种：3 轴型手腕和 1 轴手腕；c. 设置有 iRVision 视觉功能；d. 包括 R - 30iA Mate 控制装置。当然，除了上面这些信息以外，还包括一些例如产品发布年份等相关周边信息，可用于佐证支撑专利检索结果的正确性。在以上这些信息中，"主体结构"和"手腕"结构更有可能出现在专利文献的记载中，而 iRVision 视觉功能和 R - 30iA Mate 控制装置属于 FANUC 公司的一般性视觉和控制技术，因此很可能由独立的专利对其保护，不太可能出现在支撑专利的记载中，至少不太可能出现在支撑专利的独立权利要求中。

(3) 循环调整阶段

在上面的初步推断的基础上，我们将 a、b 条信息作为检索的重点，将 c、d 条信息作为检索的次重点。

在 a、b 条信息中，"delta 型机器人"只是一个抽象的名称，在专利申请文件中很可能不采用这样的表述方式，相对于 delta 型机器人的表达，手腕的表达方式更为具体，而且出现在相关文献中的概率也会更大，因此优先表达：

申请（专利权）人 =（FANUC 公司 OR FANUC 公司）AND 关键词 =（parallel OR 并联）AND 关键词 =（robot OR 机器人）AND 关键词 =（wrist OR 手腕）

结果数 152 篇。

结果数仍然过大，但是从产品得到的信息来说，目前的关键词已经无法进一步限定了，从结果列表中可以大致浏览标题，发现同时出现关键词 parallel 和 robot 的并不完全是并联机器人，parallel 可能表示某些部件平行的关系，此时应该考虑如何降低噪声。实质上在国家知识产权局专利检索系统的表格检索中除了"AND"、"OR"和"NOT"算符以外，还有一些临近算符，例如：P（同在一段），S（同在一句），W（前后相邻）等。通过这些临近算符可以实现一些更为准确的表达方式。同时值得注意的是，利用这些临近算符降低噪声的同时也会排除掉一些有用的文献，例如用"parallel W robot"检索显然就会排除"parallel link robot"，在前期以确准为目的的检索可以适当利用，但是后期以完整性为目的的检索应当慎重使用这些算符。

例如通过"parallel W robot"来表达并联机器人远比"parallel AND robot"要更为准确：

申请（专利权）人 =（FANUC 公司 OR FANUC 公司）AND 关键词 =（（parallel W robot）OR（并联 W 机器人））AND 关键词 =（wrist OR 手腕）

结果数：13 篇。通过浏览上述结果可以得到一些极其相关的文献：CN101804631 A；CN101791797 A；而通过对这一结果进行评估，两者分别涉及三自由度手腕及其驱动结构。通过分析权利要求可以发现产品的关键技术"三轴手腕"落入其保护范围，因此这两件专利可以作为上述产品的核心专利。

以上的调整过程实质上都是使用方式②申请人 + 关键词，但是对于关键词的表达采用了一些技巧使其更为准确。这一调整过程的基础是对于前一次检索结果的仔细观察分析，即使调整的方式很简单，如果不能发现之前使用的关键词存在的问题也就无从调整。当然调整的方式不止这一种，举例来说，还可以通过限定专利公布的可能年限。通过互联网搜索不难发现该产品上市的时间是 2010 年前后，而针对该产品的专利申请日通常应该稍早于该日期，可以试探性地将公开日期限定在 2010 年前后的三到五年，同样可以获得以上文献。

正如上一节提到的，接下来要做的是从这些文献中提取信息进一步检索，以确保检索结果的完整性。详细浏览这些文献可以从中得到两项专利的全部发明人：

KINOSHITA SATOSHI；YAMASHIRO HIKARU；NAGAYAMA TOMOAKI；YAMAMOTO MASAHIRO；KUREBAYASHI HIDETOMO；FUJIMOTO KATSUMI；KAMIMURA TOKITAKA

如果时间允许，可以对上面的发明人分别进行追踪检索，当然也可以选取其中相对比较重要的发明人。通常选取所有发明人中排名前两位的发明人作为重点追踪的对象，当然也会选择一系列申请中出现频率最高的发明人作为重点。其中同时出现在两项专利的发明人中有：KINOSHITA SATOSHI，因此初步判断该发明人对于该项发明创造有很重要的作用，有必要以该发明人为入口进一步检索。同时由于在已经检索到相关文献之后，补充检索的目的在于确保检索到全部相关文献，因此为了保证不遗漏，应避免使用邻近算符，因为邻近算符在去掉部分噪声的同时可能会去掉部分目标文献：

发明人 =（KINOSHITA SATOSHI）AND 申请（专利权）人 =（FANUC 公司 OR FANUC 公司）AND 关键词 =（（parallel AND robot）OR（并联 AND 机器人））

结果数：31 篇。浏览之后由发现另外两篇与核心专利解决相同技术问题的替代专利：CN102049776 A；JP2008286363 A，其涉及手腕自由度的另外两种驱动结构。

当然，我们应该继续从这些检索结果中提炼出包括优先权、关键词、发明人等相关信息，并继续检索，直到有足够的把握肯定结果的完整性。这是一个循环往复的过程。

另外，在上面的检索过程中我们始终没有涉及对于分类号的使用，这是因为国家知识产权局检索界面中使用的 IPC 分类号对于并联机器人并没有准确的分类位置。实质上分类号在专利检索中具有极其重要的作用，主要的分类体系除了 IPC（国际专利分类号）以外，还有 EC（欧洲专利分类）、UC（美国专利分类）、FI/FT（日本专利分类）等。而国家知识产权局网站的专利检索系统只有 IPC 入口，其他的相关分类号的利用需要利用其他的检索资源，例如欧洲专利局网站，美国专利商标局网站，日本特许厅网站等。就并联机器人而言，IPC 分类并没有给出明确的分类位置，大部分的并联机器人相关专利都被分在 B25J 下的不同位置，对于检索帮助不大。然而日本在并联机器人领域具有较强的技术实力，而且 FANUC 公司本身也是日本企业。通过浏览上述相关文献的日本同族文献，可以找到相关的 FT 分类号（参见图 10 - 18），查阅这些分类的含义可以发现 FT 分类对于并联机器人给出了准确的分类，因此日本专利中与并联机器人相关的文献大部分都会包括在这些分类号下。

3C007/BS21、3C007/BS22、3C007/BS23、3C007/BS24：

3C007…Manipulators/robots

BS ……Manipulator type

BS21	BS22	BS23	BS24
..Parallel arrangement of arms	..Parallel link type	...Frog-leg type	..Parallel link type

图 10 - 18　并联机器人 FT 分类位置

利用该分类号结合申请人信息在日本特许厅网站（日本专利检索链接：www.ipdl.inpit.go.jp/homepg_e.ipdl）上可以很快查找到以上核心文献。

综上所述，在循环调整阶段我们分别对于关键词的表达、发明人的追踪以及分类号的使用进行了介绍，经过评估我们认为已经找到了 FANUC 公司对于该产品的保护专利，以及其替代方式。在此基础上可以进一步整理其专利保护网络，因此我们认为获得这一结果即可终止检索。当然除此以外，检索方式还有其他可能的调整方向，在此无法面面俱到。

（4）检索结果的评估

在检索的过程中出现了对于检索结果的评估，也就是针对权利要求保护范围与产品之间关系的评估。除此以外，还需要评估能否终止检索。在对于关键词的调整之后，检索得到了 CN101804631A；CN101791797A。产品 M - 1iA 落入了这两篇专利申请的保护范围，并且这两篇已经包括了该产品的关键技术。此时需要综合考虑是否可以终止检索。在试探性检索时发现申请人与并联机器人相关的专利数量很大，因此终止检索的决定应该比较谨慎，并且根据已有的检索结果能够得到明确的检索方式，如发明人，因此有必要进行一定的补充检索。当然，在进一步检索得到另外两篇相关专利申请 CN102049776A；JP2008286363A 之后，总结检索过程中所使用的检索手段，进一步调整检索思路的余地不太大，衡量继续检索的付出与可能的收获，认为可以终止检索。

10.5.1.2 核心专利申请

表10-1 FANUC公司并联机器人典型专利申请列表

发明点	初步分析	专利类型	公开号	优先权日	发明人
手腕结构具有三个旋转自由度106a,108a,110a	并联机器人中首次出现的具有多自由度的手腕接头	早期专利	JP3830475B2B2 US2005033459A1 US7039494B2 EP1517205A2 JP2005056171A	2003-08-05	OTSUKI TOSHIAKI IDE SOICHIRO
动平台手腕部的传动结构,通过三个空心圆筒状支架彼此可旋转地以三重嵌套方式组合而成	不同于传统的伸缩管传动方式	核心专利	CN101804631A US20102061620A1 DE102010007631A1 JP2011056661A DE102010007631A8 JP4659098B2 CN101804631B JP2010184328A US8109173B2	2009-02-13	KINOSHITA SATOSHI YAMASHIRO HIKARU

续表

发明点	初步分析	专利类型	公开号	优先权日	发明人
布置在传动链上的手腕驱动结构	不同于传统的伸缩管传动方式，核心专利涉及的传动方式的替代方式	核心专利	JP4598864B2 CN101791797A CN101791797B US2010186534A1 DE102010006155A1 JP2010173019A US8047093B2	2009-01-29	KINOSHITA SATOSHI; YAMASHIRO HIKARU

续表

发明点	初步分析	专利类型	公开号	优先权日	发明人
用于并联机器人手腕驱动的四自由度限制制动装置	不同于传统的伸缩管传动方式,核心专利涉及的传动方式的替代方式	核心替代专利	DE102010047315A1 JP2011088262A DE102010047315B4 US8307732B2 US2011097184A1 CN102049776A JP4653848B1B1	2009-10-26	KINOSHITA SATOSHI NAGAYAMA TOMOAKI YAMAMOTO MASAHIRO KUREBAYASHI HIDENORI; FUJIMOTO KATSUMI UEMURA TOKITAKA

续表

发 明 点	初步分析	专利类型	公开号	优先权日	发明人
通过结构布置使得连杆机构的运动范围不超出基体覆盖的范围,从而提高安全性	Delta机器人的安装结构	核心替代专利	JP2008286363A	2007-05-21	NIHEI AKIRA OTAKA SHUNICHI KARIYA ISAO
利用并联机器人的点焊系统	2007年以前的并联机器人应用	外围专利	JP2009045739A US2008257092A1 EP1982801A1 JP2008264904A CN101288953A	2009-01-29	AKIRA FUTAKAME SHUNICHI ODAKA ISAO ITAYA

续表

发明点	初步分析	专利类型	公开号	优先权日	发明人
并联机器人,尤其是具足动平台上具有末端感应器以及旋转驱动装置	2007年以前的并联机器人应用	早期专利	DE69723532DD1 EP0842727B1B1 JP9285874A US6059169A EP0842727A1 WO9739853A1	1996-04-25	NIHEI RYO OKADA TAKESHI

续表

发明点	初步分析	专利类型	公开号	优先权日	发明人
并联机床插补控制器	2007年以前的并联机器人应用	早期专利	JP2000130535A JP2000130534A EP0997238A2 DE69917180TT2 DE69917180DD1 EP0997238B1B1 JP2000130536A	2009-10-26	NIHEI AKIRA UEMATSU MASAAKI MATSUMOTO KUNIYASU ABE KENICHIRO

10.5.2 其他公司 Delta 并联机器人

10.5.2.1 技术发展历程

并联机器人有很多不同的结构类型，其中 Delta 并联机器人是工业应用比较成熟的一种，进入市场的时间也长。由于 Delta 并联结构特点，从该结构出现至今，一直有很多公司围绕该结构申请相关专利，这些专利申请在一定程度上可以反映出各个企业在 Delta 并联机器人领域的研究方向和重点，下面我们将选取部分有代表性的企业进行简单的分析。

最早于1983年两个瑞士兄弟 Marc – Olivier 和 Pascal Demaurex 成立了 Demaurex 公司，而在随后的1987年，同样是瑞士的 CLAVEL R 和 SOGEVA S. A 申请了 PCT 专利 WO8703528A1，该专利申请是最早的并联机器人专利申请，之后有近200篇专利申请引用了该专利申请。

Demaurex 公司在1987年获得了该专利的生产销售许可，之后便将并联机器人的商用化作为公司的主要业务。最早的产品是用于包装工业，由于具有很快的响应速度，极大地提高了包装行业的生产效率。几年之后 Demaurex 公司便成功地开辟了这一市场并稳稳地占据了该市场，其间 Demaurex 公司不断对机器人产品进行改进，据统计他们在全球范围内卖出了500台 Delta 机器人产品。1996年 Demaurex 公司购买了 Delta 并联机器人的专利权，随后也有很多公司获得了该结构的生产销售许可，例如雷诺、GROBWerke 以及 Krause & Mauser 集团等。之后，Demaurex 公司许可日立公司生产更小型的 Delta 机器人，用于钻加工。实质上，当时的日立是 Demaurex 公司在日本的代表。

为了保持其自身在 Delta 机器人领域的领导地位，并且寻求从生产独立的 Delta 机器人向生产完整的功能性的机器人单元发展，Demaurex 公司不断寻找强大的合作伙伴。SIG 集团是瑞士的一家大企业，其包括三个产业分支，其中一个是包装，仅这一分支就雇佣员工2000多人。SIG 集团提供了足够的需求，两者合作成立了 SIG & Demaurex 包装公司，研发了三种不同的 Delta 机器人，其中包括由 Demaurex 制造的 C23 和 C33 以及由 SIG 集团制造的 CE33。由于 SIG 在包装系统中与 Demaurex 机器人领域的强强联手，两者的合作取得很大的成功。

2004年，德国博世集团（BOSCH）收购了 SIG 和 SIG & Demaurex 包装公司，包括其包装技术的所有专利。提取前者的核心技术后，BOSCH 研发出了很多型号的 Delta 机器人，例如：XR31、XR22 和 Paloma D2 等，这些机器人也占据了很大的市场分额。

ABB 柔性自动化公司启动其在 Delta 机器人上的研发是在1999年，最早的产品命名为 IRB340 柔性拾取机器人，其市场目标直指食品工业、制药和电子工业这三个工业市场。该机器人配置有集成真空系统，能够快速抓取和放开 1kg 以下的物体，并且为机器人装备了 Cognex 的机器视觉系统以及 ABB 公司的 S4C 控制器，极大地提高了该机器人的工作效率。

经过近十年的研发，ABB 公司的第二代 Delta 机器人 IBR360 诞生了，其同样是一种拾取机器人，但是更为复杂，具有更快的速度、更强的抓取能力和更小的尺寸。据统计，ABB 公司在全球销售了1800台 Delta 机器人。

Adept Technology 公司是一家视觉机器人系统的全球领导企业，成立于 1983 年。该公司是美国最大的工业机器人制造商之一。2007 年其研发出一款高速的 Delta 机器，命名为 Quattro。Quattro 机器人专用于高速场合，如包装工业。该机器人是全球最成功的一款四臂结构的 Delta 机器人。它的控制算法也非常先进，具有更大的工作空间，由于利用了先进的追踪软件，Adept Quattro 能够定位、选择以及取放快速移动中的物体。

国内对于 Delta 并联机器人研究比较有代表性的是天津大学。天津大学是国内最早研究并联机器人应用的单位，1997 年天津大学联合清华大学研制了国内第一台并联机床。从 2001 年起，天津大学开始关注 Delta 并联机器人在工业上的应用，并研制出 Diamond 型并联机器人，其相对于 Delta 并联机器人而言减少了一条运动链，在满足高速的前提下降低了成本。随后，又研发出了 TJU – DELTA 型机器人，围绕 Delta 并联机器人前后共申请了 15 项专利，其中包括很多 PCT 专利申请，含金量较高。

10.5.2.2 专利申请布局

同样针对 DELTA 并联机器人的研发，各家公司关注的重点各有不同。可以大致把 Delta 并联机器人划分为以下几个技术模块：（1）动平台；（2）连接臂；（3）定平台；（4）控制方法。如图 10 – 19 所示。

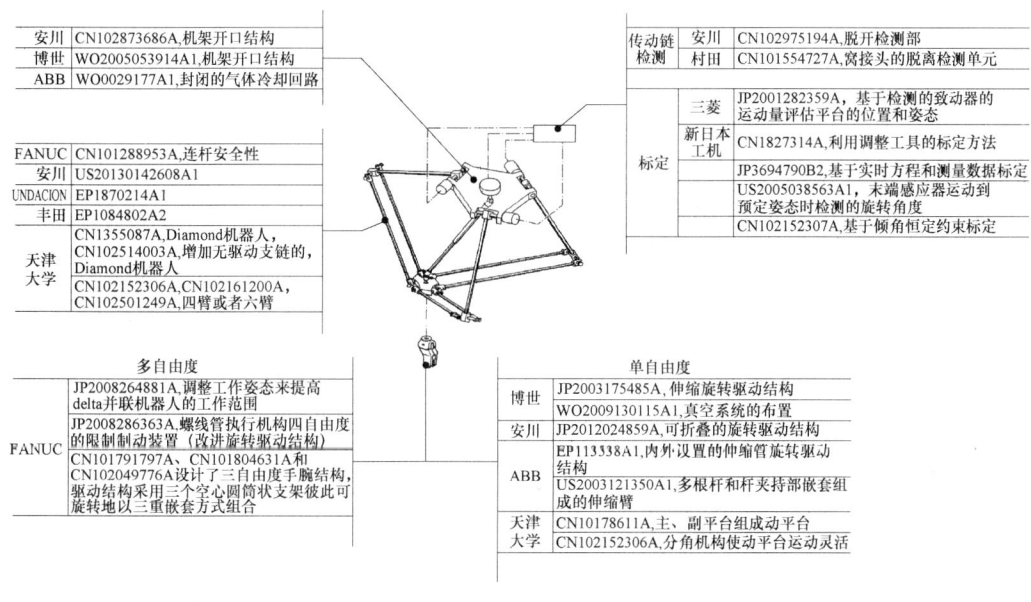

图 10 – 19 DELTA 并联机器人专利布局

（1）动平台

基础专利 WO8703528A1 提供了以伸缩杆配合连轴器驱动动平台可转动地调整姿态的技术手段，该手段可以满足位姿调整要求较低的应用场合。对于动平台附加自由度方面，FANUC 公司做出了很多研究和改进，2007 年 4 月 FANUC 公司申请了一项关于 Delta 并联机器人的连接机构布置以提高安全性方面的申请 CN101288953 A。正是从这件申请开始，FANUC 公司的并联工业机器人相关的专利申请和产品都以 Delta 并联接器人的结构作为基础。这其中的主要原因是 Delta 并联机器人的基础专利 WO8703528A1

正是从 2007 年开始失效的，而此前已经有很多企业通过获得基础专利 WO8703528A1 的生产销售许可（licence），在 Delta 并联机器人领域取得了成功。此时的 FANUC 公司已经迫不及待地开始追赶，因为它很清楚并联机器人将会在工业机器人领域占据很大的市场份额。这一点从一个侧面也可以反映出来：该申请的内容其实并不涉及太多核心的技术方案，但是该申请的第一发明人为二瓶亮。二瓶亮在 FANUC 公司机器人研发团队中是一个非常重要的人员，该发明人的专利申请数量很大，并且很多涉及较新和较为重要的技术分支，此人对 FANUC 公司技术发展方向的决定有着很重要的作用。由此可见，FANUC 公司对 Delta 并联机器人的重视程度。2007 年 FANUC 公司在日本申请了一项针对动平台的专利（公开号为 JP2008264881A），其通过增加工件姿态的调整机构来提高 Delta 并联机器人的工作范围，这样的方式间接增加了动平台的自由度，但是其调整机构可调整的范围有限，仅适用于少数简单的场合。随后在 2009 年 FANUC 公司申请了两项关于动平台手腕结构及驱动方式的专利，也就是 FANUC 公司并联机器人产品的核心专利：CN101791797A、CN101804631A，这两项专利分别涉及手腕的自由度结构和手腕的驱动结构。其中手腕的自由度结构主要是设计了一种三自由度的手腕结构，驱动结构采用三个空心圆筒状支架彼此可旋转地以三重嵌套方式组合而成。

除此以外，2007 年 FANUC 公司还申请了另外一种 Delta 并联机器人手腕的驱动结构（JP2008286363A），该申请涉及具有螺线管执行机构的四自由度的限制制动装置。2011 年 FANUC 公司又申请了一项手腕的驱动结构（CN102049776A），其将驱动电机布置在传动链上。

博世、安川和 ABB 公司分别提出过一种用于 Delta 并联机器人的伸缩式扭矩传递结构，用于从定平台向动平台传递旋转扭矩。其中博世的伸缩结构采用第一杆和第二杆滑动配合的方式（JP2003175485A），而安川采用类似可折叠的形式（JP2012024859A）；ABB 公司设计了两种伸缩结构，其中一种采用内外设置的伸缩管结构，通过设置扭转的刚性套筒来降低伸缩的摩擦力并且保证扭矩传递的刚度（EP1135238A1）；另一种采用包括多根杆和杆夹持部组成的伸缩臂（US2003121350A1），由此同样达到降低伸缩的摩擦力并且保证扭矩传递的刚度的技术效果；此外，博世还申请了一项用于抓取的 Delta 并联机器人的专利，其中在支撑单元上设置真空管（WO2009130115A1），应用于通过吸附的方式抓取工件。

国内方面，天津大学针对动平台提出了一种通过调换主平台和副平台，或配以换向机构，实现三个正交方向的转动自由度的 Delta 并联机器人（CN101708611A），在一定程度上增加了动平台的自由度。或者动平台由两个水平的对称布置的分角机构组成，两个分角机构的分角连杆一端通过转动副连接；两个分角机构的四个分角连杆形成类菱形结构，其使动平台运动灵活，受力均匀，避免了摩擦力大的问题（CN102152306A）。

整体而言，对于手腕的改进是各个公司对于 Delta 创新的重点，如何能够精确稳定地控制动平台以满足不同的姿态要求，是现阶段 Delta 并联机器人动平台最主要的技术问题，而其他主要公司暂时还停留在动平台只有一个旋转自由度的阶段，并联机器人领域未见有其他多自由度手腕专利申请出现。单一旋转自由度目前还能满足大部分的抓取需要，但是随着工业的不断发展，可以预见产业对于机器人灵活性要求会越来高，手腕结构的创新存在很大的需求。

（2）连接臂

FANUC 公司于 2007 年申请了保护关于一种平行连接操作装置的专利，其中连接旋转致动器和可动部件的连接机构的连接部件不突出在基体区域的外面，从而提高机器人工作时的安全性（CN101288953A）。

ABB 公司对 Delta 并联机器人的连接臂结构作了很多改进以满足不同的自由度和工作空间需要，其从 21 世纪初期开始设计类 Delta 并联机器人，ABB 公司申请的并联机器人的结构已经与基础专利中的 Delta 机器人外观上有了很大的改变。ABB 公司于 2012 年申请的并联工业机器人专利，虽然其外形上有了很大的变化，但是其运动形式还是与 Delta 并联机器人基本相同，这种连接结构的改变给机器人的动力学性能和运动学性能都带来了改变。不过目前这些连接臂的改型并没有太多产业上的应用，因此在此不展开讨论这些改型的具体技术方案。

在连接臂方面，安川提出了四条连接臂的 Delta 并联机器人，在原有基础上增加了一条连接臂，通过正交布置的旋转驱动器和连接臂达到提高速度和控制精度的效果（US20130142608A1）。同样关注四臂形式的 Delta 机器人的还有西班牙的 FUNDACION FATRONIK（EP1870214A1）和日本的 TOYODA MACHINE WORKS（EP1084802A2、JP2006142481A），并且以上两家公司在 Delta 并联机器人领域存在合作关系；另外安川还申请了一项在连接臂中设置多个连接干涉驱动机构的专利（WO2013014720A1）。

天津大学于 2001 年申请了一项仅含转动副的二自由度平动并联机器人机构即 Diamond 机器人，其相对于 Delta 并联机器人减少了一条运动链，在保证高速的前提下降低了成本和重量，能够满足特定领域的需求（CN1355087A）；随后提出采用远架杆和平行对称设置在远架杆两侧具有内部拉应力的两根钢丝通过球铰链连接近架杆和动平台的方式，构成 Delta 并联机构，可提高机构的刚度，减轻相应运动部件的质量，同时还可以通过调节钢丝的长度，矫正动平台的姿态误差（CN1785607A）；天津大学还申请了关于四臂和六臂形式的 Delta 并联机器人（CN102152306A、CN102161200A、CN102501249A）；之后，天津大学还对二自由度的类 Delta 机器人增加了一条无驱动的支链，从而提高平面 Diamond 机器人的侧向刚度（CN102514003A）。

总之，对于连接臂的改型目的是满足不同的工作空间要求，但是改型的幅度越大，机器人运动学和动力学模型相对于已有的 Delta 并联机器人就会越复杂，相应的控制难度也会增加。Delta 机器人之所以在工业应用中取得这样的成功，其主要原因就是其模型和控制策略的成熟，过多的改动基础结构将会带来较大的研发投入，以目前国内并联机器人的发展水平来说，对于大多数企业并不合适。

（3）定平台

安川提出一种 Delta 并联机器人，臂部经由臂连结用的开口部与各个电机单元连结，壳体具备能够从上方装卸电机单元的装卸用开口部。这样的设计可以满足食品、医药领域对于卫生条件的要求。

博世设计了一种由垂直框和水平臂组成的 Delta 并联机器人固定结构（US2004103741A1），还提供了一种具有开口的机架结构，从而方便对于机器人的清洁处理（WO2005053914A1）。

ABB公司最早的Delta并联机器人IRB340也包含关于保证卫生的专利技术,其通过设置封闭的气体冷却回路来克服润滑油、气味或者灰尘等因素破坏卫生环境（WO0029177A1）。

总体而言,对于定平台,主要的技术问题在于安装是否方便,能否满足应用场合对于机器人环境的要求,因为并联机器人主要的应用领域为食品、医药和电子工业等对于环境要求较高的领域。如果机器人不方便清洁,显然是无法满足要求的。另外,对于安装是否方便,FANUC公司并联机器人产品M-1iA的一个特点是可以安装在任意的倾斜角度上,可以选择无支架安装、有支架安装、支架上下翻转安装的方式,但是未见FANUC公司对其安装结构进行专利保护。

（4）控制方法

安川电机申请了一项关于并联机器人控制方法:具体地关于三个伺服电机的控制方法,其设置脱开检测部,根据多个驱动源中的至少一个驱动源的驱动力判断所述臂部的关节部是否脱开（CN102975194A）。

村田机械株式会社公开了一种Delta并联机器人的控制方法,球窝接头具有含球状头部的球头销、对该球头销的球状头部进行摆动自如地保持的球窝以及设置在球状头部和球窝之间的导电部件。检测单元基于上述球头销和上述球窝之间的导通与否,来对多个球窝接头中至少一个球窝接头的脱离情况进行检测（CN101554727A）。

ADEPT公司:US7313464B1拣取机器人的视觉系统,包括获取物体的3D图像确认抓取特征从而区分有用的和无用的物体。除此之外,还有很多公司关注机器人的视觉,也有很多相关的专利文献,由于视觉系统与机器人结构形式并没有太大关系,虽然其在机器人技术中占有很重要的地位,但并不是本文的重点。

三菱精工在日本申请了一项关于Delta并联机器人的控制方法,其基于检测的致动器的运动量来评估动平台的位置和姿态（JP2001282359A）,其中公开了三菱采用的控制算法。

湖南湖大艾盛汽车技术开发有限公司提供了一种并联机器人的正、逆动力学响应分析与控制方法,其首先分解并联机器人:选择广义坐标系或自定义坐标系将并联机器人的各个分支链和动平台视为相互独立的s个子系统,然后确定各分支链子系统和动平台子系统的动力学方程;该方法具有很好的模型共用性,对复杂约束的并联机器人系统提供了动力学统一分析方法（CN102495550A）。

对于并联机器人位姿的标定,新日本工机株式会社提供一种定位后无需测量的并联运动机构的标定方法、标定的检验方法和程序产品以及标定数据获取和收集方法,可获得末端执行器的精确姿态信息和驱动轴的相对坐标（CN1827314A）。JAPAN SCI & TECHNOLOGY提供了一种通过将控制方程形成为实时方程,当动平台位姿发生改变时,每一个运动组的数据都被测量,评估机器人的参数,并基于实时方程和测量数据标定参数（JP3694790B2）。GWANGJU INST SCI & TECHNOLOGY同样公开了一种并联机器人运动学标定装置,其在设置在约束臂上的检测部末端感应器运动到预定姿态时检测的旋转角度,这样就可以精确地获得约束臂的长度,增加标定结果的可靠性

(US2005038563A1)。西安交通大学公开了一种 stewart 并联机器人的运动学标定方法，首先，从理论上构造了一种新型的运动约束——倾角恒定约束，即分组保持 stewart 并联机器人运动平台相对水平面的两个倾角恒定；其次，采用伺服调节方式高精度的物理实现了所构造的运动约束；再次，根据运动约束基于最小二乘原理建立了标定模型；最后，通过求解非线性最小二乘优化问题辨识模型参数，并在机器人控制软件中进行补偿（CN102152307A）。

对于并联机器人的控制方法，最基础技术问题是如何建立准确的运动学和动力学模型，如何提高运动精度，另外机器人的视觉是很重要的一个部分，而机器人视觉与机器人采用并联或者是串联结构关系并不密切，换句话说同样的视觉系统，可以用于并联机器人，也可以用于串联机器人。从上面的分析可以看出，关节连接头的检测和机器人的标定是被关注的重点，两者目的都在于提高运动精度。对于机器人的标定，通常可以分为三个级别，第一个是关节级，即如何确定关节传感器与实际关节值之间的关系，第二个是标定完整的机器人运动学模型，包括描述连杆的机荷参数和齿轮或者关节柔性的非几何参数；第三个是动力学级，标定不同连杆的惯性特征等。而以上这些关于标定的专利主要集中在使用不同类型的传感器测量系统的末端位姿误差或者被动输出铰链的输出误差，以期简单有效地实现参数辨识问题。

10.5.3 专利规避

申请专利保护创新成果是很多企业的首要选择，但是对于技术相对落后者而言，采取跟随战略实现后来者居上是很常见的方法。跟随模仿的过程中如果侵犯了他人的专利权将会使自己处于危险的境地，如何在模仿的过程中规避对方的专利权是一门很重要的学问。

如何判断有效的规避，主要有两个标准：一是在专利侵权判定中不会被判侵权，二是规避涉及的成果具有商业竞争力。

侵权与否的判定分为三个步骤，（1）确定专利申请保护范围；（2）分析专利申请保护范围与待判定对象的技术特征；（3）应用侵权判定原则，确定待判定对象是否侵权，这其中包括字面侵权和等同侵权。

据此确定的专利规避设计的基本原则为：（1）减少组件数量以满足全面覆盖原则；（2）使用代替的方法使被告主体不同于权利要求中指出的技术以防止字面侵权；（3）从方法/功能/结果上对构成要件进行实质性改变，以避免侵犯等同原则。

在这些原则指导下，通常的规避方法有五种：

（1）借鉴专利文件中背景技术的规避设计：专利文献的背景技术部分往往会描述一种或者多种相关现有技术，并指出它们的不足，审查员也会指出最接近的现有技术，借助这些相近的技术文献，完全有可能通过对现有技术以及其他专利的技术改进组合形成新的技术方案。

（2）借鉴专利文件中发明内容和具体实施方案的规避设计：专利的保护范围以权利要求为准，而实施方式中可能提供了多种变形和技术方案，发明内容部分可能揭示了完成本发明的技术原理、理论基础或者发明思路。而权利要求中未必能够精准地概括上述实施方案,其技术原理、理论基础或者发明思路也未必只对应权利要求中的技术方案。一方面,可以寻找权利要求概括的疏漏,找到可以实现发明目的,却未在权利要求中加以概括的实施方式;另一方面,可以通过应用发明内容中提到的技术原理、理论基础或者发明思路创造出不同于权利要求保护的技术方案。

(3)借鉴专利权利要求的规避设计:这种规避设计采用与专利相近的技术方案,缺省至少一个技术特征,或有至少一个必要技术特征与权利要求不同。这里的权利要求应该理解为字面及其等同解释。这是最常见的规避设计,也是与专利保护范围最接近的规避设计,关键点在于找到权利要求各技术特征中最容易缺省或者替代的技术特征。

(4)借鉴专利审查相关文件的规避设计:根据禁止反悔原则,专利权人不得在诉讼中,对其在答复审查意见过程中所作的限制性解释和放弃的部分反悔,而这很有可能就是实现发明目的,但又排除在保护范围之外的技术方案,所以如果获得这样的信息,规避设计就事半功倍了。

(5)借鉴专利文件中技术问题的规避设计:这种规避设计只是通过专利文件了解产品性能或者解决的技术问题,然后重新设计完全不同的技术方案,但是这种设计的研发成本也会较大。

这些规避设计方法在可发挥的空间、安全性、成本和新技术性能方面各有不同,实际规避中应当根据情况进行取舍和平衡,确定最佳路线。

根据上述具体方法设计完成多种替代的技术方案之后,还应该经过市场可行性的评价,并且确认规避方案不侵犯目标专利权,这需要经过专业的专利律师或者司法鉴定出具专利不侵权报告。

10.5.3.1 在改进中规避专利风险

如前文所述,在 Delta 并联结构问世后的 20 多年间,众多机器人制造商从各种角度持续对其进行着改进。事实上,FANUC 公司涉足 Delta 并联机器人开发的时间相对较晚,在其推出自己的并联机器人拳头系列产品之前,ABB 公司、博世(收购 SIG)、Adept 等知名公司早已开发出各自成熟的产品系列并形成相应的专利保护池。那么对于这样一种趋于成熟的 Delta 并联机器人产品市场,下文将以 FANUC 公司的规避策略为例,分析如何成功实现对竞争对手专利的规避设计,从而在该领域快速确立自身的技术优势。

继 2009 年推出拳头机器人一号 M-1iA 系列之后,FANUC 公司于 2010 年和 2012 年相继推出了拳头机器人三号 M-3iA 系列和拳头机器人 M-2iA 系列以扩充其并联机器人产品线。由于 FANUC 公司对 Delta 并联机器人的驱动结构进行了改进设计,这两款新品相对之前的并联机器人产品具备更大的动作空间以及更高的密封性能,其应用场合得到很大的拓展。M-3iA 和 M-2iA 的支撑专利 US8307732B2 记载了对并联机器人第四轴的驱动结构进行改进的技术方案,已在美国、日本、中国、德国几大主要市场获得授权。如图 10-20 所示。

通常来讲,为了实现 Delta 并联机器人动平台上搭载的末端执行器的驱动,现有的驱动结构普遍的手段有如下两种:一种是将驱动装置直接设置在动平台上,这样的驱动设计传动链短,易于实现,但驱动装置附加在动平台上的质量对于并联机器人的加

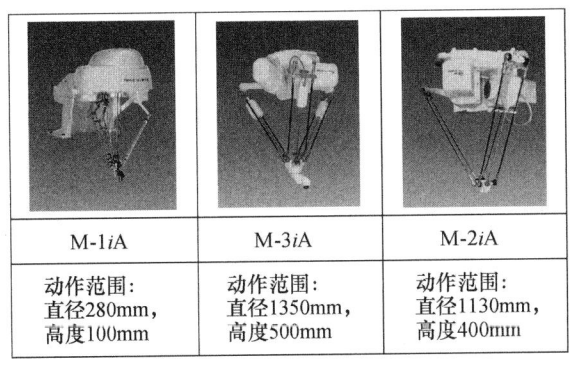

M-1*i*A	M-3*i*A	M-2*i*A
动作范围： 直径280mm， 高度100mm	动作范围： 直径1350mm， 高度500mm	动作范围： 直径1130mm， 高度400mm

图 10-20　FANUC 公司主要并联机器人产品

减速性能以及运动精度影响较大；另一种是将驱动装置设置在定平台上，通过设置在动平台和定平台之间的移动副以及球铰或万向节将驱动装置的动力传递到动平台上的末端执行器，这样的驱动设计使得机器人动平台负载较小，能够获得较高的运动速度和精度。在追求高速高精度的并联机器人产品中被广泛使用，ABB 公司、博世公司的并联机器人产品系列多采用这一类型的驱动方式。在相应的专利申请中，较为有代表性的是博世公司于 2005 年获得授权的美国专利 US6896473B2（同族 JP4109062B），该专利曾多次被 FANUC 公司申请的并联机器人专利所引用，如图 10-21 所示。

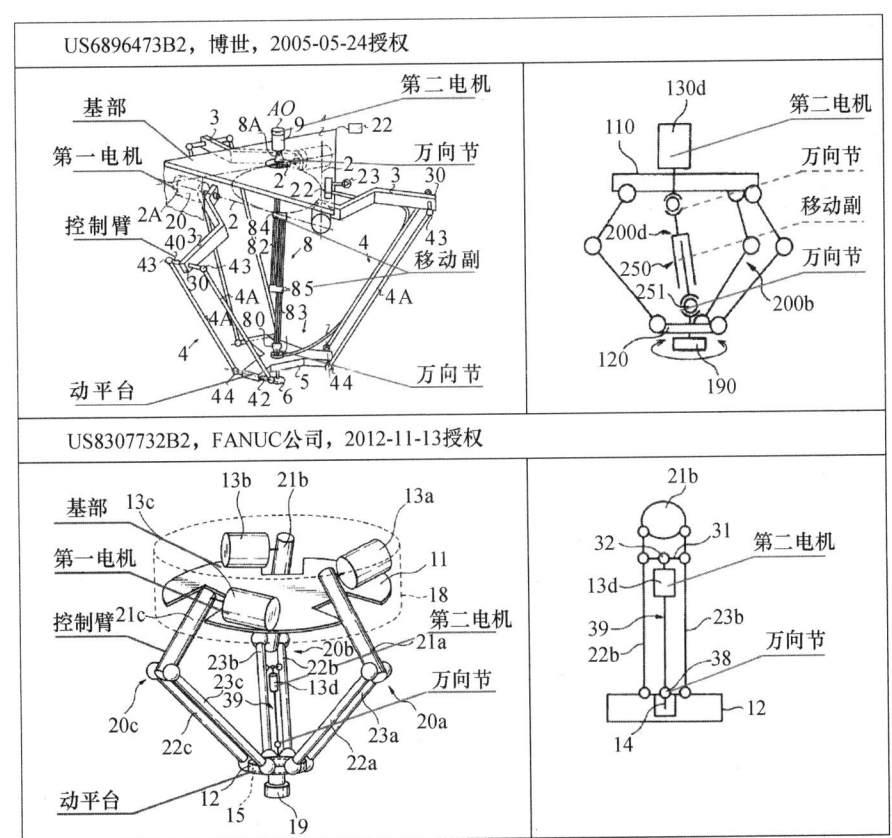

图 10-21　FANUC 公司借鉴现有技术构思改进专利

博世专利美国授权文本 US6896473B2 的独立权利要求 1 如下：
1. 一种实现物体三维移动的 Delta 并联机器人，包括：
一个基部；
一个移动承载平台；
第一电机；
控制臂，由所述第一电机驱动，每个控制臂包括连接于所述基本部的一第一端部和连接到所述移动承载平台的一第二端部；
设置在所述移动承载平台的夹紧元件；
具有轴的第二电机；
一个长度可变的轴，所述轴形成为一将扭矩从所述第二电机传递至所述夹紧元件的装置，所述装置包括
一第一杆；
一第二杆；
一滑动轴承，其将所述第一杆和所述第二杆滑动连接在一起以使第一杆在第一方向上延伸，第二杆在第二方向延伸，其中，所述第一方向平行且偏离所述第二方向；
一第一铰接头，其在所述第一方向上连接在所述第一杆一端，并连接到所述第二电动机的轴，一第二铰接头，其在所述第二方向上连接在所述第二杆的一端，并连接到所述夹紧元件，其中参照所述第一方向和所述第二方向，所述第二铰接头偏离所述第一铰接头，并且第一铰接头和第二铰接头为万向节组件。

博世专利 US6896473B2 的独立权利要求 1 首先对搭载末端执行器的 Delta 机器人固有的结构定平台、动平台、连接臂、末端执行器进行相关限定；其次，对驱动末端执行器吸爪的驱动结构进行具体限定：在驱动电机与末端执行器之间的传动链包括第一万向节、由两根通过线性轴承实现相对移动的平行杆组成的移动副以及第二万向节，即该驱动结构将设置在定平台的电机的转矩通过万向节、移动副、另一万向节传递至动平台的末端执行器。

而在 FANUC 公司 M-3iA 和 M-2iA 的支撑专利 US8307732B2 中，对于搭载于动平台上的末端执行器，FANUC 公司对其传动链进行了简化改进。该专利所记载的驱动电机与末端执行器之间的传动链相对于博世专利 US6896473B2 独立权利要求 1 所保护的机器人传动链，删除了第一个万向节和复杂的移动副，仅保留一个固定长度的传动杆和一个万向节，并将驱动末端执行器的电机的设置位置调整至连接臂的两平行的从动臂之间以保持 Delta 并联机器人原有的运动特性。也就是说，FANUC 公司从技术特征缺省的角度成功实现了对博世在先专利的规避。

对于博世专利 US6896473B2 所保护的采用两个万向节和一个移动副的传动链而言，由于构成移动副的伸缩长度有限，并联机器人动平台的动作范围被限制在杆的最大长度和最小长度之间，加之万向节与其他部件之间的干涉，并联机器人动平台的动作范围还要受到万向节折弯角度的限制。因此，省略移动副和一个万向节的传动链所获得的末端执行器驱动结构不仅保留了 Delta 并联机器人本体的运动特性，更使 Delta 并联机器人定平台的动作范围突破了复杂传动结构的限制。因此，FANUC 公司的专利

US8307732B2 不仅有效规避了竞争对手所掌握的诸如 US6896473B2 等类似在先专利的限制，还使 Delta 并联机器人的动作空间得到提升。从 FANUC 公司的产品线可以看出，在 2009 年推出拳头机器人一号 M-1iA 系列之后，随后的两代并联机器人拳头机器人三号 M-3iA 系列和拳头机器人 M-2iA 所采用的均是 US8307732B2 中所保护的驱动结构，这已经成为其并联机器人产品的一项独特的技术优势。

FANUC 公司在 Delta 并联机器人产品研发过程中，通过对现有技术进行充分分析和解读，发掘出竞争对手产品或专利中存在的技术问题，并采用针对性的研发手段进行改进并形成相应的专利，从而实现高效的产品研发以及有效的专利规避。作为机器人行业领军人物的 FANUC 公司虽然研发实力雄厚，但其在并联机器人产品的开发过程中却采取了这种在改进中规避，在规避中改进的高效率的研发模式，从而从产品和专利两个角度实现对新业务领域的快速切入和有效占领。目前，中国对于工业机器人的需求旺盛，国外知名机器人制造商纷纷将目光聚焦于中国市场，为了提高竞争力，对于研发基础相对薄弱的中国工业机器人制造商而言，上述研发模式无疑具有重要的启示意义。

10.5.3.2 对 FANUC 公司并联机器人的规避

Delta 并联机器人作为工业上最成功的并联机器人类型，从工业化应用至今已有二十余年。其基础专利 WO8703528A1 于 2007 年失效，如今各大机器人制造企业如 ABB 公司、FANUC 公司、安川、博世公司等均已有自己成型的 Delta 机器人产品并各具优势。其中 FANUC 公司最具特点的是其对动平台手腕的改型，使 Delta 并联机器人动平台姿态调整更加自如，从而满足不同的作业环境。这正是其最新的并联机器人产品 M-1iA 主要的特点。下面我们就假设某企业希望学习利用 FANUC 公司产品 M-1iA 的手腕结构，探讨如何规避其专利保护。

首先我们需要确定相关专利的保护范围，其中经过前面的检索可以确定，该结构设计的核心专利有 2 项：CN101791797A、CN101804631A，这 2 项专利分别涉及手腕的自由度结构和手腕的驱动结构。其中手腕的自由度结构主要是设计了一种三自由度的手腕结构，驱动结构采用三个空心圆筒状支架彼此可旋转地以三重嵌套方式组合而成。

对于 CN101804631A，通过国家知识产权局网站可以查询到该申请的法律状态以及相关的引文信息。该申请已于 2012 年 8 月 8 日获得授权，授权的独立权利要求如下：

1. 一种并联机器人（10），具备：基部（12）：相对该基部可移动的可动部（100）：设在该基部与该可动部之间，且使该可动部相对该基部进行 3 轴平移运动的并联机械装置形式的可动部驱动机构（16）：可变更姿势地设置在该可动部的手腕部（102）：以及使手腕部相对该可动部进行 3 轴姿势变更动作的手腕部驱动机构（20），其特征在于，

上述手腕部具备：以与上述可动部的上述 3 轴平移运动的轴不同的第四旋转轴（106a）为中心可旋转地支撑于上述可动部的第一旋转部件（106）：

以正交于该第四旋转轴的第五旋转轴（108a）为中心可旋转地与该第一旋转部件连接的第二旋转部件（108）：以及

以正交于该第五旋转轴的第六旋转轴（110a）为中心可旋转地与该第二旋转部件连接的第三旋转部件（110），

在该第三旋转部件上设有用于安装工具的安装面（114），该安装面相对于该第六

旋转轴以规定的角度倾斜，

具备能够彼此独立动作的三个手腕部驱动机构，这些手腕部驱动机构的各个具备：

以第一旋转轴（44a）为中心可旋转地与上述基部连接的空心的外侧支架（44）：

以正交于该第一旋转轴的第二旋转轴（46a）为中心可旋转地内设于该外侧支架内的空心的中间支架（46）：

以正交于该第二旋转轴的第三旋转轴（48a）为中心可旋转地内设于该中间支架内的空心的内假支架（48）：

绕该第一旋转轴旋转驱动该外侧支架的伺服马达（52）：以及

沿着正交于该第三旋转轴的直动轴（54a）以旋转约束状态可直动地容纳在该内侧支架内，并且在从该内侧支架隔离的一端通过万向接头（80）与上述手腕部连接的棒状的传动部件（54）。

实质上以上授权的权利要求相对于原始提交的独立权利要求有一定的修改，原始的独立权利要求只有方框划分的前两个部分，在审查员评述了原始权利要求1不具备创造性后，申请人将原始的权利要求2附加技术特征限定到权利要求1中，缩小了权利要求的保护范围，一定程度上降低了规避的难度。

背景技术方面，该申请所提及的相关文献均只涉及单自由度手腕结构，对于以多自由度手腕为目标的设计利用价值不大。

技术问题方面，其技术问题是单自由度手腕不能满足作业需要，从这一技术问题出发，重新研究完全不同的技术方案是有可能实现的，但是工作量和成本相对会较大。

发明内容部分并未记载任何原理或者设计思路，仅记载了与权利要求相同的技术方案。实施方式部分具体记载手腕和驱动结构的细节特征，相对于权利要求的概括要下位一些，并且分析后发现每一个技术方案都被包括在权利要求的范围之内，不存在有概括疏漏的情况。

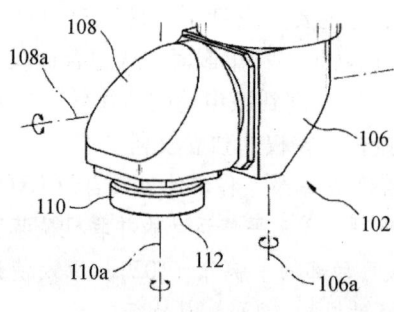

图 10-22　CN101804631A 手腕结构

权利要求方面，上面划分的三个部分中第一部分为前序部分，该部分为 Delta 机器人所必须包括的几个部分，即可动部、基部、并联机构、驱动部和手腕，是并联机器人最基本的结构特征。这一部分无论从"减少组件"或是"代替方法"还是"实质性改变"三个规避原则来分析都不容易实现。

对于第二部分，其实质是限定了手腕部包括"第一旋转部件"、"第二旋转部件"和"第三旋转部件"，如图 10-22 所示：

如果从元件删除角度出发的话，那么手腕部将成为具有两个自由度的手腕，两个自由度不如三自由度对于姿态调整的方便，但是显然其相对于原始的单自由度手腕可调整性还是更强一些。根据应用场合，如果两自由度能够满足要求的话也可以作为一种替换方案。删除部件时应当考虑三轴的运动形式，并尽可能地保证方便的姿态调整。其中第三旋转部件作用相当于基础专利中的第四旋转轴，用于夹持工件后将其旋转，这是机器人手腕基本的功能要求，替换或者删除将可能无法满足作业要求。第二旋转部件是调整作业姿态的关键旋转部件，通过绕第二旋转轴 108a 旋转可以使手腕末端与水平面形成不同的倾斜角度，需要保留调整倾斜角这一功能的前提下，第二旋转部件很难用其他方式代替；第一旋转部件通过旋转可以使第三轴 110a 绕第一轴 106a 作圆周运动，这一圆周运动实质上与 Delta 机器人动平台运动有一定的重复，其实质是对手腕末端位置的调整，间接地通过圆周位置的变化实现一定范围内的姿态的调整。而对于位置的调整应该主要由 Delta 并联机构完成，因此如果这一圆周运动的范围仍然在机器人的工作空间之内，那该位置调整完全可以由控制连杆实现，而且连杆控制也能实现动平台对于姿态的一定调整。也就是说，第一旋转轴的作用是在一定程度上增加了机器人的工作空间。也就是说，其对于姿态调整的作用在三个旋转轴中是最间接的，并且工作空间也可以通过改变传动链的尺寸来实现，因此第一旋转轴可作为规避点。第二旋转轴用于调整手腕末端姿态，第三旋转轴用于旋转工件，如果性能变化在可以接受的范围之内，删除第一旋转轴是一种选择；如果仍然期望增加一定的工作空间，则可以通过替换第一旋转轴的方式来实现，例如将旋转运动替换为直线运动，通过滚珠丝杠配合滑轨的形式实现手腕在一定范围内的移动，当然还有其他的方式增加手腕的运动范围。

第二部分还包括一个对于"安装面"的限定特征，即"该安装面相对于第六旋转轴以规定的角度倾斜"，由于三个旋转自由度已经可以实现安装面的姿态调整，因此该特征只是与前述的三个旋转轴在功能上也存在一定的重合，因此企业的技术人员完全可以根据应用场合是否依赖这一倾斜角度来决定能否删除该特征。

为了克服原始权利要求 1 不具备创造性的缺陷申请人将原权利要求 2 中的特征限定在独立权利要求中，这部分技术特征是针对三自由度的驱动结构，其与另外一篇核心专利 CN101791797A 的独立权利要求中记载的驱动方式完全相同。也就是说，对于两项核心专利的规避最终落脚于对 CN101791797A 的规避，只要规避了 CN101791797A 对于驱动方式的保护，就可以成功规避 FANUC 公司对 Delta 并联机器人的专利保护。

对于 CN101791797A，最直接的规避方式是从技术问题出发，因为基础专利中对于伸缩管结构的驱动形式已经成为现有技术，所以用基础专利中的驱动结构实现三自由度手腕的驱动，即使三自由度手腕结构与 FANUC 公司完全相同也不会落入 FANUC 公司的保护范围。当然也可以从背景技术、发明内容、实施方式、权利要求、审查文件和技术问题这几个角度分析可行的规避方式，分析的思路和过程与上面基本相同，在此不再重复。

10.6 发明人分析

FANUC 公司机器人的发展与 FANUC 公司的研发团队有着密不可分的关系，本节主要对 FANUC 公司的重要发明人进行研究分析：从发明人的排名、职业生涯、合作关系和重要发明人的研发路线几个方面展开。

10.6.1 重要发明人

FANUC 公司中与机器人相关的专利申请共用 1600 多项，其中排名前 10 位的申请人的专利申请达 900 多项，已超半数，这说明 FANUC 公司排名前 10 位的发明人属于该公司的重要且是核心的研发人员。这排名前 10 位的发明人分别是二瓶亮（NIHEI AKIRA/NIHEI RYO）、鸟居信利（TORII NOBUTOSHI）、渡边淳（WANTANABE ATSUSHI）、寺田彰弘（TERADA AKIHIRO）、加藤哲朗（KATO TETSUAKI）、伊藤进（ITO SUSUMU）、岩下平辅（IWASHITA YASUSUKE/IWASHITA HEISUKE）、榊原伸介（SAKAKIBARA SHINSUKE）、稻叶肇（INABA HAJIMU）、伴一训（BAN KAZUNORI）。他们的职业生涯以及各时间阶段的申请量分布如图 10 - 23 所示。

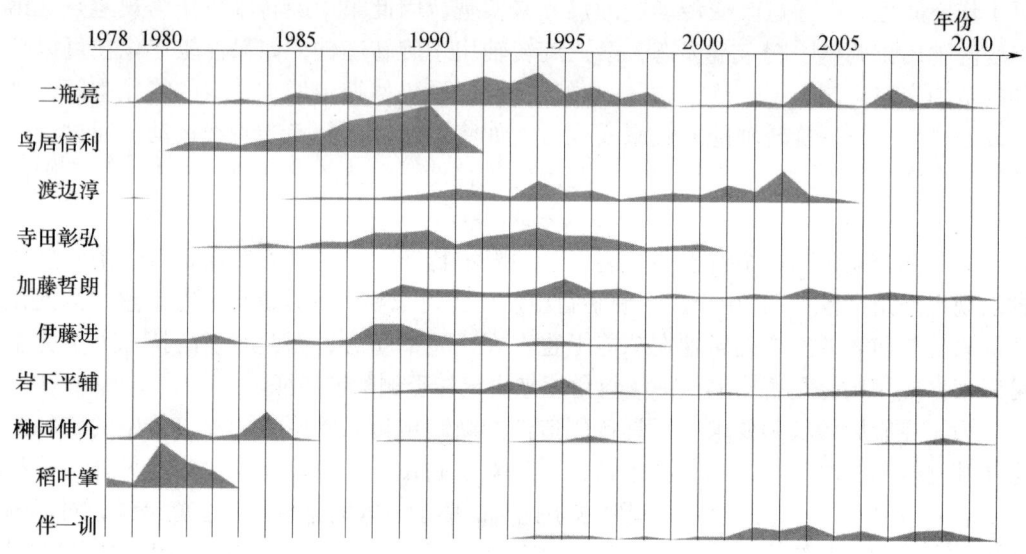

图 10 - 23　FANUC 公司发明人技术职业生涯

FANUC 公司工业机器人领域前 10 位发明人的职业生涯有以下两种不同的类型：第一类是从进公司以来一直致力于研发和发明，以二瓶亮为代表，其发明生涯从 1979 年一直延续到了 2010 年；与其相类似的还有加藤哲朗、榊原伸介。第二类是集中在几年之中发明创造的，以鸟居信利、稻叶肇为代表，其发明生涯只是其在 FANUC 公司的职业生涯的一部分。而第二类的发明人往往是进入了销售或者管理岗位，从而离开了研发部门。也就是说，10 位发明人有一个共同的特点，就是对 FANUC 公司的忠诚度，从他们进入 FANUC 公司后，一直为 FANUC 公司效力，再未离开。这种忠诚度的获得是由多方面的因素造成的，一方面 FANUC 公司的第一位掌门人稻叶清右卫门本人就出身于技术人员，其认为一个好的管理人员不仅要了解技术还需要掌握和引领技术的发展，因此奠定了 FANUC 公司良好的科研环境，也创造了坚实的科研人员的职业发展之路；另一方面，FANUC 公司优厚的收入和福利待遇也功不可没，在 2012 年的企业年收入统计中，FANUC 公司中 30 岁职员的年收入为 748 万日元，而同期电器机械类企业的平均年收入仅为 460 万日元；个人认同、未来发展和福利待遇三个作用因素提高了员工对公司的认同度，自然也提升了其忠诚度。

此外，不同的发明人在不同的时间段内有不同的活跃度。比较明显的如榊原伸介，其在1980年和1984年有两次发明高峰，但之后1986~1988年、1992~1993年、1998~2006年有一段时间的沉寂期。且从发明的整体趋势来看，1985年之前显然高于其之后的发明活跃度，这和他在1985年开始担任基础研究部室长，后来担任所长有着密不可分的关系。

10.6.2 发明人团队

排名FANUC公司前10位发明人之间的合作关系有紧有疏，且随着年代的发展，合作的关系会发生一些变化。如图10-24（见文前彩色插图第8页）所示：

从研发合作关系上看，岩下平辅和其他发明人之间的关系最为稀疏，其仅和加藤哲朗有一项合作。从专利技术的角度来看，这主要是由于岩下平辅和其他人的研究领域不同所导致的。岩下平辅的研究领域主要是伺服电机控制，这个研究方向与其他9位发明人的研究方向交集甚小，因此合作发明也比较少。

在合作发明中，二瓶亮与鸟居信利、寺田彰弘以及加藤哲朗之间关系紧密，而鸟居信利与寺田彰弘、伊藤进之间合作密切，伊藤进与寺田彰弘之间的合作也不少；但伊藤进和二瓶亮之间几乎没有合作；而由于鸟居信利与二瓶亮、伊藤进之间的合作处于基本相同的年代，因而从这种合作的关系来看，很有可能鸟居信利、寺田彰弘同时隶属于两个不同的发明团队，而二瓶亮和伊藤进则分别处于这两个发明团队内。另外，稻叶肇和榊原伸介之间也有不少的合作申请，因而，他们也很有可能处于同一个发明团队。

而除岩下平辅外，其他的9位发明人之间都有或多或少的合作发明，这说明在FANUC公司的研发部门中，各个发明团队之间不是完全独立的，会随着技术研发的需要而进行调整。其中，比较典型的例子如二瓶亮与榊原伸介之间的合作发明，第一阶段的合作是1980年，第二阶段的合作则是在2007~2009年；这两次合作之间有近30年的空白期。其中，第一阶段的合作主要是共同研发机器人爪；第二次则是电子器件握持机器人的相关技术，其中，小型的机器人爪是核心部件。结合榊原伸介的其他专利也可以看出，机器人爪是他的一个主攻方向；而二瓶亮与他的两阶段合作充分说明了该公司的合作团队会随着技术的发展，结合研发人员的技术特长而进行适当的调整。

10.6.3 技术演进

研究FANUC公司机器人相关专利申请中重要的发明人，有助于了解FANUC公司机器人相关技术的研究发展和发明团队建设。本小节以二瓶亮、鸟居信利以及榊原伸介为例，分析FANUC公司机器人申请的重要发明人及他们的研发经历。

10.6.3.1 二瓶亮

二瓶亮是FANUC公司机器人相关专利申请中最为重要的发明人，其发明生涯贯穿了他在FANUC公司的整个职业生涯，这和他在FANUC公司的职业经历是分不开的。

二瓶亮的在FANUC公司的经历如表10-2所示。

表 10 – 2　二瓶亮职业经历

二瓶亮 (1955 年 1 月 12 日生)	1978 年 03 月，东京工业大学工学部机械工学科毕业； 1978 年 04 月，入职 FANUC 公司； 1991 年 04 月，任商品开发研究所 301 部长； 1992 年 10 月，任机器人研究所副所长； 2003 年 07 月，任机器人研究所所长； 2004 年 06 月，就任董事； 2005 年 08 月，就任常务董事； 2006 年 06 月，退任常务董事； 2006 年 06 月至今，任常务理事； 2007 年 11 月至今，任机器人研究总管；第一机器人研究所所长； 2008 年 04 月至今，任机器人销售部部长助理

从二瓶亮的整个职业经历可以看出，他一直就职于商品研究部门下面的机器人研究所，其负责的就是机器人的商品研发，并一直处在研发第一线；他的发明经历很大程度上反映出了 FANUC 公司机器人的研发历程。

二瓶亮的发明涉及多种机器人，包括多关节机器人、水平关节机器人、垂直关节机器人、激光机器人、并联机器人；从用途上而言，覆盖焊接机器人、上下料机器人、喷涂机器人等；发明涉及多种机械结构，如机械爪、关节尤其是腕关节、臂、轴支撑、限位装置、平衡装置、工作台、缆线设置等，也涉及驱动器、传感器、示教器、控制器及控制方法等。总之二瓶亮的发明覆盖面广，数量大，且涉及许多机器人的核心技术。

从 1979 年开始，二瓶亮开始了他在 FANUC 公司的发明生涯。

1979～1981 年，二瓶亮主要和稻叶肇、榊原伸介合作，开展了一系列关于机械爪的研究，主要涉及机械爪的机械结构、驱动。

1982～1991 年，二瓶亮主要和鸟居信利开展合作，涉及机器人的臂、腕关节、缆线以及限位装置等，并于 1991 年进入了激光传感器的研究，这是二瓶亮首次进入传感器研究领域。

1986 年，寺田彰弘加入了二瓶亮和鸟居信利的发明团队，开始展开关于水平关节机器人的研究和示教的研究，并于 1990 年开始开展激光机器人的研究，1991 年之后，随着鸟居信利退出发明团队，二瓶亮和寺田彰弘一起开展了激光机器人方面的研究。

1989 年，加藤哲朗与二瓶亮、鸟居信利组成了另一个发明团队，主要开展电机伺服控制、滑模控制算法、前反馈控制、增益控制和自适应控制等控制方法的研究。

1992～1995 年，渡边淳加入二瓶亮和寺田彰弘的合作团队，其发明主要涉及机器人控制和传感器。

1992～2004 年，二瓶亮和冈田毅等人合作，在机械结构，如平衡装置、缆线处理、限位装置、关节结构等方面提交了大量的专利申请。

1998 年，二瓶亮加入了上松正明、松本邦保和安部健一郎的发明团队，对并联机器人的结构、工作台、缆线和激光路径等提出了一系列的申请。

2003～2010 年，加藤哲朗与二瓶亮二度合作，展开了关于示教、控制和异常检测等方面的研究。

2007～2009年，榊原伸介与二瓶亮二度合作，主要开展电子器件握持机器人的机械爪的研究，2008年开始，伴一训加入该团队，共同开展电子器件握持机器人的研究。

从技术的发展来看，从桁架机器人到串联机器人到并联机器人，从普通多关节机器人到水平关节机器人再到垂直机器人，从通用型机器人到特殊机器人；从技术分支来看，从机械结构为开始，并在此基础上发展气动、液动、电机驱动等驱动类技术，而后开始电机、机器人等控制方法的研发，穿插接触传感、电弧传感、激光传感（视觉）等传感技术的研发。这也反映出了FANUC公司的研发从单一领域走向多元化，构建出一个全面的技术基础。

从合作团队的演变可以看出，FANUC公司的研发团队的设置比较灵活。比如二瓶亮与鸟居信利组成一个团队，而后，与其技术相关的寺田彰弘加入该团队，之后这三人的合作成为相当长时间内几乎固定的发明团队。在这种发明团队之外，也存在本来已经成型的发明团队，如上松正明、松本邦保和安部健一郎的并联机器人团队，由于技术研发的需要，临时加入了二瓶亮的团队。总体上而言，研发团队的选择，很大程度上考虑了研发人员的专长：如稻叶肇、榊原伸介、伴一训擅长机械爪，加藤哲朗擅长于控制算法等。

从时间关系上来看，一方面存在时间接近但技术领域较远的专利申请，另一方面也存在时间分散但技术相关的专利申请。也就是说，二瓶亮作为重要的发明人，一方面其可能同时在几个不同的研发团队内，作为技术引导类开展研发工作；另一方面也在相当长一段时间内，以自己的技术优势为依托开展自主型研发工作。

10.6.3.2 鸟居信利

鸟居信利是FANUC公司机器人相关专利申请中申请量第二的发明人，仅次于二瓶亮；且由于其发明生涯仅有10年，因而其发明的密度甚至超越了二瓶亮。研究鸟居信利的发明，有助于了解FANUC公司在20世纪八九十年代的机器人技术的发展特点。

鸟居信利在FANUC公司的职业生涯如表10-3所示。

表10-3 鸟居信利职业经历

鸟居信利 （1950年2月21日生）	1976年03月，毕业于东京工业大学大学院综合理工学研究科精密机械工程专业； 1976年04月，入职FANUC公司； 1990年04月，任商品开发研究所副所长； 1991年06月，就任董事； 2001年05月，就任常务董事； 2004年10月至今，任海外机器人销售总部长；海外销售总部机器人亚洲区总监； 2006年06月至今，退任常务董事；常务理事；上海FANUC公司机器人有限公司常务副总经理

鸟居信利自1981年6月开始有第一项与机器人相关的专利申请，最后一项申请的优先权日是1991年3月；与其职业生涯基本一致，在其担任董事之后，就退出了机器

人的研发团队。

1979~1982年，鸟居信利主要与稻叶肇合作，其主要研发上下料握持机器人。

1982年之后，鸟居信利与二瓶亮不断合作，1986年寺田彰弘加入该研发团队，进行了一系列的研发，早期主要涉及机器人的机械结构，后期主要是激光机器人的部分机械结构。

1985年，鸟居信利开始与伊藤进合作，1988年，寺田彰弘加入该研发团队，开启了该团队在激光机器人领域的研发；截至2年后的1990年，该研发团队共提交了22项关于激光机器人的光学路径设置、关节和缆线布置等方面的专利申请，充分说明了在1988~1990年是FANUC公司激光机器人的攻关期。

1989年，加藤哲朗、二瓶亮和鸟居信利组成一个基本固定的发明团队，主要研究机器人的电机控制，包括伺服、滑模、反馈、增益和自适应控制等。这种研究态势说明从1989年开始，FANUC公司加大了对机器人控制的研发投入，集中提高机器人的控制能力。

结合鸟居信利的职业经历可知，其在1990年担任商品研究所副所长，而商品研究所的职责就是根据商品化目标的确认，在一年时间内取得成果。鸟居信利在1988~1991年主要从事激光机器人的研发，而在1991年左右正是FANUC公司推出激光机器人产品的年份。

10.6.3.3 榊原伸介

FANUC公司的研发团队的特点在于FANUC公司将研发机构分为了商品研究所和基础研究所两部分。商品研究所主要负责商品化的目标，要求在1年时间内取得成果；而基础研究所研究的是5~10年以后商品开发所需的基础技术的研究。商品研发部又分为CNC软件研究所、CNC硬件研究所、激光研究所、伺服研究所、机器人研究所、铣钻机床研究所、注射成型机研究所和切削机床研究所。之前分析的二瓶亮主要是在商品研究所的机器人研究所担任工作，鸟居信利也曾在商品研究所担任工作；而本小节分析的榊原伸介则一直在基础研究所担任工作。本小节将对这两种不同类型的研发进行对比分析。

榊原伸介在FANUC公司的职业经历如表10-4所示。

表10-4 榊原伸介职业经历

榊原伸介 (1948年6月16日生)	1972年04月，东京大学工学部应用物理工学科毕业； 1972年05月，富士通株式会社入职； 1976年05月，入职FANUC公司； 1985年03月，任基础技术研究所榊原研究室室长； 1997年04月，任基础技术研究所副所长； 1997年09月，任未来机器人研究所所长兼机器人研究所所长助理； 1999年01月至今，任机器人研究所名誉所长； 2003年08月，任基础研究所所长； 2004年05月至今，基础研究所名誉所长（尾高研究室担当）

由其职业经历可以看出，榊原伸介基本上都在基础研究所工作，且与机器人研究有一定的交集。反映在专利申请上，其主要参与申请了 68 件专利申请。

榊原伸介的发明专利申请主要集中在控制方法、驱动控制和示教等几个方面，机械部件涉及得很少，结合机械部件类的发明的技术内容，其中也有不少是属于控制类；结合榊原伸介的大学专业，其擅长的应该是控制方法类的研究。

榊原伸介的发明专利的商品指向性较弱。他的大部分发明申请包括机器人控制方法、信号处理方法以及焊缝跟踪方法等都属于通用型的机器人基础技术研究，这种研究方向的不同也反映出了基础研究所与商品研究所不同的研究侧重。

但是，榊原伸介也会与商品研究所的发明团队合作，如其 1980 年左右、2007 年左右与二瓶亮的两次合作。这说明 FANUC 公司的研发团队并不局限于同一部门，在不同的部门内，根据技术研发的需求，也会共同组成一个研发团队。

10.7 本章小结

本章针对 FANUC 公司在工业机器人领域的专利进行了分析，梳理了其从数控领域的强者发展为工业机器人霸主的历程以及它的核心产品和发明人团队。从中可以看到，对于工业机器人产业而言，技术、产品、客户是其三大核心要素。

首先，工业机器人产业作为整个工业产业链中的中下游环节，其发展受到了来自下游产业的强大影响。对于大规模制造行业，例如汽车、船舶等，是工业机器人的主要应用领域，同时这些行业也是对工业机器人性能提出更高需求，推动工业机器人技术不断发展的主要动力。因此在工业机器人产业发展的过程中，离不开与其下游产业的紧密合作，无论是借助产业转移寻找合作伙伴，还是进行内部行业整合促使相关产业的联系和聚集，均需要依托下游产业的发展和升级实现其自身技术的突破，而这一合作不仅仅是技术层面的，更可以拓展到商业、金融、贸易等各各层面，而作为技术、法律、商业的综合载体，专利是建立上下游产业之间合作关系的纽带，通过专利合作申请等形式的合作，各行业之间可以建立更为紧密的合作关系，责权分配也更加清晰，同时也更加有利于形成产业联盟和专利池，为整个工业机器人产业竞争力的提升提供强大的支撑。

其次，核心技术与核心产品是工业机器人行业的价值所在，是工业制造业价值链中的重要环节。正如 FANUC 公司对于数控技术和自动化生产线技术的重视一样，无论是在其工业机器人的起步阶段，还是与通用汽车的合作，如果没有其在上述两个核心技术上的强大实力，对于工业机器人技术的突破将会更加艰难。同时在 FANUC 公司掌握了工业机器人的相关技术后，其又将这些技术作为其核心价值，并依托这些技术打造核心的产品及产品系列，从而沿着技术、产品、用户、市场这一普遍发展的道路，步步为营，最终成为工业机器人产业的霸主。这样一种发展模式，是非常高效和具有可持续性的。

最后，出于对技术的重视，FANUC 公司的研发团队、销售团队以及辅助团队均具备很高的专业素养和综合能力。无论是技术、产品的研发，还是市场的开拓，各个团队均可以实现紧密的配合，并实施有力、统一的策略。这已经突破了传统意义上的技术力量的组建和维护的模式，而在彻底贯彻技术核心地位的同时将其贯穿了企业运营的整个环节。对于工业机器人这一技术含量较高的产品而言，这一模式在保持产品生命力和企业竞争力的方面是非常有效的。

第 11 章 ABB 公 司

本章从欧洲工业机器人的龙头企业 ABB 公司的发展概况出发，通过着重分析 ABB 公司在全球及中国的专利申请态势、专利布局情况、重点专利技术、研发团队、产品的可靠性分析来了解 ABB 公司在工业机器人技术领域的技术发展过程和趋势，并以控制算法/方法的具体案例为例，说明 ABB 公司在专利申请伊始如何谋求最大范围的专利保护，以期供国内申请人参考、借鉴，由此带来启发。

11.1 公司简介

下面从公司历史、业务范围、工业机器人产品等方面介绍 ABB 公司的发展概况。

1988 年瑞典 Västerås 的 ASEA AB 公司与瑞士 Baden 的 BBC Brown Boveri 公司宣布合作成立 ABB Asea Brown Boveri 有限公司，公司总部将设在瑞士的苏黎世。ABB 公司业务遍布全球 100 多个国家，由电力产品部、电力系统部、离散自动化与运动控制部、低压产品部、过程自动化部等五大事业部构成完整的产品业务体系。ABB 公司的产品包括：电力变压器、开关、断路器、电缆和辅助设备制造业务；变电站和变电站自动控制系统；交流输电系统（FACTS）和高压直流（HVDC）输电系统以及电网管理系统；电机、发电机、传动系统、可编程逻辑控制器、电力电子和机器人产品；控制产品、自动转换开关电器、断路器类产品、开关类产品、终端配电保护产品、开关插座、智能建筑控制系统、电网质量产品和低压配电系统；仪器仪表、自动化产品等。❶

工业机器人是离散自动化与运动控制部的重要产品。ABB 公司向市场提供机器人软件、外围设备、标准组件制造单元和服务，满足诸如焊接、物料搬运、总装、喷涂、打磨、拾取、包装、堆跺和上下料应用的市场需求，主要市场包括汽车、塑料、金属加工、铸造、电子、制药和食品饮料行业，如图 11-1 所示。

ABB 公司是一个以技术为基础的公司，在其几乎所有的业务中，其产品的市场领先地位均依赖于其技术上的领先。为了维持技术领先地位，ABB 公司投入巨资用于研究与开发，金额高达几十亿美元，约占集团销售收入的 8%~10%。

同时，ABB 公司非常重视中国市场，在 2006 年初将其全球机器人业务总部移至中国上海，并在中国建立了研发中心，列为其全球七大研发中心之一。在短短数年内，ABB 中国研发团队已取得了一系列研发成果，包括开发出 ABB 最小的机器人 IRB 120

---

❶ [EB/OL]. [2013-04-01]. http://new.abb.com/cn/news-center.

"中国龙"、全球最快的码垛机器人 IRB 460 等,❶ 如图 11 – 2 所示。

图 11 – 1　ABB 公司汽车制造机器人❷

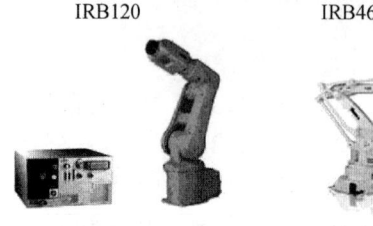

图 11 – 2　IRB 120 和 IRB460

2012 年 ABB 公司在上海中国国际工业博览会的首届工业机器人展上推出多个领先的机器人解决方案,展现出其在工业自动化和机器人应用领域的领导地位。ABB 公司在会上重点展出四个机器人解决方案,它们可满足客户在不同工作场合和环境下的需求。"机器人车身擦净及内喷自动工作站"是 ABB 公司针对汽车制造业最新推出的工业机器人解决方案,全自动化生产流程还能确保生产连贯性,实现更高效的自动化生产;"冰激凌自动装箱工作站"广泛应用于冰激凌、饼干等袋装或盒装产品装箱,能让生产流程更加高效、快速;"鼠标装配工作站"主要应用于电子消费产品生产流程中小工件的取放和装配工序,可有效提高生产效率、产品质量并降低工程设计难度;应用于汽车零部件点焊工艺的"机器人点焊工作站",其焊枪的同一枪体设计可大大减少备件的使用和更换,同时还具有运行速度快和节省生产空间等特点。❸

同时 ABB 公司推出了两款新型机器人——紧凑型开门机器人 IRB 5350 和新型高精度弧焊专用机器人 IRB 1520ID,进一步完善了其机器人产品系列和解决方案。结构紧凑、动作精准的 IRB 5350 开门机器人是汽车内饰喷涂的得力助手,配有特殊设计的开门夹具并内置搜寻传感器和力反馈传感器,可以确保作业效率的最优化。新型的 IRB 1520ID 中空臂机器人,专为弧焊工艺而设计,能够实现连续不间断地生产,可节省高达 50% 的维护成本,与同类产品相比,焊接单位成本大幅降低,❹如图 11 – 3 所示。

2012 年 ABB 公司为大同煤矿集团提供了码垛机器人解决方案,属国内首创。4 台 ABB IRB 660 码垛机器人配套淄博功力的制砖设备,应用于全煤矸石制砖生产线上的原始砖坯码垛环节中,主要负责将砖坯码放到窑车上进行烧制。2 台 ABB 码垛机器人的

---

❶❷❸❹　[EB/OL]. [2013 – 04 – 01]. http://new.abb.com/cn/news – center.

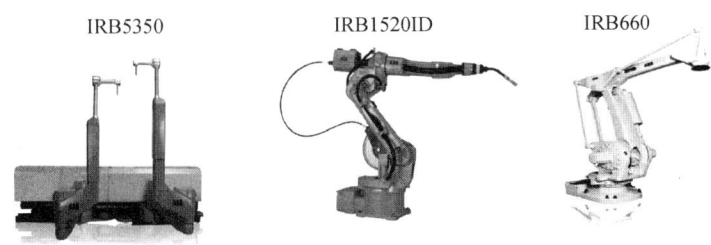

图 11-3　IRB 5350、IRB1520ID 和 IRB660

使用可以顶替两班约 30 个工人的正常劳动，提高了生产效率与质量。这是码垛机器人在国内第一次应用于煤矿制砖领域。

ABB 公司十分重视机器人整体的安全性和可靠性，于 2012 年在上海成立了集团全球首个机器人质量中心，在完成机器人系统测试以后就机器人整体的装配情况进行具体细节的精密检查。在 ABB 新一代机器人技术 SafeMove 的支持下，舞蹈人员和机器人首次实现了近距离安全"亲密接触"，如图 11-4 所示。

图 11-4　ABB 机器人与人共舞❶

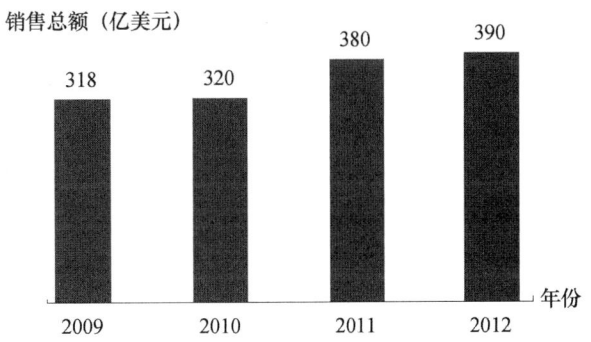

图 11-5　ABB 公司近年销售额总量

虽然受到全球宏观经济发展不确定因素及世界经济形式的影响，2008 年之后的几年世界经济出现了波动，但 ABB 公司的销售额仍持续走高，特别是 2011 财年和 2012 财年的业绩大幅度提高，按照这样的发展趋势来看，其在电力和自动化技术领域的绝对实力近几年内不会改变，❷ 如图 11-5 所示。

11.2　全球专利申请分析

ABB 公司在工业机器人领域耕耘多年，几乎经历了工业机器人所有技术变革，由此也积累了可观的技术储量。它的工业机器人专利申请涵盖机械主体、控制系统、驱动系统三大技术分支，共计千余项。基于这些数据，下文将从专利申请趋势和全球专利布局的角度进行分析，反映该公司全球专利申请和多边申请的年度分布。借以预测

---

❶❷　[EB/OL]. [2013-04-01]. http://new.abb.com/cn/news-center.

其多边申请的全球布局趋势，并通过技术分布反映该公司研发投入的主要方向。

11.2.1 专利申请态势

在合并成立 ABB 公司之前的 20 世纪 80 年代中期，ASEA AB 公司与 BBC Brown Boveri 公司在工业机器人领域的专利申请量（以下分析除特别说明外，均针对合并前两个公司数据及合并后 ABB 公司数据进行分析）较之 70 年代已经取得了较大发展，可见工业机器人彼时已成为其重要发展方向。随着 1988 年 ASEA 公司和 BBC Brown Boveri 公司合并形成 ABB 公司，其产业结构走向多元化，发展的重点从工业机器人转向了能源运输、电气元件等领域。同时也受到 20 世纪 90 年代初北美和欧洲的部分地区经济衰退的影响，其在工业机器人领域的研发投入和专利申请量锐减。进入 20 世纪 90 年代中后期，随着计算机技术、微电子技术、网络技术等的快速发展，机器人技术也得到了飞速发展。同时 ABB 公司也加速在中欧、东欧以及亚洲的业务扩展活动，相应地，重新将工业机器人作为公司的支柱产品进行发展，其在全球的专利申请量也显著增加。

多边申请的变化趋势与全球专利申请的变化趋势的惊人吻合度表明，ABB 公司作为一个业务遍及全球的电气工程集团，从成立伊始就秉承发展成没有国界的 ABB 王国的理念。作为一个从欧洲小国成长起来的跨国企业，其国内的市场需求有限，无法支撑长远发展。因此，国际市场才是 ABB 公司参与全球竞争的主要战场，如图 11-6 所示。

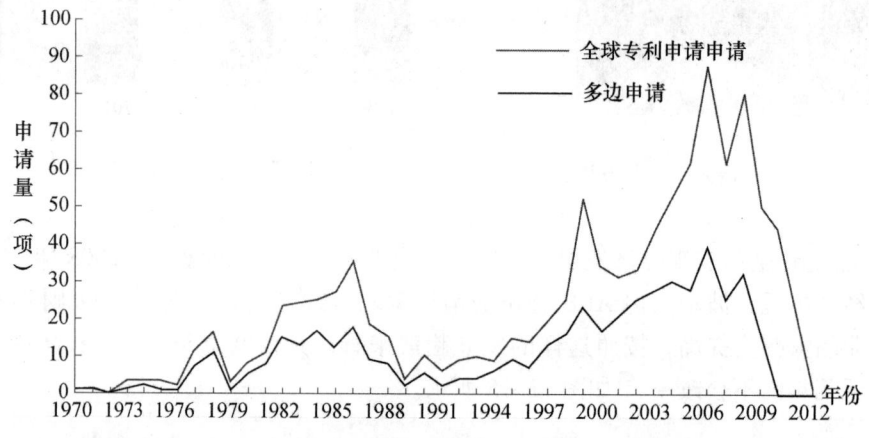

图 11-6 ABB 公司工业机器人全球专利申请和多边申请年度分布

11.2.2 专利布局

全面布局和重点突出的产业模式是 ABB 公司取得成功的要诀之一。这一特点也体现在其工业机器人专利申请上。从图 11-7 可以看出，ABB 工业机器人专利申请覆盖了驱动系统、控制系统、机械主体（操作机）三大部分。

在机械主体方面，基座和相应的外围设备是技术门槛不高且相对成熟的技术，ABB

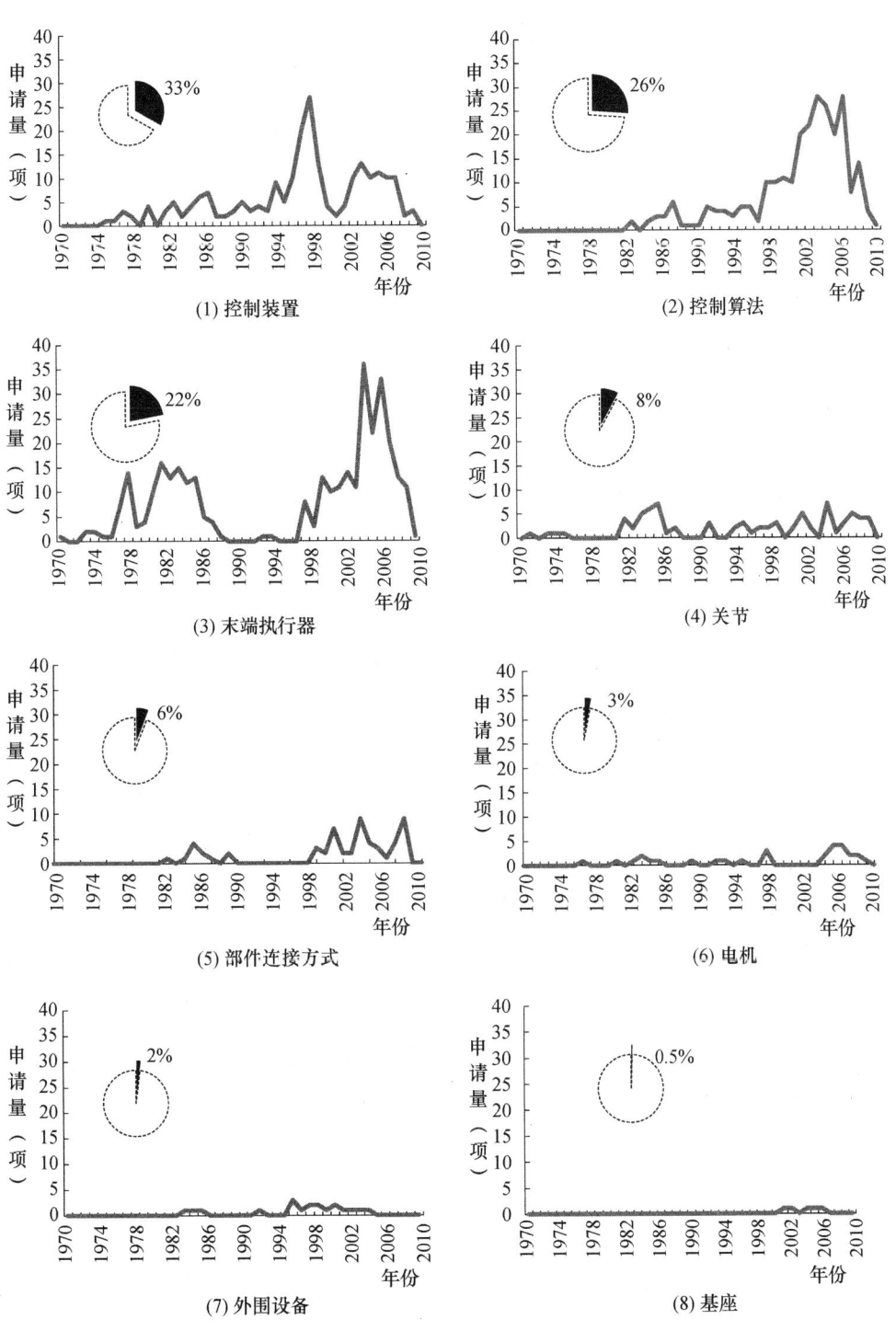

图 11-7 各技术分支专利申请量年度分布组图

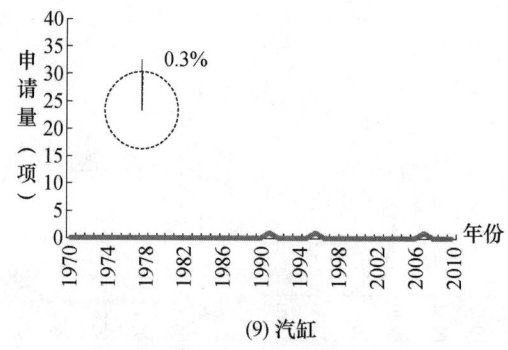

(9) 汽缸

图 11-7　各技术分支专利申请量年度分布组图（续）

公司长久以来针对这两个技术分支的申请量维持在较低的水平。而将研发和专利申请的重心放在关节、末端执行器以及部件间连接方式上。在 20 世纪 20 世纪七八十年代，其专利申请主要集中在关节和末端执行器方面，达到整个机械主体专利申请的近 90%。进入 20 世纪 90 年代后，随着工业机器人在喷涂、运输、机械加工、焊接、码垛等领域的应用越发广泛，其在关节方面的专利申请量相对萎缩。而在末端执行器方面尤其是针对特定应用的专利申请量突飞猛进，达到同时期关节方面专利申请量的 4~5 倍。进入 21 世纪以来，随着各种应用机器人产品的逐步成熟，其末端执行器方面的专利申请逐步回落并趋于稳定。而伴随着对产品成本、灵活性、通用性等方面要求的提升，有关部件间连接方式的改进型研发也有所上升。

在工业机器人的驱动系统方面，ABB 公司的专利申请主要围绕电机部分，包括交流伺服电机、直流伺服电机以及步进电机等，总体数量趋于平稳。

在控制系统方面，作为工业机器人的核心部分，控制装置和控制算法一直是 ABB 工业机器人研发以及谋求专利保护的主要内容。但在不同的历史时期，ABB 公司对这两个技术分支的关注度也有所侧重。在整个 20 世纪，ABB 公司的研发重心主要是涉及控制装置中的硬件部分，包括控制器自身以及相应的传感器、伺服驱动器、供电装置、安全部件等。随着电子部件的飞速发展，控制装置中的硬件部分方面的专利申请量陡增。仅 1982~1984 年的专利申请之和就超过整个 70 年代的控制装置专利申请量，更是大大超过同时期的控制算法专利申请量。进入 21 世纪以来，控制装置的硬件部分仍然在不断长足发展，同时控制装置的软件部分（即控制算法）在工业机器人中的重要性愈来愈突出。ABB 公司在这一技术分支上的专利申请量也飞速增长，与硬件部分近乎持平，这也反映了工业机器人从功能单一化向智能化发展过程中相关技术的自然演进。

图 11-8 示出了 ABB 公司近年来的各技术分支申请量的统计结果，可以看出，作为工业机器人操控核心的控制装置和控制算法是 ABB 公司研发和专利申请的主要方向。同时偏重产业应用的各种末端执行器也是其研发与专利保护的重点。关节和部件间连接方式作为实现机器人运动的重要部件，ABB 公司也进行了一定程度的研究。而在其他技术分支则投入有限，例如汽缸和基座。这体现了 ABB 公司在研发上突出重点、兼顾全面的特点。ABB 公司作为全球电力和自动化技术领域的供应厂商，控制技术是其

传统优势所在,因此作为控制技术的硬件部分(控制器)和控制技术的软件部分(控制算法)成为 ABB 公司在工业机器人研发方向上的重点所在。而在其他非自身传统强项的技术分支上,ABB 公司在通过并购、合作、产学结合等方式的同时,也注重自身研发能力的培养。这启示国内企业,在发展前期应当着力培养自身在某些重要技术方向上的绝对优势,在发展中后期应秉承"扬长避短、兼容并蓄"的发展模式,不断发展自我和完善自我。

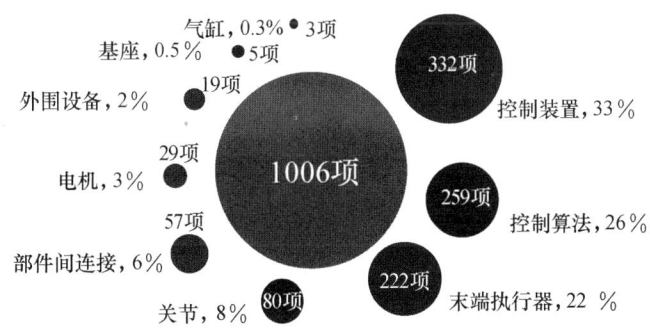

图 11-8　总体/各技术分支申请量情况

图 11-9 示出了 ABB 公司在工业机器人的主要市场——美国、欧洲、中国、日本和韩国的专利申请量和占比情况。

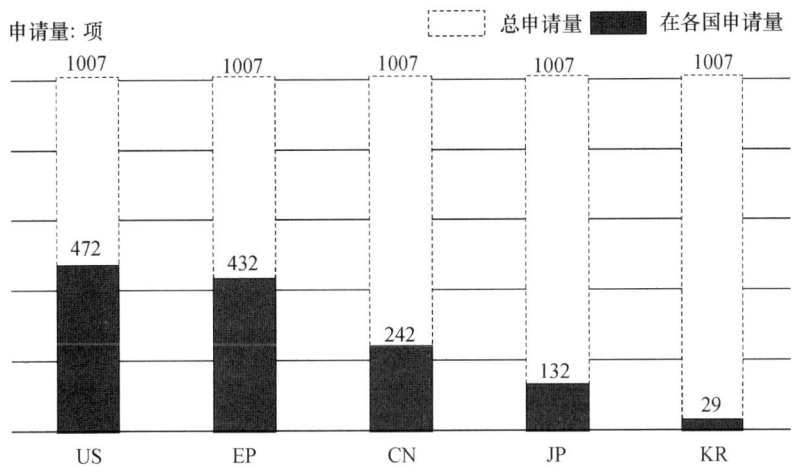

图 11-9　ABB 公司工业机器人五国专利申请量分布

从图 11-9 中可以看出,在 ABB 公司提交给美国、欧洲、中国、日本、韩国的多边申请中,美国申请量为最高,约占 36%,欧洲申请量约占 33%,中国申请量占 18%,日本和韩国申请量占比都较低。由于专利布局的地域与目标市场直接关联,因此上述数据也反映了 ABB 公司在工业机器人方面的市场定位。ABB 公司尤其重视美国市场和欧洲市场,这与美欧长期处于工业自动化领域的领导地位是相应的。中国是近年来增长强劲的用户市场,而日本作为机器人王国市场虽然广阔但竞争激烈,因此尚未成为其专利布局的首要区域。

11.3 中国专利申请分析

随着各大工业机器人制造商对中国市场的关注度越来越高，ABB公司也加快其在中国专利申请和专利布局的步伐。基于这些专利数据，下文将从专利申请趋势、中国专利布局的角度进行分析，反映该公司在中国的专利技术分布、法律状态分布、有效专利年度分布。通过对比其在美国的技术分布反映该公司在中国的研发投入的主要方向。

11.3.1 专利申请态势

在20世纪中后期，中国的产业结构以劳动密集型产业为主，其工业机器人市场尚未形成，因此ABB公司在中国的专利申请量较少。进入21世纪后，中国制造业飞速发展，工业机器人市场逐步形成，整个行业也呈快速增长态势。而ABB公司由于其一度保守的固守欧美市场策略，受到KUKA公司、FANUC公司等竞争对手的冲击，逐步失去了其工业机器人全球领导地位。在此背景下，ABB公司对机器人业务部进行了重新整合，同时将总部迁到中国上海来依托中国潜力无限的机器人市场重振机器人业务。相应地，为了寻求专利保护，其在中国的专利申请量在2006年前后达到了顶峰，如图11-10所示。

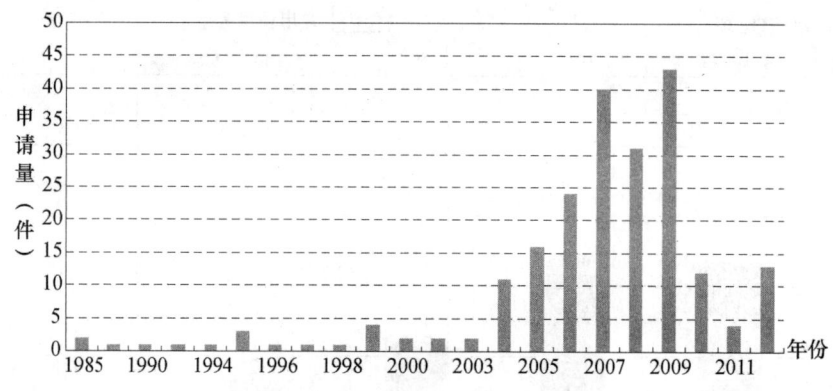

图11-10　ABB公司工业机器人中国专利申请年度分布

11.3.2 专利布局

从图11-11可以看出，在工业机器人的应用过程中，实现其控制的硬件和软件仍然是工业机器人的核心部分。这在控制算法和控制装置这两个技术分支的专利申请比重之和达到近49%上得到了体现。可见ABB公司充分利用自身在电力和自动化技术领域所积累的传统控制技术优势，实现工业机器人市场的专利布局。同时，在非自身传统强项的技术分支，ABB公司也通过并购、合作消化的方式逐步发展。结合各种具体应用场景的相关末端执行器的专利申请比重达到31.5%，也体现了ABB公司对各种应用型机器人研发和专利保护的重视程度。

第11章 ABB公司

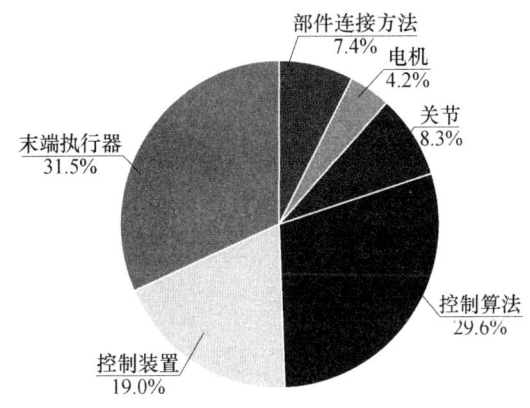

图11-11 ABB工业机器人中国专利申请技术分布

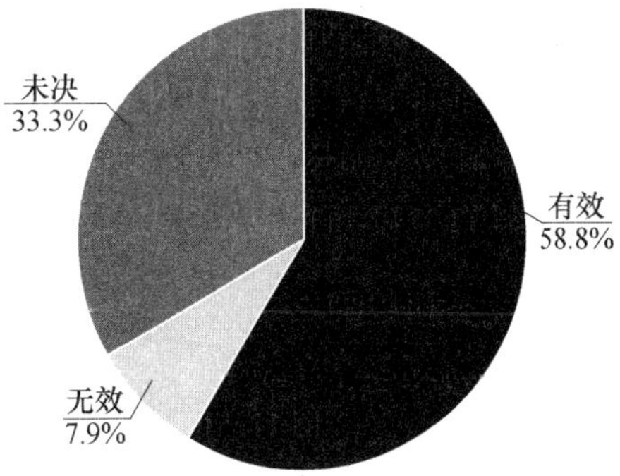

图11-12 ABB工业机器人中国专利申请法律状态比例分布

从图11-12、图11-13来看，ABB公司在中国地区有效的专利数量占其申请量的半数以上，而无效专利仅占总量的7.9%。这体现了ABB公司强劲的研发实力和在工业机器人行业的技术领先地位。

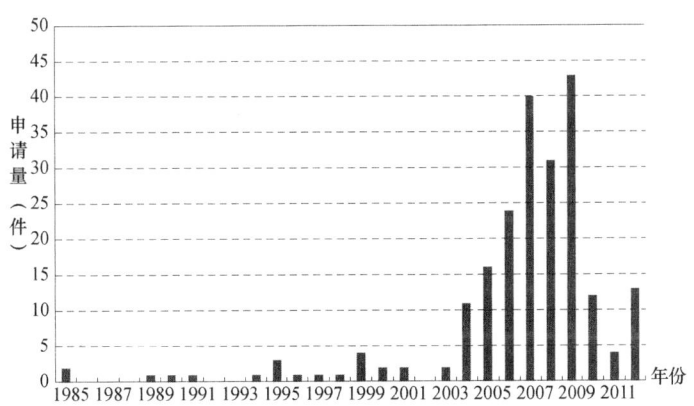

图11-13 ABB工业机器人有效中国专利年度分布

为便于比较，在此还统计了ABB公司在美国的专利概况，如图11-14所示。

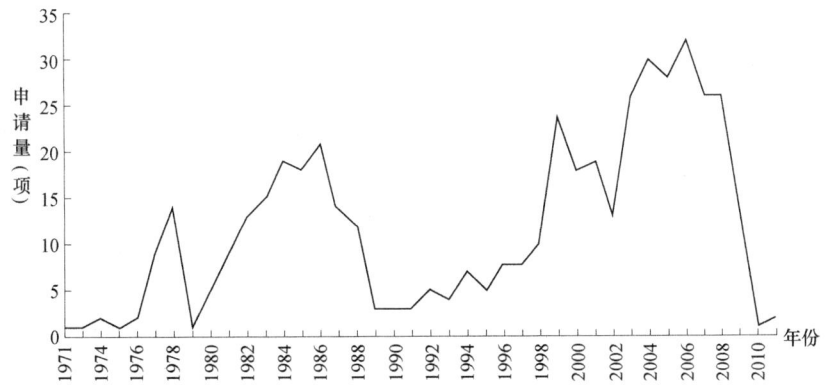

图11-14 ABB公司工业机器人美国专利申请年度分布

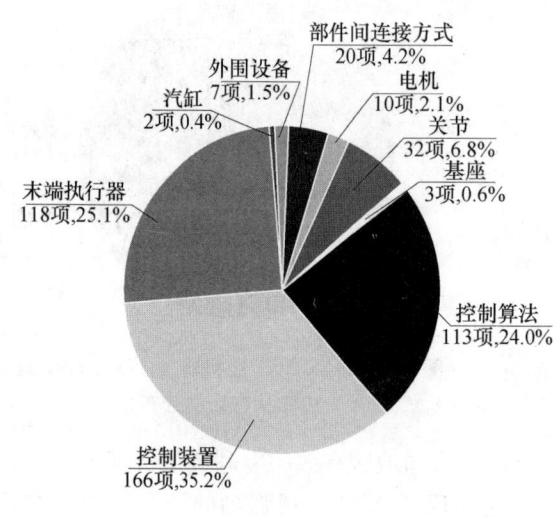

图 11-15　ABB 公司工业机器人美国专利申请技术分布

ABB 公司在美国专利申请与多边申请的变化趋势的惊人吻合度表明，美国是全球科技发达、自动化程度高、市场较广阔的国家，ABB 公司一直十分重视美国市场的开拓和产品保护，并将其作为专利保护的首要区域。

与其在中国的专利申请相比，涉及控制算法和控制装置技术分支的在美专利申请比重之和显著加大，达到近 60%，而末端执行器的专利申请比重则从 31.5% 减至 25.1%。这体现了 ABB 公司在不同国家的专利布局策略上的差异。在自动化水平较高的发达国家，更重视工业机器人控制的相关保护。而在自动化水平有所滞后的发展中国家，适当侧重特定应用的保护，如图 11-15 所示。

11.4　技术分析

下面着重从技术的角度，剖析 ABB 公司的技术研发演进脉络和最新研发动向，并针对其核心技术之一的可靠性解决方案进行分析，探究 ABB 公司成功的奥秘所在。

11.4.1　技术发展历程

世界工业机器人技术的发展经历了示教型机器人（20 世纪 80 年代以前）、感知机器人（20 世纪八九十年代）以及智能机器人（20 世纪 90 年代以后）三个重要阶段，且随着技术的不断进步工业机器人也逐步走向模块化、一体化、网络化。ABB 公司作为工业机器人行业的领军企业，其研发动向在遵循这一整体发展脉络的同时，亦具有其自身的特点——在自身的技术优势（控制技术）方向上持续巩固、在其他方向上不断兼容吸纳全面发展。其技术演进如图 11-16（见文前彩色插图第 9 页）所示。

通过图 11-16 结合表 11-1 可以看出，在 20 世纪 80 年代以前，工业机器人的灵活性尚有欠缺，难以完成较复杂的生产操作，因此在这一历史阶段 ABB 公司立足于提高其工业机器人的灵活性。进入 80 年代后，在工业机器人技术能适应工业生产的灵活性要求基础上，随着精细加工不断涌现，ABB 公司也适时调整工业机器人的研发重点转而寻求其高精度，形成核心竞争力。进入 90 年代后，随着例如汽车加工等工业生产的集群化、量产化程度越来越高，对工业机器人的工作效率提出了更高要求，与此同时，工业生产的安全性也成为生产企业关注的内容，ABB 公司也将研发的主要精力投入到效率和安全性两方面。而降低生产成本、实现效益最大化则是包括ABB公司在内的所有企业的根本诉求。

表11-1 ABB公司工业机器人功效矩阵表

功效 年份	安全性	成本	刚度	精度	可靠性	灵活性	效率
1972~1980						6	1
1981~1990	1	2	9			3	3
1991~2000	2	21		5	7	2	11
2001~2005	11	7	2	6	15	5	17
2006~2010	21	12	1	5	4	4	15
2011~2012	4				1	2	2

图11-17（见文前彩色插图第10页）列举了ABB公司成立以来各阶段的代表性基础专利。

工业机器人作为一种装备有记忆装置和末端执行装置的、能够完成各种移动来代替人类劳动的通用机电一体化装置，其技术分支涵盖机械主体、控制系统、驱动系统三大部分。机械主体又主要分为关节、末端执行器、基座以及部件间连接方式等。控制系统主要包括控制装置以及控制算法。驱动系统包括电机、汽缸、油缸等。因此，可以通过分析ABB公司最新的一些工业机器人典型专利，把握研究ABB公司的研发动向，如图11-18所示。

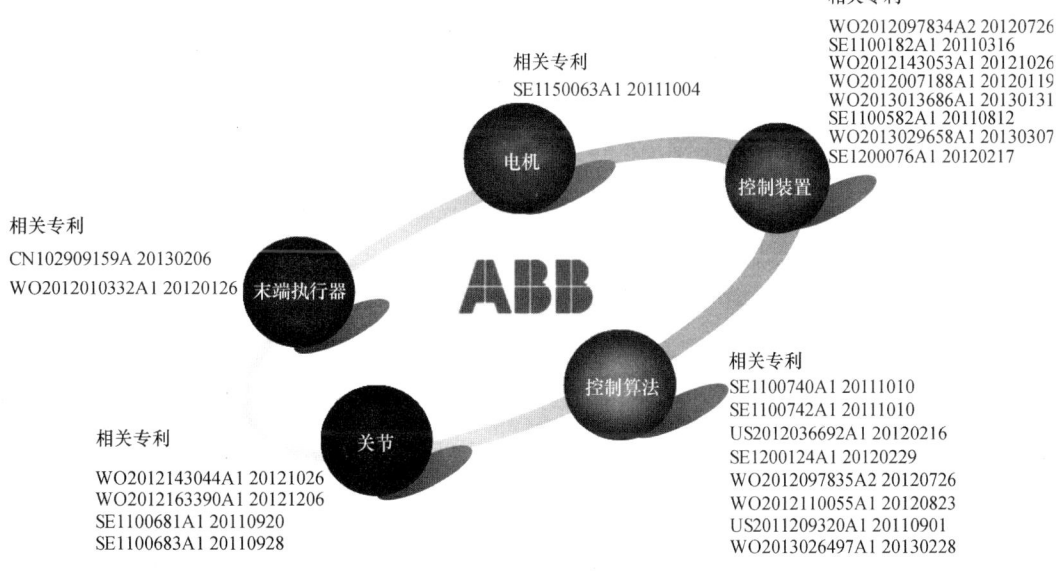

图11-18 ABB公司技术研发动向图

（1）控制装置

2013年，ABB公司的一项专利申请被公布。该申请涉及为工业机器人设置手动操作机械手的启动装置，从而实现工业机器人的自动化运作与手动操作之间的灵活切换。该

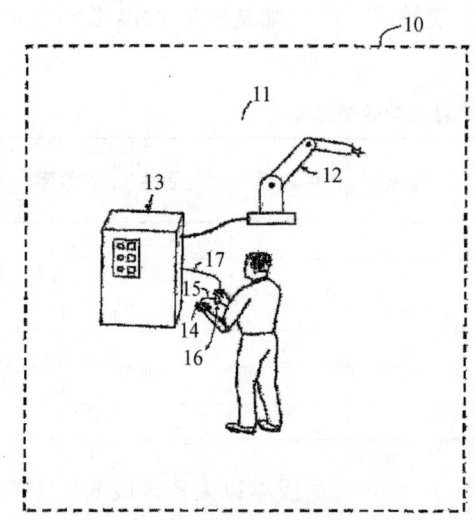

图 11-19 WO2013029658 A1 技术方案示意图

申请的公开号为 WO2013029658 A1，发明名称为"ENABLING DEVICE TRANSFERRING ROBOT CONTROL SIGNALS，发明人为 SJOEBERG RALPH、MYHR MATS 和 NYLEN OLOV"。该专利申请的技术方案如图 11-19 所示。

在该专利申请中，系统具有一连接到机器人控制器的触发装置用于触发机械手的手动操作，触发装置从操作者控制装置接收机器人控制信号并将信号发送给机器人控制器，触发装置与操作者控制装置可空间分离。如此使得现有技术中 TPU 的复杂度大大降低，机器人的尺寸和重量减少，操作者的安全系数大大提高。

在 ABB 机器人其他方面性能均达到行业领先水平、满足用户各种功能需求的情况下，提高安全性能能够巩固产品在用户群中的认可度，而降低产品的复杂度无疑能够降低产品成本的同时确保可靠性，产品的小型化也能够拓展其应用场合，开辟新的应用市场。

（2）控制算法

2012 年，ABB 公司的一项专利申请被公布。该申请涉及工业机器人离线编程方法，其确保实现工业机器人的多编程器编程，从而减少单编程器编程的时间，提高工业机器人的离线编程效率。该申请的公开号为 SE1200124 A1，发明名称为"Method for off-line programming industrial robot to perform task, involves receiving requested information by programming tool from device to continue programming industrial robot based on received information"。该专利申请的技术方案如图 11-20 所示。

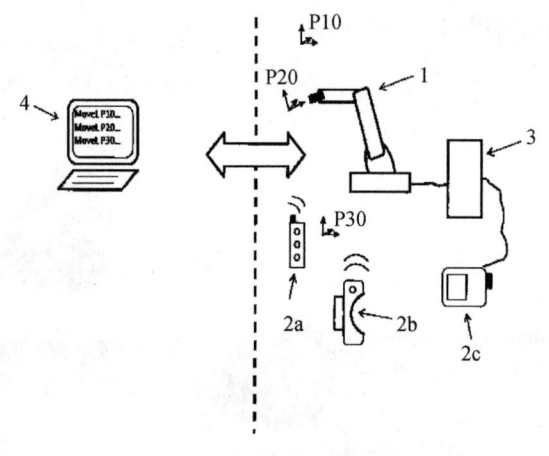

图 11-20 SE1200124 A1 技术方案示意图

在该专利申请的离线编程方法中，信息提供装置向编程工具发出应答信息，当软件编程工具收到应答信息时在编程工具上显示，编程工具向信息提供装置发出传送请求信息的请求，编程工具接收来自信息提供装置的请求信息，并基于接收的信息继续对工业机器人编程。如此使得现有技术中工业机器人的离线编程效率大大提高。

（3）电机

2011 年，ABB 公司的一项专利被申请公布，该申请涉及工业机器人驱动系统，其通过与整流器平行设置附加变换器以提供机器人电机的多余电能。该申请的公开号为 SE1150063 A1，发明名称为"Robot drive system, has additional inverter arranged in parallel with rectifier to provide excess energy on direct current link that is placed corresponding to alternating current mains, and rectifier connected to alternating current mains"，发明人为 BERGSJOE J。该专利申请的技术方案如图 11-21 所示。

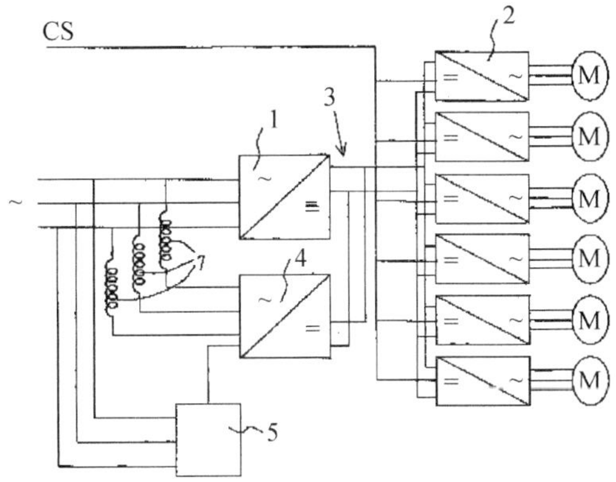

图 11-21 SE1200124 A1 技术方案示意图

在该专利申请中，系统具有连接到 AC 干线的用于将 AC 变换为 DC 的整流器，多个变换器将整流器输出的 DC 转化为用于机器人电机的可变 AC，DC 连接单元设于整流器与变换器之间。附加变换器与整流器平行设置，以提供给 DC 连接单元多余电能，附加变换器通过感应线圈连接到 AC 干线。如此使得系统在机器人制动时能够从电机恢复能量，有助减少机器人的耗能。当附加变换器与整流器平行设置时系统能够将电容散失的能量回馈到 AC 干线上从而实现能量再生，系统取消了分压电阻因而电容尺寸也相应减小，使得系统的结构更简单、成本更低廉，并提高了电压均值及峰值。

（4）末端执行器

2012 年，ABB 公司的一项专利申请被公布。该申请涉及喷涂机器人的颜色切换器和油漆材料切换路径，其通过合理的切换路径设计来避免颜色拖延，同时监控管路的油漆材料泄漏。该申请的公开号为 CN102909159 A，发明名称为油漆材料切换路径和颜色转换器，发明人为京特·博尔纳。该专利申请的技术方案如图 11-22 所示。

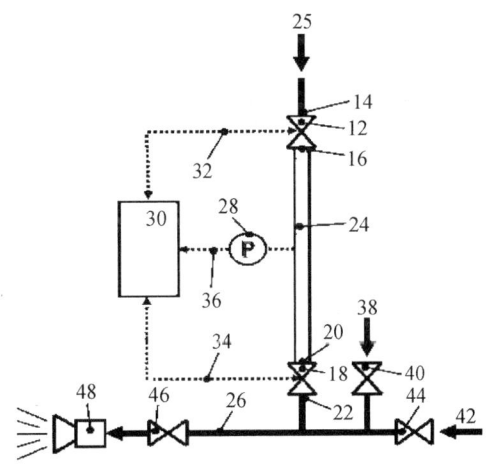

图 11-22 CN102909159 A 技术方案示意图

在该专利申请中，装置包括分别具有输入端和输出端的第一阀控件和第二阀控件、在输出端和输入端之间的中空圆柱式的中间件，第一阀控件的输入端与受到压力作用的油漆材料供应装置形成连接，以及可选的可调压的集流通道，第二阀控件的输出端通入到其中；还包括：获取中空圆柱式的中间件的压力情况的装置，以及评估装置，其通过在泄漏检测的开始、于各个阀控件的输入端和输出端之间得到压力差、结合获取到的压力的随时间变化的曲线检测阀控件至少之一的泄漏。

（5）关节

2011 年，ABB 公司的一项专利申请被公布，该申请涉及在运送装置上放置电子器件，具有绕轴旋转的内臂，外臂枢接到内臂，并通过启动器启动内臂和外臂。该申请的公开号为 SE1100681 A1，发明名称为"Industrial robot for mounting electrical components on conveyor, has inner arm part rotated about axis, where outer arm part is pivotally connected to inner arm part, and actuator actuating inner and outer arm parts"，发明人为 BROGAARDH TORGNY 和 ISAKSSON MATS。该专利申请的技术方案如图 11-23 所示。

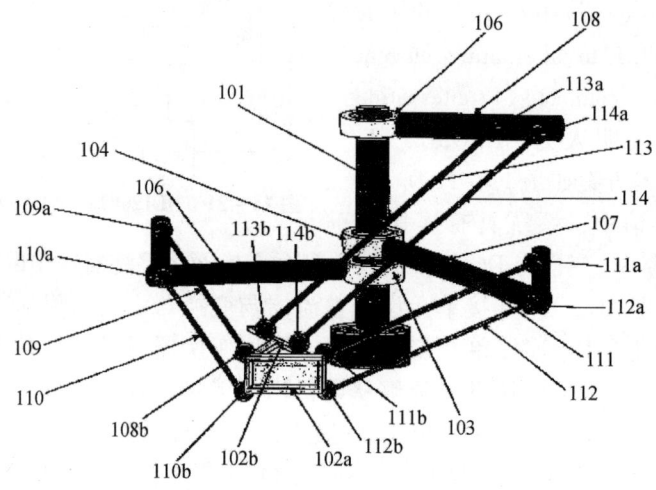

图 11-23 SE1100681 A1 技术方案示意图

在该专利申请中，机器人具有一在空间内移动物体的机械手，机械手具有一运送物体的移动平台，内臂绕轴旋转而外臂枢接到内臂和移动平台，启动器启动内臂和外臂，另一内臂绕另一轴旋转，另一外臂枢接到该另一内臂，第三内臂绕第三轴旋转，另一启动器启动另一内臂和外臂。如此，机器人获得具有更大负载能力和更小重量的刚臂，机械手质量变轻，动态性能更好，机器人成本更低，所需空间更小。

通过分析可知，控制装置及控制算法作为机器人的控制中枢，一如既往地成为 ABB 公司的研发重点，而追求机器人的高可靠性、安全性，提高其工作效率成为 ABB 公司近期主要追求的技术功效。

11.4.2 可靠性解决方案

机器人是一个由机械、电子、液压、气压等元部件与一系列控制、执行软件组成的复杂系统。不同于普通机器，它是以多自由度方式运动，因而发生故障可能造成难以预测的后果，具有潜在的危险，为此机器人必须严格其可靠性、安全性。而较之实验室内的科研机器人，工业现场的应用环境是工业机器人的显著特点，也是工业机器人研发过程中不容忽视的因素之一。可以想象，机器人如果不能适应工业现场环境，在工业现场生产加工的可靠性得不到有力保障，即使功能再强大，也不会得到应用企业的广泛认同。而可靠性高、可以适用更广泛的、苛刻的烟尘、高温、严寒等工业环境恰恰是 ABB 机器人的公认优势所在。下面结合 ABB 公司的典型专利分析其在各主要技术分支上的可靠性方面解决方案及研发思路，供国内企业参考，如图 11-24 所示。

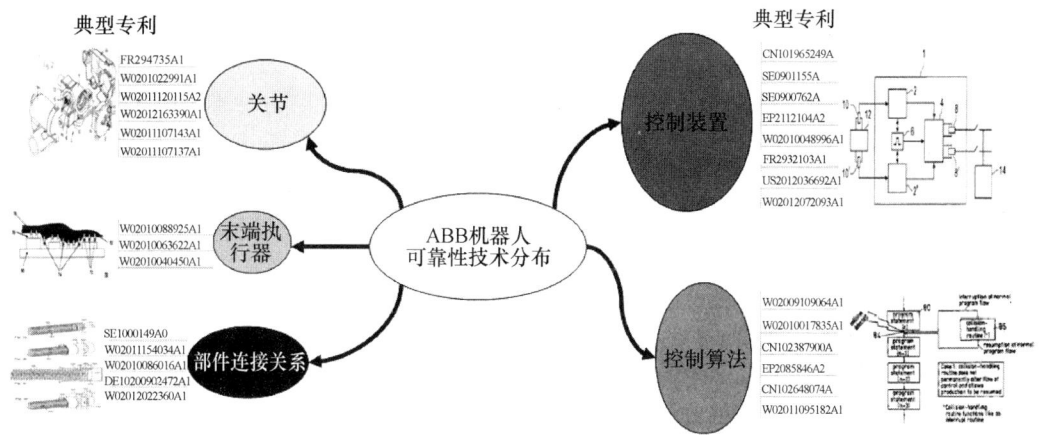

图 11-24 ABB 工业机器人可靠性技术分布图

（1）关节

2010 年，ABB 公司的一项专利申请被公布。该申请涉及在户外恶劣环境中（例如在海面的采油采气装置上）使用的机器人，申请的公开号为 WO2010022991 A1，发明名称为 "Industrial robot for use in harsh environment in offshore oil and gas installation, has set of arms movable relative to each other about set of joints, and motors moving arms, where robot resists salt water in harsh environment"，发明人为 GUNNAR J、PRETLOVE J 和 SKOURUP C。该专利申请的技术方案如图 11-25 所示。

在该专利申请中，机器人具有能够围绕一组关节彼此相对移动的一组臂，以及移动臂的电机，并且该机器人臂的外表面覆盖有盐水防护层，该防护层含有能够阻止盐水持续覆盖在机器人表面的微小颗粒，在机器人关节周边还设有橡胶衬垫，机器人可以进行远程操作，机器人从导轨上倒挂下来安装在机架上。如此，机器人能够防止盐水的侵害，即使在恶劣的环境中也能正常工作，可靠性显著增强。

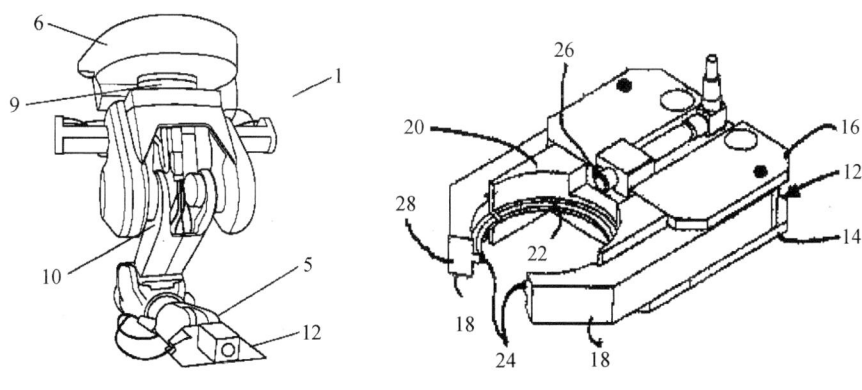

图 11-25 WO2010022991 A1 技术方案示意图　　图 11-26 WO2010040450 A1 技术方案示意图

（2）末端执行器

2011 年，ABB 公司的一项专利申请被公布。该申请涉及增强夹持能力的夹持工具及方法，尤其用于多轴机器人，申请的公开号为 WO2010040450 A1，发明名称为

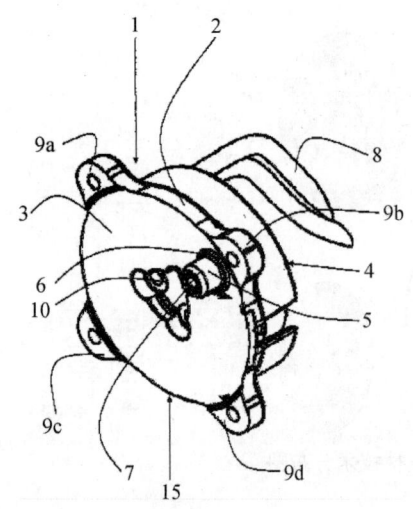

图 11-27 WO2011154034 A1 技术方案示意图

"Handling device for use as machine tool, particularly multi-axis industrial robot, has mobile articulated arm on free end of which spindle drive for tool holder with tool is arranged",发明人为 GFATTER STEFAN 和 KRAPPINGER RAINER。该专利申请的技术方案如图 11-26 所示。

在该专利申请中,该装置具有一关节活动臂,在该关节活动臂的自由端设有一驱动夹持工具的轴杆驱动器,关节活动臂移动轴杆驱动器到达预定的位置以取放工具。如此,机器人能够迅速可靠地取放和夹持工具,可靠性增强。

(3) 部件连接关系

2011 年,ABB 公司的一项专利申请被公布。该申请涉及一种具有工具凸缘的机器人,申请的公开号为 WO2011154034 A1,发明名称为"AN INDUSTRIAL ROBOT INCLUDING A TOOL FLANGE AND A TOOL FLANGE FOR AN INDUSTRIAL ROBOT",发明人为 SIRKETT DANIEL 和 LARSSON JAN。该专利申请的技术方案如图 11-27 所示。

在该专利申请中,工业机器人的抓手具有一凸缘,该凸缘具有连接到工具的基面的主体,一保护基面的突出部与工具内的凹槽衔接,一通孔穿过突出部和主体,并适于接收一用于向工具发送过程媒介的管路,通孔内壁具有弧边,通孔连接到工具上的相应过程媒介连接器。采用抗腐蚀材料制作联轴,可以用水作为过程媒介,弧边的使用增强了挠曲度,降低了联轴翘曲的风险,可靠性增强。

(4) 控制装置

2010 年,ABB 公司的一项专利申请被公布。该申请涉及一种监测移动机械臂的传送单元运行异常变化的装置,申请的公开号为 WO2010048996 A1,发明名称为"A METHOD AND A DEVICE FOR DETECTING ABNORMAL CHANGES IN PLAY IN A TRANSMISSION UNIT OF A MOVABLE MECHANICAL UNIT",发明人为 SAARINEN KARI 和 SANDER-TAVALLAEY SHIVA。该专利申请的技术方案如图 11-28 所示。

在该专利申请中,检测装置在一定时间内在电机的稳定状态转速下存储电机转矩参数值,该稳定状态转速基于提

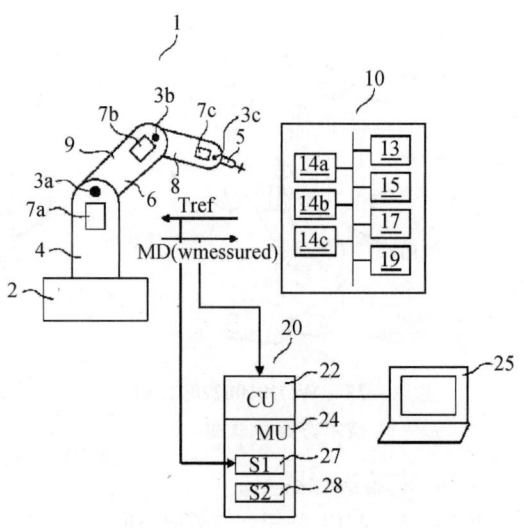

图 11-28 WO2010048996 A1 技术方案示意图

取的转速值进行识别,计算出转矩参数的能谱,在计算出的能谱中于第二谐振频率附近选择的频带中计算出在第二谐振稳态转速附近产生的能量,通过将移动机械臂的传送单元运行计算出的能量与阈值相比较来检测其运行的异常变化。如此能够更迅速、准确地检测出传送单元运行的异常变化,提高移动机械臂的可靠性和可用性。

（5）控制算法

2009 年,ABB 公司的一项专利申请被公布。该申请涉及一种用于机器人的补偿工具磨损的方法,申请的公开号为 WO2009109064 A1,发明名称为"A METHOD FOR COMPENSATION TOOL WEAR AND A MACHINE TOOL FOR PERFORMING THE METHOD"。该专利申请的技术方案如图 11-29 所示。

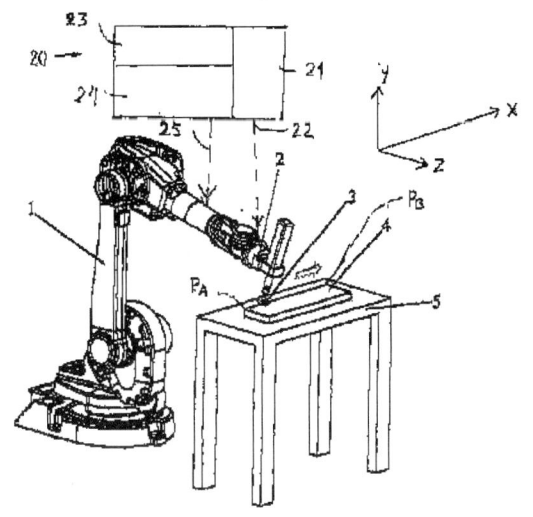

图 11-29　WO2009109064 A1 技术方案示意图

在该专利申请中,先在工业机器人上设定一参考点,再沿着机器人工具和工件之间的接触路径上的预定操作点建立参考点位置,为参考点提供参考位置,根据参考点与参考点实际位置间的差值确定工具的磨损量,根据计算出的工具磨损量驱动工具进行运动补偿,如此能够定期进行工具磨损补偿,确保加工的精度和可靠性。

经过以上分析可以看出,ABB 机器人的可靠性相关研发具有如下特点:

（1）整体结构的模块化、可重构化。研究机构、控制与感知的可重构技术,通过快速重构生成适应新环境、新任务的机器人系统,体现出良好的作业柔性、可靠性、可维护性。

（2）控制部件的集成化、冗余化。随着 20 世纪末以来微电子技术的快速发展和大规模集成电路的应用,采用物理结构简单小巧的控制芯片替代传统的复杂控制装置实现控制功能,采用硬件冗余、软件优化方式来规避控制芯片发生故障时带来的风险,提升机器人可靠性。

（3）机电部件的优化和精简。在确保功能、性能的前提下通过改进机电部件结构、减少非必要环节等方式,实现整体结构的精简优化,提升机器人可靠性。

（4）材料的选择。工业机器人设计过程中,根据特定生产过程中的负载以及环境耐受度等要求选取合适的材料,提升机器人可靠性。

11.5　重点产品与专利申请

11.5.1　产品发展历程

ABB 公司工业机器人 30 余年发展历程,如图 11-30 所示（见文前彩色插图第 11

页）。

1974年向瑞典某公司交付全球首台微机控制电动工业机器人——由ASEA制造的IRB 6，该机器人设计已于1972年获发明专利。

1975年首次获得出口美国、德国和英国的订单。1975年售出首台弧焊机器人（IRB 6）。

1977年在法国和意大利成功安装首批机器人。

1979年推出首台电动点焊机器人（IRB 60）。在西班牙成功安装首批机器人。

1982年进入日本市场。

1983年推出新型控制系统S2。该系统具有出色的人机界面（HMI），采用菜单式编程，配备TCP（工具中心点）控制功能和操纵杆，可实现多轴控制。

1986年推出有效载荷为10kg的IRB 2000机器人，这是全球首台由交流电机驱动的机器人，采用无间隙齿轮箱，工作范围大，精度高。

1991年推出有效载荷为200kg的IRB 6000大功率机器人。该机器人采用模块化结构设计，是当时市场上速度最快、精度最高的点焊机器人。

1991年率先在喷涂机器人中采用中空手腕，使机器人手部的运动速度更快、更灵活。

1994年推出S4控制系统，该系统方便易用（采用Windows人机界面），采用全动态模型（控制性能十分突出）和Flexible Rapid编程语言。

1996年在机器人控制柜中集成弧焊电源。

1998年推出FlexPicker机器人——世界上速度最快的拾放料机器人。

1998年推出首套基于虚拟控制器、与实际控制等效的仿真工具Robot Studio，极大地方便了机器人离线编程。

2000年推出拾放料软件PickMaster，含独有的即插即用功能。

2001年推出全球首台有效载荷高达500kg的工业机器人IRB 7600。

2002年ABB公司成为全球首家机器人销售总量超过10万台的公司。

2002年推出VirtualArc软件———种真实弧焊仿真工具，机器人焊接工程师可通过该工具实现对MIG/MAG焊接过程的完全"离线"控制。

2002年在Euroblech展览会上推出IRB 6600机器人———种可向后弯曲的大功率机器人。

2003年在GIFA展览会上推出TeachSaver软件，可显著缩短清理工序的编程时间。

2003年在仿真工具RobotStudio中增加专为各种过程（如焊接、切割、喷涂和铸造等）定制的PowerPacs功能组。

2004年推出新型机器人控制器IRC5。该控制器采用模块化结构设计，是一种全新的按照人机工程学原理设计的Windows界面装置，可通过MultiMove功能实现多机器人（最多4台）完全同步控制，从而为机器人控制器确立了新标准。

2005年推出55种新产品和机器人功能，包括4种新型机器人：IRB 660、IRB 4450S、IRB 1600和IRB 260。

2012 年推出紧凑型开门机器人 IRB 5350 和新型高精度弧焊专用机器人 IRB 1520ID。❶

11.5.2 产品专利透视

下面通过对 ABB 公司几种典型的工业机器人产品的分析,对其进行专利透视,探究 ABB 公司的专利与产品的对应关系。

11.5.2.1 IRB 540 智能喷涂机器人

如图 11-31 所示,IRB 540 是一种平衡性极佳、结构精简的人性化智能喷涂机器人,采用 ABB 公司独有的 FlexiWrist(柔性手腕)专利技术,极大地便利了人工编程操作(点对点连续路径)。只需人工将机器人移至各个目标程序位置,然后按触发钮,系统将自动编写 RAPID 程序指令(PaintL),对程序位置编号并储存相关位置。然后,程序员进入试验模式,对指定位置选择一组喷涂参数,即可让机器人进行程序试运行。

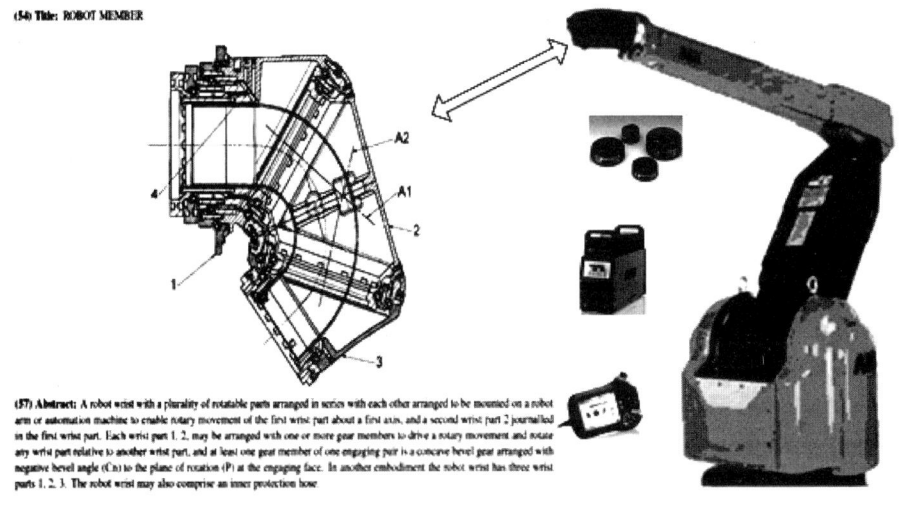

图 11-31 IRB 540 中 FlexiWrist 技术可能涉及的专利文献

其中 FlexiWrist(柔性手腕)专利技术主要涉及公开号为 WO2004082898A2 的国际专利申请,其同族专利文件公开/公告号为:EP1491299A1、US2006243087A1、DE202004021134U1、JP2007521144A、JP4559419B2、CN1842399A、CN1842399B。该专利的发明人为 A. 克罗格达尔,中文同族 CN1842399B 的授权日期为 2010 年 12 月 22 日。

如图 11-32 所示,IRB 540 机器人末端执行器、控制系统、编程技术、传感器技术最可能使用了以下专利技术:①末端执行器,US2004144306A1,用于车辆喷涂机器人的操作臂的配置,有各种长、短操作臂位于垂直平面内执行喷涂作业;②控制器,SE0502324A,工业机器人系统;③编程,WO2012097835A1 机器人示教系统;④传感

---

❶ [EB/OL]. [2013-04-01]. http://new.abb.com/cn/news-center.

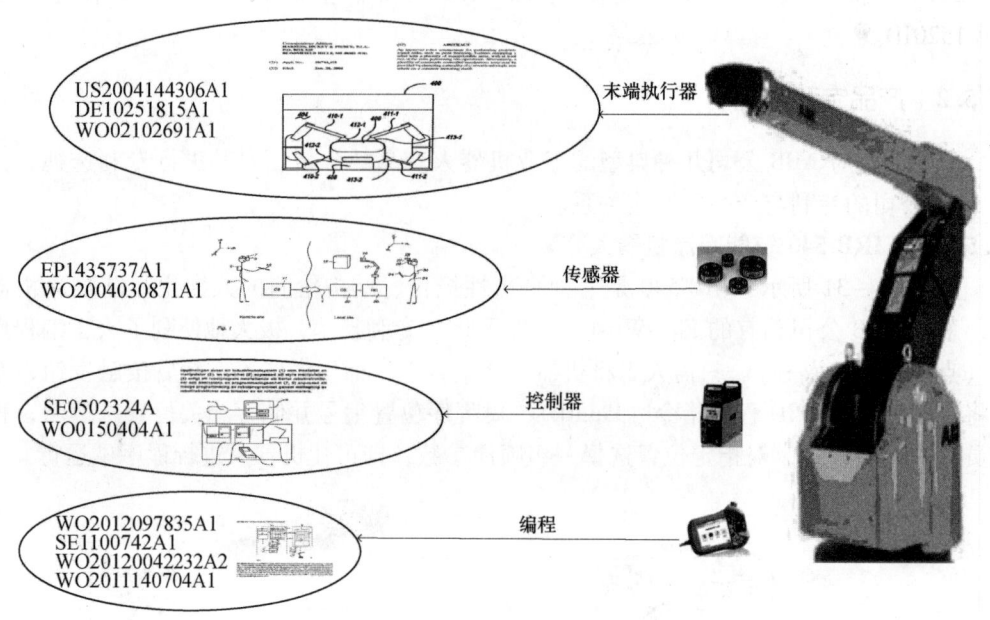

图 11-32　IRB 540 机器人各部分可能涉及的专利文献

器，EP1435737A1，一种增强现实的系统与方法。

11.5.2.2　IRB 460 码垛机器人

ABB 公司于 2011 年在全球同步推出了全套先进的码垛机器人解决方案，其中包括由 ABB 中国团队研制的全球速度最快的紧凑型四轴码垛机器人 IRB 460，主要用于生产线末端进行高速码垛作业。IRB 460 的操作节拍最高可达每小时循环 2190 次，运行速度比同类常规机器人提升了 15%，作业覆盖范围为 2.4m。其占地面积则比一般码垛机器人节省 1/5，更适用于在狭小的空间内进行高速作业。

IRB 460 机器人末端执行器、控制系统、编程技术、传感器技术最可能使用了以下专利技术：（1）末端执行器：①WO2009123956A1，用于部件装配的机器人；②FR2921573A1，生产车辆门体的机器人；③EP1974870A1，具有多个独立被控电磁闸的机器人。（2）控制系统：①EP1935576A1，工业机器人系统；②WO2008074585A1，工业机器人控制系统。（3）编程：①EP2219090A1，机器人服务系统；②WO2010088959A1，工业机器人的编程方法。（4）传感器：①EP2221152A1，拾取和放置零件的机器人系统与方法；②WO2010060475A1，工业机器人装置；③EP2331301A1，通过力觉反馈的机器人拾取装置；④SE0901096A，工业机器人系统。如图 11-33 所示。

11.5.2.3　IRB 6660 压机管理机器人

IRB 6660 压机管理机器人（即冲压机器人）的主要目标是为压机管理应用提供更快的机器人解决方案。其刚性设计和较长的可达距离应对了高性能压机管理，具有更高的精度和正常运行时间，其速度更快，压机内节拍时间可缩短 15%，是目前市场上最快速的冲压自动化机器人。该机器人采用多数齿轮箱加固，使压机管理的生命周期延长。

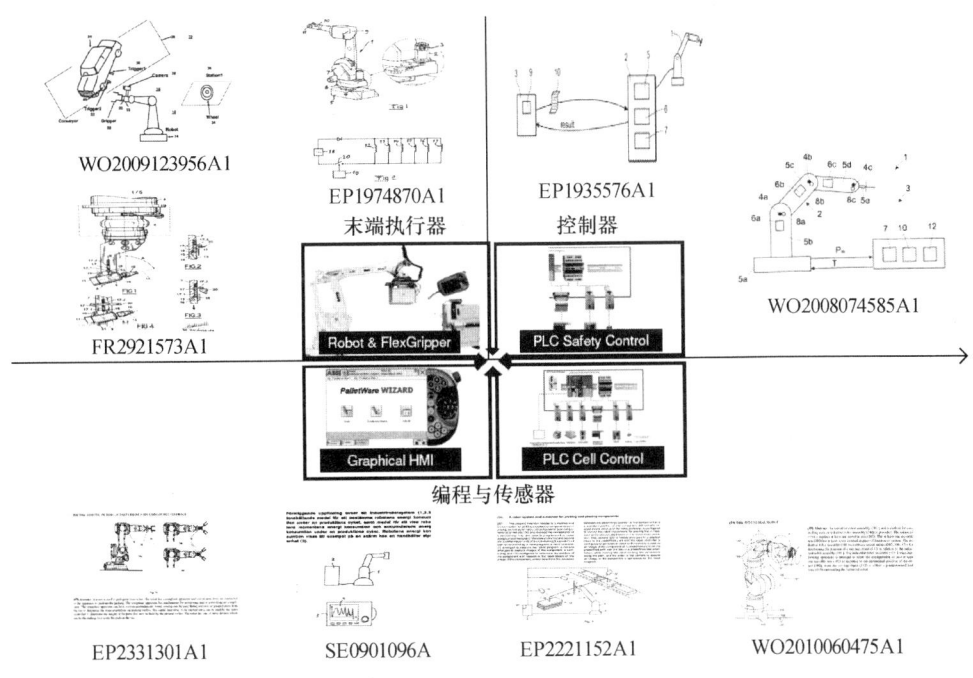

图 11-33 IRB 460 机器人可能涉及的专利文献

IRB 6660 应用了 ABB 公司独有的冲压伺服第七轴技术（旋转七轴 RotAx 和直线七轴 LinAx），可以独立运动，使冲压自动化线的平面布置更为灵活。从而缩小了压机之间的距离，令整线更加紧凑实现效率倍增，工作节拍由每分钟 5 件提高到 10 件。

如图 11-34 所示，冲压伺服第七轴技术可能涉及以下专利：（1）SE0802607A，运动冗余机器人；（2）US6197115B1，具有第七轴运动控制的机器人控制器；（3）WO2010091722A1，同族：EP2396148A1、CN102317042A，双臂机器人；（4）US6804579B1，使用再生纯净水的机器人清洗单元；（5）US5833147A，机器人末端操作装置的旋转接头。

IRB 6660 机器人末端执行器、控制系统、编程技术、传感器技术最可能使用了以下专利技术：（1）末端执行器，SE0502202A，工业机器人；（2）编程：①WO2006089887，工业机器人校准方法；②US2006178778A1，一种用于软件程序开发的装置与方法；③SE0600831A，机器人控制器的控制程序；④SE0502059A，工业机器人操纵机控制系统与程序；（3）控制器：①WO2006025775A1，工业机器人实时协作控制系统；②SE0401541A，用于焊接和喷涂的工业机器人；③EP1795315A1，用于工业机器人的手持控制器；（4）传感器：EP1435737A1 摄像机被布放在特定位置，以使得远程操纵者可以从不同视角和方向看到本地场景，以执行远程操作，如图 11-35 所示。

11.5.2.4 IRB 1520ID 机器人

中空臂机器人 IRB 1520ID（集成配套型）是 ABB 公司 2012 年最新推出的新型高精度弧焊专用机器人。IRB 1520ID 将软管束与焊接电缆分别同上臂和底座紧密集成，电源、焊丝、保护气、压缩空气等一应弧焊介质采用这种方式走线，可实现性能与能

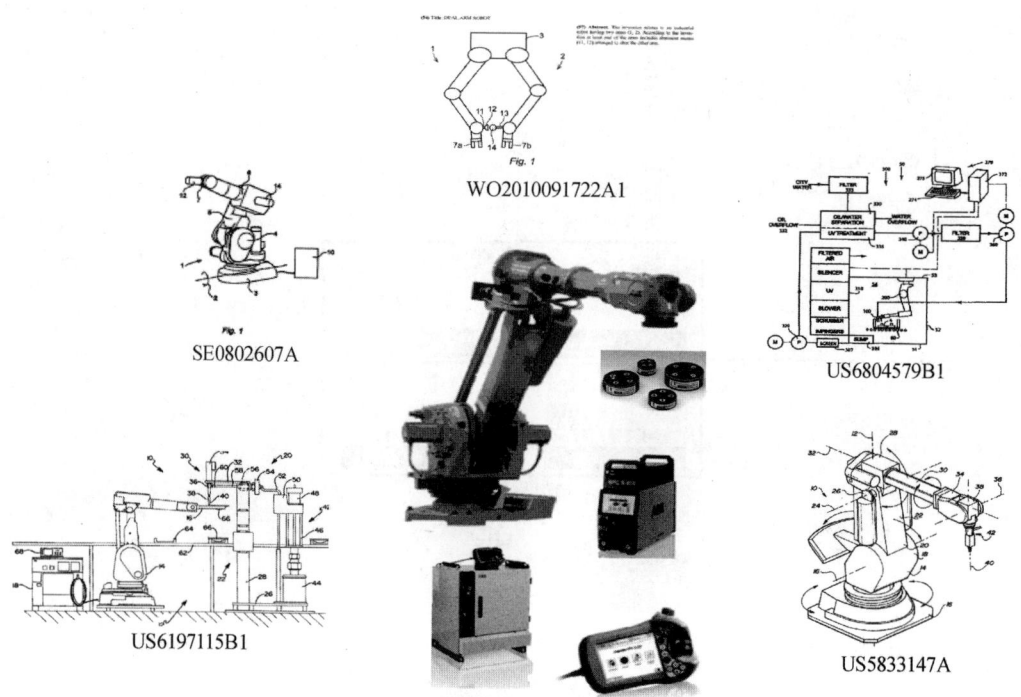

图 11-34　第七轴技术可能涉及的专利文献

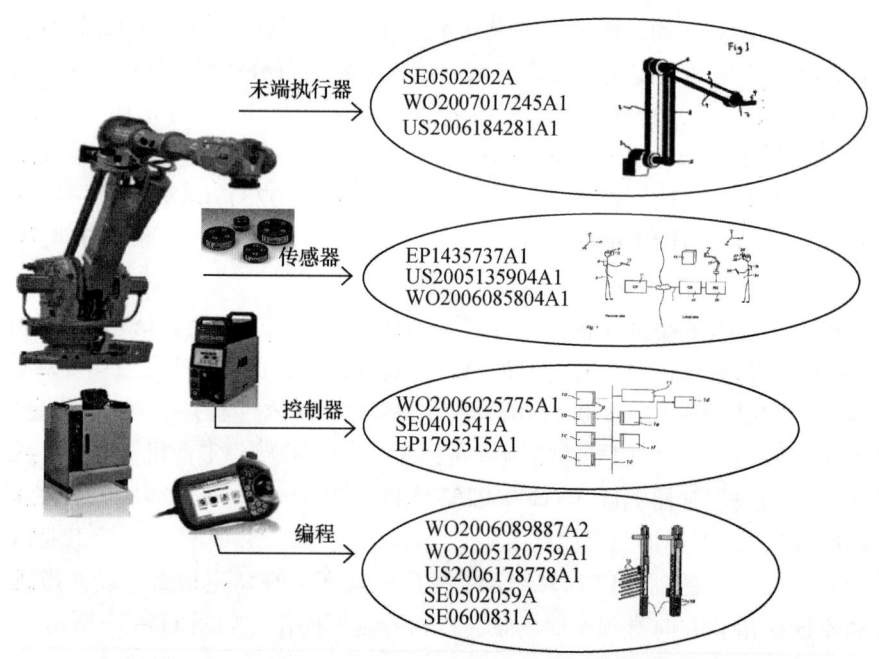

图 11-35　IRB 6660 机器人各部分可能涉及的专利文献

效的最优化。除了焊接稳定性强以外，IRB 1520ID 兼具路径精度高、节拍时间短、管线寿命长等诸多优势。得益于集成配套式设计，该机器人在焊接圆柱形工件时，动作毫无停顿，一气呵成；而在窄小空间内，该机器人同样行动自如，游刃有余。

IRB 1520ID 配备第二代 TrueMove™ 技术，在同等级轻型弧焊机器人中拥有最优异的路径精度；该机型还配备第二代 QuickMove™ 技术，实现了两次焊接间的加速度最大化，在显著提升产能的同时，又将能耗降至最低。

通过直观友好的 FlexPendant（示教器），可轻松完成机器人及弧焊工艺的编程与维护。示教器采用通行的 PC 图形界面，无论控制机器人还是特定工艺设备，操作员都绝无陌生感。示教器还配备触摸屏及 ABB 公司独有的操纵杆，进一步提升了操控速度及便利性。为了让用户充分享受离线模拟编程的优势，ABB 公司还提供广受追捧、可靠性和性价比超高的软件包——RobotStudio™ 和 RobotStudio Arc Welding PowerPac，其内置的弧焊专用程序 VirtualArc™ 是虚拟试错的得力工具。只需短短数小时的安装调试，机器人即可按预定的节拍时间和焊接质量投入生产。

如图 11-36 所示，IRB 1520ID 使用了 ABB 公司特有的专利牛眼技术，能够帮助用户完成全自动工具中心点校准，确保焊接机器人工位的最高利用率、最高焊接质量和最高生产效率。通过预先编制的校准程序，可以在焊接过程中完成全自动工具中心点校准，停机时间几乎为零。该专利牛眼技术主要涉及以下专利：（1）公开号为 WO2006079617A1 的 PCT 申请：工业机器人工具中心点的校准方法与设备，其同族专利文献为：EP1841570A1、US2008252248A1。（2）公开号为 WO2005075157A1 的 PCT 申请：工业机器人 TCP 位置的校准，其同族专利文献为：EP1711316 A1、US2009069936 A1。（3）公开号为 WO03089197A1 的专利申请：工业机器人工作单元的校准，其同族专利文献为：US2003200042A1、AU2003224540 A1、US6812665 B2。

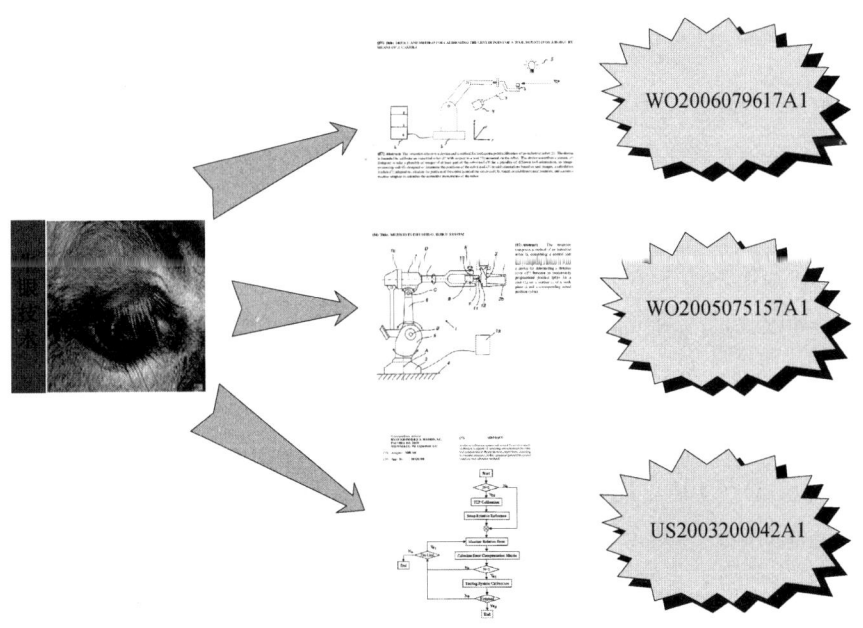

图 11-36　IRB 1520ID 中牛眼技术涉及的专利文献

IRB 1520ID 机器人末端执行器、控制系统、编程技术、传感器技术最可能使用了以下专利技术：（1）末端执行器：①WO2012022360A1，抓手装置；②WO2012010332A1，工业机器人力觉处理；③WO2011133221A2，在垂直管线上滑动的机器人平台；④WO2011107137A1，可移动的机器人；（2）控制器：①WO2012143053A1，一种手持终端单元；②WO2012097834A2，机器人系统与命令；（3）编程：①WO2012097835A2，用于机器人运动示教的系统；②WO2012004232A2，可移动平台上机器人位置的校准；③WO2011140704A1，机器人离线示教编程；（4）传感器：①WO2012027541A1，视觉引导调准系统；②WO2011031523A2，机器人拣选系统；③DE102009037302A1，工业机器人装置。如图11-37所示。

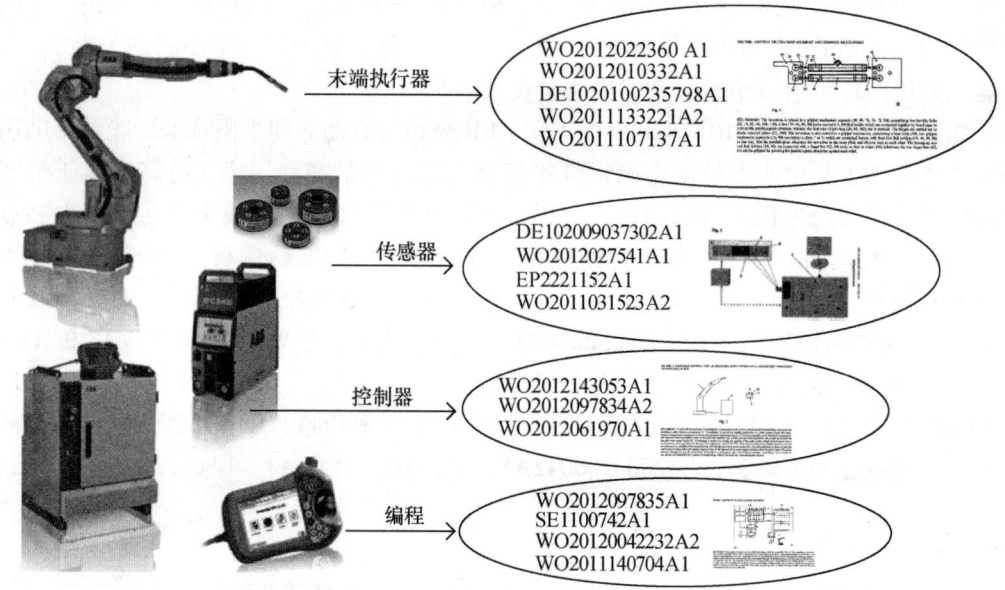

图11-37 IRB 1520ID 机器人各部分涉及的专利文献

11.5.2.5 IRB 5350 开门机器人

结构紧凑、动作精准的 IRB 5350 开门机器人是汽车内饰喷涂的得力助手，兼容走停式和连续式输送解决方案。配备精心设计的开门夹具，内置搜寻传感器和力反馈传感器，是内饰喷涂区不可或缺的效率"助推器"。

IRB 5350 机器人具有以下几大特性：

（1）设计优化，应用广泛：针对不同的内饰喷涂输送方案，IRB 5350 机器人提供三轴走停式和四轴连续式两种型号。这种强大而高效的内饰喷涂解决方案可应用于宽4.5m~6m、长3m~10m 的喷房，支持5m/min~10m/min 的输送速度。

（2）结构紧凑，安装灵活：IRB 5350 装配紧凑型手臂、底座和导轨系统，可轻松"嵌入"狭小的喷房；专用导轨系统增强了喷涂机器人柔性；喷房两侧作业采用通用解决方案，第2轴工作范围调整方便；导轨系统支持落地和壁挂两种安装方式。

（3）性能强大，运行可靠：ABB 公司引领机器人运动控制技术已有数十年之久。IRB 5350 融合 QuickMove/TrueMove 技术，加速迅捷，并配备智能传感器夹具，可在3s 内完成开门节拍。一个典型开门节拍包含初始位启动、开门、关门以及返回初始位等步骤。

（4）IRB 5350可装备最大荷重7kg的夹具，内置先进的车门检测传感器，能胜任各种类型车门的开闭操作。

（5）IRB 5350以高标准防护著称，防护等级达到IP66；导轨轴标准防护等级也达到IP66。

（6）控制方便，编程轻松：IRB 5350不仅功能齐备，还配套提供人性化管理解决方案。IRB 5350开门机器人及ABB喷涂机器人、通用备件和接口等均可由机器人控制柜IRC5P操控；经防爆认证的示教器可带入喷房内进行程序修改和运行试验；ABB公司创新的Robot Studio可实现整个内饰喷涂区的离线编程。❶

IRB 5350机器人末端执行器、控制系统、编程技术、传感器技术最可能使用了以下专利技术：（1）末端执行器：①EP2248596A1，喷涂机器人覆盖工件的布置方法；②WO2011107137A1，可移动机器人；（2）控制器：①SE1000978A1，机器人控制系统；②SE1001152A1，工业机器人系统；③SE1100582A1，机器人控制器；（3）编程：①WO2011113490A1，机器人坐标系统校准；②US2010312391A1，工业机器人示教装置的校准；③EP2219090A1，机器人服务系统；（4）传感器：①WO2011031523A2，机器人分拣；②WO2011018216A1工业机器人状态和操作参数诊断装置；③WO2010142318A1，测量转矩的设备，如图11-38所示。

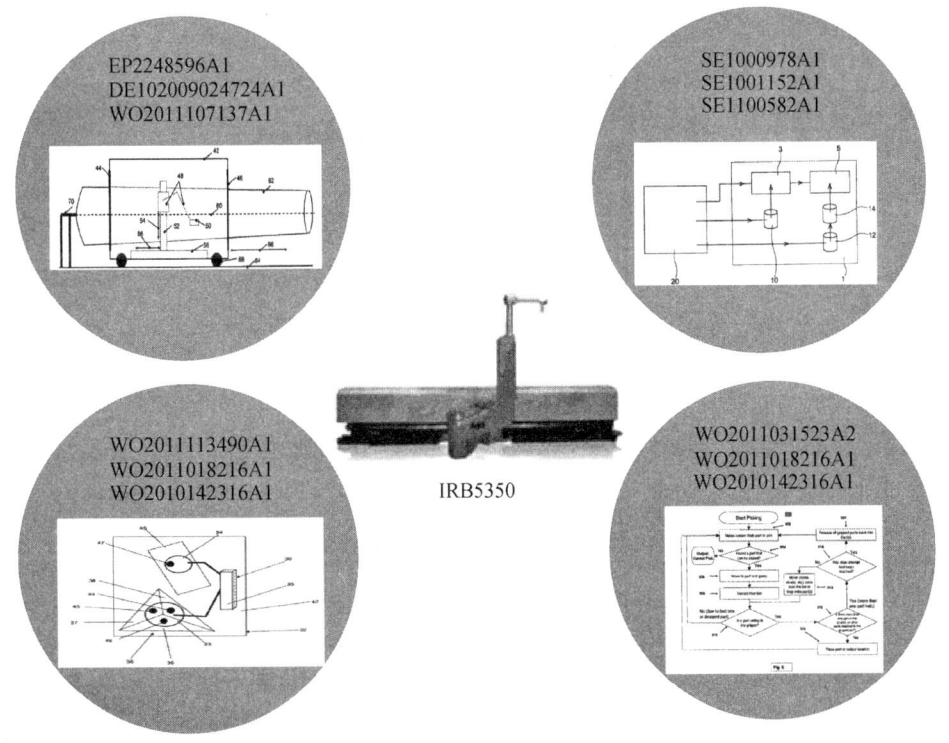

图11-38　IRB 5350机器人各部分涉及的专利文献

---

❶　[EB/OL].［2003-04-01］.http：//new.abb.com/cn/news-center.

11.6 研发团队分析

下面从发明团队、合作研发、公司并购三方面分析 ABB 公司的工业机器人研发团队。

11.6.1 发明人团队

ABB 公司培养了大批研究骨干，其带领公司其他员工在不同的技术分支进行产品创新，并提交了大量的专利申请，为公司创造了大量的技术财富，由此可见 ABB 公司研发实力雄厚，并具有大量的人才储备，在将来的很长时间内，其在技术创新方面依然会处于领先地位。

图 11-39 统计了 ABB 公司关于工业机器人的专利申请中排名前 10 位的发明人。其中用不同灰度来表示不同的技术分支，横轴表示年份，纵轴表示 10 位发明人。

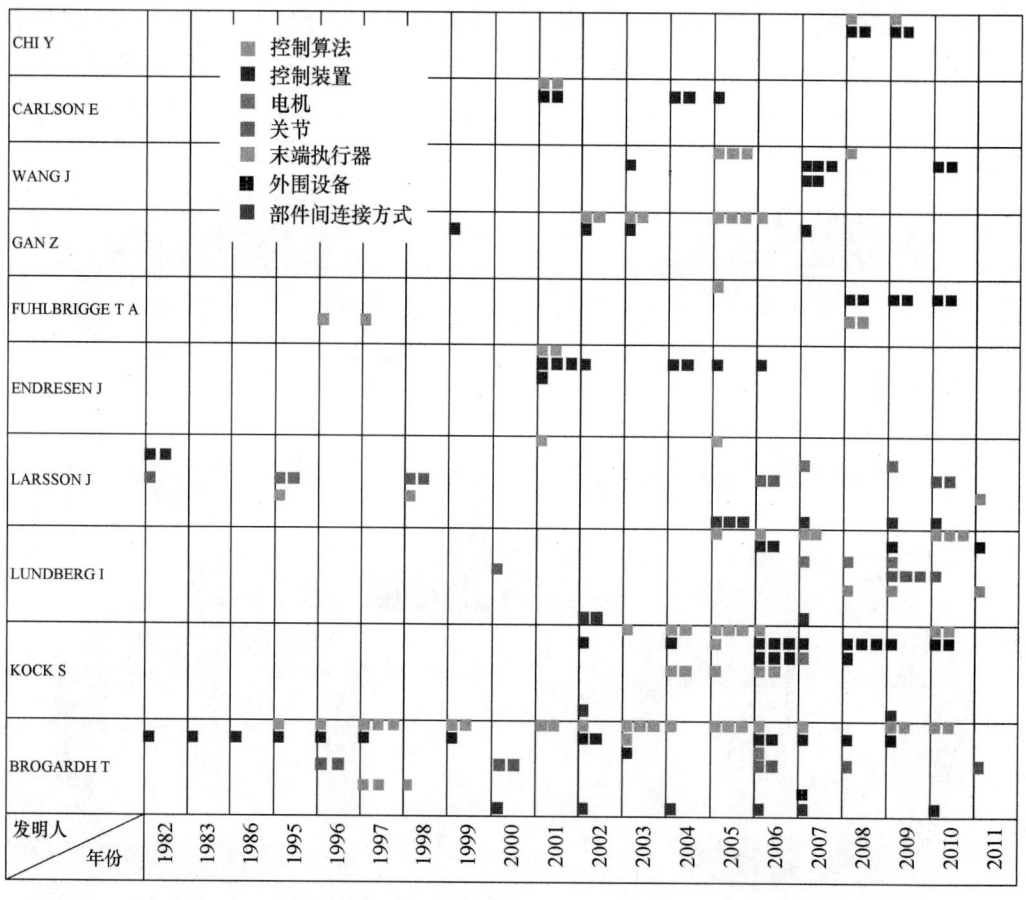

图 11-39　排名前 10 位的发明人

可以看出，2000 年之前各发明人的专利申请并不密集，2000 年之后各发明人开始大量申请专利，这说明 2000 年 ABB 公司的工业机器人技术有重要突破。从图中还可以看出，控制装置和控制算法两个技术分支始终是 ABB 公司的重点研究领域，因此可知，ABB 公司对于工业机器人的控制技术十分重视，对此其投入了大部分的研发力量。除了该技术分支外，2000 年之前 ABB 公司对机器人的关节和末端执行器研究较多，2000 年之后 ABB 公司逐渐增加了对机器人驱动电机和外围设备的研究。

图 11-39 还揭示出发明人 Torgny Brogardh（BROGARDH T，托里尼·布罗加德）的专利申请量最多，是 ABB 公司的核心发明人，其参与了 ABB 公司 1995～2010 年共计 16 年间的 43 项专利申请。

从图 11-40 中可以看出，Torgny Brogardh 研究的技术分支主要是控制装置和控制算法，此外其对机器人的关节、部件间连接方式和末端执行器也有涉及。进一步研究可知，发明人 Torgny Brogardh 博士是 ABB 瑞典研发中心的公司主管工程师，毕业于瑞典隆德大学，1996 年进入 ABB 公司并工作至今。ABB 瑞典研发中心位于韦斯特罗斯市，是 ABB 公司最大的研发部门，目前该中心的研发重点是自动化及电力技术，该中心已与麻省理工学院、卡内基-梅隆大学、Rensselaer 理工研究所（NY）以及美国麻省理工学院进行密切合作，并且与瑞典的皇家理

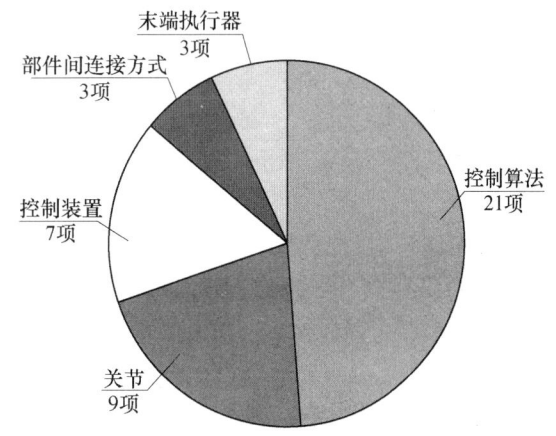

图 11-40 发明人 BROGARDH T 涉及的技术领域

工学院（斯德哥尔摩）、钱尔牟斯理工大学（哥德堡）、隆德理工学院、吕勒奥理工大学、乌普萨拉大学以及穆拉达伦斯大学（韦斯特罗斯）开展多种形式的合作。

通过对 Torgny Brogardh 及共同发明人的研究，我们可以得到以 Torgny Brogardh 为核心的 ABB 研发团队，如图 11-41 所示，与 Torgny Brogardh 合作最紧密的发明人是 GAN Z、LUNDBERG、KOCK S、BRANTMARK、WANG J、LARSSON J。

其中 Torgny Brogardh 和 GAN Z 合作专利共计 6 项，其中涉及控制算法的有 5 项（US2007225862A1、US6822412B1、WO03064118A1、WO2004108363A1、WO2006093652A1），涉及控制装置的有一项（US2005113971A1），涉及控制算法的 5 项专利申请中有 3 项涉及离线编程技术（US6822412B1、WO2004108363A1、WO2006093652A1）。

Torgny Brogardh 和 LUNDBERG 合作专利共计 5 项，其中涉及机器人关节的有 1 项（WO0206017A1），涉及部件间的连接方式的有 3 项（WO2004056538A1、WO2006117022A1、WO03059581A1），涉及控制算法、定位方法的有 1 项（WO2006079617A1）。

Torgny Brogardh 和 KOCK S 合作专利共计 4 项，其中涉及机器人末端执行器的有 1 项（SE0202283A），涉及部件间的连接方式的有 2 项（WO03066289A1、WO03106115A1），涉及控制算法的有 1 项（WO2004104714A1）。

Torgny Brogardh 和 BRANTMARK 合作专利共计 3 项，全部涉及控制算法，其中涉

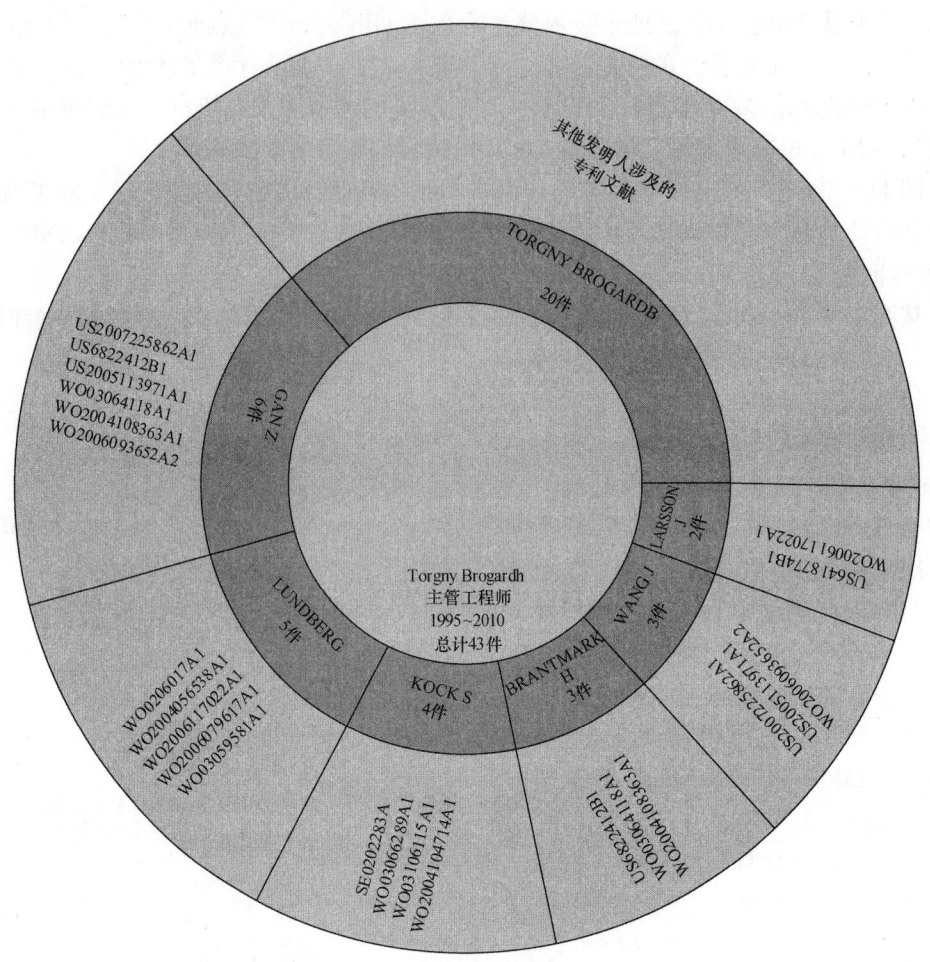

图 11-41 Torgny Brogardh 研发团队

及离线编程的有 2 项（US6822412B1、WO2004108363A1）。

Torgny Brogardh 和 WANG J 合作专利共计 3 项，其中涉及控制装置的有 2 项（US2007225862A1、US2005113971A1），涉及离线编程的有 1 项（WO2006093652A2）。

Torgny Brogardh 和 LARSSON J 合作专利共计 2 项，全部涉及控制算法领域。

综上合作申请分布，可从表 11-2 加以规纳。

表 11-2　合作发明人的技术分布　　　　　　　　　　　　　　　单位：项

Torgny Brogardh	关节	末端执行器	控制装置	控制算法	部件间连接
GAN Z			5	1	
LUNDBERG	1			1	3
KOCK S		1		1	2
BRANTMARK				3	
WANG J			2	1	
LARSSON J				2	

11.6.2 合作研发

ABB 公司认为尽管自身具有创新精神和丰富的资源，但是没有技术公司能够独立进行研究，与全球领先大学和研究中心建立合作关系以创建大范围的创新者网络非常必要。ABB 公司已同位于美国、英国、瑞典、芬兰、德国、瑞士、意大利、波兰和其他国家的大约 70 所全球知名院校开展合作。这些院校包括很多备受尊重的大学，如麻省理工学院、卡内基-梅隆大学、斯坦福大学、剑桥大学以及伦敦大学帝国学院等。核心专业技术以及与研究机构的合作帮助 ABB 公司在关键研究领域取得众多突破。如图 11-42 所示。

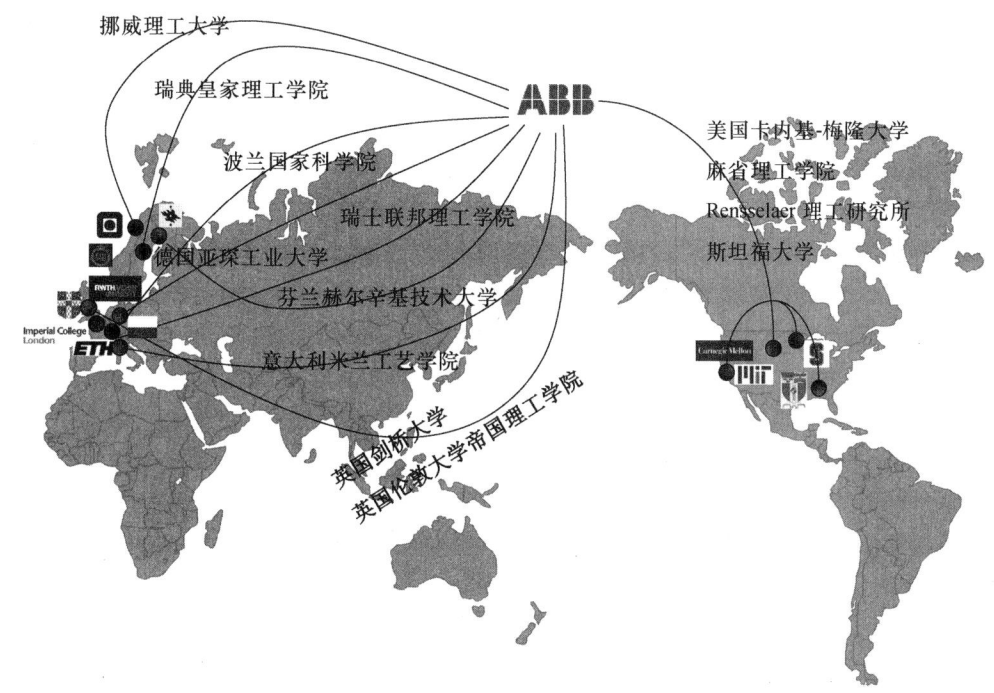

图 11-42　ABB 公司主要合作的大学

11.6.3 公司并购

收购和兼并是国际跨国大公司扩张和技术引进的一个重要手段，号称"并购之王"的 ABB 公司 14 年里发生了 150 多次收购，公司业务逐步壮大，将该手段发挥到极致。通过对专利文献的梳理，可知 ABB 公司的工业机器人业务也发生过多次并购和技术引进，如图 11-43 所示：

（1）1986 年 ASEA 收购位于挪威拜尼的 Trallfa 公司的机器人业务。Trallfa 公司曾经于 1969 年推出全球首台喷涂机器人。80 年代中期，汽车工业开始将喷涂工艺应用于汽车保险杠及其他塑料零部件，喷涂机器人热销。Trallfa 公司的有关工业机器人的专利申请如下：WO9503133A1，墙壁机器人喷涂机；WO8906181 A1，车辆喷涂机器人系统；WO8704968 A1，用于编程控制工具的机器人系统；FR2339470 A1，机器人。

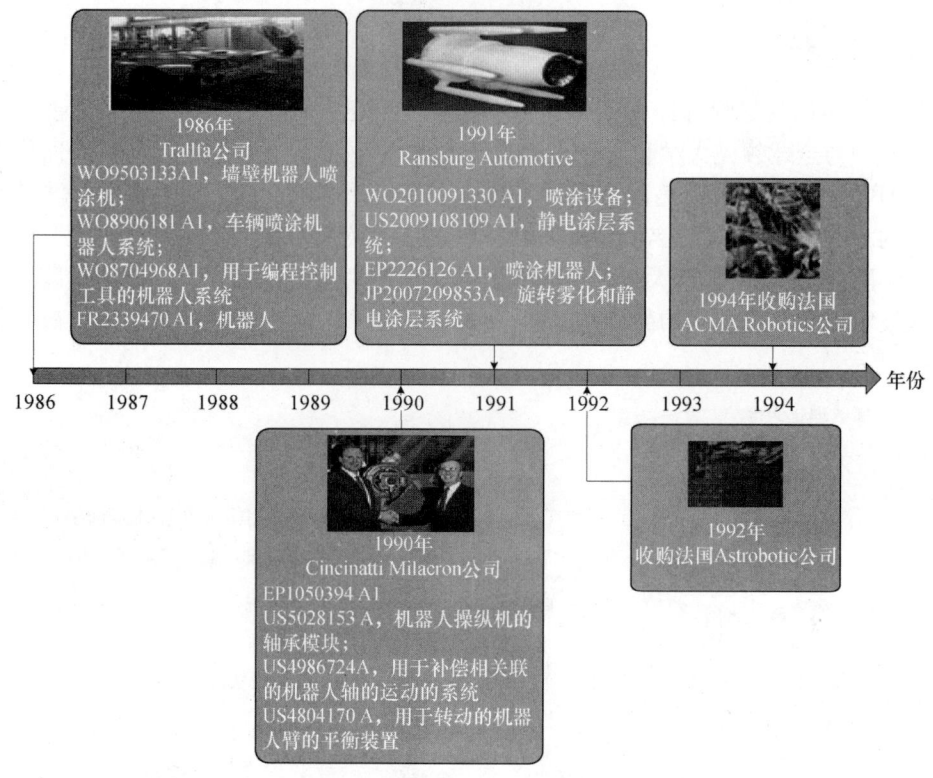

图 11-43 ABB 公司并购关系图

（2）1990 年 ABB 公司收购了美国 Cincinatti Milacron 公司的机器人业务。通过这次收购，点焊成为 ABB 公司又一重点业务，为 ABB 机器人在美国汽车工业中得到广泛应用奠定了坚实的基础。Cincinatti Milacron 公司有关工业机器人的专利申请如下：EP1050394 A1，吹铸件的消焰；US5028153 A，机器人操纵机的轴承模块；US4986724A，用于补偿相关联的机器人轴的运动的系统；US4804170 A，用于转动的机器人臂的平衡装置。

（3）1991 年收购 Ransburg Automotive 公司（静电喷涂装置 Atomizer 的发明者）的喷涂业务。Ransburg Automotive 公司有关工业机器人的专利申请如下：WO2010091330A1，喷涂设备；US2009108109A1，静电涂层系统；EP2226126A1，喷涂机器人；JP2007209853A，旋转雾化和静电涂层系统。

（4）1992 年收购法国 Astrobotic 公司，为 ABB 公司在消费品工业中的业务奠定了基础。

（5）1994 年收购法国 ACMA Robotics 公司，为 ABB 公司在法国汽车工业中赢得优势地位奠定了基础。

11.7 专利撰写策略

工业机器人是一种智能工业设备，其所体现出的高效率、高灵敏度、高适应性除了依赖于本体的机械结构及驱动机器人的驱动设备以外，更重要的在于控制工业机器人行为的控制程序，控制程序是其智能的核心。很多工业机器人在制造厂商生产出来时的机械结构、配置均是相同的，在根据客户的不同需求配置不同的控制程序之后才完成了工业机器人的完整诞生。正是不同的控制程序赋予了机器人丰富多彩的"生命"，确定了其实现的功能和在生产制造流水线上所扮演的角色，可以说控制程序就是机器人的大脑。

既然控制程序如此重要，可想而知，各个生产制造工业机器人的厂商都非常重视控制程序的开发应用，因此关于工业机器人的控制程序或控制算法的专利申请数量很多，大约占申请总量的30%。

单纯的计算机程序属于《专利法》第25条第1款第（2）项规定的智力活动的规则和方法，不属于专利法可保护的范畴。而控制程序或控制算法的专利申请属于专利法概念中的涉及计算机程序的专利申请，它有别于一般专利法概念中的产品或方法，具有一定的特殊性。中国申请人由于专利保护意识薄弱，对专利法的研究及理解尚有局限性，导致很多本来可以获得专利保护的技术方案由于撰写缺陷而遭到驳回。

《专利审查指南（2010）》第二部分第九章专门就涉及计算机程序的专利申请提出了若干关于撰写的规定。涉及计算机程序的发明专利申请的权利要求可以写成一种方法权利要求，也可以写成一种产品权利要求，即实现该方法的装置。如果写成方法权利要求，应当按照方法流程的步骤详细描述该计算机程序所执行的各项功能以及如何完成这些功能。

如果全部以计算机程序流程为依据，按照与该计算机程序流程的各步骤完全对应一致的方式，或者按照与反映该计算机程序流程的方法权利要求完全对应一致的方式，撰写装置权利要求，即这种装置权利要求中的各组成部分与该计算机程序流程的各个步骤或者该方法权利要求中的各个步骤完全对应一致，则这种装置权利要求中的各组成部分应当理解为实现该程序流程各步骤或该方法各步骤所必须建立的功能模块，而不应当理解为主要通过硬件方式实现该解决方案的实体装置。这种由功能模块构架组成的软系统形式的产品权利要求，是计算机程序解决方案的动态物化形式，与一般意义的功能性限定不同，能够正确地表达计算机程序解决方案，清楚地限定该类解决方案中以程序流程为主线、硬件受程序控制的相互关系。

另一方面，从侵权保护的角度考虑，2009年《最高人民法院关于审理侵犯专利权纠纷案件应用法律若干问题的解释》（以下简称《解释》）确立了全部技术特征原则，从而明确否定了多余指定原则使用的空间。该《解释》第8条规定：人民法院判定被诉侵权技术方案是否落入专利权的保护范围，应当审查权利人主张的权利要求所记载的全部技术特征。被诉侵权技术方案包含了与权利要求记载的全部技术特征相同或者等同的技术特征的，人民法院应当认定其落入专利权的保护范围；被诉侵权技术方案的技术特征与权利要求记载的全部技术特征相比，缺少权利要求记载的一项或者一项以上技术特征，或者有一项或一项以上技术特征不相同也不等同的，人民法院应当认定其没有落入专利权的保护范围。

由此可知，当权利要求技术方案中的设备仅仅是计算机领域或控制领域的公知设备时,将这些内容也写入到权利要求的保护范围中将不利于申请人对其发明的全面保护,特别是当申请人提出的涉及计算机程序流程的发明还可以运行在具有其他结构的控制系统上时,过多的写入已有设备将缩小权利要求的保护范围,造成申请人的损失。

下面是 ABB 公司关于控制程序或算法的撰写示例及分析。

ABB 公司在中国共有 217 件与工业机器人相关的专利申请,其中涉及控制算法的有 64 件专利申请,占总申请量的 29.6%。可见,ABB 公司非常重视控制程序及控制算法的研发,表 11-3 例举了 ABB 公司的几件符合专利法要求、撰写规范合理的专利申请。

表 11-3 ABB 公司涉及计算机程序的专利申请撰写对比案例

申请号	方法权利要求	产品权利要求
200880001998	一种用于对在装配处理中使用的机器人的参数进行优化的方法,所述方法包括: 根据装配处理的多个预定类型来对所述装配处理进行分类; 根据所述分类后的装配处理来指定用于所述分类后的装配处理的搜索模式以及用于所述分类后的装配处理的参数; 获得用于所述分类后的装配处理的优化参数集合; 对所述优化参数集合满足预定标准以变为用于使用所述机器人来执行所述分类后的装配处理的优化参数进行验证; 使所述机器人使用用于所述分类后的装配处理的所述验证后的优化参数来执行所述分类后的装配处理。	一种用于对在装配处理中使用的机器人的参数进行优化的设备,包括: 被配置为根据装配处理的多个预定类型来对所述装配处理进行分类的装置; 被配置为根据所述分类后的装配处理来指定用于所述分类后的装配处理的搜索模式以及用于所述分类后的装配处理的参数的装置; 被配置为获得用于所述分类后的装配处理的优化参数集合的装置; 被配置为对所述优化参数集合满足预定标准以变为用于使用所述机器人来执行所述分类后的装配处理的优化参数进行验证的装置;以及被配置为使所述机器人使用用于所述分类后的装配处理的所述验证后的优化参数来执行所述分类后的装配处理的装置。
200780033235	一种避免多轴工业机器人的部件与至少一个其他物体之间碰撞的方法,其中所述方法包括: 估计在所述机器人与所述物体之间碰撞发生之前剩余的时间; 确定所述机器人的停止时间; 将估计的碰撞发生之前剩余的时间与所述机器人的停止时间进行比较; 在估计的碰撞发生之前剩余的时间接近所述机器人的停止时间的情况下,停止所述机器人或者所述物体;以及计算在多个未来时间点处所述机器人的部件与所述物体之间的最短距离,以及在此基础上,估计在所述机器人与所述物体之间碰撞发生之前剩余的时间。	一种用于避免多轴工业机器人的部件与至少一个其他物体之间碰撞的设备,其中所述设备包括: 用于估计在所述机器人与所述物体之间碰撞发生之前剩余的时间的装置; 用于确定所述机器人的停止时间的装置; 用于将估计的碰撞发生之前剩余的时间与所述机器人的停止时间进行比较的装置; 用于在估计的碰撞发生之前剩余的时间接近所述机器人的停止时间的情况下,停止所述机器人或者所述物体的装置; 用于计算在多个未来时间点处所述机器人的部件与所述物体之间的最短距离,以及在此基础上,估计在所述机器人与所述物体之间碰撞发生之前剩余的时间的装置。

续表

申请号	方法权利要求	产品权利要求
200710195950	一种用于监控工业机器人的状态的方法，所述工业机器人具有绕多个关节（3A、3B、3C、3D、34、64）相对于彼此可动的多根连杆（4、6、7、8、10、36、62），其中，所述方法包括重复进行的以下步骤： 针对至少其中一个所述关节基于来自该关节的测量数据（MD）计算用于第一机械性能（MP、MP1）的第一值；和 基于所计算出的机械性能确定所述机械性能是正常还是异常，并基于此监控所述机器人的状态， 其特征在于，所述第一机械性能的值是游隙值或噪声值。	一种用于监控工业机器人（1）的状态的控制系统，所述工业机器人（1）具有绕多个关节（3A、3B、3C、3D、34、64）相对于彼此活动的多根连杆（4、6、7、8、10、36、62），其中，所述控制系统包括： 计算单元（39），其适于针对至少其中一个所述关节基于来自该关节的测量数据（MD）计算用于第一机械性能（MP、MP1）的第一值，并基于所计算出的第一机械性能确定所述第一机械性能是正常还是异常；和 监控单元（40），其用于基于所述第一机械性能是正常还是异常的确定来监控所述机器人的状态， 其特征在于，所述第一机械性能的值是游隙值或噪声值。

现结合以下案例详细进行分析。

案例：

【申请号】200780001652.5

【发明名称】机器人系统

【权利要求】（功能模块构架）

一种机器人控制系统，具备：

夹持物体信息计算模块，基于来自所述图像处理部的图像信息计算出夹持物体的大小及形状；

夹持方法判定模块，基于所述计算出的夹持物体信息判定夹持所述夹持物体的方法；

夹持执行模块，用已判定的夹持方法实际进行夹持，执行夹持物体的拿起；

传感器信息处理模块，收集用于判断在根据夹持时的力滑动即各力传感器的信息判定的夹持方法中，由于滑动不稳定等而无法夹持的信息，并根据得到的信息，测量用手指手夹持时指尖上所受的力并控制夹持力，测量用两手臂整体夹持时躯干部所受的力并控制抱紧力；

夹持方法修正模块，判断用在步骤中判定的夹持方法及在步骤中控制的夹持力是否可以对夹持物体进行夹持，在判断为不能夹持时修正在步骤中判定的夹持方法；如果判断为不能夹持，则放弃夹持。

其中，所述机器人具备前端具有手部力传感器（1）的手指的手部（2）；前端具备所述手部（2）的一个或多个手臂部（3）；具备所述手臂部（3），配置有躯干部力传感器（4）的躯干部（5）；测量夹持物体的形状的摄像机（6）；及处理由所述摄像机（6）得到的图像的图像处理部（8）。

【权利要求】（方法权利要求）

一种控制机器人动作的方法，包括如下步骤：

基于来自所述图像处理部的图像信息计算出夹持物体的大小及形状；

基于所述计算出的夹持物体信息判定夹持所述夹持物体的方法；

用已判定的夹持方法实际进行夹持，执行夹持物体的拿起；

收集用于判断在根据夹持时的力滑动即各力传感器的信息判定的夹持方法中，由于滑动不稳定等而无法夹持的信息；

根据得到的信息，测量用手指手夹持时指尖上所受的力并控制夹持力，测量用两手臂整体夹持时躯干部所受的力并控制抱紧力；

判断用在步骤中判定的夹持方法及在步骤中控制的夹持力是否可以对夹持物体进行夹持，在判断为不能夹持时修正在步骤中判定的夹持方法；如果判断为不能夹持，则放弃夹持；

其中，所述机器人具备前端具有手部力传感器（1）的手指的手部（2）；前端具备所述手部（2）的一个或多个手臂部（3）；具备所述手臂部（3），配置有躯干部力传感器（4）的躯干部（5）；测量夹持物体的形状的摄像机（6）；及处理由所述摄像机（6）得到的图像的图像处理部（8）。

【分析】

对于此类发明申请，除了撰写方法权利要求之外，还可以撰写产品权利要求。如果申请人要求保护的技术方案的侧重点在于软件系统，应将权利要求撰写成功能模块构架形式，必要的硬件装置的结构和连接方式应体现在程序流程步骤的功能模块中，或者可以将它们的连接结构关系放在功能模块构架产品权利要求的最后，目的是为了权利要求的清楚和完整；这种形式产品的权利要求仍然理解为主要通过说明书记载的计算机程序实现该解决方案的功能模块构架，而不理解为主要通过硬件方式实现该解决方案的实体装置。

如果申请人要求保护的技术方案的侧重点在于硬件结构，应将权利要求撰写成软硬件混合形式的实体产品权利要求的形式，详细描述各硬件组成部分及连接结构关系，在描述软件时，写成与计算机程序流程步骤完全对应一致的功能模块构架；并且最好使用"运行有"等字样清楚地表达软件与硬件之间的关系。我们认为，这样的权利要求是一种以硬件结构为主、运行有软件系统的集成化系统，功能模块各组成部分应当理解为实现该软件程序流程各步骤或该方法各步骤所必须建立的功能模块。软系统权利要求确定的保护对象，以其所装载的机器能够执行计算机程序解决方案为重要表征。因此，保护范围受所运行的硬件装置的限制最小，凡可执行软系统的机器即落入权利要求的保护范围。将权利要求撰写为功能模块架构组成的软系统，硬件特征应当作为被控制支配的对象出现在权利要求中。如果专利申请确实有硬件系统结构的内容，则应当修改为实体装置形式的权利要求。

值得指出的是,说明书中应当详细描述实现该软件程序流程的各步骤,并对实体装置的硬件结构进行详细描述。

11.8 本章小结

ABB 公司在工业机器人行业的领先地位绝非一日之功,它的成功秘诀也少不了历史机遇等因素,本章无法一一探究,只能从专利视角做一番管窥。就工业机器人专利来看,ABB 公司的专利布局策略及其给中国企业带来的启示可总结如下:

(1) 就地域来看,其专利布局的基本特点是以欧美市场为核心,并逐步扩展到日韩等重要市场和中国等新兴市场。这反映了 ABB 公司无国界发展的成长思路,即首先在核心市场获得知识产权,在国际竞争中占据主动,继而向各主要外围市场扩张,从而实现市场份额的最大化。

(2) 就技术分支来看,其专利布局体现出全面布局和重点突出的特点。工业机器人这样的系统产品涉及太多的复杂技术,即便如 ABB 公司这样技术先进、产业面庞大的跨国集团也不能做到所有的硬件和软件都自主生产,技术引进与整合是不可避免的问题。但在技术引进的过程中,ABB 公司始终坚持发挥其在电力和自动化技术领域的传统优势,将机器人控制的核心技术牢牢攥紧,把工业机器人研发重点放在控制技术的硬件部分(控制器)和的软件部分(控制算法)上,而在其他非自身传统强项的技术分支上,ABB 公司在采用并购、合作、产学结合等方式的同时,也注重自身研发能力的培养。这启示中国企业,要成长为国际化企业,在发展前期应当着力培养自身在某些重要技术方向上的绝对技术优势,在发展中后期应秉承"扬长避短、兼容并蓄"的发展模式,不断自我发展和完善。

(3) 就知识产权保护来看,ABB 公司在技术研发引进、市场开拓发展的过程中,十分注重其专利、版权等的及时布局问题。通过其高素质的知识产权队伍进行专利的挖掘分析,谋求专利的合理保护范围的最大化,规避专利风险,防患于未然。通过其不断积累的专利池形成强大的专利能量,给竞争对手设置障碍,将其作为防范乃至打击竞争对手、拉拢合作伙伴的商业筹码。

(4) 就专利申请撰写策略而言,由于目前对工业机器人的操作改进除了少部分在于硬件的技术发展,如新材料、更精确的加工技术等,更多的集中在对已有机器人的控制方面。因此,对机器人进行控制的操作程序就直接体现了机器人的操作水平。

本章从专利申请的撰写角度给出了涉及程序方面的专利申请如何撰写能够避免由于形式问题无法获得专利权,如何撰写能够获得有效专利保护的建议,为中国工业机器人生产制造企业提出了实用的专业建议,使读者能够获得切实可行的帮助。

第 12 章 KUKA 公司

KUKA（库卡）公司是全球领先的机器人及自动化生产设备和解决方案的供应商之一。KUKA 公司的客户主要分布于汽车工业领域，在其他领域（即一般工业）中也处于增长势头。

12.1 公司简介

库卡机器人（Robotics）公司是全球汽车工业中工业机器人领域的三家市场龙头之一，在欧洲则独占鳌头。在欧洲和北美，库卡系统（Systems）有限公司则为汽车工业自动化解决方案的两家市场引领者之一。KUKA 公司借助其 30 余年在汽车工业中积累的技能经验，也为其他领域研发创新的自动化解决方案，例如用于医疗技术、太阳能工业和航空航天工业等。2010 年 KUKA 公司综合营业额约为 11 亿欧元。[1]

KUKA 公司从建立至今已经一百多年，1898 年，约翰·约瑟夫·克勒尔（Johann Josef Keller）和雅各布·克纳皮歇（Jakob Knappich）在德国 Augsburg – Oberhausen 建立乙炔厂，生产价格低廉的家用和市政照明设备、家用器具及汽车大灯。KUKA 是由公司名称"Keller und Knappich Augsburg"中所用词的第一个字母缩写而成。

1905 年，鉴于新光源（欧司朗灯）层出不穷而乙炔电石因生产过剩价格大跌的局面，KUKA 公司决定，把生产拓展到新发明的气焊设备上。

1936 年，气焊设备的经营因其不再赢利而在这一年及时中止，KUKA 公司由此致力于电焊的开发并在德国制造了第一把点焊钳。

1969 年，KUKA 公司获得位于德国 Neuss 的焊接设备专业公司（ARO 焊接机有限两合公司）50% 的股份，成为成套焊接设备供货战略的一个关键步骤。

1970 年，KUKA 公司与 IWK 公司合并：这两家隶属于 Quandt 集团的公司，即 Keller & Knappich 有限公司和 Industrie – Werke Karlsruhe AG（卡尔斯鲁厄工业厂股份公司）合并成为 Industrie – Werke Karlsruhe Augsburg Aktiengesellschaft（卡尔斯鲁厄奥格斯堡工业厂股份公司），缩写为 IWKA AG（IWKA 股份公司）。KUKA 公司领导着市政公用汽车制造市场潮流，并成为焊接机的开发商和生产商。其现有的专业和生产能力在德国奥格斯堡构成三大业务领域：环保技术、焊接技术和国防技术。此外，新成立的 IWKA 股份公司还致力于包装机、纺织设备、控制设备、成型设备和机床的制造。

1971 年，第一条采用机器人的自动焊接生产线在欧洲诞生：为戴姆勒-奔驰公司提

---

[1] 库卡机器人集团历史 [EB/OL]. [2003 – 06 – 01]. http://www.kuka – robotics.com/zh/company/group/milestones/.

供的汽车侧板加工系统标志着库卡焊接技术又跃上了一个新台阶。在戴姆勒-奔驰汽车侧板加工设备的第一个机器人系统上使用的是美国 Unimation 公司的五轴机器人。

1973 年，鉴于汽车工业对高性能可靠机器人的需求，KUKA 公司终于凭借丰富的技术经验开发出第一个库卡工业机器人。第一台拥有六根电机传动轴的机器人正是 FAMULUS 工业机器人。图 12 - 1 是 KUKA 公司的几种具有代表性的机器人。

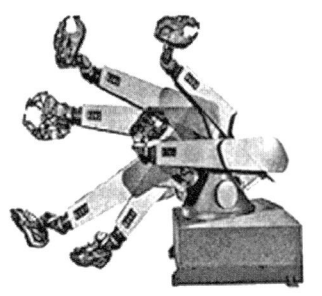
(1) FAMULUS 工业机器人

(2) IR6/50 机器人

(3) 无碳刷驱动电机机器人

(4) 库卡安全机器人

图 12 -1　KUKA 公司工业机器人❶

1976 年，KUKA 公司决定开发一种全新机器人：IR 6/60。这种机器人具有六个机电驱动轴并配置一个弯手。控制系统是西门子的产品。通过在英国建立的 KUKA Welding Systems + Robots Ltd. （库卡焊接系统和机器人有限公司），把焊接技术不断地推向全世界。

1981 年，KUKA 公司成功实现了向全球发展。重新组建在德国奥格斯堡的生产基地，KUKA 公司的业务由三个独立的子公司承担：KUKA Schweissanlagen + Roboter GmbH（库卡焊接设备和机器人有限公司）、KUKA Umwelttechnik GmbH（库卡环境技术有限公司）及 KUKA Wehrtechnik GmbH（库卡国防技术有限公司）。对于库卡焊接设备和机器人有限公司的国际性业务而言，在国外建立生产基地变得越来越重要，例如在美国密歇根州的底特律汽车城附近建立了 KUKA Welding Systems + Robot Corp。（库卡焊接系统和机器人公司）。1983 年又在法国成立了 KUKA Automatisme + Robotique S. à. r. l. 公司，在意大利成立了 KUKA Sistemi di Saldatura + Robot s. r. l. 公司。1984 年在西班牙成立了 KUKA Sistemas de Automatizacion S. A. 公司。其他生产基地，如比利

---

❶ 库卡机器人集团历史 [EB/OL]. [2003 - 06 - 01]. http：//www.kuka - robotics.com/zh/company/group/milestones/.

时的 KUKA Automatisering + Robots N.V 公司于 1985 年开业，瑞典的 KUKA Svetsanläggningar + Robotar AB 公司于 1987 年投入运营。

1989 年，新一代工业机器人在 1989 年汉诺威博览会上首次亮相即赢得国内外广泛关注。这种机器人配有新型无碳刷驱动电机，以较低的维护花费和极高的技术可用性而著称。根据结构尺寸的不同，机器人有效载荷范围达 8~240kg。

1995 年，KUKA Welding Systems + Robot Corporation（库卡焊接系统和机器人公司，位于美国底特律附近）的业务特别是在设备制造领域得到了巨大发展，占领了美国市场。

1996 年 1 月 1 日，KUKA Schweissanlagen + Roboter GmbH（库卡焊接设备和机器人有限公司）分成两个在市场上独立运作的公司，即 KUKA Roboter GmbH（库卡机器人有限公司）及 KUKA Schweissanlagen GmbH（库卡焊接设备有限公司）。库卡机器人有限公司以大约 250 名员工起家，而机器人产量达 4000 台。

1999 年，KUKA 机器人有限公司展示了世界上第一次通过互联网对机器人进行远程诊断，轰动世界。

2005 年，KUKA 安全机器人诞生。利用库卡安全机器人开发出一种跨学科技术，该技术可以集成到任何一种可以想得到的领域中去，并在这一领域内开发出全新的系统方案。安全操作及安全搬运是允许人直接与机器人配合工作的两个最重要的组成部分。

2007 年 KUKA 公司出产可以举起相当重的物体的机器人"TITAN"。它具有 1000kg 的承载能力及 3200mm 的作用范围，是当时世界上最大、力量最强的六轴工业机器人。

2009 年度出品全球品种最齐全的卸码垛机器人。随着 KR 300 PA、KR 470 PA 和 KR 700 PA 这三种卸码垛机器人进入市场，KUKA 完善了其几乎是全球种类最齐全的卸码垛机器人产品系列：卸垛、码垛、提升、堆垛、包装、运输、分拣和贴标签。

2010 年新型机器人系列 QUANTEC 首次以唯一一个机器人家族覆盖 90~300kg 负载能力及 3100mm 的作用范围。新一代控制系统 KR C4 首次在控制系统中整合了整套安全控制器，由此可一次完成全部任务。新型操

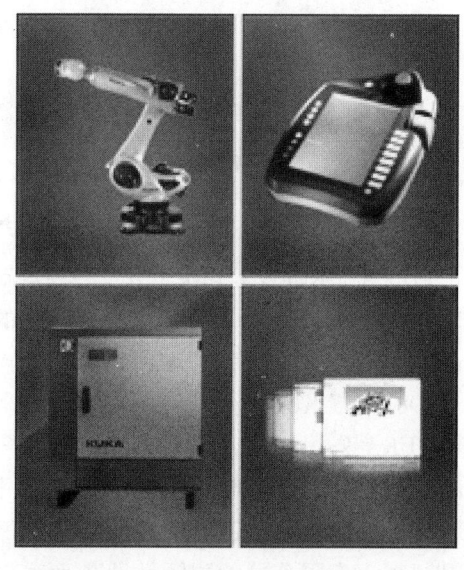

图 12-2 KUKA KR C4 控制系统❶

作装置 smartPAD 及新版软件 Werkbank WorkVisual 则确保了操作和编程的简捷。图 12-2 为 KUKA KR C4 控制系统。

KUKA 机器人于 1986 年进入中国市场，当时中国汽车工业应用的第一台工业机器

---

❶ 库卡机器人集团历史 [EB/OL]. [2013-06-01]. http://www.kuka-robotics.com/zh/company/group/milestones/.

人,是由 KUKA 公司赠送给一汽货车作为试用。到 1994 年后,KUKA 机器人开始大批量进入中国市场,当时作为国内汽车龙头企业的东风汽车公司以及长安汽车公司,分别引进了 KUKA 公司的一条焊装线。

2000 年,德国 KUKA 公司总部在中国上海建立了第一家子公司。2000 年 9 月,库卡自动化设备(上海)有限公司正式成立。2004 年 7 月,德国焊接系统集团的第二家子公司——库卡柔性系统制造(上海)有限公司正式成立。

KUKA 工业机器人在国内目前安装的数量已经超过 2500 台,其中约有 1600 台应用于汽车以及汽车零部件制造行业。汽车行业的客户在中国基本上覆盖了除日系、韩系之外的所有汽车制造厂。合资企业包括长春一汽大众、上海大众、长安福特、北京奔驰、华晨宝马和神龙汽车等,内资企业包括华晨金杯、长安、东风、江淮和奇瑞等。进入 2000 年后,工业机器人在其他领域的应用逐渐开始被接受,在一般工业的应用也越来越广泛,行业覆盖了铸造、塑料、金属加工、包装和物流等。

12.2 专利申请分析

KUKA 公司作为全球第三大机器人生产商,其分公司遍布全球,几乎每次机器人领域的技术革新都会出现 KUKA 机器人的身影,从专利申请量来看,申请总量 500 余件,遍布世界各地。

12.2.1 全球专利申请态势

KUKA 公司机器人相关申请一共 514 件,其申请量总体呈增长的态势,其前期增长缓慢,属于缓慢发展期,1996 年之后申请量开始大幅攀升,进入快速增长期。如图 12-3 所示。

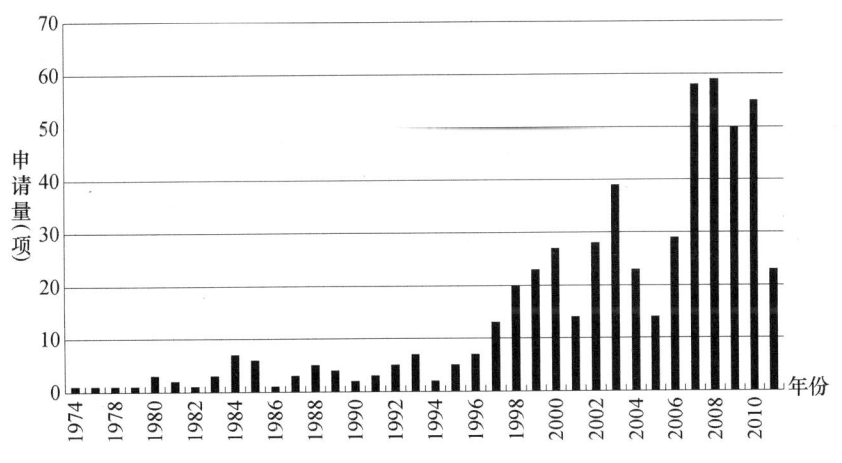

图 12-3 KUKA 公司全球申请趋势

(1) 缓慢发展期 (1974~1995 年)

KUKA 公司于 1973 年成功研发出第一台 KUKA 机器人,其关于机器人的申请于

1974年开始。之后一直到1996年，KUKA公司的机器人相关申请量都不是很高，维持在10件以下。这是由于KUKA公司是一家以照明设施起家的公司，在其一百多年的发展历程中，他们不断探索新的技术领域，始终处于同时代的技术前沿：从一开始的照明设备，到20世纪中期的焊接设备，进而到如今的机器人技术。此阶段尽管KUKA公司较早涉足机器人领域，但是其并没有将该领域作为发展的主要方向。

（2）快速增长期（1996年至今）

直到1996年，随着全球计算机技术、微电子技术的快速进步，工业机器人技术也飞速发展，同时由于亚洲等地区劳动力成本的不断增加，全球的工业机器人需求量激增，此时KUKA公司及时将焊接设备和机器人业务分开，成立独立的库卡机器人有限公司，进而在机器人领域取得了极大的进展，推出了机器人远程诊断系统、弧焊包、全品种码垛机器人等全球领先产品，因此这一阶段其工业机器人相关申请量不断攀升。

12.2.2 全球专利申请布局

KUKA公司的工业机器人多边申请数量约占其申请总量的65%，多边申请的变化趋势与其总申请量的变化趋势基本一致。从1981年开始，KUKA公司力争向全球发展，在美国、比利时，法国等地都建立了生产基地。基于其全球化的发展策略，KUKA公司的工业机器人申请也呈现全球化的发展趋势。如图12-4所示。

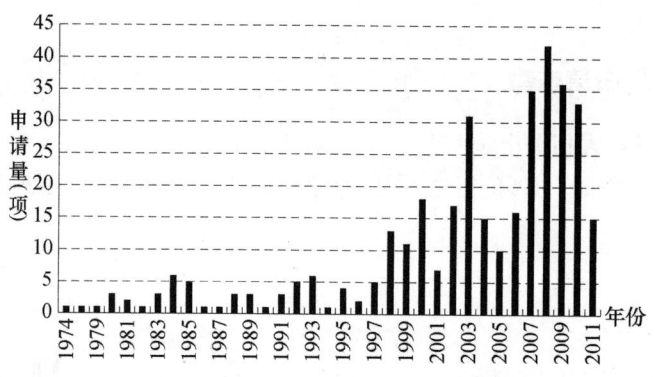

图12-4 KUKA机器人多边申请趋势

作为一个欧洲公司，KUKA公司最主要销售市场仍然是欧洲，其在欧洲的专利申请量达到340项，远高于其他五局的申请量。美国在自动化领域一直处于世界领先的地位，KUKA公司早在1981年就开始瞄准美国市场，并在美国密歇根州的底特律汽车城附近建立了KUKA Welding Systems + Robot Corp.（库卡焊接系统和机器人公司）。因此美国理所当然地成为KUKA公司专利申请的第二大国，其申请量为241项，仅次于欧洲，远超亚洲的中国、日本、韩国。近些年中国的机器人市场在不断壮大，KUKA公司在中国的申请量从2000年之后不断攀升，从2007年开始已经超过日本和韩国。如图12-5、图12-6所示。

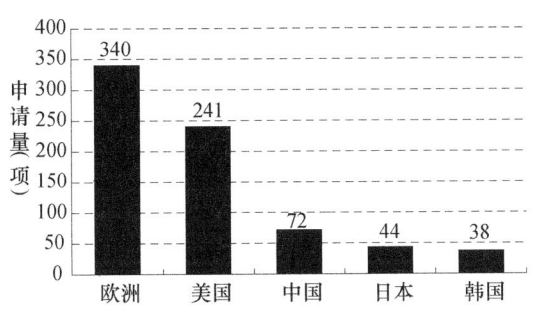

图 12-5　KUKA 公司机器人五局申请

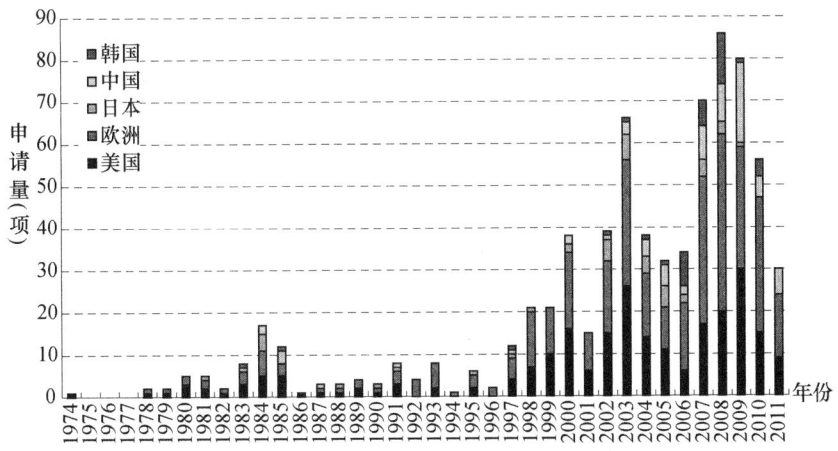

图 12-6　KUKA 公司机器人五局申请趋势

12.2.3　中国专利申请态势

KUKA 公司在中国的申请总量为 72 件，最早的申请开始于 1984 年。其申请量直到 2007 年才开始大量增加，之前一直维持在 5 件以下，可见其快速增长期明显晚于 KUKA 公司在全球的申请。但这一快速增长期的增幅非常明显，充分说明了 KUKA 公司正在加紧在中国的专利布局，以期占据中国这一发展势头强劲的未来巨大市场。如图 12-7 所示。

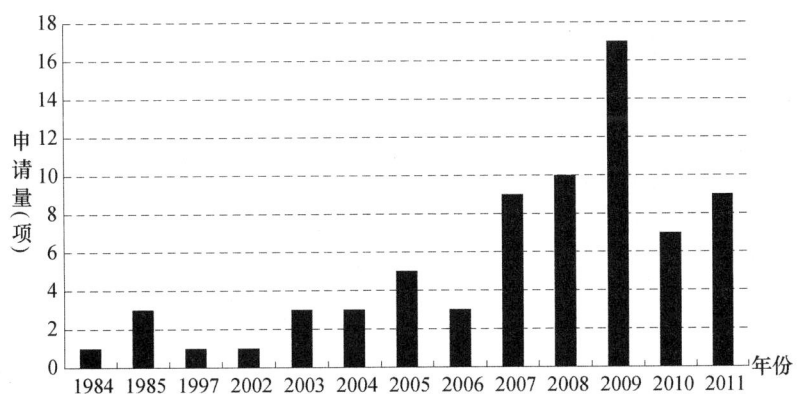

图 12-7　KUKA 公司机器人中国申请趋势

从专利申请有效情况来看，KUKA公司近几年在中国的申请量剧增，因此未决占总量的41%。失效的申请7件，其中4件是20世纪80年代中期申请的实用新型，仅有1件被驳回，2件与上海大学的合作申请因未缴年费而失效。总体来看，KUKA公司的机器人相关申请有效量很高，具有较高的技术水平。如图12-8所示。

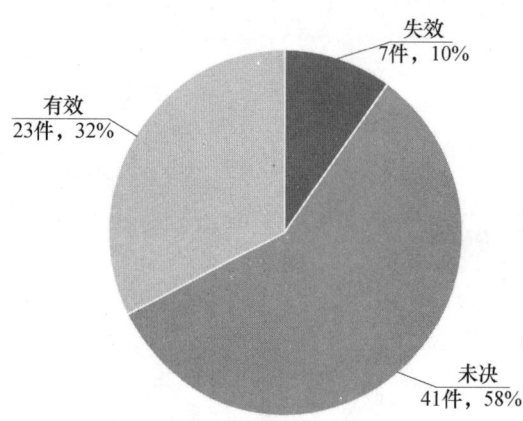

图12-8　KUKA公司机器人中国申请状态

12.2.4　技术构成及功效

从全球申请技术构成来看，KUKA公司的机器人控制方法和机器人控制装置申请量分列第一和第二，具有绝对优势，两者之和占总量的62%。其次是外围设备、末端执行器和部件间连接方式这些机械结构部分，而关键的功能部件包括电机、汽缸、关节、基座等申请量都比较少。如图12-9、图12-10所示。

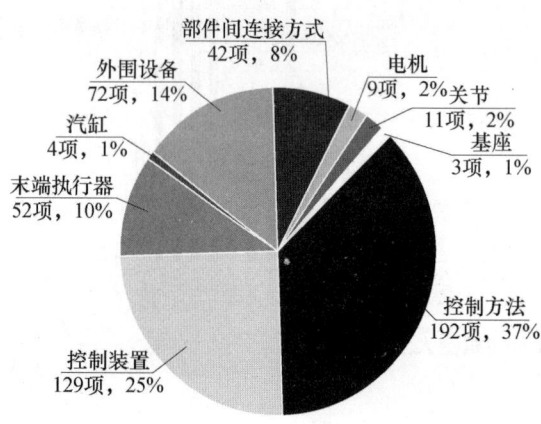

图12-9　KUKA公司机器人全球申请技术构成

控制技术是工业机器人的核心竞争力，而KUKA公司的机器人又以高精准的控制效果而著称，其控制方面的技术实力必然强大，相应的申请量也比较多。电机和汽缸这类关键的通用型功能部件通常都有专业的生产厂商供应，KUKA公司这类机器人厂商通常不会投入过多的研发资源在这类通用部件上，仅在必要的情况下有些自主开发，因此相应的申请量也比较少。KUKA公司机器人在中国申请的技术构成与其在全球的申请基本一致，由于其在中国的近几年申请比重较高，相应的控制方法申请所占比例更高，仅控制方法约占申请总量的54.9%。

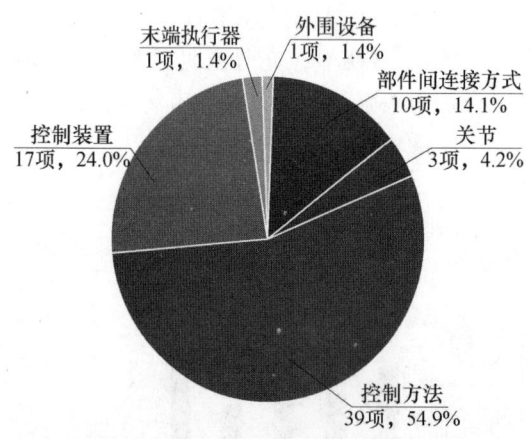

图12-10　KUKA公司机器人中国申请技术构成

在控制方面，尽管KUKA公司机器人控制装置和控制方法的申请基本都呈快速增长的态势，但是KUKA公司机器人的控制装置和控制方法又有不同的发展趋势，控制装置的快速增长期始于20世纪末，而控制方法的快速增长期略晚于控制装置。2001年之前KUKA公司机器人的控制装置申请量每年都明显多于控制方法，尤其是20世纪90年代中叶之前，KUKA公司机器人控制方面的申请几乎仅限于硬件部分的控制装置。2001年之后，机器人智能化的需求明显更高，因此体现机器人软实力的控制方法相应更加重要，随之而来的KUKA公司机器人控制方法的申请明显增多。近几年KUKA公司关于控制方法的申请均超出控制装置的申请不止一倍，这也非常符合整个机器人领域的发展趋势。如图12-11所示。

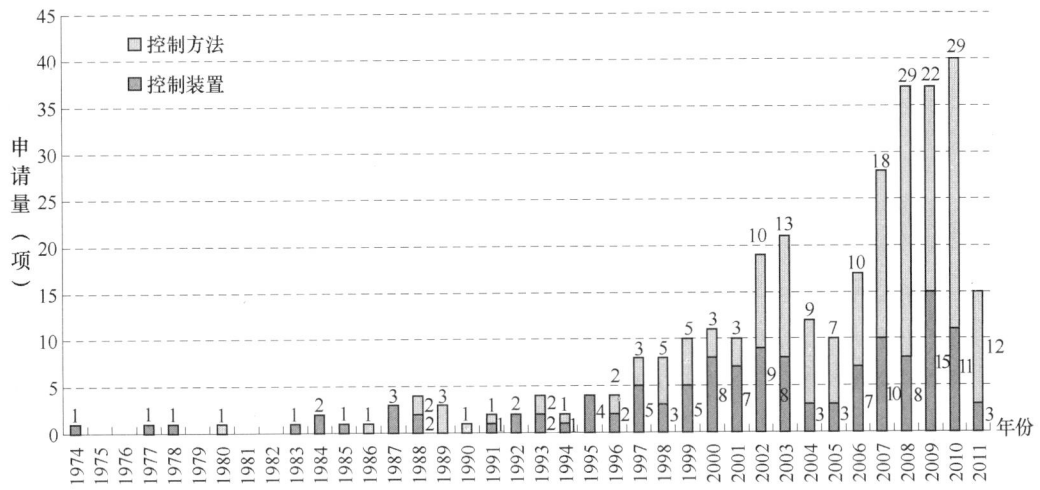

图12-11　KUKA公司机器人控制系统申请趋势

从技术功效来看，KUKA公司机器人比较注重效率、精度和安全性三个方面。因此有关控制方法和控制装置解决效率、精度和安全性问题是其研究热点，刚度属于控制系统无法提高的技术问题，兼容性通常采用部件间连接方式来改进。提高可靠性和灵活性则要从控制方法、控制系统和末端执行器几方面来进行。如图12-12、图12-13、图12-14所示。

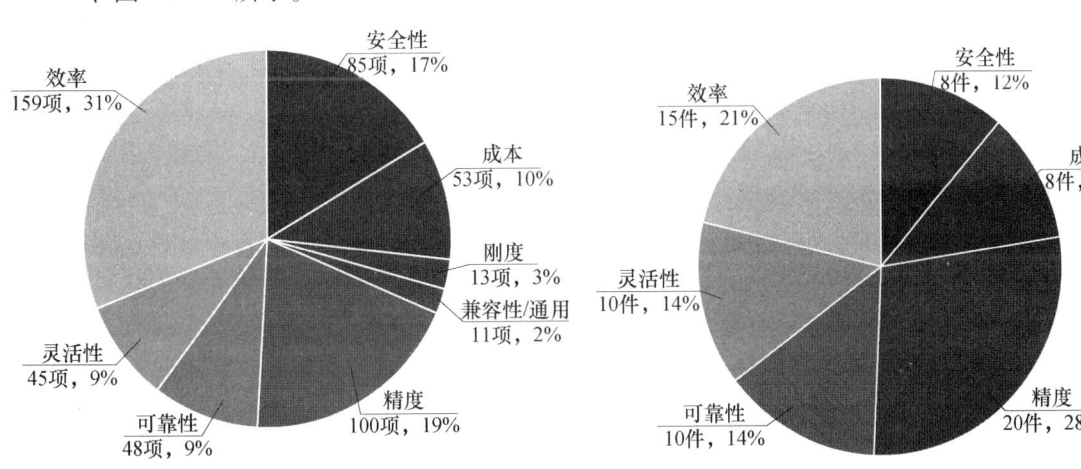

图12-12　KUKA公司机器人全球申请技术功效　　图12-13　KUKA公司机器人中国申请技术功效

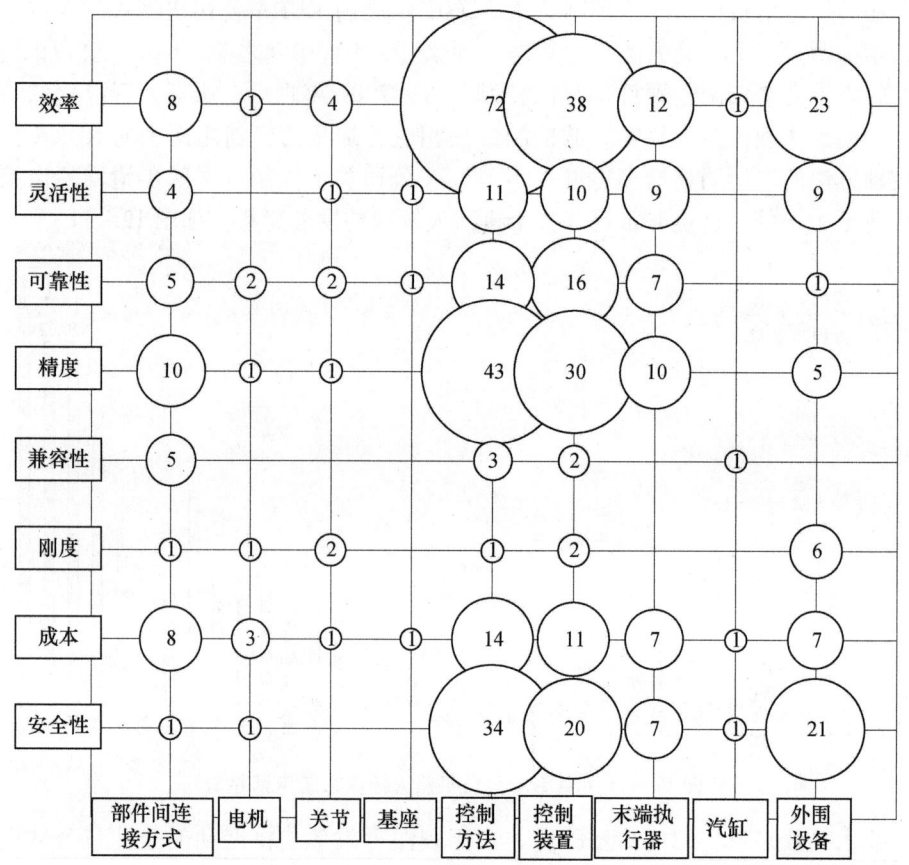

图 12-14　KUKA 公司机器人全球申请技术构成及功效图

12.2.5　专利技术发展历程

与其他技术发明相比，机器人还比较年轻。世界上第一个机器人诞生于 20 世纪中叶。1974 年，第一个用一个微处理器控制的电动机器人进入市场。第一代机器人具有示教再现功能，或具有可编程的 NC 装置，但对外部信息不具备反馈能力。第二代机器人不仅具有内部传感器，而且具有外部传感器，能获取外部环境信息。虽然没有应用人工智能技术，但是能进行机器人 - 环境交互，具有在线自适应能力。第三代机器人具有多种智能传感器，能感知和领会外部环境信息，包括具有理解像人下达的语言指令这样的能力，能尽心学习，具有决策上的自治能力。如图 12-15（见文前彩色插图第 12 页）所示。

（1）第一代机器人发展阶段

1973 年 KUKA 公司开发出其第一代机器人。这一阶段，KUKA 公司的研究成果较少，主要采用跟随策略，研究的重点也仅限于机械结构方面，例如 DE2435156A，其具有三关节手腕和路径追踪能力。

(2) 第二代机器人发展阶段

从 20 世纪 80 年代开始，KUKA 公司开始进入自行研发的时代，其申请也涉猎多个方面，包括传感器 DE3716232A，控制方面的节省运行中的空闲时间 EP0089474A，生产线单元单独控制 WO8603153A，远程控制 EP0133499B1，以及机械结构方面的机器人能量供给结构 WO8501686A、EP0164091A。

(3) 第三代机器人发展阶段

进入 20 世纪 90 年代，KUKA 公司的机器人技术开始蓬勃发展，适应市场需求的高负载机器人（WO9111299A、WO2004012898A，具有旋转站，搬运机器人静止不动，多轴铰接机器人或重型机器人负荷承载能力约 500kg 或更大）。控制方面，采用网络以及无线技术远程诊断和数据传输（WO0167190A，该系统有一个生产线控制器耦合到一个 Web 服务器，其支持提供智能应用程序组件的细节的标准互联网主页；WO0171878A，可编程识别的网络中含有具有多个控制器的共享操作单元；EP1336909A，输入输出资源通过无线网络连接）、传感器（WO0100370A，使用 3D 传感器，校准方法）、高精度的检测技术（WO9322186A，提高车门组装精度，四个特别的位置检测；EP0760770B1，不需要更多的相关参照点来进行车体组装）、更为精准的轨迹控制（US6341246A，运动控制系统，轨迹产生器；US6317651A，轨迹规划，提高精度；EP1424613，六轴机器人，可用于任意形状工件的加工优化路径）。随着机器人智能化水平的提高，KUKA 机器人更注重安全性（EP1445075A，监控移动部件，提高安全性）。

KUKA 公司除了进一步开发采用 PC 机的控制系统以及驱动技术以外，还重点开发新的应用技术。为了在日益重要的控制系统领域立于不败之地，KUKA 公司还致力于自行研制开发控制系统——KUKA 运动控制（EP1648650A 补偿运动叠加部分反补偿运动，更强大）。KUKA 公司的最新技术成果是所谓的小工作间——不同大小和放置的机器人一起工作，即"合作"。机器人的应用潜力由此得到进一步拓宽。这一开发项目的目标是：提高加工过程及物流的灵活性并建立模块化生产单元，以此达到更高的动态生产控制、降低制造成本并缩短加工时间（EP1601492A、EP2202599A，联网工业控制系统及用于改变这种工业控制系统操作模式的方法）。KUKA 公司的另一开发课题是，采用不同的材料以制造更轻便更具柔性的机器人（EP2039487A，具有增强层的材料，可增加强度）。

12.2.6 重要专利申请

（一）筛选过程

(1) 首先根据"专利被引频次"的统计，分别根据年代和被引用频次设定筛选条件，引用频次筛选条件的设定随年代的向前推进而随之降低。在 KUKA 机器人重要专利的筛选过程中，1990 年之前的专利选取引用频次 20 次以上的，1991～2000 年的专利选取引用频次 10 次以上的，2001～2007 年的专利选取引用频次 3 次以上的，2008 年之后的专利选取所有被引用的。

(2) 在 2000 年以后的专利文献被引次数很少，这些近年的专利很难通过被引用频次来确定其重要性。专利重要性可以利用公司的最新产品来推定,因此采取对 KUKA 公司的最新主打产品进行相应分析,从而获取相关的重要专利。

(二) 重要专利申请

按照上述的重要专利筛选过程,经检索得到 67 项重要专利,列于表 12-1 中。

表 12-1　KUKA 公司机器人重要专利列表

公开号	技术要点	优先权年份	引用频次(次)
WO8603153A	一条生产线中的单独过程可单独操作	1984	53
EP1011035A	机器人有一个 PC 控制器包含组合的一个控制和调节机器人运动的实时操作系统和一个用于与操作器通讯的标准 PC 操作系统。如果电压失效则采用电池/蓄电池操作。任何正在进行的机器人运动和任何应用程序处理被终止,在终止时只有影响实时操作系统的工作记忆内容和机器人控制程序存储在大容量存储器装置中	1999	36
WO8501686A	机器人能量供应线使机器人更易于移动	1983	30
WO0100370A	使用 3D 传感器,校准方法	1999	27
WO0167190A	该系统有一个生产线控制器耦合到一个 Web 服务器,其支持提供智能应用程序组件的细节的标准互联网主页	2000	27
EP1464452A	改进同时运动的时坐标	2003	26
WO9322186A	提高车门组装精度,四个特别的位置检测	1992	25
CN1461693A	避免碰撞	2002	25
WO0171878A	可编程识别的网络中含有具有多个控制器的共享操作单元	2000	22
DE2435156A	具有三关节手腕,路径追踪	1974	21
DE3716232A	传感器探测边缘	1985	19
EP0760770B1	不需要更多的相关参照点来进行车体组装	1994	19
EP1289616AA	游乐设施具有六自由度机器人手臂。一个配备了交互式音频/视频设备的乘客站	2000	19
WO9704370	人体工学设计	1995	18
CN1068682C	用来监控具有多个功能单元的设备	1997	18
DE10335501A	沿着边缘焊接或切割工件的过程包括光学获取和使用动态筛选单元评估流程点	2002	18
DE19626459A	改进的简化示教	1996	17
EP0977651B1	改进运输过程提供在可修改工作站工作周期内的变量进给和高灵活性的工件处理	1997	17
EP0054763A	多自由度手臂	1980	16
EP1447770A	实时可视化监控	2003	16

续表

公开号	技术要点	优先权年份	引用频次（次）
EP1462895A	信号输入键盘成组编程机器人	2003	16
EP1369211A	简化保护软管	2002	15
EP1588806A	采用人工操作影响多轴机器人	2005	15
EP0164091A	同时连接电源和冷却	1984	14
EP1336909A	输入输出资源通过无线网络连接	2001	14
EP1385070A	改进误差和趋势分析	2002	14
US6341246A	运动控制系统，轨迹产生器	1999	13
EP1323503A	防碰撞材料	2001	13
EP0133499B1	远程控制下避免不确定性，具有三段式的驱动头	1983	12
EP1332779B1	公园娱乐设备	2002	12
EP1424613A	六轴机器人，可用于任意形状工件的加工优化路径	2002	12
EP1445075A	监控移动部件，提高安全性	2003	12
CN1980775A	提供一种能够进行快速和简单的测量，且测量精度高的机器人控制的光测量装置。光测量装置的间隔件和/或传感器的壳体上设置有测量标记	2004	12
EP0089474A	一条生产线操作的同时，另外一条生产线转换，可节省空闲时间	1982	11
EP1125696A	弹簧汽缸	2001	11
WO9111299A	更高负载	1990	10
US6317651A	轨迹规划，提高精度	1999	10
DE10226140A	该方法包括基于机器人关节位置和速度确定控制机器人运动的停止时间，预测机器人在停止时间的运动路径配置，使用距离/障碍算法对关于由其他对象或者相反的部分的机器人的障碍物部分计算以检查预测配置，在即将发生碰撞前停止机器人和/或其他对象	2002	10
WO2005087427A	通过移动机器人手部轴偏转不同的角度偏转激光束，其中激光束的能量通过根据激光束的移动来控制	2004	10
DE3817117A	节省空闲时间	1988	9
EP0979709A	避免保护软管损坏	1998	9
EP1163986A	修复电缆导胶管	2000	9
EP1225011A	采用保护环保护电缆引导管	2001	9
WO2004012898A	具有旋转站，搬运机器人静止不动，多轴铰接机器人或重型机器人负荷承载能力约500kg或更大	2002	9
EP1601492A	一个单元配备各种设施并行处理不同类型的零件	2003	9

续表

公开号	技术要点	优先权年份	引用频次（次）
EP1648650A	补偿运动叠加部分反补偿运动，更强大	2003	9
EP1521211B1	通过摄像头避免碰撞	2003	9
EP1600833A	提高安全性，通过连续监测移动特性	2004	9
WO2009149805A	机器人虚拟运动，计算机辅助设置机器人路径	2008	7
EP2102080B1	汽车自动运输至托盘站	2006	5
WO2008083936A	超重负载，可精确放置大体积单元，包括确定大体积单元负载稳定性的控制单元	2007	5
CN101909830B	提供机器人及其力矩监测方法，能够与第三方（人）安全协作。机器人包括分析装置，可移动部件上设置用于采集力矩的传感器	2007	5
EP2039487A	具有增强层的材料，可增加强度	2007	4
DE202008003142U	具有一组可控移动轴，工具在侧面具有开口或者空间	2008	4
EP1950010A	手动启动机器人空间点	2006	3
DE102007001979A	采用转动膜片汽缸	2007	3
WO2009015850A1	工具和附属装置之间彼此互相旋转，附属装置旋转耦合到机械手框架或者工具或者其他输出单元	2007	3
WO2009083137A1	汽车座椅焊接方法	2007	3
CN101959655A	提供一种用于工业机器人的能量供给装置及工业机器人，能量供给装置附近的机械构件无需旋下或移开，不需额外空间。能量供给装置的盖通过支承件相对于壳体可转换地支承在第一与第二位置之间，盖在第一位置打开通向能量供给管线导引部分的检修口，在第二位置覆盖检修口，其中，支承件用于在保持盖平面的取向的情况下使盖在第一与第二位置之间转换	2008	3
WO2010025943A1	基于手动移动输入获得的信号，机器人臂产生与手动移动相同的移动	2008	2
EP2202599A	联网工业控制系统及用于改变这种工业控制系统操作模式的方法	2008	2
CN101890715A	解决现有用于机器人的调节方法会减慢调节响应，以及从电机电流确定作用在机器人上的各个力的比例不准确的问题。根据导向轴的真实值确定附加轴的预期值	2009	2
DE102009034244A	通过虚拟模型虚拟测量特征模型，以获得特征参数	2009	1
CN101992470A	本方法利用具有第二、较高安全级别的保护装置监测许可状态，并在保护装置向控制装置传送许可状态时，操纵器才执行由具有第一、较低安全级别的操作装置预先给定的动作。提供安全控制操纵器、特别是机器人的装置和方法，能使用安全级别较低的操作装置来手动地控制操纵器，并确保安全功能	2009	1

12.3 重点产品与专利申请

以 KUKA 机器人的典型产品为例，分析其不同产品所采用的专利技术，从而了解其对机器人产品的专利布局方法。

12.3.1 TITAN 系列

KUKA "TITAN" 机器人可以举起相当重的物体，它具有 1000kg 的承载能力及 3200mm 的作用范围（WO2004012898A，EP1648650A，WO2008083936A1），是世界上最大、力量最强的六轴工业机器人。如图 12-16 所示。

图 12-16　TITAN——世界上最强壮的机器人❶

12.3.2 卸码垛机器人

随着 KR 300 PA、KR 470 PA 和 KR 700 PA 这三种卸码垛机器人进入市场，KUKA 公司完善了其几乎是全球种类最齐全的卸码垛机器人产品系列。卸垛、码垛、提升、堆垛、包装、运输、分拣和贴标签，KUKA 卸码垛机器人适用于任何工作和任意负载能力。

KUKA 卸码垛机器人采用了精巧的"聚碳纤维"（EP2039487A，EP1992456A）材料制造，重量轻、扭力大、韧性强，具有较高的机械性能和较强的抗震能力，令机器人在非常轻巧的同时具有更高强度，使其尤其适用于高负载作业。

KUKA 卸码垛机器人采用 C/S 架构，可以通过互联网进行远程诊断（WO0167190A）。先进的设计令机器人能够高速、精确、稳定地运行，并易于维护。机器人运动的轨迹

---

❶ 库卡机器人集团产品目录［EB/OL］.［2013-06-01］. http://www.kuka-robotics.com/zh/products/industrial_robots/.

十分精确,重复定位精度小于 0.35mm (CN03138172A)。如图 12-17 所示。

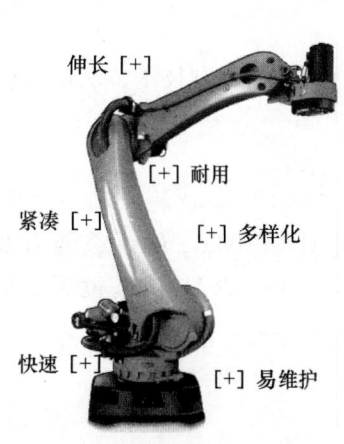

图 12-17　堆码垛机器人❶

图 12-18　QUANTEC 机器人❷

12.3.3　QUANTEC 系列

KUKA QUANTEC 系列首次以唯一一个机器人家族覆盖 90~300kg 负载能力及 3100mm 的作用范围。如图 12-18 所示。产品系列涵盖了优化负载能力及作用范围分级的各种款式,pro、extra、prime 和 ultra 这四个产品系列引入了未来的标准:拥有 16 种机器人基本类型、不同特殊规格机器人并能提供各种安装选择。此外,KUKA QUANTEC 系列中的所有机器人均拥有相同的工具连接尺寸和相同的底座大小。其优势在于拥有最大的灵活性且用途广泛,可解决自动化的所有问题:新型 KUKA QUANTEC 系列可为各种要求准确提供完美的解决方案。多达 16 种机器人基本类型可毫无问题地承担 90~300kg 的负载。作为负载能力至 300kg 这一等级中市场上最紧凑的机器人,功率密度最高。在控制方面 QUANTEC 可能采用的技术:WO2009149805A,机器人虚拟运动,计算机辅助设置机器人路径;DE202008003142U,具有一组可控移动轴,工具在侧面具有开口或者空间;WO2010025943A:基于手动移动输入获得的信号,机器人臂产生与手动移动相同的移动;EP2202599A:联网工业控制系统及用于改变这种工业控制系统操作模式的方法;CN101890715A,解决现有用于机器人的调节方法会减慢调节响应,以及从电机电流确定作用在机器人上的各个力的比例不准确的问题,根据导向轴的真实值确定附加轴的预期值;DE102009034244A,通过虚拟模型虚拟测量特征模型,以获得特征参数;CN101992470A,本方法利用具有第二、较高安全级别的保护装置监测许可状态,并在保护装置向控制装置传送许可状态时,操纵器才执行由具有第一、较低安全级别的操作装置预先给定的动作,提供安全控制操纵器、特别是机器人

---

❶❷　库卡机器人集团产品目录 [EB/OL]. [2013-06-01]. http://www.kuka-robotics.com/zh/products/industrial_robots/.

的装置和方法，能使用安全级别较低的操作装置来手动地控制操纵器，并确保安全功能。

12.4 研发团队分析

KUKA 公司具有极其强大的机器人研发团队，因此对其主要发明人和研发合作策略进行分析具有十分重要的意义。

12.4.1 发明人团队

KUKA 公司的机器人专利申请中有多位发明人具有多项专利发明，图 12-19 是 KUKA 公司的发明数量排名前十的发明人，其中有 9 人发明数量在 10 项以上，这说明 KUKA 公司在技术研发过程中比较注意采用申请专利的方法来保护其知识产权，同时具有大量的研发骨干，因此在技术创新方面还有很好的发展前景。

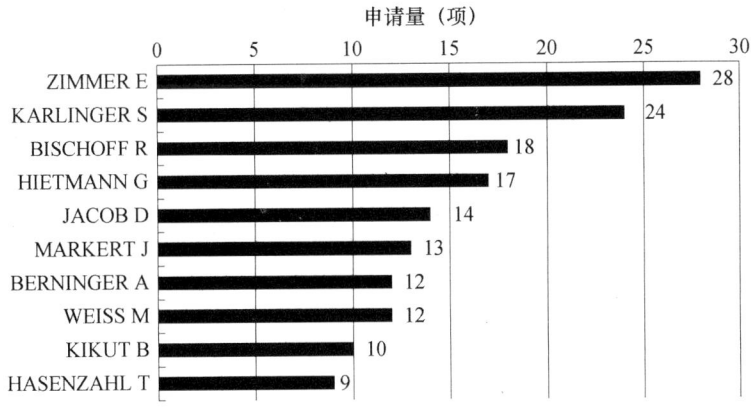

图 12-19 KUKA 公司机器人前十位发明人

其中申请量排名前三位的申请人，其申请趋势也有很大不同。排名第一的 ZIMMER，最早的专利申请在 1977 年，其专利申请延续了将近二十年，20 世纪 80 年代中期是他的申请高潮。作为一名早期的技术研发人员，ZIMMER 在控制装置、末端执行器以及关节方面都有大量申请，控制方法方面却没有申请。很显然他的研发内容与 KUKA 公司自身的研发特点完全一致，即早期致力于机械部分的研究，同时限于当时机器人的发展状况，控制方法方面的研究几乎没有。排名第二位和第三位的 KARLINGERS 和 BISCHOFF 起步明显晚于 ZIMMER，他们的申请始于 20 世纪末 21 世纪初。根据时代特点，他们的研究内容也与 ZIMMER 完全不同，KARLINGERS 专注于外围设备以及部件间的连接方式等机械部分的开发，而 BISCHOFF 的申请明显集中在控制方法方面，因此他们应该分属不同的研发团队。BISCHOFF 与其他多名发明人都有很多合作申请，例如十大发明人中的 WEISS 和 HEITMANN。如图 12-20、图 12-21 所示。

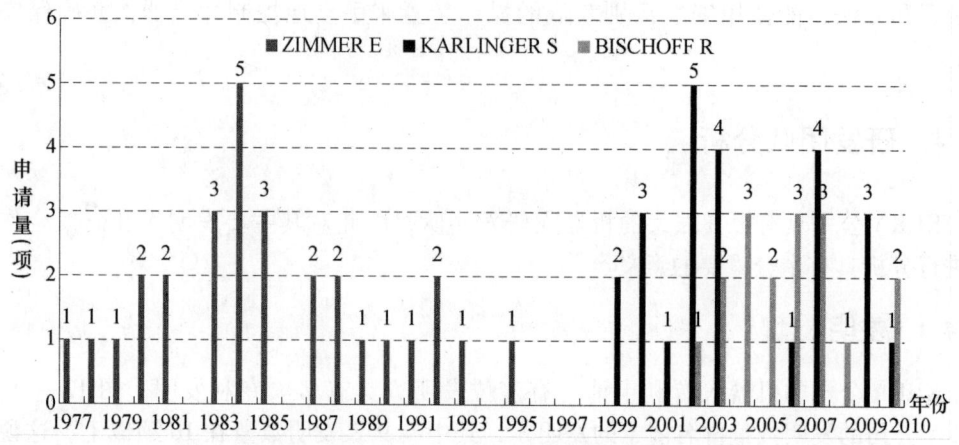

图 12-20　KUKA 机器人前三位申请人申请趋势

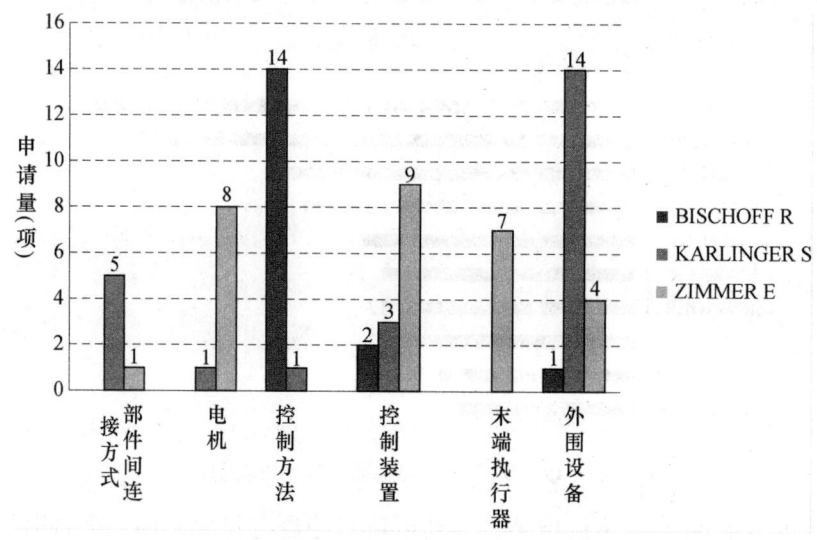

图 12-21　KUKA 机器人前三位申请人申请技术分支

12.4.2　合作研发

　　KUKA 公司的专利申请中包含多项联合申请。不同于 ABB 公司的产学结合模式，KUKA 公司的几个主要合作研发对象分别是 AMATEC 机器人技术有限公司（上游企业）、DELF 德国宇航中心（下游企业）以及 SIEI 西门子（上游企业）。此外，对于中国市场，KUKA 公司还采用了本土化策略，与上海大学、上海机电一体工程有限公司和云南紫金科贸有限公司进行联合申请。

　　AMATEC 机器人技术有限公司（AMATEC Robotics GmbH）作为 KUKA 机器人的传感技术应用的内部配件供应商，一手提供测量技术领域的各种元件和服务，其中包括机器人，固定式、混合式和柔性传感技术、参照体、补偿及配置软件以及通用报告软件。所提供的服务项目包括项目化管理、程序编写、可行性研究、培训以及生产伴随等。KUKA 公司与其联合申请的专利总计 29 件，两者最早的合作始于 2000 年，2007 年后至今是它们的合作高峰，最主要的合作研发内容是机器人领域大热的控制方法。KUKA 公司充分利用了 AMATEC 公司在传感以及测量技术方面的领先优势，在智能机器人领域加快布局，提前占领先机。

DELF 德国宇航中心作为 KUKA 公司的下游企业，主要致力于 KUKA 公司的应用研发。例如，DELF 德国宇航中心开发的运动模拟器使用 KUKA 的机器人部件，从而节约了大量的成本。两者最早的合作在 1998 年，近几年合作量有所增加，其中控制系统申请量占主要部分。与下游企业的合作，可以帮助企业改进自身的产品并发现新的客户需求，是非常有益的合作研究模式。

SIEI 西门子是 KUKA 公司的老牌供应商，KUKA 公司于 1976 年开发的 IR 6/60 机器人采用的就是西门子控制系统。西门子公司在智能控制领域具有举足轻重的地位，KUKA 机器人在早期与西门子合作颇多，全部都是控制系统方面的申请。近些年合作减少，说明 KUKA 公司在与西门子的合作中不断学习吸收，逐渐掌握主动，开始自行在该领域进行研发。

从 KUKA 公司的合作研发可以看出，KUKA 公司在近些年加大了合作研发的力度，紧密加强与上下游企业之间的联系，并试图在智能机器人的控制方面取得突破，尤其可见智能机器人控制领域还具有极大的研发空间，该领域将继续成为各大机器人企业的研发热点。如图 12-22、图 12-23 所示。

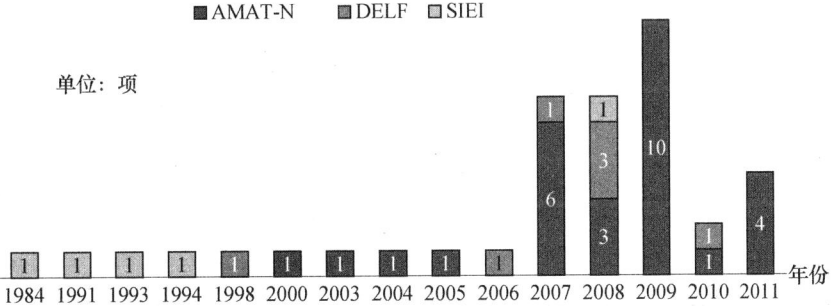

图 12-22　KUKA 公司机器人前三位合作研发对象申请趋势

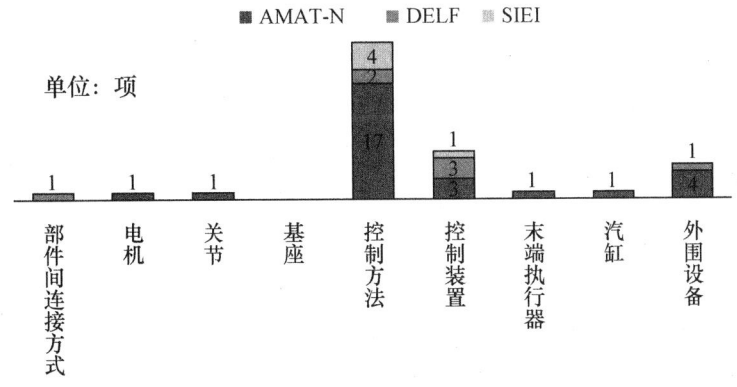

图 12-23　KUKA 公司机器人前三位合作研发对象申请技术分支

12.5 本章小结

KUKA 公司有着一百多年的悠久历史,从工业机器人出现开始之初就开始关注工业机器人领域的研究。从其专利发展来看,该公司从一开始的探索性涉足到 20 世纪末的全面铺开,从一开始的依靠型研发到后来的主导型研究,其不断壮大的发展道路值得广大工业机器人企业学习借鉴,鉴于其近几年工业机器人专利申请的猛增情况,未来一段时间其机器人业务必将有大幅动作。

(1) KUKA 公司从 20 世纪 70 年代开始涉足机器人领域,其技术研发重点随着机器人技术的不断进步而不断调整。从一开始侧重机械结构,到后期重点研发控制技术,在控制方面从控制装置到最新的控制方法,结合行业技术发展需要不断调整研发重点是 KUKA 公司技术发展的一大特点。

(2) KUKA 公司的前身主要进行的是焊接设备的研究,在涉足机器人领域之初,控制方面主要依附于西门子提供的技术,因此与西门子有部分合作研发。近些年 KUKA 公司合作研发的模式逐渐转向与上下游企业的多方合作,技术上不断创新,申请量也不断攀升。

第13章 美国专利侵权诉讼

美国作为全球最重要的技术来源国和目标国,各个技术主体历来都非常重视这一市场,纷纷进行大量的专利布局。由此可知,市场竞争非常激烈,作为市场先导的专利技术市场也随之掀起激烈的竞争。因此,美国的专利侵权诉讼案件数量比较多,每个专利侵权诉讼案件的判决结果对整个行业几乎都具有举足轻重的影响力。本章通过Westlaw International法律数据资源检索到涉及工业机器人的在美专利侵权诉讼案件,梳理了这些案件的诉讼态势、原/被告、涉及的专利产品及技术等情况,总结了工业机器人行业在美国的专利侵权诉讼的整体状况,为中国工业机器人行业、产业、相关企业、技术研发机构等提供了切实可行的建议和专利保护策略。

13.1 概述

为了解工业机器人产业的专利侵权诉讼状况,本报告通过检索 Westlaw International 法律数据资源,对该产业近年出现的专利纠纷案件进行了收集和梳理。

鉴于美国市场庞大,其对每个产业主体的产品销售具有很强的吸引力;美国市场的营销成绩会对全球市场产生影响;以及美国的知识产权保护力度和司法审判力度强而有力,在美发生的专利侵权诉讼案件,不管是从数量还是从业界影响力来讲,均可看作全球产业的风向标。因此本报告针对工业机器人产业在美发生的专利侵权诉讼案件进行检索和分析,所选取的数据库为联邦和州立法院案例数据库(All Federal & State Cases)、法律状态数据库(Derwent LitAlert)、国际贸易委员会案例数据库(Federal International Law – International Trade Commission),检索截止时间为2013年7月。

经检索,工业机器人产业在美专利纠纷起源于1981年,目前共发生25起,具体案件如表13-1所示。

表13-1 工业机器人产业在美专利纠纷列表

序号	案号	原告	起诉时间
1	K81-282CA4	Unimation Inc – Danbury Ct	1981
2	175-81C	Jerome H. Lemelson	1981
3	82-CV-3298	Textron, Inc.	1982
4	IP 86-1320-C	Css International Corporation	1986
5	89-1538,89-1576	Css International Corporation	1989
6	91-1511	Jerome H. Lemelson	1991

续表

序号	案号	原告	起诉时间
7	92-C-58	ABB 等	1992
8	3-95-1174	Cyberoptics Corporation	1995
9	CD98-4704 GHK (RNBX)	Boyle William M	1998
10	CV-S-01-701-PMP (RJJ)	Symbol Technologies, Inc. 等	2001
11	CV-S-01-702-PMP (RJJ)	Cognex Corporation	2001
12	CV-S-01-703-PMP (RJJ)	Telxon Corporation	2001
13	02C 5741	Faro Technologies Inc	2002
14	02-1239	Illinois Tool Works Inc. 及子公司	2002
15	04-74641	Fanuc Robotics America	2004
16	04-72797	T. D. Industrial Coverings	2004
17	337-TA-530	Fanuc Robotics America	2005
18	6：05-CV-460-ORL-18KRS	Vertique Inc	2005
19	05-CV-71268-DT	Durr Systems Inc.	2005
20	CV 06-04693 JCS	Reid-Ashman Manufacturing Inc	2006
21	06-2468-CM	Scriptpro Llc 等	2006
22	4：08CV221	Reid-Ashman Manufacturing Inc	2008
23	2：09CV02136	ABB	2009
24	1：09CV471	Ati Industrial Automation Inc.	2009
25	11-201 C	Ross-Hime Designs Inc.	2011

13.2 整体状况

下面，就来看看美国涉及工业机器人行业的专利侵权诉讼的整体情况。

13.2.1 诉讼态势分析

经过对美国 Westlaw、All Cases、Derwent LitAlert、FINT-ITC 等多个数据库以及互联网数据资源的大量检索筛选后，获得涉及工业机器人技术的美国诉讼案例共 25 件。具体分布如图 13-1 所示。

从图 13-1 不难看出，从 1954 年美国戴沃尔提出的最早的一件关于工业机器人的专利申请并于 1961 年获得专利权之后，近 20 年中没有关于工业机器人技术的相关诉讼案件。可以想见，工业机器人技术发展之初，研发主体少、专利技术申请量低，研发技术点分散、各自为政，技术交叉点少、交叉的专利权技术数量少。同时，由于专利

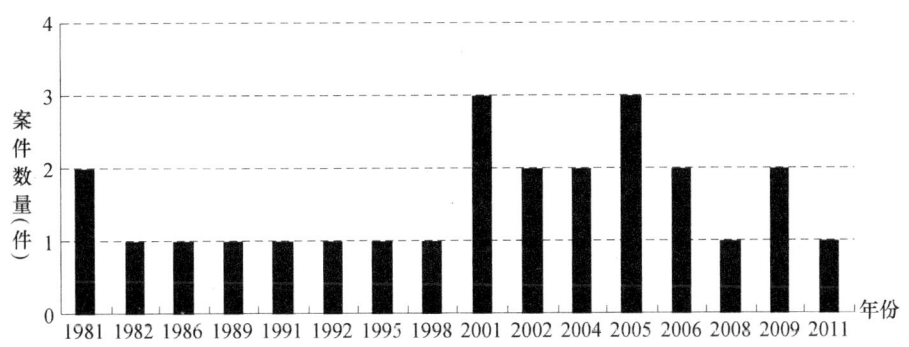

图 13-1 起诉年份案件数量

技术转化为产品周期较长，有竞争关系的产品面市后才会被对方发现，因此在长达大约 20 年的时间里没有出现关于工业机器人技术的专利诉讼案件。由于随着专利申请量的不断增长，研发主体积累的专利技术数量增加，根据市场需求确定的研发技术点逐渐统一，专利技术转化为产品的周期缩短等因素，研发主体之间终于出现了关于工业机器人技术的专利诉讼案件，产生了专利权的侵权纠纷。从年专利诉讼数量的角度，大概可以分为以下三个阶段。

（1）温和试探期（1981～2000 年）

1981 年 Unimation 公司以 US3283918A 专利为基础向密歇根州卡拉马祖市法院提起 Prab Robots 公司侵权诉讼，由此拉开了关于工业机器人相关技术在美国的专利诉讼大幕。其间，除了 1981 年出现 2 件诉讼案件之外，1982 年、1986 年、1989 年、1991 年、1992 年、1995 年、1998 年这 7 年中各出现 1 件专利诉讼案件。可见，在温和试探期，涉及工业机器人技术的专利侵权纠纷数量不多，诉讼案件出现的不频繁，诉讼环境不紧迫，诉讼压力不大。

（2）激烈交锋期（2001～2005 年）

进入 21 世纪后，随着工业机器人各方面的技术不断发展，基础制造技术不断提高，市场需求量不断增加，技术主体研发热情增高，涉及工业机器人的专利申请数量急剧增加，专利侵权诉讼案件数量也明显增加，诉讼频率明显上升。在此阶段，几乎每年都有工业机器人技术的专利侵权案件发生；同时，案件数量也明显高于上个时期，达到 2～3 件/年，专利诉讼压力加大，诉讼环境紧张。

（3）平稳发展期（2006 年至今）

2006 年至今，仅在 2006 年、2008 年、2009 年、2011 年发生过专利侵权纠纷，其中 2006 年和 2009 年各发生 2 件，2008 年和 2011 年各发生 1 件。在该阶段，专利侵权诉讼案件数量明显低于前一阶段，同时发生频率渐缓。这与工业机器人技术逐渐完善，技术突破点少，技术研发进入平稳发展相关。

13.2.2 涉诉专利产品和技术分析

美国涉及工业机器人技术的 25 件诉讼案件中，有 23 件均能找到具体的专利号，有些诉讼案件中涉及不止一项专利申请，可能会同时涉及多项申请。而如表 13-2 中的第 14 件和第 24 件案例，被告均是美国政府，课题组经过多种渠道搜索，均没有查找到其涉及的专利申请号。

表 13-2 美国诉讼案例信息列表

序号	起诉年	案号	涉诉专利
1	1981	K81-282CA4	US3283918
2	1981	175-81C	US3412431；US3259958；US3372568；US3559256；US3559257；US3920972
3	1982	82-CV-3298	US4062455
4	1986	IP 86-1320-C	US4247317；US4313750；US4203752；US4084083；US3951271
5	1989	89-1538，89-1576	US4313750
6	1991	91-1511	US3412431
7	1992	92-C-58	US4068536
8	1995	3-95-1174	US5377405；US5384956；US5467186；US5491888
9	1998	CD98-4704 GHK（RNBx）	US5255096
10	2001	CV-S-01-701-PMP（RJJ）	US4338626；US4511918；US4969038；US4979029；US4984073；US5023714；US5067012；US5119190；US5119205；US5128753；US5144421；US5249045；US5283641；US5351078
11	2001	CV-S-01-701-PMP（RJJ） CV-S-01-702-PMP（RJJ） CV-S-01-703-PMP（RJJ）	US4338626；US4511918；US4969038；US4979029；US4984073；US5023714；US5067012；US5119190；US5119205；US5128753；US5144421；US5249045；US5283641；US5351078
12	2001	CV-S-01-703-PMP（RJJ）	US4338626；US4511918；US4969038；US4979029；US4984073；US5023714；US5067012；US5119190；US5119205；US5128753；US5144421；US5249045；US5283641；US5351078
13	2002	02C 5741	US6366831
14	2002	02-1239	无
15	2004	04-74641	US6477913；US5421218；US4984745
16	2004	04-72797	US6082290；US6346150；USD459260
17	2005	6：05-CV-460-Orl-18KRS	US6871116
18	2005	05-CV-71268-DT	US4810538
19	2006	CV06-04693 JCS	US6766996
20	2006	06-2468-CM	US6910601

续表

序号	起诉年	案号	涉诉专利
21	2008	4：08CV221	US6766996
22	2009	2：09CV02136	US6230859
23	2009	1：09CV471	US6840895；US7027893；US7328086
24	2011	11－201 C	无
25	2005	337－TA－530	US6477913B1U

工业机器人行业是一个庞大的涉及多个技术领域的完整产业链，从上游的基础材料到下游的整机机器人，与其相关的技术纷繁复杂。针对本课题的研究内容及重点，根据技术分解表中的二级技术分支，对上述25件涉诉案件进行技术标引，一个案件同时涉及多个技术分支的均给予标引，因此，标引的技术分支总数大于案件数量。详见表13－3。

表13－3 技术分解表（截取）

一级技术分支	二级技术分支
操作机（机械主体）	基座
	关节
	机械臂
	末端执行器
	部件间连接方式
	减速器
控制系统	控制硬件
	控制软件
驱动机构	汽缸
	油缸
	电机

诉讼主体生产销售的众多产品的共同原理性的专利技术属于基础技术，其众多产品均以该基础技术为根本，在该技术的基础上进行多种不同角度、不同方向的改进从而形成一系列产品。而投放到市场后，具备市场占有率高、用户反馈度好、技术成熟、适用性广等优点的产品即属于重要产品，是诉讼主体努力维护的对象。这些基础技术和重要产品涉及的专利技术往往是会对诉讼主体产生巨大影响的支柱技术或核心技术。因此，分析涉诉案件相关专利的技术构成情况有利于了解美国地区工业机器人行业整体关注的技术点、重点技术发展脉络、热点技术等。

课题组根据涉诉案件中涉及的专利号，查看专利的技术内容，对上述25件专利侵权诉讼案件进行了技术层面的人工标引。其中，没有涉及部件间连接方式、减速器、汽缸、油缸、电机的诉讼案件。共标引技术分支33次,其中,涉及控制软件的专利技术最多,有13件,占比39.4%;其次是控制硬件,有8件,占比24.2%;再次是末端执行器,有7件,占比21.2%;接着是机械臂和关节,均有2件,占比6.1%;最后是基座,只有1件,占比为3.0%。如图13-2所示。

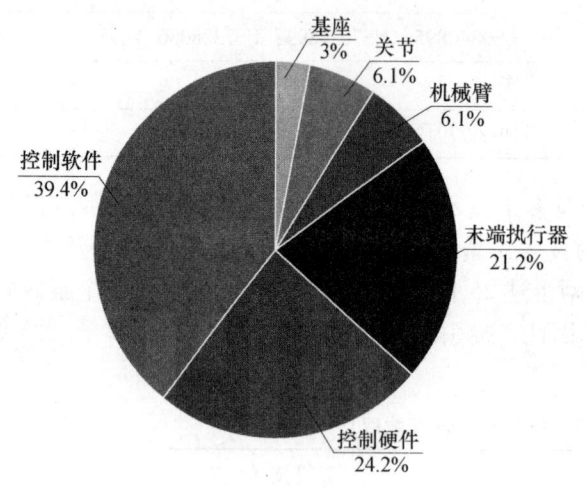

图13-2 涉诉案件技术构成

很明显,美国专利诉讼中所占比例排名前三的技术分支分别是控制软件、控制硬件和末端执行器。这里所说的控制软件包括针对工业机器人各个功能部件的定位、编程、监控、通信、智能控制等各种控制方法、涉及计算机程序的控制算法,以及针对众多特殊机器人,如焊接、喷涂、码垛、真空、搬运等特种机器人的专门控制方法等。这里所说的控制硬件包括工业机器人中用于执行控制方法或算法的实体功能部件,如:伺服驱动器、传感器、安全装置、供电装置、通信接口、示教器等。控制软件和控制硬件共同构成机器人的控制系统,是机器人的大脑、神经中枢,是机器人能够按照设计意图流畅、安全、精确地执行预定操作动作的保障。控制系统的诉讼案件数量最多,说明美国的工业机器人行业对机器人的控制系统非常重视,各个技术研发主体就机器人控制系统方面的专利申请最多,从而导致该方面的专利侵权诉讼最激烈。目前,工业机器人在汽车制造领域应用非常广,一些特定功能的机器人(如喷涂机器人、焊接机器人等)使用率高。随着对机器人动作的精确度、速度、灵敏度等要求不断提高,除了机器人的控制技术不断提高之外,机器人用来实现精细动作的执行机构——末端执行器的相关技术也随之水涨船高。研发主体对末端执行器投入大量精力,产生大量的专利申请,从而使末端执行器的专利侵权诉讼案件数量较多,竞争压力大。

13.2.3 原告分析

涉及工业机器人技术的专利侵权诉讼案件虽然数量不多,但可以看出,工业机器人行业的专利博弈关系和身份多样,既包括行业内直接的竞争者之间的诉讼,也包括作为产业主导的企业与作为政策的制定者的政府之间的诉讼。可以说,专利诉讼是专利权人运用专利权与市场的竞争对手进行博弈的有效方式,是运用法律维护自己合法权益及占领市场的有力武器。专利诉讼的提出及应对能够体现竞争主体对知识产权保护的力度及实力,以及诉讼主体在市场及行业内的地位、行业的发展态势判断等。

从表13-4中可以看到,25件专利侵权诉讼案件中,22件是作为市场竞争主体的企业提起的,说明在专利侵权诉讼过程中扮演主动发起攻击角色的往往是企业,企业出于经营策略、竞争策略、市场营销策略等方面的考量，会主动起诉，针对被诉对象的不同采取不同的策略。针对同行业的有力竞争者，在行业内或市场上具有同等的话语权，则通过专利诉讼寻求更有利的社会影响、扩大知名度，实现互利互惠获得专利的交叉许可等目的。针对相对弱势的同行业竞争者，则通过专利诉讼寻求扩大市场占有率，实现对小企业的并购、吞并等目的。针对政府，通过专利诉讼展现企业的强大实力及信心、博取社会的同情与支持，获得良好的社会形象及影响。其余三件个人提出的诉讼案件，其中两件是同一个人——Jerome H. Lemelson 提起的。Jerome H. Lemelson 是美国知识产权界一位著名的传奇性人物，他一生致力于发明创造，共申请了 600 多项专利，囊括了机械、电学、通信、医疗等多种技术领域。作为一名独立发明人，他非常熟悉专利法，对专利法的理解深刻透彻，将专利法的宗旨贯彻始终，运用自己的多项专利权向美国多个公司提出多件侵权诉讼，并且取得了骄人的战果，也获得了丰厚的赔偿，是美国历史上专利侵权诉讼的第一人。关于 Jerome H. Lemelson 的情况，将在本章第 13.3 节中详细介绍。

表 13–4 涉诉案件原告信息列表

序号	原告	原告属性	案件数量（件）
1	Reid – Ashman Manufacturing Inc.	企业	2
2	Fanuc Robotics America	企业	2
3	CSS INTERNATIONAL CORPORATION	企业	2
4	ABB Robotics Inc.	企业	2
5	Jerome H. Lemelson	个人	2
6	TEXTRON, INC.	企业	1
7	Cincinnati Milacron Inc.	企业	1
8	Unimation Inc – Danbury CT	企业	1
9	CYBEROPTICS CORPORATION	企业	1
10	SYMBOL TECHNOLOGIES, INC et al.	企业	1
11	Cognex Corporation	企业	1
12	Telxon Corporation	企业	1
13	Faro Technologies Inc.	企业	1
14	ILLINOIS TOOL WORKS INC. AND SUBSIDIARIES	企业	1
15	T. D. Industrial Coverings	企业	1
16	Vertique Inc.	企业	1
17	DURR SYSTEMS INC.	企业	1
18	SCRIPTPRO LLC et al.	企业	1
19	ATI INDUSTRIAL AUTOMATION INC.	企业	1
20	ROSS – HIME DESIGNS INC.	企业	1
21	Boyle William M	个人	1

分析 22 件企业作为原告的涉诉案件，发现其中排名在前四位的均提出了两个案件

的侵权诉讼，分别是 Reid – Ashman 制造公司、FANUC 机器人美洲公司、CSS 跨国公司、ABB 公司。其中 FANUC 公司和 ABB 公司是工业机器人行业著名的领军企业，其产品链完整、研发团队实力雄厚、产品涉及面广、技术先进、市场占有率高，拥有多项工业机器人领域的基础专利，并且都非常重视知识产权保护及知识产权策略，很早就开始注重专利布局，设置专利壁垒。因此，它们同时也是工业机器人行业内专利侵权起诉意愿和起诉能力最强的企业。

FANUC 公司提起的专利侵权案件分别涉及 US6477913、US5421218、US4984745 和 US6477913B1 等四项专利申请。从专利号可以看出，两个侵权纠纷案件同时涉及一项专利申请 US6477913B1（如图 13 – 3 所示）。该项专利涉及在危险区域内使用的电动机器人，尤其针对在危险环境内使用的多轴电动喷涂机器人的防爆装置。两件专利侵权纠纷均以该项专利为纠纷焦点，同时，FANUC 公司市场占有率和口碑很好的系列产品：Paint Mate 200iA、P – 50iA、P150iA、P – 250iA 均留有该项专利技术的影子。应当认为，这项 US6477913B1 的专利技术是 FANUC 公司在喷涂机器人的安全防爆方面的基础专利或重要专利，该专利记载的技术不仅对 FANUC 公司意义重大，同时也影响着整个工业机器人行业。

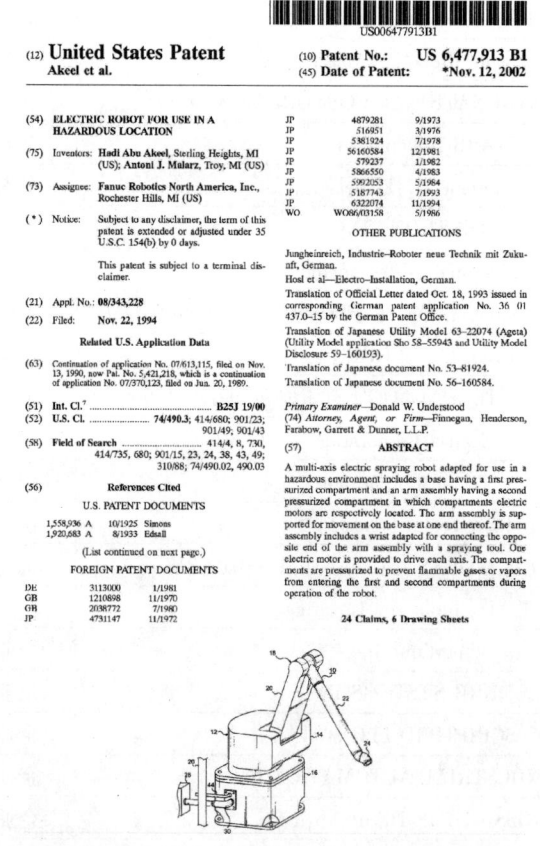

图 13 – 3　FANUC 公司涉诉专利 US6477913B1

ABB 公司提起的专利侵权案件分别涉及 US4068536A 和 US6230859B1 两项专利申请。在生产制造领域，工业机器人通常被用于生产线上的一系列流水式操作。根据用途，常见的包括喷涂机器人、搬运机器人、码垛机器人、焊接机器人等，这些用途主要体现在机器人的机械手末端执行器上。随着对加工工艺和生产效率的要求不断提高，要求工业机器人的操作速度、精度都要大幅度提升，这同样体现在对机器人手臂的末端执行器的控制方面。因此关于末端执行器的控制的专利技术就获得了工业机器人行业的广泛关注，而关注的同时也带来更多的纠纷。ABB 公司的 US4068536A 专利申请（如图 13-4 所示）就是这样一项专利技术，涉及工业机器人多轴控制的末端执行器。此外，机器人的安全性能也越来越获得行业的重视，其中既包括机器人对操作人员产生的安全隐患，也包括机器人与周围环境或自身的安全问题。那么机器人周身围绕的诸多电缆组件的合理安排与布置就属于机器人安全问题的一个方面，ABB 公司的 US6230859B1 专利技术（如图 13-5 所示）涉及工业机器人电缆组件的保持装置。

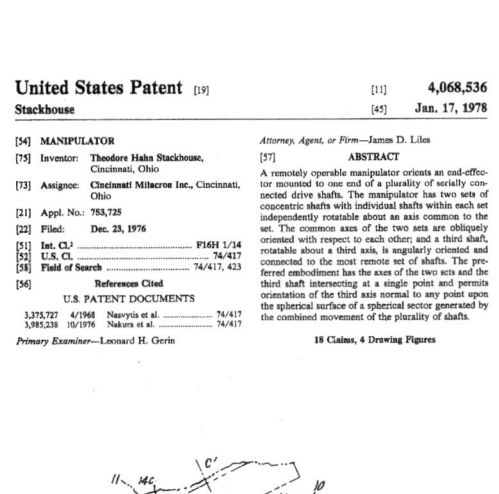

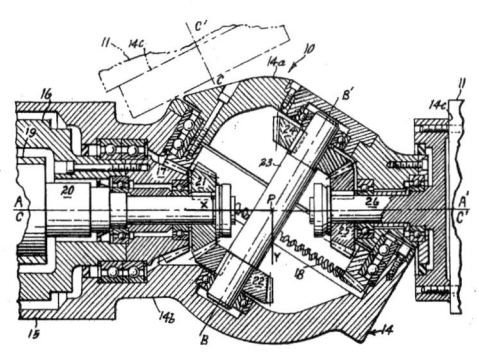

图 13-4 ABB 公司涉诉专利 US4068536A

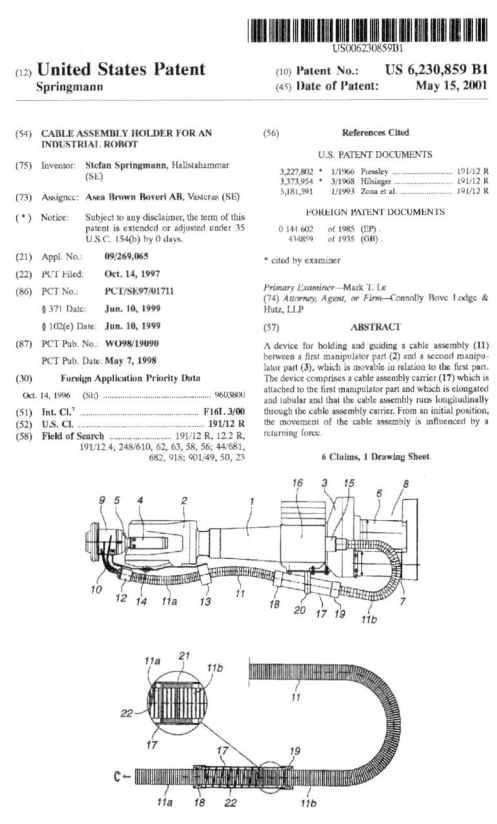

图 13-5 ABB 公司涉诉专利 US6230859B1

13.2.4 被告分析

25 件涉诉案件中，两件的被告是美国政府或政府机构，其余 23 件涉诉案件的被告均是企业。这说明作为市场竞争主体的企业既扮演着攻击选手的角色，同时也必须面对攻击，扮演防守者的角色，企业同样是被诉主体。一个企业在市场中的地位决定了其是否有价值成为其他企业侵权控诉的对象。前面说过，Jerome H. Lemelson 是美国知识产权界的一位传奇人物，作为一名独立发明人其申请了 600 多项专利，是一位积极的侵权诉讼发起者。在他去世后，其所拥有的全部专利权均由其与家人共同成立的 Lemelson MEDICAL, EDUCATION & RESEARCH FOUNDATION, LIMITED PARTNERSHIP（Lemelson 医疗、教育研究基金会有限公司）继承。从表 13-5 可以看到，该基金会是被诉最多的企业，说明 Jerome H. Lemelson 在积极向其他企业发起专利进攻的同时，也遭受了企业对其的反击。

表 13-5 涉诉案件被告信息列表

序号	被告	被告属性	涉案数量（件）
1	Lemelson MEDICAL, EDUCATION & RESEARCH FOUNDATION, LIMITED PARTNERSHIP	企业	3
2	Swanson Semiconductor Service LLC	企业	2
3	Prab Robots Inc	企业	1
4	Milacron, Inc., Champion Spark Plug Co.	企业	1
5	TELEOPERATOR SYSTEMS CORP. Carl R. Flatau	企业	1
6	MAUL TECHNOLOGY CO., LGM Corporation, V H C, Ltd.	企业	1
7	LGM Corporation	企业	1
8	CHAMPION SPARK PLUG COMPANY, Defendant - Appellant	企业	1
9	GMF Robotics Corp	企业	1
10	YAMAHA MOTOR COMPANY, LTD.	企业	1
11	Twentieth Century Fox Film Corporation & Digital Domain Incorporated	企业	1
12	LDB	企业	1
13	COMMISSIONER OF INTERNAL REVENUE	政府	1
14	Behe Systems Inc et al	企业	1
15	Douglas Conlin & Conlin Corp.	企业	1
16	Darby Automation LLC	企业	1
17	FANUC	企业	1
18	INNOVATION ASSOCIATES INC.	企业	1
19	ABB	企业	1
20	APPLIED ROBOTICS INC.	企业	1
21	The UNITED STATES	政府	1
22	BAER SYSTEM, DOLE, MOTOMAN, YASKAWA	企业	1

13.2.5 起诉地与产业关系分析

美国司法系统主要包括州立法院和联邦法院两大体系,州立法院是州政府的司法部门,联邦法院是联邦政府的一个部门,两个法院体系没有上下级关系,但在司法管辖的范围上有所分工。

美国联邦法院是根据美国宪法和美国法律成立的法院,知识产权相关的案件属于联邦法院管辖。美国联邦法院分为三级,从下到上分别是:地方法院、上诉法院、最高法院。目前美国联邦法院体系由 94 个联邦地方法院、13 个联邦上诉法院和一个最高法院组成。美国全国 50 个州共设有 89 个地方法院,另外哥伦比亚特区、波多黎各、美属维尔京群岛、关岛、北马里亚纳群岛各有 1 个地方法院,一共 94 个联邦地方法院。50 个州被划分为 11 个司法巡回区,此外首都华盛顿哥伦比亚特区作为 1 个巡回区,每个巡回区设立一个联邦上诉法院,共 12 个上诉法院。另外还有一个特别的"联邦巡回区",其上诉法院称为联邦巡回上诉法院,办公地点也设在哥伦比亚特区。

对于在美知识产权类案件,近年各技术创新主体开始逐渐寻求在美国国际贸易委员会(ITC)保护自身利益。通过 ITC 的"337 调查",可以利用行政手段将侵权产品阻止在美国市场之外,但这类案件通常不会获得经济赔偿,这和在联邦法院裁决的救济手段明显不同。

对于工业机器人产业来说,目前可查的专利纠纷案件样本数量比较有限,还没有形成明显的起诉偏好地,仅在内华达州联邦地方法院和明尼苏达东联邦地方法院的专利纠纷达到 3 件,其他法院均未超过 2 件。鉴于近年美国知识产权类案件起诉地已经呈现聚集趋势,即出于判决结果倾向性的原因,越来越多的技术创新主体选择在得州东区地方法院(23%)和特拉华州地方法院(18%)起诉。由此可以看出,工业机器人产业不像容易产生纠纷的电子消费品领域那样,产品销售遍布全美,而是有特定的目标区域市场,因此考虑到法院的区域管辖因素,技术创新主体仅在分布有产业的特定地区打专利侵权官司。如图 13-6 所示。

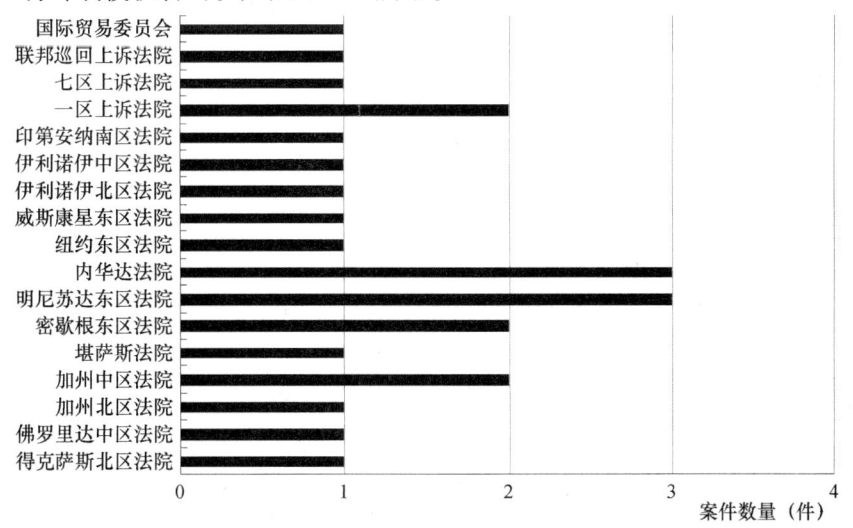

图 13-6 专利纠纷起诉区域分布

13.3 典型案例分析

Jerome H. Lemelson 于 1923 年 7 月 18 日生于美国纽约，卒于 1997 年 10 月 1 日。他是一位多产的美国工程师、发明家和专利持有人。他的专利涉及多个领域的创新技术，例如自动化仓库、工业机器人、无绳电话机、传真机、录像机、摄像机等，Lemelson 的 605 项专利使他成为美国历史上最为多产的发明家之一。

1950 年 9 月 21 日，刚刚 27 岁的 Lemelson 向美国专利商标局提交了其第一项专利申请，发明名称是广告和显示装置。由图 13-7 可以看出，在 1950 年之后他基本上每年都有多项专利申请，最多的一年有 28 项专利申请。在其去世后近 10 年间仍然还有 Lemelson 基金会以他的名义进行专利申请。

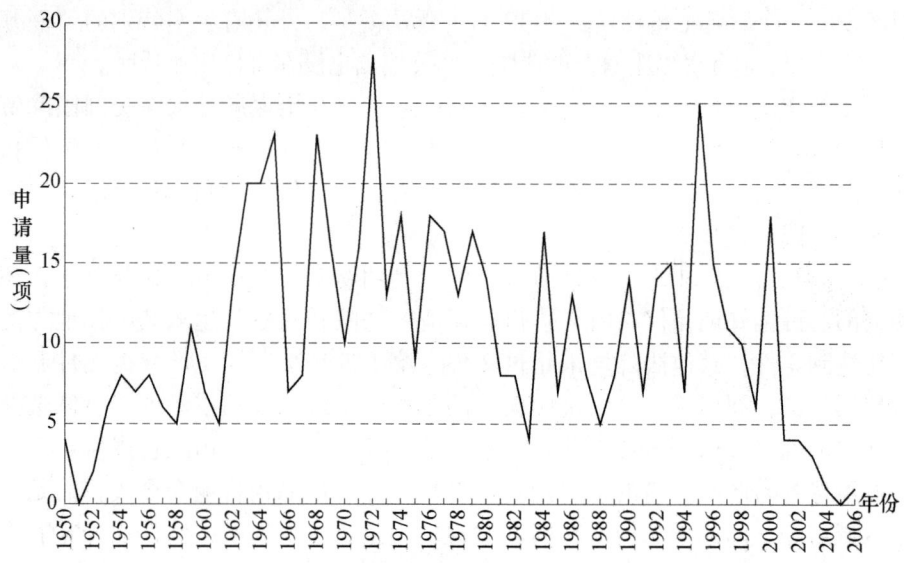

图 13-7 Lemelson 的专利申请分布

13.3.1 个人介绍

Lemelson 的父亲是一名医生，具有奥地利犹太血统。Lemelson 在儿童时期的第一个发明是发光的压舌板，他的父亲使用了这项发明。Lemelson 还进行气动力模型飞机的制造和销售。

在第二次世界大战期间，Lemelson 服役于美国军队空军工程部。战争结束后，Lemelson 上了纽约大学并且获得两个硕士学位：航空和工业工程。他曾在海军研究办公室从事 SQUID 项目，努力开发脉冲式喷气发动机和火箭发动机，并进行导弹设计。在作为一个独立发明家之前，他的最后一个工作是在新泽西州的冶炼厂担任安全工程师。之后辞职，原因是他认为该公司不会实施他认可的安全改进措施。

Lemelson 的第一个主要发明涉及利用一个通用的机器人，适用于各种工业系统，可以做许多动作，例如焊接、移动和测量产品，并采用了利用光学图像扫描生产线缺陷的技术。1954 年，他写了 150 页的申请文件并提交了专利，他将之称为"机器视觉"，于 1964 年许可给 Triax Corporation。

在 20 世纪 50 年代，Lemelson 曾提出利用磁场或录像带记录文件的视频文件系统，该项技术后来于 1974 年被许可给索尼公司，使用在音频和视频磁带播放机中。其间，他还开发了一系列数据和文字处理的专利技术。1981 年他将 20 项相关专利许可给 IBM 公司。IBM 公司向其提供了职位但是遭到了 Lemelson 的拒绝，因为他想保持一个独立发明者的身份。他还开发了一系列关于集成电路制造的专利技术，并于 1961 年许可给得州仪器公司。

Lemelson 在进行机器人、激光、计算机、电子等领域的复杂工业产品设计时，将"高科技"的一些概念运用到各种玩具中，发明了魔术贴靶游戏、带轮玩具、棋类游戏等。他的各种玩具发明在史密森尼国立美国历史博物馆的展览中可以看到。这种跨不同领域的交叉传授是典型的 Lemelson 做法，而且从中可以看出他是如何提出新的想法和专利技术的。

从 1957 年起，Lemelson 专门作为一个独立的发明家进行技术研发。从这时起，他平均每月获得一项专利权，这种情况持续了 40 多年。作为一个独立发明家，Lemelson 基本上完全依靠自己进行撰写、制图并提交申请，几乎不需要从外部律师获得帮助。

Lemelson 被描述成一个"工作狂"，他一天要花 12～14 小时写下他的想法，记下他想法的笔记本成千上万。Lemelson 的弟弟说，在大学时，他晚上睡觉后灯还会整晚开着，他会记下东西，在早晨他的兄弟会读到并见证他前一天晚上设想的几个发明。他的弟弟说："这件事发生在一周七天的每天晚上。"

Lemelson 于 1997 年死于肝癌，在他生命的最后一年，他申请了超过 40 项专利，其中许多涉及生物医学领域相关的癌症检测和治疗，很多专利申请是在他去世后提交的。2009 年 10 月，在他去世 12 年后，名称为"面部识别车辆安全系统"的美国第 7602947 号专利以 Lemelson 的名字公开。

Lemelson 是一个独立发明人权利的坚定倡导者。他曾于 1976～1979 年在关于专利问题的一个联邦咨询委员会服务，他倡导包括保护专利申请人的保密制度，倡导"先发明"专利制度。

13.3.2 专利与诉讼

Lemelson 超过 600 项的专利使他成为 20 世纪最富有的专利授让人。在他的职业生涯后期，他参与了一系列的专利诉讼和后续的授权谈判。他虽然被法律上的对手指责，但是同时也被许多独立发明人誉为英雄。

例如，他声称发明了由 Mattel 制造的流行玩具"Hot Wheels"中使用的"灵活的轨道"。在 20 世纪 80 年代，Lemelson 以故意专利侵权起诉，最初在陪审团审判中赢得了判决，不过这个案子后来被上诉推翻。同年晚些时候，关于 ILLINOIS TOOL WORKS 公司侵权机器人喷涂工具设备的案件，Lemelson 赢得了 17 万美元的判决。

在其他诉讼案件中，最有名的是被 Lemelson 称为他的"机器视觉"的专利，最早可以追溯到 20 世纪 50 年代中期。该专利技术涉及从一个摄像头扫描可视化数据，然后将其存储在计算机中，与机械手设备和条形编码器相结合。这项技术可以被用来检查、操作或评估在装配线上移动的产品。Lemelson 起诉了多个日本和欧洲的汽车及电子产品制造商侵犯了他的机器视觉专利。在 1990~1991 年，Lemelson 和这些公司达成和解协议，这些公司获得了专利授权。

后来，Lemelson 利用这种策略，试图与美国公司涉嫌专利侵权达成和解。在他去世之前，他首先起诉，然后进行谈判和从各家公司接受许可费。据报道，全球目前仍付给他专利费的企业达到了 750 家以上，由专利授权挣得的财富接近 15 亿美元。对 Lemelson 其人也是有争议的，争议在于他涉嫌使用潜水艇专利。他的专利，特别是在工业机器视觉领域，在某些情况下，延期几十年公开。这就造成了行业内措手不及的专利问题，因此被称为潜水艇专利。这一问题的根本所在是因为美国专利的有效期造成的。1995 年 6 月之前，美国专利的有效期为 17 年，专利被授权之日为起始时间；1995 年专利法修改后，专利有效期为有效申请日起的 20 年。美国专利法的这一修改很大程度上与 Lemelson 的诉讼有关。

Lemelson 的支持者称，是美国专利商标局的官僚造成了长期拖延。在下面讨论的关于符号公司和 COGNEX 公司的案件中，发现 Lemelson 曾存在"有罪过失"（culpable neglect），并指出 Lemelson 的专利占据了 1914~2001 年最长的检控榜首的前 13 个位置。然而，他们没有发现令人信服的证据。事实上，Lemelson 一直声称，他遵守美国专利商标局的所有规则和法规。

2004 年，Lemelson 的专利受让人在一个涉及符号公司和 CONGNEX 公司的案件中被打败了，法院判决 Lemelson 的机器视觉专利索赔不可强制执行。在这一具有里程碑意义的案件中，原告公司在几十个行业的支持者的支持下花费了数百万美元。该判决于 2005 年 9 月 9 日被美国联邦巡回上诉法庭的一个三法官陪审小组维持判决，Lemelson 的专利受让人要求法庭全席重审。2005 年 11 月 16 日，合议庭拒绝重新审查该案，但是引用的理由是"损害了作为一个整体的公众利益"，这扩展了原有的对所有索赔的专利权问题不可强制执行的裁决。❶

然而，法官还裁定，COGNEX 公司和符号公司没有证明 Lemelson "故意停滞"以获得专利权。而且 Lemelson 专利受让人一直否认故意拖延专利申请过程，并声称他多年来一直试图找到对他的想法感兴趣的公司，但是仅仅得到"不是发明"的回应。事实上，虽然 Lemelson 在 1997 年去世，但无可争议的，他已申请的专利仍然延迟到 2005~2006 年才公布，比如他的名称为"超导电缆"的专利（美国专利第 6951985 号），该专利申请于 1995 年 5 月提交，但在 2005 年 10 月才公布。

13.3.3 Lemelson 基金会

Lemelson 和他的家人在 1993 年成立了 Lemelson 基金会，该基金会以慈善事业为使命，通过支持在美国和发展中国家的发明和创新来改善人们的生活。

---

❶ United States Court of Appeals for the Federal Circuit, 04-1451, Symbol Technologies, Inc. et al. v. Lemelson Medical, Education & Research Foundation, LP, November 16, 2005.

表13-6、图13-8说明了Lemelson在工业机器人领域的申请分布情况。

表13-6 Lemelson关于工业机器人的专利

技术分支	发明名称	公开号	优先权日
控制器及算法	Automatic controlled manipulator – has manipulator arms connected to driven carriage, the ends of which support different tools, the selection and operation of which are controlled by computer via wireless transceiver	US5570992A	1965-04-08
控制器及算法	Automatic manipulator, e. g. for flexible mfg. system – performs various programs and adaptively controlled operations w. r. t. work, including operations on work	US4773815A	1974-01-24
控制器及算法	Automatic movable manipulator e. g. for riveting – has camera mounted on manipulator to provide television signals for computer analysis and subsequent control	US5281079A	1954-07-28
控制器及算法	Computer or program – controlled manipulator – with master control unit for motors controlling position of tool arm w. r. t. located work	US5017084A	1981-04-10
控制器及算法	Tool and material manipulation apparatus – has TV cameras scanning around and in front of head so that operator may programmably control carriage and arm drive motors	US4636137A	1984-08-06
控制器及算法	Assembling and manufacturing control system e. g. for aircraft, processes global positioning system radio signal positioning information received from robotic manipulator and workpieces to locate the manipulator	US2003208302A1	2002-05-01
关节	Automatic manipulator, e. g. for flexible mfg. system – performs various programs and adaptively controlled operations w. r. t. work, including operations on work	US4773815A	1974-01-24
关节	Automatic, computer controlled, movable manipulator for performing various operations – has controller which processes reproduced signals to generate command control signals, and applies control signals to control operation of manipulator	US5672044A	1974-01-24
连接方式	Automatic controlled manipulator – has manipulator arms connected to driven carriage, the ends of which support different tools, the selection and operation of which are controlled by computer via wireless transceiver	US5570992A	1961-10-17

续表

技术分支	发明名称	公开号	优先权日
连接方式	Automatic controlled manipulator – has manipulator arms connected to driven carriage, the ends of which support different tools, the selection and operation of which are controlled by computer via wireless transceiver	US5570992A	1961 – 10 – 17
机械臂	Automatic controlled manipulator – has manipulator arms connected to driven carriage, the ends of which support different tools, the selection and operation of which are controlled by computer via wireless transceiver	US5570992A	1965 – 04 – 08
机械臂	Automatic manipulator, e. g. for flexible mfg. system – performs various programs and adaptively controlled operations w. r. t. work, including operations on work	US4773815A	1984 – 08 – 09
机械臂	Automatic movable manipulator e. g. for riveting – has camera mounted on manipulator to provide television signals for computer analysis and subsequent control	US5281079A	1954 – 07 – 28
机械臂	Computer or program – controlled manipulator – with master control unit for motors controlling position of tool arm w. r. t. located work	US5017084A	1981 – 04 – 10
机械臂	Tool and material manipulation apparatus – has TV cameras scanning around and in front of head so that operator may programmably control carriage and arm drive motors	US4636137A	1984 – 08 – 06
末端执行器	Automatic controlled manipulator – has manipulator arms connected to driven carriage, the ends of which support different tools, the selection and operation of which are controlled by computer via wireless transceiver	US5570992A	1965 – 04 – 08
末端执行器	Automatic manipulator, e. g. for flexible mfg. system – performs various programs and adaptively controlled operations w. r. t. work, including operations on work	US4773815A	1984 – 08 – 09
末端执行器	Automatic movable manipulator e. g. for riveting – has camera mounted on manipulator to provide television signals for computer analysis and subsequent control	US5281079A	1954 – 07 – 28
末端执行器	Computer or program – controlled manipulator – with master control unit for motors controlling position of tool arm w. r. t. located work	US5017084A	1981 – 04 – 10
末端执行器	Tool and material manipulation apparatus – has TV cameras scanning around and in front of head so that operator may programmably control carriage and arm drive motors	US4636137A	1984 – 08 – 06

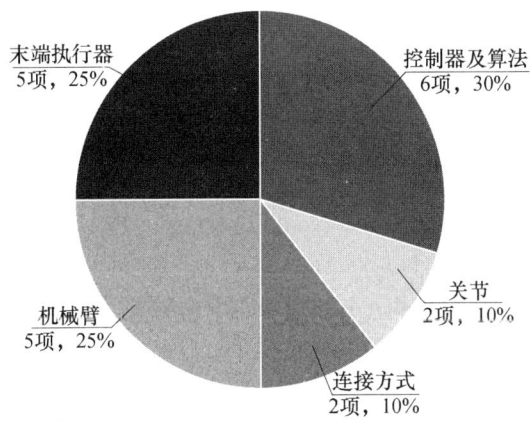

图 13 – 8　Lemelson 关于工业机器人的专利申请技术分支

13.3.4　典型案例

下面对 Lemelson 的几个典型案例作简单介绍。

13.3.4.1　Lemelson 诉 Cincinnati Milacron 公司和 Champion Spark Plug 公司案

（1）案情介绍

1981 年，Jerome H. Lemelson 起诉美国 Cincinnati Milacron 公司和 Champion Spark Plug（以下简称"Champion 公司"）公司侵犯其专利权。

Cincinnati Milacron 公司主要涉及的专利为美国再公开专利 US26904，Champion 公司涉及的专利为美国专利 US3412431。

Cincinnati Milacron 公司涉及的美国再公开专利 US26904 的权利要求的内容为：

"12. An article manipulator for handling work in process comprising in combination：

（a）a manipulator arm assembly including first and second arm means,

（b）a base member operatively connected to said manipulator arm assembly for supporting said assembly,

（c）said first arm means being rotationally supported on said base member and said second arm means being rotationally supported on said first arm means,

（d）first servo means for rotating said arm means on said base member,

（e）second servo means for driving said second arm assembly on said first arm assembly,

（f）an article seizing head supported at the end of said second arm means,

（g）third servo means for operating said article seizing means for grasping and releasing an article disposed adjacent thereto,

（h）controls for said servos,

（i）a variable programming means operatively connected to said servo controls and including means for generating a plurality of control signals of predetermined characteristics and in a predetermined sequence,

（j）said programming means being operative to control said manipulator in an article transfer cycle by first activating the control for said servo means to operate said seizing head to seize an article, thereafter control one of said first and second controls to effectuate the movement of the seizing head and article along a first path, thereafter control the other of said first and second servo controls to effectuate the movement of the seizing head and article along a second path, thereafter control said third servo means to effectuate the release of the article, and thereafter control said first and second control means to return the seizing head to that position at which it was located prior to initiating the described cycle so as to preposition that seizing head just prior to initiating another similar transfer cycle."

被告的设备为 Milacron 公司的机器人模型 T3 和 HT3。如图 13-9 所示，一个工业机器人，可执行各种工业任务，如堆码、包装、焊接、涂装和钻井。该设备包括关节臂、一个液压动力供应、电源装置和一台计算机控制。Milacron 机器人手臂具有六轴运动，包括接近手腕的动作。

（2）专利侵权分析

双方争议的焦点主要在于权利要求 12 的（g）、（i）、（j）元件。Milacron 公司的专家 Richard E. Hohn 的证词中认为：第一，权利要求 12 中的（g）包含的"第三伺服装置"必然包含反馈，而被告的机器人并不存在反馈；

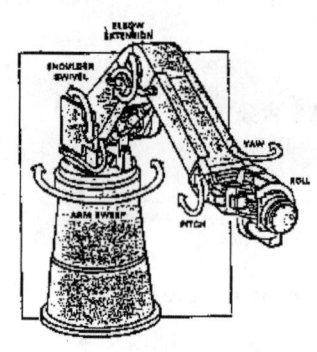

图 13-9 Milacron 机器人

第二，权利要求 12 中的（i）中的控制信号是以预定序列被传输（in a predetermined sequence），而被告的机器人中的编程设备产生的控制信号并没有以"预定序列"进行传输；第三，权利要求 12 中的（j）限定控制的操作是"抓取头一次移动一个方向，接着移动另一个方向"，但是 Milacron 机器人的控制操作为"同时进行直线移动"。

针对以上观点，Lemelson 进行了反驳。针对第一点，Lemelson 认为，包含"伺服装置"就一定包含反馈；针对第二点，Lemelson 认为，当 Milacron 机器人手臂从第 1 个点移动到第 2 个点，然后从第 2 个点移动到第 3 个点时，那么移到第 2 个点触发的信号从计算机存储器的读出就在移到第 3 个点运动触发的信号之前，那么这就是"预定序列"；针对第三点，Lemelson 认为，Milacron 机器人根据设定程序沿直线从第 1 个点运动到第 2 个点，然后沿另外的直线从第 2 个点移动到第 3 个点，是按照权利要求（i）中的方式来实现的。

Lemelson 起诉 Champion 公司侵权涉及的专利是美国专利 US3412431。该专利涉及一种"沉积铸造设备"，用来在衬底上沉积物质以将物质铸造或成型为一个外皮或外壳。被告 Champion 公司的设备是一个喷涂 Tralla 机器人，有一个机器臂，模仿人类手臂并且手腕在涂覆操作中可以操作。

US3412431 的权利要求 1 的内容为：

"1. Apparatus for variably depositing material against the surface of a substrate to mold or form said material as a coating of shell thereon comprising in combination:

(a) a material dispensing head operative to form a stream of material and predeterminately direct same therefrom,

(b) a support for said dispensing head,

(c) means for prepositioning said support and a work member adapted to receive and shape material flowed from said head whereby said material may be deposited onto a selected portion of the surface of said member,

(d) means for guiding said support in movement in a plurality of direction to predetermine the path of movement of said head across the surface of said member,

(e) servo means for power driving said support on said guiding means,

(f) first control means for varying the operation of said servo means,

(g) supply means for fluent material operatively connected to said dispensing head,

(h) servo operated means for causing flow of fluent material from said supply means to said dispensing head,

(i) second control means for controlling the operation of said fluent material flow inducing servo operated means, and

(j) mater control means operatively connected to said first and said second control means to control the operation of said apparatus in a cycle which includes predeterminately varying the location of said dispensing head with respect to said substrate and simultaneously controlling the flow of said material from said dispensing head to predeterminately deposit material onto a selected area of said substrate."❶

类似地，Champion 公司的申辩证词中同样涉及上述权利要求 1 的（h）中的"伺服操作装置"必然包含反馈的问题，Lemelson 也同样反驳，"伺服操作装置"中并不一定包含反馈。

而法院最终判定 Milacron 公司和 Champion 公司的理由不成立，Lemelson 胜诉。

从以上案例可以看出，涉及侵权的设备采用的实施方式并不完全等同于 Lemelson 说明书中给出的实施方式，但是最终还是落在了其权利要求的保护范围内。这主要是因为 Lemelson 掌握了对方设备的具体技术方案，并且能够对权利要求的保护范围进行清楚合理的解释，说明他在形成权利要求的时候能够采用合理的撰写方式，最大限度地扩大自己的保护范围。这种做法对于国内申请人有很大的借鉴意义。

13.3.4.2 CHAMPION 公司反诉案

（1）案情介绍

1991 年，美国 Champion 公司向美国联邦巡回上诉法院提起再审请求，原因为 Lemelson 之前曾经起诉的 Champion 公司对其美国专利号为 US3412431（如图 13 - 10 所示）的专利有侵权行为，Champion 公司被起诉后向法院提出了该专利的无效请求。该案件最终被法院裁定为所述专利不能被宣告无效并且判定 Champion 公司侵权。对此，Champion 公司提出再审请求。

---

❶ 来自专利 US3412431。

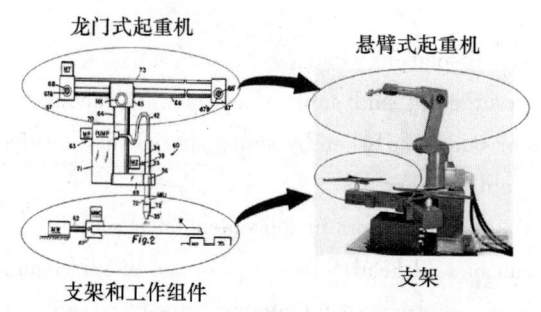

图 13-10　US3412431 中沉积设备与喷涂 Traflla 机器人对比

这一次的侵权争论，焦点主要围绕独立权利要求 1 的（c）部分和（d）部分。权利要求 1 的（c）部分的书面陈述为"将支架和适合接受及成型材质的工作组件预先放置的装置（means for prepositioning said support and a work member adapted to receive and shape material）"；（d）部分的书面陈述为"在运动中将所述支架引导至所述喷头穿过所述组件表面的预定的路径的装置（means for guiding said support in movement in a plurality of direction to predetermine the path of movement of said head across the surface of said member）"。

Champion 公司认为，该权利要求应当解释为预先放置的应当同时有"支架"和"工作组件"，而 Champion 公司的 Trallfa 机器人没有侵权，因为该机器人不包含预先放置工作组件的结构。为了支撑该观点，Champion 公司指出其专利具体公开了工作组件"由支架或夹钳保持，其连接到驱动轴，驱动轴由电动机 MW 驱动以在一个或多个方向旋转或转动"。

而 Lemelson 指出，"将……预先放置的装置"只是涉及支架而不涉及工作组件，文献中公开了传送机放置工作组件、扫描继电器检测工作组件的存在，以及产生指示涂敷可以开始的信号的操作。在这种情况下，工作组件不是预先放置的，而是由独立的传送机放置的。

另外，专家证人的证词指出，本领域技术人员能够想到将专利 US3412431 中的龙门式起重机等同替换为 Trallfa 机器人的悬臂式起重机。

最终法院判定 Champion 公司的理由不被接受，Lemelson 又取得了这一次侵权诉讼的胜利。

（2）专利侵权分析

在 Lemelson 的专利 US3412431 中，权利要求 1 要求保护一种沉积铸造设备，包括"将支架和工作组件预先放置的装置"（means for prepositioning said support and a work member…），而 Champion 公司被控侵权产品中，也包括将支架和工作组件预先放置的装置（参见图 13-10 左下圆圈图示部分），只是被控侵权产品并不包括实施的对象——工作组件。但 Champion 公司认为，被控侵权产品中没有工作组件，因此没有侵犯专利权。是否侵犯专利权，双方争议的焦点是"工作组件"是不是属于专利 US3412431 要求保护的沉积铸造设备的一部分，也就是对权利要求的保护范围有没有限定作用。首先，从权利要求 1 的撰写中可以看出，工作组件并不是沉积铸造设备的一部分，而是对预先放置的装置进行功能限定，阐明预先放置的装置的功能是要放置支架和工作组件。其次，尽管 Champion 公司的被控侵权产品——喷涂机器人作为产品，不包含实施对象——工作组件，但本领域技术人员都知道，只要喷涂机器人工作时，就必然要有实施对象——工作组件。综上分析，按照中国的侵权判断理论，同样也是侵犯专利权。

（3）专利诉讼启示

在工业机器人领域中，专利申请文件中的权利要求的撰写非常重要。对于产品权利要求来说，只需写明解决技术问题的必要技术特征——产品的组成部分及其相互关系，一定不能把产品的实施对象作为产品的组成部分；如果把实施对象作为要求专利保护的产品的一部分，对于后续司法保护——侵权判断会产生不利的后果。正如上述侵权案例，被控侵权的公司会辩称它们的产品不包括实施对象，从而不构成侵权。

假如在撰写专利申请的权利要求时，将实施对象作为产品的一部分写入权利要求中，在专利申请被授权后，出现产品侵权情况，可以利用多余指定原则来阐述产品的实施对象对产品的保护范围没有限定作用。在我国专利侵权判断中，多余指定原则又称"排除非必要技术特征原则"，其基本含义是当专利独立权利要求中记载了与完成发明目的无关的技术特征时，可以将该技术特征认定为附加技术特征或非必要技术特征，不是专利技术的构成部分。如果被告在被控侵权物中未实现该附加技术特征或非必要技术特征，仍可以认定被告构成侵权。❶

US3412431 中的权利要求全部采用功能性限定而非装置的具体结构的写法，这样就涵盖了所有能够实现该功能的装置，能够最大限度地扩大其保护范围。这也是 Lemelson 多次胜诉的一个重要原因。

13.3.4.3 SYMBOL TECHNOLOGIES 公司案

原告：SYMBOL TECHNOLOGIES，INC.（符号公司）；COGNEX 公司；Telxon Corporation

被告：Lemelson MEDICAL，EDUCATION & RESEARCH FOUNDATION，LIMITED PARTNERSHIP（以下简称"Lemelson 基金会"）

案号：Nos. CV-S-01-701-PMP（RJJ）to CV-S-01-703-PMP（RJJ）

Lemelson 于 1954 年和 1956 年申请了有关条形码扫描技术的专利，并于 1963 年取得了专利权。1972 年，Lemelson 在扩充了专利说明书后，在 1977～1993 年以扩充后的专利说明书作为共用说明书为基础，申请了 16 项专利，本案涉及了其中的 14 项（美国专利第 4338626、4511918、4969038、4979029、4984073、5023714、5067012、5119190、5119205、5128753、5144421、5249045、5283641 和 5351078）。如表 13-7 所示。

---

❶ 参见程永顺. 专利侵权判断中几个主要原则的运用//程永顺. 专利侵权判断实务［M］. 北京：法律出版社，2002：49.

表13-7 SYMBOL案涉及的专利

序号	发明名称	公开日	申请日	美国专利号
1	Scanning apparatus and method	1982-07-06	1979-02-16	4338626
2	Scanning apparatus and method	1985-04-16	1982-07-02	4511918
3	Method for scanning image information	1990-11-06	1989-09-22	4969038
4	Method and systems for scanning and inspecting images	1990-12-18	1990-03-27	4979029
5	Method and systems for scanning and inspecting images	1991-01-08	1986-09-15	4984073
6	Methods and systems for scanning and inspecting images	1991-06-11	1990-08-22	5023714
7	Methods and systems for scanning and inspecting images	1991-11-19	1990-03-27	5067012
8	Controlling systems and methods for scanning and inspecting images	1992-06-02	1989-10-24	5119190
9	Methods and apparatus for scanning and analyzing selected image areas	1992-06-02	1990-11-05	5119205
10	Method and apparatus for scanning objects and generating image information	1992-07-07	1989-12-20	5128753
11	Method and apparatus for scanning objects and generating image information	1992-09-01	1992-04-23	5144421
12	Apparatus and methods for automated observation of three-dimensional objects	1993-09-28	1992-01-28	5249045
13	Apparatus and methods for automated analysis	1994-02-01	1993-06-16	5283641
14	Apparatus and methods for automated observation of objects	1994-09-27	1993-09-16	5351078

被告Lemelson基金会是已故的Jerome H. Lemelson的专利申请的受让人。原告符号公司和COGNEX公司设计、制造和销售条形码扫描器和机器视觉产品。在1998年之前，符号公司和COGNEX公司的客户开始收到Lemelson基金会的警告信，被告知符号公司和COGNEX公司产品侵犯了Lemelson基金会的多项专利。符号公司和COGNEX公司提起诉讼，声明它们的条形码扫描器和机器视觉产品不侵犯Lemelson基金会的一系列专利，请求法院判决Lemelson基金会的专利无效。其理由为所涉专利不具备新颖性、创造性、实用性，说明书不符合撰写要求、公开不充分，权利不具有确定性。它们还请求法院判决专利不可强制执行，其理由是申请人在审查程序中有懈怠和不正当行为（inequitable conduct）。

Lemelson基金会对符号公司和COGNEX公司提起反诉，要求法院驳回起诉，因为原告与被告没有冲突，符号公司关于审查程序中的懈怠行为的理由不能说明其应得到救济，并认为符号公司和COGNEX公司以共同侵权和诱导侵权（contributory infringement and inducing infringement）的方式侵犯了Lemelson基金会的一系列专利权。然而Lemelson基金会不向符号公司和COGNEX公司寻求赔偿金，因为它们把产品销售给了第三方，但是 Lemelson 基金会保留向各种第三方提出侵权诉讼的权利。

地区法院认为有足够的理由证明当事人之间有冲突，但驳回了有关审查程序懈怠行为的诉讼理由。符号公司提出临时上诉，联邦巡回上诉法院认为，作为一个法律问题，地区法院应当考虑将懈怠的公平原则适用于审查程序中不合理和不可预期的延迟后获得的专利，即使该专利满足了相关法律法规的要求，因此将案件发回地区法院重新审理。在重新审理过程中，地区法院在 2002 年 11 月至 2003 年 1 月间进行了满席开庭（bench trial❶），并于 2004 年 1 月作出判决：Lemelson 基金会的专利因为懈怠而不可强制执行。地区法院认为，尽管符号公司未能说明 Lemelson 基金会故意拖延审查程序，但是仅仅"不合理的延迟就足以适用审查程序懈怠原则❷，并不要求 Lemelson 基金会从延迟中获得利益"。"Lemelson 基金会在本案涉及的 14 项专利的申请和审查程序中有 18～39 年的延迟，是不合理的，也是不公平的，审查程序懈怠原则使得这些专利不可强制执行。"Lemelson 基金会不服该判决，向联邦巡回上诉法院提出上诉。Lemelson 基金会争辩：地区法院的判决仅仅依靠专利授权程序的延迟，而 Lemelson 基金会提供了每一项专利从申请到授权之间所消耗时间的正当理由，如 PTO 审查员要求限定权利要求保护范围所花费的时间以及复审所花费的时间等。

联邦巡回上诉法院在 2005 年 9 月 9 日的判决中认为，审查程序中的懈怠原则是一项法律上的抗辩理由，上诉法院审查地区法院是否滥用裁量权。同时，上诉法院引用了 Woodbridge v. United States，263 U. S. 50，68 L. Ed. 159，44 S. Ct. 45，59 Ct. Cl. 952，1924 Dec. Comm'r Pat. 534（1923）和 Webster Electric Co. v. Splitdorf Electrical Co.，264 U. S. 463，68 L. Ed. 792，44 S. Ct. 342，1924 Dec. Comm'r Pat. 520（1924），在这些案件中延迟分别为 9 年半和 8 年，在 Webster 一案中法官作了 2 年半的假定。因此，在判断后续申请是合法地利用了法律规定还是滥用了这些规定并没有严格的时间限制，应当根据公平原则确定，这属于法官的自由裁量权。地区法院在全面考量了案件的事实后作出的判决没有滥用裁量权。

由于地区法院和联邦巡回上诉法院的判决均是针对 14 项专利中的部分权利要求作出的，联邦巡回上诉法院于 2005 年 11 月 16 日的一项命令中作了如下补充（请参见：Symbol Techs.，Inc. v. Lemelson Med.，Educ. & Research Found.，LP，429 F. 3d 1051）：地区法院没有将懈怠问题的结论适用于其他权利要求，认为这一问题将只有在以后必要时才作出决定。在我们的审查中，认为将懈怠原则适用于这 14 项专利的所有权利要求更为合适，Lemelson 基金会没有提供任何有说服力的理由说明不应当这样做。

所有权利要求都在本诉讼所考虑问题之列，所有权利要求都无效并没有被侵权。进一步地，所有权利要求据称由具有相同有效申请日的同一说明书支持，因此，本诉讼中所涉及的专利的所有主题的待审期间都长得不合理，审查程序中的延迟适用于剩

---

❶ 指法院全体法官出庭审理某一案件，亦称大法庭审理，或全院联席审理。这种审理方式一般用于有较大影响的或法院试图将审判结果确立为判例的案件。以满庭审理方式确立的判例，比其他判例具有更大约束力。联邦巡回上诉法院共有 12 名法官，该院的满席审理，就是指全体 12 名法官出庭进行审理。

❷ "Prosecution Laces"，申请懈怠起源于衡平法上的懈怠原则（Doctrine of Laches），指专利在申请过程中有不合理且未作解释的迟延。

余的其他权利要求。在这一特定的案件中，已经显示出了其对那些延迟授权的专利技术进行了投资的公众（包括本案原告在内）造成了损害。这足以将地区法院关于由于懈怠而不可强制执行的认定延及这些专利的所有权利要求。因此，我们认为这14项专利中所有权利要求都基于审查程序中的懈怠而不可强制执行。

综上所述，在美国，审查程序中的懈怠行为（prosecution laches）主要是指专利申请人利用后续申请或者部分后续申请程序，要求在先申请的优先权，从而使其专利申请的授权日期延后至产品的市场成熟，获得相对更长时间的实质性保护期限（授权后17年），以实现利益最大化，是先发明制的一大景观，被戏称为"潜水艇专利"。随着美国实行早期公开延期审查制度以后，这一类专利将成为历史，但是审查程序中的懈怠使得专利不可强制执行这一理念对我国专利制度还是有其借鉴作用的。人们基于对法律的信赖，对自己的行为有一个合理的预期，当公众开发了一项实用技术，正准备或者已经投入市场时，令人意外地冒出一项专利权横亘在面前，对公众是不公平的。懈怠导致专利作为整体不可强制执行而不是部分不可强制执行。

人们通过政府部门的公告或者其他正当途径获得一项专利（申请）已经被放弃、驳回、视为撤回后，有理由认为该项技术已进入公共技术领域，在其投入大量人力、物力推入或者准备推入市场时，该专利又复活了，对公众是极其不公平的。

13.4 本章小结

在工业机器人领域中，要特别重视权利要求书的撰写，对于产品权利要求，只写明解决技术问题的必要技术特征，不能把产品的实施对象作为产品的组成部分。假如在撰写权利要求时，将实施对象作为产品的一部分写入权利要求中，在后续侵权判定时，可以利用多余指定原则来阐述产品的实施对象对产品的保护范围没有限定作用。权利要求尽量采用功能性限定而非装置的具体结构，能够最大限度地扩大其保护范围。

Lemelson个人的经历与所谓的"专利流氓"或"专利蟑螂"比较类似。"专利流氓"是指那些本身并不制造专利产品或者提供专利服务，而是从其他公司、研究机构或个人发明者手中购买专利的所有权或使用权，然后专门通过专利诉讼赚取巨额利润的专利公司或团体，也可称为"非实施专利主体——NPE"。Lemelson虽然不同于"专利流氓"，但其却可归类于"非实施专利主体"。他一生申请了600多项专利，但是并不实施这些专利技术，而是通过拥有的这些专利权与一些大的公司、企业进行专利侵权纠纷，从中获得巨大的收益。

那么，中国的企业如何预防发生专利侵权纠纷？一旦发生，如何面对和应对专利侵权诉讼呢？

（1）中国的专利保护起步较晚，中国企业对专利的认识相对薄弱，因此，在面对专利侵权纠纷，尤其是国外的大企业、行业联盟等发起的专利侵权诉讼时，处于相对弱势的地位。那么，中国企业在不断提高知识产权保护意识的同时，应努力提高专利质量，建立有竞争力的经营实体，尤其在面对跨国公司的专利诉讼时，中国企业应该停止一盘散沙式的"单打独斗"，团结一致，组建并参与防御型的专利集中企业联盟，取得行业组织和知识产权专门机构的支持。

（2）学会运用专利情报分析工具与方法，尝试开发建立知识产权预警机制和知识产权风险的全过程管理动态机制，同步追踪本行业以及相关领域中诉讼获利主体的动态，建立知识产权应急预案，面对专利诉讼不怯懦，积极响应，启动快速反应机制，及时有效地应对。

第14章 337 调 查

在经济全球化的今天,知识产权保护已经成为国际贸易中最为重要的问题之一,涉外保护也一直是知识产权保护的重要范畴。

20世纪,发达国家最早在贸易领域中应用知识产权保护策略。长期的实践使发达国家积累了非常丰富的经验,使它们在国际贸易中知识产权应用方面驾轻就熟,优势明显;而相对发达国家而言,发展中国家由于科技和经济实力与发达国家存在很大的差距,导致其知识产权的竞争力较弱。但随着全球化进程的加快,知识产权保护在贸易领域中的作用越来越重要,经济全球化使得发展中国家对知识产权的保护别无选择。20世纪70年代以来贸易领域涉及的知识产权保护问题也越来越多,因此发展中国家必须应对这种挑战,主动加强自身在对外贸易中的知识产权保护能力。

自从我国成功加入世界贸易组织后,很多出口企业不得不面对竞争对手通过知识产权手段铸成的贸易壁垒,随着知识产权诉讼案不断地增加,我国出口企业在世界市场的开拓和发展受到越来越多的影响(例如美国的"337调查",如图14-1所示)。因此提高我国企业的知识产权意识,加强企业的知识产权保护能力,对保持我国国际贸易的稳定和持续发展具有重要的战略意义。

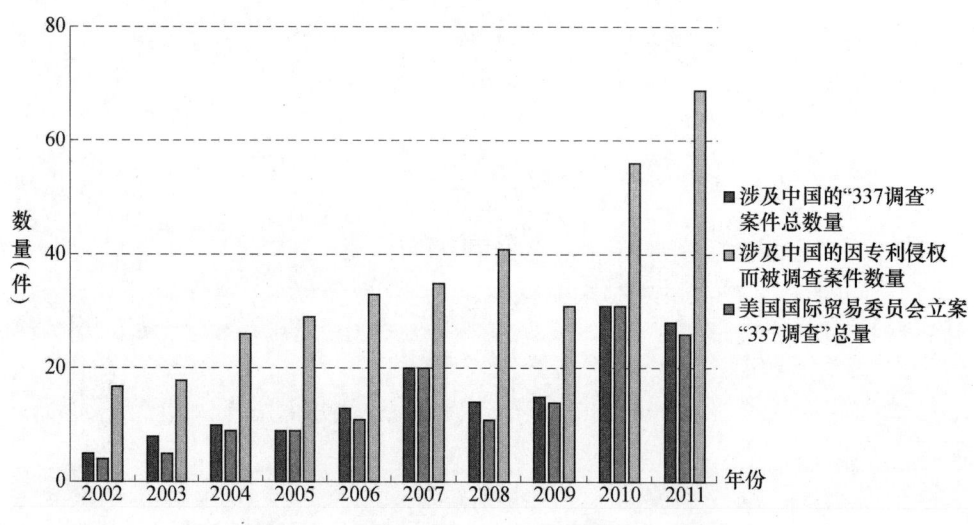

图14-1 2002~2011年"337调查"总体情况

随着中国经济逐渐崛起,我国出口产品正在由粗放式的价格竞争转向高附加值的品牌和技术竞争,发达国家开始越来越多地利用自身的知识产权优势,在国际贸易中占据先机。

本章将以FANUC公司发起的一项"337调查"为例,阐释知识产权在贸易中的作用,以及对外贸易中运用知识产权化解各种摩擦和纠纷的若干原则和方法,从而尝试为中国企业提供一套知识产权策略,增强知识产权在企业对外贸易中的保驾护航作用,进而使中国能够积极、合理地应对和解决贸易纠纷中的各种知识产权问题。

14.1 概述

2002 年以来,中国与美、日、欧等主要经济体之间的知识产权纠纷不断,其中比较典型的是美国的"337 调查"。"337 调查"是指美国国际贸易委员会(USITC)根据美国《1930 年关税法》第 1337 节(简称"337 条款")及相关修正案进行的调查,通常禁止进口产品或进口后在美国销售产品中的不公平行为及不公平措施。实践中涉及侵犯美国知识产权的"337 调查"大部分都是针对专利或商标侵权行为,少数调查涉及著作权、工业设计以及集成电路布图设计侵权行为等。"337 调查"主要有四个方面的特点:(1)审理时间较短;(2)认定条件比较简单,手段强硬;(3)应诉费用高昂;(4)措施严厉,后果严重。

(一)"337 调查"的调查机构

USITC 负责进行"337 调查"。USITC 是美国国内一个独立的准司法联邦机构,拥有对与贸易有关事务的广泛调查权。其职能主要包括:以知识产权为基础的进口调查,并采取制裁措施;产业及经济分析;反倾销和反补贴调查中的国内产业损害调查;保障措施调查;贸易信息服务;贸易政策支持;维护美国海关税则。USITC 一般设 6 名委员,每届任期 9 年。

(二)"337 调查"的调查对象

"337 条款"调整的是一般不正当贸易和有关知识产权的不正当贸易。一般不正当贸易的法律构成要件有两个方面:(1)美国存在相关产业,或该产业正在建立中;(2)损害达到了一定程度,即损害或实质损害美国的相关产业,或阻止美国相关产业的建立,或压制、操纵美国的商业和贸易。知识产权方面的不正当贸易的法律构成要件也包括两个方面:(1)进口产品侵犯了美国的专利权、著作权、商标权等专有权;(2)美国存在相关产业或相关产业正在筹建中。实践中涉及侵犯美国知识产权的"337 调查"大部分都是针对专利或商标侵权行为,少数调查还涉及著作权、工业设计以及集成电路布图设计侵权行为等。其他形式的不公平竞争包括侵犯商业秘密、假冒经营、虚假广告、违反反垄断法等。

(三)"337 调查"的程序

如图 14-2 所示,"337 调查"的主要程序包括:申请、立案、应诉、听证前会议、取证、听证会、行政法官初裁、委员会复议并终裁、总统审议。如果任何一方当事人对 USITC 的裁决结果不服,可以向美国联邦巡回上诉法院提起上诉。

一般,申请人可以亲自或以邮寄方式向 USITC 提交申请书,包括 12 份非保密文本及 6 份证据材料、12 份保密文本及 6 份证据材料,其中非保密文本的申请书也可以以电子版的方式提交。但是,USITC 不接受以传真方式提交的申请书。

作为申请人,如果你想指控对方的进口产品侵犯了你的知识产权,你所提交的申

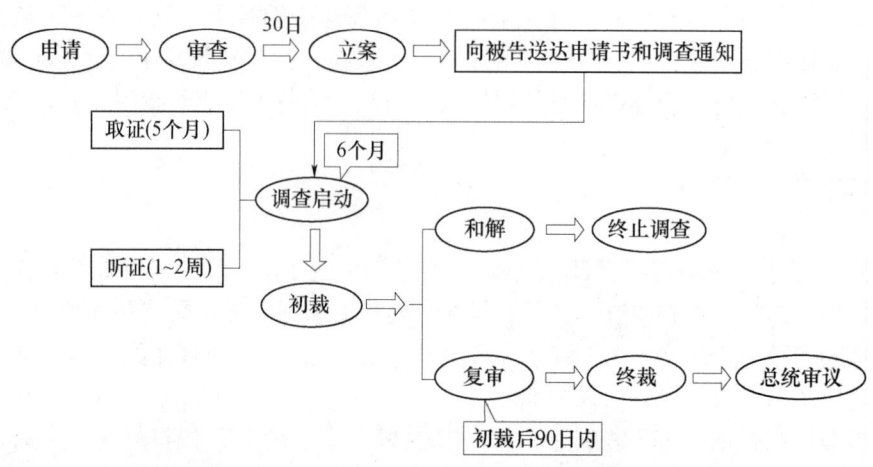

图 14-2 "337 调查"的一般流程

请书主要应包括这些内容：对涉案知识产权的描述；对涉嫌侵权的进口产品的描述；涉嫌侵权产品的生产商、进口商或经销商的相关信息；涉案知识产权正在进行的其他法院诉讼或行政程序；国内产业情况及原告在该产业中的利益；诉讼请求。按照美国法律的规定，在涉及专利的"337 调查"案件中申请人还必须提供证明侵权的专利权利要求对照表。

当收到申请人的申请书之后，USITC 应在 30 日内决定是否立案。立案公告将公布在美国政府官方刊物《联邦纪事》（*Federal Register*）上，并可以在 USITC 的网站上查询。在实体法方面，"337 调查"主要适用美国《1930 年关税法》第 1337 节的有关规定、美国联邦和各州关于知识产权侵权认定的各种法律以及其他关于不公平竞争的法律等。在程序法方面，"337 调查"主要适用美国《联邦法规汇编》关于 USITC 调查的有关规定、《USITC 操作与程序规则》《联邦证据规则》中关于民事证据的规定、《行政程序法》中关于行政调查的有关规定等。

对于公众来说，任何人都可以通过 USITC 的官方网站查询到申请书的相关内容，包括原告、被告以及诉由等信息。此外，还可以通过 USITC 的 EDIS 系统查询非保密版的申请书、所附证据及其他相关调查文件。

（四）"337 调查"的参与各方

（1）当事人：审理过程的当事人不仅包括原告和被告，而且认为调查结果会对其利益产生影响的其他企业可以第三方的名义或者要求增加为被告的方式申请参与到"337 调查"程序中。

（2）法官：在诉讼过程中，USITC 指定一名行政法官（Administrative Law Judge，ALJ）负责案件的审理和发布初裁。委员会委员负责对行政法官的初裁进行复议并作出终裁。根据美国《1930 年关税法》第 1337 节的规定，USITC 作出的任何违反"337 条款"的终裁均应提交总统进行审议。

行政法官在"337 调查"中的职责主要包括：规定取证的具体程序和规则、召集听证会、作出初裁以及对救济措施的建议。当一起"337 调查"案件正式立案后，US-

ITC 指定一名行政法官主持案件的法庭审理。行政法官应在立案后 45 日内确定调查结束的目标日期,并发布一系列的调查规则。调查规则规定了调查程序的具体指南,例如回答动议的时限、所需证据性附件的副本数量、翻译的使用、电话会议的程序等。行政法官将在举行听证会后作出进口行为是否违反"337 条款"的初裁。USITC 共设有 5 名行政法官。

（3）ITC 律师：在每一起"337 调查"中，USITC 均指定其下属的不公平进口调查办公室的一名律师，作为独立的第三方代表公共利益全面参与调查。该律师在"337 调查"程序中，完全独立于行政法官，可以就案件发表独立意见，包括对当事人的主张表示支持或反对。

（五）"337 调查"被告的确认

涉案产品的制造商（无论其是否直接对美出口产品）、将涉案产品进口至美国的进口商或在美国销售已进口涉案产品的销售商或零售商，都可能成为"337 调查"的被告。"337 调查"是针对进口产品发起的调查，不要求 USITC 具有属人管辖权。因此，即使外国企业没有在美国直接设立分公司，而是通过中间商将产品销售到美国，也可能因为进口产品涉嫌侵权而成为"337 调查"的被告。如果原告在"337 调查"申请中要求 USITC 发布普遍排除令，USITC 一旦发布普遍排除令，受该措施影响的则不仅包括申请书中列名的被告，还包括其他未在申请书中列名，但可能向美国出口同类涉案产品的企业。因此，广义上讲此类企业也与"337 调查"相关。

（六）"337 调查"中被告的应对

在遭到起诉后，被告如果不应诉，可能会被认定为是缺席被告。一旦 USITC 就某一被告作出缺席裁定，原告在申请书中对缺席被告的指控将被认定是真实的，其可以向 USITC 提出立即采取救济措施。USITC 可以在认为不影响公共利益的情况下，对缺席被告采取排除令、禁止令或两者并取。

被告企业如果决定应诉，首先应迅速在企业内部选择了解涉案产品技术、销售情况并具有一定决策能力的人员组成内部管理团队，同时聘请律师，结合企业自身情况，确定应诉策略，开展应诉工作。此外，在部分案件中，原告可能利用广泛的渠道公开被告正在面临"337 调查"这一情况，从而影响涉案产品的现有或潜在的使用者或购买方，停止使用或购买被告的产品。因此，决定应诉后，被告还应迅速向外界或有关购买方发表声明，表明自己的立场和采取的相应行动。

如果起诉涉及多家企业，被告企业可以实施联合应诉，这样能够有效地整合资源、共享信息、分担应诉工作，一定程度上能够分摊应诉费用，使单个企业的应诉负担降低。此外通过联合应诉企业间的协作，可以形成合力，共同与原告抗衡。

（七）"337 调查"对国内企业的影响

"337 调查"已经成为中国企业进入美国市场的重大非关税贸易壁垒，中国连续 10 年成为遭遇美国"337 调查"案件数量最多的国家，已成为美国"337 调查"的主要目标国。其中，涉及下游企业多达上万家，涉案金额达数百亿美元。"337 调查"涉及的费用主要包括达成和解所支付的专利许可费，败诉后支付的赔偿金、律师费、知识产权使用费、应得利息收入等。

现实中，国内企业或因缺乏资金、或因时间限制、或因信息不对称等，一旦遭受调查往往选择沉默，以放弃海外市场为代价。然而事实是"337调查"并非"反倾销调查"，案件结果主要依赖控辩双方所提交的证据材料。若能充分收集有利证据，被诉企业的积极应诉行为对案件结果将起到至关重要的作用。因此，中方企业应深入、细致地分析案情，根据自身实力，选择合理的应诉策略，积极应诉、运用策略，以维护自身的合法权益。

（八）特别说明

在此需要特别声明的是，美国的"337条款"保护的是具有美国国籍的知识产权，而不是美国人的知识产权。我国企业在美国取得的专利权、商标权和版权等都是具有美国国籍的知识产权，同样享受到"337条款"的保护。因此，我国企业应提高对知识产权保护的意识，争取在美国建立自己有效的知识产权保护网，对自己研发的技术和产品要积极申请美国专利，并对自己进入美国市场的产品所使用的商标及时注册美国商标，然后利用"337条款"申请专利和商标保护，这就是"以子之矛，攻子之盾"。

与国内企业相比，国际一些大的跨国企业一直十分重视进行海外专利的申请，积极运用知识产权保护自身利益，并将专利诉讼作为一种经营策略，以最大限度地打击竞争对手，保护自己的市场地位。跨国企业将自己的发明专利拿到其他国家申请注册，一方面为自己占领对方市场保驾护航，另一方面又可以作为威胁竞争对手"侵权"的有利武器。众所周知，美国是世界第一大经济体，有着最为广阔的市场，跨国企业为争夺美国这个巨大的市场纷纷在美国大量申请专利。

在工业机器人行业中，积极应用专利手段实施贸易和产品保护的典型代表便是FANUC公司。FANUC公司长期在美国开拓市场，且从20世纪90年代以来多次发起或应对"337调查"，在应对竞争对手发起的"337调查"以及使用"337调查"打击竞争对手方面有着丰富的经验。接下来，我们以FANUC公司于2005年针对贝尔杜尔系统公司、杜尔系统公司、Motoman公司和安川公司发起的一项"337调查"为例，对"337调查"的总体过程以及其中的关键环节和问题进行分析，从而使国内企业能够从中得到一些启示和借鉴，提高企业应对"337调查"乃至对外贸易中的专利摩擦的能力。

14.2 FANUC公司案例分析

2005年，FANUC公司基于其在美国获得授权的一件发明专利（US6477913B1，以下简称"913专利"）在美申请调查贝尔杜尔系统公司、杜尔系统公司、Motoman公司、安川公司电机的进口机器人产品和机器人部件以及使用这些部件制造的产品是否违反"337条款"的（a）（1）（B）条，案卷编号为337-TA-530。

14.2.1 涉案专利介绍

通常情况下，喷涂机器人所处的工作环境被视为危险环境或易爆环境。为了保障安全，在这种环境中工作的喷涂机器人需要做防爆处理。传统上通常为喷涂机器人加装防爆电机和防爆电缆来防爆，但防爆电机和防爆电缆往往会带来机器人体积大、重量重、成本高的缺点，这对于节约宝贵的喷涂工位空间和降低生产成本是十分不利的。正是为了解决这一技术问题，FANUC公司于1994年在美国提出了一项名为"应用在危险区域的电驱动机器人"的专利申请，并于2002年获得专利权，这就是前面提到过的913专利。

913专利提出了一种能应用于危险环境中的多轴电驱动喷涂机器人，该机器人包括具有第一加压隔间（compartment）的基座和具有第二加压隔间的臂组件，同时在隔间里放置电动机；其中臂组件能被基座的一端可运动地支撑，臂组件包括连接在臂组件另一端的腕部，该腕部上安装喷涂工具；机器人的每一个轴都有对应的电动机来驱动，同时机器人上的隔间被加压以防止在机器人被操作期间可燃气体或蒸汽进入到第一和第二隔间中。图14-3是该电驱动喷涂机器人的典型示意图。图14-4为电驱动喷涂机器人结构剖视图。

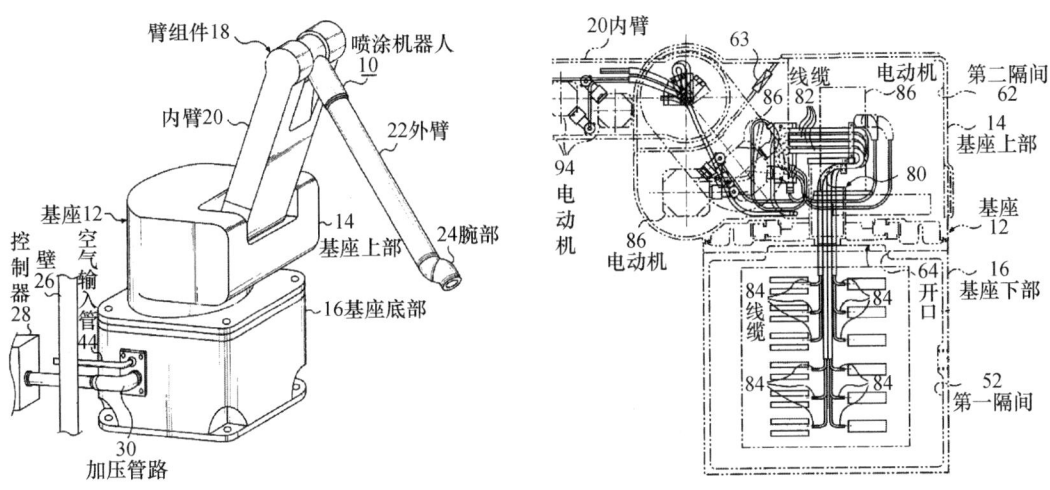

图14-3　电驱动喷涂机器人结构透视图　　图14-4　电驱动喷涂机器人结构剖视图

913专利在被授权后一共获得了24个权利要求，其中产品权利要求共20项，分别为权利要求1—9以及11—21；方法权利要求共4项，分别为权利要求10以及22—24。在案件审理的听证过程中，当事双方的争议主要聚焦在权利要求10—14以及18—24。为便于理解，现将913专利的权利要求10—14以及18—24展示如下。

权利要求10：一种在危险环境中通过轻量化的非防爆电动机电驱动多个能彼此相对运动的、隔间型机器人部件的方法，该电动机在被驱动的至少一个所述机器人部件的隔间中，其特征在于该方法包括如下步骤：

当所述隔间型机器人部件彼此相对运动时将所述隔间进行充分密封；

从置于危险环境外部的气源以高于该危险环境的压力值的压力值充足地供应清洁空气或惰性气体到所述隔间进而净化可能进入到任何一个所述隔间中危险气体的浓度从而使其降低到一个可以接受的水平，将所述隔间中的压力保持在危险环境的压力之上以防止危险环境中的气体的进入，并补偿所述隔间中的任何泄漏，同时被供应的气体包围所述隔间中的所述电动机，由此消除所述电动机和所述电缆对重量和防爆的需求，从而机器人部件可以变得紧凑和轻量化。

权利要求11：一种应用在危险环境中的带有电驱可运动型关节的隔间型机器人，所述机器人具有：机器人本体，该机器人本体包括一个基座和用于形成流体彼此连通的气密隔间的能彼此相对运动的机器人部件；以及电动装置，包括设置在每一个隔间里的非防爆电动机，当一个隔间相对另一个隔间运动时相应的非防爆电动机能相对于另一个运动，所述的电动机被操作用于移动相应的机器人部件，以此同时在相应的隔间里产生电火花；以及通过充足的清洁空气或惰性气体加压所述隔间的装置，使得所述清洁空气或惰性气体在比危险环境的压力高的压力的情况下包围所述电动机以防止危险环境进入到所述隔间中，并保持所述隔间中的压力在危险环境的压力之上。

权利要求12：一种应用在危险环境中的电驱动的隔间型机器人，其包括：基座，具有以高于危险环境的压力的第一压力被加压的第一隔间；

臂组件，具有以高于危险环境的压力的第二压力被加压的其与第一隔间流体连通的第二隔间，所述臂组件被所述基座可运动的支撑以使一个隔间能够相对于两个隔间运动，所述臂组件包括一个带有流体输送工具的连接到所述臂组件的另一端的腕部；

第一驱动系统，包括至少一个定位在加压的所述第一隔间内用于驱动臂组件的非防爆电机；以及

第二驱动系统，至少一个定位在加压的所述第二隔间内用于驱动腕部的非防爆电机；

当所述隔间在危险环境中彼此流体连通时，所述隔间内的压力高于外部危险环境的压力以防止可燃气体或蒸气进入所述的第一和第二隔间。

权利要求13：一种用在危险环境中使用的电动机器人，包括一个基座、一个被基座可运动地支撑的臂组件，所述基座和臂组件形成多个可容纳电动机和从所述危险环境的外部延伸进来连接到电动机的线缆的隔间，所述隔间通过开口彼此相连，以及以比所述危险环境的压力高的压力加压隔间的装置，其特征在于，压力管理器，被提供用于管理隔间内的压力使其处于设定的最大和最小界限内，该压力管理器有一个支路用于通过允许清洁空气或惰性气体经由一个提供给所述隔间的净化通孔流入所述隔间中净化所述隔间。

权利要求14：根据权利要求13所述的电动机器人，当超过设定的最大界限时通过通气装置释放隔间内的多余压力。

权利要求18：一种应用在爆炸环境中的机器人组件，包括第一加压隔间，能相对于第一加压隔间运动的第二加压隔间；

第一非防爆电动机，位于第一加压隔间内；

第二非防爆电动机，位于第二加压隔间内；

至少一个管路，将清洁空气、惰性气体或其他非引燃气体引入到第一和第二加压隔间内；

供应气体以将第一和第二加压隔间内的清洁空气、惰性气体或其他非引燃气体的压力保持在爆炸环境的压力之上。

权利要求19：根据权利要求18所述的机器人组件，第一和第二隔间具有用于互连的开口以便在第一和第二隔间之间将清洁空气、惰性气体或其他非引燃气体连通。

权利要求20：一种应用在爆炸环境中的机器人组件，包括第一加压隔间，能相对于第一加压隔间运动的第二加压隔间；

第一非防爆电动机，位于第一加压隔间内；

第二非防爆电动机，位于第二加压隔间内；

至少一个管路，将清洁空气、惰性气体或其他非引燃气体引入到第一和第二加压隔间内；

压力管理器，用于将所述第一和第二加压隔间内的清洁空气、惰性气体或其他非引燃气体的压力保持在爆炸环境的压力之上。

权利要求21：根据权利要求20所述的机器人组件，第一和第二隔间具有用于互连的开口以便在第一和第二隔间之间将清洁空气、惰性气体或其他非引燃气体连通。

权利要求22：一种在爆炸环境中操作机器人的方法，包括提供具有第一非防爆电动机的第一隔间；

提供具有第二非防爆电动机的第二隔间；

以比爆炸环境的压力高的压力为所述第一和第二隔间提供充足的清洁空气、惰性气体或其他非引燃气；

使第二隔间相对于第一隔间运动。

权利要求23：根据权利要求22所述的方法，第一和第二隔间具有用于互连的开口以便在第一和第二隔间之间将清洁空气、惰性气体或其他非引燃气体连通。

权利要求24：根据权利要求22所述的方法，在保持充足的流量和压力的条件下使用清洁空气、惰性气体或其他非引燃气体净化所述第一和第二隔间以将隔间内的任何可燃气体或蒸气的浓度降低到可以接受的安全水平。

针对上述各权利要求，可以对权利要求的类型作如表14-1所示的归纳。

表14-1 "913专利"涉案权利要求类型

	独立权利要求	从属权利要求
方法权利要求	10	
	22	23、24
产品权利要求	11	
	12	
	13	14
	18	19
	20	21

14.2.2 案件审理过程

2005年初，FANUC公司向USITC递交起诉材料，要求就疑为贝尔杜尔系统公司、

杜尔系统公司、Motoman 公司和安川公司的特定型号的电驱动机器人以及机器人零部件在美进口和销售行为违反了"337 条款"进行调查。案件的审理大致经过了下面几个环节：

（1）确认审查的程序历史；
（2）确认当事各方的身份；
（3）阐明司法权限；
（4）呈送 913 专利的起诉历史；
（5）解释存在争议的权利要求；
（6）界定权利要求的保护范围；
（7）认定侵权行为是否实质产生；
（8）被告对相关指控进行回应；
（9）被告反诉存在争议的权利要求的有效性；
（10）行政法官对案件进行裁定。

在起诉书中，FANUC 公司认为贝尔杜尔系统公司、杜尔系统公司、Motoman 公司、安川公司的进口机器人产品和机器人部件以及使用这些部件制造的产品侵犯了 913 专利的相应权利要求。

2005 年 4 月 26 日，行政法官发布了一个初步裁决，终止了对贝尔杜尔系统公司和杜尔系统公司有关 913 专利的权利要求 3、5 和 16 的调查，以及所有被告有关 913 专利的权利要求 6 的调查。

2005 年 5 月 2 日，行政法官发布了一个初步裁决，允许 FANUC 公司修改其起诉书将杜尔系统公司、杜尔系统两合公司和杜尔特种材料公司纳入被调查范围。

2005 年 5 月 31 日，行政法官发布了一个初步裁决，终止了对 Motoman 公司和安川公司有关 913 专利的权利要求 1、2、4、7—9、15 和 17 的调查，以及贝尔杜尔系统公司、杜尔系统公司和新增加的被告杜尔系统公司、杜尔系统两合公司、杜尔特种材料公司有关 913 专利的权利要求 1—9 以及 15—17 的调查。

2005 年 8 月 23 日，行政法官发布了一个初步裁决，允许 FANUC 公司总体认定其在美国国内产业具有相应的经济分支。

2005 年 9 月 16~23 日举行了听证会。在听证会上，控辩双方主要针对所有的被告是否侵犯了 913 专利的权利要求 10—14 以及 18—24 进行了辩论。

2005 年 12 月 19 日，行政法官发布了最终裁决，认为根据现有的证据无法证明被告侵犯了 913 专利的权利要求 10—14 以及 18—24，同时 913 专利的权利要求 10—14 以及 18—24 也是有效的，913 专利是能够实施的，也存在与其相对应的国内产业。

2005 年 12 月 30 日，FANUC 公司请求对最终裁决进行复审。同一天，安川公司、杜尔系统公司和贝尔杜尔系统公司也请求对最终裁决进行复审。

2006 年 1 月 9 日，安川公司和杜尔系统公司回应了 FANUC 公司的请求，FANUC 公司也回应了安川公司、杜尔系统公司和贝尔杜尔系统公司的请求，1 月 11 日贝尔杜尔系统公司也回应了 FANUC 公司的请求。

该案的审理经历了大概上述几个过程，其中 2005 年 9 月 16~23 日举行的听证会是整个337-TA-530调查中核心的，也是最关键、最复杂的环节。听证会上控辩双方主要针对所有的被告是否侵犯了913专利的权利要求10—14以及18—24以及这些权利要求是否有效进行了激烈辩论，行政法官也作出了相应的裁决。听证会的过程较为复杂，体现了"377调查"的一些典型特点。为突出重点并便于理解本报告，以下只挑选了听证会中涉及确权和无效的听证部分进行介绍。

14.2.3 关键环节和典型问题

14.2.3.1 确权

按照美国相关法律的规定，在判定侵权（如图14-5所示）之前应该对一项权利要求的保护范围进行明确的界定，因此在听证过程中首先对913专利相关权利要求的保护范围进行了界定，对913专利的权利要求书中存在争议的几个技术名词进行了解释。权利要求中的技术特征是对权利要求保护范围的解释具有较为关键意义的词语或短语，因此对于权利要求保护范围的界定也往往是围绕着几个关键的技术术语展开。

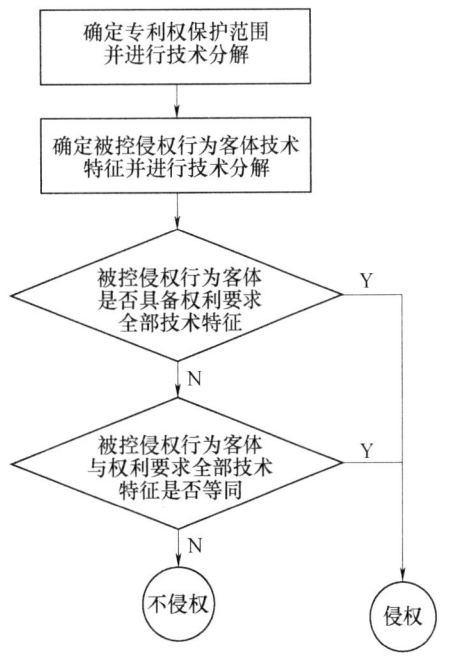

图14-5 专利侵权判定方法

权利要求中的技术特征主要分为结构特征、方法特征、用途特征等，下面将分类举例进行说明。

（一）结构特征：结构特征一般包括部件、结构、连接关系等，在工业机器人中，结构特征是最基本的特征，在产品权利要求中出现的比例很高，往往也是权利要求解读以及保护范围界定的重点。例如913专利中权利要求1要求保护的"一种机器人组件"，以及913专利中的关键发明点"隔间"均是结构类型的技术特征。

（1）技术特征"机器人"（robot）

技术特征"机器人"（robot）被所有的权利要求记载。原告主张权利要求设定了一个关于机器人的范围。安川公司主张权利要求中的"机器人"只指用在危险环境中的机器人，并不包括913专利中所记载的机器人控制器28，因为那是被用在非危险区域中的。ITC律师主张913专利中的机器人仅指被应用在危险环境中的电动机器人。

单词"机器人"被定义为"一种以人类的形式呈现并模拟人类执行机械功能的机器，但缺乏灵性"（新韦氏词典［M］. 7版. 1965：744）。虽然所主张的权利要求没有对单词"机器人"进行定义，而是使用了另外的表述方式，例如权利要求10中的"robot parts"、权利要求11中的"compartmented robot"。基于字典对"机器人"的定义以及权利要求中的具体用语，行政法官认为本领域技术人员对权利要求中的单词"机器人"的理解应该是一种以人类的形式呈现并模拟人类执行机械功能的机器,但缺乏灵性,这机器具有至少一个间隔以容纳非防爆电动机,用在危险(爆炸)环境中,且这机器在特定的权利要求中还被作了其他限定。

913专利保留部分的审查以及其起诉历史均确认了上述解释。因为913专利的特定语言和附图,行政法官拒绝了安川公司关于所争议权利要求中的机器人不应包括能设置在非危险区域中的机器人控制器28的主张。913专利的副标题"附图说明"公开了"图1❶根据本发明的电动喷涂机器人的透视图"。该附图1中示出了附图标记28、26、44和40,其中28为定位在喷涂机器人工位外部的机器人控制器,44为穿过壁26的输入管道,30为加压管路。图1显示了管路30的至少一部分坐落在非危险区域中。

(2)技术特征"隔间"(compartment)

原告主张"隔间"表示"一个在机器人中的空间腔室"。安川公司主张"隔间"不能被解释为真空,当看到权利要求10—13、18、20和22中的该词汇时,很显然这些权利要求不仅仅是叙述一个"隔间",而是将"隔间"以不同的结合方式与其他附加技术特征相结合,例如"隔间"间的相对运动、"隔间"间的流体连通、"隔间"的开口,以及在"隔间"彼此相对运动时保持气密性。

杜尔系统公司代表主张"隔间"应该被解释为在机器人中界定出的一个内部空间,一种可区别与机器人部件的外壁的结构。

ITC律师主张"隔间"表示一个空间或腔室。

权利要求10记载"当所述隔间型机器人部件彼此相对运动时将所述隔间进行充分密封"。这里,词汇"隔间"被附加技术特征限定为当隔间型机器人部件彼此之间相对运动时是气密性的。权利要求11记载"机器人本体包括一个基座和用于形成流体彼此连通的气密隔间的能彼此相对运动的机器人部件",机器人部件必须具有一定的结构用来形成气密的隔间、彼此相对的运动以及具有流体连通的隔间。权利要求12记载"一个臂组件,包含有第二隔间……与所述第一隔间流体连通……所述隔间能彼此相对运动"。权利要求13记载"一个基座和一个臂组件,形成多个隔间……,所述隔间通过开口彼此相连通"。权利要求18和20记载"第二压力隔间,能够相对于第一压力隔间运动"。

根据前述权利要求的记载来看,词语"隔间"不能被认为是一个"真空"。行政法官认为对于本领域技术人员来说将会把"隔间"解释为存在于机器人中的一个空间或隔间。

(二)方法特征:方法类型的特征一般包含步骤、动作等。在专利保护中,方法既可以作为被保护的主题,也可以作为对被保护的产品的限定。

(1)技术特征"加压"(pressurized)

技术特征"加压"记载于权利要求12、18—21中,原告主张"加压"表示相对于25Pa处于正压力的状态。ITC律师主张"加压"表示一个高于外部压力的正压力状态。兰登学院大辞典(1980)的第1049页定义的"加压"是"提供压力到(气体或液

---

❶ 指专利文件中的说明书附图。

体)"。权利要求也没有对"加压"要求任何特定的数值限定。行政法官在说明书或控告历史中没有发现任何有关与"提供压力到（气体或液体）"这一"加压"的通常含义相抵触的信息，因此行政法官认为"加压"的上述通常含义是"控制"过程的一部分。

（2）技术特征"换气/净化"（purging）

技术特征"换气/净化"记载在权利要求10、13和24中。原告主张将"换气/净化"定义为"以充足的流量和正压力向一个封闭体内供应清洁空气或惰性气体以将起初存在的任何易燃气体或蒸气的浓度降低到一个可以接受的安全水平并进一步通过正压力或持续的流量维持这一安全水平的过程"，并主张这是"控制"过程的一部分。ITC律师主张短语"换气/净化"表示"去除（杂质或其他元素）或纯净化"［参见美国传统词典第1004页；新韦氏词典（1995）第899页］。

作为权利要求10、13和24记载的方法中的一个应用，进一步要求实施"换气/净化"直到"一个可接受的危险气体浓度水平"（权利要求10），"允许清洁空气或惰性气体流入间隔内"（权利要求13），以及"将任何易燃气体或蒸汽的浓度降低到一个可以接受的安全水平"。行政法官认为本领域技术人员将会根据它的在特定技术特征中使用特定语言限定出了的通常含义来解释"换气/净化"。

（三）用途特征：用途类型的特征一般指产品或方法应用的条件、环境或对象。例如913专利的发明名称"一种应用于危险环境中的多轴电驱动喷涂机器人"中"应用于危险环境"即是一种用途特征，这一特征在权利要求中也进行了限定。

（1）技术特征"危险环境"（hazardous environment）和"爆炸环境"（explosive environment）

913专利的权利要求10和14中均主张了技术特征"危险环境"，同时权利要求18和24中主张了技术特征"爆炸环境"，原告主张"危险环境"意味着"国家电器手册中所定义的Ⅰ类第一部分所包含的场所和位置"，原告进一步主张本专利的目的便在于一种喷涂机器人，"爆炸环境"指的是喷涂工位，在喷涂工位中存在于空气中的易燃喷雾很容易被引燃和爆炸。争论在于：包括放射性和水下环境的安川公司的结构没有在专利中被提及。

ITC律师主张"危险环境"和"爆炸环境"的定义应该被限制在它们的通常含义范围内，而不应基于特定手册中的分类将其限定到一个权利要求中，这是不允许的。故"危险环境"即表示一个存在危险的环境，"爆炸环境"即表示一个可能引起爆炸的环境。

根据兰登学院大辞典（1980）的第608页，单词"hazard"应该被理解为"危险、风险"。事实上，913专利的说明书和控告历史中反复表明"危险环境"和"爆炸环境"指代的是喷涂工位，那里存在于空气中的易燃喷雾很容易被引燃和爆炸。因此行政法官认为对于本领域技术人员来说，"危险环境"应该被解释为一个在喷涂过程中所形成的爆炸环境，权利要求中的"危险环境"和"爆炸环境"能够等同。

从上面的分析可以看出，对于授权专利的权利要求保护范围的确定是"337调查"各项工作的基础，从而也说明了无论是发起"337调查"还是被"337调查"，都需要对权利要求给予高度重视，从撰写到解读均需要通过同时具备专业技术知识和专利法律知识的人员深入参与,才能最大限度地发挥专利的保护作用,同时在"337 调查"的应诉过程中占据有利的地位。

14.2.3.2 指控与抗辩

在对授权专利保护范围明确界定的基础上,"337 调查"的核心是原告的指控与被告的抗辩。这一过程一般是在法庭上进行,因此也是原告与被告双方当面交锋维护自身利益的环节。与权利要求保护范围的确定相类似,其中的关键问题也是对于各种技术问题的理解和确认。

在 FANUC 公司发起的该 "337 调查"中,原告提交了侵权产品和被侵权权利要求的对应清单,原告主张安川公司的下列型号的机器人侵犯了其相应的权利要求,见表 14-2。

表 14-2 安川公司涉案机器人

机器人型号	对应 913 专利权利要求
PX800	11-14/18-21
PX50 系列	11-14/18-21
PX2900	11-14/18-21
PX2900 MAP	18/20

原告主张杜尔系统公司的下列型号的机器人侵犯了其相应的权利要求,见表 14-3。

表 14-3 杜尔系统公司涉案机器人

机器人型号	对应 913 专利权利要求
Eco RP6	10-14/18-24
Eco RP7	10-14/18-24
EcoOpener(D&H)	18-24

对此,安川公司和杜尔系统公司的代表均声称 FANUC 公司没有建立足够的证据证明所指型号的机器人侵犯了其所声称的权利要求。ITC 律师则主张 FANUC 公司没有尽到自己的责任去确认被告的所述型号机器人的侵权行为。

根据 35U.S.C.&271 规定,在专利有效期期间,不管是谁在没有被授权的情况下在美国境内使用、许可销售或销售授权的发明或向美国出口任何被授权的发明(35U.S.C.&271(a)),该针对授权发明的侵权行为适用"直接侵权"。

侵权行为的确定需要两个步骤:第一,专利的权利要求必须能被正确解释以确定其保护范围;第二,能被正确解释的权利要求必须能与被告的设备或方法相比较。然而权利要求的解释是一件法律事务,专属于法庭,"一项权利要求是否包含了一件被告的设备,是字面侵权还是根据等同原则的侵权,这是一个事实认定的问题。"

对于证明字面侵权行为,专利权所有人必须自己通过确定证据去证明,即被告的设备包含在所声称的权利要求的每一个限定中。在某些情形下,被告的设备可能不在字面上侵犯一项权利要求,如果在被告的设备和所要求的发明之间的不同是"非实质性的",则这一侵权行为属于等同原则意义上的侵权。目前"337 调查"中适用等同原则判定侵权时，主流的做法是将被控侵权物中的具体技术特征与专利权利要求中相应的技术特征一一对应比较其是否等同，而不是比较被控侵权物的整体技术方案与独立权利要求所限定的技术方案是否等同。

对于 FANUC 公司的指控，被告安川公司和杜尔系统公司分别进行了抗辩，以证明自己的产品并没有侵犯 913 专利的专利权。而抗辩的主要方式即是通过试验、参数等证据从技术角度证明自身的产品与授权专利的权利要求的技术特征存在"实质性"的区别。根据以上原则，最终对于 FANUC 公司所指控的安川公司与杜尔系统公司的产品与 913 专利的权利要求是否存在"实质上"相同的技术特征的争论焦点，集中在应用于工业机器人的电动机方面。

（1）安川公司的回应

下面是用在安川公司 PX 系列机器人的电动机，PX 系列机器人所用的电动机被概括在 RX-745 中，如表 14-4 所示：

表 14-4 PX 系列电动机

机器人型号	轴	电动机型号
PX800	S	SGMPH-04A1A-YR51
	L	SGMPH-02A1A-YR41
	U	SGMPH-01A1A-YR41
	RBT	SGMAH-A5A1A-YR31
PX2850	S	SGMDH-12A2A-YRA1
PX2750	L	SGMGH-30A2A-YRA1
PX2050	U	SGMDH-12A2A-YRA1
PX1850	RBT	SGMPH-04A1A-YR61
PX1450	Run	SGMDH-32A2A-YRA1
PX2900	S	SGMGH-30A2A-YRA1
	L	SGMGH-44A2A-YRA1
	U	SGMGH-13A2A-YRA1
	RBT	SGMPH-04A1A-YR51
	Run	SGMDH-32A2A-YRA1
	PUMP	SGMPH-04A1A-YR71 或 SGMPH-04ABA-YR11

原告承认安川公司设计了 RX-607C-RX-610C 电动机。在电动机的外部有凹陷和突起。不是所有使用在 PX 系列机器人中的安川公司电动机都像 RX740C 的第 45 页所显示的那样，安川公司的电动机或更小、或更大。关键的一点是，使用在 PX 系列机器人中的是安川公司电动机。

考虑到通过安川公司 PX50 系列机器人的空气流，RX-561.99C 是一张安川公司的显示通过 PX2850 系列机器人的空气流的图。RX-561.99C 右上角是 PX2850 系列机器人的外观和气动单元的示意图。RX-561.99C 的左边显示了通过 PX50 系列机器人的空气流路径。空气被从定位在危险环境外部的气源供应到启动单元，空气流进入机器人的静止基座。RX-703.82C 是 PX2850 系列机器人基座的照片,显示了空气是从哪里进入到基座中的。RX-703.39C 也是 PX2850 系列机器人基座的照片。RX-703.32C 是 PX2850 系列机器人的 U 型臂的的照片。RX-703.28C 是在 PX2850 系列机器人上的的照片。RX-703.62C 是 PX2850 系列机器人的另一张照片。RX-703.44C 是在 PX2850 系列机器人上的照片。

考虑到通过安川公司 PX2900 机器人的空气流,RX-339.30 是 PX2900 机器人的照片。如同 PX50 系列机器人一样,空气既在净化期间又在机器人操作期间被供应到 PX2900 机器人的内部。RX-645.153C 是 PX2900 机器人内部空气流的示意图。在 PX2900 机器人中,有两条空气线路进入到机器人的静止基座中。

RX-339.8C 是 PX2900 机器人基座的照片,它显示了有两条空气输入线路进入到机器人基座中。泵轴电动机是消费者的一个选择,这些电动机被用于为辅助喷涂工作的泵提供动力。

空气从排放管道流出与机器人外部相结合的基座,从这里空气流入压力探测器单元。PX 机器人压力特测器单元被显示在 RX-339.27 中。RX-743C 是描述从 PX2900 机器人流出的空气流的示意图。该示意图显示了进入到机器人基座的两条空气线路。机器人有两条排放线路,这些线路结合在一起然后空气流入压力探测器单元中。

RX-540.53C 是 PX2900 机器人的图片,显示了空气流入到机器人内部。在离开气动单元之后,空气流被分成两路,均流入机器人的静止基座中,这在 RX-540.53C 右下角使用两个箭头示出。在空气进入机器人的基座之后,管路又将空气从机器人基座引入到压力探测器单元中。

RX339.41 显示了从 PX2900 机器人通向压力探测器单元的两个空气管路,且为 PX2900 机器人提供了两个压力探测器单元。

RX-546.83C 是 PX800 机器人的空气流视图。在 RX-546.83C 中,从图片的底部到中间,词语"Inflow"和箭头指示了空气流从气动单元进入到机器人的底座中。在 RX-546.83C 中,词语"Exhaust"和箭头指示了在 PX800 的机器人基座中有空气出口。该空气出口通过管路通向定位在机器人外部的压力探测器单元。

基于前述,行政法官认定应用于存在争议的 PX 系列机器人中的电动机并不是通常的、现有的电动机。此外,法官认为安川公司实施的电动机净化试验证明了原告的 Nof[1] 不是电动机方面的专家,虽然他证实如果安川公司的电动机被放置在喷涂工位上并被操作,它们能够引燃或产生火花,并且不能保证它们的火花在内部中,因此它们的火花有机会跑到外面来,与存在于喷涂工位的可燃蒸气接触并引发严重的爆炸和损害,但 Nof 并没有指明会产生何种类型的火花,火花的本质是什么,是否火花足以引燃爆炸气体,电动机运转多长时间、达到多高的温度足以引燃周围的爆炸性气体,并且存在于电动机周围的爆炸性气体的浓度是多少,以及是否不同类型的安川公司电动机都是如此。

根据听证时形成的记录,行政法官认定原告没有尽到自己的责任确认争议中的安

---

[1] 原告 FANUC 公司方面的技术专家。

川公司电动机在字面上侵犯了其所声称的权利要求 11—14、18—21。

Nof 证实："根据等同原则，安川公司的西格玛电动机侵犯了 FANUC 公司所声称的权利要求。"应用在 PX 系列机器人中的安川公司电动机起到了与"非防爆电动机"同样的功能并取得了同样的效果。这一功能和效果是：在处于危险环境中的封闭体内以安全的方式将电能转化为旋转能并促使机器人运动。安川公司的电动机与 913 专利中所保护的电动机没有实质上的不同。

行政法官认为原告没有尽到自己的责任来确认在等同原则下被告方的产品侵犯了 913 专利的相关权利要求，且在其抗辩概要中虽然原告主张安川公司间接侵犯了方法权利要求 10、22—24，但是该指控在程序上存在缺陷。如果原告要控告间接侵权，一个必要的先决条件是首先找到一个直接侵权，然后在此基础上控告间接侵权。因此在听证后提交的文件中，原告放弃了所有的针对安川公司有关方法权利要求 10、22—24 侵权的控告。

（2）杜尔系统公司的回应

FANUC 公司指控杜尔系统公司 EcoPaintRP6 和 R7 系列的电动喷涂机器人，以及 EcoOpenner D 和 H handler 机器人违反了"337 条款"。EcoRP6 和 R7 代表了机器人运动轴的数量。EcoRP6 机器人的 6 个轴被 6 个 Indramat MHD 电动机分别驱动。EcoRP7 机器人的第七个轴是一根与本体的通过喷涂工位的运动方向平行地被放置的轨道，EcoRP7 机器人的轴被 6 个 Indramat MHD 电动机以及一个 Indramat MKE 电动机分别驱动。

Ostin 是杜尔系统公司研究与开发部主任。行政法官审查了 Ostin 的证词，没有发现任何与 Ostin 从试验中得出的结论相抵触的信息。原告没有提供证据表明 Ostin 试验条件的变化以及被试验电动机未处于动态运动状态将会如何影响 Ostin 从试验中所获得的结论。尽管 Ostin 是杜尔系统公司研究与开发部主任并与 Hamel 参与设计了试验，但根据 Ostin 的证词，原告知道其不是机器人领域的专家，而 Hamel 是危险环境用机器人以及该种机器人用电动机领域的专家。

行政法官认为原告没有尽到自己的责任确认杜尔系统公司产品在字面上侵犯其所声称的权利要求。

原告主张 MHD 电动机在等同原则下侵犯了 913 专利的权利，而原告有责任对等同侵权进行确认。行政法官认为原告没有通过证据确认，在电动机的运行方式上二者不存在实质上的不同。

原告在其概述中主张杜尔系统公司的产品间接侵犯了所争议中的方法权利要求。与前文对安川公司的回应相似，行政法官最终认定不构成对方法权利要求的间接侵权。

从上述过程我们可以看到，正如前文对美国"337 调查"的特点所做的总结中所强调的，在对是否侵权的判定过程中，证据的作用和地位都是非常重要的。此外，无论是"字面上"的侵权，还是等同原则下的侵权，均需要原告提供充分的侵权的证据，这是原告的责任和义务。从中我们也可以发现，作为"337 调查"的应诉方，并不一定处于不利的地位，只要进行充足的准备和积极的应对，完全有可能使法庭得出对应诉方有利的结论。

14.2.3.3 被告反诉 913 专利无效

在应对侵权指控过程中，被告除了积极进行抗辩，说服法官相信自己的产品没有落入原告专利权利要求的保护范围之内，通常还会反诉，即通过收集相应证据请求法官裁定原告专利无效。抗辩和反诉是专利纠纷案件中被告经常会采取的应对措施，在这一案件中也不例外。为了应对 FANUC 公司的指控，在抗辩之后安川公司和杜尔系统公司等被告紧接着便反诉 913 专利无效。

（1）占先（Anticipation）

占先是指一项权利要求所记载的技术方案被现有技术公开，涉及新颖性问题。反诉无效的第一步，是被告基于自己得到的现有证据请求法官裁定原告专利被现有技术占先，因而原告被授权的专利是无效的。

按照美国相关法律的规定，如果权利要求的所有限定都被现有技术或是直接地、或是隐含地披露，则认为该项权利要求被现有技术占先，因此该权利要求将是无效的。

在一项权利要求是否被现有技术占先的裁定中，首先需要假设存在争议的专利因被专利局授权而认定是有效的，因此任何质疑专利有效性的一方有责任通过清晰明确的证据推翻上述假定，就此安川公司和杜尔系统公司等被告向法官提供了多份现有技术来证明 913 专利的权利要求 10—14 以及 18—24 已经被现有技术占先了，其中对 913 专利威胁最大的是在先公开的一件德国的专利申请 DE2228598A1。

杜尔系统公司认为 913 专利的权利要求 10—14 以及 18—24 被德国专利申请 DE2228598A1 占先；安川公司则主张因为德国专利申请 DE2228598A1 占先，所以 913 专利的权利要求 10 是无效的；ITC 律师也主张德国专利申请 DE2228598A1 占先了 913 专利的权利要求 10—12、18—24。

判定一项权利要求是否被现有技术占先，一项重要的工作是将被正确解释的权利要求与现有技术相比较，比较的过程在听证会上进行。原告 FANUC 公司、被告安川公司和杜尔系统公司等以及行政法官分别就德国专利申请 DE2228598A1 是否占先了 913 专利的权利要求 10—14 以及 18—24 发表了自己的意见，由行政法官作出最后的裁定。下面就该过程进行详细介绍。

A. 德国专利申请 DE2228598A1 简介

德国专利申请 DE2228598A1 是一件 1974 年公开的关于水下机器人的专利申请。该专利提出了一种机器人密封方式，通过向机器人手臂的内部空间内填充压力高于外围工作环境中水压的气体或液体来对机器人进行密封。图 14-6 所展示的是该专利申请中的机器人结构示意图。

B. 被告的反诉理由

杜尔系统公司认为德国专利申请 DE2228598A1 公开了一种应用在危险环境中的电驱动机器人。该机器人具有多个能够彼此之间相对旋转的肢节；对于每一个关节，相互能够旋转的部件之间形成隔间；电动机和传动装置放置在隔间内；具有为隔间的内部空间相对于外部气体或液体提供密封的装置；机器人肢节的隔间是流体连通的。德国专利申请 DE2228598A1 教导了对机器人肢节的隔间进行加压；德国专利申请 DE2228598A1 公开了对流体连通的隔间的内压进行调控；尽管德国专利申请

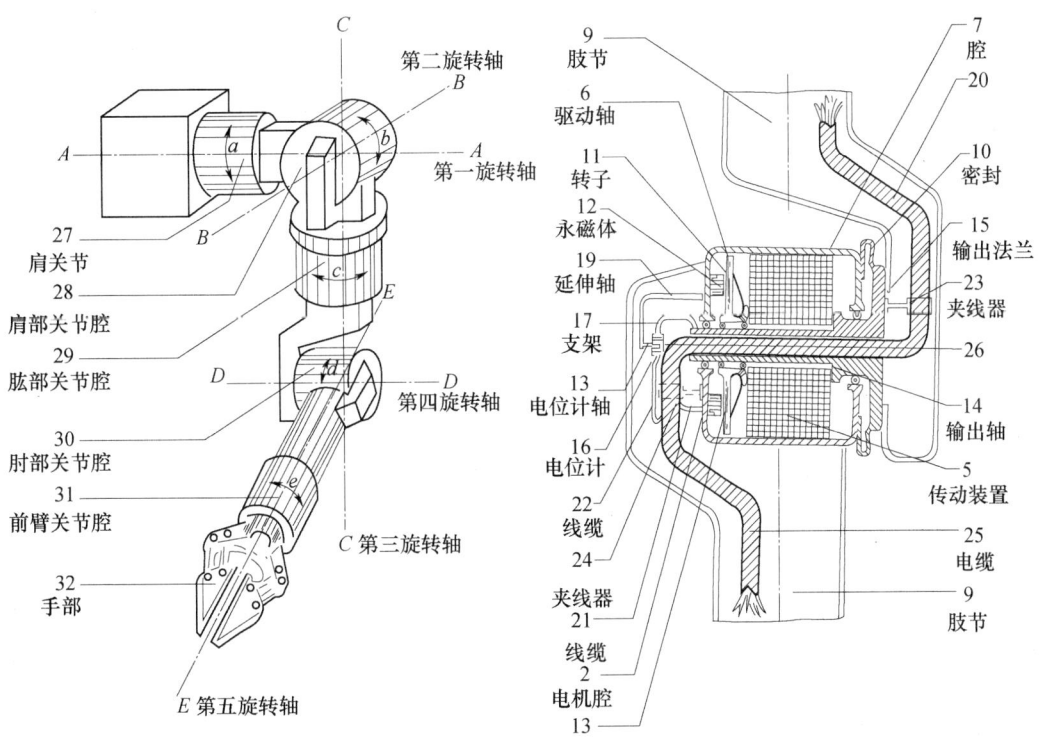

图14-6 德国专利申请 DE2228598 结构示意图

DE2228598A1 表明其机器人可以适用于水下环境，但在该专利申请的公开内容里也并没有限定其公开的机器人只能用于水下环境。

安川公司认为德国专利申请 DE2228598A1 公开了一种应用于危险环境中的电驱动的、关节型、内部隔间化的、中空型机器人。安川公司认为机器人的每一个肢节都设有放置在与肢节的隔间相连的肢节隔间内的电动机以及用于驱动下一个顺次相连的肢节的密封界面；德国专利申请 DE2228598A1 公开了其机器人手臂被设计为顺次相连的肢节，每一个肢节的内部隔间彼此流体连通；德国专利申请 DE2228598A1 公开了其肢节隔间的内部使用气体或液体加压以避免外部环境侵入到机器人的密封部分中；德国专利申请 DE2228598A1 的附图示出了肢节的隔间的内部、关节隔间的内部、线缆和中空轴向线缆通道，均处于加压状态；两个相邻的肢节在液密封的状态下能够彼此相对旋转；中空轴被用作电动、液压和气动线路的管路以及提供不同肢节内部空间之间的压力补偿。

安川公司认为913专利中存在争议的权利要求是无效的，因为它们均被德国专利申请 DE2228598A1 占先，尤其是权利要求10。关于权利要求10，安川公司认为德国专利申请 DE2228598A1 公开了一种在为危险环境中通过放置在至少一个机器人部件的隔间内的非防爆型电动机电驱动多个相对运动的、隔间化的机器人部件的方法；德国专利申请 DE2228598A1 公开了一种关节型机器人，每一个关节由两个结合起来形成称为"关节隔间"的圆柱形隔间的相对旋转的部件组成，电动机和传动装置均放置在关节隔间内，隔间的内部空间相对于外界处于气密或液密状态；德国专利申请DE2228598A1公开了使用流体密封的关节隔间防止隔间暴露于外部。关节隔间和肢节被完全地相对于外部密封以隔绝外部的影响。安川公司进一步认为，尽管德国专利申请DE2228598A1没有明确限定其机器人应用于水下环境，但其披露了机器人可以被应用于水下环境这样的危险环境。

安川公司认为德国专利申请DE2228598A1中的电动机符合非防爆电机的结构。913专利的权利要求10中的步骤"当隔间化机器人部件彼此相对运动时对隔间提供气密封"，而德国专利申请DE2228598A1公开了"相对于外界环境以气密或液密方式为隔间的内部空间提供"，其公开了权利要求10的所有限定。

ITC律师认为证据已经表明913专利的权利要求10—12以及18—24的每一个限定都可以在德国专利申请DE2228598A1被找到，包括德国专利申请DE2228598A1中的机器人是应用于危险环境中的事实。

原告FANUC公司则认为德国专利申请DE2228598A1中公开的机器人并不是被设计用于913专利中定义的那样的危险环境。"应用于危险环境"是原告发明的基点，是所有权利要求都包含的特征，就像原告的Nof解释的那样；而德国专利申请DE2228598A1关心的则是"腐蚀性，强水压"，它并不关心爆炸性、易燃性气体或蒸气。

原告进一步认为德国专利申请DE2228598A1没有教导压力调控器（权利要求11、14、14、20、21），电动机被放置在加压隔间内（权利要求10—14，18—24），净化并持续地保持压力（权利要求10、13、14、24），加压排气（purging vent）（权利要求13、14），向第一和第二加压隔间内供应清洁空气、惰性气体或其他非可引燃气体的管路（权利要求18、19、20、21），应用在机器人手臂末端并具有流体输送工具的腕部。

德国专利申请DE2228598A1涉及一种仿人机器人，它因此具有躯干、具有手的手臂、腿和脚，或是有着具有手的两个手臂以及一对肩膀，或是只有一个带有一个手臂和手的肩膀，机器人的关节允许单独改变一个肢节相对于另一个的角度，或是它们彼此之间的相对旋转的角度，电动机驱动肢节来实现想要的运动。德国专利申请DE2228598A1的附图显示了肢节的内部隔间、关节隔间的内部、线缆以及中空轴向线缆通道均处在加压容积状态。德国专利申请DE2228598A1的附图3显示了一个人形机器人手臂，机器人的电动机被放置在关节中，该电动机被穿过机器人手臂的电缆供电。该专利仅仅在附图2中教导了"在各肢节的隔间之间建立压力平衡"。行政法官认为德国专利申请DE2228598A1的附图1没有揭示如同附图2那样的为"在各肢节的隔间之间建立压力平衡"的中空驱动轴或其他类似结构。进一步地，行政法官认为"在各肢节的隔间之间建立压力平衡"在有关"中空驱动轴"的内容里披露，如权利要求2和3所涉及的相关内容。对于权利要求1来说，它仅仅公开了密封装置和驱动装置，并没有公开为"在各肢节的隔间之间建立压力平衡"的中空驱动轴或其他类似结构。

根据德国专利申请DE2228598A1的附图2，行政法官发现电动机壳体和关节隔间分别是单独的结构，电动机壳体被暴露于外部环境。因此行政法官认为德国专利申请DE2228598A1并没有公开电动机被放置在加压隔间内，而这一技术特征在913专利的权利要求 10—14 以及 18—24 中都有限定。重要的是，行政法官还发现德国专利申请 DE2228598A1 并没有教导使用传统的 off-the-shell 电动机。因此，行政法官判断德国专利申请 DE2228598A1 并没有占先 913 专利的权利要求 10—14 以及 18—24。

关于 913 专利的权利要求 10—14 所限定的"危险环境"以及权利要求 18—24 中所限定的"爆炸环境"，行政法官认为权利要求 10—14 中的"危险环境"意味着在喷涂过程中产生的爆炸环境，所属技术领域的技术人员能够将"危险环境"和"爆炸环境"等同起来。行政法官认为德国专利申请 DE2228598A1 并没有涉及 913 专利中所定义的在喷涂过程中产生的爆炸环境。德国专利申请 DE2228598A1 则说它的机器人主要应用于深海那样的水下环境。因此，基于行政法官对"危险环境"和"爆炸环境"的理解，行政法官人认为德国专利申请 DE2228598A1 没有占先 913 专利的权利要求 10—14 以及 18—24。

行政法官进一步发现德国专利申请 DE2228598A1 没有公开 913 专利的权利要求 13、14、20 和 21 涉及的压力调控器，以及权利要求 11 涉及的加压装置。安川公司也承认德国专利申请 DE2228598A1 没有明确公开"加压装置"。安川公司的专家代表的证词中同意德国专利申请 DE2228598A1 没有公开压力调控器。因此行政法官认定德国专利申请 DE2228598A1 没有占先 913 专利的权利要求 11、13、14、20 和 21。

在权利要求 10、13、14 和 24 中都限定了"净化并持续地保持压力"。杜尔系统公司认为在德国专利申请 DE2228598A1 中隐含公开了在加压之前要进行净化操作。ITC 律师认为在德国专利申请 DE2228598A1 是要进行加压，并不进行净化并持续地保持压力这一操作。行政法官认为德国专利申请 DE2228598A1 没有公开净化并持续地保持压力。因此行政法官认为德国专利申请 DE2228598A1 没有占先 913 专利的权利要求 10、13、14 和 24。

权利要求 13 和 14 包含了"加压排气"（purging vent），杜尔系统公司认为权利要求 13 要求了加压排气，1982NFPA496 要求了净化用空气离开被净化并持续地保持压力的隔间。ITC 律师认为"在德国专利申请 DE2228598A1 的系统中隐含了使用气体净化并持续地保持压力以去除危险气体"。行政法官认为德国专利申请 DE2228598A1 没有公开加压排气，因此行政法官认为德国专利申请 DE2228598A1 没有占先 913 专利的权利要求 13 和 14。

权利要求 18—21 包含了"向第一和第二加压隔间内供应清洁空气、惰性气体或其他非可引燃气体的管路"，ITC 律师认为德国专利申请 DE2228598A1 中的中空驱动轴可以被认为是管路。行政法官认为"管路"在所属技术领域的技术人员看来是一种用来移动流体或导引线缆的管道。在权利要求 18 中的"管路"是用来向第一和第二加压隔间内供应清洁空气、惰性气体或其他非可引燃气体。德国专利申请 DE2228598A1 中的中空驱动轴可以被认定为一种管路，该中空驱动轴被定位在隔间的内部，并且不与任何其他的隔间相连。相反，在 913 专利中管路用于向第一和第二隔间内供应空气或其他气体。因此，行政法官认为德国专利申请 DE2228598A1 没有占先 913 专利的权利要求 18—21。

权利要求 12 限定了"一腕部，连接在机械手臂的末端并带有一个流体输送工具"。

ITC 律师指出德国专利申请 DE2228598A1 中公开了这样的内容"仿人机器人，具有躯干、具有手的手臂、腿和脚，或是有着具有手的两个手臂以及一对肩膀，或是只有一个带有一个手臂和手的肩膀，机器人的关节允许单独改变一个肢节相对于另一个的角度，或是它们彼此之间的相对旋转的角度，电动机驱动肢节来实现想要的运动。"德国专利申请 DE2228598A1 的附图 3 也显示了一个可围绕 E－E 轴旋转的前臂关节隔间。行政法官认为前臂关节隔间在结构上与 913 专利的腕部机构不同，不像权利要求 12 中所限定的那样"连接在机械手臂的末端并带有一个流体输送工具"。因此，行政法官认为德国专利申请 DE2228598A1 没有公开"腕部连接在机械手臂的末端并带有一个流体输送工具"，因此德国专利申请 DE2228598A1 没有占先 913 专利的权利要求 12。

基于前述，行政法官认为被告没有提供清晰、明确的证据证明德国专利申请 DE2228598A1 占先了 913 专利的权利要求 10—14 以及 18—24。

（2）显而易见性（Obviousness）

当然，判定一项权利要求是否被现有技术占先只是反诉无效的第一步。当法官裁定原告的专利没有被现有技术占先之后，被告还可以请求法官裁定原告的专利相对于现有技术来说是显而易见的，这就涉及创造性的问题。

针对 913 专利的显而易见性，被告所基于的现有技术仍旧是在判断 913 专利是否被占先的过程中所使用的证据，这其中最为重要的是德国专利申请 DE2228598A1。杜尔系统公司认为相对于德国专利申请 DE2228598A1 来说 913 专利的权利要求 10—14 以及 18—24 是显而易见的，安川公司也认为相对于德国专利申请 DE2228598A1 来说 913 专利的权利要求 10—14 以及 18—24 是显而易见的，ITC 律师认为德国专利申请 DE2228598A1 结合本领域公知常识很容易得出 913 专利所有权利要求无效的结论。但是，基于德国专利申请 DE2228598A1 具体公开的内容，行政法官最终认为 913 专利相对于德国专利申请 DE2228598A1 却是非显而易见的。

（3）不清楚

在通过"占先"和"显而易见性"这两步之后，仍然没有将原告的专利无效掉，还可以通过权利要求本身存在的缺陷（例如不清楚等）无效原告的专利。在此案中，安川公司和杜尔系统公司等被告则采用了通过判断原告专利权利要求不清楚的方式来无效原告专利。

按照美国法律的相关规定，判定一项权利要求是否违反美国专利法有关权利要求保护范围清楚的规定，就是要判定所属技术领域的技术人员是否能够根据说明书正确理解权利要求所限定的内容。说明书应该包括一个或多个权利要求所包括的主题。如果专利权人没能够做到这样的要求，就会使得专利不清楚和无效。因此，在庭审过程中，当事各方针对 913 专利的相关权利要求是否清楚展开了激烈的辩论，同时法官给出了相应的最终裁定。

按照针对权利要求要求其清楚的规定，如果权利要求中所用词语以及语句构成的表述会导致一项权利要求的保护范围边界不清或不确定，则该权利要求不清楚。这要求权利要求中的用词应当有清楚的含义，而这里的"含义"应当理解为所属技术领域通常具有的含义。由此我们很容易预见到像"厚"、"薄"、"宽"、"强"等这类词语是相对于某个基准或比较对象而言的,通常没有确定含义,一般不应被应用在权利要求中。但这也不是绝对的,如果这些词语在所属技术领域具有公认的或者通常可以接受的含义,更好的是说明书公开的内容对其具体含义也进行了充分的说明,则也是允许的。

913 专利的权利要求 10 中限定了"由此消除所述电动机和所述电缆对重量和防爆的需求从而机器人部件可以变得紧凑和轻量化",该句中就使用了类似上述的用语"紧凑"(compact)、"轻量"(lightweight)和"重"(heavy),被告据此请求行政法官裁定该权利要求 10 不清楚。

其中,安川公司认为权利要求 10 中的技术术语"紧凑"(compact)、"轻量"(lightweight)和"重"(heavy)是相对概念,913 专利也没有提供一个基准去解释这些技术术语,且权利要求 10 也没有指明"机器人部件"具体指代的是什么,因此该权利要求 10 是不清楚的,不符合权利要求清楚的相关规定。对此,原告则认为上述用语是足够清楚的。

ITC 律师认为安川公司没有在听证会上拿出证据支持它的理由。

行政法官则认为 913 专利关注的是机器人能够在危险环境中操作,913 专利的说明书声称其发明"相对紧凑",讨论了使用"regular duty cables 而非 heavy duty, explosion-proof cables"的优势,声称其发明"相对小型化和轻量化"。随后,913 专利说明书指出"上述结构允许在传统喷涂工位存在的危险环境中使用相对小型化和便宜的电驱动机器人"。听证过程中的证据表明所属技术领域的技术人员能够正确地理解 913 专利的说明书。基于上述理由,行政法官认为安川公司没有提供足够的证据证明 913 专利的权利要求 10 是不清楚的,违反了 35 U.S.C $ 112。

除了权利要求中的用语之外,如果权利要求中的语句含义不清楚也会造成权利要求的不清楚,这里所说的语句含义不清楚主要包括语句错误或矛盾、语句引起了歧义。

A. 913 专利的权利要求 12 限定了"以高于危险环境的压力的第一压力被加压的第一隔间"和"以高于危险环境的压力的第二压力被加压的其与第一隔间流体连通的第二隔间",被告认为这两句结合起来看技术含义是矛盾的,因此请求行政法官裁定该权利要求 12 不清楚。

其中,安川公司认为权利要求 12 限定了第一隔间具有"第一压力",第二隔间具有"第二压力",这意味着隔间具有不同的压力值,与此同时权利要求 12 又限定了各隔间是"流体连通"的,这意味着"第一压力"和"第二压力"应该是相同的,由此可见权利要求 12 中的这两句话存在技术上的矛盾。

原告则认为上述技术术语是足够清楚的。ITC 律师认为安川公司没有在听证会上拿出证据支持它的理由。

行政法官认为权利要求 12 并没有限定要将第一和第二压力进行比较,也没有限定它们必须相同或不同。根据 913 专利说明书,彼此之间相互流体连通的隔间之间偶尔压力也会不同。由此可见,根据 913 专利说明书,彼此之间相互流体连通的隔间内的压力可以相同,偶尔也会具有不同的压力,比如其中一个隔间内的压力改变而另一个隔间去补偿的时候。听证期间 Nof 的证词也支持这一观点。基于前述,行政法官认为安川公司没有提供足够的证据证明权利要求 12 是不清楚的。

B. 除了上述权利要求 12 之外，913 专利的权利要求 22 也因为其技术方案从整体上看存在矛盾之处而被被告请求行政法官裁定为不清楚。

权利要求 22 限定了其方法中存在"提供具有第一非防爆电动机的第一隔间"和"提供具有第二非防爆电动机的第二隔间"这两个步骤，安川公司认为权利要求 22 是一个直接操作机器人的方法权利要求，而该方法的上述两个步骤仅仅是在制造过程中实施，这不符合所属技术领域中的通常理解，因此是不清楚的。

原告则主张权利要求 22 的用词足够清楚。ITC 律师认为安川公司没有在听证会上拿出证据支持它的理由。

行政法官认为 913 专利的发明涉及一种机器人，根据其说明书，权利要求的最通俗的含义是清楚的。"提供带有第一非防爆电动机的第一隔间"的通俗含义就是一种电动机被装配在机器人的第一隔间内。同样地，权利要求也要求将同样类型的第二电动机装配在第二隔间内，所述电动机用来操作机器人必然针对于"操作方法"来说。在权利要求书和说明书中没有任何信息表明所述的电动机如安川公司所声称的那样应该在制造过程中装配。基于前述，行政法官认为安川公司没有提供足够的证据证明权利要求 22 是不清楚的。

到此为止，被告通过指控现有技术占先、显而易见性和不清楚三种方式来反诉原告 913 专利无效的请求均没有得到行政法官的支持，这一过程的交锋以行政法官维持原告 913 专利有效而告终。

14.3 中国企业应对策略

面对国外企业的专利竞争优势，中国企业与政府应高度重视知识产权问题，积极应对，争取主动。根据前文的分析和介绍，中国企业可以在以下几个方面提高应对对外贸易知识产权纠纷的能力。

（1）提高应对知识产权诉讼的信心和技巧，即从心理上和技术上认真"备战"，仔细研究相关的法律和案例，寻找双方的利益平衡点和对方的弱点，完善知识产权应对措施。通过前文对 FANUC 公司"337 调查"审理过程的分析，可以看到美国法律的特点是严谨、重视细节和证据，我们应该研究和掌握英美对专利保护范围细算账的规则，包括把对手专利权中的水分挤干的方法，这对防范专利欺诈具有重要意义。这样即便在不利的情况下也能沉着应对，最大限度地化解矛盾、减少损失，或找到新的出路。企业仿制国外产品并不一定构成专利侵权，有时被仿制的产品在中国不一定有专利，甚至连专利申请都没有。可能专利已经过期、无效或主动放弃了。而且有时所谓的专利不一定权利稳定，只要能够提出有力证据，就可把该专利无效。有的专利本身含有水分，我们可以缩小其专利权利要求的保护范围。

（2）转变观念，提高专利意识。随着国家知识产权战略的推进，中国企业的专利意识已经大大加强，但是还没有达到在企业运营战略层面运用专利策略的程度。随着企业专利申请数量的飞速增加，在相当程度上具备了构造专利网、有效保护自己和打击竞争对手的能力。因此中国企业应在此基础上更加重视专利质量以及专利申请的策略性，根据企业所处的市场情况合理利用专利的进攻和防御功能，形成"组合拳"，使其不仅仅是一种保护产品的手段，同时也是助力企业实现运营战略的有力武器。

（3）重视海外专利申请，为进军海外市场做准备。企业不仅要重视专利申请，而且要重视海外专利申请。在这一方面日本企业非常值得中国企业学习，从前文对FANUC公司全球专利申请的布局情况我们就可以看到，其对于主要的工业机器人市场均进行了强度非常大的专利布局，并且这一布局具有很强的预见性，这也是基于对技术和市场发展趋势的准确把握实施的。❶

与国外公司相比，中国公司对海外申请专利较为不重视，甚至没有意识到要到国外申请专利。正在准备或者已经开拓国际市场的中国企业，一定要把海外专利申请放在一个重要位置，专利布局往往是产品登陆海外市场的先行者，起着保驾护航的关键作用。

（4）掌握专利活动规则，了解各国有关知识产权的法律法规以及国际规则，熟悉有效的规避办法，善于借力。"专利规避"就是面对竞争对手专利壁垒时，找出其在保护地域、保护内容等方面的漏洞，平移或改造相关方案，实现不侵权的技术"借用"。最常见的专利规避，是绕开专利保护的地域性局限。如果我国企业出口的是借鉴外国专利技术的仿制产品，出口前要查明产品专利是否已经向目标市场申请专利保护以及专利是否有效。如果是，应规避风险，转移出口目标市场。专利规避的另一种主要模式是"移花接木"，把非本领域的专利技术移植过来，完成改造开发。合理利用游戏规则，进行专利规避开发，正是我国企业普遍缺失的知识产权竞争手段。❷

（5）加强合作，向制定标准迈进。从企业的角度来讲，必须建立企业联盟，集合各自的技术优势和物力财力进行联合攻关。尤其是对中国企业来讲，单个的实力还不够雄厚，联合研发不失为一个好的选择。即使是大型的跨国公司，它们也经常结成技术联盟，进行联合研发。作为企业，一定要知道专利就意味着合法的垄断。如果能将专利上升为标准，你的专利就意味着最大的合法垄断，你获得的利润无疑是最大的垄断利润。专利技术合作往往可以通过专利合作申请来实现，这是一种企业之间除合同之外，协调建立技术和商业联系的又一种有效方式。

---

❶ 日本企业非常擅长运用专利分析方法预测技术和市场的发展动向。与之相比，美国虽然也是工业和科技强国，但是其专利分析及策略的应用却略逊于日本，有时还会由此在一些与日本的贸易纠纷中处于劣势。

❷ 详见第10章有关并联机器人专利规避的相关内容。

第 15 章　结论与建议

15.1　结论

本报告针对工业机器人全球专利申请和中国专利申请进行系统分析，回顾其国内外专利申请格局、关键技术和重点技术、重要申请人以及美国专利诉讼，具体总结如下。

15.1.1　国内外专利申请格局

全球工业机器人技术专利申请量为 94168 项，总体呈现逐步上扬、伴有阶段性回落的态势。其中日本的专利申请量居首位，超过全球总量的 1/3，其次是中国和美国，分别约占全球总量的 1/9 和 1/11。

从技术发展的角度上说，可以分为以下三个阶段：1980 年以前的第一代属于示教型机器人，只具有记忆、存储能力，按相应程序重复作业，但对周围环境基本没有感知与反馈控制能力。这种机器人主要由夹持器、手臂、驱动器和控制器组成。1980 年后的第二代为有感觉的机器人。它在第一代的基础上增加了具有"感知"能力的控制部分，具有对外部信息诸如力觉、触觉、视觉等进行反馈的能力，控制方式较第一代要复杂得多。20 世纪 90 年代出现了第三代智能机器人。它不仅具有比第二代更加完善的环境感知能力，而且还具有逻辑思维、判断和决策能力，可根据作业要求与环境信息自主地进行工作。近年来，智能机器人发展非常迅速，嫦娥月球车就是智能机器人的典型代表。

研究专利申请来源国和目标国表明：日本是第一大来源国和输入国，中国已成为仅次于日本的第二专利申请大国，美国的专利申请量位居第三。同时，日本、美国来中国的申请数量远远多于中国到日本、美国的申请数量，表示日本、美国的企业非常重视中国市场，而中国企业技术相对比较落后，对包括日本、美国在内的国际市场重视不够。

研究全球申请人排名表明：近三年全球专利申请量排名前 10 位的申请人中，日本企业占 7 位，安川公司居首位，中国的鸿富锦/鸿海、清华大学随后，天津大学和浙江大学分别位居第 16 位和第 20 位。这说明中国国内的申请人追赶的速度较快，投入的研发力度也在加大。

中国自 1985 年以来共受理相关发明专利申请 34831 件，其中国内申请 27751 件，占总申请量的 79%。国外来华申请 7080 件，其中约 30% 的申请来自日本企业。2000 年起中国的专利申请数量高速持续增长，比全球申请量阶段性上扬的 1994 年晚了 6 年。

研究表明：在国外申请人提交的专利申请中，实用新型申请所占的比重仅为2.3%，而国内申请人的实用新型申请所占的比重为49%。由于实用新型不需要经过实质审查，即不用现有技术对其"三性"进行评价，所以权利的稳定性较低，由此可以反映出国内申请人的专利申请中的高质量专利相对较少。

研究中国申请表明，中国申请量排名的前两名是日本公司：安川公司和FANUC公司，清华大学排在第三，其后是松下、上海交通大学、哈尔滨工业大学、本田、浙江大学、北京航空航天大学和精工爱普生。但按授权量排名FANUC公司跃升第一，上海交通大学第二，清华大学第三。这说明我国院校研究工业机器人的技术水平在上升。

但是按专利有效量排名，前三名都是日本企业：松下、FANUC公司、安川公司。很明显，国内的申请量已经较多，但能够存活的有效专利技术数量不够多，日本企业占明显优势。这也说明国内的企业和科研院所还需要追赶业界领先企业。

国外来中国的企业有：FANUC公司、ABB公司、KUKA公司、安川公司等。国内的企业有：哈尔滨博实、沈阳新松、广州数控、奇瑞机器人研发中心、比亚迪机器人研发中心、上海机电一体工程有限公司、北京机械工业自动化研究所机器人中心等。

专利信息表明，在工业机器人的操作机、控制系统以及驱动机构这三个领域，日本的专利申请数量均占优，但其优势主要体现在控制系统和操作机领域。中国的清华大学在操作机领域有较多的专利。而在驱动机构领域，其他国家的申请人同样具有较强的实力。

本报告根据行业专家的建议和整体专利分布态势，选取了以下技术重点来分析专利格局：谐波减速器和RV减速器、3D视觉控制技术、焊缝跟踪技术和点焊钳、喷涂轨迹规划技术；选取了本行业典型申请人FANUC公司、ABB公司和KUKA公司进行重点分析。另外还分析了本领域的美国专利诉讼案件。

15.1.2　关键技术

根据行业专家的建议和整体专利分布态势研究，本报告认为谐波减速器和RV减速器、3D视觉控制技术是国内机器人发展的关键技术。

15.1.2.1　谐波减速器

研究表明：日本谐波减速器专利申请量占据了全球申请量的约2/3，处于明显的垄断地位，而中国申请仅占到了全球的1/10左右。占据垄断地位的日本谐波传动系统有限公司不仅在齿形和整体结构上进行改进，而且在对材料、加工方法、润滑、检测修正等方面也进行改进，不断提高自身基础加工水平，保持技术的领先优势。在中国发明申请中，六成左右的案件获得专利且处于有效状态，近两年处于审查状态的案件占总量的45%，这说明国内已把谐波减速器作为研发的重点。2012年国内的中技克美谐波传动有限责任公司以及苏州绿的谐波传动科技有限公司的研究人员积极参与谐波减速器国家标准的制定，这也使得国家标准与它们的部分专利和技术紧密联系。谐波减速器的制造方法及装置是机器人产业发展的技术瓶颈之一。柔轮新材料的应用也是值得关注的技术。

15.1.2.2　RV减速器

以日本专利为优先权的申请量占据总量的88%，体现出日本企业在RV减速器的科研、制造及专利布局中占据着绝对的垄断地位。与国外相比，我国在 RV 减速器相关技术上处于明显弱势，相关领域的中国申请人的专利申请仅 26 件，且只有 13 件有效，发明专利只有 2 件。相反，国外企业在华专利申请则有 47 件，其中有效的 26 件全部是发明专利。日本住友重机工业株式会社和纳博特斯克公司在华分别申请 27 件和 20 件，其中有多项属于核心技术。浙江恒丰泰减速机制造有限公司、南通振康机械有限公司和陕西秦川机械发展股份有限公司分别仅有中国专利申请 16 件、3 件和 1 件，而且这些专利申请都不属于核心技术。从中国申请的法律状态来看，中国 RV 减速器专利申请中半数以上处于授权和有效状态，超过 2/5 的专利申请处于实审过程中，这说明国内已把 RV 减速器作为研发的重点。RV 减速器的关键部件的加工方法和加工设备是值得关注的技术，如加工偏心轴的方法和高精度的加工机床。

15.1.2.3 3D 视觉控制

目前应用于工业机器人的 3D 视觉控制技术已经逐渐成熟。该技术的竞争焦点已经从硬件改进转移为软件改进，更多的涉及 3D 算法，侵权诉讼也主要围绕软件侵权而进行。欧洲更专注于某一领域的应用，例如工业机器人的安全领域的应用，并取得了技术优势。另外在 3D 视觉控制技术中，嵌入式控制器、TOF 相机技术均是值得关注的技术，中国仅有专利申请 138 项。目前，上海大学、天津工业大学和上海交通大学分别仅有中国专利申请 5 件、5 件和 4 件，且没有核心专利。我国在 3D 视觉相关技术上处于明显弱势。但在 TOF 相机技术还没有完成专利布局以前，国内企业仍有专利申请的空间。

15.1.3 重点技术

用于汽车生产线上的机器人，其控制系统和末端执行器必须适应汽车生产的技术要求。随着高档汽车的各种加工精度要求越来越高，对机器人的控制系统和末端执行器要求也越来越高。本报告选取了焊缝跟踪技术和点焊钳、喷涂轨迹规划技术，分析结果如下。

15.1.3.1 点焊钳

机器人末端执行器的点焊钳的技术发展趋势体现在其小型轻量化方面。本报告以小原株式会社为点焊钳供应商的代表，以本田和日产为整车厂商的代表作专利的技术功效矩阵分析。研究表明，来自中国的点焊钳专利申请中，仅有几件发明和实用新型有效，在中国还没有对其产品形成足够的专利保护。

15.1.3.2 焊缝跟踪技术

焊缝跟踪技术具有基本的传感、控制、执行三大组成部分，其中传感器技术作为焊缝跟踪技术的基础，应得到工业机器人企业的高度关注。对于视觉传感器技术的快速发展，应积极开展相关方向的技术研发和专利布局。

研究表明：日本神户制钢、FANUC 公司申请量较多。从 2007 年开始，神户制钢关于焊缝跟踪的专利几乎同时开始在韩国、中国、美国、欧洲乃至印度进行相关布局。2010 年开始，神户制钢开始以 PCT 申请的方式在世界范围内进行专利布局。

对于焊缝跟踪这一应用性的技术，最为严密和有效的保护方式即是 FANUC 公司的专利申请和保护模式。

15.1.3.3 喷涂轨迹规划

2000 年之后，瑞士 ABB 公司和德国 DUERR 公司的专利申请将建模、仿真和传感器等多技术手段用于喷涂轨迹规划，从而成为该领域的领军力量。中国的江苏长虹公司通过与清华大学合作，很好地发挥了产学研合作模式的积极作用，在该领域中占有了一席之地。

传感器技术以及多技术手段相融合将成为喷涂轨迹规划技术中的研究热点。但中国申请人缺少相关方向的技术研发和专利布局。另外应用多元化的技术手段，例如将建模、仿真、控制算法和传感器等多技术手段相融合在国内尚属技术空白。就发明专利申请来看，国内外申请人的有效量和占有量不相上下，国内申请人的发明创造活动更加集中于 2008 年以后，且活跃程度已经赶上甚至超过了国外申请人。

15.1.4 值得关注的技术

上述研究表明，以下技术值得关注，具体包括：3D 视觉控制技术；RV 减速器的制造方法及装置；嵌入式控制器技术；视觉传感器技术在焊缝跟踪技术或喷涂轨迹规划技术的应用；谐波减速器的制造方法及装置；点焊钳的小型轻量技术；喷涂轨迹规划中多技术手段相融合技术。

15.1.5 重点申请人

15.1.5.1 FANUC 公司

FANUC 公司依托于伺服电机、数控领域的优势技术基础从事机器人的研发。研发主要集中在机器人的腕部机构、线束布置、物体的视觉识别以及控制系统等方面。在专利申请方面也主要以保护汽车的自动化生产工艺及配合自动化生产的机器人为主，并且从总装的机器人开始，逐渐向焊装、冲压以及喷涂的机器人发展，其专利申请也多集中于上述类型的传感器等。FANUC 公司一直潜力研究机床与机器人的数控系统之间交互控制以及并联机器人。FANUC 公司还结合机器人的特点对电机作进一步的改进，制造出厚度更小、重量更轻、转矩更大、位置检测装置高度集成的机器人关节专用 AC 伺服电机。FANUC 公司的机器人专利在美国涉及专利诉讼。FANUC 公司的发展成功模式被称为日本模式的典型代表。

15.1.5.2 ABB 公司

ABB 公司在工业机器人行业处于领先地位，其专利布局的基本特点是以欧美市场为核心，并逐步扩展到日、韩、中等亚洲市场。就技术分支来看，其专利布局体现出布局全面、重点突出的特点。在技术引进的过程中，ABB 公司始终坚持发挥其电力和自动化技术传统优势，将机器人控制的核心技术牢牢攥紧，把研发重点放在控制器和控制算法上。就知识产权保护来看，ABB 公司在技术研发引进、市场开拓发展的过程中，十分注重专利、著作权等的及时布局问题，通过高素质的知识产权队伍进行专利挖掘分析，谋求专利的合理保护范围的最大化，规避专利风险，防患于未然。通过不断积累的专利池形成强大的专利能量，给竞争对手设置障碍。从专利申请的法律状态来看，ABB 公司在中国地区有效的专利数量占总量的 58.8%。同时，其无效专利仅占总量的 7.9%，体现了 ABB 公司强劲的研发实力和在工业机器人行业的领先地位。ABB 公司也适时调整工业机器人的研发重点转而寻求其高精度，形成核心竞争力。进入 20 世纪 90 年代后，随着例如汽车加工等工业生产的集群化、量产化程度越来越高，ABB 公司对工业机器人的工作效率和安全性提出了更高要求，所以研发的主要精力投入到效率和安全性两方面。

15.1.5.3 KUKA 公司

KUKA 公司有着一百多年的悠久历史，从专利发展来看，从一开始的探索性涉足到 20 世纪末的全面铺开，从一开始的依靠型研发到后来的主导型研究。近几年 KUKA 公司关于控制方法的申请均超出控制装置的申请不止一倍，这也非常符合整个机器人领域的发展趋势。近几年 KUKA 公司的专利申请出现猛增态势，值得关注。从专利申请有效情况来看，KUKA 公司有效专利数量占总量的 32%，近几年在中国的申请量剧增，且与机器人有关申请的有效量很高，具有较高的技术水平。

15.1.6 美国专利侵权诉讼

涉及工业机器人技术的美国专利侵权诉讼案例共 25 件。其中涉及控制软件的专利技术最多，占 39.4%；控制硬件占 24.2%；末端执行器占 21.2%；机械臂和关节占 6.1%；基座占 3.0%。

美国专利诉讼研究表明：按年专利诉讼数量来分，大概分为温和试探期、激烈交锋期和平稳发展期三个阶段。美国侵权案件数量最多时达到 2~3 件/年。上述侵权案件中，22 件是作为市场竞争主体的企业提起的，23 件涉诉案件的被告均是企业，两件的被告是美国政府机构。

相关典型案例有：FANUC 公司基于其美国专利 US6477913B1 对其他公司提起"337 调查"。本报告还介绍了喷涂 Tralla 机器人被告的典型案例、Milacron 公司的机器人模型 T3 和 HT3 被告的典型案例，COGNEX 公司提起诉讼认为其机器视觉产品不侵犯 Lemelson 的一系列专利。

15.2 建议

15.2.1 产业链上下游结合

在工业机器人产业发展的过程中离不开与其上下游产业的紧密合作。大规模制造行业，例如汽车、飞机行业是工业机器人的主要应用领域，同时这些行业也对机器人性能提出更高需求。上下游产业的紧密合作实例：ABB 公司经过多次并购，将多家持有喷涂机器人专利的企业纳入旗下，实现了优势互补，成为市场的佼佼者；FANUC 公司以与美国通用汽车合作为契机，成长为工业机器人市场的领先者。专利是建立上下游产业之间合作关系的纽带之一。通过专利合作申请等形式的合作，各行业之间可以建立更为紧密的合作关系，责权分配也更加清晰，同时也更加有利于形成企业联盟和专利池。

国内也出现了上下游企业利用自身技术优势进军工业机器人的研发，如利用自身数控技术优势的广州数控，利用自身大规模制造汽车优势的沈阳新松、奇瑞、比亚迪，利用自身减速器制造优势的秦川机械发展股份有限公司等。它们在提高机器人质量上有各自独特的优势。

从行业或企业的角度来讲，建立健全鼓励原始创新、集成创新、引进消化吸收再创新的体制机制，健全技术创新市场导向机制，建立产学研协同创新机制，强化企业在技术创新中的主体地位，发挥大型企业创新骨干作用，激发中小企业创新活力，必须建立企业联盟，集合各自的技术优势和物力财力进行联合攻关。紧密合作可以采用多种形式，国外的日本模式、美国模式和欧洲模式可以借鉴；国内外企业结盟、并购、重组等形式可以借鉴；专利技术合作往往可以通过专利合作申请来实现。这是一种企业之间除合同之外，协调建立技术和商业联系的又一种有效方式。

15.2.2　充分利用产业联盟

国内多家企业、科研院所都在攻关工业机器人的核心技术，难免会出现重复研究。为了避免重复研究和浪费资源，建议充分利用专利技术的公开传播新技术的特性，利用好专利申请提前公开制度和国内优先权制度，及时申请适时公开；也可以请工业机器人行业联盟组织研讨会，交流研发成果，实现技术共享。

在将来面对跨国公司的专利诉讼时，中国企业应该团结一致，组建并参与防御型的专利集中企业联盟，产学研结合产业联盟，并取得行业组织和知识产权专门机构的支持，例如取得中国工业机器人产业联盟和地方工业机器人产业联盟的支持。另外，依托联盟建立一支知识产权保护专业人才队伍，供联盟内企业共享，在美国进行专利诉讼时，与美国专业律师协作，可以有效地降低美国昂贵的律师费用。

15.2.3　专利标准化

专利技术的标准化是实施知识产权战略的高层次动作。由于技术标准需要相对高的稳定性，不可能反复修改替换，专利权人通过组成专利联盟，将整合后的专利技术纳入技术标准中，形成森严的堡垒，实现其他单个公司无法实现的市场垄断。专利就意味着合法的垄断，如果能将专利上升为标准，就意味着最大的合法垄断，该专利获得的利润无疑是最大的垄断利润。企业应当推动技术专利化，从而促进专利标准化和标准产业化，由此抢占标准的话语权，提高各自在市场上的核心竞争力。国内苏州绿的谐波传动科技有限公司、中技克美谐波传动有限责任公司和上海ABB工程有限公司在这一方面走在了前列。

15.2.4　开发核心专利技术

纵观成功企业，如ABB公司、FANUC公司、KUKA公司、安川公司等都拥有一批核心专利，有的核心专利是自己的研发团队研发的，有的是通过并购重组等手段得到的。而中国的企业由于受到国外同行的技术封锁，更多的还是要靠自主研发或产学研联合研发。所以，在前人技术的基础上找准技术切入点开发核心技术，进而申请专利进行有效保护，是企业发展的长远之计。技术的创新不仅要吸收消化改进，更要从根本着手夯实基础。可以借鉴报告给出的 ABB 公司、FANUC 公司、KUKA 公司或和韩国现代集团的成功经验。

企业在研发过程中可以关注下列技术：3D 视觉控制技术；RV 减速器的制造方法及装置；嵌入式控制器技术；视觉传感器技术在焊缝跟踪技术和喷涂轨迹规划技术的应用；谐波减速器的制造方法及装置；点焊钳的小型轻量技术；喷涂轨迹规划中的多技术手段相融合技术。

15.2.5 掌控技术发展方向

中国企业应同步追踪本行业以及相关领域中强势企业的动态。例如日本，在减速器领域中占据近似垄断的地位，因而研究日本的相关专利申请文件中的技术，能够有效地掌控减速器领域技术发展的方向和热点。减速器领域要关注日本纳博特斯克公司和日本谐波传动系统有限公司。3D 视觉控制领域要关注日本 FANUC 公司和美国 COGNEX 公司。喷涂轨迹规划领域要关注 ABB 公司。

15.2.6 保护跟上准备诉讼

中国还处在工业机器人的产业化初期阶段，国内有关工业机器人的专利诉讼还没有出现。但是从美国专利诉讼的经验来看，一旦市场竞争激烈，各方都有可能用专利来保护自己的利益，前面提到的有效专利都有可能成为专利诉讼的"矛与盾"。所以居安思危，中国企业可以在以下几个方面提高应对知识产权纠纷的能力：

（1）重视权利要求的撰写

产品权利要求只须写明解决技术问题的必要技术特征，即产品的组成部分及其相互关系，一定不能把产品的实施对象作为产品的组成部分。如果把实施对象作为要求专利保护的产品的一部分，对于后续司法保护的侵权判断会产生不利的后果。正如上述美国侵权案例，被控侵权的公司会辩称它们的产品不包括实施对象，从而得到不侵权的结果。另外还要注意涉及计算机程序的专利申请的撰写形式，如果撰写得不好，可能导致不符合《专利法》第 2 条第 2 款的规定。

（2）重视专利申请的策略性

根据企业所处的市场情况合理利用专利的进攻和防御功能，构造专利网，使其不仅仅是一种保护产品的手段，同时也是助力企业实现运营战略的有力武器。除要进行防止侵权检索外，还可以进行一些技术调整，比如在外观上，区别于被仿制产品以及时申请外观专利，或作进一步改进，申请实用新型专利和发明专利。控制软件申请专利的同时申请著作权。进军海外市场，重视海外专利申请，例如进行 PCT 国际申请。重视涉及程序或算法的专利申请，根据三个创新主体的专利申请的统计分析，其中涉及控制程序的申请占到 40% 以上，建议国内创新主体即使只对控制程序进行改进，也可以提出涉及计算机程序的专利申请来寻求知识产权保护。

(3) 提高应对知识产权诉讼的信心和技巧

了解各国有关知识产权的法律法规以及国际规则。学会运用专利情报分析工具与方法，尝试开发建立知识产权预警机制和知识产权风险的全过程管理动态机制。面对专利诉讼不怯懦，积极响应，熟悉有效的规避方法。在面对竞争对手专利壁垒时，找出其在保护地域、保护内容等方面的漏洞，平移或改造相关方案，实现不侵权的技术"借用"。

附录1 查找产品专利的一般性方法

企业的重要产品通常都会有专利保护，国内企业在分析利用这些产品时如何才能找到这些专利并弄清楚这些专利的具体保护范围，从而避免侵权或者更有效地利用这些技术，附录1将以FANUC公司的一款重要并联机器人产品为例，站在普通技术人员的角度来查找并分析这些专利，探讨一些根据重要产品查找相关专利技术的方法和规避专利权的方法。

（1）专利检索的一般手段

专利检索系统一般具有以下几类检索入口：号码型、日期型、代码型和文本型。

号码型主要是专利的申请号和授权公告号，如果产品的外观上标示了其具体的专利号码，那么就可以直接通过检索系统输入该专利号码查找到该专利，例如CN123456789。

日期型用于限定专利申请的日期或者公开公告的日期，例如20080808。

代码型检索入口主要包括各种类型的分类号，例如B25J1/02。

文本型包括两个部分，一部分是人名、公司名，如发明人、申请人。这些名称的特点主要是一个机构或者人物有多种不同的叫法和名称，甚至多种不同的拼写方式；另一部分是名称、摘要、权利要求等，这部分的特点是技术用语有上位性或者概括性，用语不统一，一个词语多个含义，或者一个含义可以用多个词语表达。

专利检索实质就是选择上述某个检索入口或者某几个入口的组合来对预期的目标文献进行表达。

（2）常用的检索思路

检索产品相关专利的过程可以分为两个阶段：第一阶段的目标是如何快速检索到一部分相关文献，第二阶段的目标是检索到全部的目标文献。第二阶段的目标是最终目标，也就是查找到对于某产品的完整专利保护网络，第一阶段的作用在于找到切入点。这是因为由于知识水平的限制，检索者对于上面提到的检索手段信息一般不会有全面的了解，例如表达某一技术特征采用的关键词，很多情况下检索者都无法穷尽这些关键词，对于申请人、发明人等名称也存在这样的问题，很难确定这些人名是否有别称，是否有过变更的历史等等问题，因此第一阶段检索的作用更重要的体现在对于这些信息的补充。检索者了解的信息越多，检索的准确性和完整性就会越好。

举例来说，有这样几种常用的检索入口的选择或者组合方式：

①申请人；

②申请人＋关键词；

③申请人＋分类号；

④申请人＋关键词＋分类号；

⑤申请人＋年限；

⑥文献追踪；

⑦发明人以及相关组合；等。

对于上面这些检索入口的适用，各自具有不同的特点：

方式①适用于申请量较小的情况，通过浏览申请人的全部申请，判断是否为相关文献。以申请人作为入口检索对于大多数人来说都是比较熟悉的，如果申请人表达很完整，那么相应的专利应该就包括在其中，接下来要做的就是如何在这些专利中找到我们需要的少数几个专利。支撑专利为该公司为了保护该产品而申请的主要专利技术，然而一般的公司并不会将产品所涉及的专利完全告知公众，要查找到该支撑专利就需要从产品中提取出最有可能包含在该专利文件中的特征，并且在检索系统中准确地表达这些特征。检索已知公司的专利通常按照两种方式进行检索：第一，以公司的全称作为检索条件，按照所选专利数据库的要求进行检索；第二，以公司名称中的某个关键性词语为检索条件，按照所选专利数据库的要求进行检索。当被检索的专利权人是一个小公司，其专利数量较少时，可直接进行浏览筛选。

方式②适用于关键词能够比较确定地表达技术特征的情况。例如电机的关键词表达：通常使用电机、电动机、马达、motor 就可以比较完整地表达，当然不排除极个别类似"电动驱动装置"的表达方式。然而对于有些技术特征的关键词表达，往往存在很大的差异，这类技术特征就不太适合用关键词来表达，或者说完整地表达比较困难。如果需要使用关键词入口检索，则应该尽量保证关键词的扩展完整。关键词的获取手段有很多，一部分是检索人员自身知识库中对于技术特征的表达方式；另一部分需要借助检索，收集其他申请人或者目标申请人对于该技术特征的表达方式。值得注意的是，同一申请人对于某一特征的表达往往有一定的延续性，即相对比较固定。举例来说，在初步检索中我们选用申请人和关键词"robot"检索得到一些对比文件，浏览这些对比文件发现其中对于"机器人"的表达除了使用"robot"以外，还使用了如"manipulator"等表达方式，那我们就需要将原来的"robot"修改为"robot OR manipulator"，这样调整后的检索显然会比初步检索结果要更充分和完整。

方式③适用于某一分类号能够准确地表达所要检索的目标技术方案的情况。分类号相对于关键词而言，是经过专业加工处理后的标引项目，能较为准确地反映技术方案的领域和要点。如果能发现这样的分类号，往往会使第一阶段的检索很快完成。而分类号的查找通常有两种方式，一种是直接翻阅分类手册，另一种是通过检索中发现的相关或者类似文献，查看这些文献的分类信息。国内企业对于分类号的利用比较欠缺，事实上对于企业涉及的领域内分类系统的了解，将会对相关专利的检索甚至企业的知识产权决策有很大的帮助。而且分类信息具有各国对于技术优势的体现，比如机器人领域，日本有着比较明显的优势，在这方面的专利申请量也比较大，因此日本专利分类系统 FI/FT 会对机器人有很准确的划分，准确的分类意味着更快地找到准确的专利文献。

方式④适用于使用分类号限定之后文献量仍然较大，不适于浏览的情况。这种情况通常会出现在研究领域比较集中的申请人。例如 FANUC 公司，其主要研究领域为机床和机器人,那么使用机器人的分类号配合申请人可能结果数量还是较大,这时应该配合一些关键词进一步缩小范围。

方式⑤可用于对申请人产品研发时间比较了解的情况。专利申请的时间一般略早于产品推出市场的时间,那么将申请人的全部申请限定在一定的时间范围内可以减少浏览量,也可以作为一种尝试性的检索手段。

方式⑥中的文献追踪包括申请人自身引证的文献,这种文献通常能够体现申请人研发的技术路线。同时还包括审查员在审查中的引证文献,这些文献应该是与本申请比较相关的,并且这些文献一方面可以对关键词和分类号等检索信息进行补充,另一方面还可能为专利规避提供思路。

对于方式⑦,发明人是很重要的一个检索入口。一般的大公司的研发团队都是比较固定的,因此以发明人入口可以检索到整个研发团队的大部分相关申请,不仅可能找到与产品相关的专利,还可能发现研发团队的研发思路。而发明人的查找往往要依赖前期的检索工作,通过查看相关文献的发明人信息并追踪该发明人的其他专利申请往往会有一定的收获。当然如果发明人的申请量较大,同样可以采用与上面几种组合类似的方式组合检索。如附图-1所示。

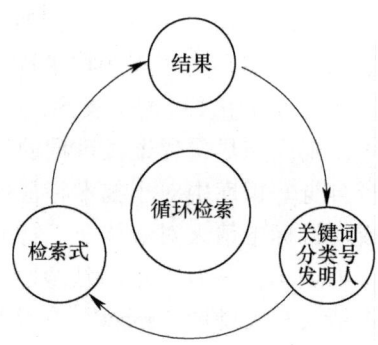

附图-1 循环检索过程

(3) 检索思路的调整

在利用上面提到的检索进行实际检索过程中可能需要及时地调整,可能需要在各种方式之间相互转换,也可能在一种方式中的不同检索信息之间调整。

对于具体申请人的特定产品,通常都会以方式①(申请人)进行试探性检索,然后判断是否能够直接浏览,如果数量较小则直接浏览申请人的全部专利,并分析确定相关专利;如果不能浏览,下一步则对产品进行分析,提取两部分信息,并分别形成方式②(申请人+关键词A)以及⑤(申请人+年限)两种检索方式,通过两种方式检索,并对结果进行评估,一方面判断是否存在相关文献,另一方面对检索过程结果中的关键词、分类号以及发明人三个方面的信息进行收集,并根据收集结果形成新的检索式,即方式②′(申请人+关键词)、③(申请人+分类号)以及⑦(发明人以及相关组合),同样的对检索结果进行评估,继续收集信息,并组建新的检索式,依次类推,在检索过程中不断收集有利于检索的技术信息,并将其循环补充到检索式中。如附图-2所示。

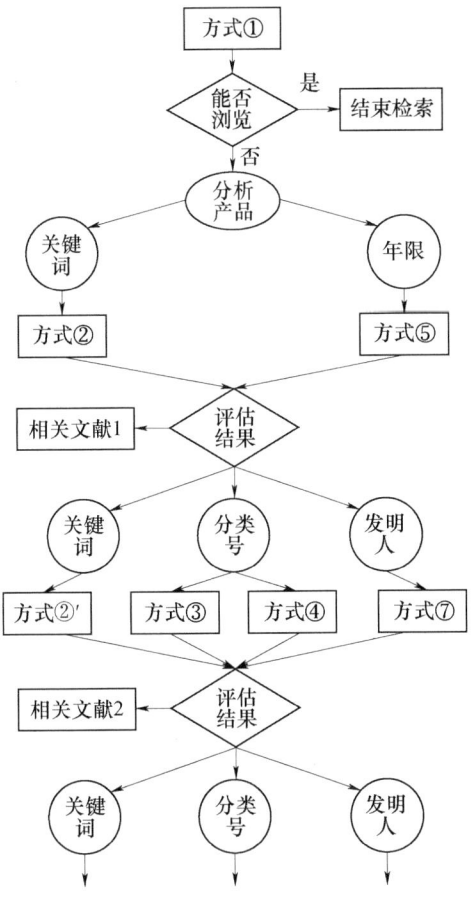

附图-2 检索调整过程示例

(4) 检索结果的评估

在整个检索过程中需要对检索结果进行评估。评估包括两个方面：一方面需要评估专利的权利要求与产品之间的关系，也就是产品是否落入权利要求的保护范围；另一方面需要评估检索是否能够终止，也就是所检索的结果是否为该公司保护该产品的全部专利。在这两个评估部分中，前者评估结果比较客观，只需要对比专利的权利要求和产品之间技术特征，但是后者需要结合一定的主观判断，即是否把产品的关键技术所涉及的专利都检索到了。

理论上终止检索的条件是穷尽了所有的表达方式，并且能够保证检索到了全部的目标文献，但实际中往往需要衡量继续检索需要付出的劳动与得到目标文献的可能性。

附录2 重要申请人名称约定

约定名称	对应的公司名称
纳博特斯克株式会社	帝人制机株式会社 纳博特斯克株式会社 NABTESCO CORP TEIJIN SEIKI CO LTD NABTESCO KK NABTESCO CORP 帝人制机株式会社 纳博特斯克株式会社
谐波传动系统有限公司	谐波传动系统有限公司 HARMONIC DRIVE SYSTEMS HARMONIC DRIVE SYSTEMS KK
KUKA 公司	库卡罗伯特有限公司 库卡实验仪器有限公司 库卡系统有限责任公司 库卡实验室有限公司 库卡机器人有限公司 北美库卡系统有限公司 库卡自动化设备（上海）有限公司 库卡因诺泰克有限责任公司 库卡焊接设备及机器人股份公司 库卡焊接设备股份有限公司 库卡－罗伯特有限公司 KUKA WEHRTECHNIK GMBH KUKA SCHWEISSANLAGEN & ROBOTER KUKA LAB GMBH KUKA ROBOTER GMBH KUKA SYSTEMS GMBH KUKA FLEXIBLE PRODUCTION SYSTE KUKA SCHWEISS & ROBOTER GMBH KUKA SHIYUBUAISUANRAAGEN UNTO KUKA BUEERUTEHINIIKU GMBH KUKA UMWELTTECHNIK GMBH KUKA SHIYUBUAISUANRAAGEN & ROB KUKA SYSTEMS GMBH KUKA SCHWEISSANLAGEN GMBH KUKA INNOTEC GMBH

续表

约定名称	对应的公司名称
住友重机械工业株式会社	住友重机械工业株式会社 SUMITOMO HEAVY IND LTD SUMITOMO HEAVY INDUSTRIES SUMITOMO HEAVY
东机工株式会社	TOKICO LTD 东机工株式会社
江苏长虹	JIANGSU CHANGHONG AUTOMOTIVE EQUIPMENT GROUP CO. LTD 江苏长虹汽车装备集团有限公司 JIANGSU CHANGHONG COATING MACHINE CO. LTD 江苏长虹涂装机械有限公司
杜尔公司	DUERR SYSTEMS GMBH 杜尔系统有限责任公司
UBE	UBE IND LTD 宇部兴产株式会社
株式会社日立制作所	HITACHI LTD 株式会社日立制作所 HITACHI ZOSEN CORP HITACHI SHIPBUILDING ENG CO. 日立造船株式会社 HITACHI KEIYO ENG CO LTD
小原	日本小原株式会社 小原工业株式会社 小原机电 小原焊接设备有限公司 OBARA
日产	日本产业株式会社 日产自动车株式会社 日产汽车集团 雷诺日产联盟 NISSAN MOTOR Co. LTD.
本田	HONDA 本田自动车株式会社 本田技研株式会社 本田汽车集团 本田汽车公司
神户制钢	日本株式会社神户制钢所 神户钢铁公司 KOBELCO

续表

约定名称	对应的公司名称
FANUC 公司	FANUC Ltd. 发那科株式会社 通用发那科机器人公司 通用电器发那科公司 发那科（北美） 发那科（欧洲）
ABB 公司	阿西亚公司 ASEA 布朗·勃法瑞公司 （BBC）Brown Boveri 阿西亚·布朗勃法瑞公司 Asea Brown Boveri Ltd 阿西亚·布朗·勃法瑞公司 阿西布朗勃法瑞股份有限公司 ASEA BROWN BOVERI SA 阿西布朗博韦里公司 ASEA BROWN BOVERI INC 亚瑞亚·勃朗勃威力有限公司 ASEA BROWN BOVERI AG 亚瑞亚·勃朗·勃威力有限公司 ASEA BROWN BOVERI A 巴西亚瑞亚·勃朗勃威力有限公司 ASEA BROWN BOVERI LTDA 布朗波维里公司 BBC BROWN BOVERI & CIE AG BROV 勃朗勃威力拉克塔股份有限公司 ABB REAKTOR GMBH 瑞典通用电器斯泰尔公司 ABB STAL AB 阿尔斯托姆科技有限公司 西屋电气有限责任公司 ABB COMBUSTION ENG NUCLEAR POWER IN Trallfa Ransburg Automotive Cincinatti Milacron ACMA Robotics Astrobotic Sadelmi/Cogepi Elsag Bailey 埃尔国际 N·V 公司 ABB 公司 ABB INC ABB 研究有限公司 ABB RES LTD ABB 股份公司

续表

约定名称	对应的公司名称
ABB 公司	ABB AG，ABB AB ABB 股份有限公司 ABB AS ABB 有限公司 ABB AZIPOD OY ABB SP ZOO ABB CO LTD ABB 技术有限公司 ABB TECHNOLOGY AG ABB T & D TECHNOLOGY LTD ABB TECHNOLOGY LTD ASEA BROWN BOVERI AB ABB 技术股份公司 ABB TECHNOLOGY CO LTD ABB 技术公司 ABB TECHNOLOGY AB ABB TECHNOLOGY LTD ABB TECHNOLOGIES INC ABBT – N ABB 控制股份公司 ABB CONTROL OY ABB 控制公司 ABB CONTROL ABB. 推动公司 ABB IMPELL CORP ABB 管理有限公司 ABB MANAGEMENT AG ABB 工业公司 ABB IND MACHINES OY ABB 电子线路股份公司 ABB ELETTROCONDUTTURE SPA ABB 瑞士有限公司 ABB SCHWEIZ AG ABB POWER AUTOMATION AG ABB（瑞典）股份公司 ABB 法国公司 ABB（挪威）股份有限公司 ABB（中国）有限公司 ABB CHINA LTD ABB CHINA CO LTD CPY：ABBC – N ABB 服务有限公司 ABB SERVICE SRL ABB 专利有限公司 ABB PATENT GMBH ABB 塞谢龙公司

续表

约定名称	对应的公司名称
ABB 公司	ABB SECHERON SA ABB·鲁姆斯克雷斯特公司 ABB LUMMUS CREST INC ABB 博门有限公司 ABB BOMEM ABB 阿达股份公司 ABB ADDA SPA ABB 普里西弗莱克斯体系公司 ABB PRECIFLEX SYSTEMS CPY：PREC–N ABB SACE T·M·S·股份公司 ABB SACE SPA ABB 株式会社 ABB KK ABB 拉默斯环球有限公司 ABB LUMMUS GLOBAL GMBH ABB 弗莱克特有限公司 ABB FLAEKT OY

热销丛书推荐

《企业专利工作实务手册》

作者： 杨铁军（主编）

出版时间： 2013 年 1 月

定价： 68 元

内容简介： 本书旨在为企业提供一整套指导性和操作性较强的模块化专利工作管理实务解决方案。

《专利分析实务手册》

作者： 杨铁军（主编）

出版时间： 2012 年 10 月

定价： 46 元

内容简介： 本手册以专利分析操作流程为主线，梳理了一套完整的专利分析实务操作流程，并对流程中各环节的操作方法、质量要求、使用工具、操作技巧、注意事项等结合案例进行具体说明和详细解析。

《产业专利分析报告》（第 1 册）

作者： 杨铁军（主编）

出版时间： 2011 年 9 月

定价： 50 元

内容简介： 本书包括了薄膜太阳能电池、等离子体刻蚀机、生物芯片等三个行业的专利分析报告。

《产业专利分析报告》（第 2 册）

作者： 杨铁军（主编）

出版时间： 2011 年 9 月

定价： 36 元

内容简介： 本书包括了基因工程多肽药物、环保农药两个行业的专利分析报告。

《产业专利分析报告》（第 3 册）
作者： 杨铁军（主编）
出版时间： 2012 年 3 月
定价： 88 元（附光盘）
内容简介： 本书包括了切削加工刀具、煤矿机械、燃煤锅炉燃烧设备等三个行业的专利分析报告。

《产业专利分析报告》（第 4 册）
作者： 杨铁军（主编）
出版时间： 2012 年 3 月
定价： 82 元（附光盘）
内容简介： 本书包括了有机发光二极管、光通信网络、通信用光器件等三个行业的专利分析报告。

《产业专利分析报告》（第 5 册）
作者： 杨铁军（主编）
出版时间： 2012 年 3 月
定价： 42 元（附光盘）
内容简介： 本书包括了智能手机、立体影像两个行业的专利分析报告。

《产业专利分析报告》（第 6 册）
作者： 杨铁军（主编）
出版时间： 2012 年 3 月
定价： 42 元（附光盘）
内容简介： 本书包括了乳制品、生物医用天然多糖两个行业的专利分析报告。

《产业专利分析报告》（第 7 册）
作者：杨铁军（主编）
出版时间：2013 年 3 月
定价：66 元
内容简介：本书为农业机械行业的专利分析报告。

《产业专利分析报告》（第 8 册）
作者：杨铁军（主编）
出版时间：2013 年 3 月
定价：46 元
内容简介：本书为液体灌装机械行业的专利分析报告。

《产业专利分析报告》（第 9 册）
作者：杨铁军（主编）
出版时间：2013 年 3 月
定价：46 元
内容简介：本书为汽车碰撞安全行业的专利分析报告。

《产业专利分析报告》（第 10 册）
作者：杨铁军（主编）
出版时间：2013 年 3 月
定价：46 元
内容简介：本书为功率半导体器件行业的专利分析报告。

《产业专利分析报告》（第 11 册）
作者：杨铁军（主编）
出版时间：2013 年 3 月
定价：54 元
内容简介：本书为短距离无线通信行业的专利分析报告。

《产业专利分析报告》（第 12 册）
作者： 杨铁军（主编）
出版时间： 2013 年 3 月
定价： 64 元
内容简介： 本书为液晶显示行业的专利分析报告。

《产业专利分析报告》（第 13 册）
作者： 杨铁军（主编）
出版时间： 2013 年 3 月
定价： 56 元
内容简介： 本书为智能电视行业的专利分析报告。

《产业专利分析报告》（第 14 册）
作者： 杨铁军（主编）
出版时间： 2013 年 3 月
定价： 60 元
内容简介： 本书为高性能纤维行业的专利分析报告。

《产业专利分析报告》（第 15 册）
作者： 杨铁军（主编）
出版时间： 2013 年 3 月
定价： 46 元
内容简介： 本书为高性能橡胶行业的专利分析报告。

《产业专利分析报告》（第 16 册）
作者： 杨铁军（主编）
出版时间： 2013 年 3 月
定价： 54 元
内容简介： 本书为食用油脂行业的专利分析报告。